“十二五”普通高等教育本科国家级规划教材

C9版

大学物理学

（第三版）

下册

张三慧　编著

杜旭日　杨宇霖　程再军
陈歆宇　李敏　黄晓桦　林一清　改编

U0378342

清华大学出版社
北　京

内 容 简 介

本书为张三慧编著的《大学物理学》(第三版 A 版)的改编版,分上、下两册,共 6 篇。上册为力学、热学以及振动和波动;下册为电磁学、波动光学和量子物理基础。电磁学篇按传统体系介绍电场、电势、磁场、电磁感应和电磁波的基本概念及其规律;波动光学篇介绍光的干涉、衍射和偏振的基本规律;量子物理基础篇介绍微观粒子的波粒二象性、薛定谔方程(一维定态)以及原子和固体中电子的状态及其分布规律,最后介绍核物理的基本知识。本书融入物理思想与科学方法论的内容,包含大量来自生活、实用技术以及自然现象等方面的例题、思考题和习题。

本书内容涵盖大学物理课程教学基本要求,可作为高等院校理工科非物理类专业大学物理课程的教材,也可作为中学物理教师、工程技术人员和有兴趣读者的参考书。

与本书配套的辅助教材《大学基础物理学精讲与练习》《大学物理学学习辅导与习题解答》均由清华大学出版社出版。

图书在版编目(CIP)数据

大学物理学:C9 版.下册/张三慧编著;杜旭日等改编. —3 版. —北京:清华大学出版社,2021.8(2024.9 重印)
ISBN 978-7-302-58798-9

Ⅰ.①大… Ⅱ.①张… ②杜… Ⅲ.①物理学-高等学校-教材 Ⅳ.①O4

中国版本图书馆 CIP 数据核字(2021)第 157507 号

责任编辑:佟丽霞 陈凯仁
封面设计:傅瑞学
责任校对:赵丽敏
责任印制:杨 艳

出版发行:清华大学出版社
      网   址:https://www.tup.com.cn,https://www.wqxuetang.com
      地   址:北京清华大学学研大厦 A 座   邮   编:100084
      社 总 机:010-83470000   邮   购:010-62786544
      投稿与读者服务:010-62776969,c-service@tup.tsinghua.edu.cn
      质量反馈:010-62772015,zhiliang@tup.tsinghua.edu.cn
印 装 者:三河市铭诚印务有限公司
经   销:全国新华书店
开   本:185mm×260mm   印   张:26.5   字   数:642 千字
版   次:1990 年 2 月第 1 版   2021 年 8 月第 3 版   印   次:2024 年 9 月第 5 次印刷
定   价:66.50 元

产品编号:089186-02

改编与编写说明

物理学是人类在探索自然奥秘的过程中形成的一门基础科学,是研究物质基本性质及其最一般的运动规律、物质的基本结构和基本相互作用等的学科。其中文的词义是"物"(物质的结构、性质)和"理"(物质的运动、变化规律),与现代观点相吻合。按照发展历程,物理学可分为经典物理学和现代物理学。经典物理学建立后已发展成为相当成熟的理论体系,现代物理学目前也取得令人瞩目的成就,后人们可以不断推陈出新,有所作为。物理学是自然科学的基础,其基本概念和基本规律是自然科学中很多领域的重要基础,一项物理学重大科学发现往往直接改变了人们的世界观、哲学思想和行为方式。物理学在科学和工程的各个学科中的应用越来越广泛,正如李政道先生所说的,没有今天的基础科学,就没有明天的科技应用。物理学的进展不仅刺激了数学的发展,也推动着当代相关领域学科的发展,并且是技术革命和工程技术发展的根源。物理学也是一门实验科学,现代一些技术的发展与物理学密不可分,甚至来源于或依赖于物理学理论、科学与技术、理论与实验,它们相互促进、相辅相成。此外,物理学理论的形成,也是科学思想与科学方法论相结合的结果。

在严谨的学科体系、系统的科学理论、科学思想以及研究与分析问题的方法等方面,物理学为人类打开了一扇通往科学殿堂的大门。大学物理学所涉及的基本概念、基本理论和基本方法是构成学生科学素养的重要组成部分。学生系统地学习大学物理学,对提高获取知识的能力、扩展知识的能力和培养独立思考的能力,以及提高定性分析与定量计算等方面的能力,进一步提高科学素质是富有成效的,也为学习后续课程打下坚实的科学基础。

清华大学教授张三慧先生(1929—2012)编著的《大学物理学》与《大学基础物理学》(均由清华大学出版社出版)为普通高等教育本科国家级规划教材。该书以科学性和系统性著称,融入了科技先进的发达国家同类教材精华,体例新颖,内容涵盖了大学物理课程教学的基本要求,包括了物理学各个分支学科,是我国当今大学基础物理学中的精品教材,也是最富有原创性的主流教材之一,为国内各地高校广泛采用,并获得一致好评。本书为改编版,以该书《大学物理学》(第三版 A 版)为蓝本,按教指委 2010 年编制的《理工科类大学物理课程教学基本要求》改编,在继承原书特色和贯彻原书编写风格的基础上,基本保持原书的风貌,章节顺序尽量相对应,保留了原书绝大部分图表;考虑到网络资源的便捷性和海量资源共享,删除了正文后面的"提要",删除了"今日物理趣闻",以减少篇幅,同时对标题有*(*表示所涉及内容为扩展或教学自选内容)的有关章节进行增补与完善,以拓展知识面。改编的侧重点:①通过纲举目张,采择精华,适量补充,以突出章节结论(如在一些章节下增加小标题等)和免于大段纯文字性描述,达到编排有序和结构紧凑。②通过条分节解,提出问题由表及里,分析问题由浅入深,达到条理分明又叙述通俗。③改编增补或完善了一些新内容,如重新编写了各篇的开篇语,特别是订正了一些排版和印刷错误,按国家标准和相关要求规范了一些问题。此外,还融入了"课程思政"和物理思想的内容,以提升课程教学的育人实效。我们希望通过改编工作,进一步提高本教材的可读性和适应性,满足因材施教和不同课程层次使用的需要,也方便读者课外自学。全书共分6篇26章,分上、下两册,上册包括力学、热学以及振动和波动,下册包括电磁学、波动光学和量子物理基础;其中"振动和波动"与"波动光学"独立成篇,以对接或方便两个学期的教学安排。

本书的改编与编写工作是我们进行大学物理课程教学改革的一种尝试,企盼进一步提高我们的大学物理课程的整体教学水平,为基础物理教学添砖加瓦。参加本书改编的全体教师长期工作在大学物理和大学物理实验教学第一线,全部具有高级职称或博士学位,具有丰富的理论和实践教学经验。全书由杜旭日主改编,包括增补了各篇的开篇语,并组织其他老师参与一些章节的部分改编工作(杨宇霖参加改编第1、2、13章,程再军参加改编第3、4、12、14章,李敏参加改编第6、20章,王灵婕参加改编第7章,黄晓桦参加改编第19章,林一清参加改编第21章,陈歆宇参加改编第22章)。杜旭日为改编版主编,负责全书的改编,以及统稿、校核和定稿等。

改编成稿之后,我们总觉得不尽如人意,希望所做工作只是引玉之砖。由于时间紧迫,改编者水平有限,改编版定有不妥之处,我们诚恳欢迎广大读者批评指正,并向我们反馈意见或建议,以便再版时进一步修订,使之不断完善。感谢清华大学出版社佟丽霞、陈凯仁、朱红莲和傅瑞学等老师为本书的出版所做出的辛勤工作,感谢同仁们的通力合作。

本书配套有清华大学出版社出版的辅助教材《大学基础物理学精讲与练习》《大学物理学学习辅导与习题解答》,欢迎一并选用。

改编者

2020 年 9 月于鹭岛

第三版前言

本书内容完全涵盖了 2006 年我国教育部发布的"非物理类理工学科大学物理课程基本要求"。书中各篇对物理学的基本概念与规律进行了正确明晰的讲解。讲解基本上都是以最基本的规律和概念为基础,推演出相应的概念与规律。笔者认为,在教学上应用这种演绎逻辑更便于学生从整体上理解和掌握物理课程的内容。

力学篇是以牛顿定律为基础展开的。除了直接应用牛顿定律对问题进行动力学分析外,还引入了动量、角动量、能量等概念,并着重讲解相应的守恒定律及其应用。除惯性系外,还介绍了利用非惯性系解题的基本思路,刚体的转动、振动、波动这三章内容都是上述基本概念和定律对于特殊系统的应用。狭义相对论的讲解以两条基本假设为基础,从同时性的相对性这一"关键的和革命的"(杨振宁语)概念出发,逐渐展开得出各个重要结论。这种讲解可以比较自然地使学生从物理上而不只是从数学上弄懂狭义相对论的基本结论。

热学篇的讲述是以微观的分子运动的无规则性这一基本概念为基础的。除了阐明经典力学对分子运动的应用外,特别引入并加强了统计概念和统计规律,包括麦克斯韦速率分布律的讲解。对热力学第一定律也阐述了其微观意义。对热力学第二定律是从宏观热力学过程的方向性讲起,说明方向性的微观根源,并利用热力学概率定义了玻耳兹曼熵并说明了熵增加原理,然后再进一步导出克劳修斯熵及其计算方法。这种讲法最能揭露熵概念的微观本质,也便于理解熵概念的推广应用。

电磁学篇按照传统讲法,讲述电磁学的基本理论、包括静止和运动电荷的电场、运动电荷和电流的磁场、介质中的电场和磁场、电磁感应和电磁波等。基于相对论的电磁学篇中电磁学的讲法则是以爱因斯坦的《论动体的电动力学》为背景,完全展现了帕塞尔教授讲授电磁学的思路——从爱因斯坦到麦克斯韦,以场的概念和高斯定理为基础,根据狭义相对论演绎地引入磁场,并进而导出麦克斯韦方程组其他方程。这种讲法既能满足教学的基本要求,又充分显示了电磁场的统一性,从而使学生体会到自然规律的整体性以及物理理论的和谐优美。电磁学的讲述未止于麦克斯韦方程组,而是继续讲述了电磁波的发射机制及其传播特征等。

光学篇以电磁波和振动的叠加的概念为基础,讲述了光的干涉和衍射的规律。光的偏振讲述了电磁波的横波特征。然后，根据光的波动性在特定条件下的近似特征——直线传播，讲述了几何光学的基本定律及反射镜和透镜的成像原理。

以上力学、热学、电磁学、光学各篇的内容基本上都是经典理论，但也在适当地方穿插了量子理论的概念和结论以便相互比较。

量子物理篇是从波粒二象性出发以定态薛定谔方程为基础讲解的。介绍了原子、分子和固体中电子的运动规律以及核物理的知识。关于教学要求中的扩展内容，如基本粒子和宇宙学的基本知识是在"今日物理趣闻 A"和"今日物理趣闻 C"栏目中作为现代物理学前沿知识介绍的。

本书除了 5 篇基本内容外，还开辟了"今日物理趣闻"栏目，介绍物理学的近代应用与前沿发展，而"科学家介绍"栏目用以提高学生素养，鼓励成才。

本书各章均配有思考题和习题，以帮助学生理解和掌握已学的物理概念和定律或扩充一些新的知识。这些题目有易有难，绝大多数是实际现象的分析和计算。题目的数量适当，不以多取胜。也希望学生做题时不要贪多，而要求精，要真正把做过的每一道题从概念原理上搞清楚，并且用尽可能简洁明确的语言、公式、图像表示出来，需知，对一个科技工作者来说，正确地书面表达自己的思维过程与成果也是一项重要的基本功。

本书在保留经典物理精髓的基础上，特别注意加强了现代物理前沿知识和思想的介绍。本书内容取材在注重科学性和系统性的同时，还注重密切联系实际，选用了大量现代科技与我国古代文明的资料，力求达到经典与现代、理论与实际的完美结合。

本书在量子物理篇中专门介绍了近代（主要是 20 世纪 30 年代）物理知识，并在其他各篇适当介绍了物理学的最新发展，同时为了在大学生中普及物理学前沿知识以扩大其物理学背景，在"今日物理趣闻"专栏中，分别介绍了"基本粒子""混沌——决定论的混乱""大爆炸和宇宙膨胀""能源与环境""等离子体""超导电性""激光应用二例""新奇的纳米技术"等专题。这些都是现代物理学以及公众非常关心的题目。本书所介绍的趣闻有的已伸展到最近几年的发现，这些"趣闻"很受学生的欢迎，他们拿到新书后往往先阅读这些内容。

物理学很多理论都直接联系着当代科技乃至人们的日常生活。教材中列举大量实例，既能提高学生的学习兴趣，又有助于对物理概念和定律的深刻理解以及创造性思维的启迪。本书在例题、思考题和习题部分引用了大量的实例，特别是反映现代物理研究成果和应用的实例，如全球定位系统、光盘、宇宙探测、天体运行、雷达测速、立体电影等，同时还大量引用了我国从古到今技术上以及生活上的有关资料，例如古籍《宋会要》关于"客星"出没的记载、北京天文台天线阵、长征火箭、神舟飞船、天坛祈年殿、黄果树瀑布、阿迪力走钢丝、1976 年唐山地震、1998 年特大洪灾等。其中一些例子体现了民族文化，可以增强学生对物理的"亲切感"，而且有助于学生的民族自豪感和责任心的提升。

物理教学除了"授业"外，还有"育人"的任务。为此本书介绍了十几位科学大师的事迹，简要说明了他们的思想境界、治学态度、开创精神和学术成就，以之作为学生为人处事的借鉴。在此我还要介绍一下我和帕塞尔教授的一段交往。帕塞尔教授是哈佛大学教授，1952 年因对核磁共振研究的成果荣获诺贝尔物理学奖。我于 1977 年看到他编写的《电磁学》，深深地为他的新讲法所折服。用他的书讲述两遍后，我于 1987 年贸然写信向他请教，没想到很快就收到他的回信（见附图）和赠送给我的教材（第二版）及习题解答。他这种热心帮助一个素不相识的外国教授的行为使我非常感动。

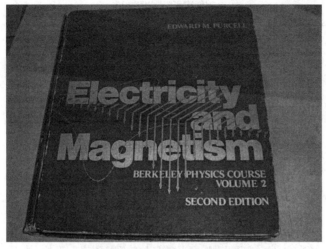

帕塞尔《电磁学》（第二版）封面

本书第一作者与帕塞尔教授合影（1993 年）

　　他在信中写道"本书 170—171 页关于 L. Page 的注解改正了第一版的一个令人遗憾的疏忽。1963 年我写该书时不知道 Page 那篇出色的文章，我并不认为我的讲法是原创的——远不是这样——但当时我没有时间查找早先的作者追溯该讲法的历史。现在既然你也喜欢这种讲法，我希望你和我一道在适当时机宣扬 Page 的 1912 年的文章。"一位物理学大师对自己的成就持如此虚心、谦逊、实事求是的态度使我震撼。另外他对自己书中的疏漏（实际上有些是印刷错误）认真修改，这种严肃认真的态度和科学精神也深深地教育了我。帕塞尔这封信所显示的作为一个科学家的优秀品德，对我以后的为人处事治学等方面都产生了很大影响，始终视之为楷模追随仿效，而且对我教的每一届学生都要展示帕塞尔的这一封信对他们进行教育，收到了很好的效果。

　　本书的撰写和修订得到了清华大学物理系老师的热情帮助（包括经验与批评），也采纳了其他兄弟院校的教师和同学的建议和意见，此外，也从国内外的著名物理教材中吸取了很多新的知识、好的讲法和有价值的素材。这些教材主要有：《新概念物理教程》（赵凯华等），*Feyman Lectures on Physics*，*Berkeley Physics Course*（Purcell E M，Reif F，et al.），*The Manchester Physics Series*（Mandl F，et al.），*Physics*（Chanian H C.），*Fundamentals of Physics*（Resnick R），*Physics*（Alonso M et al.）等。

HARVARD UNIVERSITY

DEPARTMENT OF PHYSICS

LYMAN LABORATORY OF PHYSICS
CAMBRIDGE, MASSACHUSETTS 02138

November 30, 1987

Professor Zhang Sanhui
Department of Physics
Tsinghua University
Beijing 100084
The People's Republic of China

Dear Professor Zhang:

Your letter of November 8 pleases me more than I can say, not only for your very kind remarks about my book, but for the welcome news that a growing number of physics teachers in China are finding the approach to magnetism through relativity enlightening and useful. That is surely to be credited to your own teaching, and also, I would surmise, to the high quality of your students. It is gratifying to learn that my book has helped to promote this development.

I don't know whether you have seen the second edition of my book, published about three years ago. A copy is being mailed to you, together with a copy of the Problem Solutions Manual. I shall be eager to hear your opinion of the changes and additions, the motivation for which is explained in the new Preface. May I suggest that you inspect, among other passages you will be curious about, pages 170-171. The footnote about Leigh Page repairs a regrettable omission in my first edition. When I wrote the book in 1963 I was unaware of Page's remarkable paper. I did not think my approach was original -- far from it -- but I did not take time to trace its history through earlier authors. As you now share my preference for this strategy I hope you will join me in mentioning Page's 1912 paper when suitable opportunities arise.

Your remark about printing errors in your own book evokes my keenly felt sympathy. In the first printing of my second edition we found about 50 errors, some serious! The copy you will receive is from the third printing, which still has a few errors, noted on the Errata list enclosed in the book. There is an International Student Edition in paperback. I'm not sure what printing it duplicates.

The copy of your own book has reached my office just after I began this letter! I hope my shipment will travel as rapidly. It will be some time before I shall be able to study your book with the care it deserves, so I shall not delay sending this letter of grateful acknowledgement.

Sincerely yours,

Edward M. Purcell

Edward M. Purcell

EMP/cad

帕塞尔回信复印件

对于所有给予本书帮助的老师和学生以及上述著名教材的作者，本人在此谨致以诚挚的谢意。清华大学出版社诸位编辑对第三版杂乱的原稿进行了认真的审阅和编辑，特在此一并致谢。

张三慧

2008 年 1 月

于清华园

文字和符号的规范与约定

以下按国家相关标准,对本书的一些文字、符号的规范与约定用示例图解形式加以说明。熟悉这些格式有助于正确地阅读和理解科技书籍的内容。

1. 物理量的规范格式与表示方法

物理量 F, p, v 为变量,用斜体,加黑表示矢量

$$F = \frac{\mathrm{d}p}{\mathrm{d}t} = m\frac{\mathrm{d}v}{\mathrm{d}t} = ma$$

物理量 m, t 为变量,用斜体,不加黑表示标量

微分号 d 为运算符,用正体。注意与 d 的区分

书写格式为

$$\vec{F} = \frac{\mathrm{d}\vec{p}}{\mathrm{d}t} = m\frac{\mathrm{d}\vec{v}}{\mathrm{d}t} = m\vec{a}$$

书写变量时不加黑,用斜体,变量上方加箭头表示矢量

2. 变量(矢量)方向的表示

$$a = \frac{\mathrm{d}v}{\mathrm{d}t} = a_t + a_n = a_t e_t + a_n e_n$$

e_t, e_n 分别为自然坐标系下切向和法向单位矢量

r 为斜体、加黑,包含大小和方向,其大小为 r,方向为 e_r; i, j, k 和 e_r 为单位矢量

$$r = xi + yj + zk = re_r = |r|e_r = \sqrt{x^2 + y^2 + z^2}\,e_r$$

书写格式为

$$\vec{r} = x\vec{i} + y\vec{j} + z\vec{k} = r\vec{e_r} = |\vec{r}|\vec{e_r} = \sqrt{x^2 + y^2 + z^2}\,\vec{e_r}$$

3. 其他符号的规范格式

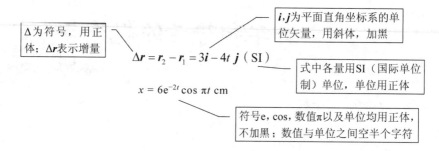

Δ为符号，用正体；Δ*r*表示增量

i,*j*为平面直角坐标系的单位矢量，用斜体，加黑

$$\Delta \boldsymbol{r} = \boldsymbol{r}_2 - \boldsymbol{r}_1 = 3\boldsymbol{i} - 4t\,\boldsymbol{j} \ (\text{SI})$$

式中各量用SI（国际单位制）单位，单位用正体

$$x = 6\mathrm{e}^{-2t}\cos\pi t \ \mathrm{cm}$$

符号e，cos，数值π以及单位均用正体，不加黑；数值与单位之间空半个字符

若可用正体或斜体的，统一用斜体。如电路图中的电阻 *R*，电容 *C* 和电感 *L* 等。

正体字母适用于一切有明确定义、含义或专有所指的符号、代号（含缩写代号）、序号、词和词组等。

斜体字母用于一切表示量的符号（含物理量、非物理量和数学中的变量、矢量）以及其他需要与正体区分的情况。

4. 中英文混排问题

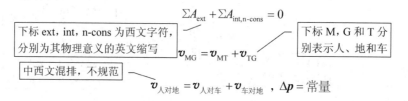

下标 ext，int，n-cons 为西文字符，分别为其物理意义的英文缩写

下标 M，G 和 T 分别表示人、地和车

中西文混排，不规范

$$\sum A_{\text{ext}} + \sum A_{\text{int,n-cons}} = 0$$

$$\boldsymbol{v}_{\text{MG}} = \boldsymbol{v}_{\text{MT}} + \boldsymbol{v}_{\text{TG}}$$

$$\boldsymbol{v}_{\text{人对地}} = \boldsymbol{v}_{\text{人对车}} + \boldsymbol{v}_{\text{车对地}} \ , \ \Delta\boldsymbol{p} = 常量$$

式中，M，G 和 T 也可用小写字母表示。在科学文献中，对具有一定物理意义的表达式，不推荐采用中西文混排格式。但它由于直观，仍被普遍采用。

目 录

第4篇 电 磁 学

第 5 篇　波　动　光　学

第 6 篇　量子物理基础

第 4 篇

电 磁 学

电磁学是研究电磁现象的规律及其应用的学科,是经典物理学的重要支柱之一。其研究内容包括静电现象、磁现象、电流现象、电磁感应、电磁场和电磁波(电磁辐射)等,电现象和磁现象总是紧密联系,不可分割的。变化的磁场能激发电场,变化的电场也能激发磁场。

电磁学研究采用归纳法,从几个基本实验规律(如库仑定律、安培环路定理和法拉第电磁感应定律)出发,通过建立模型与定义物理量,数学外推与理论假设,理论预言与实验观察等方法相结合,进行归纳和总结,得出一般的规律,形成完整的理论体系。电工学和无线电电子学等都是在电磁学的基础上发展起来的。当今信息化社会,各种信息的获取和传播,一般都离不开电磁波。可以说,20 世纪人类正是通过电磁波来认识和改变世界的。

人类对电磁现象的认识始于对静电和静磁的观察。公元前 6 世纪,被誉为"希腊七贤"之一的泰勒斯(Thales,约前 624—前 547)观察到用布摩擦过的琥珀能吸引轻微物体。中国古代关于电和磁的知识与技术成就在世界物理学史上占有重要的地位,在静电、雷电、静磁等方面,尤其是关于磁极性、磁偏角和人造磁体等方面的发现,如指南针和罗盘的发明都走在欧洲的前面。虽然当时尚未认识到地球是个大磁体,只能用传统方式解释相关的一些磁现象,但在其他方面的成就令人惊叹。公元前,中国人认为打雷是神的行为。文字记载"雷""电",注意到雷电是来自两种对立的实体形成的,并创造雷公、电母这些神仙。认为雷是静电而产生的是英国人,那是 1708 年的事。战国时期《韩非子》有"司南"(一种用天然磁石做成的指向工具)和《吕氏春秋》有"慈石召铁"的记载。公元 1 世纪东汉思想家王充所著《论衡》中记有"顿牟缀芥,磁石引针"字句(顿牟即琥珀,缀芥即吸拾轻小物体)。由于航海事业发展的需要,中国 11 世纪就发明了指南针。宋代沈括《梦溪笔谈》中记载"方家以磁石磨针锋,则能指南,然常微偏东",这不仅说明了指南针的制造,而且还发现地磁偏角,这比哥伦布的发现早 400 年。12 世纪初指南针已用于航海的记录,直到 1190 年才由阿拉伯人传入欧洲。17 世纪之前,这些知识大多是零碎的和孤立的,为一般性说明而已。1600 年英国科学家吉尔伯特(W.Gilbert,1544—1603)在《论磁》一书中系统地论述地球是个大磁石,描述许多磁学实验,初次提出摩擦吸引轻物体不是由于磁力。

相比静磁现象,静电研究困难得多。直到 1660 年德国工程师格里克(O.V.Guericke,1602—1686)发明摩擦起电机,人们对静电研究才迅速开展起来。1720 年英国科学家格雷(S.Gray,1666—1736)研究电的传导现象,发现导体和绝缘体的区别,并发现静电感应现象。1745 年克莱斯特(E.G.V.Kleist,1700—1748)发明储存电的方法。1746 年荷兰莱顿大学教授缪森布洛克(P.V. Musschenbroek,1692—1761)也独立发明被后人称为莱顿瓶的电容器储存静电的方法。1749 年美国科学家和政治家富兰克林(B.Franklin,1706—1790)提出正电和负电的概念;他还发现尖端放电并设计避雷针,研究雷电现象;他在电学上等领域的成就,使他于 1753 年获英国皇家学会的科普利奖章,并于 1756 年当上院士,成为该学会中少有的美国人之一,这些荣誉让他有了足够改变美国的影响力。1775 年意大利物理学家伏特(A.Volta,1745—1827)发明起电盘。1786 年意大利科学家伽尔瓦尼(伽伐尼,L.Galvani,1737—1798)发现电流。1792 年伏特研究"伽尔瓦尼现象",认为电是两种金属接触所致。特别是,1785 年法国物理学家库仑(C.A.Coulomb,1736—1806)得出关于电现象的定量理论——库仑定律,这是人类在电磁现象认识上的一次飞跃,电荷的概念开始有了定量的意义。那时,电和磁的研究被当作两种独立的现象来对待。其后,通过法国数学家与物理家泊松(S.D.Poisson,1781—1840)、德国数学家与物理学家高斯(C.F.Gauss,1777—1855)等人的研究,形成静电场及静磁场的基本理论和超距作用的观点。当时绝大多数经济富有的业余爱好者都拥有一台起电机,可以说,在 18 世纪中叶,电学实验已经成为一种时髦。

19 世纪之前,电与磁的应用尚属凤毛麟角。1800 年伏特发明的伏打电堆,虽成本昂贵,但为人类深入研究电化学、电磁学及其应用打下基础。1820 年丹麦物理学家奥斯特(H.C.Oersted,1777—1851)发现电流的磁效应,引起欧洲物理学界的极大关注。电流的磁效应在电与磁之间架起桥梁,揭开研究电与磁内在联系的序幕。1822 年法国科学家安培(A.M.Ampère,1775—1836)提出安培作用力定律,指出了磁现象的本质问题,为电动机的发明奠定理论基础。1826 年德国科学家欧姆(G.S.Ohm,1787—1854)确立的欧姆定律,成为电路最基本的理论。英国物理学家和化学家法拉第(M.Faraday,1791—1867)从 1821 年开始"磁变电"的研究,1831 年发现电磁感应现象,揭示电现象与磁现象之间的紧密依存关系,这一发现成为发电机和变压器的基本原理,使机械能转换为电能成为可能;同年 10 月发明圆盘直流发电机(见例 18.1)。法拉第所确立的定律,为现代电工学奠定基础。在电磁现象的理论与实用问题的研究上,爱沙尼亚裔的俄国科学家楞次(E.Lenz,1804—1865)发挥重要作用,于 1834 年建立了确定感应电流(或感生电动势)方向的定则(即楞次定律)。他还与焦耳分别独立地确定了电流热效应(焦耳-楞次定律)。生产需要动力驱动,电动机应运而生。1832 年法国发明家皮克希(H.Pixii,1808—1835)发明的手摇发电机,是世界上第一台发电机。1834 年德裔俄国科学家雅可比(M.H.Jacobi,1801—1874)制成第一台实用电动机,并利用它进行驱动船舶的实验,证明电能实际应用的可能性。1855 年法国物理学家傅科(J.L. Foucault,1819—1868)发现涡电流(即傅科电流)。1867 年德国电工学家西门子(E.W. von Siemens,1816—1892)制造出第一台自馈式发电机,"摒弃"伏打电池,使电能得以大量和廉价地生产和应用。发电机和电动机的发明交叉进行着,它们的发展与应用,促使工业电气化,导致第二次工业革命。

在关于电磁研究的历史进程中,有偶然的机遇,也有有目的的探索;有精巧的实验技术,也有大胆的理论独创;有天才的物理模型设想,也有严密的数学方法应用。经典电磁场理论由法拉第于 1832 年首先提出,特别是,1864 年至 1873 年间,英国物理学家麦克斯韦(J.C. Maxwell,1831—1879)在法拉第研究的基础上,极富创造性地提出关于感应电场和位移电流的假说,建立以一套以方程组为基础的、完整的、宏观的电磁场理论。麦克斯韦电磁场理论体系确定电荷、电流、电场、磁场之间的普遍联系,使人类对宏观电磁现象的认识达到一个新的高度,被誉为 19 世纪物理学中最伟大的成就。如果说牛顿把天上、地上的运动规律统一起来,实现物理学的第一次大综合,那么麦克斯韦则把电、磁和光统一起来,实现物理学的又一次大综合。麦克斯韦和牛顿一样,把经典物理学理论推至巅峰。

在麦克斯韦电磁场理论建立之前,光学与电磁学是完全分开发展的,麦克斯韦电磁场理论体系彻底否定"超距作用"的错误概念,使电学、磁学和光学得到统一,并得出光的本质是电磁波的结论。他预言电磁波的存在,为无线电技术的发展奠定理论基础。1888 年德国物理学家赫兹(H.R.Hertz,1857—1894)用实验证实电磁波理论。约 7 年后,无线电通信技术成为现实并得到迅猛发展,物理学的发展走到当时科学技术的前面。

物理学和工程技术关系密切。当今的许多工程学科都是根植于经典物理学的某一分支。电磁学直到现在,在技术上总起到主导的作用,在基础物理学中一直保持其重要地位。自麦克斯韦电磁理论建立之后,经过一个多世纪的发展,人类不断总结和丰富着自己的知识,电子科学与技术、电气工程、通信工程等学科也在电磁学的基础上在生产与科学实践中如雨后春笋般发展壮大起来。20 世纪的物理学进而促进许多新兴的技术科学破土而出,在促进交叉学科方面也大有可为。如现代磁学的研究与量子理论密切相关,已从电磁学中分出而成为独立的学科。

随着一个个电磁学研究成果的取得,企图把全部物理学归纳为力学的机械论观点宣告彻底失败。1905 年犹太裔物理学家爱因斯坦创立狭义相对论,在高速运动情况下牛顿运动定律必须修改;量子力学建立后,微观世界中牛顿运动定律也不再适用。电磁场是一个统一的实体,麦克斯韦方程组仍然正确,且不必修改。这一切说明麦克斯韦的工作是何等的出色,是从牛顿建立力学理论到爱因斯坦提出相对论的这段时期中物理学发展史上最深刻和最重要的理论成果。

本篇主要介绍经典电磁理论,它基于电磁场是连续地分布在空间的认识基础上,主要研究静电现象、磁现象、电流现象、电磁场和电磁辐射等。20 世纪初关于光电效应及热辐射规律的研究提出电磁场是由不带电的离散的粒子——光子——组成的观点,电磁场的量子就是光子,从而建立量子场论,它更全面而深刻地阐明电磁场的规律。在第 6 篇量子物理基础中介绍光子的概念及其若干应用。对于量子场论,由于其理论艰深,本书作为基础物理教材,不再涉及。

电磁学篇知识结构思维导图

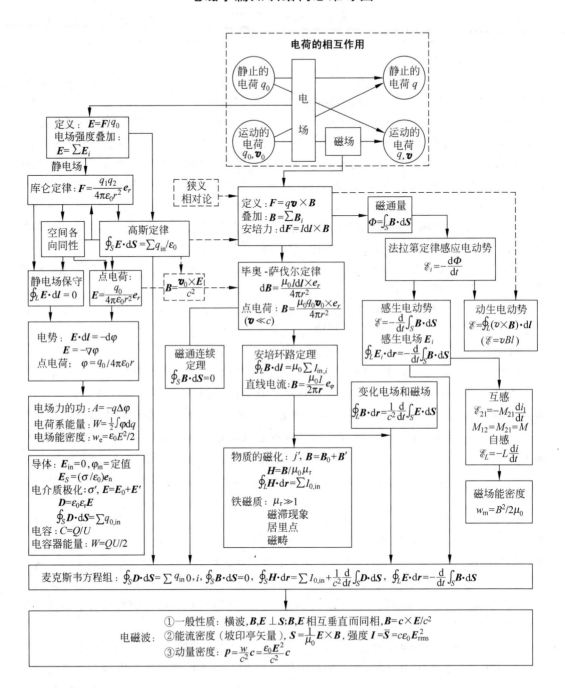

青年理想远大、信念坚定,是一个国家、一个民族无坚不摧的前进动力。青年志存高远,就能激发奋进潜力,青春岁月就不会像无舵之舟漂泊不定。

——习近平 2019 年 4 月 30 日在纪念五四运动 100 周年大会上的讲话

第12章

静 电 场

静电场是研究静电场的性质、实物与静电场的相互作用,以及有关的现象与应用的学科,是电磁学的一部分。我们在中学物理学习了静电场的一些知识,如电荷、库仑定律、电场和电场强度的概念,以及带电粒子在电场力作用下的运动等。本章不仅对这些内容作更准确地深入说明,还特别侧重于介绍更具普遍意义的高斯定理及其求静电场的方法。对称性分析已成为现代物理学的一种基本的分析方法,本章在适当地方多次说明了对称性的意义以及利用对称性分析问题的方法。

无论是概念的引入,还是定律的表述,或是分析方法的介绍,本章所涉及的内容,就思维方法来讲,对整个电磁学(甚至整个物理学)都具有典型的意义,希望读者细心地学习与认真地体会。

12.1 电荷

物体产生的电磁现象,现在都归因于物体所带的电荷以及这些电荷的运动。电磁相互作用存在于某种粒子之间,这些粒子具有一种性质,称为**电荷**。它和质量一样,都是物质的基本属性之一。电荷是物体带电过程的内在依据。

1. 电荷的种类

自然界的电荷有两种,正电荷和负电荷。物理学上,把玻璃棒与丝绸摩擦后所带的电荷规定为正电荷,把硬橡胶棒与毛皮摩擦后所带的电荷规定为负电荷。它们完全相互抵消的状态称为中和。静止的电荷,同种相斥,异种相吸。因为当时人们不明了电的本质,认为电是附着于物体上的,因此,把它称为电荷,并把显示出这种斥力或引力的物体称为**带电体**。与电荷有两种相互作用相比较,物质的另一属性——质量则只有一种与之相联系的相互吸引作用的引力。

带电体所带电荷的多少叫**电荷量**。习惯上,把带电体简称**电荷**,如运动电荷、自由电荷等。电荷常用符号 q 或 Q 表示,在 SI 中,单位为库仑(库,C),其单位的规定方法见 16.5 节。正电荷的电荷量取正值,负电荷的电荷量取负值。一个带电体所带总电荷量为其所带正、负电荷量的代数和。现代物理实验证实,电子的电荷集中在半径小于 10^{-18} m 的小体积内。因此,电子被当作是一个无内部结构而有有限质量、电荷的"点";质子中只有正电荷,集中在

半径为 10^{-15} m 的体积内,可稳定地独立存在;中子内部也有电荷分布,靠近中心为正电荷,靠外为负电荷,正、负电荷等量,对外不显电性,即不带电,不能稳定地独立存在。在正常情况下,同一个原子中正、负电荷量相等,因而整个物体表现为不带电或呈电中性的。

J.J.汤姆孙(J.J.Thomson,1856—1940,他的朋友叫他 J.J.)于 1897 年发现电子,并因相关贡献获 1906 年度诺贝尔物理学奖。电子的发现打破原子是不可分的经典的物质观,引发电子科技时代的来临。值得一提的是,在物理学史上有三个著名的英国物理学家汤姆孙,开尔文爵士原名汤姆孙(W.Thomson,1824—1907),热力学温度单位就是为纪念他而命名的。J.J.汤姆孙之子 G.P.汤姆孙是 1937 年度诺贝尔物理学奖获得者。

2. 物质的导电性能

物质内部固有地存在着电子和质子这两种带有电荷的粒子,电流是物体带电过程的内在依据。工程上,通常根据电结构和导电性能的不同,把物质分为导体、半导体和绝缘体。物质的导电性能通常用电阻率 ρ(体积电阻率)或电导率 σ 表征。ρ 越小(σ 越大),导电本领越高。

物体内部具有大量在外电场作用下可自由移动的带电粒子,能很好地传导电流的物体叫做**导体**,如金属中可移动的是传导电子,电解液中可移动的是正负离子,大地也是导体。

具有良好的电绝缘性,即电荷在其中难以流动的物体叫做电的**绝缘体**,如干燥的玻璃、电木、橡胶、塑料、陶瓷等都是良好的绝缘体,常用作不导电材料。电介质就是引入电场中的绝缘体,可用作电气绝缘材料、电容器的介质等。以前,把**电介质**(绝缘介质)作为不导电物质的学名,但现代科学发现,许多半导体也是很好的电介质。

导电性能介于金属和绝缘体之间的非离子性导电物质叫做**半导体**,如锗、硅以及某些化合物等。半导体与导体、绝缘体的区别远不只是"导电性能介于金属和绝缘体之间"这么简单,相关内容见第 25 章介绍。导体、半导体和绝缘体之间并无严格的界限,在一定条件下,也可能发生变化。在原子范围内,由于电场的作用,非导体中的电荷也可以发生位移。

3. 电荷的量子性 点电荷

实验表明,电荷是量子化的,即在自然界中,电荷总是以一个基本单元的整数倍出现,这个特性叫做电荷的**量子性**。电荷的基本单元就是一个电子所带电荷量的绝对值,称为**元电荷**,常以 e 表示。e 是电荷量的基本单位,经测定(2019 年新定义值),其值为

$$e = 1.602\ 176\ 633\ 8 \times 10^{-19}\ \text{C}$$

带电体的电荷量 q 在数值上等于元电荷 e 的整数倍,表示为

$$q = ne$$

式中,n 为正或负整数。此式表明,q 只能是离散、不连续的,体现电荷的量子性。自然界中已发现的微观粒子,包括电子、质子和中子等在内,已有数百种。量子化是带电粒子所带电荷必须遵循的普遍原则。

1908—1913 年,密立根(R.A.Millikan,1868—1953)应用油滴实验方法,精确地测定了电子电荷 e 值,确定了电荷量子性,获 1923 年度诺贝尔物理学奖。元电荷 e 的测定,为电子论的建立提供直接的实验基础。

近代物理理论认为,每一个**夸克**或**反夸克**可能带有 $\pm\dfrac{1}{3}e$ 或 $\pm\dfrac{2}{3}e$ 的电荷量,加速器已

观测到全部夸克粒子的存在。然而,至今单独存在的夸克尚未在实验中发现(即使发现,也不过把基元电荷的大小缩小到目前的 1/3 或 2/3,电荷的量子性依然存在)。物体所带电荷最终由(目前所认识的)组成它们的基本粒子——夸克和反夸克的电荷决定。

本章讨论电磁现象的宏观规律,所涉及的电荷常常是元电荷的许多倍。在这种情况下,将只从平均效果上考虑,认为电荷连续地分布在带电体上,而忽略电荷的量子性所引起的微观起伏。尽管如此,在阐明某些宏观现象的微观本质时,还应从电荷的量子性出发。

在后续讨论中,经常用到点电荷的概念。点电荷类比于质点,当一个带电体本身的线度比所研究的问题中所涉及的距离小很多时,该带电体的形状与电荷在其上的分布状况均无关紧要,该带电体就可看作集中于一点的电荷,叫做**点电荷**。由此可见,点电荷是个相对的概念,是为了方便讨论问题而引入的理想物理模型。至于带电体的线度比研究的问题所涉及的距离小多少时,它才能被当作点电荷,这要依问题所要求的精度而定。当在宏观意义上谈论电子、质子等带电粒子时,完全可以把它们视为点电荷。

4. 电荷守恒定律

实验指出,电荷是守恒的。对于一个系统,如果没有净电荷出入其边界,则该系统的正、负电荷的电荷量的代数和将保持不变,且与带电体的运动速度无关。这一实验定律称为**电荷守恒定律**。宏观物体的带电或电中和,以及物体内的电流等现象,实质上是由于微观带电粒子在物体内运动的结果。因此,电荷守恒实际上也就是在各种变化中,系统内粒子的总电荷数守恒。1843 年,法拉第从实验上证明了此定律。

现代物理研究已表明,在粒子的相互作用过程中,电荷是可以产生和消失(或湮灭)的。在已观察到的这种过程中,正、负电荷总是成对出现或成对消失,所以这种电荷的产生和消失并不改变系统中的电荷数的代数和,因而,电荷守恒定律仍然保持有效。

电荷守恒定律在宏观现象和微观现象中均成立,对任何惯性参考系都正确,是自然科学中的基本定律之一。这种守恒指同一地点(局域)的守恒。

5. 电荷的相对论不变性

和电荷守恒相比,质量也是守恒的,相应地,也有质量守恒定律。不过,在爱因斯坦创立相对论之后,它已经和能量守恒定律合二为一了。

实验证明,电荷与带电体的运动速率无关,即随着带电体的运动速率的变化,它所具有的电荷的电荷量是不改变的。由于同一带电体的速率在不同的参考系内可以不同,因而,也可以说,电荷与参考系无关。电荷的这一性质又被称为**电荷的相对论不变性**。

与电荷的相对论不变性相比较,物体的质量会随其速率的变化而变化,在高速领域可以显现出来。

12.2 电场和电场强度

19 世纪 30 年代,法拉第提出,电荷是通过中间物质——称为"场"——发生相互作用的。之后,物理学家已普遍地接受场的概念,并作出许多有关场的非常深入的研究。

1. 电场与电场强度

场分布于空间区域,它是物质存在的两种基本形态之一。

（1）电场　场的观点

现已确认，无论电荷运动与否，两个电荷之间的相互作用是通过一种被称为"场"的特殊物质来传递的。本章讨论的是其中一种相互作用力，叫做**电场力**。传递这种力的场称为**电场**。电荷之间的另一种相互作用力是磁场力，它和电荷的运动有关。磁场和磁场力将在第 15 章和 16 章介绍。

说"场"是一种特殊物质，是因为我们不能凭感觉器官直接感受其存在，而它间接地表现出来的物质属性，具有不依赖于人的意识而存在的客观事实，包括能量、动量和质量等。实物具有静止的质量，与场既有区别又有联系，并可相互转化。按照量子场论的观点，场与粒子具有不可分割的联系，一切粒子都可看作相应场的最小单元（量子），如电子场、光子场（电磁场）等；如果把一切相互作用归结为有关场之间的相互作用，则场与实物无需严格地加以区分。

（2）电场强度

下面说明什么是电场以及如何描述电场。

在图 12-1 中，电荷 Q 和 q 通过它们的场发生相互作用。当研究 q 受 Q 的作用时，Q 称为**场源**电荷或源电荷。它周围存在着与它相联系的，或说"由 Q 产生"的场。另一电荷 q 在这场中某点（此点称为**场点**）时就受到在该点处 Q 产生的场的作用力，这力称为**场力**。

图 12-1　静止的检验电荷受的电场力

为了描述 Q 产生的电场在空间各处的特征，我们将被称为**检验电荷**（也叫**试探电荷**）的正电荷 q 放在这场内某场点 P 处，使其保持静止并测量它所受的场力。检验电荷的体积与电荷量必须足够小，使它引入电场时既不改变原来的电场分布，又能精确描述各点的电场。以 F 表示所测得的场力，然后依次把 q 放到其他场点做同样的实验。结果表明，对于一定的场源电荷 Q，同一检验电荷 q 在各场点所受的场力的方向与大小一般都不相同。但电荷量不同的同种检验电荷 q 在同一场点所受场力的方向都是一样的。尽管由于 q 不同所受场力的大小不等，但是比值 F/q 在同一场点对不同的 q 却是一个定值，且与 q 无关，而只决定于场点所在的位置。可见，可以用比值 F/q 大小及其方向来确定场源电荷周围各场点的场的特征。这种利用静止的检验电荷 q 确定的场称为**电场**，F 称为**电场力**，而比值 F/q 反映各点的电场强弱。引入表征电场强弱和方向的物理量 E，称为**电场强度**（常简称为**场强**。在近代文献中，有时也把电场强度简称电场）。对点电荷，电场强度 E 定义为

$$E = \frac{F}{q} \quad （q\,静止） \tag{12-1}$$

电场强度 E 为矢量，电场中某场点的 E 的方向为静止的、带正电的检验电荷受场力的方向，而其大小等于静止的单位电荷受的场力。电场强度的 SI 单位为牛顿每库仑（牛每库，N/C。还有另一单位 V/m，二者等效）。表 12-1 列出一些典型的电场强度的数值。

表 12-1　一些典型电场强度的数值

名　　　称	电场强度数值（N/C）
铀核表面	2×10^{21}
中子星表面	约 10^{14}

续表

名　称	电场强度数值(N/C)
氢原子电子内轨道处	6×10^{11}
X 射线管内	5×10^6
空气的电击穿强度	3×10^6
范德格拉夫静电加速器内	2×10^6
电视机的电子枪内	10^5
电闪内	10^4
雷达发射器近旁	7×10^3
太阳光内(平均)	1×10^3
晴天大气中(地表面附近)	1×10^2
小型激光器发射的激光束内(平均)	1×10^2
日光灯内	10
无线电波内	约 10^{-1}
家庭用电路线内	约 3×10^{-2}
宇宙背景辐射内(平均)	3×10^{-6}

电场是传递电荷与电荷之间相互作用的物理场。观察者相对于场源电荷静止时所观察到的电场称为**静电场**。这时，由式(12-1)所定义的电场强度是空间坐标的矢量函数。如果电荷和观察者有相对运动，则不仅有电场，还有磁场出现。

2. 电场强度叠加原理

在同一空间内同时存在多个电荷时，每个电荷在该空间区域产生各自的电场。这时，空间中某一场点的电场强度仍由式(12-1)定义，不过，式中的 F 应是各场源电荷单独存在时在该场点的电场对检验电荷 q 的电场力的合力。以 F_i 表示一个场源电荷单独存在时在某场点的 q 所受的电场力，根据力的叠加原理，$F = \sum_i F_i$，则由式(12-1)，电场强度也满足叠加原理。即

$$E = \frac{F}{q} = \frac{\sum_i F_i}{q} = \sum_i \frac{F_i}{q} \tag{12-2}$$

式中，F_i/q 是一个场源电荷单独存在时在有关场点产生的电场强度 E_i。对于 n 个电荷组成的电荷系，式(12-2)又可写成

$$E = \sum_i^n E_i \tag{12-3}$$

此式表明，在 n 个电荷产生的电场中，空间上任一点的总场强等于不同场源单独存在时在该点产生的电场强度的矢量和。这一结论称为**电场强度叠加原理**，简称场强叠加原理。它是电磁学中的一个基本原理。

12.3　库仑定律与静电场的计算　电偶极矩

既然电荷是通过它们的场相互作用的，那么，要想求出一个电荷受的电场力以及其运动情况，就必须先知道电场的分布状况。场源电荷和它在周围产生的电场的分布有什么关系

呢? 下面从最简单的情况开始讨论,先考虑真空中一静止电荷 q 的周围的电场分布,并讨论电偶极子的电场,引入电偶极子的概念。

1. 库仑定律与静电力叠加原理

1785 年,法国物理学家库仑设计制作可测微小力的电扭秤,并通过实验发现两个静止点电荷之间相互作用力的基本定律,故名**库仑定律**。它的内容是:真空中两个静止点电荷 q_1 和 q_2 之间的作用力的方向沿着两个点电荷的连线(同性相斥,异性相吸),作用力的大小 F 和两个点电荷的电荷量的乘积成正比,和它们之间的距离 r 的平方成反比。用 SI 单位写成数学等式,q_1 对 q_2 的作用力表示为

$$\boldsymbol{F}_{21} = k \frac{q_1 q_2}{r^2} \boldsymbol{e}_{r_{21}} \tag{12-4}$$

式中,$\boldsymbol{e}_{r_{21}}$ 是由 q_1 指向 q_2 的方向单位矢量;比例常量 k 称为**静电力常量**,又叫**库仑常量**。一般计算时,通常取下列值,其误差在 0.1% 以内。即

$$k = 8.988 \times 10^9 \text{ N} \cdot \text{m}^2/\text{C}^2 \approx 9 \times 10^9 \text{ N} \cdot \text{m}^2/\text{C}^2 \tag{12-5}$$

在电磁学中,表示同一规律的数学形式常随所用单位制的不同而不同。在 SI 中,为了简化电磁学规律的数学表达式并方便计算,引入另一常量 ε_0,并令 $k = \dfrac{1}{4\pi\varepsilon_0}$,则

$$\varepsilon_0 = \frac{1}{4\pi k} = 8.854\,187\,817 \times 10^{-12} \text{ C}^2/(\text{N} \cdot \text{m}^2) \tag{12-6}$$

式中,ε_0 称为**真空电容率**或**真空介电常量**。这种引入 4π 和 ε_0 的做法叫做单位制的有理化,可使由该规律推出的关系式变得简单。用 ε_0 取代 k 后,k 就与真空中的光速密切相关(见式(16-19)),成为常量,则库仑定律表示为

$$\boldsymbol{F}_{21} = \frac{1}{4\pi\varepsilon_0} \frac{q_1 q_2}{r^2} \boldsymbol{e}_{r_{21}} = -\boldsymbol{F}_{12} \tag{12-7}$$

两个静止点电荷按式(12-7)相互作用的力,称为**静电力**,也称**库仑力**。式(12-7)与万有引力定律的形式相同,但二者是两种截然不同的现象。电相互作用力取决于电荷,它可以是引力或斥力;而万有引力取决于质量,它总是相互吸引的。

两个点电荷之间的作用力并不因为第三个电荷的存在而改变。因此,根据上册 2.1 节力的叠加原理可以得出,两个以上的点电荷对一个点电荷的作用力等于各个点电荷单独存在时对该点电荷的作用力的矢量和。这一结论称为**静电力叠加原理**。对于 n 个静止点电荷组成电荷系,它们作用在另一静止点电荷 q 上的作用力都可以用式(12-7)计算,根据静电力叠加原理,则有

$$\boldsymbol{F} = \sum_{i=1}^{n} \boldsymbol{F}_i = \sum_{i=1}^{n} \frac{q q_i}{4\pi\varepsilon_0 r_i^2} \boldsymbol{e}_{r_i} = \sum_{i=1}^{n} \frac{q q_i}{4\pi\varepsilon_0 r_i^3} \boldsymbol{r}_i$$

式中,r_i 为 q 与 q_i 之间的距离,$\boldsymbol{e}_{r_i}$ 为从 q_i 指向 q 的单位矢量,且 $\boldsymbol{r}_i = r_i \boldsymbol{e}_{r_i}$。

原则上可以用库仑定律和叠加原理及其导出理论来解决静电学的全部问题。但库仑定律只适用于真空中的点电荷情况,它是静电场中的定律,不适用于计算运动电荷对静止电荷的作用力。若是由运动电荷激发的电场,其对静止电荷产生的作用力则不遵守库仑定律。因为运动电荷除了激发电场外,还激发磁场,这将在后续章节中介绍。如果电荷之间存在某种介质,该物质分子内的电荷会被“感应”,从而导致每个电荷受到的合力发生变化。但在实

际问题中,把库仑定律用于讨论空气中的点电荷,在正常大气压下的误差大约只有真空中理想数值的 $\dfrac{1}{2\,000}$。

近代电子技术实验表明,静电力 F 与 $r^{2+\delta}$ 的反比关系中,δ 与 0 的差值确定在 10^{-15} 范围以内,这说明库仑定律的精确性。库仑定律是电学发展史上第一个定量定律,不仅是精密测量与数学解析相结合的典范,使电学研究从定性进入定量阶段,而且迅速地推进数学在静电学领域的应用,在电学发展史上具有重要的意义。从库仑定律建立来看,通过与万有引力类比,库仑成功地运用了类比法。类比法,即类比推理,它是以两个或两类对象某些相近的属性进行比较,推出它们的其他属性也可能相同的逻辑推理方法。

2. 电场强度的计算

电场强度的计算主要有两种类型,包括点电荷(或点电荷系)和连续均匀带电体。

(1) 点电荷的电场强度

在式(12-7)中,如果把 q_2 当作检验电荷,F 就是它在 q_1 的电场中所受的电场力。根据电场强度的定义,由式(12-1)得,$\dfrac{F}{q_2}=\dfrac{q_1}{4\pi\varepsilon_0 r^2}$ 就是 q_2 所在处的 q_1 的电场的电场强度。去掉 q_1 的下标,则真空中的静止点电荷 q 在其周围产生的电场的电场强度大小为

$$E=\frac{1}{4\pi\varepsilon_0}\frac{q}{r^2} \tag{12-8}$$

其中,r 是从场源点电荷到场点的距离。用一带正电的检验电荷放在此场点可以确定此电场的方向是:如果 q 为正电荷,则电场指离 q;如果 q 是负电荷,则电场指向 q,如图 12-2 所示。

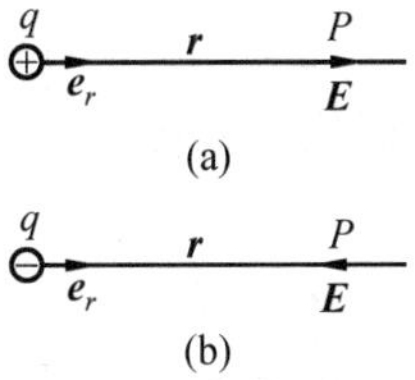

将式(12-8)表示的电场强度的大小和上面关于电场强度方向的说明结合起来,则真空中一静止点电荷 q 在场点 P 产生的电场强度可用矢量式表示为

$$\boldsymbol{E}=\frac{q}{4\pi\varepsilon_0 r^2}\boldsymbol{e}_r \tag{12-9}$$

图 12-2 电场方向
(a) $q>0$; (b) $q<0$

式中,$\boldsymbol{e}_r$ 是从点电荷 q 指向场点 P 的单位矢量(图 12-2)。

由于式(12-9)表示 $\boldsymbol{E}$ 只和矢径 $\boldsymbol{r}$ 的大小与方向有关,所以,从总体上看,一个点电荷的静电场具有以该点电荷为中心的球对称性分布。

(2) 点电荷系电场强度的计算

利用点电荷的电场强度公式(12-9)以及电场强度叠加原理式(12-3),就可以求真空中点电荷系的电场分布。

设有 n 个静止的点电荷 $q_1,q_2,\cdots,q_n$,其中第 i 个点电荷 q_i 单独存在时在场点 P 的电场强度为 $\boldsymbol{E}_i$,则此电荷系在 P 点的合场强为

$$\boldsymbol{E}=\sum_{i=1}^{n}\boldsymbol{E}_i=\sum_{i=1}^{n}\frac{q_i}{4\pi\varepsilon_0 r_i^2}\boldsymbol{e}_{r_i}=\sum_{i=1}^{n}\frac{q_i}{4\pi\varepsilon_0 r_i^3}\boldsymbol{r}_i \tag{12-10}$$

式中,r_i 为 q_i 到场点 P 的距离,$\boldsymbol{e}_{r_i}$ 为从 q_i 指向场点 P 的单位矢量。

(3) 电荷连续分布的带电体电场强度的计算

在宏观尺度上,由于带电体所带电荷量往往远大于元电荷,因此,一般把带电体当作电

荷连续(均匀)分布来处理。对这样的带电体,可引入电荷密度来描述电荷的空间分布。电荷密度是电荷分布疏密程度的量度,是位置的标量函数。下面将用到这一概念。

把电荷均匀分布的带电体看成是由许多电荷元 dq 组成的特殊电荷系,而每个电荷元 dq 又可当做点电荷处理。设其中任一个电荷元 dq 在场点 P 产生的电场为 $d\boldsymbol{E}$,根据式(12-9),有

$$d\boldsymbol{E} = \frac{dq}{4\pi\varepsilon_0 r^2}\boldsymbol{e}_r$$

式中,r 是从电荷元 dq 到场点 P 的距离,$\boldsymbol{e}_r$ 是这一距离的方向上的单位矢量,即 dq 指向该场点的单位矢量。整个带电体在 P 点产生的总场强可用积分计算,即

$$\boldsymbol{E} = \int d\boldsymbol{E} = \int \frac{dq}{4\pi\varepsilon_0 r^2}\boldsymbol{e}_r \tag{12-11}$$

式中,当电荷 q 沿线段 l 均匀分布时,$dq = \lambda dl$(λ 为电荷线密度,dl 为长度元);同样地,若电荷 q 均匀分布于带电体表面上时,$dq = \sigma dS$(σ 为电荷面密度,dS 为面积元);若电荷 q 均匀分布于体积 V 时,$dq = \rho dV$(ρ 为电荷体密度,dV 为体积元)。

3. 电偶极子与电偶极矩

两个相距极近、等量而异号的点电荷组成的系统,称为**电偶极子**。两个点电荷为它的两个极,因而把**电偶极子**简称**偶极子**或**电偶**。复杂的中性分子,如果其内部正、负电荷中心不相重合,其电结构可近似地认为是一个等效电偶极子。两点电荷中心之间的中点为电偶极子中心,二者连线所在直线为电偶极子的轴。

设电偶极子的两个点电荷为 $+q$ 和 $-q$,相距 l,常用**电偶极矩**表示电偶极子本身的特征。把一个电荷的电荷量 q 与两电荷之间位置矢量 $\boldsymbol{l}$ 的乘积,叫做电偶极子的电偶极矩,简称**偶极矩**或**电矩**,用 $\boldsymbol{p}$ 表示,则

$$\boldsymbol{p} = q\boldsymbol{l} \tag{12-12}$$

式中,$\boldsymbol{l}$ 为从 $-q$ 中心指向 $+q$ 中心的位置矢量。$\boldsymbol{p}$ 是矢量,方向沿两电荷的连线,自负电荷指向正电荷(即 $\boldsymbol{l}$ 的方向),其国际单位为 C·m。电矩的符号与动量、压强的符号相同,但它们是完全不同的物理量,这容易根据上下文加以辨别。

在均匀电场中,电偶极子所受的电场力大小相等、方向相反,形成一对力偶,因此,电偶极子在均匀电场中所受电场力的合力为零。但只要电矩 $\boldsymbol{p}$ 的方向与电场 $\boldsymbol{E}$ 的方向不一致,电场对电偶极子就作用一个力矩,其效果是让电矩转向平行电场方向,见例 12-14。

电偶极子是电介质理论和原子物理学的物理模型,在 14.4 节讲述电介质的极化时需要用到这一概念,它也是研究电磁波产生的标准模型。这个模型还可推广到多极子,应用于核物理。

【例 12-1】 电偶极子的静电场。设场点 P 到电偶极子中心距离为 r,求电偶极子中垂线上、距离电偶极子甚远处(即 $r \gg l$)的任一点 P 的电场强度(图 12-3)。

解 设 $+q$ 和 $-q$ 到电偶极子中垂线上任一场点 P 的位置矢量分别为 $\boldsymbol{r}_+$ 和 $\boldsymbol{r}_-$,如图 12-3 所示,且 $r_+ = r_-$。由式(12-9),$+q$ 和 $-q$ 在 P 点的场强 $\boldsymbol{E}_+$ 和 $\boldsymbol{E}_-$ 分别为

$$\boldsymbol{E}_+ = \frac{q\boldsymbol{r}_+}{4\pi\varepsilon_0 r_+^3}, \quad \boldsymbol{E}_- = -\frac{q\boldsymbol{r}_-}{4\pi\varepsilon_0 r_-^3}$$

式中,$\boldsymbol{E}_+$ 和 $\boldsymbol{E}_-$ 对应的单位方向矢量分别用 $\boldsymbol{r}_+/r_+$ 和 $\boldsymbol{r}_-/r_-$ 代替。以 r 表示电偶极子中心到 P 点距离,且按幂级数展开(见一些函数的幂级数展开公式,387 页),有

$$r_+ = r_- = \sqrt{r^2 + \frac{l^2}{4}} = r\sqrt{1 + \left(\frac{l}{2r}\right)^2} = r\left(1 + \frac{l^2}{8r^2} + \cdots\right)$$

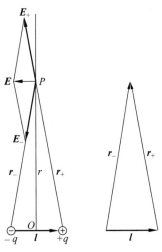

图 12-3　电偶极子的电场

在 P 点距电偶极子甚远处,即当 $r \gg l$(电偶极子暗含这一要求)时,取一级近似,则有 $r_+ = r_- = r$。根据场强叠加原理,P 点的总场强为

$$\boldsymbol{E} = \boldsymbol{E}_+ + \boldsymbol{E}_- = \frac{q}{4\pi\varepsilon_0 r^3}(\boldsymbol{r}_+ - \boldsymbol{r}_-)$$

由于 $\boldsymbol{r}_+ - \boldsymbol{r}_- = -\boldsymbol{l}$,则上式表示为

$$\boldsymbol{E} = -\frac{1}{4\pi\varepsilon_0}\frac{q\boldsymbol{l}}{r^3} = -\frac{1}{4\pi\varepsilon_0}\frac{\boldsymbol{p}}{r^3} \tag{12-13}$$

式中,$\boldsymbol{p} = q\boldsymbol{l}$ 为电偶极子的电矩。此结果表明,在电偶极子中垂线上距离电偶极子中心较远处($r \gg l$),场点的电场强度与电偶极子的电矩成正比,与该点离电偶极子中心的距离的 3 次方成反比;式中负号表示其方向与电矩的方向相反。

从总体上看,电偶极子的静电场具有以电偶极子轴线为轴的轴对称性分布(包括电偶极子下方的另一侧),式(12-13)给出电偶极子中垂线上的电场分布。

讨论　下面讨论其他两种情况。

(1) 类似地,可求出电偶极子在电矩方向延长线(轴线)上的场强分布。在距离电偶极子中心为 r 的场点的电场强度为

$$\boldsymbol{E} = \frac{1}{4\pi\varepsilon_0}\frac{2\boldsymbol{p}}{r^3}$$

由上式和式(12-13)可见,电偶极子在空间上的场强由电矩 $\boldsymbol{p}$ 决定,并与距离 r 的 3 次方成反比,它比点电荷的场强随距离 r 衰减得更快。

无论场点 P 是在电偶极子中垂线上,还是在电矩方向轴线延长线上,在距离电偶极子较远处,电偶极子均表现为电中性,只保留着偶极场。

(2) 对于场点 P 位于电偶极子所在平面上的任一点,其电场强度的计算见例 13-9,其结果更具一般性。

(3) 例 12-14 通过求解电场中的偶极子的力矩,得出了电偶极子在电场 $\boldsymbol{E}$ 中所受力矩的一般表达式为 $\boldsymbol{M} = \boldsymbol{p} \times \boldsymbol{E}$,即式(12-34)。

【例 12-2】　带电直线段的静电场。一根均匀带电的直棒,如果限于考虑场点距离直棒的距离比棒的截面尺寸大得多的电场,则该带电直棒可视为一条带电直线段。设一均匀带电直线段的长度为 L,如图 12-4 所示,电荷线密度为 λ(设 $\lambda > 0$),求此直线段中垂线上一点的场强。

解　在带电直线段上任取一长为 dl 的电荷元,其电荷量为 $dq = \lambda dl$;以带电直线段中点 O 为原点,建立 xOy 直角坐标系(图 12-4)。

电荷元 dq 在 P 点的场强为 $d\boldsymbol{E}$,$d\boldsymbol{E}$ 沿两个轴方向的分量分别为 dE_x 和 dE_y。由于场点 P 位于带电直线段的中垂线上,因而带电直线段对 P 点的电荷分布具有对称性,其全部电荷在 P 点的场强沿 y 轴方向的分量之和为零,P 点的总场强 $\boldsymbol{E}$ 只沿 x 轴方向,则

$$E = \int dE_x$$

且

$$dE_x = dE\cos\theta = \frac{\lambda dl}{4\pi\varepsilon_0 r^2} \cdot \frac{x}{r}$$

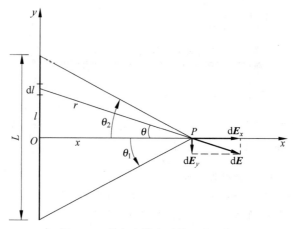

图 12-4　带电直线中垂线上的电场

为求 E 与 x 的关系,把上式中的 r 和 $\mathrm{d}l$ 统一变换为以 θ 为变量的形式,积分较为简便。由于 $l = x\tan\theta$,$\mathrm{d}l = \dfrac{x}{\cos^2\theta}\mathrm{d}\theta$,$r = \dfrac{x}{\cos\theta}$,则

$$\mathrm{d}E_x = \frac{\lambda x\mathrm{d}l}{4\pi\epsilon_0 r^3} = \frac{\lambda\cos\theta}{4\pi\epsilon_0 x}\mathrm{d}\theta$$

由于对整个带电直线段来说,θ 的变化范围是从 $-\theta_1 \sim \theta_2$,所以

$$E = \int_{-\theta_1}^{\theta_2} \frac{\lambda\cos\theta}{4\pi\epsilon_0 x}\mathrm{d}\theta = \frac{\lambda}{4\pi\epsilon_0 x}(\sin\theta_2 + \sin\theta_1)$$

由于场点 P 位于中垂线上,则 $\theta_1 = \theta_2$,将 $\sin\theta_1 = \sin\theta_2 = \dfrac{L/2}{\sqrt{(L/2)^2 + x^2}}$ 代入上式,可得

$$E = \frac{\lambda L}{4\pi\epsilon_0 x(x^2 + L^2/4)^{1/2}} \tag{12-14}$$

此电场的方向垂直于带电直线段而指向远方($\lambda > 0$ 情况)。

从总体上看,均匀带电直线段的静电场具有相对于带电直线段(及其延长线)的轴对称性分布。式(12-14)给出带电直线段中垂线上电场的分布。

讨论　下面分三种情况讨论上述结果。

(1) 当 $x \ll L$ 时,即在带电直线段中部近旁区域内,由式(12-14),有

$$E \approx \frac{\lambda}{2\pi\epsilon_0 x} \tag{12-15}$$

此时因 $x \ll L$,相对于距离 x,该带电直线段可视为"无限长",相当于 $\theta_1 = -\pi$ 和 $\theta_2 = \pi$ 的情况,因此,可以说,在一无限长带电直线周围任意点的场强与该点到带电直线的距离成反比。值得注意的是,对无限大的带电体,不能说其带电荷量多少,而要用电荷密度表示。

(2) 当 $x \gg L$ 时,即在远离带电直线段的区域内,由式(12-14),有

$$E \approx \frac{\lambda L}{4\pi\epsilon_0 x^2} = \frac{q}{4\pi\epsilon_0 x^2}$$

其中,$q = \lambda L$ 为带电直线段所带的总电荷量。此结果显示,在距离带电直线段甚远处,该带电直线段的电场相当于一个点电荷 q 的效果。

(3) 对于一条直线段,若所求的场点 P 不在带电直线段的中垂线上,则可选取 P 点垂直于直线段的垂足为坐标原点 O 建立 xOy 直角坐标系,分别写出 $\sin\theta_1$ 和 $\sin\theta_2$ 后,再代入前面结果,所求的场强更具一般性,但计算稍为繁琐。

【例 12-3】 **带电圆环的静电场。** 一半径为 R 的均匀带电细圆环,所带电荷量为 $q(q>0)$,求圆环轴线上任一点的场强。

解 把圆环分割成许多小段,任取一长度元 $\mathrm{d}l$,其上所带电荷量为 $\mathrm{d}q$。设此电荷元 $\mathrm{d}q$ 在 P 点产生的场强为 $\mathrm{d}E$,并设 $OP=x$,P 点与 $\mathrm{d}q$ 的距离为 r,如图 12-5 所示,$\mathrm{d}E$ 沿平行和垂直于轴线的两个方向的分量分别为 $\mathrm{d}E_{/\!/}$ 和 $\mathrm{d}E_{\perp}$。由于圆环电荷分布对于轴线对称,所以圆环上全部电荷的 $\mathrm{d}E_{\perp}$ 上分量的矢量和为零,因而 P 点的场强沿轴线方向,且

$$E = \int_{(q)} \mathrm{d}E_{/\!/}$$

式中,积分为对圆环上全部电荷 q 积分。由于

$$\mathrm{d}E_{/\!/} = \mathrm{d}E\cos\theta = \frac{\mathrm{d}q}{4\pi\varepsilon_0 r^2}\cos\theta$$

其中,θ 为 $\mathrm{d}\boldsymbol{E}$ 与 Ox 轴的夹角,所以

$$E = \int_q \mathrm{d}E_{/\!/} = \int \frac{\mathrm{d}q}{4\pi\varepsilon_0 r^2}\cos\theta = \frac{\cos\theta}{4\pi\varepsilon_0 r^2}\int_q \mathrm{d}q$$

此等式最后的积分值就是整个环上的电荷 q,则

$$E = \frac{q\cos\theta}{4\pi\varepsilon_0 r^2}$$

考虑到 $\cos\theta = x/r$,$r = \sqrt{R^2+x^2}$,代入上式,求得电场强度大小为

$$E = \frac{qx}{4\pi\varepsilon_0 (R^2+x^2)^{3/2}} \tag{12-16}$$

其方向为沿着轴线指向远方($q>0$ 情况)。

从总体上看,均匀带电圆环的静电场分布具有相对于圆环轴线的轴对称性,也具有相对于圆环平面的镜面对称性。式(12-16)只表示圆环轴线上的电场分布。

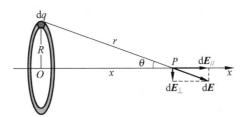

图 12-5 均匀带电细圆环轴线上的电场

讨论 考虑两种特殊的情况。

(1) 当 $x \gg R$ 时,$(x^2+R^2)^{3/2} \approx x^3$,由式(12-16),则 $\boldsymbol{E}$ 的大小为

$$E \approx \frac{q}{4\pi\varepsilon_0 x^2}$$

此结果说明,远离环心处的电场相当于一个点电荷 q 的效果。

(2) 当 $x=0$ 时,由于对称性,圆环的圆心处 $E=0$,而无限远处也有 $E=0$,这说明电场强度在二者之间的空间中存在极大值。因此,可对式(12-16)求极值,令 $\dfrac{\mathrm{d}E}{\mathrm{d}x}=0$,得 $x=\pm\dfrac{R}{\sqrt{2}}$,可见,电场强度最大值位于 O 点两侧此值的位置。将此值代入式(12-16),则电场强度极大值为 $E_{max}=\dfrac{q}{6\sqrt{3}\,\pi\varepsilon_0 R^2}$。

【例 12-4】 **带电圆面的静电场。** 一均匀带电平板,如果限于考虑场点与平板的距离比

板本身的厚度大得多的地方的电场,则该带电板可看作一个带电平面。今有一半径为 R 的均匀带电圆面(图 12-6),电荷面密度(即单位面积上的电荷)为 $\sigma(\sigma > 0)$,求带电圆面轴线上任一点的电场强度。

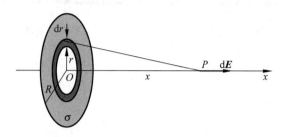

图 12-6 均匀带电圆面轴线上的电场

解 带电圆面可看成由许多同心的带电细圆环组成。选取一半径为 r,宽度为 dr 的面积元(细圆环) dS,则 $dS = 2\pi r \, dr$,对应的电荷元为 $dq = \sigma dS = 2\pi \sigma r \, dr$。由式(12-16)可知,此电荷元 dq 在 P 点产生的电场强度大小为

$$dE = \frac{x \, dq}{4\pi\varepsilon_0 \, (R^2 + x^2)^{3/2}} = \frac{x \cdot 2\pi\sigma r \, dr}{4\pi\varepsilon_0 \, (r^2 + x^2)^{3/2}}$$

方向沿轴线指向远方($\sigma > 0$ 时)。由于组成圆面的各电荷元(细圆环)的电场 dE 在轴线上的方向均相同,所以 P 点的场强为

$$E = \int dE = \frac{\sigma x}{2\varepsilon_0} \int_0^R \frac{r \, dr}{(r^2 + x^2)^{3/2}} = \frac{\sigma}{2\varepsilon_0} \left[1 - \frac{x}{(R^2 + x^2)^{1/2}} \right] \tag{12-17}$$

方向垂直于圆面指向远方。

从总体上看,均匀带电圆面的静电场分布具有与均匀带电圆环的静电场相似的对称性。式(12-17)只给出圆面轴线上的电场分布。

讨论 考虑两种特殊的情况。

(1) 当 $x \ll R$ 时,式(12-17)给出

$$E = \frac{\sigma}{2\varepsilon_0} \tag{12-18}$$

此时因 $x \ll R$,相对于距离 x,该带电圆面可看作"无限大"。因此,可以说,在一无限大的均匀带电平面附近,电场是一个均匀场,其大小由式(12-18)给出。这一结果是分析与计算电容的重要基础,后续内容需要经常用到。

(2) 当 $x \gg R$ 时,对式(12-17)应用幂级数展开公式(见 387 页的公式),并取一级近似,有

$$(R^2 + x^2)^{-1/2} = \frac{1}{x} \left(1 - \frac{R^2}{2x^2} + \cdots \right)$$

$$\approx \frac{1}{x} \left(1 - \frac{R^2}{2x^2} \right)$$

于是式(12-17)表示为

$$E \approx \frac{\pi R^2 \sigma}{4\pi\varepsilon_0 x^2} = \frac{q}{4\pi\varepsilon_0 x^2}$$

式中,$q = \sigma \pi R^2$ 为圆面所带的总电荷量。这一结果表明,在距离圆面甚远处,带电圆面可视为点电荷,即在远离带电圆面处的电场也相当于一个点电荷的效果。

12.4 电场线和电通量

前面已经指出,电场强度是矢量,是空间坐标的矢量函数,因此,电场是矢量场。矢量场有两个重要性质——通量和环流(或环量)。静电场的通量和环流所满足的方程分别称为高斯定理(见 12.5 节)和静电场环路定理(见 13.1 节)。它们揭示静电场的重要特征。本节先介绍电场线,并引入电通量的概念。

1. 电场线的概念

为了形象地描绘电场在空间的分布,通常人为地在电场中引入一系列曲线来表示。这些曲线上每一点的切线方向都与该点场强的方向一致。这样的曲线称为**电场线**。由此画出的电场线都是连续的、互不相交的曲线,且起始于正电荷而终于负电荷(为什么能这样,见 12.5 节)。在匀强电场中,电场线是均匀分布的、有方向的平行直线。但在交变电磁场中,场线是围绕着磁感应线的闭合线。

在电场中,电场线是按下述规定画出的一系列假想的曲线:通过电场中任意一点附近垂直于场强方向单位面积的电场线的条数等于该点场强的大小,这一数值称为**电场线(条数)密度**。曲线的疏密程度反映该处电场的强弱。任意点上的电场方向都是唯一的。

如图 12-7 画出几种不同电荷系统产生的静电场的电场线,它们是几种常见静电场的电场线分布,其对称平面包含场源电荷在内。

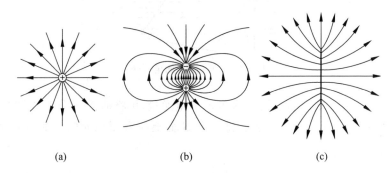

(a)　　　　　　　(b)　　　　　　　(c)

图 12-7　几种静止的电荷的电场线图

(a) 点电荷;(b) 电偶极子;(c) 均匀带电直线段

根据各种带电体的电场线的共同特征,可归纳出静电场电场线的一些性质:电场线起于正电荷(或无穷远)而止于负电荷(或无穷远),在无电荷处也不中断;任意两条电场线互不相交;电场线不形成闭合曲线。

式(12-13)、式(12-14)、式(12-16)和式(12-17)表示几种场源电荷的电场分布和场源电荷的关系,它们都是基于库仑定律和电场叠加原理得出的结果。利用电场线的概念,可以将场源电荷和它们的电场分布的一般关系用另一种形式——高斯定理表示出来。为了导出这一形式,需要引入一个新的概念——**电通量**,用来表征电场在空间分布情况。

2. 电通量

通过电场中某一面积的**电通量**,定义为通过该面积的电场线的数目(条数),用 Φ_e 表示。先考虑通过电场中一面积元 dS 的电通量 $d\Phi_e$,如图 12-8 所示。作此面积元垂直于电

场方向的投影 $dS_\perp$，显然，通过面积元 dS 和 $dS_\perp$ 的电场线条数是一样的。根据电场线疏密的规定，dS 处电场强度的大小 E 应等于该处通过 $dS_\perp$ 上单位面积的电场线条数。而通过 $dS_\perp$ 的电场线条数，也就是通过 dS 的电通量，应为

$$d\Phi_e = EdS_\perp = EdS\cos\theta$$

式中，θ 为 dS 和 $dS_\perp$ 之间的夹角。真空中电通量的国际单位为 $N \cdot m^2/C$ 或 $V \cdot m$。

　　"通量"源于拉丁语，意为"流动"，这里指的是假想的电场线，用了类比法。注意，电场本身并不流动。借助电场线的概念，电通量形象化地表征电场在空间区域内分布情况。

　　为了同时表示出电场线是从哪一侧面穿过面积元 dS 的，规定垂直面积元 dS 的某一方向为面积元的法线正方向，并以单位矢量 e_n 表示，则面积元矢量表示为 $dS = dSe_n$。由图 12-8 可以看出，dS 和 $dS_\perp$ 之间的夹角 θ 也等于电场 E 和 e_n 之间的夹角。由标量积的定义，可得

$$EdS\cos\theta = E \cdot e_n dS = E \cdot dS$$

将此式与上式对比，则通过面积元 dS 的电通量用标量积表示为

$$d\Phi_e = E \cdot dS \tag{12-19}$$

注意，由此式决定的电通量 $d\Phi_e$ 有正、负之别。当 $0 < \theta \leqslant \pi/2$ 时，$d\Phi_e$ 为正；当 $\theta = \pi/2$ 时，$d\Phi_e = 0$；当 $\pi/2 < \theta \leqslant \pi$，$d\Phi_e$ 为负。

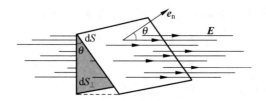

图 12-8　通过 dS 的电通量

　　在图 12-9 中，为了求出通过任意曲面 S 的电通量，可将曲面 S 分割成许多面积元 dS。先计算通过每一面积元的电通量，然后将整个 S 面上所有面积元的电通量相加，用数学式表示为

$$\Phi_e = \int d\Phi_e = \int_S E \cdot dS \tag{12-20}$$

这样的积分在数学上称为**面积分**，即**曲面积分**，积分号下标 S 表示此积分遍及整个曲面。

　　若曲面 S 是封闭曲面，如图 12-10 所示，则上式应对闭合曲面积分，其电通量表示为

$$\Phi_e = \oint_S E \cdot dS \tag{12-21}$$

式中的积分符号"$\oint$"表示对整个封闭曲面进行面积分。

　　对于不闭合的曲面，曲面上各处法向单位矢量的正方向 e_n 可以任意取指向这一侧或那一侧。对于闭合曲面，由于可把整个空间划分成内、外两部分，所以一般规定电场线自闭合曲面内向外穿出的方向为各处面积元法向的正方向。当电场线从内部穿出时（如图 12-10 中面积元 dS_1 处），$0 \leqslant \theta_1 < \pi/2$ 时，$d\Phi_e$ 为正。当电场线由外面穿入时（如图 12-10 中面积元 dS_2 处），$\pi/2 < \theta \leqslant \pi$，$d\Phi_e$ 为负。显然，闭合曲面内不包含电荷时，通过该闭合曲面的电通量为零。

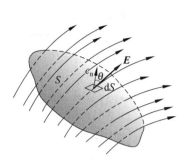
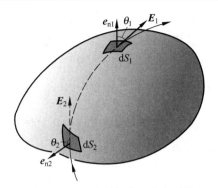

图 12-9 通过任意曲面的电通量   图 12-10 通过封闭曲面的电通量

式(12-21)中表示的通过整个封闭曲而的电通量 Φ_e 等于穿出与穿入封闭曲面的电场线的条数之差,也就是净穿出封闭面的电场线的总条数。

12.5 高斯定理

德国科学家高斯在幼年时就显示过人的数学才能,人称"数学王子",他在数学和物理学的有关领域都作出很多的重要贡献。高斯定理是电磁学的一条重要规律。

1. 高斯定理的数学形式

高斯定理是用电通量表示的电场和场源电荷关系的定律,它给出通过任一封闭面的电通量与封闭面内部所包围的电荷的关系。下面利用电通量的概念,根据库仑定律和场强叠加原理导出这一定理。

先讨论一个静止的点电荷 q 的电场。以 q 所在点为圆心,取任意长度 r 为半径,作一包围此点电荷 q 的球面 S,如图 12-11(a)所示。对于点电荷 q,球面 S 上任一点的电场强度 E 的大小均为 $\dfrac{q}{4\pi\varepsilon_0 r^2}$,方向都沿该点径矢 r 的方向,且处处与球面垂直。根据式(12-21)可得,通过球面 S 的电通量为

$$\Phi_e = \oint_S E \cdot dS = \oint_S \frac{q}{4\pi\varepsilon_0 r^2} dS = \frac{q}{4\pi\varepsilon_0 r^2} \oint_S dS = \frac{q}{4\pi\varepsilon_0 r^2} 4\pi r^2 = \frac{q}{\varepsilon_0}$$

(a)   (b)

图 12-11 高斯定理用图

(a) 封闭面包围点电荷;(b) 封闭面不包围点电荷

此结果与球面的半径 r 无关,只与它所包围电荷的电荷量有关。这意味着,对以点电荷 q 为中心的任意球面来说,通过它们的电通量都一样,均为 q/ε_0。用电场线曲线描述,这一结果表示通过各球面的电场线总条数相等,或者说,从点电荷 q 发出的电场线连续地延伸到无限远。这就是静电场分布可以用图 12-7 中那样的连续曲线——电场线描绘的根据。

现在,设想另一个任意的闭合面 S',S' 与球面 S 包围同一个点电荷 q,如图 12-11(a)所示,由于电场线的连续性,可以得出通过闭合面 S 和 S' 的电场线数目是一样的。因此,通过任意形状的包围点电荷 q 的闭合面的电通量都等于 q/ε_0。

如果闭合面 S' 不包围点电荷 q,如图 12-11(b)所示情况,则由电场线的连续性可得出,这一侧进入 S' 的电场线条数一定等于从另一侧穿出 S' 的电场线条数,所以净穿出闭合面 S' 的电场线的总条数为零,也就是通过 S' 面的电通量为零。用数学式表示为

$$\Phi_e = \oint_S \boldsymbol{E} \cdot \mathrm{d}\boldsymbol{S} = 0$$

以上是关于单个点电荷的电场的结论。对于一个由点电荷 $q_1, q_2, \cdots, q_n$ 等组成的电荷系来说,在它们的电场中的任意一点,由场强叠加原理,得

$$\boldsymbol{E} = \boldsymbol{E}_1 + \boldsymbol{E}_2 + \cdots + \boldsymbol{E}_n$$

其中,$\boldsymbol{E}_1, \boldsymbol{E}_2, \cdots, \boldsymbol{E}_n$ 为单个点电荷产生的电场,$\boldsymbol{E}$ 为总电场。这时通过任意封闭曲面 S 的电通量为

$$\begin{aligned}
\Phi_e &= \oint_S \boldsymbol{E} \cdot \mathrm{d}\boldsymbol{S} \\
&= \oint_S \boldsymbol{E}_1 \cdot \mathrm{d}\boldsymbol{S} + \oint_S \boldsymbol{E}_2 \cdot \mathrm{d}\boldsymbol{S} + \cdots + \oint_S \boldsymbol{E}_n \cdot \mathrm{d}\boldsymbol{S} \\
&= \Phi_{e_1} + \Phi_{e_2} + \cdots + \Phi_{e_n}
\end{aligned}$$

式中,$\Phi_{e_1}, \Phi_{e_2}, \cdots, \Phi_{e_n}$ 为单个点电荷的电场通过封闭曲面的电通量。由上述关于单个点电荷的结论可知,当 q_i 在封闭曲面内时,$\Phi_{e_i} = q_i/\varepsilon_0$;当 q_i 在封闭曲面外时,$\Phi_{e_i} = 0$,所以上式可写成

$$\oint_S \boldsymbol{E} \cdot \mathrm{d}\boldsymbol{S} = \frac{1}{\varepsilon_0} \sum_i^n q_{\mathrm{in},i} \tag{12-22}$$

式(12-22)称为真空中静电场的**高斯定理**。其中,$\sum_i^n q_{\mathrm{in},i}$ 表示在封闭曲面内所包围电荷量的代数和,这一封闭曲面称为**高斯面**。高斯定理表明,在真空中的静电场内,通过任意封闭曲面的电通量等于该封闭面所包围的电荷的电荷量的代数和的 $1/\varepsilon_0$ 倍。

2. 对高斯定理的理解

应用高斯定理时,需要理解以下几个问题。

首先,高斯定理表达式中的场强 $\boldsymbol{E}$ 是曲面上各点的场强,它是由全部电荷(既包括封闭曲面内又包括封闭曲面外的电荷)共同产生的合场强,并非只由封闭曲面内的电荷 $\sum_i^n q_{\mathrm{in},i}$ 产生。其次,通过封闭曲面的总电通量只决定于它所包围的电荷,即只有封闭曲面内部的电荷才对这一总电通量有贡献,封闭曲面外部电荷对这一总电通量无贡献;且通过这一高斯面的电通量与高斯面的形状无关,也与电荷系的电荷分布情况无关。由高斯定理可以证明,任何电场的电场线都是连续的,在没有电荷的地方电场线不会中断。

此外,高斯定理是利用库仑定律(已暗含空间的各向同性)和叠加原理导出的。各个方向的物理性质都相同的物质,叫做**各向同性**物质。在电场强度定义之后,也可以把高斯定理作为基本定律结合空间的各向同性而导出库仑定律来(见例 12-5)。这说明,对静电场来说,库仑定律和高斯定理并不是互相独立的定律,而是用不同形式表示的电场与场源电荷关系的同一客观规律。二者具有"相逆"的意义,即在电荷分布已知的情况下,用库仑定律可求出场强的分布;而在电场强度分布已知时,高斯定理可求出任意区域内的电荷。

尽管如此,当电荷分布具有某种简单对称性时,用高斯定理很容易求出该电荷系统的电场分布,而且,这种方法在数学上比用库仑定律简便得多。

还要指出的是,如上所述,对于静止电荷的电场,可以说库仑定律与高斯定理二者等价。但是,库仑定律只适用于真空中的点电荷情况,由它推出的电场强度公式(12-8)和式(12-10)只能用于描述点电荷的场,而高斯定理把库仑定律推广到连续分布的电荷所产生的场。在研究运动电荷的电场或一般地随时间变化的电场时,库仑定律不再成立,而高斯定理却仍然有效。无论电荷分布是否具有对称性,高斯定理对各种情况下的静电场总是成立。因此,高斯定理是关于电场的普遍的基本规律,实际上,式(12-22)就是真空中麦克斯韦方程组中的一个方程。

12.6 利用高斯定理求静电场的分布

在一个参考系内,当静止电荷的电场分布具有某种对称性时,应用高斯定理求场强分布较为简便。采用这种方法计算场强的数值一般包含两个步骤:首先,根据电荷分布进行具体分析,确定其电场分布具有对称性,方可用高斯定理求电场分布;然后,根据场强分布选取合适的封闭积分曲面(即高斯面),以便积分式(12-22)中的 E 通过点乘后能以类似数值变量形式从积分号内提出来。选取合适的高斯面是利用这一方法求解 E 的决定性技巧。

下面的例题都是场源电荷在静止的参考系中,求自由空间中的电场分布。

【例 12-5】 点电荷的静电场。由高斯定理求点电荷 q 在静止的参考系中自由空间内的静电场分布。

解 由于自由空间是均匀且各向同性的,因此,点电荷的电场具有以该电荷为中心的球对称性,即各点的场强方向应沿着从点电荷引向各点的径矢方向,并且在距点电荷等远的所有各点上,场强的数值处处相等。据此,可以选择一个以点电荷所在点为球心,半径为 r 的球面作为高斯面 S,则通过 S 面的电通量为

$$\Phi_e = \oint_S \boldsymbol{E} \cdot \mathrm{d}\boldsymbol{S} = \oint_S E \mathrm{d}S = E \oint_S \mathrm{d}S$$

等式最后的积分就是球面的总面积 $4\pi r^2$,所以

$$\Phi_e = E \cdot 4\pi r^2$$

S 面包围的电荷为 q,由式(12-22)的高斯定理,有

$$E \cdot 4\pi r^2 = q/\varepsilon_0$$

由此得出

$$E = \frac{q}{4\pi\varepsilon_0 r^2}$$

由于 E 的方向沿径向,所以此结果又可以用矢量式表示为

$$\boldsymbol{E} = \frac{q}{4\pi\varepsilon_0 r^2}\boldsymbol{e}_r$$

这就是点电荷的场强公式,也就是式(12-9)。

若将另一电荷 q_0 放在距电荷 q 为 r 的一点上,则由场强定义可求出 q_0 受的力为

$$F = q_0 E = \frac{q_0 q}{4\pi\varepsilon_0 r^2} e_r$$

此式正是库仑定律。可见,由高斯定理可导出库仑定律,二者并非互相独立的定律。

【例 12-6】 均匀带电球面的静电场。 设半径为 R 的均匀带电球面所带电荷量为 $q(q>0)$,求其静电场分布。

解 先分析电场强度的分布及其方向。设 P 距离球心 O 为 r,并连接 OP 直线,如图 12-12 所示。由于自由空间的各向同性和电荷分布对于 O 点的球对称性,此带电球面的电场的分布也必然具有球对称性,即各点场强 E 的方向都是沿着各自径矢的方向,而且在以 O 为圆心的同一球面 S 上各点的电场强度的大小都必然相等。如果电场 E 不是这样的方向,设 P 点 E 的方向在图中偏离 OP,如向下 $30°$,那么将带电球面连同它的电场以 OP 为轴转动 $180°$ 后,E 的方向就将应偏离 OP 向上 $30°$。由于电荷分布并未因此转动而发生变化,所以电场方向的这种改变是不应该出现的。带电球面转动时,P 点的电场方向只有在该方向沿 OP 径向时才能不变。

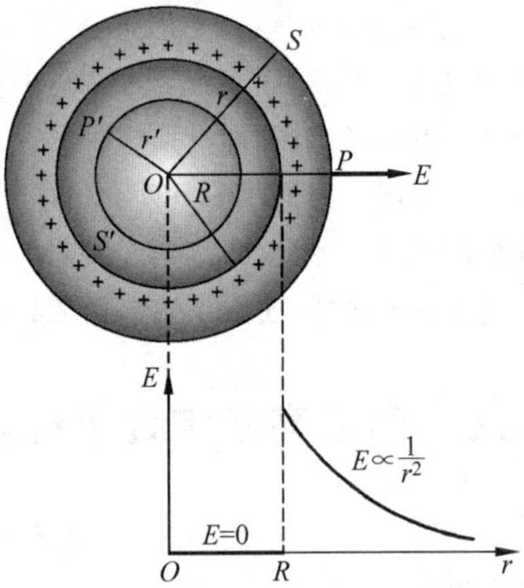

对距离球心 O 为 r 的球面外部任一场点 P,以球心 O 为圆心,过 P 点作一半径为 r 的球面为高斯面 S,通过它的电通量为

$$\Phi_e = \oint_S E \cdot dS = \oint_S E dS = E \oint_S dS = E \cdot 4\pi r^2$$

此球面包围的所有电荷为 $\sum q_{in} = q$。根据高斯定理,有

$$E \cdot 4\pi r^2 = \frac{q}{\varepsilon_0}$$

由此得出

$$E = \frac{q}{4\pi\varepsilon_0 r^2}, \quad r > R$$

考虑 E 的方向,把电场强度表示为矢量式,即

$$E = \frac{q}{4\pi\varepsilon_0 r^2} e_r, \quad r > R \tag{12-23}$$

此结果说明,均匀带电球面外的场强分布正像球面上的电荷都集中在球心时所形成的一个点电荷在该区的场强分布一样。

对球面内部任一点 P',上述关于场强的大小和方向的分析仍然适用。过 P' 点作半径为 r' 的同心球面为高斯面 S',通过它的电通量仍可表示为 $4\pi r'^2 E$,但由于此 S' 面内没有电荷,根据高斯定理,有

$$E \cdot 4\pi r^2 = 0$$

即

$$E = 0, \quad r < R \tag{12-24}$$

这一结果表明,均匀带电球面内部的场强处处为零(见 12.7 节的静电屏蔽)。

根据上述结果,画出电场强度随距离变化的 E-r 曲线如图 12-12 所示。由此曲线可见,场强在球面 $(r=R)$ 上是不连续的$\left({}^*\text{当 } r=R \text{ 时},E = \frac{q}{8\pi\varepsilon_0 R^2},\text{求解较为复杂,略去}\right)$。

【例 12-7】 均匀带电球体的静电场。 一半径为 R 的均匀带电球体,所带电荷量为 q,求其静电场分布。已知铀核半径为 7.4×10^{-15} m,可视为带有 $92e$ 的均匀带电球体(e 为元电

图 12-12 均匀带电球面的电场分析

荷的电荷量),求其表面的电场强度。

解　设想均匀带电球体是由一层层同心的均匀带电球面组成的。因此,例 12-6 中关于场强方向和大小的分析在本例中也适用,可直接引用其结果。

在球体外部的场强分布和所有电荷都集中到球心时产生的电场一样,即

$$E = \frac{q}{4\pi\varepsilon_0 r^2}e_r = \frac{q}{4\pi\varepsilon_0 r^3}r, \quad r \geqslant R \tag{12-25}$$

为了求出球体内任一点 P 的场强,可以通过球内 P 点作一个半径为 $r(r<R)$ 的同心球面 S 作为高斯面(图 12-13),通过它的电通量仍为 $E \cdot 4\pi r^2$。此球面包围的电荷为

$$\sum q_{in} = \rho V_r = \frac{q}{\frac{4}{3}\pi R^3} \cdot \frac{4}{3}\pi r^3 = \frac{qr^3}{R^3}$$

式中,ρ 为电荷体密度,V_r 为半径为 r 的球体的体积。利用高斯定理,可得

$$E = \frac{q}{4\pi\varepsilon_0 R^3}r, \quad r \leqslant R$$

这一结果表明,在均匀带电球体内部各点场强的大小与径矢大小成正比。考虑到 E 的方向,球内电场强度也可以用矢量式表示为

$$E = \frac{q}{4\pi\varepsilon_0 R^3}r, \quad r \leqslant R \tag{12-26}$$

以 ρ 表示电荷体密度($\rho = q/V$,V 为球体体积),则式(12-26)又可写成

$$E = \frac{\rho}{3\varepsilon_0}r \tag{12-27}$$

图 12-13 画出均匀带电球体的 E-r 曲线。注意,在球体表面上,场强的大小是连续的,这一点与例 12-6 均匀带电球面(或带电球壳)的电场分布是不同的。

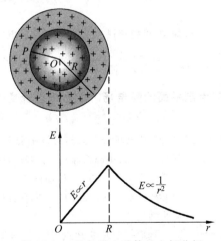

图 12-13　均匀带电球体的电场分析

由式(12-26)可得,铀核表面的电场强度为

$$E = \frac{92e}{4\pi\varepsilon_0 R^2} = \frac{92 \times 1.6 \times 10^{-19}}{4\pi \times 8.85 \times 10^{-12} \times (7.4 \times 10^{-15})^2} \text{ N/C}$$

$$= 2.4 \times 10^{21} \text{ N/C}$$

这一数值远远大于现今实验室内获得的最大电场强度(约 10^6 N/C)。

【例 12-8】 **无限长均匀带电直线的静电场。** 求电荷线密度为 λ 的"无限长"均匀带电

直线的静电场分布($\lambda > 0$)。已知一均匀带电输电线上的电荷线密度为 4.2×19^{-9} C/m，求距离输电线 0.5 m 处的电场强度。

解　由于均匀带电直线为无限长，且空间各向同性，所以其电场分布具有轴对称性。考虑距离直线为 r 的一点 P 处的场强 $\boldsymbol{E}$，如图 12-14 所示，P 点的电场方向唯一的可能是垂直于带电直线而沿径向，因此，与 P 点在同一圆柱面（以带电直线为轴）上的各点的电场强度大小相等，方向均沿径向向外。

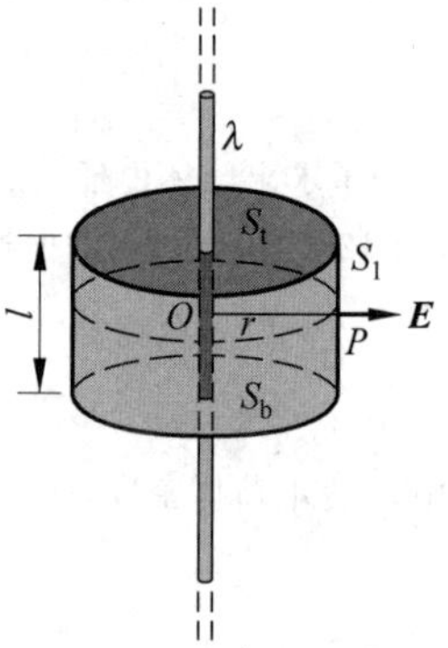

以带电直线为轴，通过 P 点作一个高为 l 的圆筒形封闭面为高斯面 S，通过 S 面的电通量为

$$\Phi_e = \oint_S \boldsymbol{E} \cdot d\boldsymbol{S}$$

$$= \int_{S_1} \boldsymbol{E} \cdot d\boldsymbol{S} + \int_{S_t} \boldsymbol{E} \cdot d\boldsymbol{S} + \int_{S_b} \boldsymbol{E} \cdot d\boldsymbol{S}$$

在 S 面的上底面 S_t 和下底面 S_b 上，场强方向与底面平行，因此，上式第 2 个等号右侧后两项均等于零。而在侧面 S_1 上各点 $\boldsymbol{E}$ 的方向与各该点的法线方向相同，则

图 12-14　无限长均匀带电直线的场强分析

$$\oint_S \boldsymbol{E} \cdot d\boldsymbol{S} = \int_{S_1} \boldsymbol{E} \cdot d\boldsymbol{S} = \int_{S_1} E dS = E \int_{S_1} dS = E \cdot 2\pi r l$$

此封闭面内包围的电荷 $\sum q_{in} = \lambda l$。由高斯定理得

$$E \cdot 2\pi r l = \lambda l / \varepsilon_0$$

由此得

$$E = \frac{\lambda}{2\pi\varepsilon_0 r} \tag{12-28}$$

这一结果与式(12-15)相同。显然，当满足一定条件（如电场分布呈轴对称或球对称等简单对称性）下，利用高斯定理计算场强分布要简便得多。

输电线相对较长，在距离其 0.5 m 周围，可把它视为无限长，对应的电场强度大小为

$$E = \frac{\lambda}{2\pi\varepsilon_0 r} = \frac{4.2 \times 10^{-9}}{2\pi \times 8.85 \times 10^{-12} \times 0.5} \text{N/C} = 1.5 \times 10^2 \text{ N/C}$$

【例 12-9】　**无限大均匀带电平面的静电场**。求电荷面密度为 σ 的"无限大"均匀带电平面的静电场分布。

解　对于电荷均匀分布的无限大平面，其电场分布必然对该平面对称，而且离平面等远处（两侧一样）的场强大小都相等，方向均垂直指离平面（当 $\sigma > 0$ 时）。考虑距离带电平面为 r 的 P 点，如图 12-15 所示，由于电荷分布相对于垂线 OP 是对称的，所以 P 点的场强 $\boldsymbol{E}$ 必然垂直于该带电平面，且指离平面。

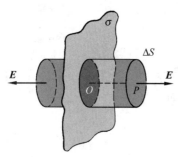

图 12-15　无限大均匀带电平面的电场分析

选取一个通过 P 点，其轴垂直于带电平面的圆筒式的封闭面作为高斯面 S，带电平面平分此圆筒，而 P 点位于 S 的一个底上。

由于圆筒的侧面上各点的 $\boldsymbol{E}$ 与侧面平行，所以通过侧面 S_1 的电通量为零，因而只需要计算通过两底面 S_t 和 S_b 的电通量。以 ΔS 表示一个底的面积，则

$$\Phi_e = \oint_S \boldsymbol{E} \cdot d\boldsymbol{S} = \int_{S_1} \boldsymbol{E} \cdot d\boldsymbol{S} + \int_{S_t} \boldsymbol{E} \cdot d\boldsymbol{S} + \int_{S_b} \boldsymbol{E} \cdot d\boldsymbol{S} = 2E\Delta S$$

由于

$$\sum q_{in} = \sigma \Delta S$$

根据高斯定理,有

$$2E\Delta S = \sigma\Delta S/\varepsilon_0$$

即得

$$E = \frac{\sigma}{2\varepsilon_0} \qquad\qquad (12\text{-}29)$$

此结果说明,无限大均匀带电平面两侧的电场是均匀场。这一结果和式(12-18)相同。

上述各例中的带电体的电荷分布都具有某种对称性,利用高斯定理计算这类带电体的场强分布较为简便。对于不具有特定对称性的电荷分布,其电场不能直接用高斯定理求出。当然,这绝不是说,高斯定理对这些电荷分布不成立,只是用高斯定理难于求出积分结果。

对带电体系来说,如果其中的每一带电体的电荷分布都具有对称性,则可先用高斯定理分别求出每个带电体的电场,再用场强叠加原理求出整个带电体系的总电场分布。下面举例进一步加以说明。

【例 12-10】 双带电平面的静电场。两个平行的无限大均匀带电平面,如图 12-16 所示,其电荷面密度分别为 $\sigma_1 = +\sigma$ 和 $\sigma_2 = -\sigma$,且 $\sigma = 4\times10^{-11}$ C/m² 。求这一带电系统的电场分布。

解 两个带电平面的总电场不再具有前述的简单对称性,因而不能直接用高斯定理对整个带电体系求解。每个带电平面均为无限大,其在各自的两侧产生的场强分布与例 12-9 相同。利用这一结果,图 12-16 画出了这两个带电平面的场强方向。场强大小分别为

$$E_1 = \frac{\sigma_1}{2\varepsilon_0} = \frac{\sigma}{2\varepsilon_0} = \frac{4\times10^{-11}}{2\times8.85\times10^{-12}}\ \text{V/m}$$
$$= 2.26\ \text{V/m}$$

$$E_2 = \frac{|\sigma_2|}{2\varepsilon_0} = \frac{\sigma}{2\varepsilon_0} = \frac{4\times10^{-11}}{2\times8.85\times10^{-12}}\ \text{V/m}$$
$$= 2.26\ \text{V/m}$$

根据场强叠加原理可得,两个带电平面的总电场分别为

Ⅰ区:$E_Ⅰ = E_1 - E_2 = 0$;

Ⅱ区:$E_Ⅱ = E_1 + E_2 = \sigma/\varepsilon_0 = 4.52$ V/m,方向向右;

Ⅲ区:$E_Ⅲ = E_1 - E_2 = 0$。

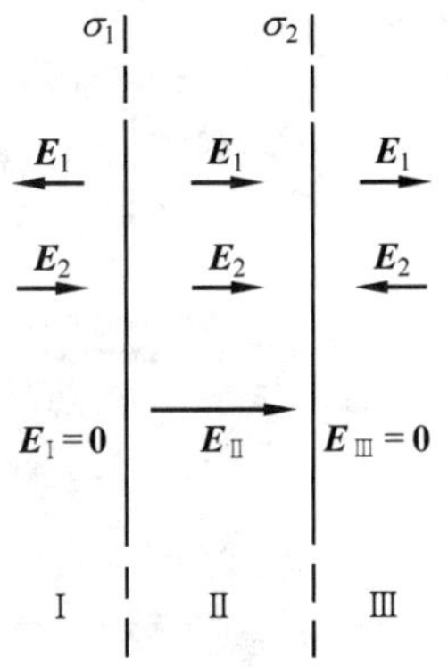

图 12-16 带电平行平面的电场分析

12.7 静电场中的导体 静电平衡

前面通过例题得出几种不同电荷系统的静电场分布,它们都是常见的"理想模型"。本节讨论一种经常用到的实物——金属导体在静电场中的行为。

1. 静电感应 静电平衡

导体能很好地传导电流,是因为其内部存在着大量可在外电场作用下自由移动的带电粒子——**自由电子**。金属导体的电结构特征就是它内部有大量的可脱离其"原来所属"的原子核的吸引而能在金属内各处自由移动的电子。在一般情况下,当导体不带电或不受外电场的影响时,导体内的自由电子不会出现电荷的局部聚集,也没有宏观的定向运动,只能不停地作微观的无规则热运动,宏观上导体处于平静的电中和状态,即处于静电平衡状态。

（1）静电感应

当一个孤立的导体置于另一个孤立的带电体的附近时,导体内部的自由电子将在带电体的电场作用下作定向运动,从而引起导体内的自由电荷的重新分布。一般地,电荷的重新分布将会引起导体内电场跟随着变化,直至它的强度减小到零为止,使得靠近带电体的一端出现与它异号的电荷,另一端出现与它同号的电荷。导体因受附近带电体的影响而在其表面的不同部分出现正负电荷的现象,称为**静电感应**。

由于静电感应的作用,导体中存在着某种电荷超过另一种电荷的区域,就有感应电荷发生。但就其整体而言,该导体仍保持电中性。**法拉第冰桶实验**是法拉第于 1843 年用以演示静电感应在金属容器上内外壁产生等量正负电荷的实验。因该容器是一个带有金属盖子用以装冰的金属桶而得名。首先,将一带正电的金属小球用一绝缘细线系在盖子下面（图 12-17(a)）,盖上后使带电球悬在金属桶中（图 12-17(b)）,则桶壁上出现感应电荷。然后,将小球降至与桶底接触（图 12-17(c)）,球的表面便成了空腔表面的一部分。如果高斯定理是正确的,那么空腔内表面的净电荷一定为零。这样,球必然失去所有电荷。最后,将球提出来,发现球上确实没有电荷了。此实验结果证实高斯定理的有效性,从而验证了库仑定律。由于库仑定律的实验使用扭秤并将电荷"拆分",并不能说明库仑力与 r^2 为反比律的精确性,因此,法拉第的实验意义非凡,表明库仑定律中的 $1/r^{2+\delta}$ 的指数与实际上的 2 的差值确定在 10^{-15} 范围以内。

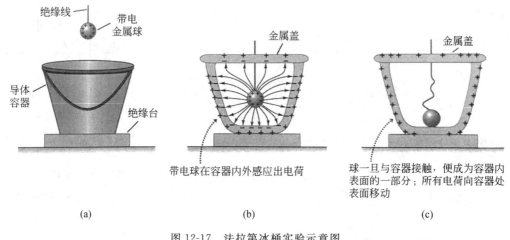

图 12-17　法拉第冰桶实验示意图
（a）小球在桶上方；（b）小球悬于桶中；（c）小球降至桶底

（2）静电平衡

当一带电体系的电荷静止不动,且电场分布也不随时间变化时,称该带电体系达到**静电平衡**。导体的这种最后的平衡状态是带电体系所处的一种状态。

导体在什么条件下达到静电平衡状态? 根据导体的电结构特征可知,导体的静电平衡有以下两个条件。

导体内部的电场强度 E_{in} 等于零,这是静电平衡条件之一。即

$$E_{in} = 0 \tag{12-30}$$

这是因为,如果 E_{in} 不为零,导体内部的自由电子将在电场的作用下继续定向运动而使电荷

以及周围电场的分布不断改变。13.4 节用等势面的概念给出了静电平衡的另一种表达形式。注意,这里只是对静电力作用而言的,对非静电力存在时的导体将在 15.3 节和 18.3 节中描述。

导体表面的电场强度必须与表面垂直,这是静电平衡的另一个条件。以 E_{sur} 表示金属表面某一点的电场强度,e_t 表示该点的切向方向单位矢量,则有

$$E_{sur} \perp e_t \tag{12-31}$$

这是因为,如果不垂直,导体表面的自由电子将会在电场的沿表面方向的分量的作用下而定向运动,这也将使电荷以及周围电场的分布不断改变。

2. 静电平衡导体表面附近的电场 尖端放电

在静电平衡时,根据式(12-30)和式(12-31),可用高斯定理推出带电导体上的(宏观)电荷分布的规律。

(1)导体内部各处的净电荷为零,电荷只可能存在于导体的表面。

如图 12-18 所示,在一处于静电平衡的带电导体内部任何地点,想象一小的高斯封闭面 S。根据式(12-30)通过此封闭面的电通量必然等于零,于是高斯定理就给出此小封闭面内的电荷为零,将此推理应用于导体内各处,就会得出上述结论。

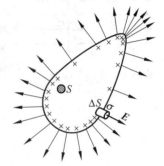

(2)导体表面各处的电荷面密度与该处紧邻处的电场强度大小成正比。

为证明这一点,可在导体表面选取一个跨越一小块表面 ΔS 的小圆筒形高斯面(图 12-18),以 E 表示该处的电场,则其电场线只穿过外筒盖,因而通过此高斯面的电通量是 $E\Delta S$。由于封闭在此高斯面内的电荷是 $\sigma \Delta S$,其中 σ 是该处导体表面的电荷面密度,所以高斯定理直接给出

图 12-18 导体静电平衡时电荷和电场的分布

$$\sigma = \varepsilon_0 E \tag{12-32}$$

(3)导体表面各处的电荷面密度与各处表面的曲率有关,随表面曲率的增大而增大。

这一结论是可以不加证明就可得出的实验事实。对于有尖端的带电导体,尖端处的电荷面密度非常大,其附近的电场特别强,足够使其附近气体分子电离,从而使尖端上的电荷逸出并与气体中的相反电荷中和。这种电荷通过导体的尖端而流失(放电)的现象叫**尖端放电**。

图 12-19 闪电通路

避雷针就是利用尖端放电的原理制成的防止直接雷击的装置。避雷针是安装在独立构架或建筑物顶上的有尖端的金属棒,其下端通过导线与埋在楼下深处的接地金属板相连;当带有大量电荷的云团逐渐移近高楼时,高楼以及附近地面因静电感应产生的相反电荷会通过避雷针的尖端放电与云团中的电荷不断中和,从而能避免大的灾难性雷击(图 12-19,闪电未"击中"有避雷针的烟囱)。避雷针相当于把其附近高空的雷电引向自身,泄入

大地,从而保护建筑物等设施免遭或少遭雷击。这种为了保护人身安全而接地的措施称为**保护接地**。不同用途的接地装置对接地电阻值有不同要求。

【例 12-11】　双金属板的电荷。两块大金属平板的面积均为 S,第一块所带的总电荷量为 $+Q$,第二块原来不电,平行地对齐放置在第一块的近旁。(1)求静电平衡时,金属板上的电荷分布及周围空间的电场分布;(2)如果忽略金属板的边缘效应,并把第二块金属板接地,最后情况又如何?

解　(1) 由于静电平衡时,导体内部无净电荷,所以电荷只能分布在两金属板的表面上。不考虑金属板边缘效应,板上每个表面的电荷都可当作均匀分布的。设第一块金属板表面上的电荷面密度分别为 σ_1 和 σ_2,如图 12-20 所示,由电荷守恒定律则有

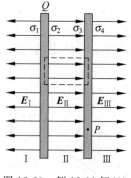

图 12-20　例 12-11 解(1)用图

$$\sigma_1 + \sigma_2 = Q/S$$

第二块金属板不带电,根据电荷守恒定律,其两个表面的电荷面密度 σ_3 和 σ_4 满足

$$\sigma_3 + \sigma_4 = 0$$

两块大金属板相当于平板电容器的两个极板,忽略金属板边缘效应时,板间电场与板面垂直,且金属板内的电场为零。如果选取一个两底分别在两个金属板内而侧面垂直于板面的封闭圆柱体作为高斯面,则通过此高斯面的电通量为零。根据高斯定理,得

$$\sigma_2 + \sigma_3 = 0$$

对于图 12-20 中的金属板内的 P 点,其场强为这 4 个带电面的电场的叠加。根据式(12-29)和 P 点的位置,则有

$$E_P = \frac{\sigma_1}{2\varepsilon_0} + \frac{\sigma_2}{2\varepsilon_0} + \frac{\sigma_3}{2\varepsilon_0} - \frac{\sigma_4}{2\varepsilon_0}$$

由于静电平衡时,导体内各处场强为零,所以 $E_P = 0$,因而有

$$\sigma_1 + \sigma_2 + \sigma_3 - \sigma_4 = 0$$

将此式和上面 3 个关于 $\sigma_1,\sigma_2,\sigma_3$ 和 σ_4 的方程联立求解,求得的电荷分布的情况为

$$\sigma_1 = \frac{Q}{2S}, \quad \sigma_2 = \frac{Q}{2S}, \quad \sigma_3 = -\frac{Q}{2S}, \quad \sigma_4 = \frac{Q}{2S}$$

可见,原来不带电的金属板,因静电感应,其靠近带电金属板的一面出现与带电金属板异号的等量电荷,其本身的总电荷量仍为零,以保持静电平衡。根据式(12-32),可求得电场的分布如下

Ⅰ区: $E_{\mathrm{I}} = \dfrac{Q}{2\varepsilon_0 S}$,方向向左;

Ⅱ区: $E_{\mathrm{II}} = \dfrac{Q}{2\varepsilon_0 S}$,方向向右;

Ⅲ区: $E_{\mathrm{III}} = \dfrac{Q}{2\varepsilon_0 S}$,方向向右。

(2) 如果把第二块金属板接地(图 12-21),它与大地连成一体。此金属板右表面上的电荷将分散到更远的地球表面上而使这右表面上的电荷消失,因而

$$\sigma_4 = 0$$

第一块金属板上的电荷守恒,满足

$$\sigma_1 + \sigma_2 = Q/S$$

由高斯定理可得

$$\sigma_2 + \sigma_3 = 0$$

由于静电平衡时,金属板内 P 点的电场为零,必然满足以下条件

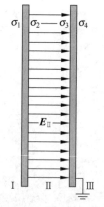

图 12-21　例 12-11 解(2)用图

$$\sigma_1 + \sigma_2 + \sigma_3 = 0$$

联立以上 4 个方程,可得

$$\sigma_1 = 0, \quad \sigma_2 = Q/S, \quad \sigma_3 = -Q/S, \quad \sigma_4 = 0$$

显然,与未接地前相比,电荷分布改变了。这一变化是负电荷通过接地线从地里跑到第二块金属板上的结果。一方面,这负电荷的电荷量中和金属板右表面上的正电荷(这是正电荷流入地球的另一种说法),另一方面,又补充左表面上的负电荷使其面密度增加一倍。同时,第一块板上的电荷全部移到右表面上。只有这样,才能使两导体内部的场强为零而达到静电平衡状态。

根据上面求出的电荷分布,可求得此时的电场分布为

$$E_{\mathrm{I}} = 0; \quad E_{\mathrm{II}} = \frac{Q}{\varepsilon_0 S},\text{向右}; \quad E_{\mathrm{III}} = 0$$

【例 12-12】 金属球壳的电荷。 在一原来不带电的金属球壳的中心放一点电荷 q,求这一系统的电场分布及金属球壳内外表面的电荷分布。设金属球壳的内外半径分别是 R_1 和 R_2。

解 根据静电场中的导体静电平衡条件,在金属球壳内部(R_1 与 R_2 之间),有

$$\boldsymbol{E}_{\mathrm{in}} = 0, \quad R_1 < r < R_2$$

且内部电荷为零。根据系统的电荷分布,以下分三个区域求其电场分布。

(1) 在 $r < R_1$ 的球壳内部。此电荷系统具有球对称性(图 12-22),则选取以球壳中心为球心,半径为 r 的高斯面。根据高斯定理,此区域内电场就是点电荷 q 的电场,即

$$E = \frac{q}{4\pi\varepsilon_0 r^2}\boldsymbol{e}_r, \quad r < R_1$$

(2) 在 $R_2 < r < R_1$ 的球壳内。选取一个遍及球壳体内的高斯面 S(图 12-22 中虚线),由于通过此球面的电通量为零,根据高斯定理,此高斯面内的总电荷为零。以 q_{in} 表示金属壳内表面上的总电荷,则有

$$q_{\mathrm{in}} + q = 0$$

可得

$$q_{\mathrm{in}} = -q$$

由于球对称性,q_{in} 均匀地分布在球壳的内表面。

由于原来球壳不带电,以 q_{ext} 表示球壳外表面上的总电荷,由电荷守恒定律,则

$$q_{\mathrm{in}} + q_{\mathrm{ext}} = 0$$

可得

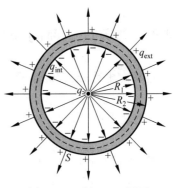

图 12-22 例 12-12 用图

$$q_{\mathrm{ext}} = -q_{\mathrm{in}} = q$$

且均匀分布在球壳的外表面。q_{in} 和 q_{ext} 的出现是由静电感应引起的。

(3) 在 $r > R_2$ 的球壳外部。选取一个以球壳中心为球心,半径为 r 的高斯面,根据高斯定理,则

$$E = \frac{q}{4\pi\varepsilon_0 r^2}\boldsymbol{e}_r, \quad r > R_2$$

此例题的分析用到球对称性。如果在球壳内把电荷 q 移动,使之偏离球壳中心,则可用高斯定理证明,球壳内表面上的总电荷仍为 $-q$,但不再均匀分布。球壳内电场也不再是球对称场,但球壳外表面上的总电荷仍为 q,且还是均匀分布在表面上,而球壳外的电场分布也由其均匀分布的电荷决定,因其具有球对称性而保持不变(图 12-23)。

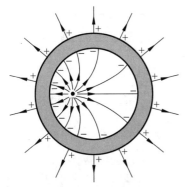

图 12-23 静电屏蔽示例

3. 静电屏蔽

实际上,由于封闭金属空球壳体的内部电场为零,在空间形成一个"静电隔离带",它屏蔽壳内外两区域内的电荷的相互影响,使内外区域的电荷和电场分布各自独立,其原理可用理论严格证明。工程上,为了避免外界的静电场与电或非电设备之间的相互影响,通常把这些设备置于接地的封闭或近乎封闭的金属罩(称为**静电屏**,如金属壳或金属丝网)里,这种隔离措施叫做**静电屏蔽**。静电屏可根据需要采用任意形状的封闭面,而且往往用金属网代替金属片。通信设备生产企业的防电磁干扰的房间也是用铜丝网包围起来的,不同的是,其目的是防止电磁耦合。传送微弱电信号的导线,其外表用细金属丝编织成的丝网包起来,这样的导线叫做屏蔽线。

科技馆的法拉第笼(罩)是一种用于演示静电屏蔽和高压带电作业原理的设备。外壳接地的法拉第笼可以有效地隔绝笼内和笼外之间的电磁干扰。根据这一原理,精密电子仪器的外壳需要有良好的接地措施,使之不受外界电场的干扰。雷雨天时,轿车就像一个法拉第笼,即使汽车被闪电击中,电荷趋向于分布在车辆的金属外壳上,车厢内的电场很小或根本没有,可以起到保护车内乘客不遭雷击的作用。

12.8　电场对电荷的作用力

电场对电荷(或带电粒子)有作用力,式(12-1)是场强度 E 定义式,即 $E=F/q$。如果已经知道了(或已测知)电场强度的分布,由于电场强度等于单位电荷受的力,所以电荷量为 q 的带电粒子受的力为

$$F = qE \tag{12-33}$$

作为检验电荷,式(12-1)中的点电荷必须是静止的。在已知电场分布后,作为受力的带电粒子,其电荷与其运动速率无关,而且实验(理论上也可)证明,它受的电场力也和它的运动速率无关,而由电场强度按式(12-33)给出。下面根据这一点对例题进行分析。

【例 12-13】　质子在静电场加速。 在 $E = 2\,000$ N/C 的均匀电场中,一质子由静止出发,问经过多长时间和多大距离后,其速率可达 $0.001c$(c 为光速)? (已知质子的质量 $m_p = 1.67 \times 10^{-27}$ kg)

解　由于质子受的重力比电场力小到可忽略不计,所以只考虑电场对质子的作用力。另外,在很多实际情况下,在电场中运动的质子或电子,其速率往往可达到非常接近光速的程度,这时考察其运动时必须用相对论理论分析。本题所涉及的质子速率远小于光速,所以仍可按牛顿力学处理。

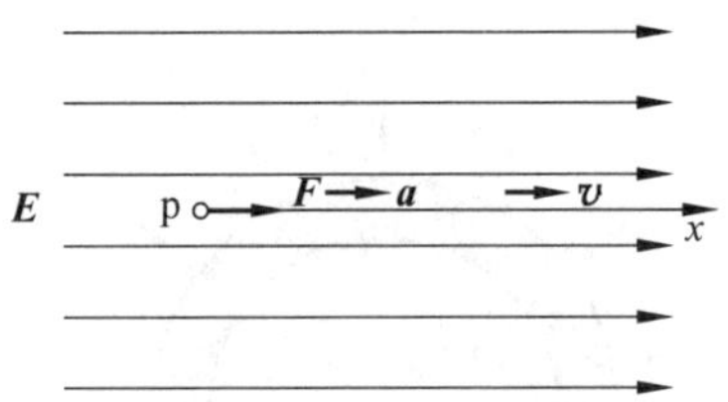

由式(12-33)和牛顿第二定律可知,质子起动后将沿电场方向作匀加速直线运动(图 12-24),加速度为 $a = F/m_p = eE/m_p$。

图 12-24　例 12-13 用图

由于 $v = at = \dfrac{eE}{m_p}t$,所以质子速率达到 $0.001c$ 所经历的时间为

$$t = \frac{m_p v}{Ee} = \frac{1.67 \times 10^{-27} \times 0.001 \times 3.0 \times 10^8}{2\,000 \times 1.6 \times 10^{-19}} \text{ s} = 1.57 \times 10^{-6} \text{ s}$$

经过的距离为

$$x = \frac{1}{2}at^2 = \frac{1}{2}\frac{Ee}{m_p}t^2 = \frac{1}{2}\frac{2\,000 \times 1.6 \times 10^{-19}}{1.67 \times 10^{-27}} \times (1.57 \times 10^{-6})^2 \text{ m} = 0.236 \text{ m}$$

【例 12-14】 电场中的电偶极子。求电矩为 $p = ql$ 的电偶极子在电场强度为 E 的均匀电场中静止时受的电场力和力矩。

解   在外电场中,电偶极子要受到力矩的作用。以 E 表示均匀电场的电场强度,l 表示从 $-q$ 到 $+q$ 的位置矢量,电偶极子中点 O 到 $+q$ 与 $-q$ 的径矢分别为 r_+ 和 r_-,如图 12-25 所示。正、负电荷所受电场力分别为 $F_+ = qE$,$F_- = -qE$,二者大小相等,方向相反,电偶极子受均匀电场的合力为零。

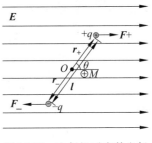

图 12-25   电偶极子在外电场中受力情况

以 θ 表示电偶极子的电矩方向与电场方向之间的夹角,则电场对正、负电荷的作用力对电偶极子中点 O 的力矩的方向相同,力矩之和的大小为

$$M = 2 \times \frac{l}{2}\sin\theta \, qE = q\, lE\sin\theta = pE\sin\theta$$

用矢量式表示为

$$\boldsymbol{M} = \boldsymbol{p} \times \boldsymbol{E} \tag{12-34}$$

其方向遵守右手螺旋定则。也可以直接用矢量进行运算,即

$$\boldsymbol{M} = \boldsymbol{r}_+ \times \boldsymbol{F}_+ + \boldsymbol{r}_- \times \boldsymbol{F}_- = \boldsymbol{r}_+ \times q\boldsymbol{E}_+ + \boldsymbol{r}_- \times (-q)\boldsymbol{E}_-$$
$$= q(\boldsymbol{r}_+ - \boldsymbol{r}_-) \times \boldsymbol{E} = q\boldsymbol{l} \times \boldsymbol{E} = \boldsymbol{p} \times \boldsymbol{E}$$

此力矩的方向为垂直纸面指离读者,作用是使电偶极子转向电场 E 的方向。当转到 p 与 E 方向相同时,力矩 $\boldsymbol{M} = 0$,电偶极子处于平衡状态。

【例 12-15】 导体表面受力。在静电平衡条件下,证明导体表面单位面积受的电场力为 $f = \dfrac{\sigma^2}{2\varepsilon_0}\boldsymbol{e}_n$,式中 σ 为该导体表面处的电荷面密度,$\boldsymbol{e}_n$ 为指向导体外部的法向单位矢量。

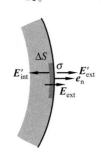

图 12-26   导体表面附近的电场

解   如图 12-26 所示,在导体表面选取一微小面积 ΔS,并可视为一小平面,所带电荷为 $\sigma\Delta S$,此电荷受的力是除本身之外所有导体表面上以及以外的其他电荷的电场力。以 $\boldsymbol{E}_{ext}$ 表示所有这些电荷在 ΔS 处的电场强度,在离 ΔS 足够近的两侧,ΔS 可视为无限大带电平面,而 $\sigma\Delta S$ 在其两侧产生的电场强度分别为 $\boldsymbol{E}'_{ext} = \dfrac{\sigma}{2\varepsilon_0}\boldsymbol{e}_n$ 和 $\boldsymbol{E}'_{in} = -\dfrac{\sigma}{2\varepsilon_0}\boldsymbol{e}_n$。

根据静电场中的导体静电平衡条件,导体内部电场强度为零,所以有

$$\boldsymbol{E}_{ext} + \boldsymbol{E}'_{in} = 0$$

由此得

$$\boldsymbol{E}_{ext} = -\boldsymbol{E}'_{in} = \frac{\sigma}{2\varepsilon_0}\boldsymbol{e}_n$$

微小面积 ΔS 上的电荷受的电场力为

$$\Delta \boldsymbol{F} = \sigma\Delta S \boldsymbol{E}_{ext} = \frac{\sigma^2}{2\varepsilon_0}\Delta S \boldsymbol{e}_n$$

导体表面单位面积受的电场力为

$$f = \frac{\Delta F}{\Delta S} = \frac{\sigma^2}{2\varepsilon_0}\boldsymbol{e}_n \tag{12-35}$$

这就是题目所要求证明的。注意,由于 σ^2 总为正值,所以不管导体表面的电荷正负如何,表面受的电场力都与 $\boldsymbol{e}_n$ 同向,即垂直该处表面指向导体外部。

思 考 题

12-1　点电荷的电场公式为

$$E = \frac{q}{4\pi\varepsilon_0 r^2} e_r$$

从形式上看,当所考察的点与点电荷的距离 $r \to 0$ 时,场强 $E \to \infty$,这是没有物理意义的。你对此如何解释?

12-2　$E = \dfrac{F}{q}$ 与 $E = \dfrac{q}{4\pi\varepsilon_0 r^2} e_r$ 两公式有什么区别和联系? 对前一公式中的 q 有何要求?

12-3　电场线、电通量和电场强度的关系如何? 电通量的正、负表示什么意义?

12-4　三个相等的电荷放在等边三角形的三个顶点上,问是否可以以三角形中心为球心作一个球面,利用高斯定律求出它们所产生的场强? 对此球面高斯定律是否成立?

12-5　如果通过闭合面 S 的电通量 Φ_e 为零,是否能肯定:(1)面 S 上每一点的场强都等于零?(2)面内没有电荷?(3)面内净电荷为零?

12-6　如果在封闭面 S 上,E 处处为零,能否肯定此封闭面一定没有包围净电荷?

12-7　用高斯定律说明:电场线总起自正电荷,终于负电荷而且不能在无电荷处中断。

12-8　均匀带电球面内部的电场强度为零。在各种形状的导体中,是否只有球形导体带电而处于静电平衡时其内部电场强度为零? 为什么?

12-9　把一个带电体移近一个导体,带电体自己在导体内的电场是否为零? 为什么静电平衡时,导体内的电场为零呢?

12-10　无限大均匀带电平面两侧场强为 $E = \dfrac{\sigma}{2\varepsilon_0}$;在静电平衡状态下,一大的导体平板表面的场强为 $E = \sigma/\varepsilon_0$。设二者面电荷密度 σ 一样,为什么后者比前者增大了一倍?

12-11　两块平行放置的导体大平板带电后,其相对的两表面的面电荷密度是否一定大小相等,方向相反? 为什么?

习 题

12-1　在边长为 a 的正方形的四角,依次放置点电荷 $q,2q,-4q$ 和 $2q$,求它的正中心 C 点的电场强度。

12-2　三个电荷量为 $-q$ 的点电荷各放在边长为 r 的等边三角形的三个顶点上,电荷 $Q(Q>0)$ 放在三角形的重心上。为使每个负电荷受力为零,Q 之值应为多大?

12-3　一个正 π 介子由一个 u 夸克和一个反 d 夸克组成。u 夸克带电量为 $\dfrac{2}{3}e$,反 d 夸克带电量为 $\dfrac{1}{3}e$。将夸克作为经典粒子处理,试计算正 π 介子中夸克间的电力(设它们之间的距离为 1.0×10^{-15} m)。

12-4　一个电偶极子的电矩为 $p = q l$,证明此电偶极子轴线上距其中心为 $r(r \gg l)$ 处的一点的场强为 $E = p/2\pi\varepsilon_0 r^3$。

12-5　两条无限长的均匀带电直线相互平行,相距为 $2a$,线电荷密度分别为 $+\lambda$ 和 $-\lambda$,求每单位长度的带电直线受的作用力。

12-6 一均匀带电直线段长为 L，线电荷密度为 λ。求直线段的延长线上距 L 中点为 r $(r > L/2)$ 处的场强。

12-7 一根弯成半圆形的塑料细杆，圆半径为 R，其上均匀分布的线电荷密度为 λ。求圆心处的电场强度。

12-8 一根不导电的细塑料杆，被弯成近乎完整的圆（图 12-27），圆的半径 $R = 0.5$ m，杆的两端有 $b = 2$ cm 的缝隙，$Q = 3.12 \times 10^{-9}$ C 的正电荷均匀地分布在杆上，求圆心处电场的大小和方向。

12-9 如图 12-28 所示，两条平行长直线间距为 $2a$，一端用半圆形线连起来。全线上均匀带电，试证明在圆心 O 处的电场强度为零。

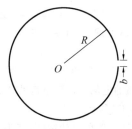

图 12-27 习题 12-8 用图

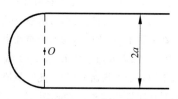

图 12-28 习题 12-9 用图

12-10 (1) 点电荷 q 位于边长为 a 的正立方体的中心，通过此立方体的每一面的电通量各是多少？

(2) 若电荷移至正立方体的一个顶点上，那么通过每个面的电通量又各是多少？

12-11 实验证明，地球表面上方电场不为 0，晴天大气电场的平均场强约为 120 V/m，方向向下，这意味着地球表面上有多少过剩电荷？试以每平方厘米的额外电子数来表示。

12-12 地球表面上方电场方向向下，大小可能随高度改变（图 12-29）。设在地面上方 100 m 高处场强为 150 N/C，300 m 高处场强为 100 N/C。试由高斯定律求在这两个高度之间的平均体电荷密度，以多余的或缺少的电子数密度表示。

12-13 一无限长的均匀带电圆柱面，截面半径为 a，面电荷密度为 σ，设垂直于圆柱面的轴的方向从中心向外的径矢的大小为 r，求其电场分布并画出 E-r 曲线。

12-14 两个无限长同轴圆柱面半径分别为 R_1 和 R_2，单位长度带电量分别为 $+\lambda$ 和 $-\lambda$。求内圆柱面内、两圆柱面间及外圆柱面外的电场分布。

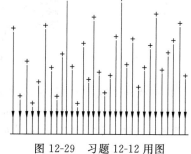

图 12-29 习题 12-12 用图

12-15 质子的电荷并非集中于一点，而是分布在一定空间内。实验测知，质子的电荷体密度可用指数函数表示为

$$\rho = \frac{e}{8\pi b^3} e^{-r/b}$$

其中 b 为一常量，$b = 0.23 \times 10^{-15}$ m。求电场强度随 r 变化的表示式和 $r = 1.0 \times 10^{-15}$ m 处的电场强度的大小。

12-16 一均匀带电球体，半径为 R，体电荷密度为 ρ，今在球内挖去一半径为 $r (r < R)$ 的球体，求证由此形成的空腔内的电场是均匀的，并求其值。

12-17 一球形导体 A 含有两个球形空腔，这导体本身的总电荷为零，但在两空腔中心分别有一点电荷 q_b 和 q_c，导体球外距导体球很远的 r 处有另一点电荷 q_d（图 12-30）。试求 q_b，q_c 和 q_d 各受到多大的力。哪个答案是近似的？

12-18 τ 子是与电子一样带有负电而质量却很大的粒子。它的质量为 3.17×10^{-27} kg，大约是电子质

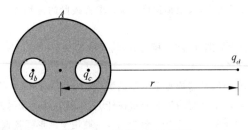

图 12-30   习题 12-17 用图

量的 3 480 倍，τ 子可穿透核物质，因此，τ 子在核电荷的电场作用下在核内可作轨道运动。设 τ 子在铀核内的圆轨道半径为 2.9×10^{-15} m，把铀核看作是半径为 7.4×10^{-15} m 的球，并且带有 $92e$ 且均匀分布于其体积内的电荷。计算 τ 的轨道运动的速率、动能、角动量和频率。

12-19   设在氢原子中，负电荷均匀分布在半径为 $r_0 = 0.53 \times 10^{-10}$ m 的球体内，总电量为 $-e$，质子位于此电子云的中心。求当外加电场 $E = 3 \times 10^6$ V/m（实验室内很强的电场）时，负电荷的球心和质子相距多远（设电子云不因外加电场而变形）？此时氢原子的"感生电偶极矩"多大？

12-20   喷墨打印机的结构简图如图 12-31 所示。其中墨盒可以发出墨汁微滴，其半径约 10^{-5} m。（墨盒每秒钟可发出约 10^5 个微滴，每个字母约需百余滴。）此微滴经过带电室时被带上负电，带电的多少由计算机按字体笔画高低位置输入信号加以控制。带电后的微滴进入偏转板，由电场按其带电量的多少施加偏转电力，从而可沿不同方向射出，打到纸上即显示出字体来。无信号输入时，墨汁滴径直通过偏转板而注入回流槽流回墨盒。

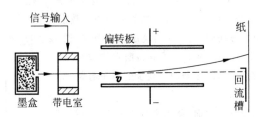

图 12-31   习题 12-20 用图

设一个墨汁滴的质量为 1.5×10^{-10} kg，经过带电室后带上了 -1.4×10^{-13} C 的电量，随后即以 20 m/s 的速度进入偏转板，偏转板长度为 1.6 cm。如果板间电场强度为 1.6×10^6 N/C，那么此墨汁滴离开偏转板时在竖直方向将偏转多大距离（忽略偏转板边缘的电场不均匀性，并忽略空气阻力）？

第13章

电　　势

第 12章介绍电场强度,它说明电场对电荷有作用力。电场对电荷既然有作用力,那么,当电荷在电场中移动时,电场力就要做功。根据功与能量的联系可知,电场必然与能量相联系。本章从功能关系说明静电场的性质。首先根据静电场的保守性,引入电势的概念,把它和电场强度直接联系起来,并介绍计算电势的方法。接着指出静电平衡的导体是等势体,以及由电势梯度求电场强度的方法。然后根据功能关系导出电荷系的静电能的计算公式。静电系统的能量可以认为是储存在电场中的。本章最后给出由电场强度求静电能的方法,并引入电场能量密度的概念。

13.1　静电场的保守性　静电场环路定理

本章从功能关系的角度研究静电场的性质。下面从库仑定律出发,得出静电场是保守场的结论,静电场环路定理揭示静电场是无旋场(保守力场),它也是表述静电场性质的一个重要定理。

1. 静电场的保守性

在图 13-1 中,以 q 表示固定于某处的一个点电荷,当另一电荷 q_0 在 q 的电场中由 P_1 点沿任一路径 C 移到 P_2 点时,q_0 受的静电场力所做的功为

$$A_{12} = \int_C \boldsymbol{F} \cdot \mathrm{d}\boldsymbol{r} = q_0 \int_{(P_1)}^{(P_2)} \boldsymbol{E} \cdot \mathrm{d}\boldsymbol{r} \tag{13-1}$$

上式两侧除以 q_0,得

$$\frac{A_{12}}{q_0} = \int_{(P_1)}^{(P_2)} \boldsymbol{E} \cdot \mathrm{d}\boldsymbol{r} \tag{13-2}$$

式(13-2)等号右侧的积分 $_C\int_{(P_1)}^{(P_2)} \boldsymbol{E} \cdot \mathrm{d}\boldsymbol{r}$ 称为电场强度 $\boldsymbol{E}$ 沿任意路径 C 的线积分,表示在电场中从 P_1 点到 P_2 点移动单位正电荷时电场力所做的功。由于这一积分只由 q 的电场强度 $\boldsymbol{E}$ 的分布决定,而与被移动的电荷的电荷量无关,所以可以用它来说明电场的性质。

对于一个静止的点电荷 q 的电场,其电场强度公式为

$$\boldsymbol{E} = \frac{q}{4\pi\varepsilon_0 r^2}\boldsymbol{e}_r = \frac{q}{4\pi\varepsilon_0 r^3}\boldsymbol{r}$$

将此式代入式(13-1)得,场强 E 的线积分为

$$\int_{(P_1)}^{(P_2)} E \cdot dr = \int_{(P_1)}^{(P_2)} \frac{q}{4\pi\varepsilon_0 r^3} r \cdot dr$$

从图 13-1 看出,$r \cdot dr = r |dr| \cos\theta = r dr$。这里的 θ 是从电荷 q 引到 q_0 的径矢与 q_0 的位移元(元位移)dr 之间的夹角。将此关系代入上式,得

$$\int_{(P_1)}^{(P_2)} E \cdot dr = \int_{r_1}^{r_2} \frac{q}{4\pi\varepsilon_0 r^2} dr = \frac{q}{4\pi\varepsilon_0}\left(\frac{1}{r_1} - \frac{1}{r_2}\right) \tag{13-3}$$

由于 r_1 和 r_2 分别表示从点电荷 q 到起点和终点的距离,所以此结果说明,在静止的点电荷 q 的电场中,电场强度的线积分只与积分路径的起点和终点位置有关,而与积分路径无关。也可以说,在静止的点电荷的电场中,移动单位正电荷时,电场力所做的功只取决于被移动的电荷的起点和终点的位置,而与移动的路径无关。

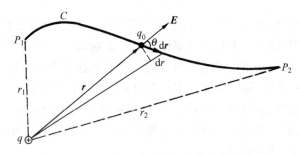

图 13-1 电荷运动时电场力做功的计算

对于由许多静止的点电荷 $q_1, q_2, \cdots, q_n$ 组成的电荷系,由场强叠加原理可得,其电场强度 E 的线积分为

$$\int_{(P_1)}^{(P_2)} E \cdot dr = \int_{(P_1)}^{(P_2)} (E_1 + E_2 + \cdots + E_n) \cdot dr$$

$$= \int_{(P_1)}^{(P_2)} E_1 \cdot dr + \int_{(P_1)}^{(P_2)} E_2 \cdot dr + \cdots + \int_{(P_1)}^{(P_2)} E_n \cdot dr$$

因为上述等式右侧每一项线积分都与路径无关,而取决于被移动电荷的始末位置,所以总电场强度 E 的线积分也具有这一特点。

对于静止的连续分布的带电体,可将其看作无数电荷元的集合,因而其电场强度的线积分同样具有这样的特点。

综上所述,我们可得出结论:对任何静电场,电场强度的线积分 $\int_{(P_1)}^{(P_2)} E \cdot dr$ 都只取决于起点 P_1 和终点 P_2 的位置而与连接 P_1 和 P_2 两点间的路径无关,静电场的这一特性叫做**静电场的保守性**。因此,静电场是保守场。

静电力做功的特点表明,静电力和万有引力、弹性力等一样,都是常见的保守力。

2. 静电场环路定理

静电场环路定理是静电场的保守性的另一种表述形式。

如图 13-2 所示,在静电场中作一任意闭合路径 C,考虑电场强度 E 沿此闭合路径的线积分,在闭合路径 C 上任意选取

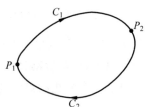

图 13-2 静电场的环路定理

两点 P_1 和 P_2，它们把 C 分成 C_1 和 C_2 两段，则沿闭合路径 C 的电场强度的线积分为

$$\oint_C \boldsymbol{E} \cdot \mathrm{d}\boldsymbol{r} = {}_C\oint \boldsymbol{E} \cdot \mathrm{d}\boldsymbol{r} = {}_{C_1}\int_{(P_1)}^{(P_2)} \boldsymbol{E} \cdot \mathrm{d}\boldsymbol{r} + {}_{C_2}\int_{(P_2)}^{(P_1)} \boldsymbol{E} \cdot \mathrm{d}\boldsymbol{r}$$

$$= {}_{C_1}\int_{(P_1)}^{(P_2)} \boldsymbol{E} \cdot \mathrm{d}\boldsymbol{r} - {}_{C_2}\int_{(P_1)}^{(P_2)} \boldsymbol{E} \cdot \mathrm{d}\boldsymbol{r} = 0$$

可见，电场强度的线积分与闭合路径无关。即

$$\oint_C \boldsymbol{E} \cdot \mathrm{d}\boldsymbol{r} = 0 \tag{13-4}$$

此式表明，在静电场中，电场强度沿任意闭合路径的线积分等于零。这里的闭合路径 C 也称**安培环路**，简称环路（有时也用 L 表示）；E 沿任意闭合路径 C 的线积分也称 E 的**环流**（或**环量**）。这就是静电场的保守性的另一种说法。在静电场中电场强度的环流为零，叫做**静电场环路定理**。它揭示静电场是无旋场（保守力场）。

静电场环路定理来源于库仑力的保守性，而与电荷的距离无关，因此，它只能反映静电场的无旋性的性质。它和高斯定理一样，也是表述静电场性质的一个重要定理。

至此，我们得到真空中静电场所满足的两个基本方程——高斯定理和环路定理。只有把这两个定理相结合，才能完整表达静电场是有源、无旋场的性质。但是，当电荷分布具有充分的对称性，如球对称、轴对称等时，通过对称性分析可知，其电场也是对称的，且必然满足环路定理，因此，在这种情况下，只要应用高斯定理即可求出其电场分布。

13.2 电势差和电势

由静电场的保守性，可引入电势的概念。这种可引进电势概念的场是一种有势场。有时，也叫库仑势场或库仑场，简称势场。**电势**也称**电位**，是描述电场的另一个物理量。

1. 电势的定义 电势差

静电场的保守性表明，对静电场而言，存在着一个由电场中各点的位置所决定的标量函数，此函数在 P_1 和 P_2 两点的数值之差，等于从 P_1 点到 P_2 点电场强度沿任意路径的线积分，也等于从 P_1 点到 P_2 点移动单位正电荷时静电场力所做的功。这个函数叫做电场的电势（或势函数）。

以 φ_1 和 φ_2 分别表示 P_1 和 P_2 点的电势，由式（13-1）和式（13-2），定义这两点间电势的差值为

$$\varphi_1 - \varphi_2 = \frac{A_{12}}{q_0} = \int_{(P_1)}^{(P_2)} \boldsymbol{E} \cdot \mathrm{d}\boldsymbol{r} \tag{13-5}$$

式中，$\varphi_1 - \varphi_2$ 称为 P_1 和 P_2 两点间的**电势差**，也叫电位差，即这两点间的**电压**，记作 U_{12}，即 $U_{12} = \varphi_1 - \varphi_2$。由于静电场的保守性，在一定的静电场中，对于给定的两点 P_1 和 P_2，其电势差具有完全确定的值。在直流电路中，也就是两点间的电压。

式（13-5）只能给出静电场中任意两点的电势差，而不能确定任一点的电势值。为了给出静电场中各点的电势值，需要预先选定一个参考位置，并指定它的电势为零。这一参考位置叫**电势零点**。理论上，通常把无限远作为电势零点；实用上，则常取地球表面为电势零点。因为地球可视为无限大导体，其表面不带电，不存在电场，因此，工程上常把电子设备的外壳

接地(实际使用时,应有良好的接地措施),相当于规定大地为电势零点。

任意两点的电势差与电势零点选择无关。以 P_0 表示电势零点,由式(13-5)可得,静电场中任意一点 P 的电势为

$$\varphi = \int_{(P)}^{(P_0)} \boldsymbol{E} \cdot \mathrm{d}\boldsymbol{r}, \quad \varphi_{(P_0)} = 0 \tag{13-6}$$

这是电势的定义式,也是计算电势的一般表达式。电势零点(零电势点)选定后,电场中所有各点的电势值就由式(13-6)唯一地确定了,由此确定的电势是空间坐标的标量函数,如在 $Oxyz$ 直角坐标系中,电势可表示为 $\varphi = \varphi(x, y, z)$。

由式(13-6)可见,电场中各点电势的大小与电势零点(P_0 点)的选择有关,相对于不同的电势零点,电场中同一点的电势就有不同的值。因此,在具体说明各点电势数值时,必须事先明确电势零点选择在何处。当电荷分布在有限区域时,电势零点通常选在无限远。这时,式(13-6)的电势定义式可写为

$$\varphi = \int_{(P)}^{\infty} \boldsymbol{E} \cdot \mathrm{d}\boldsymbol{r}, \quad \varphi_{\infty} = 0 \tag{13-7}$$

这是用于计算有限带电体的电势表达式。只要已知 $\boldsymbol{E}$ 的分布,即可求出 P 点的电势。

电势和电势差的单位相同,在 SI 中,其单位为伏特(伏,V),$1\ \mathrm{V} = 1\ \mathrm{J/C}$。

2. 电场力做的功

当电场中,当电势分布已知时,利用电势差定义式(13-5),可以很方便地计算出点电荷在静电场中移动时电场力做的功。由式(13-1)和式(13-5)可知,电荷 q_0 从 P_1 点移到 P_2 点时,静电场力做的功可用下式计算,即

$$A_{12} = q_0 \int_{(P_1)}^{(P_2)} \boldsymbol{E} \cdot \mathrm{d}\boldsymbol{r} = q_0(\varphi_1 - \varphi_2) \tag{13-8}$$

由式(13-8),也可把电势差定义为数值上等于将单位正电荷从一点沿任意路径移动到另一点时,电场力所做的功。

根据电势定义式(13-7),在式(13-3)中,如果选择 P_2 点在无限远,即令 $r_2 \to \infty$,则距静止点电荷 q 的距离为 r(如 $r = r_1$)处的电势为

$$\varphi = \frac{q}{4\pi\varepsilon_0 r}, \quad \varphi_{\infty} = 0 \tag{13-9}$$

这就是在真空中静止的点电荷的电场中各点电势的公式。式中 q 的正负决定电势 φ 的正负。在正电荷的电场中,各点电势均为正值,离电荷越远的点,电势越低。在负电荷的电场中,各点电势均为负值,离电荷越远的点,电势越高。

根据式(13-8)和式(13-9),也可把静电场中某点的电势定义为数值上等于将单位正电荷从该点沿任意路径移到无限远(或地面,即电势零点)时,电场力对它做的功。这功与所经路径无关,所以场中各点的电势均有一定数值,对应于式(13-9)的计算结果。如果这功是负的,电势就取负值。

下面通过举例说明,当真空中静止的电荷分布已知时,求电势分布的方法。利用式(13-6)进行计算时,首先要明确电势零点,再求出电场的分布,最后选择一条合适的路径进行积分。

【例 13-1】 均匀带电球面的电势。一均匀带电球面的半径为 R,所带电荷量为 q,求均匀带电球面的电场中的电势分布。

解　选取无限远为电势零点。由于在球面外直到无限远处场强的分布都与电荷集中到球心处的一个点电荷的场强分布一样，因此，球面外任一点的电势与式(13-9)相同，即

$$\varphi = \frac{q}{4\pi\varepsilon_0 r}, \quad r \geqslant R$$

若选取的 P 点位于球面内$(r<R)$，由于球面内、外场强的分布不同，由定义式(13-7)，从 P 点积分到电势零点(无穷远)分为两段，即

$$\varphi = \int_r^\infty \boldsymbol{E} \cdot \mathrm{d}\boldsymbol{r} = \int_r^R \boldsymbol{E} \cdot \mathrm{d}\boldsymbol{r} + \int_R^\infty \boldsymbol{E} \cdot \mathrm{d}\boldsymbol{r}$$

由于球面内，$\boldsymbol{E}=0(r<R)$，而球面外，其场强为

$$\boldsymbol{E} = \frac{q}{4\pi\varepsilon_0 r^2}\boldsymbol{e}_r$$

所以，求得 P 点的电势为

$$\varphi = \int_R^\infty \boldsymbol{E} \cdot \mathrm{d}\boldsymbol{r} = \int_R^\infty \frac{q}{4\pi\varepsilon_0 r^2}\mathrm{d}r = \frac{q}{4\pi\varepsilon_0 R}, \quad r \leqslant R$$

此式表明，均匀带电球面内各点电势相等，都等于球面上各点的电势，电势随 r 的变化曲线(φ-r 曲线)如图 13-3 所示。这一结果和场强分布 E-r 曲线(图 12-12)相比可看出，在球面处$(r=R)$，场强不连续，而电势是连续的。

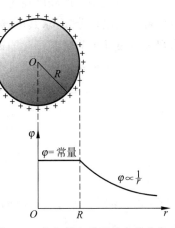

图 13-3　均匀带电球面的电势分布

【例 13-2】　带电直线的电势。求无限长均匀带电直线的电场中的电势分布。

解　由式(12-15)可知，无限长均匀带电直线周围的电场强度大小为

$$E = \frac{\lambda}{2\pi\varepsilon_0 r}$$

方向垂直于带电直线。如果仍选取无限远作为电势零点，则积分式 $\displaystyle\int_{(P)}^\infty \boldsymbol{E} \cdot \mathrm{d}\boldsymbol{r}$ 可能不收敛，各点电势可能将

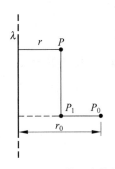

图 13-4　均匀带电直线的
　　　　电势分布的计算

为无限大而失去意义。对于带电体为无限大的情况，一般不能把电势零点选在无穷远，通常选取距该带电体为某一距离 r_0 的 P_0 点(图 13-4)为电势零点，则距带电直线为 r 的 P 点的电势为

$$\varphi = \int_{(P)}^{(P_0)} \boldsymbol{E} \cdot \mathrm{d}\boldsymbol{r} = \int_{(P)}^{(P_1)} \boldsymbol{E} \cdot \mathrm{d}\boldsymbol{r} + \int_{(P_1)}^{(P_0)} \boldsymbol{E} \cdot \mathrm{d}\boldsymbol{r}$$

式中，积分路径 PP_1 段与带电直线平行，而 P_1P_0 段与带电直线垂直。由于 PP_1 段与电场方向垂直，所以上式第 2 个等号右侧第一项积分为零。于是有

$$\varphi = \int_{(P_1)}^{(P_0)} \boldsymbol{E} \cdot \mathrm{d}\boldsymbol{r} = \int_r^{r_0} \frac{\lambda}{2\pi\varepsilon_0 r}\mathrm{d}r$$

$$= -\frac{\lambda}{2\pi\varepsilon_0}\ln r + \frac{\lambda}{2\pi\varepsilon_0}\ln r_0$$

这一结果可表示为一般形式，即

$$\varphi = -\frac{\lambda}{2\pi\varepsilon_0}\ln r + C, \quad \varphi_{r_0} = 0$$

式中，C 为与电势零点的位置有关的常量。可见，电势零点不同，其对应的电势表达式也不同。选择合适的电势零点，可使电势表达式具有较简形式。

讨论　由此例看出，当电荷的分布扩展到无限远时，电势零点不能选择在无限远。至于电势零点应选取在何处合适，取决于计算电势的积分式，以计算简便为原则。例如，此例选取 $r_0 = 1$ m 时，$C=0$，则 P 点电势的形式最简单。

13.3 电势叠加原理

静电场做功与所经路径无关的结论表明,电场中各点的电势均有对应的值。已知在真空中静止的电荷分布,求其电场中的电势分布时,不仅可用电势定义式(13-5)直接求解,还可以在点电荷电势公式(13-9)的基础上应用叠加原理求得。下面介绍后一种方法。

设场源电荷系由若干个带电体组成,它们分别产生的电场为 $\boldsymbol{E}_1, \boldsymbol{E}_2, \cdots$,由电场强度叠加原理可知,其总场强为 $\boldsymbol{E} = \boldsymbol{E}_1 + \boldsymbol{E}_2 + \cdots$。根据电势定义公式(13-6),它们的电场中 P 点的电势为

$$\varphi = \int_{(P)}^{(P_0)} \boldsymbol{E} \cdot \mathrm{d}\boldsymbol{r} = \int_{(P)}^{(P_0)} (\boldsymbol{E}_1 + \boldsymbol{E}_2 + \cdots) \cdot \mathrm{d}\boldsymbol{r}$$

$$= \int_{(P)}^{(P_0)} \boldsymbol{E}_1 \cdot \mathrm{d}\boldsymbol{r} + \int_{(P)}^{(P_0)} \boldsymbol{E}_2 \cdot \mathrm{d}\boldsymbol{r} + \cdots$$

显然,上式最后一个等号右侧的每一积分分别是各带电体单独存在时产生的电场在 P 点的电势 $\varphi_1, \varphi_2, \cdots$。则有

$$\varphi = \varphi_1 + \varphi_2 + \cdots = \sum_i \varphi_i \tag{13-10}$$

此式叫做**电势叠加原理**。它表示一个电荷系的电场中某点的电势等于每一个带电体单独存在时在该点所产生的电势的代数和。其中,各带电体的电势都必须是同一参考点而言。

实际上,应用电势叠加原理时,可以从点电荷的电势出发,先考虑场源电荷系由许多点电荷组成的情况。这时,将点电荷的电势公式(13-9)代入式(13-10)可得,点电荷系的电场中 P 点的电势为

$$\varphi = \sum_i \frac{q_i}{4\pi\varepsilon_0 r_i}, \quad \varphi_\infty = 0 \tag{13-11}$$

这是点电荷系的电势计算公式。式中,r_i 为点电荷 q_i 到 P 点的距离。

对于电荷连续分布的有限带电体,可设想它是由许多电荷元 $\mathrm{d}q$ 组成的特殊电荷系。将每个电荷元视为点电荷,由叠加原理和式(13-11)可得,电势为

$$\varphi = \int \frac{\mathrm{d}q}{4\pi\varepsilon_0 r}, \quad \varphi_\infty = 0 \tag{13-12}$$

这是计算带电体的电势的积分公式。式中,电荷元 $\mathrm{d}q$ 视带电体的电荷分布状况而定,线分布时为 $\mathrm{d}q = \lambda \mathrm{d}l$,面分布时为 $\mathrm{d}q = \sigma \mathrm{d}S$,体分布时为 $\mathrm{d}q = \rho \mathrm{d}V$。

应用叠加原理求电势时,对电荷分布为有限的带电体,通常把无穷远默认为电势零点。式(13-11)和式(13-12)都是以点电荷的电势公式(13-9)为基础的,所以应用式(13-11)和式(13-12)时,电势零点都已选定在无限远。同样地,当电荷分布扩展到无限远时,必须另外选定合适参考点作为电势零点。下面通过例题,说明电势叠加原理的应用及其电势的计算方法。

【例 13-3】 **电偶极子的电势。**设电偶极子的等量正、负电荷相距 l,其电荷量分别为 $+q$ 和 $-q$,求电偶极子的电场中的电势分布。

解 设场点 P 离 $+q$ 和 $-q$ 的距离分别为 r_+ 和 r_-,P 与电偶极子中点 O 的距离为以 r,如图 13-5 所示。

根据电势叠加原理,P 点的电势为

$$\varphi = \varphi_+ + \varphi_- = \frac{q}{4\pi\varepsilon_0 r_+} + \frac{-q}{4\pi\varepsilon_0 r_-} = \frac{q(r_- - r_+)}{4\pi\varepsilon_0 r_+ r_-}$$

在距电偶极子较远的点,即当 $r \gg l$ 时,有

$$r_+ r_- \approx r^2, \quad r_- - r_+ \approx l\cos\theta$$

式中的 θ 为 OP 与 l 之间的夹角。将这些关系代入 P 点的电势计算式,即得

$$\varphi = \frac{ql\cos\theta}{4\pi\varepsilon_0 r^2} = \frac{p\cos\theta}{4\pi\varepsilon_0 r^2} = \frac{\boldsymbol{p} \cdot \boldsymbol{r}}{4\pi\varepsilon_0 r^3}$$

式中,$\boldsymbol{p} = q\boldsymbol{l}$ 是电偶极子的电偶极矩(即电矩)(见 12.3 节)。

【例 13-4】 带电圆环的电势。一均匀带电细圆环的半径为 R,所带总电荷量为 q,求在圆环轴线上任意点 P 的电势。

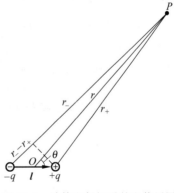

图 13-5 计算电偶极子的电势用图

解 以 x 表示从圆环圆心到 P 点的距离,选取圆环上任一电荷元 $\mathrm{d}q$,如图 13-6 所示。由式(13-12)可得,P 点的电势为

$$\varphi = \int \frac{\mathrm{d}q}{4\pi\varepsilon_0 r} = \frac{1}{4\pi\varepsilon_0 r}\int_q \mathrm{d}q = \frac{q}{4\pi\varepsilon_0 r} = \frac{q}{4\pi\varepsilon_0 (R^2 + x^2)^{1/2}}$$

当 P 点位于圆环圆心 O 处时,$x = 0$,则

$$\varphi = \frac{q}{4\pi\varepsilon_0 R}$$

讨论 在圆环圆心 O 处($x = 0$),$\varphi \neq 0$;由于对称性,$\boldsymbol{E} = 0$。这一结果说明,电场强度为零的点,其电势不一定也是零。

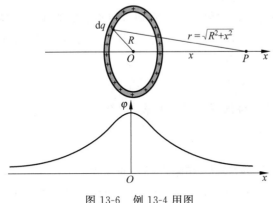

图 13-6 例 13-4 用图

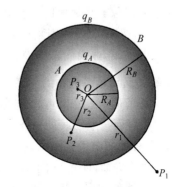

图 13-7 例 13-5 用图

【例 13-5】 同心带电球面的电势。如图 13-7 所示,两个同心的均匀带电球面 A 和 B,半径分别为 $R_A = 5$ cm 和 $R_B = 10$ cm,各所带电荷 $q_A = +2 \times 10^{-9}$ C 和 $q_B = -2 \times 10^{-9}$ C,二者组成一个带电体系,求距离球心距离分别为 $r_1 = 15$ cm,$r_2 = 6$ cm,$r_3 = 2$ cm 处的电势。

解 每一个带电球面的电势分布已在例 13-1 中求出结果。根据电势叠加原理,这一带电体系的电势分布可以由两个带电球面的电势叠加求得。

(1) $r = r_1 = 15$ cm 位于球面 B 的外侧,该处的电势为

$$\varphi_1 = \varphi_{A_1} + \varphi_{B_1} = \frac{q_A}{4\pi\varepsilon_0 r_1} + \frac{q_B}{4\pi\varepsilon_0 r_1} = 0$$

(2) $r = r_2 = 6$ cm 位于两球面之间,该处的电势为

$$\varphi_2 = \varphi_{A_2} + \varphi_{B_2} = \frac{q_A}{4\pi\varepsilon_0 r_2} + \frac{q_B}{4\pi\varepsilon_0 R_B}$$

$$= \frac{9 \times 10^9 \times 2 \times 10^{-9}}{0.06} \text{ V} + \frac{9 \times 10^9 \times (-2 \times 10^{-9})}{0.10} \text{ V}$$

$$= 120 \text{ V}$$

(3) $r = r_3 = 2$ cm,位于球面 A 的内侧,该处的电势为

$$\varphi_3 = \varphi_{A_3} + \varphi_{B_3} = \frac{q_A}{4\pi\varepsilon_0 R_A} + \frac{q_B}{4\pi\varepsilon_0 R_B}$$

$$= \frac{9 \times 10^9 \times 2 \times 10^{-9}}{0.05} \text{ V} + \frac{9 \times 10^9 \times (-2 \times 10^{-9})}{0.10} \text{ V}$$

$$= 180 \text{ V}$$

13.4　等势面

等势面是描述静电场中电势分布情况的一种直观图像,也称等位面。

1. 等势面的概念

静电场是有势场。在具有势的场中,势的数值相等的各点所连成的曲线,称为**等势面**。不同的电荷分布的电场具有不同形状的等势面。一般规定每隔一定相等数值的势画一等势面,场较强的地方等势面较密,较弱的地方较疏,因此,等势面可描述电场中电势的分布。

对于一个点电荷 q 产生的静电场,根据式(13-9),它的等势面是一系列以该点电荷所在点为球心的一组同心球面,如图 13-8(a)所示,且内密外疏。

为了从图像上直观地比较静电场中各点的电势,画等势面时,使相邻等势面的电势差为常量。图 13-8(b)、(c)分别画出均匀带正电圆盘和等量异号电荷的电场的等势面,其中的实线表示电场线,虚线代表等势面与纸面的交线。

2. 等势面和电场分布的关系

由等势面的物理意义可知,它和电场分布具有一定的关系。

(1) 等势面与电场线处处正交。在静电场中,当电荷沿等势面移动时,电场对它不做功,所以等势面与电场方向永远互相垂直。

(2) 两等势面(间距)相距较近处的场强数值大,相距较远处的场强数值小。

在实际遇到的很多带电问题中,等势面的概念也很有用。等势面(或等势线)的分布容易通过实验条件描绘出来,并由此可以分析电场的分布情况。

在导体内,如果任取两点 A 和 B,由于静电平衡,导体内部的电场强度为零,所以这两点电势差的数学表达式为

$$U_{AB} = \varphi_A - \varphi_B = \int_{AB} \boldsymbol{E} \cdot \mathrm{d}\boldsymbol{r} = 0$$

此式表明,在静电平衡时,导体内任意两点的电势差为零。也就是说,整个导体成为等势体,其表面为等势面,且导体内部电荷 $q_{\text{in}} = 0$,与导体的形状无关。这也是**静电平衡**的另一种表达形式。即静电场中任何导体(包括地球在内)的表面都是等势面;又因其内部不存在电场,它同时也是一个等势体。

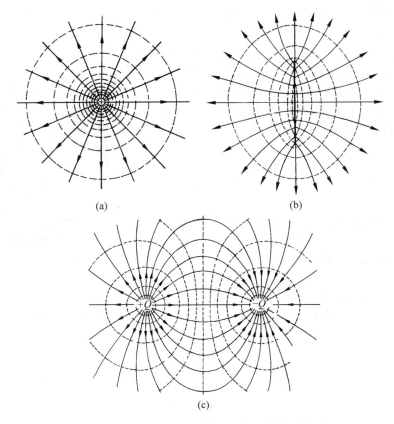

(a)   (b)

(c)

图 13-8   几种静止电荷分布的电场场线与等势面

(a) 正点电荷；(b) 均匀带电圆盘；(c) 等量异号电荷对

【例 13-6】   大小导体球相连的电势。两导体球半径分别为 R_1 和 R_2，且 $R_1 > R_2$，今用导线将它们连接后使其带电，求两球上的电荷面密度 σ_1，σ_2 与二者半径的关系。设导线足够长且两球相隔足够远。

解   如图 13-9 所示，两导体球用导线连接后成为一个导体，二者电势相等。由于电荷只存在于球的表面，对相隔足够远的两球，其相互影响可忽略不计，故每个球的电势都可以用例 13-1 的结果表示。设 q_1，q_2 分别为两球上各自的电荷，由题意 $\varphi_1 = \varphi_2$，于是有

$$\frac{q_1}{4\pi\varepsilon_0 R_1} = \frac{q_2}{4\pi\varepsilon_0 R_2}$$

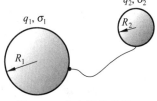

图 13-9   大小导体球相连

而 $q_1 = 4\pi R_1^2 \sigma_1$，$q_2 = 4\pi R_2^2 \sigma_2$，将此二式代入上式，可得

$$\frac{\sigma_1}{\sigma_2} = \frac{R_2}{R_1}$$

此式说明，导体球的电荷面密度与其半径成反比，半径大的球面，其电荷面密度小。由于曲率为半径的倒数，所以也可以说，曲率小的球面上，其电荷面密度小。这一结果常被用来解释不规则形状导体带电后，其面电荷分布和表面曲率的关系(见 12.7 节)。

*【例 13-7】   金属球套以球壳的电势。一半径为 R_1 的金属球 A，其外面套有一个同心的金属球壳 B，球壳 B 的内外半径分别为 R_2 和 R_3。它们带电后，其电势分别为 φ_A 和 φ_B。

求此带电系统的电荷及其电场分布。如果用导线将金属球 A 和金属球壳 B 连接起来,结果又将如何?

解 根据静电平衡,金属球和金属球壳层内的电场应为零,且电荷均匀分布在各自的表面上。如图 13-10 所示,设 q_1 表示半径为 R_1 金属球面所带的电荷量,q_2,q_3 分别表示半径为 R_2,R_3 的金属壳内外表面所带的电荷量。每个带电球面单独在本球面上和球面内所产生的电势,都可以用例 13-1 关于球面电荷的电势公式求出。它们分别为

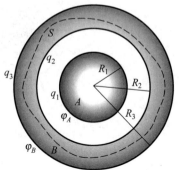

图 13-10 例 13-7 用图

$$\varphi_1 = \frac{q_1}{4\pi\varepsilon_0 R_1}, \quad \varphi_2 = \frac{q_2}{4\pi\varepsilon_0 R_2}, \quad \varphi_3 = \frac{q_3}{4\pi\varepsilon_0 R_3}$$

而在球面外,各点电势等于球面上电荷集中在球心形成的点电荷的电势。

再由电势叠加原理,此带电系统各处的电势应为各球面上电荷所产生的电势之和。由于球 A 表面在球壳 B 内外表面之内,所以球 A 表面的电势就是球 A 的电势,即

$$\varphi_A = \frac{q_1}{4\pi\varepsilon_0 R_1} + \frac{q_2}{4\pi\varepsilon_0 R_2} + \frac{q_3}{4\pi\varepsilon_0 R_3}$$

又由于球壳 B 外表面在球 A 和球壳内表面之外,所以球壳 B 外表面的电势就是球壳内表面和整个球壳的电势,即

$$\varphi_B = \frac{q_1}{4\pi\varepsilon_0 R_3} + \frac{q_2}{4\pi\varepsilon_0 R_3} + \frac{q_3}{4\pi\varepsilon_0 R_3}$$

在壳体内作一个包围内腔的高斯面 S,由高斯定理,得

$$q_1 + q_2 = 0$$

联立解上述 3 个方程,可得

$$q_1 = \frac{4\pi\varepsilon_0(\varphi_A - \varphi_B)R_1 R_2}{R_2 - R_1},$$

$$q_2 = \frac{4\pi\varepsilon_0(\varphi_B - \varphi_A)R_1 R_2}{R_2 - R_1},$$

$$q_3 = 4\pi\varepsilon_0 \varphi_B R_3$$

根据此电荷分布可求得,电场分布如下

$$E = 0, \qquad\qquad\qquad\qquad r < R_1$$

$$E = \frac{q_1}{4\pi\varepsilon_0 r^2} = \frac{(\varphi_A - \varphi_B)R_1 R_2}{(R_2 - R_1)r^2}, \quad R_1 < r < R_2$$

$$E = 0, \qquad\qquad\qquad\qquad R_2 < r < R_3$$

$$E = \frac{q_1 + q_2 + q_3}{4\pi\varepsilon_0 r^2} = \frac{\varphi_B R_3}{r^2}, \qquad r > R_3$$

如果用导线将球和球壳相连接,二者的电势差将变为零而成为等电势,则球表面与壳的内表面的电荷会完全中和而使这两个表面都不再带电,二者之间的电场变为零。在球壳的外表面上电荷仍保持为 q_3,且均匀分布,其外面的电场分布也不会改变而仍为 $\varphi_B R_3 / r^2$。

13.5 电势梯度

电场强度和电势都是描述电场性质的物理量,式(13-6)以积分形式表示场强与电势之间的关系,即电势等于电场强度的线积分。反过来,场强与电势的关系也可以用微分形式表

示,即场强等于电势的导数。但由于场强是一个矢量,这一导数关系相对于线积分形式显得复杂一些。下面推导场强与电势之间关系的微分形式,并引入电势梯度的概念。

在静电场中,考虑沿任意的 l 方向相距很近的两个不同等势面 φ_1 和 φ_2 上的两点 P_1 和 P_2,如图 13-11 所示,从 P_1 到 P_2 的微小间距为 Δl,且认为电场强度 E 是不变的。根据电势的定义式(13-6),这两点间的电势差为

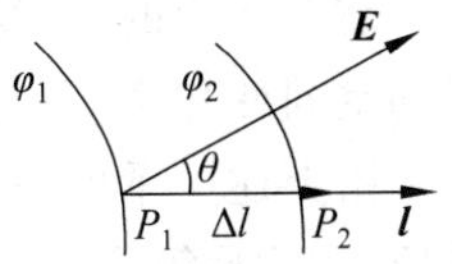

图 13-11 电势的空间变化率

$$-(\varphi_2 - \varphi_1) = E \cdot \Delta l$$

设 $\varphi_2 = \varphi_1 + \Delta\varphi$,其中 $\Delta\varphi$ 为 φ 沿 Δl 方向的增量,则

$$\varphi_1 - \varphi_2 = -\Delta\varphi = E \cdot \Delta l = E\cos\theta\,\Delta l$$

式中,θ 为 E 与 Δl 之间的夹角。当 $\Delta l \to 0$,根据函数与极限的概念,上式改写为

$$E\cos\theta = E_l = -\frac{\mathrm{d}\varphi}{\mathrm{d}l} \tag{13-13}$$

式中,$\dfrac{\mathrm{d}\varphi}{\mathrm{d}l}$ 为电势函数(势函数)沿 l 方向上单位长度的变化率,即电势对空间的变化率。式(13-13)表明,在电场中某点场强沿某方向的分量等于电势沿此方向的空间变化率的负值。

由式(13-13)可看出,当 $\theta = 0$ 时,E 沿着 l 的方向的变化率 $\dfrac{\mathrm{d}\varphi}{\mathrm{d}l}$ 有最大值,即

$$E_n = -\frac{\mathrm{d}\varphi}{\mathrm{d}l}\bigg|_{\max}$$

在电场中任意一点,沿不同方向的电势随距离的变化率一般是不等的。若沿某一方向的电势随距离的变化率最大,则此最大值称为该点的**电势梯度**。$\theta = 0$ 对应于等势面的法线方向 e_n,则上式的电场强度可表示为矢量式,即

$$E = -\frac{\mathrm{d}\varphi}{\mathrm{d}l_n}e_n \tag{13-14}$$

这就是电场强度与电势关系的微分形式。相较于式(13-13),它更具普遍性。

电势梯度是一个矢量,它的方向是该点附近电势升高最快的方向。式(13-14)说明,电场中任意点的场强等于该点电势梯度的负值,负号表示该点场强方向和电势梯度方向相反,即场强指向电势降低的方向。电势梯度大,说明电势在一定距离内的差异明显。这与前面关于沿电场线方向电势逐渐降低的结论是一致的。

当电势函数用直角坐标表示,即 $\varphi = \varphi(x,y,z)$ 时,由式(13-13)可求得电场强度沿 3 个坐标轴方向的分量,它们是

$$E_x = -\frac{\partial\varphi}{\partial x}, \quad E_y = -\frac{\partial\varphi}{\partial y}, \quad E_z = -\frac{\partial\varphi}{\partial z} \tag{13-15}$$

则电场强度表示为

$$E = -\left(\frac{\partial\varphi}{\partial x}\boldsymbol{i} + \frac{\partial\varphi}{\partial y}\boldsymbol{j} + \frac{\partial\varphi}{\partial z}\boldsymbol{k}\right) \tag{13-16}$$

这是式(13-14)用直角坐标系中的分量表示的矢量形式。梯度通常用 **grad** 或算符(算子)∇ 表示,它是矢量也是微分算子,表示为 $\nabla = \dfrac{\partial}{\partial x}\boldsymbol{i} + \dfrac{\partial}{\partial y}\boldsymbol{j} + \dfrac{\partial}{\partial z}\boldsymbol{k}$,则式(13-16)又可写为

$$E = -\mathbf{grad}\varphi = -\nabla\varphi \tag{13-17}$$

即电场强度等于电势梯度的负值。已知电势分布，即可由它方便地求出场强分布。

需要指出的是，场强与电势的关系的微分形式说明，电场中某点的场强决定于电势在该点的空间变化率，而与该点电势值本身无直接关系。静电场满足环路定理。

由上述关系可见，电势梯度的单位是伏特每米（伏每米，V/m）。它与电场强度的另一单位 N/C 是等价的。

【例 13-8】 带电圆环的静电场。根据例 13-4 中得出的在均匀带电细圆环轴线上任一点的电势公式

$$\varphi = \frac{q}{4\pi\varepsilon_0(R^2 + x^2)^{1/2}}$$

求轴线上任一点的场强。

解 均匀带电细圆环的电荷分布对于轴线是对称的，轴线上各点的场强在垂直于轴线方向的分量为零，因而轴线上任一点的场强沿 x 轴方向。由式(13-15)，得

$$E = E_x = -\frac{\partial\varphi}{\partial x} = -\frac{\partial}{\partial x}\left[\frac{q}{4\pi\varepsilon_0(R^2 + x^2)^{1/2}}\right]$$

$$= \frac{qx}{4\pi\varepsilon_0(R^2 + x^2)^{3/2}}$$

这一结果与例 12-3 的结果相同。

【例 13-9】 电偶极子的静电场。根据例 13-3 得出的电偶极子的电势表达式

$$\varphi = \frac{p\cos\theta}{4\pi\varepsilon_0 r^2}$$

求电偶极子在空间中任意点的场强分布。

解 选取电偶极子中心为坐标原点 O，并使电矩 $\boldsymbol{p}$ 指向 x 轴正方向，建立 xOy 直角坐标系，如图 13-12 所示。显然，电偶极子的场强分布具有对其轴线（x 轴）的对称性，因此欲求电偶极子的场强分布，只需求出它在 xOy 平面内的电场分布即可。

对于 xOy 平面上的任一点 $P(x,y)$，$r^2 = x^2 + y^2$，$\cos\theta = x/r$，由例 13-3 的结果，有

$$\varphi = \frac{p\cos\theta}{4\pi\varepsilon_0 r^2} = \frac{px}{4\pi\varepsilon_0 r^3} = \frac{px}{4\pi\varepsilon_0(x^2 + y^2)^{\frac{3}{2}}}$$

由场强与电势的关系式(13-15)，可求得

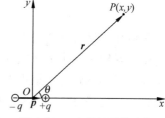

图 13-12 电偶极子的电场

$$E_x = -\frac{\partial\varphi}{\partial x} = \frac{p(2x^2 - y^2)}{4\pi\varepsilon_0(x^2 + y^2)^{5/2}}$$

$$E_x = -\frac{\partial\varphi}{\partial y} = \frac{3pxy}{4\pi\varepsilon_0(x^2 + y^2)^{5/2}}$$

这一结果还可表示为矢量式，即

$$E = \frac{1}{4\pi\varepsilon_0}\left(\frac{-\boldsymbol{p}}{r^3} + \frac{3\boldsymbol{p}\cdot\boldsymbol{r}}{r^5}\boldsymbol{r}\right) \tag{13-18}$$

式中，用到了 $\boldsymbol{p} = p\boldsymbol{i}$ 和 $\boldsymbol{r} = x\boldsymbol{i} + y\boldsymbol{j}$ 关系。

讨论 以下说明两个特殊点的电场强度。

当 $y = 0$ 时，场点为轴线上的点，对应于 $r = x$；当 $x = 0$ 时，场点为中垂线上的点，对应于 $r = y$。分别

代入上式,求得它们的场强与例12-1的结果相同。

由于电势是标量,所以根据电荷分布用叠加法求电势分布是标量积分,而根据式(13-16)由电势的空间变化率求场强分布是微分运算。在实际计算时,可先计算电势,再根据式(13-13)求出电场强度,这也是求电场强度的另一种方法。虽然经过两步运算,但与根据电荷分布直接利用场强叠加来求场强分布的方法相比,这种方法有时相对简单,较为容易计算,因为直接求场强分布的运算是矢量积分,通常还需要经过分解以便于计算。

13.6 点电荷在外电场中的静电势能

由于静电场是保守场,在静电场中移动电荷时,静电场力做功与路径无关,所以任一电荷在静电场中都具有势能,这一势能叫做**静电势能**(或称**静电能**),简称电势能。由于静电场中任一点的电势 φ 等于单位正电荷自该点移动到电势零点时电场力做的功,所以它也就等于单位正电荷在该点时的电势能(以电势零点为电势能零点)。于是,点电荷 q 在外电场中任一点的电势能就是

$$W = q\varphi \tag{13-19}$$

这就是说,一个点电荷在电场中某点的电势能等于它的电荷量与电场中该点电势的乘积。在电势零点处,该点电荷的电势能为零。

应该指出,一个点电荷在外电场中的电势能是属于该点电荷与场源电荷系所共有的,是一种相互作用能。

在 SI 中,电势能的单位为能量的单位,即焦耳(焦,J)。利用电子的电荷量 e 可以定义能量的单位,即电子伏特(电子伏,eV)。它通常用作计量微观粒子能量的另一种能量单位。还有其倍数 meV,keV,MeV,GeV 和 TeV 等,在有关原子和核系统的许多计算中都经常用到。1 eV 表示 1 个电子通过电势差为 1 V 时所获得(或减少)的能量,它与能量的国际单位之间的换算关系为

$$1 \text{ eV} \approx 1.60 \times 10^{-19} \text{ J}$$

【例 13-10】 **电偶极子的电势能**。求电矩 $\boldsymbol{p} = q\boldsymbol{l}$ 的电偶极子(图 13-13)在均匀外电场 $\boldsymbol{E}$ 中的电势能。

解 由式(13-19)可知,在均匀外电场中,电偶极子中的正、负电荷(分别位于图中的 A,B 两点)的电势能(以电场中某点为电势零点)分别为

$$W_+ = q\varphi_A, \quad W_- = -q\varphi_B$$

电偶极子在外电场中的电势能为

$$W = W_+ + W_- = q(\varphi_A - \varphi_B)$$
$$= -qlE\cos\theta = -pE\cos\theta$$

式中,θ 是 $\boldsymbol{p}$ 与 $\boldsymbol{E}$ 的夹角。将上式写成矢量形式,则有

$$W = -\boldsymbol{p} \cdot \boldsymbol{E} \tag{13-20}$$

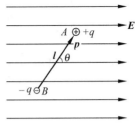

图 13-13 电偶极子在外电场中的电势能计算

上式表明,当电偶极子取向与外电场一致时,电势能最低;取向相反时,电势能最高;当电偶极子取向与外电场方向垂直时,电势能为零。

【例 13-11】 **电子与原子核的静电势能**。电子与原子核距离为 r,电子带电荷量为 $-e$,原子核带电荷量为 Ze。求电子在原子核电场中的电势能。

解　选取无限远为电势零点。在原子核的电场中,电子所在处的电势为

$$\varphi = \frac{Ze}{4\pi\varepsilon_0 r}$$

由式(13-19)知,电子在原子核电场中的电势能为

$$W = -e\varphi = \frac{-Ze^2}{4\pi\varepsilon_0 r}$$

这一能量应理解为电子和原子核这一系统共有的静电势能,为它们的相互作用能。

* 13.7　电荷系的静电能

先考虑由两个点电荷 q_1 和 q_2 组成的电荷系。二者静止时,根据式(13-19), q_1 在 q_2 的电场中的静电能为

$$W_{12} = q_1\varphi_1$$

其中, φ_1 是 q_1 所在处的 q_2 的电势。由式(13-9)得, $\varphi_1 = \dfrac{q_2}{4\pi\varepsilon_0 r_{12}}$,式中 r_{12} 为两电荷间的距离。因此,上式可写成

$$W_{12} = \frac{q_1 q_2}{4\pi\varepsilon_0 r_{12}} \tag{13-21}$$

由于电势 φ_1 是以离电荷 q_2 无穷远处为电势零点,所以式(13-21)的势能就等于把 q_1 移到无穷远处,或者说,使电荷 q_1 和 q_2 分离到无穷远处时电场力做的功。它也就是两个点电荷在分离 r_{12} 时的静电能,也是两个点电荷的静电相互作用能,简称互能。

现在,考虑由 n 个点电荷组成的电荷系,其静电势能等于把这些点电荷从现有位置分布都分散到无限远时,它们之间的静电力做的总功。它也就等于每对点电荷的静电能的总和,即点电荷系的总静电能

$$W = \sum_{\substack{i,j=1 \\ i\neq j}}^{n} W_{ij} = \sum_{\substack{i,j=1 \\ i\neq j}}^{n} \frac{q_i q_j}{4\pi\varepsilon_0 r_{ij}}$$

但要注意的是,在最后的求和式中,由于 $r_{ij} = r_{ji}$,所以任一对点电荷,如 q_2 和 q_3 的相互作用能将出现两次,如 $\dfrac{q_2 q_3}{4\pi\varepsilon_0 r_{23}} = \dfrac{q_3 q_2}{4\pi\varepsilon_0 r_{32}}$ 。这样,该式求的结果将是实际的点电荷系的总静电相互作用能的 2 倍。因此,点电荷系的总静电能应为

$$W = \frac{1}{2}\sum_{\substack{i,j=1 \\ i\neq j}}^{n} W_{ij} = \frac{1}{2}\sum_{\substack{i,j=1 \\ i\neq j}}^{n} \frac{q_i q_j}{4\pi\varepsilon_0 r_{ij}} \tag{13-22}$$

或写为

$$W = \frac{1}{2}\sum_{i=1}^{n}\left(q_i \sum_{\substack{j=1 \\ j\neq i}}^{n} \frac{q_j}{4\pi\varepsilon_0 r_{ij}}\right)$$

其中

$$\sum_{\substack{j=1 \\ j\neq i}}^{n} \frac{q_j}{4\pi\varepsilon_0 r_{ij}} = \varphi_i$$

即正好是 q_i 以外所有点电荷在 q_i 所在处的电势 φ_i 。于是,式(13-22)又可写成

$$W = \frac{1}{2} \sum_{i=1}^{n} q_i \varphi_i \qquad (13-23)$$

这就是点电荷系的静电能公式。

对于连续分布的电荷系 Q，可将 Q 视为许多电荷元 dq 的集合，于是把式（13-23）转换为积分形式，则电荷系 Q 的总静电能表示为

$$W = \frac{1}{2} \int_Q \varphi dq \qquad (13-24)$$

由于电荷元 dq 为无限小，所以上式积分号内的 φ 就是带电体上的所有电荷 Q 在电荷元 dq 所在处的电势。积分号下标 Q 表示积分范围遍及 Q 所包含的所有电荷。

如果只考虑一个带电体，其静电能定义为：设想把该带电体分割为无限多个电荷元，把所有电荷元从现有的集合状态彼此分散到无限远时，电场力所做的功称为原来该带电体的静电能，一个带电体的静电能有时也称为**自能**。因此，一个带电体的静电自能就是组成它的各电荷元之间的相互作用能。同样地，它也有与式（13-24）相同的表达式。

在很多场合，往往需要单独考虑电荷系中某一电荷的行为而将该电荷从电荷系中分离出去，电荷系中的其他电荷所产生的电场对该电荷来说就是外电场了。例13-11就是这样的一个实例。

【例13-12】 **带电球面的静电能**。一半径为 R 的均匀带电球面，所带电荷量为 Q，求这一带电球面的静电能。

解 以无限远为电势零点，带电球面为一等势面，其电势为

$$\varphi = \frac{Q}{4\pi\varepsilon_0 R}$$

由式（13-24），此电荷系统的静电能为

$$W = \frac{1}{2} \int \varphi \, dq = \frac{1}{2} \int \frac{Q}{4\pi\varepsilon_0 R} dq = \frac{Q}{8\pi\varepsilon_0 R} \int dq = \frac{Q^2}{8\pi\varepsilon_0 R}$$

这一能量表现为均匀带电球面系统的自能。

【例13-13】 **带电球体的静电能**。一半径为 R 的均匀带电球体，所带电荷量为 Q，求这一带电球体的静电能。

解 已知带电球体的电场强度由式（12-26）和式（12-25）给出，表示为

$$E_1 = \frac{Q}{4\pi\varepsilon_0 R^3} r, r \leqslant R; \quad E_2 = \frac{Q}{4\pi\varepsilon_0 r^3} r, r \geqslant R$$

在球内距离球心为 r，厚度为 dr 的球壳处的电势为

$$\varphi = \int_r^\infty \boldsymbol{E} \cdot d\boldsymbol{r} = \int_r^R \boldsymbol{E}_1 \cdot d\boldsymbol{r} + \int_R^\infty \boldsymbol{E}_2 \cdot d\boldsymbol{r}$$

把 E_1 和 E_2 代入，得

$$\varphi = \int_r^R \frac{q}{4\pi\varepsilon_0 R^3} \boldsymbol{r} \cdot d\boldsymbol{r} + \int_R^\infty \frac{Q}{4\pi\varepsilon_0 r^3} \boldsymbol{r} \cdot d\boldsymbol{r} = \frac{Q}{8\pi\varepsilon_0 R^3} (3R^2 - r^2)$$

半径为 r，厚度为 dr 的球壳的体积为 $dV = 4\pi r^2 dr$，对应的电荷元为 $dq = \rho dV$，其中的 ρ 为带电球体的电荷体密度。于是，此电荷系统的静电能为

$$W = \int_Q \varphi dq = \frac{1}{2} \int_V \varphi \rho dV$$

$$= \frac{1}{2} \int_0^R \frac{Q}{8\pi\varepsilon_0 R^3} (3R^2 - r^2) \frac{Q}{\frac{4}{3}\pi R^3} 4\pi r^3 dr = \frac{3Q^2}{20\pi\varepsilon_0 R}$$

13.8 静电场的能量

当谈到能量时,常常要说能量属于谁或存于何处。根据超距作用的观点,一组电荷系的静电能只能是属于系内那些电荷本身,或者说由那些电荷携带着。但也只能说,静电能属于这电荷系整体,说其中某个电荷携带多少能量是完全没有意义的,因此也就很难说电荷带有能量。从场的观点看来,可以很自然地认为,静电能就储存在电场中。下面以真空中的平行板电容器为例,定量地说明电场能量这一概念。

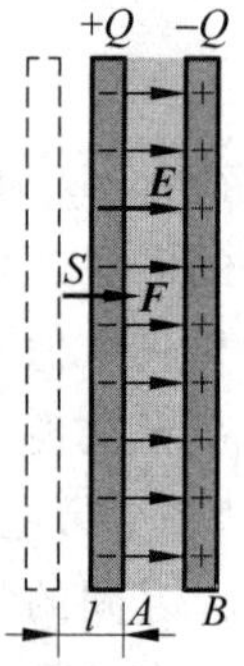

考虑一平行板电容器,其金属板极 A 和 B 面积均为 S,相对两面分别带有电荷量 $+Q$ 和电荷量 $-Q$,如图 13-14 所示。由例 12-11 可知,其板极间电场是均匀场,电场强度为

$$E = \frac{\sigma}{\varepsilon_0} = \frac{Q}{\varepsilon_0 S}$$

再根据例 12-15 知,两金属板极相对两表面单位面积受力大小为

图 13-14　静电场的能量
推导用图

$f = \dfrac{\sigma^2}{2\varepsilon_0} = \dfrac{Q^2}{2\varepsilon_0 S^2}$,其整个表面受力大小为

$$F_A = F_B = fS = \frac{Q^2}{2\varepsilon_0 S}$$

F_A 和 F_B 是一对相互吸引的力。设想金属板 A 在此力作用下向 B 移近的距离为 $\mathrm{d}l$,则电场力做功为

$$\mathrm{d}A = F_A \mathrm{d}l = \frac{Q^2}{2\varepsilon_0 S} \mathrm{d}l$$

电场力做功需要有能量的来源。电容器的静电能储存在哪里? 静电场与静止电荷相伴而生,因此无法判定静电能到底是与电荷,还是与电场相联系。但是,电磁波携带的能量可以脱离电荷、电流而在空间独立地传播,所以电磁波的能量只能是分布在电磁场中。按照场的观点,电容器的静电能就储存在电容器两个板极对应表面之间的静电场中。由于 A 板这样移动后,极板间的空间体积减小 $S\mathrm{d}l$,相对于这一空间内的电场消失(能量转换)了,而周围并没有其他的变化,因此,我们可以把这功与这消失的电场联系起来,而认为做这么多的功所需的能量原来就储存在这消失的电场中,这就是消失的电场所储存的静电能,即

$$\mathrm{d}W_e = \mathrm{d}A = \frac{Q^2}{2\varepsilon_0 S} \mathrm{d}l$$

由于极板间的电场强度为 $E = Q/\varepsilon_0 S$,所以上述静电能又可表示为

$$\mathrm{d}W_e = \frac{\varepsilon_0 E^2}{2} S\mathrm{d}l = \frac{1}{2}\varepsilon_0 E^2 \mathrm{d}V$$

式中,$\mathrm{d}V = S\mathrm{d}l$ 为消失的电场的体积,也就是储存这样多能量的电场的体积。由于极板间的电场在此体积内是均匀的(忽略边缘效应),静电能也均匀分布,所以引入**电场能量密度**的概念描述单位体积所含的电场能量,并用 w_e 表示。由上式得,电场能量密度 w_e 为

$$w_e = \frac{\mathrm{d}W_e}{\mathrm{d}V} = \frac{1}{2}\varepsilon_0 E^2 \tag{13-25}$$

式(13-25)表明,电场中各点的电场能量密度与该点电场强度的平方成正比。

虽然此处关于电场能量的概念和能量密度公式是由这样的特例导出的,但这些结论具有普遍的意义,它说明电场具有能量,静电能是电荷和电场共有的,且可证明,它适用于各向同性电介质的静电场的普遍情况。如果知道一个带电系统的电场分布,则可通过对式(13-25)的电场能量密度在该系统的整个空间 V 积分,求出此带电系统的电场能量,即

$$W_e = \int_V w_e dV = \int_V \frac{1}{2}\varepsilon_0 E^2 dV \qquad (13-26)$$

这也就是该带电系统的总能量。

式(13-26)是用场的概念表示的带电系统的总能量,用前面的式(13-24)也能求出同一带电系统的总能量,其结果是相同的,即这两个式子是完全等效的。这一等效性可以用数学关系加以证明,其过程稍为复杂,此处不再累赘。

本节基于场的思想引入电场能量(电场能量密度)的概念。对静电场来说,虽然可以应用它来理解电荷间的相互作用能量,但无法在实际上证明其正确性,因为不可能测量静电场中单独某一体积内的能量,只能通过电场力做功测得电场总能量的变化。这样,"电场储能"概念只不过是一种"说法",而式(13-26)也只不过是式(13-24)的另一种"写法"。"不要小看这种'说法'或'写法'的改变,物理学中有时看来只是一种说法或写法的改变,也能引发新思想的产生或对事物更深刻的理解。电场储能概念的引入就是这样一种变更,它有助于更深刻地理解电场的概念。"对于运动的电磁场来说,电场能量的概念已被证明是非常必要、有用的,而且是非常真实的了。

【**例 13-14**】 **带电球体的静电能**。在真空中,一个半径为 R 的均匀带电球体(图 13-15),总电荷量为 Q,试利用电场能量公式求此带电系统的静电能。

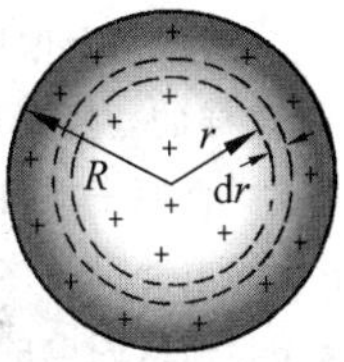

解 由式(13-26)可得(注意,需要分区计算积分)

$$W_e = \int w_e dV = \int_{r<R} w_{e1} dV + \int_{r>R} w_{e2} dV$$

$$= \int_0^R \frac{\varepsilon_0 E_1^2}{2} 4\pi r^2 dr + \int_R^\infty \frac{\varepsilon_0 E_2^2}{2} 4\pi r^2 dr$$

图 13-15 例 13-14 用图

将例 12-7 所列的电场强度公式代入,可得

$$W_e = \int_0^R \frac{\varepsilon_0}{2}\left(\frac{Qr}{4\pi\varepsilon_0 R^3}\right)^2 4\pi r^2 dr + \int_R^\infty \frac{\varepsilon_0}{2}\left(\frac{Q}{4\pi\varepsilon_0 r^2}\right)^2 4\pi r^2 dr = \frac{3Q^2}{20\pi\varepsilon_0 R}$$

这一结果与例 13-13 的结果相同。

思 考 题

13-1 下列说法是否正确? 请举一例加以论述。

(1) 场强相等的区域,电势也处处相等;

(2) 场强为零处,电势一定为零;

(3) 电势为零处,场强一定为零;

(4) 场强大处,电势一定高。

13-2 选一条方便路径直接从电势定义说明偶极子中垂面上各点的电势为零。

13-3 试用环路定理证明:静电场电场线永不闭合。

13-4　如果在一空间区域内电势是常量,对于这区域内的电场可得出什么结论? 如果在一表面上的电势为常量,对于这表面上的电场强度又能得出什么结论?

13-5　已知在地球表面以上电场强度方向指向地面,在地面以上电势随高度增加还是减小?

13-6　如果已知给定点处的 E,能否算出该点的 φ? 如果不能,那么还需要知道些什么才能计算?

13-7　为什么鸟能安全地停在 30 000 V 的高压输电线上?

习题

13-1　两个同心球面,半径分别为 10 cm 和 30 cm,小球均匀带有正电荷 1×10^{-8} C,大球均匀带有正电荷 1.5×10^{-8} C。求离球心分别为(1)20 cm;(2)50 cm 的各点的电势。

13-2　两均匀带电球壳同心放置,半径分别为 R_1 和 $R_2(R_1<R_2)$,已知内外球之间的电势差为 U_{12},求两球壳间的电场分布。

13-3　一均匀带电细杆,长 $l=15.0$ cm,线电荷密度 $\lambda=2.0\times10^{-7}$ C/m,求:

(1) 细杆延长线上与杆的一端相距 $a=5.0$ cm 处的电势;

(2) 细杆中垂线上与细杆相距 $b=5.0$ cm 处的电势。

13-4　求半径分别为 R_1 和 R_2 的两同轴圆柱面之间的电势差,给定两圆柱面单位长度分别带有电量 $+\lambda$ 和 $-\lambda$。

13-5　一计数管中有一直径为 2.0 cm 的金属长圆筒,在圆筒的轴线处装有一根直径为 1.27×10^{-5} m 的细金属丝。设金属丝与圆筒的电势差为 1×10^3 V,求:

(1) 金属丝表面的场强大小;

(2) 圆筒内表面的场强大小。

13-6　(1)一个球形雨滴半径为 0.40 mm,带有电荷量 1.6 pC(1 pC$=10^{-12}$ C),它表面的电势多大?(2)两个这样的雨滴碰后合成一个较大的球形雨滴,这个雨滴表面的电势又是多大?

13-7　金原子核可视为均匀带电球体,总电量为 $79e$,半径为 7.0×10^{-15} m。求金原子核表面的电势,它的中心的电势又是多少?

13-8　一次闪电的放电电压大约是 1.0×10^9 V,而被中和的电荷量约是 30 C。

(1) 求一次放电所释放的能量是多大?

(2) 一所希望小学每天消耗电能 20 kW·h。上述一次放电所释放的电能够该小学用多长时间?

13-9　电子束焊接机中的电子枪如图 13-16 所示,图中 K 为阴极,A 为阳极,其上有一小孔。阴极发射的电子在阴极和阳极电场作用下聚集成一细束,以极高的速率穿过阳极上的小孔,射到被焊接的金属上,使两块金属熔化而焊接在一起。已知,$\varphi_A-\varphi_K=2.5\times10^4$ V,并设电子从阴极发射时的初速率为零。求:

(1) 电子到达被焊接的金属时具有的动能(用电子伏表示);

(2) 电子射到金属上时的速率。

13-10　一边长为 a 的正三角形,其三个顶点上各放置 $q,-q$ 和 $-2q$ 的点电荷,求此三角形重心上的电势。将一电量为 $+Q$ 的点电荷由无限远处移到重心上,外力要做多少功?

13-11　在一半径为 $R_1=6.0$ cm 的金属球 A 外面套有一个同心的金属球壳 B。已知球壳 B 的内、外半径分别为 $R_2=8.0$ cm,$R_3=10.0$ cm。设 A 球带有总电荷量 $Q_A=3\times10^{-8}$ C,球壳 B 带有总电荷量 $Q_B=2\times10^{-8}$ C。

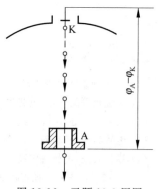

图 13-16　习题 13-9 用图

(1) 求球壳 B 内、外表面上各带有的电量以及球 A 和球壳 B 的电势;

(2) 将球壳 B 接地然后断开,再把金属球 A 接地。求金属球 A 和球壳 B 内、外表面上各带有的电量以及球 A 和球壳 B 的电势。

13-12 如图 13-17 所示,有三块互相平行的导体板,外面的两块用导线连接,原来不带电。中间一块上所带总面电荷密度为 1.3×10^{-5} C/m²。求每块板的两个表面的面电荷密度各是多少?(忽略边缘效应。)

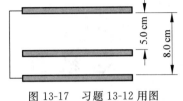

图 13-17 习题 13-12 用图

13-13 在距一个原来不带电的实心导体球的中心 r 处放置一个电量为 q 的点电荷。此导体球的电势是多少?

*13-14 假设某一瞬时,氢原子的两个电子正在核的两侧,它们与核的距离都是 0.20×10^{-10} m。这种配置状态的静电势能是多少?(把电子与原子核都看作点电荷。)

*13-15 假设电子是一个半径为 R,电荷为 e 且均匀分布在其外表面上的球体。如果静电能等于电子的静止能量 $m_e c^2$,那么以电子的 e 和 m_e 表示的电子半径 R 的表达式是什么?R 在数值上等于多少?(此 R 是所谓电子的"经典半径"。现代高能物理实验确定,电子的电荷集中分布在不超过 10^{-18} m 的线度范围内。)

13-16 地球表面上空晴天时的电场强度约为 100 V/m。

(1) 此电场的能量密度多大?

(2) 假设地球表面以上 10 km 范围内的电场强度都是这一数值,那么在此范围内所储存的电场能共是多少(单位取 kW·h)?

*13-17 按照**玻尔理论**,氢原子中的电子围绕原子核作圆运动,维持电子运动的力为库仑力(即静电力)。轨道的大小取决于角动量,最小的轨道角动量为 $\hbar = 1.05 \times 10^{-34}$ J·s,其他依次为 $2\hbar, 3\hbar$,等等。

(1) 证明:如果圆轨道有角动量 $n\hbar (n = 1, 2, 3, \cdots)$,则其半径 $r = \dfrac{4\pi\varepsilon_0}{m_e e^2} n^2 \hbar^2$;

(2) 证明:在这样的轨道中,电子的轨道能量(动能 + 势能)为

$$W = -\frac{m_e e^4}{2(4\pi\varepsilon_0)^2 \hbar^2} \frac{1}{n^2}$$

(3) 计算 $n = 1$ 时的轨道能量(用 eV 表示)。

多闻而体要。博见而择善。偏修一事,不足赖也。

——(晋)葛洪《抱朴子·内篇·微旨》

第14章

电容器　静电场中的电介质

前 面两章主要讨论真空中以及导体存在时的电场。实际上,电场中通常存在电介质。本章将讨论电介质与电场的相互影响。为便于说明问题,先介绍一种用途广泛的电学元件——电容器,并通过它说明电场对电介质的影响——电极化以及电介质极化后对电场的影响,由此引入电位移矢量 **D** 及其高斯定理。然后介绍电容器的能量并导出有电介质存在时的电场能量密度公式。

14.1　电容　电容器

电容是表征导体或导体系由于带电而引起本身电势改变的物理量。电容器是电路中用于储存电荷的基本电子元件,由电介质(绝缘介质)相互隔开的两组金属箔或金属膜电极片组成。在电路中,为叙述方便,把线性电容器(电容元件)简称电容,既表示电容元件,也表示其相应的电容量,它们都用符号 C 表示,一般不加以区分。

1. 孤立导体的电容

所谓**孤立导体**,是指远离其他导体或带电体的导体。孤立导体带电时,在其周围激发电场,导体本身就有一定电势。不同形状和大小的导体,达到相同的电势所带的电荷量也不同。这说明在电荷与电势的关系上,不同导体有不同的性质。因此,引入物理量——电容来描述这种性质。

在静电平衡情况下,当孤立导体所带的电荷量增大 n 倍时,为保持其表面为等势面,导体表面各处的电荷面密度都必然相应地增大 n 倍。由电势叠加原理可知,导体的电势也增大 n 倍。理论和实验表明,孤立导体的电势 φ 与其所带电荷量 q 成正比,其比值

$$C = \frac{q}{\varphi} \tag{14-1}$$

定义为孤立导体的**电容**。电容的物理意义是使导体电势每升高一个单位所需的电荷量。可见,电容是反映导体容纳或储存电荷能力的物理量。在 SI 中,电容的单位是法拉(法,F),$1\ \text{F} = 1\ \text{C/V}$。它是为纪念英国物理学家法拉第而命名的。

设一个半径为 R 的球形孤立导体,当所带电荷量为 q 时,则其电势为 $\varphi = q/4\pi\varepsilon_0 R$。根据电容的定义可得,球形孤立导体的电容为

$$C = 4\pi\varepsilon_0 R \tag{14-2}$$

式中,ε_0 称为**真空电容率**,也称**真空介电常量**,其值见式(12-6),单位也可表示为 F/m。对一个孤立导体,可认为它与无限远的另一导体组成一个电容器,其电容就是这个孤立导体的电容。孤立导体的电容都非常小。

电容的单位 F 是一个相当大的电容单位,电容的典型值一般为 μF(微法)、nF(纳法)或 pF(皮法)量级。工程上,电容通常换算为 μF(微法)、nF(纳法)或 pF(皮法)等较小的单位使用。例如,"傻瓜相机"中的闪光灯使用的是几百微法的电容器,调幅收音机电路用到的电容器的电容大多是 10~100 pF。计算时,可按以下关系进行换算,即

$$1\ \mu F = 10^{-6}\ F, \quad 1\ nF = 10^{-9}\ F, \quad 1\ pF = 10^{-12}\ F$$

电容器一般按照一系列数值生产,其标称值一般在 1 pF~1 mF 之间。随着科技发展与应用的需要,已有 10 F 甚至数千法拉的电容器,它们通常采用电化学方法制造,俗称超级电容或法拉电容,已在一些领域得到广泛应用。

试图用孤立导体作为电容元件,是无法满足实际使用的要求,也是没有实际意义的。孤立导体并不存在。在电子电路和电力工程等应用领域,电容大多是由若干导体组成的系统。在具体应用时,往往需要设计具有一定容量、体积小,且不受环境影响的导体组作为电容器的极板。

2. 电容器的电容

具有实际用途的电容器通常是由绝缘的电介质隔开的两组金属电极片(箔、膜)所组成。金属电极片称为**极板**。电容器最简单且最基本的形式是平行板电容器,它由两块平行放置的相互绝缘的金属板构成,如图 14-1 所示。本节讨论极板间为真空的情况。

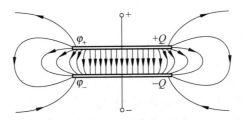

图 14-1 平行板电容器带电和电场分布情况

平行板电容器带电时,两个金属极板相对的两个表面(电容器的有效表面)上总是同时分别带上等量异号的电荷 $+Q$ 和 $-Q$,对应的电势分别为 φ_+ 和 φ_-,电容器整体上的净电荷为零,两极板间的电压 $U = \varphi_+ - \varphi_-$。一个电容器所带的电荷量 Q 与其极板间电压 U 成正比,这个比值 Q/U 并不改变,称为电容器的**电容**。即

$$C = \frac{Q}{U} \tag{14-3}$$

电容器的电容取决于电容器本身的结构,即两导体极板的形状、尺寸、相对位置以及两导体极板间电介质的种类(见 14.3 节)等,而与电荷 Q、极板电压 U 无关,或者说,与它是否带电或带电多少无关。

从式(14-3)可以看出,在电压相同的条件下,电容 C 越大的电容器,可储存的电荷量就越多。这再次说明电容是反映电容器储存电荷本领大小的物理量。在直流电路中,电容有助于维持电压的稳定。而在交流电路中,电容有助于抑制电压的变化。实际上,除了储存电

荷外,电容器在电工和电子线路中起着很多作用。例如,交流电路中电流和电压的控制,发射机中振荡电流的产生,接收机中的调谐,整流电路中的滤波,放大电路中的耦合和旁路(电容器对高频信号的容抗 $X_C = \dfrac{1}{\omega C}$ 非常小,相当于交流短路;当加上恒定电压时,可视为开路),电子线路中的时间延迟等都要用到电容器。在电力系统中,电容器是提高功率因数的重要器件。

3. 电容的计算方法

简单结构的电容器的电容通过计算易于求出,下面以常见的三种电容器加以说明。

(1) 平行板电容器的电容

平行板电容器以 S 表示两平行金属极板相对着的表面积,以 d 表示两极板间的距离,如图 14-1 所示,仍设两极板间为真空。为了求它的电容,假设它所带电荷量为 Q(即两板上相对的两个表面分别带有 $+Q$ 和 $-Q$ 的电荷)。忽略边缘效应(即忽略边缘处电场不均匀情况),认为它的两极板间的电场是均匀电场,由式(12-29),其电场强度为

$$E = \frac{\sigma}{\varepsilon_0} = \frac{Q}{\varepsilon_0 S}$$

对于均匀电场,两板板间的电压为

$$U = Ed = \frac{Qd}{\varepsilon_0 S}$$

将此电压代入电容的定义式(14-3)可得,平行板电容器的电容为

$$C = \frac{\varepsilon_0 S}{d} \tag{14-4}$$

(2) 圆柱形电容器的电容

圆柱形电容器由两个同轴的金属薄壁圆筒组成。如图 14-2 所示,设筒的长度为 L,内外两筒的半径分别为 R_A 和 R_B,且 $L \gg R_B - R_A$,两筒间仍为真空。为了求出电容器的电容,假设它带有电荷量 Q(即外筒的内表面和内筒的外表面分别带有电荷量 $-Q$ 和 $+Q$)。忽略边缘效应,可以求出,在两圆筒间距离轴线为 r 的一点的电场强度为

$$E = \frac{Q}{2\pi\varepsilon_0 rL}$$

电场均匀分布在薄壁圆筒之间,其方向垂直于轴线而沿径向。两圆筒间的电压为

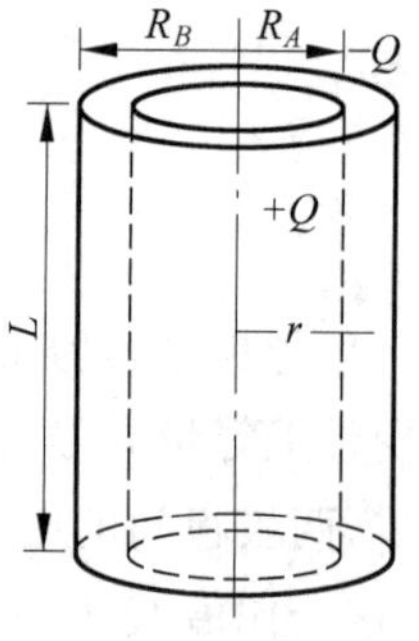

$$U = \varphi_A - \varphi_B = \int_{R_A}^{R_B} \boldsymbol{E} \cdot \mathrm{d}\boldsymbol{r} = \frac{Q}{2\pi\varepsilon_0 L} \ln \frac{R_B}{R_A}$$

图 14-2　圆柱形电容器

将此电压代入电容的定义式(14-3)可得,圆柱形电容器的电容为

$$C = \frac{2\pi\varepsilon_0 L}{\ln(R_B/R_A)} \tag{14-5}$$

考虑到通常两圆筒间距 $d \ll R_A$,$R_A \approx R_B$,$R_B = R_A + d$,对式(14-5)进一步简化,其结果与式(14-4)形式相同。这里,需应用幂级数展开式 $\ln(1+x) = x - \dfrac{1}{2}x^2 + \dfrac{1}{3}x^3 - \cdots$,$-1 < x \leqslant 1$。取 $x = d/R_A$ 进行化简。

（3）球形电容器的电容

球形电容器是由两个同心的导体球壳 A 和 B 组成的，设内球壳外表面和外球壳内表面的半径分别为 R_A 和 R_B，且分别带有 $+Q$ 和 $-Q$ 的电荷，如图 14-3 所示。如果两球壳之间为真空，同样地，可用与上面相同的方法求解。由于产生的电场集中在球壳之间，根据高斯定理可知，在两球壳间距离球心为 r 的一点的电场强度大小为

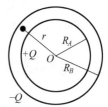

$$E = \frac{Q}{4\pi\varepsilon_0 r^2}$$

图 14-3 球形电容器

电场均匀分布在球壳之间，其方向沿径向。两球壳之间电压为

$$U = \varphi_A - \varphi_B = \int_{R_A}^{R_B} \boldsymbol{E} \cdot \mathrm{d}\boldsymbol{r} = \frac{Q}{4\pi\varepsilon_0}\left(\frac{1}{R_A} - \frac{1}{R_B}\right)$$

根据电容的定义，球形电容器的电容为

$$C = \frac{4\pi\varepsilon_0 R_A R_B}{R_B - R_A} \tag{14-6}$$

考虑到通常两球壳间距 $d \ll R_A$，$R_A \approx R_B$，对式（14-6）进一步简化，其结果与式（14-4）相同形式。

式（14-4）、式（14-5）和式（14-6）的结果表明，电容量的大小只决定于电容器的结构，在近似条件下，它们都是式（14-4）的形式。因此，通过加大极板面积 S（卷绕成圆柱形）或减少极板间距 d 的办法，可获得较大的电容。在电工和电子装置中，实际使用的电容器的极板间往往充入某种电介质，目的是增大电容量和提高耐（电）压能力。这两个参数是衡量电容器性能的两个最主要指标。使用电容器时，所加的电压不能超过额定的耐压值，否则电介质中过大的场强会使它有被击穿而失效的危险。

此外，任何两个彼此隔离的导体（电势不相等）之间都有电容，例如，两条输电线之间，电子线路中两段靠近的导线之间都有电容。实际上，这种电容不是电容器所呈现的电容，而是反映两部分导体之间通过电场的相互影响，有时把它叫做**分布电容**或**杂散电容**。在某些情况下（如非似稳态条件、高频率的变化电流等），电路中分布电容对电路的性质产生明显的影响，一般不能忽略。

电容器的电容和两极板的形状、极板之间的电介质有关，一般由实验测量。只有在特殊情况下才能通过理论计算得到。综合以上 3 种电容器的求解情况，可归纳出计算电容器电容的步骤如下：

① 设一极板所带电荷量为 $+Q$，则另一极板内表面必然带电 $-Q$，根据电荷分布情况，求出两极板之间的场强分布；

② 由场强的线积分，求出两极板之间的电压（即电势差）；

③ 根据电容的定义式（14-3），求出其电容。

世界上第一个电容器叫做**莱顿瓶**（Leyden jar）。它由荷兰莱顿大学的缪森布洛克和德国的克莱斯特（E.G.von Kleist，1700—1748）于 1745—1746 年分别独立发明，因最先在莱顿试用，故名。这种旧式电容器的构造为一圆柱形玻璃瓶，内外各贴有金属箔作为极板，用以使之带电或放电的金属棒从瓶栓插入，具有耐压高的特点。莱顿瓶的问世，标志着人类对电的本质和特性进行研究的开始。美国物理学家富兰克林曾用它作为电学实验的电源做过很多实验。当时，甚至有"电击师"将用它电击鸟类等小动物的表演作为谋生手段。传说在

1780 年前后,欧洲有人曾用它储存的静电荷来治疗牙痛。* 14.7 节介绍一种静电疗法。

人体是导体,如果不慎触及带电导体或电源,那么人体因电流流过而受到伤害,这就是电击。人体受电击的伤害程度与流过人体的电流大小、电流通过人体的时间长短和途径、电流的频率高低以及触电者的健康状况等有关。电击死就是因触电导致的死亡。

14.2 电容器的串联与并联

在实际电路中,当遇到单独一个电容器的电容或耐压能力不能满足要求时,就把几个电容器联接起来使用。电容器联接的基本方式有并联和串联两种。

并联电容器组如图 14-4(a) 所示。这时各电容器的电压相等,记为 U,而总电荷 Q 为各电容器所带的电荷量之和。以 $C = Q/U$ 表示电容器组的总电容或等效电容,可以证明,对并联电容器组,并联后等效的总电容与各电容间的关系为

$$C = C_{\mathrm{par}} = \sum_i^n C_i \tag{14-7}$$

串联电容器组如图 14-4(b) 所示。串联的各电容器所带电荷相等,也就是电容器组的总电荷量 Q,总电压 U 等于各个电容器的电压之和。仍以 $C = Q/U$ 表示总电容,可以证明,串联后等效的总电容与各电容间的关系为

$$\frac{1}{C} = \frac{1}{C_{\mathrm{ser}}} = \sum_i^n \frac{1}{C_i} \tag{14-8}$$

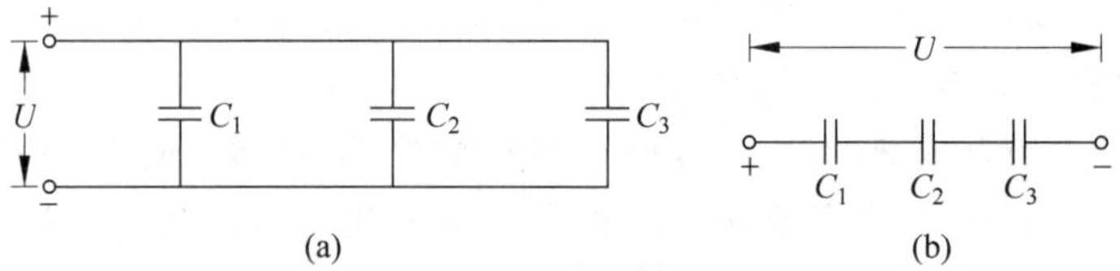

图 14-4 电容器联接

(a) 三个电容器并联;(b) 三个电容器串联

电容器的并联和串联比较如下。并联时,总电容增大,但因每个电容器都直接连到电压源上,所以电容器组的耐压能力受到耐压能力最低的那个电容器的限制。串联时,总电容比每个电容器都小,但是,由于总电压分配到各个电容器上,所以可以提高电容器组的耐压能力。下面给出式(14-7)和式(14-8)的证明。

对图 14-4(a) 表示的 3 个电容器并联情况,它们的两个极板分别对应连在一起,连在一起的极板的电势相等,所以各电容器具有相同的电压,即 $U_1 = U_2 = U_3 = U$,U 为电容器组的电压。各电容器的电荷都是由电源供给的,电容器的总电荷为 $Q = Q_1 + Q_2 + Q_3$。根据式(14-3),电容器组等效的总电容为

$$C = \frac{Q}{U} = \frac{Q_1}{U_1} + \frac{Q_2}{U_1} + \frac{Q_3}{U_1} = C_1 + C_2 + C_3$$

即等于各电容器的电容之和。把此结果推广到任意多个电容器的并联,就得到式(14-7)。

对图 14-4(b) 表示的 3 个电容器串联情况,各电容器的一个极板依次单独与相邻电容器的一个极板相连,电源只向连接电源的最外面两个极板供给电荷 $+Q$ 和 $-Q$,其他各极板

所带电荷都是由静电感应产生的，所以 $Q=Q_1=Q_2=Q_3$，就是电容器组的总电荷。电容器组的总电压等于各电容器的电压之和，即 $U=U_1+U_2+U_3$。根据式(14-3)，以 C 表示电容器等效的总电容，则其倒数为

$$\frac{1}{C}=\frac{U}{Q}=\frac{U_1}{Q_1}+\frac{U_2}{Q_2}+\frac{U_3}{Q_3}=\frac{1}{C_1}+\frac{1}{C_2}+\frac{1}{C_3}$$

等于各电容器电容的倒数之和。这一结果推广到任意多个电容器的串联，得到式(14-8)。

【例 14-1】 电容器的混联。三个电容器分别为 $C_1=20\ \mu F$，$C_2=40\ \mu F$，$C_3=60\ \mu F$，连接成图 14-5 形式，求这一组合的总电容。如果 A，B 间所加电压为 $U=220\ V$，则各电容器上的电压和电荷量为多少？

解 这三个电容器既不是单纯的串联，也不是单纯的并联，而是串联与并联的组合，为 C_2 与 C_3 串联后再与 C_1 并联，即**混联**。

C_2 与 C_3 串联的总电容用式(14-8)计算为

$$C_{23}=\frac{C_2 C_3}{C_2+C_3}=\frac{40\times 60}{40+60}\ \mu F=24\ \mu F$$

再与 C_1 并联，用式(14-7)计算为

$$C=C_1+C_{23}=20\ \mu F+24\ \mu F=44\ \mu F$$

此即电容器组合的总电容。

由图 14-5 可知，C_1 的电压为 A，B 间的电压，即 $U_1=U=220\ V$。由式(14-3)得，C_1 的电荷量为

$$Q_1=C_1 U_1=20\times 10^{-6}\times 220\ C=4.4\times 10^{-3}\ C$$

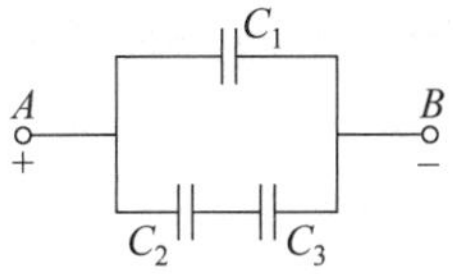

由于 C_2 与 C_3 串联，其电荷量相等，串联后的总电压为 U，所以

$$Q_2=Q_3=Q=C_{23}U=24\times 10^{-6}\times 220\ C=5.28\times 10^{-3}\ C$$

由式(14-3)得，C_2 上的电压为

$$U_2=\frac{Q_2}{C_2}=\frac{5.28\times 10^{-3}}{40\times 10^{-6}}\ V=132\ V$$

图 14-5　混联电容器组

而 C_3 上的电压为

$$U_3=U-U_2=(220-132)V=88\ V$$

14.3 电介质对电场的影响

在 12.1 节中提及电介质的概念，由于电介质中几乎不存在可以自由移动的电荷，所以可以视为绝缘体引入电场中。下面讨论电介质对静电场的影响。

实际的电容器的两极板间总是充满着某种电介质(如氧化膜、云母、瓷质等)。置于极板间的电介质对电容器极板间的电场有什么影响呢？利用电荷间的相互作用力、电势差或电荷流动形成的电流对电荷进行测量，以此分析其影响。

下面借助静电计来反映电容器极板上电势差的变化，观察电介质对电场产生怎样的影响。这里用的静电计外形如验电器，是一种利用静电法测量电势差的仪器。验电器是静电计中最简单的一种。电容器的两个平行金属极板分别与静电计的

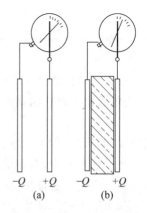

图 14-6　用静电计观察电介质对电场的影响

(a) 未充电介质；(b) 充入电介质

直杆、外壳连接,如图 14-6(a)所示。利用静电互相排斥或吸引的作用力使静电计中可动部分发生偏转,指针偏转角与待测电势差成正比,由刻度盘大致地读出两极板的电势差值。

设两极板分别带有等量异号电荷$+Q$ 和$-Q$,极板间是空气,可以非常近似地当成真空处理。保持两极板距离和极板上的电荷都不变,设此时的电压为U_0;当板间充满电介质(如云母、涤纶等)或把两板插入绝缘液体中(如变压器油),如图 14-6(b)所示,则观察到静电计的偏转角减小,也就是两板间的电压变小。以U 表示插入电介质后两极板间的电压,实验表明,它与U_0 具有以下关系:

$$U = U_0/\varepsilon_r \tag{14-9}$$

式中,ε_r 称为电介质的**相对介电常数**(或**相对电容率**)。定义真空中ε_r 为1,则ε_r 大于1,无量纲,是反映电介质特性的一个纯数,其值与电介质本身的性质有关,有的还受其他状态(如温度)的影响。无极分子的电介质几乎与温度无关。在交变电场中,ε_r 还与介质中传播的电磁波的频率有关。表 14-1 列出一些电介质的相对介电常数。一般计算时,取空气$\varepsilon_r \approx 1$,相当于真空的情况。纯水是很好的离子溶剂,不适合作电容器的电介质。

表 14-1 一些电介质的相对介电常数

电 介 质	相对介电常数 ε_r
真空(20℃)	1
氦(20℃,1 atm)	1.000 064
空气(20℃,1 atm)	1.000 59
空气(20℃,100 atm)	1.054 8
石蜡	2
变压器油(20℃)	2.24
聚乙烯	2.3
尼龙	3.5
云母	4~7
纸	≈5
瓷	6~8
玻璃(25℃)	5~10
纯水(25℃,1 atm)	78
钛酸钡[①]	$10^3 \sim 10^4$

① 钛酸钡的ε_r 很大,且随外加电场的强弱变化,并具有类似铁磁性的电性,故名"铁电体"(见 17.5 节)。

根据电容的定义式$C = Q/U$ 和上述实验结果(即Q 不变,而电压U 减小为U_0/ε_r)可知,当电容器两极板间充满电介质时,其电容将增大为真空时的ε_r 倍,即

$$C = \varepsilon_r C_0 \tag{14-10}$$

其中,C 和C_0 分别表示电容器两板间充满ε_r 的电介质的电容和真空时的电容。

在上述实验中,电介质插入后两板间的电压减小,说明由于电介质的插入使极板间的电场减弱。设电容器极板间为真空的电场强度为E_0,充满电介质后的电场强度为E,由于$U = Ed$,$U_0 = E_0 d$,所以

$$E = E_0/\varepsilon_r \tag{14-11}$$

即极板间电场强度E 减小,其值为E_0 的$1/\varepsilon_r$。可见,正如 14.1 节所述,电容器的极板间充入电介质后,电容器的电容量增大,同时因极板间电场强度降低而使电容器的耐压能力提

高,从而使电容器可以存储更多的电荷量和能量。电容器通常要求板间充入具有较大的 ε_r 值的电介质,以减少电容器的体积和质量。

如何解释电介质对电场产生这样的影响结果? 下面通过电介质受电场的影响而发生极化现象加以说明。

*14.4 电介质的极化

置于电场中的电介质受到电场的影响,表现为电场对电介质的极化。电介质极化也称**电极化**,简称**极化**。处于电极化状态的电介质反过来又会影响原有电场的分布。电介质在电场中的这种变化涉及电介质的电性质,应考虑极化电荷(束缚电荷)的作用,它涉及电介质的微观结构。

1. 电介质及其分类

(1) 电介质的微观结构

分子是物质中能够独立存在并保持该物质所有化学特性的最小微粒。电介质中每个分子都是一个复杂的带电系统,有正电荷,也有负电荷,它们分布在一个线度为 10^{-10} m 数量级的体积内,而不是集中于一点。但是,考虑这些电荷在离分子较远处(与分子的线度相比)的场点所产生的电场时,或是考虑一个分子受外电场的作用时,都可以认为其中的正电荷集中于一点,这一点叫正电荷的"重心"。而负电荷也集中于另一点,这一点叫负电荷的"重心"。这是一种重心模型。对于中性分子,由于其正电荷和负电荷的电荷量相等,所以电介质中的一个分子可看成是由带正电和负电的点电荷相隔一定距离所组成的一个电偶极子,这就是电介质分子的电偶极子模型。

以 q 表示一个分子中的正电荷或负电荷的电荷,以 l 表示从负电荷"重心"指到正电荷"重心"的位置矢量,则此分子的电矩(即电偶极矩)为 $p = ql$,即式(12-12)。

在讨论电场中的电介质的行为时,可以认为电介质是由大量的这种微小的电偶极子所组成的。电偶极子模型是由法拉第等在 19 世纪提出的。

(2) 电介质的分类

在构成电介质的分子中,电子和原子核结合较为紧密,电子处于被束缚状态,所以,在电介质中几乎不存在自由电子(或正离子)。按照电介质分子内部电结构的不同,可以把电介质分子分为两大类:无极分子(非极性分子)和有极分子(极性分子)。

一类电介质的分子,如 He,H_2,N_2,O_2,CO_2,CH_4 等,在无外电场的正常情况下,它们内部的电荷分布具有对称性,因而正、负电荷的"重心"重合,这种分子叫**无极分子**(非极性分子)。无极分子原来就没有固有电矩,其等效电矩为零。如图 14-7(a)所示。

另一类电介质的分子,如 HCl,H_2O,CO 等,在无外电场的正常情况下,它们内部的电荷分布是不对称的,因而其正、负电荷的"重心"并不重合,原来已有一定电矩。这种分子具有**固有电矩 p**,它们统称为**有极分子**(极性分子),如图 14-7(b)所示。有极分子的固有电矩 p 的数量级为 10^{-30} C·m。由于分子的无规则热运动总是存在的,有极分子的电矩方向是混乱的,这种取向不可能完全整齐,因而在宏观上,电介质对外不显电性。

表 14-2 中列出几种有极分子的固有电矩。

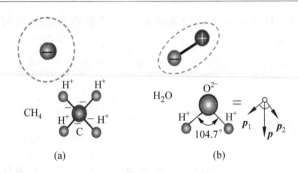

图 14-7 电介质分子的电结构

(a) 无极分子 CH₄；(b) 有极分子 H₂O

表 14-2 几种有极分子的固有电矩

电 介 质	电矩/(C·m)
HCl	3.4×10^{-30}
NH$_3$	4.8×10^{-30}
CO	0.9×10^{-30}
H$_2$O	6.1×10^{-30}

2. 电介质极化

当把一块均匀的电介质置于静电场中时,电介质分子由于受电场的作用而发生极化现象,在电介质表面或内部将出现极化电荷(束缚电荷),但最后也将达到一个平衡状态。

(1) 无极分子的位移极化

无极分子电介质置于外电场中,在电场作用下,构成分子的正负两种电荷(如电子和原子核)发生相对移动,其"重心"沿相反方向被拉开一段微小距离,因而使分子形成感生电偶极子,在电场方向具有一定电矩,这种电矩称为**感生电矩**,其方向总与外加电场的方向相同,如图 14-8(a)所示。在介质内部,这些感生电偶极子的正、负电荷相互抵消而不显电性,但在与外电场垂直的电介质两表面上就分别出现正电荷或负电荷。

为了把这种电荷与自由电荷相区别,宏观上在电介质表面或内部同时出现的两种等量而异号的电荷称为**极化电荷**。由于它被原子束缚于物质内部,相互作用力很强,一般不会互相脱离,既不能像导体中的自由电荷那样的传导或引走,也无法通过接地消除或通过仪表测量,故又称**束缚电荷**。外电场越强,分子的感生电矩越大,电介质表面出现的束缚电荷也越多,即极化程度越高。

在外电场作用下,这种电荷仅能在一个原子或分子的范围内作微观相对位移,而在电介质表面或内部出现正负束缚电荷,这种现象称为**电介质极化**,有时也简称**电极化**。

无极分子的极化是由分子或原子中正、负电荷"重心"发生相对移动而产生电偶极子的过程,所以称为**位移极化**,如图 14-8(a)所示。在电介质内部的宏观微小的区域内,正负电荷的电荷量仍相等,因而仍表现为中性。

(2) **有极分子的取向极化**

有极分子电介质置于外电场中,在电场作用下,原来方向混乱的固有电矩将受到外电场的力矩($M = p \times E$)作用而有沿外电场方向取向的倾向,而发生一定的偏转,如图 14-8(b)所示。但并不是所有分子的电矩都整齐排列与电场一致,外电场越强,分子排列就越整齐。与分子热运动达到平衡后,在与外电场垂直的介质两表面上将出现正或负束缚电荷(极化电荷)。有极分子的这种极化过程,叫做**取向极化**。在外电场中,液态电介质的极化程度比固态电介质更为显著,这是因为在液体中分子比较易于转动。

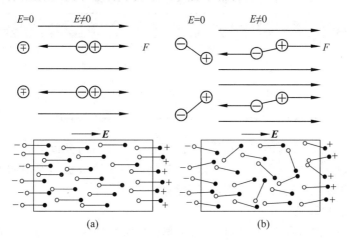

图 14-8 在外电场中电介质分子的极化
(a) 无极分子的位移极化;(b) 有极分子的取向极化

由于极化,电荷对电介质也可能有力的作用。此外,当外电场撤销后,绝大多数电介质都能恢复到原来无电场时的状态。把电介质内部极化电荷所产生的电场称为退极化场。

在实际可得到的电场中,无极分子的感生电矩比有极分子的固有电矩小得多,前者约为后者的 10^{-5}。在有极分子的取向极化过程中,也会发生位移极化,但是通常后者比前者弱得多,可不予考虑。而退极化场总是起着减弱极化的作用。

虽然两类电介质受外电场的影响所发生变化的微观机制不同,但无论是无极分子的位移极化,还是有极分子的取向极化,极化过程的宏观效果都是一样的,即产生极化电荷。

对于非均匀电介质,电极化的结果是,除出现面束缚电荷外,其内部还出现体束缚电荷。

3. 电介质击穿与电晕

在电介质内部,极化电荷产生的电场的方向总是与外电场的方向相反,从而减弱原来的电场。电介质就是通过极化电荷反过来影响原来电场的分布的。在有电介质存在时的合电场由电介质上的极化电荷与其他电荷共同决定。或者说,极化电荷产生的附近电场与外电场叠加,二者共同形成电介质内的电场。其他电荷包括金属导体上所带的电荷,统称**自由电荷**。

电介质主要不是靠自由电子传导,而是靠束缚电荷极化来显示、传递电作用。研究电介质的电性能时,应考虑束缚电荷的作用。

(1) 电介质击穿

当外加电场不太强时,它只是引起电介质的极化,不会破坏电介质的绝缘性能(实际上,各种电介质中总有数目不等的少量自由电荷,所以电介质总有微弱的导电能力)。如果外加电场很强,当超过某极限值时,则电介质中局限于分子线度中的正负电荷(束缚电荷)有可能被拉开而挣脱束缚,成为可自由移动的自由电荷。如果存在这样的自由电荷大量产生的现象,电介质的绝缘性能就会遭到明显的破坏,这时电介质被击穿,称为**电介质击穿**。此时,电介质丧失绝缘性,而转化为导体,这也是电介质和导体在电学性能上的主要区别。一种电介质材料所能承受的不被击穿的最大电场强度,叫做这种电介质的**介电强度**或**击穿场强**。表 14-3 给出几种常见电介质的介电强度的数值(由于实验条件及材料成分的不确定,这些数值只是大致的)。

表 14-3　几种电介质的介电强度

电 介 质	介电强度/(kV/mm)	电 介 质	介电强度/(kV/mm)
空气(1 atm)	3	胶木	20
玻璃	10～25	石蜡	30
瓷	6～20	聚乙烯	50
矿物油	15	云母	80～200
油浸纸	15	钛酸钡	3

14.1 节中提到的电容器的耐(电)压能力,就是由电容器两极板间的电介质的介电强度决定的。一旦两极板间的电压超过一定限度,其电场将击穿极板间所用的电介质。两极板不再相互绝缘,电容器也就失效,从而造成电路故障。

(2) 电晕(放电)现象

在潮湿或阴雨天时,在不均匀电场中且电场强度很高的区域内,如高电压输电线周围或带电体的尖端附近,有时可见到有淡蓝色辉光放电现象,出现与日晕相似的发光层,伴随着发出嘶嘶的声音,产生臭氧、氧化氮等。这种由于带电体表面在气体或液体介质中局部放电的现象叫做**电晕(放电)**。在高电压输电线周围,水分子在电场作用下,其固有电矩向电场方向发生偏转,同时向产生电场的输电线路移动,从而使水分子凝聚在输电线路的表面上并形成细小的水滴。这样的细小水滴在其重力和非均匀的极高电场的电场力共同作用下,形状被拉长并出现尖端,由于在其尖端附近的电场强度特别大,造成大气中的气体分子电离,从而发生电晕(放电)现象。电晕放电所产生的臭氧为淡蓝色的,是一种有青草味或臭味的气体;氧化氮是无色无味的有毒气体。

电晕引起电能损耗,并会对无线电通信系统产生一定的干扰。这也是造成高电压输电线路能量损失的原因之一。电晕放电也是可以利用的,如避雷针利用它使导体上的电荷逐渐漏失。激光打印机和复印机利用引线的电晕将电荷喷射在成像鼓上使其带电。

4. 电极化强度

对于有电介质时的电场,一般情况下,只给定自由电荷的分布和电介质的分布,极化电荷的分布是未知的,实验上也无法测量。因此,想要求出其电场强度是困难的。为了进一步理解电介质在电场中的极化规律及其电场分布特点,引入电极化强度的概念。

通常用电介质单位体积内所有分子电偶极矩 $\boldsymbol{p}$ 的矢量和,作为电极化程度的量度,用**电极化强度 $\boldsymbol{P}$** 表示,即

$$\boldsymbol{P} = \lim_{\Delta V \to 0} \frac{\sum \boldsymbol{p}_i}{\Delta V} \tag{14-12}$$

式中,ΔV 为宏观小、微观大的体积小量。或者说,可认为 ΔV 趋向于一个点,使得 $\boldsymbol{P}$ 可被逐点地描述;微观大的含义参考 7.4 节阿伏伽德罗常量 N_A 的意义,可从该量数值的数量级加以说明。电极化强度 $\boldsymbol{P}$ 为矢量,是一个表征电介质在外电场中被极化程度的物理量。其数值上等于电介质每单位体积内所有电偶极子的电偶极矩,国际单位为 $C \cdot m^{-2}$,量纲与电荷

面密度的量纲相同。

实验表明,在各向同性的线性电介质中,P 与合电场强度 E 成正比,方向相同。即

$$P = \chi_e \varepsilon_0 E = (\varepsilon_r - 1)\varepsilon_0 E \tag{14-13}$$

式中,$\chi_e = \varepsilon_r - 1$,称为电介质极化率,简称**电极化率**,其值取决于物质本身的性质。式(14-13)的关系只适用于一般电介质,对各向异性的电介质(如铁电体)并不适用。

下面我们不加证明地直接给出极化电荷与电极化强度之间的关系。

(1) 电介质表面某点附近的极化电荷面密度 σ',等于该点电极化强度 P 的法向分量。即

$$\sigma' = P \cdot e_n = P\cos\theta \tag{14-14}$$

式中,e_n 为电介质表面(或分界面)外法线的单位矢量,θ 为 P 与 e_n 之间的夹角,如图 14-9 所示。若 θ 为锐角,则表面上出现的是一层正极化电荷;若 θ 为钝角,则为负极化电荷。

(2) 任一闭合曲面所包围的极化电荷,都等于通过该闭合曲面的电极化强度的通量的负值,如图 14-10 所示。即

$$\sum_i q'_i = -\oint_S P \cdot \mathrm{d}S \tag{14-15}$$

这是计算极化电荷的公式。对于均匀极化情况,电介质内部的 P 处处相等,电极化强度通过任一闭合曲面的通量等于零。因此,在均匀极化的电介质内部,极化电荷处处为零。

图 14-9　面极化电荷与电极化强度的关系

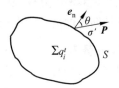

图 14-10　极化电荷与电极化强度的关系

【例 14-2】　**充满电介质的电容器**。一平行板电容器板间充满相对介电常数为 ε_r 的电介质。求当它带电荷量为 Q 时,电介质两表面的面束缚电荷是多少?

解　极板间电介质在电荷 $+Q$ 和 $-Q$ 形成的电场作用下,电极化产生的面束缚电荷为 $+Q'$ 和 $-Q'$,如图 14-11 所示。以 S 表示极板面积,σ 和 σ' 分别表示极板上和电介质表面的电荷面密度,则 $\sigma = Q/S$,$\sigma' = Q'/S$。

由式(12-18)和例 12-10 可知,两极板间为真空时,板间电场强度为 $E_0 = \sigma/\varepsilon_0$;两极板间为电介质时,板间电场是极板上电荷和面束缚电荷的场强的矢量和。由于面束缚电荷的电场为 $E' = \sigma'/\varepsilon_0$,且 E_0 和 E' 方向相反,所以合场强为 $E = E_0 - E' = \dfrac{\sigma - \sigma'}{\varepsilon_0}$。考虑到实验给出的式(14-11),即 $E = E_0/\varepsilon_r$,可得

$$\frac{\sigma - \sigma'}{\varepsilon_0} = \frac{\sigma}{\varepsilon_0\varepsilon_r}$$

求得

$$\sigma' = \frac{\varepsilon_r - 1}{\varepsilon_r}\sigma$$

从而有

$$Q' = \frac{\varepsilon_r - 1}{\varepsilon_r}Q$$

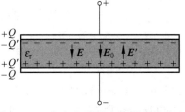

图 14-11　有电介质的电容器电荷分布

讨论　此题若用 14.5 节 D 的高斯定理求解,可更简便地获得结果。

【例 14-3】　**双层电介质**。如图 14-12 所示,一平行板电容器的极板面积为 S,极板间距为

d,极板之间由两层厚度相等、相对介电常数分别为 ε_{r1} 和 ε_{r2}
的均匀电介质充满(各占 d 的一半),求此电容器的电容。

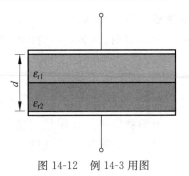

图 14-12　例 14-3 用图

　　解　由于两电介质的分界面与板间电场强度垂直,所以该分
界面为一等势面。设想两电介质在此分界面上以一薄金属板隔开,
这样,图示电容器就可以看作是两个电容器串联组成。由式(14-4)
和式(14-10)知,两个电容器的电容分别是

$$C_1 = \frac{\varepsilon_0 S}{d/2}\varepsilon_{r1} = \frac{2\varepsilon_0\varepsilon_{r1}S}{d},\quad C_2 = \frac{\varepsilon_0 S}{d/2}\varepsilon_{r2} = \frac{2\varepsilon_0\varepsilon_{r2}S}{d}$$

由电容器串联公式(14-8)可得,此结构形式的电容器电容为

$$C = \frac{C_1 C_2}{C_1 + C_2} = \frac{2\varepsilon_0\varepsilon_{r1}\varepsilon_{r2}S}{d(\varepsilon_{r1} + \varepsilon_{r2})}$$

14.5　电位移矢量 D 及其高斯定理

　　在有电介质时的电场中,由电荷分布求电场 E 的分布,必须同时给出自由电荷和极化电荷的
密度,而极化电荷取决于电极化强度 P,P 又取决于 E,这似乎形成计算上的循环。解决的办法是
列出关于这些量足够多的方程,把与极化电荷相关的量消去进行求解。为描述电介质中的电场,
引入一个新的辅助物理量——电位移矢量 D 来解决这一问题,使得求解更为便捷。

1. 电位移矢量 D

　　对于有电介质时的情况,如图 14-13 所示。设 q_0 表示带电体上自由电荷,其产生的电
场强度为 E_0;q' 表示电介质上极化电荷,其产生的电场强度
为 E',则电介质内的总电场为

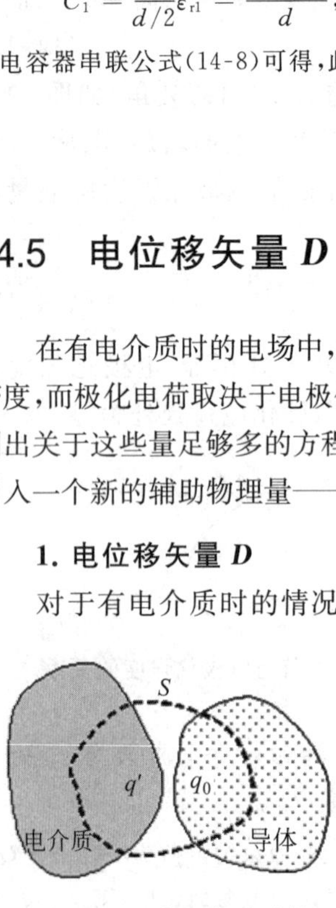

$$E = E_0 + E'$$

对于如图 14-13 所示的封闭曲面 S 来说,由高斯定理,有

$$\oint_S E \cdot dS = \frac{1}{\varepsilon_0}\sum_i^n q_{in,i} = \frac{1}{\varepsilon_0}\left(\sum_i^n q_{in0,i} + \sum_i^n q'_i\right)$$

图 14-13　有电介质时的
高斯定理

$$(14\text{-}16)$$

　　式中,$\sum_i^n q_{in0,i}$ 表示封闭曲面内的自由电荷总和,$\sum_i^n q'_i$ 表示
封闭曲面内的极化电荷总和。显然,利用上式无法直接求出电场强度的分布。把式(14-15)代
入上式,可得

$$\oint_S (\varepsilon_0 E + P) \cdot dS = \sum_i q_{in0,i} \qquad (14\text{-}17)$$

引入并定义一个辅助矢量——**电位移矢量 D**,表示为

$$D = \varepsilon_0 E + P \qquad (14\text{-}18)$$

D 的单位与 P 相同,均为 $C \cdot m^{-2}$。由于 E 是由所有电荷产生的,而 P 与极化电荷有关,说
明 D 包括极化电荷的效应。可见,电位移矢量 D 不是单纯描述电场,也不是单纯描述电介
质的极化,而是同时描述电场和电介质极化而人为引入的一个辅助量。因此,它并没有具体
的物理意义。

　　顺便指出,电位移矢量旧称电感应矢量。位移本身是矢量,作为专业术语,电位移矢量

的"矢量"二字似乎是多余的,因此,有人习惯把它叫做电位移。

把式(14-13)代入式(14-18),则 *D* 和 *E*,ε_r 相对应,其关系为

$$D = \varepsilon_0 \varepsilon_r E = \varepsilon E \tag{14-19}$$

式中,ε 为介质中的 *D* 和 *E* 之比,叫做电介质的**介电常量**(或**电容率**)。它是用于表征电介质性质的物理量,等于真空介电常量 ε_0(真空电容率)与相对介电常数 ε_r 的乘积,即 $\varepsilon = \varepsilon_0 \varepsilon_r$。由于 ε_r 无量纲,所以 ε 与 ε_0 的单位相同。

2. 有电介质时的高斯定理

利用电位移矢量 *D*,把式(14-17)写成不包含电极化强度 *P* 的形式,即

$$\oint_S D \cdot dS = \sum_i q_{in0,i} \tag{14-20}$$

它与真空中静电场高斯定理式(12-22)具有类似形式,所以式(14-20)叫做**电位移矢量 *D* 的高斯定理**,简称 *D* 的高斯定理。此定理表明,在有电介质的电场中,通过任意封闭面的电位移矢量通量等于该封闭曲面内所包围的自由电荷 $q_{in0,i}$ 的代数和。电介质中的电通量的国际单位为 C(库仑)。对于一般的情况,电介质并未充满电场的情况,该式也成立。

D 的高斯定理提供一种便捷求解有电介质时的电场分布的方法。在自由电荷与各向同性的均匀电介质分布均严格对称的静电场中,电位移矢量 *D* 表示单独由自由电荷产生的电场(不必考虑极化电荷的影响),由式(14-20)求出 *D*,再由式(14-19)得出电场分布,这样求解 *E* 的过程是很顺利的;而电场强度 *E* 表示自由电荷和极化电荷产生的合电场,无法由式(14-16)直接求解。此外,式(14-20)也是麦克斯韦方程组中的一个方程。

【例 14-4】　电介质中的电场。一个半径为 *R*,均匀带有电荷(即自由电荷)$q(q > 0)$ 的金属球,浸没在相对介电常数为 ε_r 的体积无限大的油中,如图 14-14 所示。求金属球外的电场分布和贴近金属球表面的油面上的极化电荷。

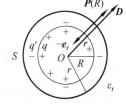

图 14-14　浸在大油箱中的带电导体球的电场

解　由对称性分析可知,*D* 的分布具有球对称性。以距离球心为 *r* 处,包围金属球的同心球面 *S* 为高斯面,利用式(14-20)$\left(\text{其中},\oint_S D \cdot dS = \sum_i q_{in0,i},\oint_S D \cdot dS = D \cdot 4\pi r^2, \sum_i q_{in0,i} = q\right)$ 可求得,其电位移矢量为

$$D = \frac{q}{4\pi r^2} e_r \tag{14-21}$$

再由式(14-19)可得,金属球外的电场强度为

$$E = \frac{q}{4\pi \varepsilon_0 \varepsilon_r r^2} e_r \tag{14-22}$$

可见,利用 *D* 的高斯定理求解不必考虑电介质的电极化情况,即可较便捷地求出电场分布。

由式(14-18)和式(14-19)关系可得,电极化强度为

$$P = (\varepsilon_r - 1)\varepsilon_0 E = \left(1 - \frac{1}{\varepsilon_r}\right)D = \left(1 - \frac{1}{\varepsilon_r}\right)\frac{q}{4\pi r^2} e_r$$

因为 $q > 0$,所以 *D*,*E* 和 *P* 都沿径矢方向而向外。由式(14-14),在贴近金属球表面的油面上的极化电荷为

$$q' = 4\pi R^2 \sigma' = 4\pi R^2 (P \cdot e_n) = 4\pi R^2 [P \cdot (-e_r)]$$
$$= 4\pi R^2 (-P)$$
$$= -\left(1 - \frac{1}{\varepsilon_r}\right)q$$

可见，q' 与 q 符号相反，在数值上比 q 小。

14.6　电容器的能量　电介质中电场的能量

任何带电系统的建立或导体的带电过程都伴随着电荷的转移，在电荷转移过程中，外界能源要提供能量对该系统做功，根据能量守恒与转换定律，外界能源提供的能量转换为带电系统或带电导体的能量。

1. 电容器的能量

电容器带电时具有能量，可通过下述电路实验加以说明。如图 14-15(a) 所示电路由直流电源 $\mathscr{E}$、电容器 C、灯泡 B 和开关连接而成。先将开关 K 扳向 a，再扳向 b，在开关换路瞬间，电容器上的电压不能突变，保持不变（称为换路定则），因此，灯泡会发出一次强的闪光。早期的照相机上附装的电子闪光灯就是利用这样的装置。以下分析这个实验现象。

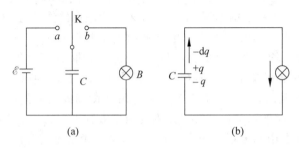

图 14-15　电容器充放电电路

(a) 开关切换；(b) 放电电路

开关 K 扳向 a 时，电容器两板和电源相连，使电容器两板带上电荷。这个过程叫做电容器的**充电**。当开关扳向 b 时，电容器两板上的正负电荷又会通过有灯泡的回路中和。这一过程叫做电容器的**放电**。灯泡闪光是电流通过灯丝而发光。可见，灯泡发光所消耗的能量是从电容器释放出来的，而电容器的能量则是它充电时由电源供给的。

下面计算电容器带有电荷 Q，相应的电压为 U 时所具有的能量，这个能量可根据电容器在放电过程中电场力对电荷做的功来计算。在电容器放电过程中，设某时刻电容器两极板所带的电荷为 q。以 C 表示电容，则这时两板间的电压为 $u=q/C$。以 $-\mathrm{d}q$ 表示在此电压下电容器由于放电而减小的微小电荷量（随着放电过程的进行，某一时刻的 q 是逐渐减小的，所以 q 的增量 $\mathrm{d}q$ 本身是负值），也就是说，有 $-\mathrm{d}q$ 的正电荷在电场力作用下沿导线从正极板经过灯泡与负极板等量的负电荷 $\mathrm{d}q$ 中和，如图 14-15(b) 所示，则在电路中引起的电流为

$$i=\frac{\mathrm{d}q}{\mathrm{d}t}=-C\,\frac{\mathrm{d}u}{\mathrm{d}t}$$

式中负号表示 u,i 参考方向相反；如果 u,i 参考方向相同，则无负号。当电容元件的端电压为恒定电压时，其中的电流为零，因此电容可视为开路。q,u 为线性关系，C 为常量，电容属于线性元件。

在电容放电的微小过程中，电场力做的功为

$$\mathrm{d}A=(-\,\mathrm{d}q)u=-\frac{q}{C}\mathrm{d}q$$

从原有电荷量 Q 到完全中和的整个放电过程中,电场力做的总功为

$$A = \int dA = -\int_Q^0 \frac{q}{C} dq = \frac{1}{2} \frac{Q^2}{C}$$

这也就是电容器原来带有电荷量 Q 时所具有的能量。用 W 表示电容器的能量,并利用 $Q = CU$ 的关系可得,电容器的能量公式为

$$W = \frac{1}{2} \frac{Q^2}{C} = \frac{1}{2} C U^2 = \frac{1}{2} Q U \tag{14-23}$$

此式表明,当电容元件中的电压升高时,电场能量增大,在此过程中电容元件从电路中的电源获取能量(充电),也就是电容元件储存的电场能量。反之,当电压降低时,电容元件向电路中释放能量(放电)。因此,电容元件不消耗能量,属于储能元件,也是一种无源元件。对于非理想的电容器,可看成电容元件与其绝缘电阻的并联组合。

同样地,电容器的能量可认为是储存在电容器极板间的电场之中,下面把此能量与电场强度 E 联系起来。

2. 电介质中电场的能量

仍以平行板电容器为例。设极板的面积为 S,极板间距为 d,极板间充满相对介电常数为 ε_r 的电介质,此电容器的电容由式(14-4)和式(14-10)给出,即

$$C = \frac{\varepsilon_0 \varepsilon_r S}{d}$$

将此式代入式(14-23),则电容器的能量为

$$W = \frac{1}{2} \frac{Q^2}{C} = \frac{1}{2} \frac{Q^2 d}{\varepsilon_0 \varepsilon_r S} = \frac{\varepsilon_0 \varepsilon_r}{2} \left(\frac{Q}{\varepsilon_0 \varepsilon_r S} \right)^2 S d$$

考虑到电容器的两板间的电场为

$$E = \frac{\sigma}{\varepsilon_0 \varepsilon_r} = \frac{Q}{\varepsilon_0 \varepsilon_r S}$$

则有

$$W = \frac{1}{2} \varepsilon_0 \varepsilon_r E^2 S d$$

由于电场存在于两板之间,而电容器中电场的体积为 $V = Sd$,因此,这种情况下,电场中反映单位体积所含的电场能量——电场能量密度 w_e 表示为

$$w_e = \frac{dW}{dV} = \frac{W}{Sd} = \frac{1}{2} \varepsilon_0 \varepsilon_r E^2$$

由于 $\boldsymbol{D} = \varepsilon \boldsymbol{E} = \varepsilon_0 \varepsilon_r \boldsymbol{E}$,$\boldsymbol{D}$ 与 $\boldsymbol{E}$ 同向,因此,上式还可写为

$$w_e = \frac{1}{2} \varepsilon E^2 = \frac{1}{2} DE = \frac{1}{2} \boldsymbol{D} \cdot \boldsymbol{E} \tag{14-24}$$

虽然式(14-24)是以平行板电容器为例,且其两极板间电场为均匀电场(忽略边缘效应)的情况下推导出来的,但可以证明,它对于任何电介质内的电场都是成立的。在真空中,$\varepsilon_r = 1$,式(14-24)还原为式(13-25),即 $w_e = \frac{1}{2} \varepsilon_0 E^2$。将式(13-25)与式(14-24)比较可知,在电场强度相同的情况下,电介质中的电场能量密度将增大到 ε_r 倍。这是因为,在电介质中,不但电场 $\boldsymbol{E}$ 本身像式(13-25)那样储有能量,而且电介质的极化过程也吸收并储存

能量。

一般情况下,电介质中电场能量 W 等于对式(14-24)的电场能量密度求积分,即

$$W = \int w_e dV = \int \frac{\varepsilon_0 \varepsilon_r E^2}{2} dV \qquad (14-25)$$

此积分遍及电场分布的空间。

【例 14-5】　球形电容器储能。球形电容器的两个极板是半径分别为 R_1 和 R_2 的内外

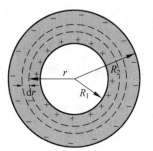

球面(球壳),如图 14-16 所示。两球面间充满相对介电常数为 ε_r 的电介质,求此电容器带有电荷 Q 时所储存的电能。

解　由于此电容器的内外球面分别带有 $+Q$ 和 $-Q$ 的电荷,根据高斯定理可知,内球面极板内部和外球面极板外部的电场强度都是零。两球面间的电场分布为

$$E = \frac{Q}{4\pi\varepsilon_0\varepsilon_r r^2}$$

将此电场分布代入式(14-25)可得,球形电容器储存的电能为

图 14-16　例 14-5 用图

$$W = \int w_e dV = \int_{R_1}^{R_2} \frac{\varepsilon_0\varepsilon_r}{2}\left(\frac{Q}{4\pi\varepsilon_0\varepsilon_r r^2}\right)^2 4\pi r^2 dr$$

$$= \frac{Q^2}{8\pi\varepsilon_0\varepsilon_r}\left(\frac{1}{R_1} - \frac{1}{R_2}\right)$$

此电能与用式(14-23)计算的结果相同。将它与式(14-23)中的 $W = \frac{1}{2}\frac{Q^2}{C}$ 比较可得,球形电容器的电容为

$$C = \frac{4\pi\varepsilon_r\varepsilon_0 R_1 R_2}{R_2 - R_1}$$

此式与式(14-6)(乘以 ε_r)的形式相同。这是利用能量公式计算电容器电容的另一种方法。

*14.7　静电起电机与静电应用简介

静电的产生,在某些方面带来一定的危害。轻则影响产品质量或生活品质,重则引起爆炸、火灾甚至人身伤亡事故。但随着科学研究和生产实践的发展,静电技术已广泛应用于各个领域。下面简要介绍两种起电机,并简单地说明静电的一些应用。

1. 起电机

起电机是一种能产生大量静电的装置。常见的有感应起电机、范德格拉夫起电机等。

(1)感应起电机

感应起电机也称静电起电机,是一种利用旋转圆盘感应起电的仪器。如图 14-17 所示,大小相同的两个圆玻璃起电盘装在同一个轴上,摇动摇手时,使其作相反方向快速旋转,其中一盘上的金属箔片因摩擦而得微量正电荷,由于二盘相对转动,另一盘上的箔片感应出负电荷。圆盘转动和一系列相似的感应作用,使两放电叉连续获得电荷,分别带上正、负电荷。

放电叉
起电盘
绝缘手柄
莱顿瓶
摇手
(背面)

图 14-17　感应起电机

为储存电荷,一般将两极与莱顿瓶相连,从而可获得达数万伏的静高压。据此,可作为静电实验的高压电源。莱顿瓶的耐压较高,但电容量有限,能提供的电流还是很小的。当带电系统聚集足够的电荷时,通过调整装有绝缘手柄的放电叉的球部间距,在电势差很大的正负带电区域之间,可观察到闪光并发出声音的短时气体放电——火花放电现象。

顺便指出,利用家用电蚊拍也可直接获得直流高压。因其规格不同,输出电压也不等,如大约为 1 500 V,3 400 V 等,但输出电流较小。

(2) 范德格拉夫起电机

范德格拉夫起电机是一种产生高压静电的装置,运用了与法拉第冰桶实验(见 12.7 节)相同的静电感应原理,利用一个带电的传送带源源不断地将电荷输送到导体壳内部,图 14-18 为其结构示意图。高压直流电源通过一排针尖 E(喷电针尖)不断地产生尖端放电,把正电荷"喷"给绝缘的传输带 B,传输带在电动机一对转轴 DD′驱动下不停地将大量电荷输送到绝缘支架 C 支撑着的中空金属球壳 A 内部,并通过一排与金属球壳内部相连的尖端 F(刮电针尖)把电荷传送到球壳内部,因静电感应,全部电荷都将分布在球壳外表面;同时,相当于使刮电针尖 F 带负电,中和了传输带上的正电荷,使之恢复到不带电状态。因此,金属球的电势不断增高,在球面(高压电极)可获得非常高的直流高压(其高低与球壳半径有关),但能输出的电流很小。

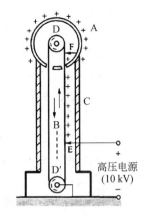

图 14-18 范德格拉夫起电机

在一般环境下,由于受尖端放电、电晕、漏电等影响,即使在球内充入数倍大气压的氮气,金属球电极对地的高压也只能达到数兆伏。如果球内放入离子源,可使高压超过十兆伏。改变喷电针尖 E 与直流高压电源连接的极性,金属球面就成为直流高压负极。

范德格拉夫起电机可用于各种静电实验。在核物理实验中,不同极性的直流高压可用来加速各种带电粒子,因而,它又称为静电加速器。这一装置由荷兰裔美籍物理学家范德格拉夫(R.J.Van de Graaff,1901—1967)于 1929 年发明,故名。

2. 静电基本应用举例

下面简要介绍静电常见的一些应用,若需要深入了解,可利用网络查阅。

(1) 静电计。根据静电互相排斥或吸引产生作用力,力的作用使可动部分发生偏转的原理,可以制成**静电计**。静电计可用于测量电势差,种类很多,其中验电器是最简单的一种。

(2) 静电疗法。利用 20~60 kV 恒定高压建立的电场,以小电流产生电磁场对人体有关部位进行理疗的方法,称为**静电疗法**。恒定电场的作用可促进人体物质代谢和造血功能,改善血液循环和神经系统的功能等,对治疗头痛、贫血、失眠、便秘、支气管哮喘和慢性血管性溃疡等具有一定的辅助作用。

(3) 静电保护。静电产生的高压对电子器件具有致命的危害。在集成电路芯片制造和使用过程中,需要采取各种**静电防护**措施,包括芯片内部设计静电保护电路,避免因静电效应而产生损害。在包装或运输过程中,对静电敏感的电子产品也需要采取静电保护措施。例如,硬盘的外包装袋印有"ESD SENSITIVE"及其图形标识,ESD 为静电释放的缩写,表示该产品对静电敏感,应特别注意人体静电对其释放。

（4）静电植绒。利用静电场的作用在织物（也可以是纸张或其他材料）表面植绒，形成丝绒般花纹的工艺，称为**静电植绒**。相反地，纺织产品在生产中因摩擦而带电，经常会影响产品质量，甚至妨碍正常生产，则需要消除积聚在纤维或织物上的电荷，其处理方式称为**静电消除**。如适当提高生产环境的湿度或在纤维上施加特制油剂，以提高纤维的导电性；或采用适当的手段以中和纤维或织物上所积聚的电荷等。

（5）静电印刷。**静电印刷**（影印）技术是 1938 年发明的。它是一种利用静电感应原理实现印刷的方法，也是传统的印刷方法。静电复印就是其中的一种。经过一定工艺生产的具有抗静电性作用的复印纸，可供复印资料、文件等用。在静电复印机上复印时，不会因摩擦产生静电而使多张纸相互附着在一起而卡住。

（6）静电喷涂。通过静电喷枪使油漆雾化，并使其带负电荷，带电的油漆微粒被静电场吸引，移向带有相反电荷的物体，并均匀地附着。这种利用高压静电作用将带电的漆料涂布于物体表面的施工方法，称为**静电喷涂**。静电喷涂可实现半自动化或自动化，提高喷涂效率，且可避免大量漆雾被通风吸走而浪费。

（7）静电除尘。工厂除尘可采用多种不同方法，其中**静电除尘**是一种常见的方法。静电排尘装置主要由金属圆筒和一根悬挂在圆筒轴线上的多角形金属细棒组成，它们分别接到几万伏高压电源的地（相当于正极）和负极，其间形成的很强的径向对称静电场能使细棒附近气体电离，从而产生自由电子和带正电的离子。正离子被吸引到带负电的细棒上被中和，自由电子则被带正电的圆筒吸引向圆筒运动。电子在向圆筒运动过程中与尘埃粒子碰撞，使尘埃带负电。在电场力作用下，带负电的尘埃被吸引至圆筒上，并粘附着。通过控制装置对圆筒进行定时清理，达到除尘与收集的作用。从火力发电厂收集尘埃，还可以从回收的煤尘中提取橡胶工业用的炭黑或半导体材料锗，废料用于制成地砖等，并减少其对大气的污染，可谓一举多得。静电除尘方法也应用于饮食等行业的油烟净化器中。

思 考 题

14-1   根据静电场环路积分为零证明：平板电容器边缘的电场不可能像图 14-19 所画的那样突然由均匀电场变为零，而是一定存在着逐渐减弱的"边缘电场"，像图 14-1 那样。（提示：选一通过电场内外的闭合路径。）

14-2   为什么带电的胶木棒能把不带电的纸屑吸引上来？

14-3   一个电介质板的一部分放在已带电的电容器两板间（图 14-20）。如果电容器相对的两个表面很光滑，则电介质板会被吸到电容器内部。为什么？（提示：考虑边缘电场的作用。）

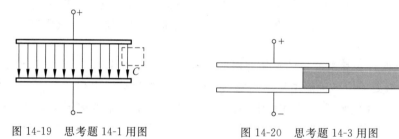

图 14-19   思考题 14-1 用图   图 14-20   思考题 14-3 用图

14-4　由极性分子组成的液态电介质,其相对介电常数在温度升高时是增大还是减小?

14-5　两个极板面积和极板间距离都相等的电容器,一个板间为空气,一个板间为瓷质。二者并联时,哪个储存的电能多?二者串联时,哪个储存的电能多?

14-1　地球的电容是多少法[拉]?

14-2　有的计算机键盘的每一个键下面连一小块金属片,它下面隔一定空气隙是一块小的固定金属片。这样两片金属片就组成一个小电容器(图 14-21)。当键被按下时,此小电容器的电容就发生变化,与之相连的电子线路就能检测出是哪个键被按下了,从而给出相应的信号。设每个金属片的面积为 $50.0\ \text{mm}^2$,两金属片之间的距离是 $0.600\ \text{mm}$。如果电子线路能检测出的电容变化是 $0.250\ \text{pF}$,那么键需要按下多大的距离才能给出必要的信号?

14-3　空气的击穿场强为 $3\times10^3\ \text{kV/m}$。当一个平行板电容器两极板间是空气而电势差为 $50\ \text{kV}$ 时,每平方米面积的电容最大是多少?

图 14-21　习题 14-2 用图

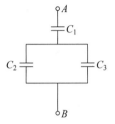

图 14-22　习题 14-4 用图

14-4　如图 14-22 联接三个电容器,$C_1=50\ \mu\text{F}$,$C_2=30\ \mu\text{F}$,$C_3=20\ \mu\text{F}$。

(1) 求该联接的总电容;

(2) 当在 AB 两端加 $100\ \text{V}$ 的电压后,各电容器上的电压和电荷量是多少?

14-5　有 10 个相同的电容器,电容都是 $10\ \mu\text{F}$。

(1) 先把它们都并联起来,加以 $500\ \text{V}$ 的电压,若这时将它们很快改为都串联在一起,则可得多高的总电压?可放出的总电荷量是多少?

(2) 先把它们都串联起来,加以总电压 $2\ 000\ \text{V}$,若这时将它们很快改为都并联在一起,则可放出的总电量是多少?总电压变为多少?

14-6　两个电容器的电容分别是 $C_1=20\ \mu\text{F}$,$C_2=40\ \mu\text{F}$。当它们分别用 $U_1=200\ \text{V}$ 和 $U_2=160\ \text{V}$ 的电压充电后,将两者带相反电荷的极板联接起来,最后它们的电压各是多少?又各带多少电量?

14-7　人体的某些细胞壁两侧带有等量的异号电荷。设某细胞壁厚为 $5.2\times10^{-9}\ \text{m}$,两表面所带面电荷密度为 $\pm0.52\times10^{-3}\ \text{C/m}^2$,内表面为正电荷。如果细胞壁物质的相对介电常数为 6.0,求:(1)细胞壁内的电场强度;(2)细胞壁两表面间的电势差。

14-8　用两面夹有铝箔的厚为 $5\times10^{-2}\ \text{mm}$,相对介电常数为 2.3 的聚乙烯膜做一电容器。如果电容为 $3.0\ \mu\text{F}$,则膜的面积要多大?

14-9　图 14-23 所示为用于调谐收音机的一种可变空气电容器。这里奇数极板和偶数极板分别连在一起,其中一组的位置是固定的,另一组是可以转动的。假设极板的总数为 n,每块极板的面积为 S,相邻两极板

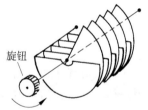

图 14-23　习题 14-9 用图

之间的距离为 d。证明这个电容器的最大电容为

$$C = \frac{(n-1)\varepsilon_0 S}{d}$$

14-10　如图 14-24 所示的电容器,板面积为 S,板间距为 d,板间各半被相对介电常数分别为 ε_{r1} 和 ε_{r2} 的电介质充满。求此电容器的电容。

14-11　空气的介电强度为 $3\ kV/mm$,试求空气中半径分别为 $1.0\ cm,1.0\ mm,0.1\ mm$ 的长直导线上单位长度最多各能带多少电荷?

14-12　一个金属球浸在一大油池中。当金属球带电 q 时,和它贴近的油表面会由于油的电极化而带上面束缚电荷。求证此面束缚电荷总量为

$$q' = \left(\frac{1}{\varepsilon_r} - 1 \right) q$$

式中 ε_r 为油的相对介电常数。

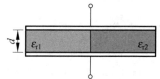

图 14-24　习题 14-10 用图

14-13　一种利用电容器测量油箱中油量的装置示意图如图 14-25 所示。附接电子线路能测出等效相对介电常数 $\varepsilon_{r,eff}$(即电容相当而充满板间的电介质的相对介电常数)。设电容器两板的高度都是 a,试导出等效相对介电常量和油面高度的关系,以 ε_r 表示油的相对介电常数。就汽油($\varepsilon_r = 1.95$)和甲醇($\varepsilon_r = 33$)相比,哪种燃料更适宜用此种油量计?

*14-14　一个平行板电容器,板面积为 S,板间距为 d(图 14-26)。

(1) 充电后保持其电量 Q 不变,将一块厚为 b 的金属板平行于两极板插入。与金属板插入前相比,电容器储能增加多少?

(2) 导体板进入时,外力(非电力)对它做功多少? 是被吸入还是需要推入?

(3) 如果充电后保持电容器的电压 U 不变,则(1),(2)两问结果又如何?

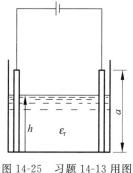

图 14-25　习题 14-13 用图

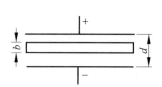

图 14-26　习题 14-14 用图

*14-15　证明:球形电容器带电后,其电场的能量的一半储存在内半径为 R_1,外半径为 $2R_1R_2/(R_1 + R_2)$ 的球壳内,式中 R_1 和 R_2 分别为电容器内球和外球的半径。一个孤立导体球带电后其电场能的一半储存在多大的球壳内?

第15章

恒定电流和磁场

前 3章介绍静止电荷之间相互作用的规律,通过引入电场的概念,对静电场性质及其物理规律作了较为详细的描述。

从本章开始,讨论运动电荷之间的相互作用。电荷的运动是一切磁现象的根源,通过对常见的运动电荷系统——电流以及磁场对电流、运动电荷和磁体的作用力——磁力的描述,引入磁场的概念。关于恒定电流(也称稳恒电流)和磁场,中学物理课程讨论很多,特别是关于电流的规律,如欧姆定律、电阻的串联与并联、电动势及其电流做的功等。这里对恒定电流只作简要的介绍,侧重于其微观图像的说明。

恒定电流产生的磁场称为**恒定磁场**,有时也称**静磁场**。对于静磁场和它的源,电流的关系的规律,如毕奥-萨伐尔定律、安培环路定理等本章作了重点的介绍。

关于磁场的概念及其问题的分析方法,虽然它们与电场有很多类似的地方,但二者终究有严格的区别,且磁场的问题较复杂些。在比较和类比中,应注意它们的异同点。

15.1 电流和电流密度

当物体内部没有电场时,带电粒子作无规则的热运动,不引起电荷沿任一方向的宏观迁移,因而不形成电流。从宏观的角度看,我们只关心带电粒子有规则的定向运动,即大量带电粒子趋向某一方向的那一部分宏观运动,以区别于无规则的微观热运动。

1. 电流与载流子

物体内部的带电粒子,可以是电子、质子、正的或负的离子,它们在电场作用下能作定向运动而形成电流。因此,从微观的角度看,狭义的**电流**往往专指带电粒子的定向运动。形成电流的带电粒子是一些比原子核小的物质单元,统称**载流子**。描述半导体的导电性还引入一个概念,叫做**空穴**。每个空穴相当于一个带正电的载流子,其电荷量与电子相同。半导体的导电可看成带负电的电子和带正电的空穴导电共同起作用的结果。因此,半导体中的"空穴"也是载流子的一种。

各种带电粒子,包括金属中大量可自由运动的电子(自由电子)、溶液中的正负离子、气体中的离子与电子等在导体内流动,通常把导体内部电荷的流动而形成的电流称为**传导电流**。它是电荷移动的一种宏观表现形式。

电流常见的表现形式之一是电荷沿一条导线流动,它需要两个基本条件:导线内存在可自由移动的电荷,且存在能驱使电荷作宏观定向运动的电场。如果在时间 Δt 内,通过导体某一横截面的电荷量是 Δq,则通过该截面的电流表示为

$$I = \frac{\Delta q}{\Delta t} \qquad (15\text{-}1)$$

电流是有方向的标量,规定为把正电荷从高电势向低电势移动的方向,其流向通常用箭头表示。电流的大小反映电流强弱或强度。在 SI 中,电流的单位是安培(安,A),1 A= 1 C/s。电流为电磁学中的基本物理量,其单位 A 是 SI 中 7 个基本单位之一。

量度电流的仪器有电流计和电流表(安培计)等,常用的电流表有毫安表和微安表等。这些仪表一般都是利用电流的磁效应、热效应、化学效应等进行测量的。例如,电流计就是一种利用通过置于磁体两极间的线圈的微弱电流与磁体磁场间相互作用,使线圈发生偏转的原理制成的电表。测量交流大电流常用钳形表(钳表),它无需断开电路即可直接测量。

实际上,还常常遇到在大块导体中产生的电流。整个导体内各处的电流形成一个"电流场"。例如,接地装置中流入大地的电流分布;在某些地质勘探中利用的大地中的电流;电解槽内电解液中的电流;气体放电时通过气体的电流等。为了描述电路中不同点电荷定向运动及其流动方向分布情况,通常引入电流密度的概念。

2. 电流密度

为简单计算起见,设导体中只有一种载流子,每个载流子所带电荷量都是 q,但是运动速度可以各不相同。以 n_i 表示单位体积内以速度 $\boldsymbol{v}_i$ 运动的载流子数目,如图 15-1 所示,在 dt 时间内通过面积元 $d\boldsymbol{S}$ 的此速度载流子数为 $n_i v_i \cos\theta_i dSdt = n_i \boldsymbol{v}_i \cdot d\boldsymbol{S}dt$;在 dt 时间内通过 $d\boldsymbol{S}$ 的各种速度的载流子数就是 $\sum_i n_i \boldsymbol{v}_i \cdot d\boldsymbol{S}dt$,则单位时间内通过 $d\boldsymbol{S}$ 的电荷量,也就是通过 $d\boldsymbol{S}$ 的电流为

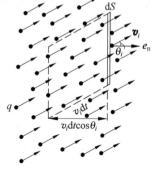

$$dI = q\sum_i n_i \boldsymbol{v}_i \cdot d\boldsymbol{S} = q\left(\sum_i n_i \boldsymbol{v}_i\right) \cdot d\boldsymbol{S}$$

以 v 表示所有载流子作定向运动的平均速度,即 $v = \sum_i \dfrac{n_i v_i}{n}$;

其中 $n = \sum_i n_i$ 是单位体积内各种速度的载流子数总和,称为

图 15-1   电流密度的计算

载流子数密度。上式改写为

$$dI = qn\boldsymbol{v} \cdot d\boldsymbol{S} \qquad (15\text{-}2)$$

定义电流密度 $\boldsymbol{J}$ 为

$$\boldsymbol{J} = qn\boldsymbol{v} \qquad (15\text{-}3)$$

则式(15-2)改写为

$$dI = \boldsymbol{J} \cdot d\boldsymbol{S} \qquad (15\text{-}4)$$

这样定义的 $\boldsymbol{J}$ 叫做该面积元 $d\boldsymbol{S}$ 处的**电流密度**。式(15-4)表明,电流密度的大小等于通过垂直于载流子定向运动方向的单位面积的电流,或单位时间内通过垂直于载流子定向运动

方向的单位面积的电荷量。如果 J 与 dS 垂直,则 d$I = J$dS 或 $J = \dfrac{\mathrm{d}I}{\mathrm{d}S} = \dfrac{\mathrm{d}q}{\mathrm{d}S\mathrm{d}t}$。

I 和 J 都是描述电流的物理量,I 是有方向的标量,J 是矢量。电路中,同一支路所有点的电流 I 都相同,而各点的电流密度 J 却不同。由定义式(15-3)可知,对于带正电的载流子,J 的方向就是载流子定向运动的平均速度 v 的方向;对带负电的载流子,J 与 v 方向相反。因此,电流密度可用来描述电路中某点电流强弱和流动方向。

在 SI 中,电流密度的单位为安培每平方米(安每平方米,A/m²)。

金属中的载流子为自由电子。一个自由电子带有的电荷量为 e,由式(15-3)可得,金属中的电流密度为

$$J = env \tag{15-5}$$

式中,v 为金属中自由电子定向运动的平均速度,叫做**漂移速度**。这与天空中飘浮的云朵中的云雾微粒在无规则运动的基础上有一共同速度而表现为云朵整体的运动类似。在金属导体中存在大量自由电子,由 $n = N/V = \rho N_A/M$(质量密度 $\rho = m/V$,物质的量 $\nu = m/M$,M 为摩尔质量)和式(15-5)可算出,一定截面积的载流导线中自由电子的漂移速率比蜗牛的爬行速率还要慢(见 25.2 节)。电子随机运动的平均速率很大,其数量级通常为 10^6 m/s,而漂移速率却很小,仅为 10^{-4} m/s 量级。由于电子的电荷量为负值,所以上式中 J 与 v 的方向相反,即金属中电流密度方向(或电流的方向)与自由电子平均速度方向相反。

3. 电流场的连续性方程

式(15-4)给出通过一个面积元 dS 的电流,对于电流区域(电流场)中一个有限的曲面 S,如图 15-2 所示,通过曲面 S 的电流等于通过它的各面积元的电流的代数和,即

$$I = \int_S \mathrm{d}I = \int_S J \cdot \mathrm{d}S \tag{15-6}$$

在电流场中,通过某一面的电流就是通过该面的电流密度的**通量**。通量是两个矢量的标量积的结果,为代数量,不是矢量。

通过任一封闭曲面 S 的电流可以表示为

$$I = \oint_S J \cdot \mathrm{d}S \tag{15-7}$$

图 15-2　通过任一曲面的电流

根据 J 的意义可知,式(15-7)实际上表示净流出封闭面的电流,也就是单位时间内从封闭面内向外流出的正电荷的电荷量。根据电荷守恒定律,通过封闭面流出的电荷量应等于封闭面内电荷 q_{in} 的减少。因此,式(15-7)应该等于 q_{in} 的减少率,即

$$\oint_S J \cdot \mathrm{d}S = -\dfrac{\mathrm{d}q_{in}}{\mathrm{d}t} \tag{15-8}$$

这一积分形式叫做(**电流场的**)**电流连续性方程**。它是电荷守恒定律的反映及其数学表述,对任意闭合曲面 S 都成立。

一般情况下,电流密度 J 是随时间而变的,它既是空间坐标的函数,又是时间的函数。空间中各点的 J 不随时间而变的电流叫做**恒定电流**,简单地说,就是大小和方向都不随时间变化的直流电。本章主要讨论恒定电流,非恒定电流将在第 18 章中介绍。

15.2　电流的一种经典微观图像　欧姆定律

前面已指出,在外电场的作用下,金属内的自由电子因产生定向运动而形成电流。外电场和电流的关系,可用微观理论加以说明。下面用经典理论对金属中的电流的形成给出一个近似的形象化解释。

1. 电流的一种经典微观图像

金属中的自由电子在正离子组成的晶格中间作无规则运动,如图 15-3 所示,同时还不断地和正离子作无规则的碰撞。在没有外电场作用时,电子这种无规则运动使得它的平均速度为零,所以不产生电流。当加上外电场 E 后,每个电子(电荷量为 e)都要受到同一方向的电场力 eE 的作用,在无规则运动的基础上将叠加一个平均定向运动速度,因而形成电流。由于金属内部大量自由电子定向运动时,不断地和正离子碰撞,因而其定向运动并不是持续不断地加速进行的。

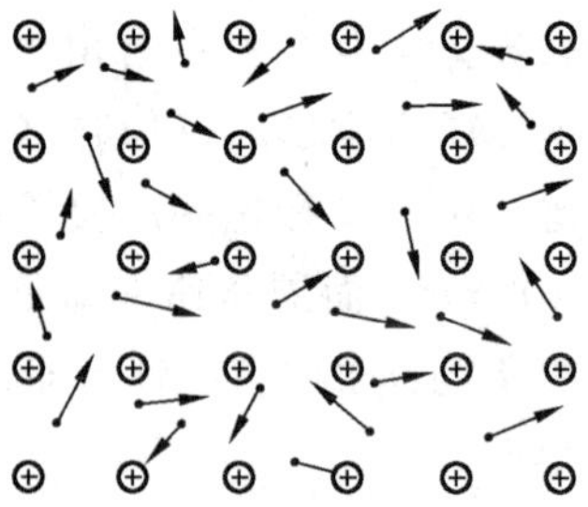

图 15-3　金属中自由电子无规则运动示意图

设 v_{0i} 为第 i 个电子经历一次碰撞后的初速度,碰撞后以加速度 a 作匀加速自由飞行,经过时刻 t_i 时的速度为

$$v_i = v_{0i} + at_i = v_{0i} + \frac{eE}{m}t_i \qquad (15\text{-}9)$$

式中,m 是电子的质量。为简单起见,作一个关于碰撞的统计性假定,即每经过一次碰撞,电子的运动又复归于完全无规则,或者形象化地说,经过一次碰撞,电子完全"忘记"它在碰撞前的运动状态。也就是说,v_{0i} 是完全无规则的,就好像此前没有被电场加速过一样。从每次碰撞完毕再开始,电子都在电场作用下重新开始加速。因此,电子的定向运动可看成是一段一段的加速运动的接替。

某一时刻 t 的电流密度,可用式(15-5)求出,式中的平均速度是式(15-9)对所有电子求平均得出的。由于 v_{0i} 是完全无规则和随机的,其平均值为零,于是在时刻 t 各电子的定向运动的平均速度,也就形成电流的漂移速度,即

$$v = \frac{eE}{m}\tau \qquad (15\text{-}10)$$

式中,τ 是自由电子从上一次碰撞到时刻 t 的自由飞行时间的平均值,表示为

$$\tau = \sum_{i=1}^{n} \frac{t_i}{n}$$

它等于从时刻 t 到各电子遇到下一次碰撞的自由飞行时间的平均值。由于自由飞行时间也是完全无规则的,即下一次自由飞行时间的长短和上一次飞行时间完全无关,所以这一平均值 τ 也是电子在任意相邻的每两次碰撞之间的自由飞行时间间隔的平均值,称之为自由电

子的**平均飞行时间**[①]。在电场比较弱,且电子获得的定向速度与热运动速度相比为甚小的情况下(实际情况正是这样),这一平均自由飞行时间由热运动决定而与电场强度 E 无关。

将式(15-10)代入式(15-5),得

$$J = \frac{n e^2 \tau}{m} E \tag{15-11}$$

式中,n,τ 与 E 无关,即电流密度 J 与 E 成正比,其比例系数称为导体的**电导率**。电导率以 σ 表示,其值为导体的电阻率 ρ 的倒数。于是有

$$\sigma = \frac{ne^2 \tau}{m} = \frac{1}{\rho} \tag{15-12}$$

即电阻率与 E 无关,导体材料服从欧姆定律。因此,式(15-11)可以写成

$$J = \sigma E \tag{15-13}$$

上式称为**欧姆定律的微分形式**,它对非恒定电流也成立。电导率 σ 和电阻率 ρ 一样,都是表征导体导电性能的物理量。σ 值越大,表示导体的导电性能越好。

欧姆定律类似于热学中的理想气体状态方程和力学中的胡克定律,是一个理想的定律,它可以很好地描述某些材料的导电特性。遵循欧姆定律的材料称为欧姆导体或线性导体。对于非欧姆导体或非线性导体,J 和 E 的关系较为复杂,σ 或 ρ 不再是常量。

2. 欧姆定律

对于一段长为 Δl,截面积为 ΔS 的导体来说,当其两端加上电压 U($U = \varphi_1 - \varphi_2$)时,导体内的电场为 $E = U/\Delta l$,如图 15-4 所示。由式(15-13)可得,$J = \sigma U/\Delta l$,则导体中的电流为

$$I = J\Delta S = \frac{\sigma U}{\Delta l}\Delta S = \frac{\Delta S}{\rho \Delta l}U$$

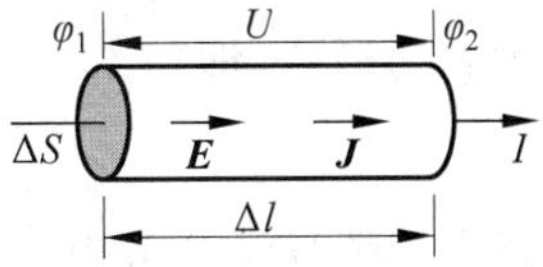

图 15-4 推导欧姆定律用图

根据电阻定律,可确定导体电阻值,该段导体的电阻为

$$R = \frac{\Delta l}{\sigma \Delta S} = \rho \frac{\Delta l}{\Delta S}$$

则有

$$I = \frac{U}{R} = GU \tag{15-14}$$

这是用于一段导体的**欧姆定律**。式中,G 为电导,其值为电阻的倒数,国际单位为西门子(西,S),为纪念德国电工学家和实业家西门子而命名。σ 的国际单位制单位为 S/m。电导 G 和电阻 R 都是描述导体导电性能的物理量。

相应地,根据式(15-6)或式(13-6),把 $U = IR$ 或 $I = GU$ 称为欧姆定律积分形式。欧姆定律的这两种形式彼此等价,可以互推。

[①] 按经典模型,金属的电阻起源于定向运动的自由电子与导体内晶格上的正离子的无规则碰撞。自由电子的平均自由飞行时间可写作 $\tau = \overline{\lambda}/\overline{v}$,$\overline{\lambda}$ 和 $\overline{v}$ 分别为自由电子的平均自由程与平均速率。这样式(15-12)可写成 $\sigma = ne^2 \overline{\lambda}/m\overline{v}$。自由电子的平均自由程可导出为 $\overline{\lambda} = (\pi r_{ion}^2 n_{ion})^{-1}$,其中,$r_{ion}$ 为正离子半径,n_{ion} 为正离子数密度。这样就有 $\sigma = ne^2/m\overline{v}\pi r_{ion}^2 n_{ion}$,此式中与温度有关的只有 $\overline{v}$。根据麦克斯韦速率分布,$\overline{v} \propto \sqrt{T}$,所以应有 $\sigma \propto 1/\sqrt{T}$。这一经典结果和实验不符,后者给出 $\sigma \propto 1/T$。

3. 恒定电流的规律

在恒定电流的电路中,恒定电流的规律可看成计算多回路电路问题的基尔霍夫定律的另一种表达形式。下面分别加以说明。

(1) 对于恒定电流,通过任一封闭曲面的恒定电流为零,有

$$I = \oint_S \boldsymbol{J} \cdot d\boldsymbol{S} = 0 \tag{15-15}$$

即电流必然是闭合的。如若不然,则式(15-8)的 $dq_{in}/dt \neq 0$,这意味着电荷分布将随时间改变,而这将引起电场分布随时间改变;再根据式(15-13)可知,电流密度将随时间改变而不再恒定。因此,对于恒定电流,基于电荷守恒定律,式(15-15)可看成基尔霍夫电流定律(KCL)的另一种表达形式,即

$$\sum I_i = 0 \quad (\text{节点方程,对任意节点成立})$$

求和是电路中对连接到同一节点(结点)的所有支路的电流进行的,求和式中各支路的电流方向为参考方向。

(2) 恒定电场与静电场具有相似的性质,同样服从式(13-4),都是保守力场。即

$$\oint_C \boldsymbol{E} \cdot d\boldsymbol{r} = 0 \tag{15-16}$$

式中,$\boldsymbol{E} \cdot d\boldsymbol{r}$ 是通过线元 $d\boldsymbol{r}$(长度元矢量)发生的电势降落。式(15-16)表明,在恒定电路中,沿任意闭合回路 C 一周的电势降落的代数和等于零。它说明了电压与路径无关,这一性质实质上也是能量守恒定律的反映。式(15-16)也可看成基尔霍夫电压定律(KVL)的另一种表达形式,即

$$\sum U_i = 0 \quad (\text{回路方程,对任意闭合回路成立})$$

回路方程体现了对静电力保守性的表述。

基尔霍夫定律由德国科学家基尔霍夫(G.R.Kirchoff,1824—1887)于 1845—1847 年首先提出,故名。

从以上描述可见,恒定电路中存在恒定电场,其电场线与电流线方向相同,是闭合的,它与静电场有某些相似之处。如电场都不随时间改变;满足高斯定理;满足环路定理,是保守力场,所以可引入电势概念;遵守基尔霍夫电流定律和电压定律。尽管如此,恒定电场与静电场还是有着重要区别的。虽然产生恒定电场的电荷分布不随时间改变,但这种分布总伴随着电荷的运动,而静电场的电荷是静止不动的。即使在导体内部,恒定电场也不等于零,由于恒定电场对运动电荷做功,因而恒定电场的存在总要伴随着能量的转换。静电场是电荷静止时产生的,维持静电场不需要能量的转换。

后续的章节将看到,电荷和观察者有相对运动时,则不仅有电场,还有磁场出现。

15.3　非静电力　电动势

前面指出,对于恒定电流,电流必然是闭合的。这时,电路中需要维持恒定的电势差,才会有持续的电流流过。怎样才能维持恒定的电势差呢? 能量来源于哪里?

1. 非静电力

现在,考虑流动着恒定电流的闭合回路,如图 15-5 所示,电路中包含有作为电源的电

池。由于恒定电场是保守力场,所以在这个电场中,它和在静
电场中一样,电荷绕回路一周电场力做的功为零。这就是说,
静电场不可能提供灯泡发光所消耗的能量。在闭合电路中,消
耗的能量一定是电源内的某种**非静电力**(如电池内是化学力)
提供的。或者说,灯泡持续发光是由于非静电力能使电源两极
间产生并维持一定的电势差的效果。

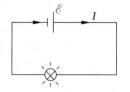

图 15-5 恒定电流闭合回路

　　一般来讲,当把两个电势不等的导体用导线与外部电路连
接起来时,由于存在电势差,在静电力的推动下,正电荷从正极移动到负极,导线中就会有电
流产生。电容器的放电过程就是这样,如图 15-6 所示。在这一过程中,随着电流的继续,两
个极板上的电荷逐渐减少。这种随时间减少的电荷分布不能产生恒定电场,因而也就不能
形成恒定电流。实际上,电容器的放电电流按指数衰减,进行得很快。要产生恒定电流,就
必须设法使流到负极板上的电荷重新回到正极板上去,这样就可以保持恒定的电荷分布,从
而产生一个恒定电场。但是,由于在两极板间的静电场方向是由电势高的正极板指向电势
低的负极板的,所以,要使正电荷从负极板回到正极板,靠静电力 F_e 是办不到的,只能靠其
他类型的力——非静电力使正电荷逆着静电场的方向运动,如图 15-7 所示。这种其他类型
的力统称为**非静电力 F_{ne}**。由于它的作用,在电流持续流动情况下,仍能在正负极板上产生
恒定的电荷分布,从而产生恒定的电场,维持电流的恒定。

　　提供非静电力,将其他形式的能量转变为电能的装置叫做**电源**(图 15-7)。电源将其他
形式的能量转变为电能。电源有正负两个极,正极的电势高于负极的电势。当电源的两极
通过导线与外电路(电源外的部分)接通后,就形成闭合回路。在静电力 F_e 的推动下,正电
荷从电源正极经过外电路移动至负极,正电荷的电势能降低。在电源内部(或内电路),非静
电力 F_{ne} 克服静电力 F_e 的阻碍作用,使正电荷又从电源负极移至正极,这时正电荷的电势
能升高,电流逆着恒定电场的方向由负极流向正极,从而使电荷的流动形成闭合的循环。在
图 15-5 中,电源中的非静电力做功使灯泡发光,并消耗电源一定的能量。

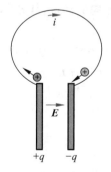
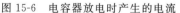

图 15-6 电容器放电时产生的电流

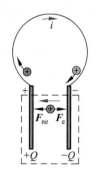

图 15-7 非静电力 F_{ne} 反抗静电力 F_e 移动电荷

　　综上所述,**非静电力**是电源内使正负电荷分离,并使正电荷聚积到电源正极,负电荷聚
积到电源负极的非静电性质的作用。它能使电源两极间产生并维持一定的电势差。

　　电源的类型很多,在不同类型的电源中,其非静电力的本质也不同。从能量的观点来看,
非静电力反抗恒定电场的静电力移动电荷而做功。在这一过程中,电荷的电势能增大,这是由
其他形式的能量转化来的。例如,化学电池(如干电池、锂电池等)将化学能转化为电能,其非

静电力是一种与离子的溶解、沉积过程相联系的化学作用;温差电源(温差电偶)将热量转化为电能,其非静电力是一种与温度差、电子浓度差相联系的扩散作用;一般发电机将机械能转化为电能,其非静电力起源于磁场对运动电荷的作用(洛仑兹力)。第 18 章将讨论这种电磁作用的本质,本节仅一般性说明非静电力的作用。电源的这种作用可用电动势定量地表述。

2. 电动势

在不同的电源内,其非静电力的本质是不同的,非静电力做的功也是不同的。这说明不同的电源转换能量的本领是不同的。为了定量地描述电源转化能量本领的大小,引入**电动势**的概念。

在电源内部,非静电力克服静电力的阻碍作用,使电荷持续流动形成闭合的循环。因此,电源的**电动势**定义为把单位正电荷从负极经电源内部 L 移向正极(或在闭合回路 C 中绕行一周)的过程中,非静电力对它做的功。如果用 A_{ne} 表示在电源内把电荷量为 q 的正电荷从负极移到正极时非静电力做的功,则电源的电动势 $\mathscr{E}$ 为

$$\mathscr{E} = \frac{A_{ne}}{q} \tag{15-17}$$

从量纲分析可知,电动势与电势差(电势)的量纲相同。在 SI 中,它们单位都是伏特(伏,V)。应当特别注意的是,虽然电动势和电势的量纲相同且又都是标量,但它们是两个完全不同的物理量。电动势总是与非静电力的功联系在一起的,而电势则是与静电力的功相联系。电动势完全取决于电源本身的性质(如化学电池只取决于其中化学物质的种类),而与外电路无关,但电路中的电势的分布则和外电路的情况有关。当外电路断开时,电源的电动势等于电源两极间的电势差大小(即路端电压)。因此,电动势也指引起电流在电路中流动的电压(即电势差)。

从能量的观点看,式(15-17)定义的电动势是电路中因其他形式的能量转化为电能所引起的电势差,等于单位正电荷从负极移到正极时由于非静电力作用所增加的电势能,或者说,等于从负极到正极非静电力所引起的电势升高。通常把电源内从负极到正极的方向,也就是电势升高的方向,叫做电动势的"方向"。即电动势是有方向的标量,其方向由负极经电源内部指向正极。

根据场的概念,可以把各种非静电力的作用看作是等效的各种"非静电场"的作用。以 $\boldsymbol{E}_{ne}$ 表示非静电场的电场强度,$\boldsymbol{E}_{ne}$ 只存在于电源内部,方向与静电场 $\boldsymbol{E}_e$ 相反,则它对电荷 q 的非静电力是 $\boldsymbol{F}_{ne} = q\boldsymbol{E}_{ne}$。在电源内,电荷 q 由负极移到正极时非静电力做的功为

$$A_{ne} = \int_{(-)}^{(+)} q\boldsymbol{E}_{ne} \cdot \mathrm{d}\boldsymbol{r} \text{(电源内积分)}$$

将此式代入式(15-17)可得,电动势为

$$\mathscr{E} = \int_{(-)}^{(+)} \boldsymbol{E}_{ne} \cdot \mathrm{d}\boldsymbol{r} \text{(电源内积分)} \tag{15-18}$$

它表示非静电力集中在一段电路内(如电池内部)作用时,用场的观点表示的电动势。

由于外电路只存在恒定电场,对闭合回路 C,电动势仅存在于非静电场区内,表示为

$$\mathscr{E} = \oint_C \boldsymbol{E}_{ne} \cdot \mathrm{d}\boldsymbol{r} = \int_L \boldsymbol{E}_{ne} \cdot \mathrm{d}\boldsymbol{r} \tag{15-19}$$

式中,L 为单位电荷在电路中的非静电场区经过的路径,$\mathrm{d}\boldsymbol{r}$ 为沿此路径的长度元矢量;$\boldsymbol{E}_{ne}$ 为电源内部非静电场的电场强度,等于非静电场对于单位电荷的作用力。

15.4 磁力与电荷的运动

磁体与电偶极子类似,它也有两极,称为磁北极(N 极)和磁南极(S 极)。一般情况下,**磁力**是指磁体与电流之间的相互作用力。我国古籍《吕氏春秋》(成书于 3 世纪战国时期)所载的"慈石召铁",慈石指的是天然磁体,统称**磁石**,它对铁块的吸引力,就是磁力的一种表现形式。这种磁力很容易通过两条条形磁体或马蹄形磁体演示来观察。图 15-8 演示两条条形磁体的同极相斥,异极相吸的现象。

磁力还有其他多种表现形式,下面通过 4 个实验演示磁力。

(1) 载流导线受到磁体的作用力

在图 15-9 中,把导线自由悬挂在马蹄形磁体的两极之间,当导线中通入电流时,导线会被排开或吸入。这显示通有电流的导线受到磁体的作用力,力的方向可用**左手定则**判定。

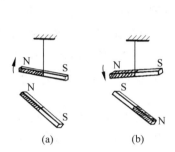

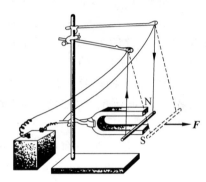

图 15-8 永磁体同极相斥,异极相吸　　　　图 15-9 磁体对电流的作用

(2) 运动电荷受到磁体的作用力

在图 15-10 中,阴极射线管(CRT)内两个电极分别引出为阴极 K 和阳极 A。当两个电极之间加上合适电压后,会有电子束从阴极 K 射向阳极 A。若把一个马蹄形磁体按图示方法置于管的近旁,可观察到电子束发生偏转。这显示运动电荷受到磁体的作用力。

(3) 电流产生磁场对磁体的作用力

在图 15-11 中,一枚小磁针沿南北方向静置在那里,如果在它所在平面附近平行地放置一条直导线,当导线中有通入电流时,磁针就会发生偏转。这一实验称为**奥斯特实验**,由奥斯特于 1820 年发现,故名。它显示磁针受到电流所引起的作用力,是对"电流具有磁效应"猜想的首次验证,即电流周围存在着磁场。有时,也把此电流叫做励磁电流。这一现象在历史上第一次揭示了电现象和磁现象的联系,对于电磁学的发展起重要的作用。

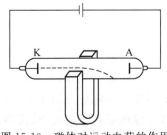

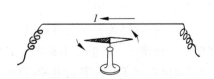

图 15-10 磁体对运动电荷的作用　　　　图 15-11 奥斯特实验

（4）载流导线间的作用力

在图 15-12 中,有两段平行放置并两端固定的导线,当它们通以方向相同的电流时,互相吸引,如图 15-12(a)所示。当它们通以相反方向的电流时,互相排斥,如图 15-12(b)所示。这说明电流与电流之间存在相互作用力。

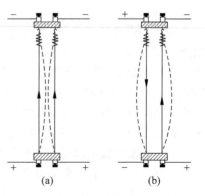

在这些实验中,图 15-12 的电流之间的相互作用可以看作运动电荷之间的相互作用,因为电流是电荷的定向运动形成的。其他几类现象都用到永磁体,为什么说它们也是运动电荷相互作用的表现呢？这是因为,永磁体也是由分子和原子组成的。在分子内部,电子和质子等带电粒子的运动形成**分子电流**。近代理论指出,永磁体的磁性是由分子电流引起的,其内部分子电流的方向都是按一定方式排列起来的。一个永磁体

图 15-12　平行电流间的相互作用

与其他永磁体或电流的相互作用,实际上就是这些已排列整齐的分子电流之间或它们与导线中定向运动的电荷之间的相互作用,因此它们之间的相互作用也是运动电荷之间的相互作用的表现。物质的磁性可用分子电流来解释。分子电流学说由法国物理学家安培首先提出,故分子电流也称"安培电流"或"安培分子电流"。这方面的内容见 17.2 节和17.3 节。

在上面几种情况中,磁力都是运动电荷之间相互作用的表现。类比于静止电荷产生的静电场及其相互作用,电流(包括运动电荷)之间的相互作用也是通过场的形式来传递的,这种场称为**磁场**。磁场是传递运动电荷、电流之间相互作用的一种物理场,因此,**磁力**是磁场对电流、运动电荷和磁体的作用力。

磁场是存在于运动电荷周围空间除电场以外的物质,它对位于场中的运动电荷有磁力的作用。因此,磁力就是**磁场力**。上述有关磁体与磁体、磁体与电流、磁体对运动电荷、电流对磁体,以及电流与电流等的相互作用都可以看成是它们其中任意一个所激发的磁场对另一个施加磁力的结果。

在 2.3 节介绍基本的自然力——电磁力时提到,运动的电荷相互间除了有电力作用外,还有磁力相互作用。磁力实际上是电力的一种表现,或者说,磁力和电力具有同一本源。因此,电力和磁力统称**电磁力**,电磁力就是通过被称为"场"的物质发生的。

把恒定电流产生的磁场称为**恒定磁场**,有时也称为**静磁场**或稳恒磁场。下面引入磁场的概念及描述磁场的基本物理量,以便对恒定磁场加以定量分析。

15.5　磁场与磁感应强度　洛伦兹力

为了说明磁力的作用,引入场的概念。产生磁力的场叫做磁场。

为了研究磁场,需要选择一种只有磁场存在的情况加以描述。例如,通有电流的导线的周围空间就是这种情况。若静止电荷置于其空间内,则不会受到电场力的作用,因为导线内既有正电荷(金属正离子),也有负电荷(自由电子)。即使导线通有恒定电流,其周围也是电中性的,因为其中的正负电荷密度相等,在导线外产生的电场相互抵消,合电场为零。但是,

电流在其周围激发磁场,带电粒子在磁场中运动时,导线内定向运动的自由电子所产生的磁场必将对运动电荷产生作用力——磁力,磁力与该带电粒子的运动速度直接有关。下面利用这种情况首先说明如何对磁场进行描述。

1. 磁场的描述 洛伦兹力

类比电场强度描述电场的方法,引入**磁感应强度**(矢量)对磁场加以描述。或者说,磁感应强度是描述磁场的基本物理量,用 **B** 表示,可用下述方法定义。

如图 15-13(a)所示,竖直方向的长直导线通有恒定电流 I 并在其周围空间激发磁场。假设有一电荷 q 以速度 v 通过其中的场点 P,把这一运动电荷当作检验(磁场的)电荷。实验表明,q 沿不同方向通过 P 点时,它受磁力的大小是不同的;但当 q 沿某一特定方向(或其反方向)通过 P 点时,它受的磁力为零且与 q 无关;而在与该特定方向垂直的方向,它受到的磁力最大。磁场中空间任意一点都有各自的这种特定方向。这说明磁场本身具有"方向性",因此,可以根据这个特定方向(或其反方向)来规定磁场的方向。当 q 沿其他方向运动时,实验发现,q 受的磁力 **F** 的方向总与此"不受力方向"以及 q 本身的速度 v 的方向垂直。

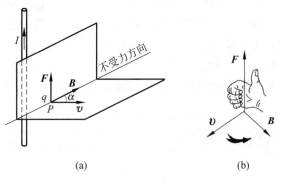

图 15-13 **B** 的定义及其方向
(a) **B** 的定义;(b) 右手螺旋定则

下面利用运动电荷在磁场中受到的磁力特点,进一步具体地规定 **B** 的方向,得出 $v \times B$ 的方向正是 **F** 的方向,如图 15-13(a)所示。图中画出磁场、运动电荷速度和磁力这三个量的方向关系,以 α 表示 q 的速度 v 与 **B** 的方向之间的夹角。实验表明,在不同的场点,磁力 **F** 不仅与运动电荷的正负及其电荷量 q 多少有关,还与其速度 v 的大小和方向有关;但在同一场点,实验得到的比值 $F/qv\sin\alpha$ 是一个与 q,v,α 无关的恒量,即只取决于场点的位置。因此,可用这一结果来描述磁场的强弱。故 **B** 的大小可定义为

$$B = \frac{F_\perp}{qv} = \frac{F}{qv\sin\alpha} \tag{15-20}$$

把 **B** 称为**磁感应强度**,简称为**磁感强度**。式中,α 为 v 与 **B** 之间的夹角;**B** 的方向就是运动的正电荷不受力的方向($\alpha=0$),与将小磁针置于该场点时 N 极的指向是一致的;v 是相对于观察者所在的参考系。磁力 **F** 的大小表示为

$$F = qvB\sin\alpha \tag{15-21}$$

根据 **B** 的方向的规定及其与 v,F 方向之间的关系,将式(15-21)改写为

$$F = qv \times B \tag{15-22}$$

式中,**F** 称为**洛伦兹力**。上式也被称为**洛伦兹力公式**。它反映运动电荷在磁场中所受的作

用力,受力方向可由矢积关系按**右手螺旋定则**确定,如图 15-13(b)所示。这是洛伦兹在 1895 年发表的电磁场对运动电荷作用力的公式,在电子论中作为基本假设而引入,故名。除去方向的复杂性,式(15-22)与 $F=qE$ 非常相似,磁力的大小分别与描述内、外因的量的大小(qv 和 B)成正比,其方向也可以用**左手定则**(也称电动机定则)判定。

这里用电流周围的磁场引入磁感应强度,用洛伦兹力公式根据运动的检验电荷受力来定义磁感应强度 B,并作为 B 的定义式。在给出磁感应强度分布的情况下,即可用式(15-22)求任意运动电荷在磁场中受的磁力。16.2 节与 18.2 节将进一步介绍洛伦兹力的作用。

在 SI 中,磁感应强度的单位为特斯拉(特,T),其电磁系单位为高斯(高,G 或 Gs)。前者为纪念塞尔维亚裔美籍物理学家和发明家特斯拉(N.Tesla,1856—1943),后者为纪念德国数学家和物理学家高斯而命名;二者的换算关系为 1 T $=10^4$ G。电磁系单位是一种非国际单位制单位体系,现已基本废除,但高斯这一单位有时还被少量沿用。例如,磁感应强度的测量可采用高斯计(现改用毫特斯拉计)。

值得一提的是,既然 B 的作用与 E 类似,理应把 B 称为磁场强度,只是由于历史原因,把磁场强度这一术语给予另一个物理量 H,并用它表示磁场强度(见 17.4 节)。习惯上,提到“磁场”(作为量,未加“强度”二字)或磁场的强度通常指的就是磁感应强度 B,只是不把 B 称为磁场强度,以免与磁场强度 H 相混淆。讲“磁场”强弱,也隐含指的是磁感应强度的大小。如地磁场的数量级为 10^{-4} T(或 1 G),实验室可获得的最大恒定磁场约为 45 T。

表 15-1 列出几种典型物体及其位置的磁感应强度近似值。

表 15-1 一些物体及其位置的磁感应强度近似值

物体及其位置名称	磁感应强度 B/T
原子核表面	约 10^{12}
中子星表面	约 10^8
目前实验室值: 瞬时	1×10^3
恒定	37
大型气泡室内	2
太阳黑子中	约 0.3
电视机内偏转磁场	约 0.1
太阳表面	约 10^{-2}
小型条形磁铁近旁	约 10^{-2}
木星表面	约 10^{-3}
地球表面	约 5×10^{-5}
太阳光内(地面上,均方根值)	3×10^{-6}
蟹状星云内	约 10^{-8}
星际空间	10^{-10}
人体表面(如头部)	3×10^{-10}
磁屏蔽室内	3×10^{-14}

2. 磁感应线

为了形象地描绘磁场中磁感应强度的分布,类比电场中引入电场线的方法引入**磁感应线**,简称**磁感线**或 B **线**。用磁感线描述磁场分布的曲线的画法规定与电场线一样。曲线上各点的切线方向,与该点的磁场方向一致。实验上可用铁粉直观地显示出磁感线图形,图 15-14 分别画出 4 种典型磁场源的磁感线图。其中,图 15-14(c)的螺线管是由导线沿着圆筒面绕成的螺旋形线圈。图 15-14(d)的螺绕环可参见例 15-7 的描述。磁感线的疏密程度反映磁场的强弱。

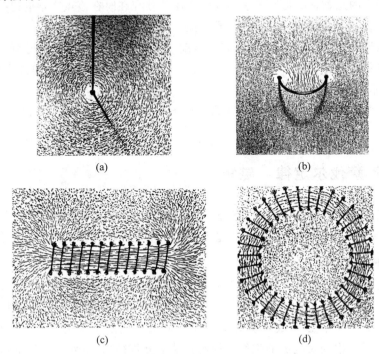

図 15-14　铁粉显示的磁感线图
(a) 直电流;(b) 圆电流;(c) 载流螺线管;(d) 载流螺绕环

　　磁感应线永远是闭合的曲线。对于永磁体,其磁场的磁感应线在磁体之外,可认为是起于北极(N 极),止于南极(S 极)。实际上,永磁体的磁性源于电子和原子核的运动,与电流的磁场无本质上的区别;**磁极**(S 极和 N 极)只是一种抽象概念,指磁体上磁性最强的部分,在研究永磁体内部的磁场时,磁感应线从 S 极指向 N 极,所以永磁体的磁感线仍然是闭合的。

　　司南是古代利用磁体指南的作用来辨别方向的一种装置,是现代指南针的始祖。中国是人类社会最早文字记述司南的国家。指南针和罗盘从宋代起在文献记载中累见不鲜,罗盘也开始应用于航海导航。地磁偏角的发现,使指南针的应用进入科学阶段。这也是世界公认的古代中国的一大成就,对人类文明的进步做出重要的贡献。哥伦布 1492 年在航海中发现磁偏角,比宋代王伋、杨维德的记述晚 450 年。但在科学史上还需要指出,罗盘传入欧洲后,欧洲人对其进行改进和完善,装入平衡环(即中国汉代发明的"被中香炉"原型,见 5.3 节)的罗盘,在航海中不为风浪所影响,这是近代罗盘的最大优点。罗盘和被中香炉都是中国人的发明,遗憾的是,中国人似乎从未想过将二者相结合。平衡环装置是现代陀螺仪的基础,陀螺仪在航海、航空与航天、军事等领域得到广泛的应用。

3. 磁场的叠加性(叠加原理)

产生磁场的运动电荷或电流统称为**磁场源**。实验指出,在有若干个磁场源的情况下,它们产生的磁场服从矢量的叠加原理。以 $\boldsymbol{B}_i$ 表示第 i 个磁场源在某场点产生的磁感应强度，则在该处的总磁感应强度 $\boldsymbol{B}$ 为

$$\boldsymbol{B} = \sum_i \boldsymbol{B}_i \qquad (15\text{-}23)$$

即空间上任一点的总磁感应强度等于不同磁场源单独存在时在该点产生的磁感应强度的矢量和。式(15-23)称为磁场叠加原理(或叠加性)。

在给定电流时，其周围不同点的磁感应强度一般是不同的。如果磁场中某一区域内各场点的磁感应强度 $\boldsymbol{B}$ 的大小相等，且方向一致，则称该区域内的磁场为**匀强磁场**，即**均匀磁场**。否则，为非均匀磁场。

磁感应强度决定电流或运动电荷在磁场中所受的力。下面介绍电流周围磁场分布的规律。

15.6 毕奥-萨伐尔定律 磁矩

恒定电流在其周围激发磁场——静磁场，在场中任意一点的磁感强度 $\boldsymbol{B}$ 仅是空间坐标的函数，与时间无关，其规律的基本形式是电流元产生的磁场与该电流元的关系。

1. 毕奥-萨伐尔定律

考察一段通有恒定电流 I 的导线。在导线上选取一长度元(线元)为 $\mathrm{d}\boldsymbol{l}$ 的无限小导线，其方向为所在点的切线方向，也就是电流的方向。这样一段载流导线长度元就是一段电流元(矢量)，以 $I\mathrm{d}\boldsymbol{l}$ 表示。以 $\boldsymbol{r}$ 表示从此电流元指向某一场点 P 的径矢，表示为 $\boldsymbol{r} = r\boldsymbol{e}_r$，如图 15-15(a)所示。根据对电流的磁作用的实验结果分析得出，电路上任取的电流元 $I\mathrm{d}\boldsymbol{l}$ 在真空中 P 点产生的磁场 $\mathrm{d}\boldsymbol{B}$ 由下式决定

$$\mathrm{d}\boldsymbol{B} = \frac{\mu_0}{4\pi} \frac{I\mathrm{d}\boldsymbol{l} \times \boldsymbol{e}_r}{r^2} = \frac{\mu_0}{4\pi} \frac{I\mathrm{d}\boldsymbol{l} \times \boldsymbol{r}}{r^3} \text{(微分形式)} \qquad (15\text{-}24)$$

这是电流元的磁场公式，称为**毕奥-萨伐尔定律**。$\mathrm{d}\boldsymbol{B}$ 的方向由矢积关系确定——垂直于 $\mathrm{d}\boldsymbol{l}$ 与 $\boldsymbol{r}$ 所组成的平面，并沿矢积 $\mathrm{d}\boldsymbol{l} \times \boldsymbol{r}$ 的方向，即由 $I\mathrm{d}\boldsymbol{l}$ 经小于 $180°$ 转向 $\boldsymbol{r}$ 时的右螺旋前进方向，符合右手螺旋定则，如图 15-15(b)所示。

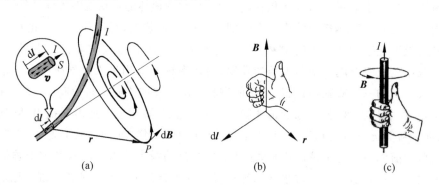

图 15-15   电流元的磁场

(a) 电流元产生的磁场；(b)用右手螺旋定则判断磁场方向；(c)安培定则

用右手螺旋定则判定磁场方向还有一个特殊的应用，叫做**安培定则**。如图 15-15(c)所

示,假设用右手握住导线,拇指指向电流方向,则与拇指垂直的其余四指(弯曲成圆弧)所指的方向就是磁感应线方向,它们为一簇簇环绕该直线的同心圆。对于螺线管(或螺绕环)电流的磁场,假想用右手握住螺线管,四指指向电流方向,则与四指垂直的拇指所指的方向就是螺线管内部磁场的方向(见图 15-21 和图 15-22)。安培定则适用于恒定电流的情况。

同式(12-6)一样,式(15-24)中引入 4π 和 μ_0 的做法叫做单位制的有理化,可使由该规律推出的其他关系式变得简单。由电磁学理论可知,常量 μ_0 为

$$\mu_0 = \frac{1}{\varepsilon_0 c^2} = 4\pi \times 10^{-7} \text{ N/A}^2 \tag{15-25}$$

称为**真空磁导率**(真空中的磁导率),其单位 N/A² 或 H/m(H 为电感的单位,见 18.4 节),二者等价。由于电流元不能孤立地存在,所以毕奥-萨伐尔定律不能由实验直接加以证明。它不是直接对实验数据的总结,而是在实验的基础上抽象出来的,但是由该定律出发得出的一些结果,却能很好地与实验符合。

以 $\boldsymbol{J}$ 表示电流元 $I\mathrm{d}\boldsymbol{l}$ 所在处的电流密度,$I\mathrm{d}\boldsymbol{l} = JS\mathrm{d}\boldsymbol{l} = \boldsymbol{J}S\mathrm{d}l = \boldsymbol{J}\mathrm{d}V$,则式(15-24)改写为

$$\boldsymbol{B} = \frac{\mu_0}{4\pi}\int_V \frac{\boldsymbol{J} \times \boldsymbol{e}_r}{r^2}\mathrm{d}V \tag{15-26}$$

此式表明,空间任一点的 $\boldsymbol{B}$ 都与所在处的电流有关,即空间所有的电流对 $\boldsymbol{B}$ 都有贡献。

毕奥-萨伐尔定律是表示电流和由它所引起的磁场之间相互关系的定律,只适用于恒定电流元。根据磁场叠加原理,整个电路在某点产生的磁感应强度等于各电流元产生的磁感应强度的矢量和。对式(15-24)进行积分,即可求出任意电流的磁场分布。理论上,由毕奥-萨伐尔定律可计算任意几何形状的通电导线的磁感应强度,但由于数学上求解的困难,此定律较适合于计算具有某种特征的电流分布的磁场。

法国科学家毕奥(J.B.Biot,1774—1862)和萨伐尔(F.Savart,1791—1841)于 1820 年首先发表长直导线所激发磁场的实验结果,由实验归纳出电流元的磁场定律。后来,法国科学家拉普拉斯(P.S.Laplace,1749—1827)从数学上导出电流元磁场的计算公式。因此,有时也把这一定律称为**毕奥-萨伐尔-拉普拉斯定律**。

2. 毕奥-萨伐尔定律应用举例

下面通过几个典型例子,说明如何用毕奥-萨伐尔定律求电流的磁场分布。这些实例的结果在求解某种特征的电流的磁场问题时经常用到,解题需要时也可直接采用。

【例 15-1】 直线电流的磁场。 如图 15-16 所示,设在真空中,电路回路中通有电流 I,求电路中长度为 L 的直线段的电流在其周围某点 P 处的磁感应强度。已知 r 为 P 点到直导线的垂直距离。

解 以 P 点在直导线上的垂足为原点 O,其他各量如图 15-16 所示。由毕奥-萨伐尔定律可知,直导线段 L 上任意一电流元 $I\mathrm{d}\boldsymbol{l}$ 在 P 点产生的磁场为

$$\mathrm{d}\boldsymbol{B} = \frac{\mu_0}{4\pi} \frac{I\mathrm{d}\boldsymbol{l} \times \boldsymbol{e}_{r'}}{r'^2}$$

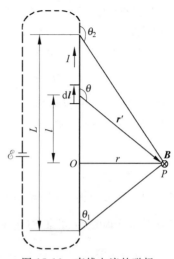

图 15-16 直线电流的磁场

其大小为

$$dB = \frac{\mu_0}{4\pi} \frac{I\,dl\sin\theta}{r'^2}$$

式中，r' 为电流元到 P 点的距离，θ 为电流元 $I\,dl$ 与位置矢量 r' 之间的夹角。由于直导线上各电流元在 P 点的磁感应强度的方向一致，均垂直于纸面向里，所以合磁感应强度也在此方向，其大小等于上式 dB 的数值积分，即

$$B = \int dB = \int \frac{\mu_0 I\,dl\sin\theta}{4\pi r'^2}$$

由图 15-16 中可以得出，$r'= r/\sin\theta$，$l = -r\cot\theta$，则 $dl = r\,d\theta/\sin^2\theta$，把此 r' 和 dl 代入上式，则

$$B = \int_{\theta_1}^{\theta_2} \frac{\mu_0 I}{4\pi r}\sin\theta\,d\theta$$

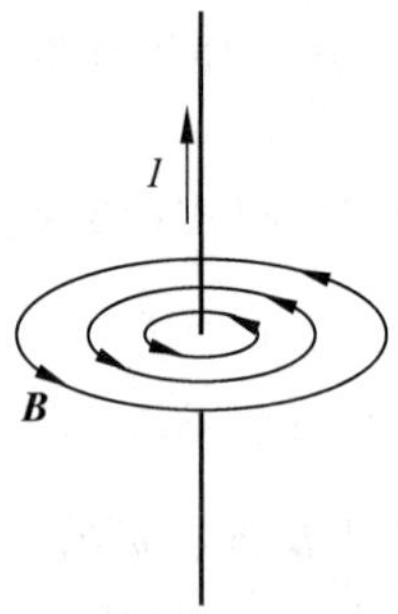

由此得

$$B = \frac{\mu_0 I}{4\pi r}(\cos\theta_1 - \cos\theta_2) \tag{15-27}$$

式中，θ_1 和 θ_2 分别为直导线段起始点与终点的电流元与它们到 P 点的径矢 r' 的夹角。

讨论　对于"无限长"载流直导线，上式 $\theta_1 = 0$，$\theta_2 = \pi$，于是有

$$B = \frac{\mu_0 I}{2\pi r} \tag{15-28}$$

此式表明，无限长载流直导线周围的磁感应强度 B 与导线到场点的距离 r 成反比，与电流 I 成正比。它的磁感应线是在垂直于导线的平面内以导线为圆心的一系列同心圆，如图 15-17 所示。它与图 15-14(a) 用铁粉显示的磁感线图形相似。

图 15-17　无限长直电流的磁感应线

对于垂足上方的半无限长（射线）载流直导线，由于 $\theta_1 = \pi/2$，$\theta_2 = \pi$，则 $B = \dfrac{\mu_0 I}{4\pi r}$。

【例 15-2】　**圆电流的磁场**。设在真空中，一半径为 R 的圆形载流导线通有电流 I，求圆形导线（圆电流）在通过圆心并垂直于圆电流平面的轴线上的磁感应强度。

解　如图 15-18 所示，以圆电流圆心为原点，轴线为 x 轴，并设圆电流为逆时针方向。在圆形导线上任取一电流元 $I\,dl$，它在轴上距离圆心为 x 的任意一点 P 处的磁场 dB 方向垂直于 dl 和 r，即垂直于 dl 和 r 组成的平面。由于 dl 总与 r 垂直（立体几何中的三垂线定理），所以 dB 的大小为

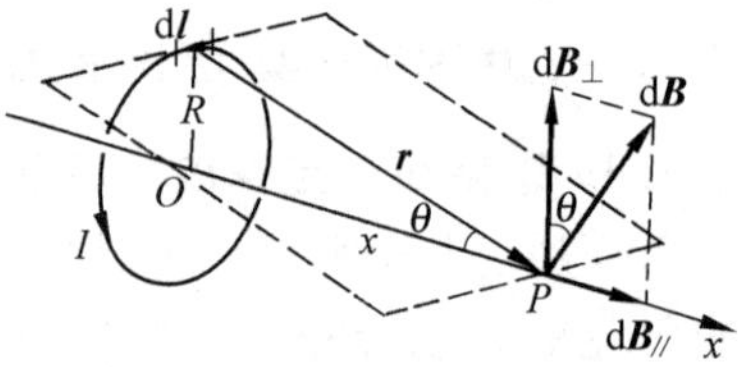

$$dB = \frac{\mu_0 I\,dl}{4\pi r^2}$$

图 15-18　圆电流的磁场

圆形导线上每一电流元 $I\,dl$ 在 P 处产生的 dB 方向成锥面形。将 dB 分解为平行于轴线的分量 $dB_{/\!/}$ 和垂直于轴线的分量 $dB_\perp$ 两部分，它们的大小分别为

$$dB_{/\!/} = dB\sin\theta = \frac{\mu_0 IR}{4\pi r^3}dl$$

$$dB_\perp = dB\cos\theta$$

式中，θ 是 r 与 Ox 轴的夹角。考虑到直径两端的电流元 $I\,dl$ 对 Ox 轴的对称性，所有电流元在 P 点的 $dB_\perp$ 相互抵消，整个圆电流在垂直于 Ox 轴方向的磁场总和为零，即 $\int dB_\perp = 0$，因此，P 点的合磁场的大小为

$$B = \int dB_{/\!/} = \oint \frac{\mu_0 RI}{4\pi r^3}dl = \frac{\mu_0 RI}{4\pi r^3}\oint dl$$

因为 $\oint \mathrm{d}l = 2\pi R$，所以上述积分为

$$B = \frac{\mu_0 R^2 I}{2r^3} = \frac{\mu_0 R^2 I}{2(R^2 + x^2)^{\frac{3}{2}}} \tag{15-29}$$

B 的指向与圆电流的电流流向符合右手螺旋关系，即垂直于圆电流平面并沿 Ox 轴正方向。

讨论 下面给出 3 种特殊情况的结果，并说明一个应用实例，即亥姆霍兹线圈。

（1）若 $x=0$（或 $r=R$），即在圆电流中心处，式（15-29）给出

$$B = \frac{\mu_0 I}{2R} \tag{15-30}$$

（2）若 $x \gg R$，即场点 P 在远离圆电流圆心 O 的轴线上，式（15-29）给出

$$B = \frac{\mu_0 IR^2}{2x^3} = \frac{\mu_0 IS}{2\pi x^3} \tag{15-31}$$

式中，$S=\pi R^2$ 为圆电流所围的面积。当圆形电流的面积 S 很小，或场点距圆电流很远时，则称这样的圆电流为**磁偶极子**（见本节下半部分）。

（3）对于电路回路中一段载流圆弧导线，若弧长为 L，且 L 对 O 的张角为 θ，如图 15-19 所示，由式（15-30）可得，载流圆弧在圆心处（$x=0$）产生的磁感应强度大小为

$$B = \frac{\mu_0 I}{2R} \cdot \frac{L}{2\pi R} = \frac{\mu_0 I}{2R} \cdot \frac{\theta}{2\pi} \tag{15-32}$$

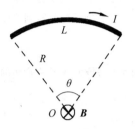

图 15-19　一段弧形电流在
圆心处的磁场

实验室常用亥姆霍兹线圈获得局部区域均匀磁场。**亥姆霍兹线圈**是由绕有一定的相同匝数、相同半径、彼此平行、共轴排列的一对圆线圈串接而成的，如图 15-20 所示，两线圈间距与其半径 R 相等，电流流向同向。它们的间距等于半径，由式（15-29）用幂级数展开可得，两线圈之间轴线上中心附近区域近似为均匀磁场，轴线上磁场分布与励磁电流具有良好的线性关系（推导较为繁琐，略去）。磁场均匀的区域是敞开的，虽强度不大，但实验时容易将其他测量装置置入或移出，例如，利用它与抽真空后充有少量氩气的圆形玻璃泡制成的电子束管（相当于没有荧光屏的阴极射线管），可演示运动电荷在磁场中的运动情况。德国物理学家亥姆霍兹（H.L.F. von Helmholtz，1821—1894）对光学、热力学和电学等都有贡献。

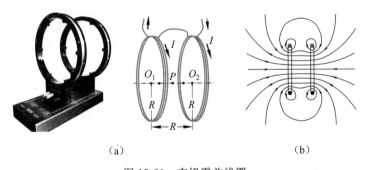

图 15-20　亥姆霍兹线圈
（a）线圈外形与回路；（b）磁场分布

【例 15-3】 载流直螺线管轴线上的磁场。 如图 15-21 所示，设在真空中有一均匀密绕的长直螺线管，管的半径为 R，长度为 L，单位长度上绕有 n 匝线圈，求通有电流 I 时螺线管轴线上的磁场分布。

解 螺线管各匝线圈都是螺旋形的，但在均匀密绕情况下，可以把它看成是许多匝圆形线圈紧密排

列而成。载流长直螺线管在轴线上某点 P 处的磁场等于各匝线圈的圆电流在该处磁场的矢量和。

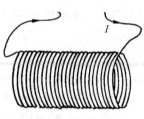

图 15-21　长直螺线管

　　如图 15-22(a)所示，在轴上距离 P 点为 l 处，取螺线管上长为 $\mathrm{d}l$ 的线段元，将它看成一个圆电流，对应的电流元为

$$\mathrm{d}I = nI\mathrm{d}l$$

由式(15-29)，此电流元在 P 点的磁场为

$$\mathrm{d}B = \frac{\mu_0 nIR^2\,\mathrm{d}l}{2r^3}$$

由图 15-22(a)可见，$R = r\sin\theta$，$l = R\cot\theta$，得 $\mathrm{d}l = -R\mathrm{d}\theta/\sin^2\theta$，其中的 θ 为螺线管轴线与 P 点到线段元 $\mathrm{d}l$ 周边的距离 r 之间的夹角。将这些关系代入上式，可得

$$\mathrm{d}B = -\frac{\mu_0 nI}{2}\sin\theta\,\mathrm{d}\theta$$

由于各线段元在 P 点产生的磁场方向相同，所以直接对上式积分，即得 P 点磁场大小为

$$B = \int \mathrm{d}B = -\int_{\theta_1}^{\theta_2} \frac{\mu_0 nI}{2}\sin\theta\,\mathrm{d}\theta$$

即

$$B = \frac{\mu_0 nI}{2}(\cos\theta_2 - \cos\theta_1) \tag{15-33}$$

此式给出均匀密绕长直螺线管轴线上任一点磁场的大小。根据图 15-22(a)电流的方向，磁场的方向与电流的绕向成右手螺旋关系，沿轴线水平向右。

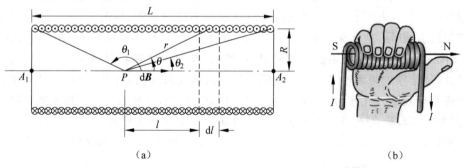

(a)　　　　　　　　　　　　(b)

图 15-22　长直螺线管轴线上磁感应强度计算与方向判定
(a) 磁感应强度计算；(b) 方向判定

　　讨论　下面说明载流螺线管周围的磁场分布，给出两种特殊情况的结果。

　　(1) 设螺线管长度为 $L = 10R$，则由式(15-33)表示的磁场分布如图 15-23 所示，在螺线管中心 O 点附近($-3R < x < 3R$ 范围内)轴线上的磁场基本上是均匀的。随着 x 增大，在管口附近，B 值逐渐减小，出口

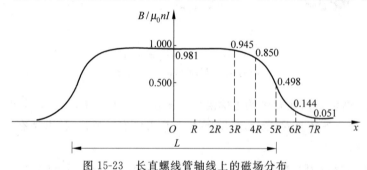

图 15-23　长直螺线管轴线上的磁场分布

以后的磁场很快地减弱。例如,在距管轴中心约等于 $7R$ 处,磁场几乎为零。

　　一个载流螺线管周围的磁感线分布如图 15-24 所示,这与用铁粉显示的磁感线图 15-14(c)相符合。管外磁场非常弱,而管内基本上是均匀场。螺线管越长,这种特点越显著。

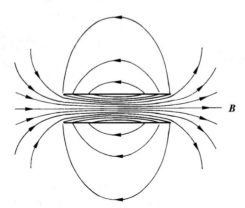

图 15-24　螺线管的 **B** 线分布示意图

　　(2) 对于"无限长"直螺线管(如细长情况,即管长比半径大很多),$\theta_1 = \pi$,$\theta_2 = 0$,则由式(15-33)可得,螺线管轴线上的任一点的磁感应强度大小为

$$B = \mu_0 n I \tag{15-34}$$

　　(3) 对于半"无限长"直螺线管,设图 15-22(a)中左边 A_1 直达无限远,右边 A_2 点在螺线管轴线端口处,则 $\theta_1 = \pi$,$\theta_2 = \pi/2$,由式(15-33)可得,A_2 处的磁感应强度为

$$B = \frac{1}{2}\mu_0 n I \tag{15-35}$$

3. 磁矩(磁偶极矩)

　　在一定条件下,例 15-2 中介绍的圆电流可作为描述磁体和电流回路以及微观粒子磁性质的物理模型。这方面内容将在第 17 章和第 24 章介绍,这里只说明磁偶极子(圆电流)及其磁矩等基本概念。

　　在静电场中,12.3 节和例 12-1 中介绍了电偶极子的电场,引入电偶极矩(电矩)p 的物理量描述其特征。电偶极子作为电介质理论和原子物理学的物理模型,可用于说明电介质极化问题(见 14.4 节),核物理、天线的辐射现象等也要用到这一概念。

　　对于磁场以及有磁介质(参见第 17 章)存在的情况,基于类比法,通过建立一个有关磁场的磁偶极子的物理模型,引入磁偶极矩(简称磁矩)m 的物理量,可用于解释物质的磁性和磁介质的性质等。例如,永久磁体的磁场起源可以追溯到原子组成的磁矩。粒子物理学等理论也要用到磁矩的概念,但有时需要用量子物理学的理论进一步说明。

(1) 磁偶极子的概念

　　由于不存在磁单极子,因而磁偶极子的模型不是两个磁荷,这里选择一段闭合的圆电流回路,名称上类比电偶极子,叫做**磁偶极子**。对于圆形电流回路,当其平面面积 S 很小,或场点距圆电流很远时,把这样的圆电流看成磁偶极子,其磁场如例 15-2 及其讨论所述。圆电流平面的法线单位矢量 e_n 与电流 I 构成右手螺旋定则关系,如图 15-25(a)所示。

　　磁偶极子能够很好地描述小尺度闭合回路电流元产生的磁场分布,这里的"小尺度",意为只关心远区域的情况。

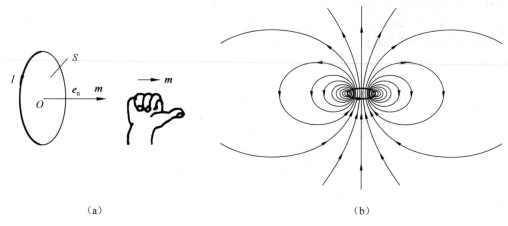

图 15-25　圆电流的磁矩及其磁感线图示意图

（a）圆电流及其磁矩方向；（b）圆电流的磁感线图

（2）磁偶极子的磁矩

磁偶极子产生的磁矩定义为

$$\boldsymbol{m} = IS\boldsymbol{e}_n \tag{15-36}$$

上式称为圆电流的**磁偶极矩**，简称**磁矩**，用于体现圆电流的磁属性。式中，I 和 S 分别为圆电流回路的电流和面积，$\boldsymbol{e}_n$ 为圆电流回路平面的法线方向的单位矢量，与电流流动方向符合右手螺旋定则。磁矩为矢量，当电流绕着螺旋柄旋转的方向流过时，磁矩方向沿着螺旋前进的方向，在图 15-18 中为 x 轴正方向。在 SI 中，磁矩的单位为 $A \cdot m^2$ 或 J/T。

式（15-36）关于磁矩的定义对任意形状的闭合回路通电线圈都是适应的。例如，条形磁体的磁矩方向规定为沿着两磁极的连线，自南极指向北极。

对于例 15-2 讨论（2）中定义的圆电流，其磁矩大小为

$$m = IS = \pi R^2 I$$

据此关系式，将式（15-31）的磁感应强度大小写为

$$B = \frac{\mu_0 I R^2}{2r^3} = \frac{\mu_0 m}{2\pi r^3} \tag{15-37}$$

如果用矢量式表示圆电流在轴线上产生的磁场，由于其方向与圆电流磁矩 $\boldsymbol{m}$ 的方向相同，则上式表示为

$$\boldsymbol{B} = \frac{\mu_0 \boldsymbol{m}}{2\pi r^3} = \frac{\mu_0 \boldsymbol{m}}{2\pi (R^2 + x^2)^{3/2}} \tag{15-38}$$

此式给出磁矩为 $\boldsymbol{m}$ 的圆电流在其轴线上产生的磁场。这一结果的表达式类似于例 12-1 讨论中给出的电偶极子在其轴线上产生的电场的数学形式，只是这里用 μ_0 代替 $1/\varepsilon_0$。

可以一般性证明（略），磁矩为 $\boldsymbol{m}$ 的小尺度闭合载流线圈在其周围较远的距离 r 处产生的磁场为

$$\boldsymbol{B} = \frac{\mu_0}{4\pi} \left(\frac{-\boldsymbol{m}}{r^3} + \frac{3\boldsymbol{m} \cdot \boldsymbol{r}}{r^5} \boldsymbol{r} \right) \tag{15-39}$$

这一公式也和例 13-9 电偶极子的静电场一般公式（13-18）具有类似的形式。由式（15-39）给出的磁感线图形如图 15-25（b）所示。它与图 15-14（b）中圆电流（相当于看成电偶极子）

的磁感线图形是类似的(电偶极子所在处除外)。

不仅是电子,质子、中子等粒子以及各种原子核也都具有磁矩。原子中的电子绕原子核的运动,与电流回路相当,可等效为圆电流。在17.2节将用"分子电流"的概念,通过磁矩解释物质的磁性和磁介质的性质等。磁矩既可以描述磁体和电流回路的磁特性,也可以作为描述微观粒子的磁性质的物理量。在第6篇"量子物理基础"中,磁矩将改用 $\boldsymbol{\mu}$ 表示。这里用 m 表示磁矩,以免与磁导率 μ 混淆。

15.7 磁通量与磁场的高斯定理

为了进一步说明磁场的基本规律,类比电场中的电通量,在磁场中引入**磁通量**的概念,并由此推出高斯定理。

1. 磁通量

15.5节用磁感应线(磁感线或 $\boldsymbol{B}$ 线)形象地描绘磁场中磁感应强度的分布。利用磁感线的概念,将"磁感应线是闭合的"这一结论用另一种形式——高斯定理表示出来。为此先引入一个新的物理量——**磁通量**,用于表征磁场分布。

类比图12-8电通量的表示方法,通过磁场中任一面积元 $\mathrm{d}S$ 的磁通量定义为

$$\mathrm{d}\Phi_\mathrm{m} = \boldsymbol{B} \cdot \mathrm{d}\boldsymbol{S} = B\cos\theta\,\mathrm{d}S \tag{15-40}$$

等于磁感应强度 $\boldsymbol{B}$ 在该面积元法线方向上的分量与该面积元 $\mathrm{d}S$ 的乘积,即磁感应强度通量,简称磁通量。式中,θ 为磁感应强度 $\boldsymbol{B}$ 与该面积元 $\mathrm{d}S$ 平面法线之夹角。

磁场通过某一曲面的磁通量相当于通过该曲面的磁感线的总条数

$$\Phi_\mathrm{m} = \int_S \boldsymbol{B} \cdot \mathrm{d}\boldsymbol{S} \tag{15-41}$$

对于匝数为 N 的导电线圈,与导电线圈交链的磁通量称为**磁链**。磁链 Ψ_m 等于导电线圈匝数 N 与穿过该线圈的磁通量 Φ_m 之积。即

$$\Psi_\mathrm{m} = N\Phi_\mathrm{m} \tag{15-42}$$

在 SI 中,磁通量和磁链的单位都是韦伯(韦,Wb),1 Wb＝1 T·m²。据此关系,磁感应强度的单位 T 也可等价地变换为 Wb/m²。

磁通量的单位是为纪念德国物理学家韦伯(W.E.Weber,1804—1891)于1935年命名的。韦伯是19世纪最重要的物理学家之一,在电磁学测量方法的研究等领域有很多贡献,发明很多电磁测量仪器,曾与高斯共同建立电磁学中的高斯单位制(非国际单位制,现已基本废除)。

2. 磁场的高斯定理(磁通连续定理)

根据式(15-24)中的矢量积关系或右手螺旋定则判断可知,电流元的磁场的磁感线也都是圆心在电流元轴线上的同心圆(图15-15)。由于这些圆(磁感应线)都是闭合的曲线,所以通过任意闭合曲面的磁通量恒等于零。考虑到导线上任何电流都是由一段段电流元组成的,根据磁场叠加原理,在电流产生的磁场中通过一个封闭曲面的磁通量等于各个电流元的磁场通过该封闭曲面的磁通量的代数和。

既然每一个电流元的磁场通过该封闭面的磁通量为零,所以在任何磁场中通过任意封

闭曲面的磁通量总等于零(在非静磁场中,如 18.3 节的电磁感应现象,感应电动势的大小取决于磁通量的变化率)。这个关于磁场的结论的数学表示式为

$$\oint_S \boldsymbol{B} \cdot \mathrm{d}\boldsymbol{S} = 0 \tag{15-43}$$

此式称为**磁场的高斯定理**,也称**磁通连续定理**。它是描述磁场性质的重要定理之一。式(15-43)表明,穿入闭合曲面的磁感应线一定从该曲面全部穿出,体现磁通的无源性和连续性。或者说,磁感应线是无头无尾的闭合曲线,即磁场是无源场。

3. 磁单极子

磁场的高斯定理表明,磁极成对出现,自然界不存在磁荷(磁单极子)。

与电场的高斯定理相比可知,磁通连续性反映自然界中没有与电荷相对应的"磁荷"存在,即不存在单独的磁极或**磁单极子**。磁单极子是假设的只有单一磁极的磁性粒子。根据电与磁的对称性,1931 年英国物理学家狄拉克(P.A.M.Dirac,1902—1984)利用数学公式推测有磁单极子存在,并指出,磁单极子的存在与电动力学、量子力学没有矛盾。如果磁单极子确实存在,将对电磁学理论和实验产生很大的影响,如麦克斯韦方程组将完全对称;磁性就不单是由电荷运动产生。尽管人们对此进行广泛的探索,但至今仍未发现磁单极子。

*15.8　匀速运动点电荷的磁场

电流是运动电荷形成的,可以从毕奥-萨伐尔定律,即电流元的磁场公式(15-24)导出匀速运动电荷的磁场公式。

对如图 15-15 所示的电流元 $I\mathrm{d}\boldsymbol{l}$,设其截面为 S,载流导线中载流子数密度为 n,每个载流子的电荷都是 q,并都以同一漂移速度 $\boldsymbol{v}$ 运动,且其方向与 $\mathrm{d}\boldsymbol{l}$ 的方向相同。由于电流元 $I\mathrm{d}\boldsymbol{l}$ 是无法单独存在的,所以电流元 $I\mathrm{d}\boldsymbol{l}$ 在 P 点产生的磁场可以认为是这些以同样速度 $\boldsymbol{v}$ 运动的载流子在 P 点产生的同向叠加。

电流元 $I\mathrm{d}\boldsymbol{l}$ 内共有 $\mathrm{d}N = nS\mathrm{d}l = n\mathrm{d}V$ 个载流子,式(15-2)给出,$I = nqSv$,由于 $\boldsymbol{v}$ 和 $\mathrm{d}\boldsymbol{l}$ 方向相同,即 $v\mathrm{d}\boldsymbol{l} = v\mathrm{d}l$,则 $I\mathrm{d}\boldsymbol{l} = nqSv\mathrm{d}\boldsymbol{l} = nqS\boldsymbol{v}\mathrm{d}l = q(n\mathrm{d}V)\boldsymbol{v}$;根据式(15-24),每个载流子在 P 点产生的磁场(忽略各载流子到 P 点的径矢 $\boldsymbol{r}$ 的差别)为

$$\mathrm{d}\boldsymbol{B} = \frac{\mu_0}{4\pi} \frac{I\mathrm{d}\boldsymbol{l} \times \boldsymbol{e}_r}{r^2} = \frac{\mu_0}{4\pi} \frac{q\boldsymbol{v} \times \boldsymbol{e}_r}{r^2} n\mathrm{d}V$$

式中,$n\mathrm{d}V$ 为电流元 $I\mathrm{d}\boldsymbol{l}$ 中以定向速度 $\boldsymbol{v}$ 运动着的、电荷量为 q 的载流子数。将 $n\mathrm{d}V$ 除以上式,即可得到单个带电载流子的磁感应强度为

$$\boldsymbol{B}_1 = \frac{\mu_0}{4\pi} \frac{q\boldsymbol{v} \times \boldsymbol{e}_r}{r^2} = \frac{\mu_0}{4\pi} \frac{q\boldsymbol{v} \times \boldsymbol{r}}{r^3} \tag{15-44}$$

这是计算点电荷低速运动的磁场公式。

由式(15-41)可知,$\boldsymbol{B}_1$ 的方向总垂直于 $\boldsymbol{v}$ 和 $\boldsymbol{r}$(或 $\boldsymbol{e}_r$),其大小为

$$B_1 = \frac{\mu_0}{4\pi} \frac{q\,v\sin\theta}{r^2} \tag{15-45}$$

式中,θ 为 $\boldsymbol{v}$ 和 $\boldsymbol{r}$ 之间的夹角。式(15-45)表明,B_1 和 θ 有关。当 $\theta = 0$ 或 π 时,$B_1 = 0$,即在运动点电荷的正前方和正后方,该电荷的磁场为零;当 $\theta = \pi/2$ 时,即在运动点电荷的两侧与

其运动速度垂直的平面内，$\boldsymbol{B}_1$ 有最大值 $B_{1m}=\dfrac{\mu_0 qv}{4\pi r^2}$。一个运动点电荷的磁场的磁感线都是在垂直于运动方向的平面内的同心圆，且圆心在速度所在直线上，如图 15-26 所示。因此，对一个运动电荷来说，由式(15-43)表示的磁通连续定理也成立。

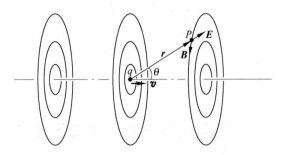

图 15-26　运动点电荷的磁感线图

【例 15-4】　玻尔模型的磁场。 按玻尔模型，在基态的氢原子中，电子绕原子核做半径为 0.53×10^{-10} m 圆周运动（图 15-27），速度为 2.2×10^6 m/s。求此运动的电子在核处产生的磁感应强度的大小。

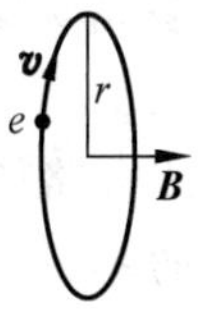

解　按式(15-45)，由于 $\theta=\pi/2$，所求磁感应强度为

$$B=\frac{\mu_0}{4\pi}\frac{ev}{r^2}=\frac{4\pi\times10^{-7}}{4\pi}\cdot\frac{1.6\times10^{-19}\times2.2\times10^6}{(0.53\times10^{-10})^2}\ \text{T}=12.5\ \text{T}$$

一个静止电荷的电场为

图 15-27　氢原子中电子的磁场

$$\boldsymbol{E}=\frac{q}{4\pi\varepsilon_0 r^2}\boldsymbol{e}_r \tag{15-46}$$

式中，r 为从电荷到场点的距离。在电荷运动速度较小($v\ll c$，c 为真空中光速)时，此式仍可近似地用来求运动电荷的电场。将此式和式(15-44)对比，利用 $\mu_0\varepsilon_0=1/c^2$ 关系，得

$$\boldsymbol{B}_1=\frac{1}{c^2}\boldsymbol{v}\times\boldsymbol{E}_1 \tag{15-47}$$

这就是在点电荷运动速度为 v 的参考系内该电荷的磁场与电场的关系。虽然这里是在 $v\ll c$ 情况下"导出"的，但可以根据狭义相对论严格地证明这一关系(证明略去)。

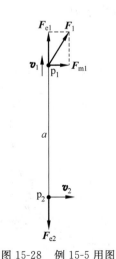

图 15-28　例 15-5 用图

【例 15-5】　两质子的相互作用。 两个质子 p_1 和 p_2 某一时刻相距为 a，其中 p_1 沿着两者的连线方向离开 p_2 以速度 $\boldsymbol{v}_1$ 运动，p_2 沿着垂直于二者连线的方向以速度 $\boldsymbol{v}_2$ 运动。求此时刻每个质子受另一质子的作用力的大小和方向。(设 $\boldsymbol{v}_1$ 和 $\boldsymbol{v}_2$ 均较小。)

解　如图 15-28 所示，p_2 在 p_1 处的电场 $\boldsymbol{E}_2$ 的大小为 $E_2=\dfrac{e}{4\pi\varepsilon_0 a^2}$，方向与 $\boldsymbol{v}_1$ 相同；根据式(15-45)，磁场 $\boldsymbol{B}_2$ 的大小为 $B_2=\dfrac{ev_2}{4\pi\varepsilon_0 c^2 a^2}$。根据式(15-44)，$\boldsymbol{B}_2$ 的方向垂直于纸面向外。p_1 受 p_2 的作用力有电力与磁力，分别为

$$F_{e1}=eE_2=e^2/4\pi\varepsilon_0 a^2$$

$$F_{m1}=ev_1B_2=e^2v_1v_2/4\pi\varepsilon_0 c^2 a^2$$

二者方向如图 15-28 所示。

p_1 在 p_2 处的电场为 $E_1=\dfrac{e}{4\pi\varepsilon_0 a^2}$，方向沿二者连线方向指离 p_1。p_1 在 p_2

处的磁场 $B_1 = 0$，p_2 受 p_1 的作用力就只有电力，其大小为

$$F_{e2} = e E_1 = e^2 / 4\pi\varepsilon_0 a^2$$

方向如图 15-28 所示。

p_1 和 p_2 相互受对方的作用力的大小分别为

$$F_1 = \sqrt{F_{e1}^2 + F_{m1}^2} = \frac{e^2}{4\pi\varepsilon_0 a^2}\left[1 + \left(\frac{v_1 v_2}{c^2}\right)^2\right]^{1/2}$$

$$F_2 = F_{e2} = \frac{e^2}{4\pi\varepsilon_0 a^2}$$

方向如图 15-28 所示。此结果说明，$F_1 \neq -F_2$，即它们的相互作用力不满足牛顿第三定律。

15.9　安培环路定理　用安培环路定理求磁场分布

在恒定磁场中，毕奥-萨伐尔定律表示电流元与它的磁场的关系。本节由这一定律导出表示恒定电流的磁场另一条基本规律——安培环路定理，并用它求真空中磁场的分布。

1. 安培环路定理

如图 15-29 所示，安培环路定理表述为：在恒定电流的磁场中，真空中的磁感应强度 **B** 沿任何闭合路径 C 的线积分（即环路积分，环流或环量）等于该闭合路径 C 所包围的电流的代数和的 μ_0 倍。其数学表达式为

$$\oint_C \boldsymbol{B} \cdot \mathrm{d}\boldsymbol{r} = \mu_0 \sum_i^n I_{\text{in},i} \tag{15-48}$$

式（15-48）称为真空中恒定磁场的**安培环路定理**，有时简称环路定理（有教材称安培定理或安培定律）。式中，$\sum_i^n I_{\text{in},i}$ 是指穿过闭合路径 C 内的所有电流的代数和。当电流方向与闭合路径 C 的环绕方向服从右手螺旋定则关系时，$I_{\text{in},i}$ 取正值，否则取负值。这里的闭合环路 C 也称**安培环路**，**B** 沿闭合路径 C 的线积分 $\oint_C \boldsymbol{B} \cdot \mathrm{d}\boldsymbol{r}$ 叫做 **B** 的**环流**或环量。

为了说明式（15-48）的正确性，先考虑载有恒定电流 I 的无限长直导线的磁场。

根据式（15-28），载流无限长直导线在距离它为 r 处的磁感应强度大小为

$$B = \frac{\mu_0 I}{2\pi r}$$

磁感线为在垂直于导线的平面内围绕该导线的同心圆，其绕向与电流方向成右手螺旋关系。在上述平面内，围绕导线作一任意形状的闭合路径 C（图 15-29），先计算 $\boldsymbol{B} \cdot \mathrm{d}\boldsymbol{r}$ 的值，再计算 **B** 沿 C 的环流值。选择路径上任一场点 P，$\mathrm{d}\boldsymbol{r}$ 与 **B** 的夹角为 θ，它对电流通过点的张角为 $\mathrm{d}\alpha$。由于 **B** 垂直于径矢 $\boldsymbol{r}$，因而 $|\mathrm{d}\boldsymbol{r}|\cos\theta$ 就是 $\mathrm{d}\boldsymbol{r}$ 在垂直于 r 方向上的投影，它约等于 $\mathrm{d}\alpha$ 所对的以 r 为半径的弧长。由于此弧长等于 $r\mathrm{d}\alpha$，所以

$$\boldsymbol{B} \cdot \mathrm{d}\boldsymbol{r} = Br\mathrm{d}\alpha$$

B 沿闭合路径 C 的环流为

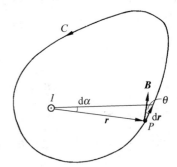

图 15-29　安培环路定理的说明

$$\oint_C \boldsymbol{B} \cdot \mathrm{d}\boldsymbol{r} = \oint_C Br\,\mathrm{d}\alpha$$

将前面的 B 值代入上式,可得

$$\oint_C \boldsymbol{B} \cdot \mathrm{d}\boldsymbol{r} = \oint_C \frac{\mu_0 I}{2\pi r} r\,\mathrm{d}\alpha = \frac{\mu_0 I}{2\pi} \oint_C \mathrm{d}\alpha$$

沿整个路径一周积分,$\oint_C \mathrm{d}\alpha = 2\pi$,则

$$\oint_C \boldsymbol{B} \cdot \mathrm{d}\boldsymbol{r} = \mu_0 I \tag{15-49}$$

此式说明,当闭合路径 C 包围电流 I 时,这个电流对该环路上 $\boldsymbol{B}$ 的环路积分的贡献为 $\mu_0 I$。

如果电流的方向与图 15-29 所示的相反,则 $\boldsymbol{B}$ 的方向也与图中标识的方向相反,仍按图中路径 C 的方向进行积分时,即得

$$\oint_C \boldsymbol{B} \cdot \mathrm{d}\boldsymbol{r} = -\mu_0 I$$

可见,积分的结果与电流的方向有关。对于电流取值的正负作如下的规定:电流方向与 C 的绕行方向符合右手螺旋关系时,此电流为正,否则为负。因此,$\boldsymbol{B}$ 的环路积分的值可以统一地用式(15-49)表示。

如果闭合路径不包围电流,例如,图 15-30 中 C 为在垂直于直导线平面内的任一不围绕导线的闭合路径,则可以从导线与上述平面的交点作 C 的切线,将 C 分成 C_1 和 C_2 两部分,再沿图示方向计算 $\boldsymbol{B}$ 的环流,于是有

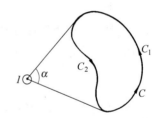

图 15-30　C 不包围电流的情况

$$\oint_C \boldsymbol{B} \cdot \mathrm{d}\boldsymbol{r} = \int_{C_1} \boldsymbol{B} \cdot \mathrm{d}\boldsymbol{r} + \int_{C_2} \boldsymbol{B} \cdot \mathrm{d}\boldsymbol{r}$$
$$= \frac{\mu_0 I}{2\pi} \left(\int_{C_1} \mathrm{d}\alpha + \int_{C_2} \mathrm{d}\alpha \right)$$
$$= \frac{\mu_0 I}{2\pi} [\alpha + (-\alpha)] = 0$$

可见,闭合路径 C 不包围电流时,C 外的电流对沿这一闭合路径的 $\boldsymbol{B}$ 的环流无贡献。

安培环路定理表明,电流激发磁场,恒定磁场中 $\boldsymbol{B}$ 的环流不等于零,即静磁场是涡旋场,属于非保守场。在这点上,恒定磁场的基本性质与静电场是完全不同的。静电场属于保守场。

上面的讨论只涉及在垂直于长直电流的平面内的闭合路径。可以比较容易地论证,在长直电流的情况下,对非平面闭合路径,上述结论也适用。

还可以进一步证明(步骤较为复杂,证明略去),对于任意的闭合恒定电流,上述 $\boldsymbol{B}$ 的环路积分与电流的关系仍然成立。这样,再根据磁场叠加原理可得到,当有若干个闭合恒定电流存在时,沿任一闭合路径 C 的合磁场 $\boldsymbol{B}$ 的环路积分具有与式(15-48)相同形式。

这里特别要注意闭合路径 C"包围"的电流的意义。对于闭合的恒定电流来说,只有与 C 相套链的电流,才算被 C 包围的电流。在图 15-31 中,电流 I_1,I_2 被回路 C 所包围,而且 I_1 为正,I_2 为负;I_3 和 I_4 没有被 C 所包围,它们对沿 C 的 $\boldsymbol{B}$ 的环流无贡献。

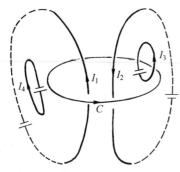

图 15-31　电流回路与环路 C 套链

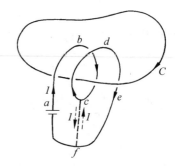

图 15-32　积分回路 C 与 2 匝电流套链

如果电流回路为螺旋形,而积分环路 C 与一定匝数的电流套链,则可作如下处理。如图 15-32 所示,设电流有 2 匝,C 为积分路径,设想将 cf 用导线连接起来,并想象在这一段导线中有两支方向相反,大小都等于 I 的电流流通,这样的两支电流不影响原来的电流和磁场的分布。这时,$abcfa$ 组成一个电流回路,$cdefc$ 也组成一个电流回路,对 C 计算 B 的环路积分时,应有

$$\oint_C \boldsymbol{B} \cdot \mathrm{d}\boldsymbol{r} = \mu_0(I+I) = 2\mu_0 I$$

此式就是上述情况下实际存在的电流所产生的磁场 B 沿 C 的环路积分。

如果电流回路为 N 匝螺线管,而积分环路 C 与线圈套链,则同理可得

$$\oint_C \boldsymbol{B} \cdot \mathrm{d}\boldsymbol{r} = \mu_0 N I \tag{15-50}$$

应该强调指出,安培环路定理表达式(15-48)中右端的求和号 Σ 中包括闭合路径 C 所包围的电流的代数和,但在式左端的 B 却代表空间所有电流产生的磁感应强度的矢量和,其中也包括那些不被 C 所包围的电流产生的磁场;B 的环流为零,并不意味着闭合路径上各点的磁感应强度都为零,只不过后者的磁场对 C 的 B 的环路积分无贡献罢了。

还应明确的是,这里的安培环路定理只适用于闭合恒定电流(或伸展到无穷远),对于一段恒定电流的磁场,安培环路定理不成立(对于图 15-29 和图 15-30 所说的无限长直电流,可认为是在无限远闭合的)。对于变化电流的磁场,式(15-48)的定理形式也不成立,其推广的形式见 18.6 节。

2. 用安培环路定理求磁场的分布

对于给定电流分布时,应用毕奥-萨伐尔定律和磁场叠加原理可求出空间的磁场分布,但是计算往往比较复杂。正如利用静电场的高斯定理可方便地计算某些具有对称性带电体的电场分布一样,利用磁场的安培环路定理也可方便地计算出某些具有充分对称性载流导线的磁场分布。

利用磁场的安培环路定理求磁场分布,一般也包含两步:首先,依据电流的对称性分析磁场分布的对称性;然后,利用安培环路定理计算磁感应强度的大小并判定其方向。此过程中,决定性的技巧是选取合适的闭合路径 C(即安培环路),以便使积分 $\oint_C \boldsymbol{B} \cdot \mathrm{d}\boldsymbol{r}$ 中的 B 能以数值形式从积分号内提出来。对于不具有磁场对称性的磁场分布,求解积分较为困难。

　　下面通过三个典型例子,说明应用安培环路定理求解电流分布具有对称性情况的磁场分布。

　　【例 15-6】　无限长圆柱面电流的磁场分布。设真空中有一无限长圆柱面导体,其半径为 R,面上均匀分布的轴向总电流为 I,求这一电流系统的磁场分布。

　　分析　先分析无限长圆柱面电流产生的磁场特点。如图 15-33 所示,场点 P 为距圆柱面轴线距离为 r 处的一点。由于圆柱面为无限长,根据电流沿轴线分布的平移对称性,通过 P 且平行于轴线的直线上各点的磁感应强度 $\boldsymbol{B}$ 必然相同。为了分析 P 点的磁场,将 $\boldsymbol{B}$ 分解为相互垂直的 3 个分量:径向分量 $\boldsymbol{B}_r$,轴向分量 $\boldsymbol{B}_a$ 和切向分量 $\boldsymbol{B}_t$。

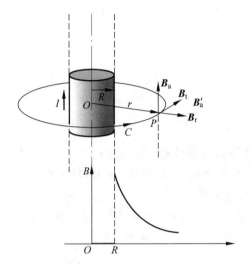

图 15-33　无限长圆柱面电流的磁场的对称性分析

　　先考虑径向分量 $\boldsymbol{B}_r$。设想与圆柱同轴的一段半径为 r,长为 l 的两端封闭的圆柱面。根据电流分布的柱对称性,在此封闭圆柱面侧面(S_1)上各点的 $\boldsymbol{B}_r$ 应该相等。通过此封闭圆柱面上下两底的磁通量由 $\boldsymbol{B}_a$ 决定,一正一负相消为零。因此通过封闭圆柱面的磁通量为

$$\oint_S \boldsymbol{B} \cdot \mathrm{d}\boldsymbol{S} = \int_{S_1} B_r \mathrm{d}S = 2\pi rl B_r$$

　　由磁通连续定理公式(15-43)可知此磁通量应等于零,于是 $B_r = 0$。这就是说,无限长圆柱面电流的磁场不能有径向分量。

　　再考虑轴向分量 $\boldsymbol{B}_a$。设想通过 P 点的一个长为 l、宽为 Δr 与圆柱轴线共面的闭合矩形回路 C,以 $\boldsymbol{B}'_a$ 表示另一边处的磁场的轴向分量。沿此回路的磁场的环路积分为

$$\oint_C \boldsymbol{B} \cdot \mathrm{d}\boldsymbol{r} = B_a l - B'_a l$$

　　由于此回路并未包围电流,所以此环路积分应等于零,于是得 $B_a = B'_a$。但是,这意味着 B_a 到处一样且其大小无定解,即对于给定的电流,B_a 可以等于任意值。这是不可能的。因此,对于任意给定的电流 I 值,只能有 $B_a = 0$。这就是说,无限长直圆柱面电流的磁场不可能有轴向分量。这样,无限长直圆柱面电流的磁场就只可能有切向分量,即 $B = B_t$。

　　解　由电流的轴对称性可知,在通过 P 点,垂直于圆柱面轴线的圆周 C 上各点的 $\boldsymbol{B}$ 的指向都沿同一绕行方向,而且大小相等。于是沿此圆周(取与电流成右手螺旋关系的绕向为正方向)的 $\boldsymbol{B}$ 的环路积分为

$$\oint_C \boldsymbol{B} \cdot \mathrm{d}\boldsymbol{r} = B \cdot 2\pi r$$

由此得

$$B = \frac{\mu_0 I}{2\pi r}, \quad r > R \tag{15-51}$$

这一结果说明,在无限长圆柱面电流外面的磁场分布与电流都汇流在轴线中的直线电流产生的磁场的效果相同。

如果选取 $r < R$ 的圆周作为安培环路,上述分析仍然适用,由于 $\sum I_{\text{in}} = 0$,则

$$B = 0, \quad r < R \tag{15-52}$$

即在无限长圆柱面电流内的磁场为零。图 15-33 中画出 B-r 曲线。

讨论　下面讨论载流无限长圆柱体导体产生的磁场,设导体内的电流面密度均匀分布。在圆柱体内,即 $r < R$ 情况,同样选取 $r < R$ 的圆周作为安培环路,环路内截面积 πr^2 通过的电流为 $I' = \dfrac{I}{\pi R^2} \pi r^2$,则

$$\oint_C \boldsymbol{B} \cdot \mathrm{d}\boldsymbol{r} = B \cdot 2\pi r = \mu_0 I' = \mu_0 \frac{I}{\pi R^2} \pi r^2$$

求得

$$B = \frac{\mu_0 I r}{2\pi R^2}, \quad r < R$$

即在 $r < R$ 时,B 与 r 成正比。对 $r > R$ 情况,与式(15-51)的结果相同。

【例 15-7】　**通电螺绕环的磁场分布**。如图 15-34(a)所示的密绕环状螺线管叫**螺绕环**(旧称**罗兰环**)。设环管的轴线半径(平均半径)为 R,环上均匀密绕 N 匝线圈,线圈中通有电流 I,求螺绕环电流的磁场分布。

解　考虑到螺线管均匀密绕,每匝线圈为紧密排列,则每一匝都可近似看成圆电流(参考例 15-3 分析),其磁场主要集中在管内,而管外的磁场很微弱,可忽略不计。

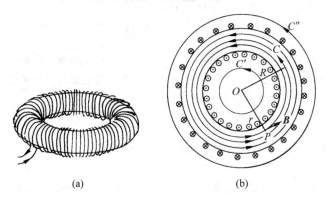

(a)　　　　　　　(b)

图 15-34　螺绕环及其磁场
(a)螺绕环;(b)螺绕环磁场分布

在图 15-34(b)中环管外的环路 C' 和 C'',它们都有 $\sum I_{\text{in}} = 0$。因此,在环管外部

$$B = 0 \quad (\text{环管外}) \tag{15-53}$$

说明均匀密绕的螺线管外部无磁场。

根据电流分布的对称性,磁场也具有对称性,且环管内的磁感线形成同心圆,方向沿圆周的切线,圆周上各点 B 的大小相等。在环管内任选一点,作半径为 r 的圆周为安培环路 C,则

$$\oint_C \boldsymbol{B} \cdot \mathrm{d}\boldsymbol{r} = B \cdot 2\pi r$$

该环路所包围的电流为 NI,根据安培环路定理,得

$$B \cdot 2\pi r = \mu_0 NI$$

即

$$B = \frac{\mu_0 NI}{2\pi r} \quad (\text{环管内}) \tag{15-54}$$

上述两式的结果说明,密绕螺绕环的磁场集中在管内,外部无磁场。这与图 15-14(d) 用铁粉显示的磁场分布图像一致。

讨论　下面说明两种情况。

(1) 在环管横截面半径 d 比其轴线半径 R 小得多(即 $R \gg d$)的情况下,可忽略从环心到管内各点的 r 的区别而取 $r \approx R$,即环很细,则近似有

$$B \approx \frac{\mu_0 NI}{2\pi R} = \mu_0 nI \tag{15-55}$$

其中,$n = N/2\pi R$ 为螺绕环单位长度上的匝数。

(2) 若把螺绕环看成"长直螺线管"首尾相连(无始无终)而成,由于线圈密绕,环外的磁场很弱,磁场近似全部集中在环内,因此,认为螺绕环相当于无限长直螺线管,式(15-55)与式(15-34)的形式完全相同,只是这里 $n = N/2\pi R$。

【例 15-8】　**无限大平面电流的磁场分布**。如图 15-35 所示,一无限大导体薄平板垂直于纸面放置,通有方向指向读者的电流,平板上电流线密度(即通过与电流方向垂直的单位长度的电流)处处均匀,大小为 j。求此电流板的磁场分布。

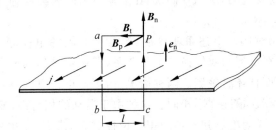

图 15-35　无限大平面电流的磁场分析

分析　考察平板两侧空间上任一点 P 处的磁场 $\boldsymbol{B}$。如图 15-35 所示,将平板电流产生的 $\boldsymbol{B}$ 分解为相互垂直的 3 个分量:垂直于电流平面的分量 $\boldsymbol{B}_n$,与电流平行的分量 $\boldsymbol{B}_p$ 以及与电流平面平行,且与电流方向垂直的分量 $\boldsymbol{B}_t$。类似例 15-6 的分析,利用平面对称性和磁通连续定理可得,$\boldsymbol{B}_n = 0$;利用安培环路定理可得,$\boldsymbol{B}_p = 0$;因此,$\boldsymbol{B} = \boldsymbol{B}_t$。用安培定则判断也很直观。

解　根据分析的结果,作矩形环路 $PabcP$,其中 Pa 和 bc 两边与电流平面平行,长为 l,ab 和 cP 与电流平面垂直且被电流平面等分。该环路所包围的电流为 jl,由安培环路定理,有

$$\oint_C \boldsymbol{B} \cdot \mathrm{d}\boldsymbol{r} = B \cdot 2l = \mu_0 jl$$

由此得

$$B = \frac{1}{2}\mu_0 j \tag{15-56}$$

这表明,无限大均匀载流平板(两侧)的磁场是均匀磁场,且大小相等,但方向相反。磁感应强度大小与电流面密度成正比。

*****讨论**　下面指出两种有启发性的解法。

(1) 利用电场和磁场的关系式(15-47)求解

以 σ 表示平板电流的电荷面密度,其电荷的定速度为 v,则电流面密度为 $\boldsymbol{j} = \sigma v$。由高斯定理可得,平

板侧面任一点的电场强度为 $\boldsymbol{E} = \boldsymbol{E}_n = \dfrac{\sigma}{2\varepsilon_0}\boldsymbol{e}_n$，且垂直于板面。由式(15-47)，该处的磁场为

$$\boldsymbol{B} = \frac{1}{c^2}\boldsymbol{v} \times \boldsymbol{E} = \frac{1}{2c^2\varepsilon_0}\sigma\boldsymbol{v} \times \boldsymbol{e}_n = \frac{1}{2c^2\varepsilon_0}\boldsymbol{j} \times \boldsymbol{e}_n$$

由于 $\mu_0\varepsilon_0 = 1/c^2$，所以此结果的方向与大小都和式(15-56)相同。

（2）利用载流无限长直导线的结果求解

在无限大均匀平面上任选一点为原点，沿水平方向建立 Ox 坐标系，在距离原点 x 处选取宽度为 $\mathrm{d}x$ 的线元，并把平板看成由无限多个 $\mathrm{d}x$ 的载流无限长直导线组成，利用式(15-28)的结果写出电流元 $j\mathrm{d}x$ 在空间产生的磁场 $\mathrm{d}\boldsymbol{B}$，再利用对称性和磁场叠加原理分析，进一步确定磁场方向，求 $\boldsymbol{B}$ 的数值形式积分。

*15.10　电场与磁场的相对性和统一性

一个静止的电荷在其周围产生电场 $\boldsymbol{E}$。在这电场中，另一个静止的电荷 q 会受到作用力 $\boldsymbol{F} = q\boldsymbol{E}$，这个力称为电场力。当 q 在这电场中运动时，在同一地点也会受到电场力。这电场力和受力电荷 q 的速度无关，仍为 $\boldsymbol{F} = q\boldsymbol{E}$。

在 15.4 节曾指出，场源电荷运动时，在其周围运动的电荷 q，不但受到与 q 速度无关的力，而且还会受到决定于其速度方向和大小的力。前者归之于电力，后者被称为磁力。由于电力和磁力都是通过场发生的，所以我们说，在运动电荷的周围，不但存在着电场，而且还有磁场。

静止和运动都是相对的。上述事实说明，当我们在场源电荷静止的参考系 S 内观测时，只能发现电场的存在。但当我们换一个参考系，即在 q 是运动的参考系 S' 内观测时，则不但发现存在有电场，而且还有磁场。两种情况下，场源电荷都一样（而且具有相对论不变性）。但电场和磁场的存在情况却不相同。这种由于运动的相对性，或者说由于从不同的参考系观测，引起的不同，说明电场和磁场的相对论性联系，或者，简单些说，电场和磁场具有相对性。

一般地说，可以用狭义相对论证明（爱因斯坦在他的 1905 年那篇提出相对论的著名文章中首先给出这个证明），同一电荷系统（不管其成员静止还是运动）周围的电场和磁场，在不同的参考系内观测，会有不同的表现，而且和参考系的运动速度有定量的关系。以 $\boldsymbol{E}(E_x, E_y, E_z)$，$\boldsymbol{B}(B_x, B_y, B_z)$ 和 $\boldsymbol{E}'(E'_x, E'_y, E'_z)$，$\boldsymbol{B}'(B'_x, B'_y, B'_z)$ 分别表示在 S 系和 S' 系（以速度 u 沿 S 系的 x 轴正向运动）的电场和磁场，则它们之间有下述变换关系

$$\left.\begin{aligned} E'_x &= E_x, & B'_x &= B_x \\[2mm] E'_y &= (E_y - uB_z)/\sqrt{1 - u^2/c^2}, & B'_y &= \left(B_y + \frac{u}{c^2}E_z\right)/\sqrt{1 - u^2/c^2} \\[2mm] E'_z &= (E_z + uB_y)/\sqrt{1 - u^2/c^2}, & B'_z &= \left(B_z - \frac{u}{c^2}E_y\right)/\sqrt{1 - u^2/c^2} \end{aligned}\right\} \quad (15\text{-}57)$$

这些公式全面地说明电场和磁场的相对论性联系。就像洛伦兹变换公式说明时间和空间的紧密联系而构成统一的时空一样，由式(15-57)也可以看出电场和磁场构成一个统一的实体，这一实体称为电磁场。同一电磁场有 6 个分量。相对 E_x, E_y, E_z 和 B_x, B_y, B_z。相对于不同的参考系，这 6 个分量可以有不同的数值，使电场（前三个分量决定）和磁场（后三个分量决定）具有不同的存在形式。

由式(15-57)可以看出,电场和磁场具有明显的对称性。但这是就电场和磁场本身(即抛开场源)来说的。将场源包括在内,电现象和磁现象并不是对称的,其根本原因在于有电荷而无"磁荷"存在。根据这一不对称的事实,可以认为磁场是电场的相对论效应。1952年爱因斯坦在回忆往事时说过一段话:"我曾确信,在磁场中作用在一个运动物体上的电动力不过是一种电场力罢了。正是这种确信或多或少直接地促使我去研究狭义相对论。"可以用洛伦兹变换、电荷的相对论不变性和电场的概念证实爱因斯坦的这一"确信"。

在一确定的参考系内,场源电荷以速度 v_0 运动,另一电荷 q 以速度 v 运动。以 $E(E_x, E_y, E_z)$ 表示场源电荷的电场,则可以用相对论变换证明 q 受的作用力为

$$F = qE + \frac{1}{c^2}qv \times (v_0 \times E) \tag{15-58}$$

这一结果有两项,都与电场 E 有关,可以说都表示电场的作用。但第一项与电荷的运动速度无关,按先前对电场 E 的定义,我们把这一项仍叫做电场力,并沿用公式 $F_e = qE$。为了计算的简单,对第二项可以引入一个"新"的场,这就是原来称之为磁场的那种场,并定义为

$$B = \frac{1}{c^2}v_0 \times E \tag{15-59}$$

它只决定于场源电荷及其运动。由此,磁场决定的对电荷 q 的作用力,为式(15-58)的第二项,即

$$F_m = qv \times B \tag{15-60}$$

这种与受力电荷的速度相关的力叫做磁力。式(15-57)就是式(15-44)的形式,这样就可以通过狭义相对论回到毕奥-萨伐尔定律,即运动电荷产生磁场的规律。式(15-60)就是式(15-22)的形式,又通过狭义相对论回到实验得出的洛伦兹力公式,即磁场对运动电荷的作用力的规律。总体来讲,在电荷、电场概念的基础上,通过狭义相对论完全说明磁现象的规律。这是狭义相对论给我们的重大而深刻的启示。

对于用式(15-59)引入"磁场"这一概念,是对式(15-58)第二项的另一种"说法"或"写法"。这里再重复13.8节中引入电场能量时说过的一段话:"不要小看了这种'说法'或'写法'的改变,物理学中有时看来只是一种说法或写法的改变,也能引发新思想的产生或对事物更深刻的理解。"

思 考 题

15-1 说明:如果测得以速率 v 运动的电荷 q 经过磁场中某点时受的磁力最大值为 $F_{m,max}$,则该点的磁感应强度 B 可如下定义:

$$B = F_{m,max}/vq$$

方向与矢量积 $F_{m,max} \times v$ 的方向平行。

15-2 宇宙射线是高速带电粒子流(基本上是质子),它们交叉来往于星际空间并从各个方向撞击着地球。为什么宇宙射线穿入地球磁场时,接近两磁极比其他任何地方都容易?

15 3 在电子仪器中,为了减弱分别与电源正负极相连的两条导线的磁场,通常总是把它们扭在一起。为什么?

15-4 两条通有同样电流 I 的长直导线十字交叉放在一起(图15-36),交叉点相互绝缘。试判断何处

的合磁场为零。

15-5　一条导线中间分成相同的两支,形成一菱形(图 15-37)。通入电流后菱形的连接两支分、合两点的对角线上的合磁场如何?

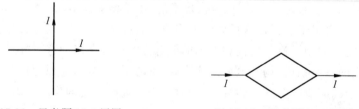

图 15-36　思考题 15-4 用图　　　　　图 15-37　思考题 15-5 用图

15-6　解释等离子体电流的箍缩效应,即等离子柱中通以电流时(图 15-38),它会受到自身电流的磁场的作用而向轴心收缩的现象。

15-7　考虑一个闭合的面,它包围磁铁棒的一个磁极。通过该闭合面的磁通量是多少?

15-8　磁场是不是保守场?

15-9　在无电流的空间区域内,如果磁感线是平行直线,那么磁场一定是均匀场。试证明之。

15-10　试证明:在两磁极间的磁场不可能像图 15-39 那样突然降到零。

图 15-38　思考题 15-6 用图　　　　　图 15-39　思考题 15-10 用图

15-11　如图 15-40 所示,一长直密绕螺线管,通有电流 I。对于闭合回路 C,求 $\oint_C \boldsymbol{B} \cdot \mathrm{d}\boldsymbol{r}$。

15-12　像图 15-41 那样的截面是任意形状的密绕长直螺线管,管内磁场是否是均匀磁场?其磁感应强度是否仍可按 $B = \mu_0 n I$ 计算?

图 15-40　思考题 15-11 用图　　　　　图 15-41　思考题 15-12 用图

习题

15-1　北京正负电子对撞机的储存环是周长为 240 m 的近似圆形轨道。当环中电子流强度为 8 mA 时,在整个环中有多少电子在运行?已知电子的速率接近光速。

15-2　设想在银这样的金属中,导电电子数等于原子数。当 1 mm 直径的银线中通过 30 A 的电流时,电子的漂移速度是多大？给出近似答案,计算中所需要的但一时还找不到的那些数据,读者可自己估计数量级并代入计算。若银线温度是 20℃,按经典电子气模型,其中自由电子的平均速率是多大？

15-3 大气中由于存在少量的自由电子和正离子而具有微弱的导电性。

(1) 地表附近,晴天大气平均电场强度约为 120 V/m,大气平均电流密度约为 4×10^{-12} A/m²。求大气电阻率是多大？

(2) 电离层和地表之间的电势差为 4×10^5 V,大气的总电阻是多大？

15-4 求图 15-42 各图中 P 点的磁感应强度 $\boldsymbol{B}$ 的大小和方向。

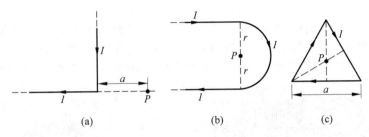

(a)   (b)   (c)

图 15-42 习题 15-4 用图

(a) P 在水平导线延长线上；(b) P 在半圆中心处；(c) P 在正三角形中心

15-5 高压输电线在地面上空 25 m 处,通过电流为 1.8×10^3 A。

(1) 求在地面上由这电流所产生的磁感应强度多大？

(2) 在上述地区,地磁场为 0.6×10^{-4} T,问输电线产生的磁场与地磁场相比如何？

15-6 两条导线沿半径方向被引到铁环上 A,C 两点,电流方向如图 15-43 所示。求环中心 O 处的磁感应强度是多少？

15-7 两平行直导线相距 $d = 40$ cm,每条导线载有电流 $I_1 = I_2 = 20$ A,如图 15-44 所示。求：

(1) 两导线所在平面内与该两导线等距离的一点处的磁感应强度；

(2) 通过图中斜线所示面积的磁通量。(设 $r_1 = r_3 = 10$ cm,$l = 25$ cm。)

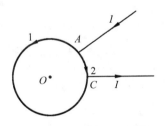

图 15-43 习题 15-6 用图

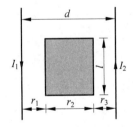

图 15-44 习题 15-7 用图

15-8 试设想一矩形回路(图 15-45)并利用安培环路定理导出长直螺线管内的磁场为 $B = \mu_0 n I$。

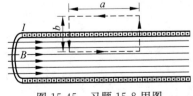

图 15-45 习题 15-8 用图

15-9 研究受控热核反应的托卡马克装置(参考 16.1 节)中,用螺绕环产生的磁场来约束其中的等离子体。设某一托卡马克装置中环管轴线的半径为 2.0 m,管截面半径为 1.0 m,环上均匀绕有 10 km 长的水冷铜线。求铜线内通入峰值为 7.3×10^4 A 的脉冲电流时,管内中心的磁场峰值多大?（近似地按恒定电流计算。）

15-10　如图 15-46 所示,线圈均匀密绕在截面为长方形的整个木环上（木环的内外半径分别为 R_1 和 R_2,厚度为 h,木料对磁场分布无影响）,共有 N 匝,求通入电流 I 后,环内外磁场的分布。通过管截面的磁通量是多少?

15-11　两块平行的大金属板上有均匀电流流通,面电流密度都是 j,但方向相反。求板间和板外的磁场分布。

15-12　有一长圆柱形导体,截面半径为 R。今在导体中挖去一个与轴平行的圆柱体,形成一个截面半径为 r 的圆柱形空洞,其横截面如图 15-47 所示。在有洞的导体柱内有电流沿柱轴方向流通。求洞中各处的磁场分布。设柱内电流均匀分布,电流密度为 J,从柱轴到空洞轴之间的距离为 d。

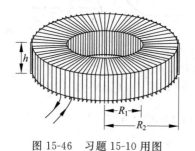

图 15-46　习题 15-10 用图

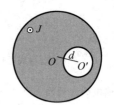

图 15-47　习题 15-12 用图

15-13　一平行板电容器的两板都是半径为 5.0 cm 的圆导体片,在充电时,其中电场强度的变化率为 $\dfrac{dE}{dt} = 1.0 \times 10^{12}$ V/(m·s)。求极板边缘的磁感应强度 $\boldsymbol{B}$。

第16章

磁　　力

15.5 节介绍了电流与磁体之间的相互作用力,同时指出,磁力是磁场对电流、运动电荷和磁体的作用力;运动电荷在磁场中所受的磁力就是洛伦兹力。本章进一步讨论磁力,电流在磁场中所受的力由安培力公式确定。由于磁体的磁性是由分子电流所引起的,所以磁极所受的磁力仍然是磁场对电流的作用力。

在中学物理课程中,我们学习了带电粒子在磁场中作匀速圆周运动、磁场对电流的作用力(安培力),以及磁场对载流线圈的力矩作用(电动机原理)等知识。关于磁力矩,本章注重介绍载流线圈所受的磁力矩与其磁矩的关系,为第 17 章学习物质的磁性以及原子结构打下基础。

16.1　带电粒子在磁场中的运动

带电粒子以一定速度 v 进入磁场后,将受到洛伦兹力的作用,且服从式(15-22)关系,因而其运动状态发生改变。下面先讨论均匀磁场的情形。

1. 回旋半径和回旋频率

设一质量为 m、带有电荷量为 $+q$ 的粒子,以速度 v 沿垂直于磁场方向进入一均匀磁场中,如图 16-1 所示。由于它在磁场中受的洛伦兹力 $F = qv \times B$ 总与此带电粒子运动速度 v 方向垂直,因而此力永远不对运动电荷做功,只改变运动电荷的方向而不改变其速率和动能。即运动电荷的速度大小不变,而只是方向改变,如路径发生弯曲。又因为 F 也与磁场 B 的方向垂直,所以此粒子将在垂直于磁场平面内作圆周运动。洛伦兹力产生圆周运动的法向加速度,根据牛顿第二定律,容易求出这一圆周运动的半径为

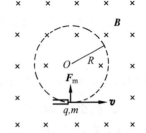

图 16-1　带电粒子在均匀电
　　　　　场中作圆周运动

$$R = \frac{mv}{qB} = \frac{p}{qB} \tag{16-1}$$

即带电粒子的**回旋半径**。如果磁场很强,则磁场中的带电粒子就被约束在一磁感线附近很小的范围内,这种磁约束现象,称为横向**磁约束**。

带电粒子做圆周运动时,单位时间内所运行的圈数,称为带电粒子的**回旋频率**,用 ν 表示。带电粒子运动一周所需时间称为**回旋周期**,用 T 表示。它们的关系为

$$\nu = 1/T = \frac{v}{2\pi R} = \frac{qB}{2\pi m} \qquad (16\text{-}2)$$

回旋频率(或周期)与圆轨道半径 R 无关。例如,微波炉中的微波辐射是源于一种叫做磁控管的部件,电子在位于磁体两极间的真空中运动,磁控管的辐射频率等于电子做圆周运动的频率。如磁控管的辐射电磁波的频率为 2 450 MHz,由式(16-2)求出其磁感应强度大小约为 0.088 T。这一磁场属于中等强度,很容易由永磁体产生。此频率的电磁波对于加热或烹饪食物是非常有利的,容易被水分子强烈吸收。

由式(16-1)和式(16-2)可知,带电粒子作圆周运动的回旋半径与其运动速率成正比,但粒子的回旋频率(或周期)与其速率无关。这一结论可用来加速带电粒子,是设计**回旋加速器**的基本理论依据。利用加速器使带电粒子通过加速获得很高速度,可达到接近光速的程度。这时,式(16-1)和式(16-2)中的质量 m 应改为相对论质量,即用上册式(6-29)代替。

回旋加速器是加速器的类型之一,它使带电粒子在沿直径剖成两半的圆盘形空心盒中沿螺旋形轨道加速运动。随着粒子运动速度增加,圆形轨道的半径也增大,被加速的粒子源在圆盘中心附近,在电场和磁场共同作用下,带电粒子沿螺旋形轨道加速运动。回旋加速器一般可把质子加速到几十至几百兆电子伏特。加速器是研究原子、原子核和粒子物理学的重要设备。美国物理学家劳伦斯(E.O.Lawrence,1901—1958)等人于 1931 年首先建成第一台回旋加速器。他也因此等相关贡献获 1939 年度诺贝尔物理学奖,为原子核物理学和粒子物理学的发展作出了重大贡献。有关带电粒子在电场和磁场中的运动,常见的应用还有粒子**速度选择器**和**质谱仪**等。

如果带电粒子进入磁场时的速度方向并不垂直于磁场方向,则可将此入射速度分解为沿磁场方向的分速度 $v_{\parallel}$ 和垂直于磁场方向的分速度 $v_{\perp}$,如图 16-2 所示。带电粒子沿垂直于磁场方向作圆周运动,其圆周半径由式(16-1)给出,表示为

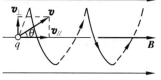

图 16-2 螺旋运动

$$R = \frac{mv_{\perp}}{qB} \qquad (16\text{-}3)$$

粒子的回旋频率仍由式(16-2)给出。而粒子平行于磁场方向的分速度 $v_{\parallel}$ 不受磁场的影响,因而粒子在此方向为沿磁场方向的匀速直线运动。这两个分运动合成使粒子在磁场一个轴线中沿磁场方向作螺旋线运动。这一螺旋线轨迹的螺距为

$$h = v_{\parallel} T = \frac{2\pi m}{qB} v_{\parallel} \qquad (16\text{-}4)$$

式中,$v_{\parallel}$ 为带电粒子平行于磁场方向的速度分量。

*2. 磁聚焦与磁透镜

如果在如图 16-3 所示的均匀磁场中某点 A 处,引入一发散角不太大的带电粒子束,其中粒子的速度又大致相同,则这些粒子沿磁场方向的分速度大小就几乎一样,因而其轨迹有几乎相同的螺距。这样,这些带电粒子经过一个回旋周期后,又将重新会聚穿过另一点 A'。这个现象与几何光学中光束通过光学透镜聚焦、成像的作用很相似,因此,把这种发散粒子束(或粒子流)会聚到一点的过程叫

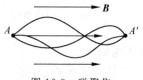

图 16-3 磁聚焦

做**磁聚焦**。

根据磁聚焦原理,利用通电线圈产生的磁场来使电子流聚焦和成像的装置,叫做**磁透镜**。例如,用短螺线管做成的短磁透镜。磁透镜是电子透镜的一种。电子透镜通常有利用磁场的磁透镜,也有利用静电场的静电透镜,以及同时利用电场、磁场的电磁透镜等。因此,把利用电场或磁场可使带电粒子(如电子束或离子束)聚焦和成像的系统称为**电子透镜**。电子透镜广泛地应用于电真空器件中,特别是电子显微镜。

*3. 磁约束　地球辐射带　极光

除了前面提到的横向磁约束外,非均匀磁场还可以抑制带电粒子沿磁场方向的运动,这种现象称为**纵向磁约束**。

(1) 磁约束

在非均匀磁场中,速度方向和磁场方向不同的带电粒子将作螺旋运动,但半径和螺距都在不断发生变化。特别是,当粒子具有一分速度向磁场较强处螺旋前进时,由于受到的洛伦兹力总有一指向磁场较弱方向的分力,由式(15-22),这一分力有可能最终使粒子的前进速度减少到零,从而沿相反方向前进,如图 16-4 所示。这就好像受到"镜面"的反射而返回,形成**磁镜**。强度逐渐增加的磁场能使粒子发生"反射",具有这一作用的磁场称为**磁镜**。

如果用两个电流方向相同的平面线圈产生一个中间区域较弱而两端较强的非均匀磁场,它具有轴对称性分布,如图 16-5 所示。这一磁场区域的两端就形成两个磁镜。只要两端的磁场足够强,就可以抑制带电粒子向两端的纵向运动。平行于磁场方向的速度分量不太大的带电粒子将被约束在两个磁镜间的磁场内往返运动而不能逃脱。利用特殊形状和适当强度的磁场,使带电粒子被限制在这样的磁场内,这样的磁场分布称为**磁约束**,有时也叫**磁瓶**。

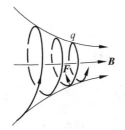

图 16-4　带电粒子在非均匀磁场中的运动　　　　图 16-5　磁瓶

利用磁约束技术可用来约束温度高达 10^6 K 的极热等离子体。磁约束可分为开端系统(如磁镜)和环形闭合系统(如托卡马克)两种。磁镜属于磁约束中的一种开端系统。在可控热核反应装置中,如**托卡马克**,这是高能物理中一种利用环形磁场的磁约束核聚变反应堆,通常把高温等离子体限制在有限的空间区域内,从而实现热核反应。托卡马克是由苏联物理学家阿齐莫维奇(Artsimovich,Lev.A,1909—1973)为首的研究小组首先发明的。这种在极高温度下轻原子核聚变的过程,称为**热核反应**(见 26.3 节)。聚变反应的发生需要高温和高压条件,如使氘核同氚核实现自持热核反应需要 5 000 K 以上的高温,氘核同氘核则需要几亿开,这也是聚变反应通常称为热核反应的原因。在这样的高温下,所有固体材料都将化为气体而不能用作容器。上述磁约束就成了达到这种目的的常用方法之一。当温度足够高时,聚变过程能够自动持续进行,并释放出巨大的能量。目前,已实现的人工热核反应是氢弹的爆炸。可控热核反应一旦研究成功,人类将可从海水中的重氢(氘)获得无限丰富的新能源。关键在于如何达到这样的极高温并持续稳定足够长的时间。随着超导技术的引入,托卡马克发展为"实验型先进超导的托卡马克"(英文缩写为 EAST),简称伊斯特。

(2) 地球辐射带(范艾伦辐射带) 极光

磁约束现象也存在于宇宙空间中。例如,由于地球本体具有磁性,在地球及其周围空间存在着磁场,即**地磁场**。地磁场分布具有不均匀、南北两极强而赤道弱的特点,即从赤道到地磁二极的磁场逐渐增强。因此,地磁场是一个天然的磁约束捕集器。它能俘获来自广阔范围的外层空间入射的宇宙射线和"**太阳风**"的高能带电粒子(主要是质子和电子),使之形成不同强度和通量的辐射区域,并在地磁场作用下,绕地磁场的磁感线作螺旋运动;当它们沿着磁感应线趋向南极或北极时,由于磁场强度逐渐增大而被反射,形成在南北半球(地磁南、北两极)之间来回运动。

这一环绕地球近地空间被地磁场捕获的高能带电粒子所形成的辐射区,称为**地球辐射带**,又称**范艾伦辐射带**,简称**辐射带**,如图 16-6 所示。根据俘获粒子的辐射强度和空间高度的不同,分为内辐射带和外辐射带。内辐射带位于地球纬度约±40°之间离地上空 600～10 000 km 范围,带内大部分是 1 000 万到几亿电子伏的高能质子;外辐射带(也称磁气圈,以区别于地球大气圈)位于地球纬度约±50°～±60°之间离地上空 10 000～60 000 km 范围,带内大部分是能量 1 MeV 以上的电子。这样,带电粒子就在辐射带中来回振荡直到由于粒子间的碰撞而被逐出为止。这些运动的带电粒子能向外辐射电磁波。在地磁两极附近由于磁感线与地面垂直,由外层空间入射的带电粒子可直接射入高空大气层内。

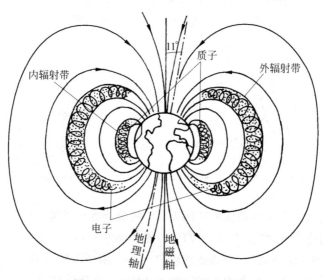

图 16-6 地磁场内的范艾伦辐射带

地球辐射带与极光、磁暴和气辉等地球物理现象密切相关。由太阳发出的高能带电粒子流(太阳风,由电子、质子和少量重离子如 α 粒子等构成)在地磁场作用下,折向南北两极附近,和大气中空气分子的碰撞,使高层空气分子或原子激发(或电离),产生的辐射呈现带状、弧状、幕状或放射状的辉煌瑰丽的彩色光象,叫做**极光**。这是一种等离子现象,通常发生在高纬度高空,即纬度靠近地磁极地地区的夜空,常带有红、绿等色彩。

据宇宙飞行探测器证实,在土星、木星周围也有类似地球辐射带存在。地球辐射带内的高能带电粒子的强度高,产生的辐射效应对运行于辐射带区域的航天器的敏感器件影响较大,需采取抗辐射加固措施。

地球辐射带由美国天体物理学家范艾伦(J.A.Van Allen,1914—2006)预言,并于1958年经美国"探险者"1号卫星探测证实,故又称范艾伦辐射带。

16.2 霍耳效应

霍耳效应是由美国物理学家霍耳(E.H.Hall,1855—1938)于1879年首先发现的,故名。当时,他只是霍普金斯大学的一名研究生。由于那时电子尚未发现,人们还不知道金属的导电机理,因此霍耳效应对于发现电子(1897年发现)、研究固体结构和原子结构都有重要的意义。

1. 霍耳效应

通有电流的金属导体或半导体材料置于外磁场中,若电流的方向与磁场的方向垂直,则该材料在垂直于电流和磁场方向上的两侧就有电势差或电动势产生,这种电磁现象称为**霍耳效应**,所产生的电压叫做**霍耳电压或霍耳电动势**。从本质上讲,霍耳效应是运动的带电粒子在磁场中受洛伦兹力的作用而引起的偏转现象,可用载流子受洛伦兹力作用来解释。下面以金属导体为例加以说明。

在均匀磁场中放置一宽度为 h,厚度为 d 的金属导体薄片,在薄片中沿垂直于磁场方向通以电流 I,如图 16-7 所示。设薄片中载流子带正电,电荷量为 $q(q>0)$,在外电路的电场 E 作用下,自左向右作定向运动(漂移速度为 v)。由于外加磁场 B 的方向(指向纸内)与电流方向垂直,载流子受到洛伦兹力 $F=qv \times B$ 的作用而向上偏移,如图 16-7(a)所示;当这些带正电的载流子迁移到薄片一侧(图的顶部)时,由于表面所限,它们无法脱离薄片,而在薄片的这一侧聚集并使薄片表面带正电荷,同时,在薄片的另一侧(图的底部)呈现相应的多余负电荷。在薄片两侧产生电势差为霍耳电压或霍耳电动势。这些多余的正、负电荷就在薄片两侧表面之间产生一横向电场 E_H,方向自上而下。随着两侧(顶部和底部)多余电荷的增多,这一电场也迅速地增大,直至它对载流子的静电力 qE_H 与磁场对载流子的洛伦兹力 $F=qv \times B$ 相平衡。此时,载流子将恢复原来水平方向的漂移运动而电流又重新恢复为恒定电流。

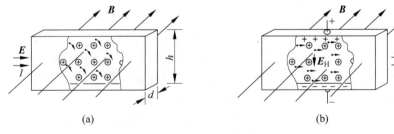

(a)　　　　　　　　　　　(b)

图 16-7　霍耳效应

由力的平衡条件 $qE_H+qv \times B=0$ 可知,所产生横向电场 E_H 的大小为

$$E_H = vB \tag{16-5}$$

由于横向电场的出现,如图 16-7(b)所示,在薄片的横向两侧所产生电势差,即霍耳电压为

$$U_H = E_H h = vBh$$

为便于实验测量,用宏观物理量代替上式中的 v,由式(15-2)已知,载流子的漂移速度 v 与电流 I 有下述关系

$$I = nqvS = nqvhd$$

其中,n 为载流子数密度(载流子浓度),即导体内单位体积内的载流子数目;$S = hd$ 为薄片平面垂直 $\boldsymbol{B}$ 方向上薄片的截面积。由此式求出 v 并代入上式,得

$$U_H = \frac{IB}{nqd} = \frac{1}{nq} \cdot \frac{IB}{d} = K \frac{IB}{d} \qquad (16\text{-}6)$$

式(16-6)表明,电势差的大小与磁感应强度 B 和电流 I 的乘积成正比,与物体沿磁场方向的厚度 d 成反比。式中,比例系数 K 称为**霍耳系数**,定义为

$$K = \frac{1}{nq} \qquad (16\text{-}7)$$

其数值与载流子浓度 n 有关,符号取决于物体中载流子的极性。

金属薄片的载流子为自由电子,$q < 0$,在电流和磁场方向保持不变的情况下,将形成极性相反的霍耳电动势。

研究固体的霍耳效应,可通过电压正负的测定确定薄片中载流子导电类型(所带的电荷的正负)及载流子的浓度等,这是方向相同的电流由于载流子种类的不同而引起不同效应的一个实际例子。由于掺杂类型及其浓度不同,半导体通常有 P 型和 N 型两种导电类型,参与导电的载流子有电子(负电荷)和空穴(等效为正电荷)。P 型半导体中空穴为多数载流子(简称多子),电子是少数载流子(简称少子);N 型则相反。利用霍耳效应测出半导体薄片的霍耳电压(即横向电压)的正负可以判断半导体的导电类型(多子种类是电子或是空穴),还可以用式(16-6)计算出载流子浓度(与掺杂有关)。霍耳效应还可用于直接测量金属中电子的漂移速度,当反方向移动导体至霍耳电动势消失时,其导体移动速度就是电子的漂移速度。

实际应用时,一般要求有较大的 K 值。一般情况下,因金属材料电子浓度 n 太大,霍耳效应不明显,不适合作霍耳元件,但半导体则较为显著。利用半导体的霍耳效应制成的霍耳元件灵敏度高,并可获得较大的霍耳电压。霍耳元件大多采用 N 型半导体材料制成,这是考虑到半导体的电子迁移率通常大于空穴迁移率。为提高 U_H 值,可采用减少 d 的办法来提高灵敏度。但是,如果 d 太小,薄片过薄的话,其输入电阻和输出电阻对霍耳元件的性能影响很大,且工艺要求也较高。

由于霍耳电势差与电流和磁感应强度之积成正比,利用霍耳效应制成的半导体霍耳元件是一种磁敏传感器,可用于磁场测量,这也是一种比较精确的常用测量方法。**高斯计**(现改用毫特斯拉计)就是一种利用霍耳效应制成的、用于测量间隙磁场中磁感应强度的仪器,可测量直流磁场和交流磁场,其测量的量限宽,且灵敏度高。利用半导体的霍耳效应,还可制成测量微波技术及电子计算机中的元件、自动控制技术中的磁敏传感器等。

必须指出的是,对于金属来说,由于金属导体中的载流子为自由电子,在图 16-7 的情况下测出的霍耳系数 K 应为负值,但是,有些金属的实验结果表明,如铁、钴、锌、锑、砷等例外,其 K 为正值,给出的是相反结果,好像在这些金属中的载流子带正电似的。这说明对于这些金属,自由电子模型出了问题,经典的金属电子论只能初步解释霍耳效应。实际上,这种"反常"的霍耳效应以及正常的霍耳效应都需要用固体能带理论(金属中电子的量子理论)

加以解释(能带理论参见 24.3 节简介)。

* 2. 量子霍耳效应

德国物理学家克里青(Klaus von Klitzing,1943—   )在 1980 年研究半导体在极低温度下和强磁场中的霍耳效应时发现,霍耳电阻和磁场的关系并不是线性的,而是有一系列阶梯式的改变(图 16-8),此现象叫做**量子霍耳效应**。克里青因此获 1985 年度诺贝尔物理学奖。

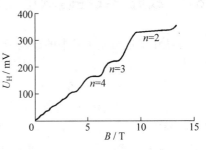

图 16-8　量子霍耳效应

把式(16-6)改写为

$$\frac{U_H}{I} = \frac{B}{nqd} \qquad (16-8)$$

这一比值具有电阻的量纲,被定义为**霍耳电阻** R_H。此式表明,霍耳电阻 R_H 正比于磁场 B。图 16-8 数据是在 1.39 K 的极低温、电流保持在 25.52 μA 不变的条件下取得的。由图可见,U_H 与 B 之间的关系是非线性的,而且是量子化的。量子霍耳效应只能用量子理论解释。

量子理论指出,式(16-8)定义的霍耳电阻为

$$R_H = \frac{U_H}{I} = \frac{R_K}{m}, \quad m = 1,2,3,\cdots \qquad (16-9)$$

式中,m 为相应的量子数。R_K 叫做**克里青常量**,它与普朗克常量 h、元电荷电荷量 e 有关。当 $m=1$ 时的霍耳电阻为

$$R_H = \frac{h}{e^2} = 25\,812.807\ \Omega \qquad (16-10)$$

可见,克里青常量是精确给定的,是不以材料、器件尺寸的变化而转移的,它只是由基本物理量常量来确定。

值得注意的是,量子数一般用符号 n 表示。为了避免与前面公式中的载流子数密度 n 雷同而产生歧义,这里借用 m 表示量子数。切勿把 m 与其他物理量混淆。

由于克里青常量 R_K 测定值的不确定度达到 10^{-10} 量级,所以量子霍耳效应被用作定义电阻的标准。我国国家计量部门推荐,从 1990 年开始,启用量子化霍耳电阻作为标准电阻代替电阻实物基准,给出的量子化霍耳电阻的推荐值为式(16-10)的计算值。

克里青当时的实验测量结果显示,式(16-9)中的 m 为整数。其后,美籍华裔物理学家崔琦(D.C.Tsui,1939—   )和施特默(H.L.Störmer,1949—   )等在研究量子霍耳效应时发现,在更强的磁场(如 20 T 甚至 30 T)下,式(16-9)中的 m 可以是分数,如 1/3,1/5,1/2,1/4 等。这种现象叫做**分数量子霍耳效应**。它的发现和理论使人们对宏观量子现象的认识更深入一步。崔琦、施特默和劳克林(R.B.Laughlin,1950—   )等因此而共获 1998 年度诺贝尔物理学奖。

霍耳效应是在有外磁场时发现的。但在有些材料中,没有外磁场的情况下也观察到了霍耳效应,称为反常霍耳效应。在自旋-轨道相互作用强的材料中观察到自旋霍耳效应。在 1 K 量级的极低温和 20 T 量级的强磁场条件下,二维电子系统的霍耳电阻被观察到量子化现象。近年的研究也在自旋霍耳效应和反常霍耳效应中,观察到了霍耳效应的量子化现象,分别称为量子自旋霍耳效应和量子反常霍耳效应。中科院院士薛其坤团队成功地在生长的磁性薄膜中首先测量到了量子反常霍耳效应,并获 2018 年度国家自然科学一等奖。2023

年 10 月 24 日,薛其坤凭借此成就获巴克利奖。该奖项被公认为国际凝聚态物理领域的最高奖,也是首次颁发给中国籍物理学家。

16.3　载流导线在磁场中受的磁力(安培力公式)

导线中的电流是由其中的载流子定向移动形成的。当把载流导线置于磁场中时,这些运动的载流子就要受到洛伦兹力的作用,其结果将表现为载流导线受到磁力的作用。为了计算一段载流导线受的磁力,考虑它的一段长度元受的作用力,由洛伦兹力可得到安培力公式。

如图 16-9(a)所示,设载流导线通有电流 I,截面积为 S,在导线上选取一电流元为 $I\mathrm{d}l$。设导线的单位体积内有 n 个载流子,即载流子数密度为 n,每一个载流子的电荷都是 q。为简单起见,认为各载流子都以同一漂移速度 v 运动。由于每一个载流子受的磁力都是 $qv \times B$,而在 $I\mathrm{d}l$ 段中共有 $\mathrm{d}N = n\mathrm{d}V = nS\mathrm{d}l$ 个载流子,所以长度元矢量 $\mathrm{d}l$ 上载流子受的力的总和为

$$\mathrm{d}F = (nS\mathrm{d}l)qv \times B$$

由于 v 的方向和 $\mathrm{d}l$ 的方向相同,所以 $(nS\mathrm{d}l)qv = nSqv\mathrm{d}l$。利用这一关系,上式改写为

$$\mathrm{d}F = nSqv\mathrm{d}l \times B$$

由式(15-2),有 $I = nSqv$,这是通过 $\mathrm{d}l$ 的电流大小,因此可得

$$\mathrm{d}F = I\mathrm{d}l \times B \qquad (16\text{-}11)$$

上式为电流元 $I\mathrm{d}l$ 受到的磁场力,称为**安培力公式**(有教材也称**安培力定律**或**安培定律**)。电流元的安培力方向由**右手螺旋定则**判定(见图 16-9(b)),也可用**左手定则**确定。载流导线受磁场的作用力通常叫做**安培力**。式中,$\mathrm{d}l$ 中的载流子由于受到安培力作用,所增加的动量最终总要传给导线本体的正离子结构,所以这一公式也就给出这一段导线电流元所受的磁力。理论上推导的结论与实验结果是一致的。式(16-11)反映电流回路受到磁场的作用力规律,它由法国物理学家安培通过实验总结首先得到。

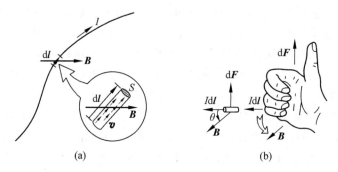

图 16-9　电流元受的磁场力

(a) 电流元与磁场;(b) 右手螺旋定则

根据力的叠加原理,由式(16-11)表示的载流导线电流元受的磁力,可用积分方法求出有限长的任意形状载流导线 L 上受的安培力。安培力公式表示为

$$F = \int_L I\mathrm{d}l \times B \qquad (16\text{-}12)$$

方向由右手螺旋定则或左手定则确定。式中,B 为各电流元所在处的“当地 B”。式(16-12)说明,安培力是作用在整段载流导线 L 上的,而不是集中作用在某一个点上(见例 16-1)。安培

力公式(16-11)和式(16-12)都是计算电流在磁场所受安培力的基本公式。

关于载流导线受到的磁场力,一个常用的应用是扬声器。永磁体的磁场对通过线圈的声频电流施加力的作用,使附在线圈上的扬声器纸盆以相同的频率振动,向外发出声波。电磁炮也是基于安培力的一个应用。**电磁炮**是一种利用电流间相互作用的安培力(电磁力)来发射高速炮弹的武器。按照电磁力产生方式的不同,电磁炮分为电磁导轨炮(轨道炮)、电磁线圈炮和电磁重接炮等,炮弹可获得每秒几千米到几十千米的高速度,具有速度容易控制、加速较为均匀、无后坐力、无噪声和安全性好等特点。电磁炮是电(磁)发射器(即电炮)的类型之一。电炮是一种全部或部分地利用电能为弹射提供动力的超高速发射的装置,具有能超高速发射炮弹(可突破常规炮弹 2 000 m/s 的理论极限)、射程远、精度高等特点,可用于弹道导弹防御、拦截、飞机弹射器、航天发射器等。

【例 16-1】 载流导线受磁力。如图 16-10 所示,均匀磁场中有一段弯曲导线 MN(图中粗实线),通有电流 I,磁感应强度 $\boldsymbol{B}$ 方向和电流方向均在纸面上,求此段导线受的磁力。

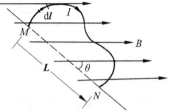

解 根据式(16-12),在导线上取电流元 $I\mathrm{d}\boldsymbol{l}$,整段导线所受磁力为

$$\boldsymbol{F} = \int_L I\mathrm{d}\boldsymbol{l} \times \boldsymbol{B} = I\left(\int_{(M)}^{(N)} \mathrm{d}\boldsymbol{l}\right) \times \boldsymbol{B}$$

式中,括弧内积分为长度元 $\mathrm{d}\boldsymbol{l}$ 的积分,相当于其矢量和,等于由 M 指向 N 的矢量 $\boldsymbol{L}$,则

图 16-10 例 16-1 用图

$$\boldsymbol{F} = I\boldsymbol{L} \times \boldsymbol{B}$$

这说明整个弯曲导线受的磁力的总和(总效果)等于从起点 M 到终点 N 连接的一段直导线通过相同电流时受的安培力。对于图中情况下,$\boldsymbol{L}$ 和 $\boldsymbol{B}$ 均在同一平面(纸面)上,则磁力大小为

$$F = ILB\sin\theta$$

整段载流导线受的磁力方向垂直纸面向外。式中,θ 为 $\boldsymbol{L}$ 和 $\boldsymbol{B}$ 夹角,$\boldsymbol{L}$ 的方向由 M 指向 N。

讨论 下面说明两种情况,给出其结论。

(1) 对于一段弯曲导线 MN,如果 L 为导线位置起点 M 至终点 N 的直线长度,则这段弯曲导线 MN 所受的合力(安培力)与作用在相当于载流直导线 L 上的安培力相同。这一结论可以推广到均匀磁场中任意形状的恒定载流导线。证明这一结论可通过建立 xOy 平面直角坐标系,把电流元 $I\mathrm{d}\boldsymbol{l}$ 受的磁力在坐标系上进行分解,对分量式求积分再合成。

(2) 如果 M,N 两点重合,即 $L=0$,为闭合载流回路,则 $\boldsymbol{F}=0$,这说明在均匀磁场中,闭合载流导体回路整体上不受磁力。因此,对于磁场作用于载流线圈的情况,不仅要对其受力分析,更要注意对力矩的分析(见 16.4 节)。

【例 16-2】 非均匀磁场中的磁力。无限长直导线通有电流 I_1,在其旁放置一条载流直导线段 MN,二者共面。已知 MN 所载电流为 I_2,长为 L,两端点与长直导线的距离分别为 a 和 b,如图 16-11(a)所示。求该段载流直导线所受的安培力。

解 无限长载流直导线在其周围空间激发磁场,磁感应强度的大小为

$$B = \frac{\mu_0 I_1}{2\pi r}$$

上式表明激发的磁场为非均匀磁场,其在直导线 MN 侧的方向为垂直纸面向里。如图 16-11(b)所示,建立 Ox 坐标系,在距离无限长直导线为 x 处的直导线 L 上选取电流元 $I_2\mathrm{d}\boldsymbol{l}$,由于磁场方向垂直于直导线,因此该电流元所受的安培力大小为

$$dF = (I_2 dl) B = (I_2 dl) \frac{\mu_0 I_1}{2\pi x} = \frac{\mu_0 I_1 I_2}{2\pi x} dl$$

方向垂直 MN 向上。图 16-11 中 $\cos\theta = L/(b-a)$ 为已知量，$dx = dl\cos\theta$，则有

$$dF = \frac{\mu_0 I_1 I_2}{2\pi x \cos\theta} dx$$

则整段载流直导线所受的安培力大小为

$$F = \int_L dF = \int_a^b \frac{\mu_0 I_1 I_2}{2\pi x \cos\theta} dx = \frac{\mu_0 I_1 I_2}{2\pi \cos\theta} \ln\frac{b}{a}$$

方向垂直 MN 向上，如图 16-11 所示。

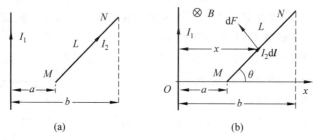

(a)　　　　　　　(b)

图 16-11　例 16-2 用图

讨论　由于安培力是作用在整段载流导线 MN 上的，所以它不会因为磁场非均匀而出现转动的现象。如果 MN 水平放置，$\theta = 0$，则 $F = \frac{\mu_0 I_1 I_2}{2\pi} \ln\frac{b}{d}$，方向竖直向上。若 $\theta = \frac{\pi}{2}$，则应另建坐标系。

16.4　载流线圈在均匀磁场中受的磁力矩　*磁矩的势能

本节主要介绍载流线圈在均匀磁场中受的磁力矩，并通过分析磁偶极子（或圆电流线圈）在均匀磁场中所受的磁力与磁力矩，介绍磁矩的势能。

1. 磁力对线圈的力矩（磁力矩）

载流导线在磁场中通常形成闭合回路。由例 16-1 得出，在均匀磁场中，闭合载流回路所受安培力的矢量和等于零，但载流回路可能受力矩作用。为简单起见，下面以矩形平面线圈为例，进一步讨论磁力矩。

在磁感应强度为 $\boldsymbol{B}$ 的均匀磁场中，刚性矩形回路线圈的边长分别为 l_1 和 l_2，所载电流为 I，方向如图 16-12(a) 所示。当矩形线圈平面的正法线方向 $\boldsymbol{e}_n$（$\boldsymbol{e}_n$ 与线圈电流 I 的方向符合右手螺旋定则，这也是线圈电流磁矩 $\boldsymbol{m}$ 的方向）与 $\boldsymbol{B}$ 的方向为 θ 时，导线 ab 和 cd 所受磁力（安培力）分别向上和向下，其大小相等（图中未画出），即

$$F_{ab} = F_{cd} = I l_1 B \sin\left(\frac{\pi}{2} - \theta\right) = I l_1 B \cos\theta$$

二者方向相反，且在同一直线上，因而相互抵消，它们的合力以及力矩均为零。导线 bc 和 ad 所受磁力大小也相等，但不在同一直线上，即

$$F_{bc} = F_{ad} = I l_2 B$$

二者形成力臂为 $l_1 \cos\left(\frac{\pi}{2} - \theta\right) = l_1 \sin\theta$ 的力偶，如图 16-12(b) 所示。这说明，只要线圈平

面与 B 不一致(或 e_n 不与 B 平行),磁场对线圈就作用一个沿 z 轴方向的力矩(即磁力矩),其效果就是让线圈平面转向垂直于磁场的方向。此磁力矩的大小为

$$M = Il_2 Bl_1 \sin\theta = ISB\sin\theta \tag{16-13}$$

式中,$S = l_1 l_2$ 为矩形线圈面积。根据磁矩的定义式(15-36),有

$$\boldsymbol{m} = IS\boldsymbol{e}_n \tag{16-14}$$

用矢量 $\boldsymbol{M}$ 表示磁力矩,根据 $\boldsymbol{e}_n$ 和 $\boldsymbol{B}$ 的方向,式(16-13)写成矢量式为

$$\boldsymbol{M} = IS\boldsymbol{e}_n \times \boldsymbol{B} = \boldsymbol{m} \times \boldsymbol{B} \tag{16-15}$$

式中,$\boldsymbol{m}$ 为载流矩形线圈的磁矩。按图中电流方向,$\boldsymbol{M}$ 的方向沿 z 轴正向。式(16-14)说明,均匀磁场对置于其中的载流平面线圈的磁力矩,等于线圈的磁矩与磁感应强度的矢量积。式(16-15)的形式与式(12-34)静电场中的电偶极子的力矩公式完全类似。

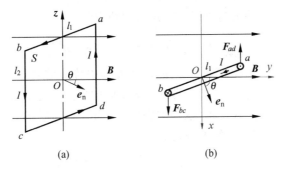

图 16-12 载流线圈受的力和力矩

(a) 载流线圈;(b) 俯视图

通常矩形线圈不止 1 匝,而是绕有 N 匝,则线圈所受的磁力矩为

$$\boldsymbol{M} = \boldsymbol{m} \times \boldsymbol{B} = NIS\boldsymbol{e}_n \times \boldsymbol{B} \tag{16-16}$$

式(16-15)和式(16-16)是以均匀磁场中的矩形平面线圈为例推导出来的,可以证明(略),这些关系式对任意形状的平面载流回路线圈都是成立的。因为任意形状的平面回路都可以用无限多个紧邻的矩形回路来近似,每个矩形回路的宽度趋向于零。相邻回路的共同边上的导线受到的力和力矩相互抵消了,只有沿着边界的电流受到的力和力矩未被抵消。

线圈作为一个整体,在磁力矩的作用下,绕 z 轴按逆时针方向(俯视)转动,此力矩力图使 $\boldsymbol{e}_n$ 的方向,也就是磁矩 $\boldsymbol{m}$ 的方向,转向与外磁场 $\boldsymbol{B}$ 的方向一致的稳定平衡状态。这一性质在电工技术及其理论研究中得到广泛应用,例如,磁电式电流计就是根据上述原理制成的。因为磁力矩 $\boldsymbol{M}$ 是力偶的力矩,所以它与参考点的选择无关。

当 $\boldsymbol{m}$ 与 $\boldsymbol{B}$ 方向一致($\theta = 0$)时,通过矩形线圈的磁通量为正向极大值,但 $\boldsymbol{M} = 0$,线圈不再受磁场的力矩作用而处于稳定平衡状态。如果此时外力稍微使线圈偏转,磁场对线圈的力矩将促使其继续转动;当 $\boldsymbol{m}$ 与 $\boldsymbol{B}$ 方向垂直($\theta = \pi/2$)时,通过矩形线圈的磁通量为零,但 $M = NISB$ 为极大值,线圈受磁场的力矩处于最大状态。当 $\boldsymbol{m}$ 与 $\boldsymbol{B}$ 方向相反($\theta = \pi$)时,同样地,$\boldsymbol{M} = 0$,虽然此时的线圈不受磁场的力矩作用,但处于不稳定平衡状态,只要外力稍微使线圈偏离这一状态,磁场对线圈的力矩将使它继续偏转,直到处于 $\theta = 0$ 方向的稳定平衡状态为止,此时 $\boldsymbol{M} = 0$。

在非均匀磁场中,载流线圈除了受到磁力矩外,还受到一个不为零的磁力作用。因其情况复杂,这里不作进一步讨论。

*2. 磁矩的势能

15.6 节介绍了磁矩的概念,通过圆电流引入磁偶极子模型,定义了磁偶极子的磁矩。虽然这里的式(16-15)和式(16-16)是从载流平面线圈的磁矩的特例导出的,但可以证明(略),它们同样可作为各种磁矩的普遍情况。不仅载流线圈有磁矩,电子、质子等微观粒子在磁场中也有磁矩。磁矩是粒子本身的特征之一,它们在磁场中受的力矩也都由式(16-15)或式(16-16)表示。

本小节将根据磁矩为 m 的载流线圈在均匀磁场中受到磁力矩的作用,介绍磁矩在均匀磁场中的势能,并把它与其转动相联系,说明外力克服磁力矩做的功。

当磁偶极子在磁场中改变方向时,磁场要对它做功。如果磁偶极子发生无限小的角位移 $d\theta$,磁场做的功为 $Md\theta$,其势能也会发生相应的变化。

设磁矩 m 的大小不变,当 m 与 B 之间的夹角由 θ_1 增大到 θ_2 过程中,如图 16-13 所示,

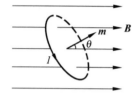

图 16-13　均匀磁场中的磁矩

外力需克服磁力矩做的功为

$$A = \int_{\theta_1}^{\theta_2} M d\theta = \int_{\theta_1}^{\theta_2} mB\sin\theta d\theta = mB(\cos\theta_1 - \cos\theta_2)$$

此功就等于磁矩 m 在磁场中势能的增量。通常以磁矩方向与磁场方向垂直,即 $\theta = \pi/2$ 时的位置为势能等于零的位置。这样,由上式可得,在均匀磁场中,当磁矩与磁场方向间夹角为 $\theta(\theta = \theta_2)$ 时,磁矩的势能为

$$A_m = -mB\cos\theta = -\boldsymbol{m} \cdot \boldsymbol{B} \qquad (16-17)$$

此式给出,当磁矩与磁场方向平行时,势能有极小值 $-mB$;当磁矩与磁场方向反向平行时,势能有极大值 mB。式(16-17)的形式与式(13-20)电偶极子的电势能公式完全相似。

同样地,式(16-17)磁矩的势能也适用于各种磁矩的普遍情况。磁共振成像(MRI 诊断技术)是关于磁偶极子所受力矩在医学上的一个重要应用。

【例 16-3】　电子的磁矩势能。 电子具有固有的(或内禀的)自旋磁矩,其大小为 $m = 1.60 \times 10^{-23}$ J/T。在磁场中,电子的磁矩指向是"量子化"的,只可能有两个方向,分别与磁场成 $\theta_1 = 54.7°$ 和 $\theta_2 = 125.3°$。其经典模型如图 16-14 所示(实际上电子的自旋轴绕磁场方向"旋进")。试求在 0.50 T 的磁场中电子处于这两个位置时的势能分别是多少?

解　当磁矩与磁场成 $\theta_1 = 54.7°$ 角时,由式(16-17)可得,其势能为

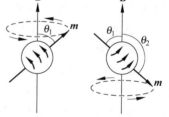

图 16-14　电子自旋的取向

$$A_{m1} = -mB\cos 54.7° = -1.60 \times 10^{-23} \times 0.50 \times 0.578 \text{ J}$$
$$= -4.62 \times 10^{-24} \text{ J} = -2.89 \times 10^{-5} \text{ eV}$$

当磁矩与磁场成 $\theta_2 = 125.3°$ 时,其势能为

$$A_{m2} = -mB\cos 125.3° = -1.60 \times 10^{-23} \times 0.50 \times (-0.578) \text{ J}$$
$$= 4.62 \times 10^{-24} \text{ J} = 2.89 \times 10^{-5} \text{ eV}$$

16.5　平行载流导线间的相互作用力

设有两条分别通有电流 I_1 和 I_2 的长直导线 1 和 2 平行放置,二者距离为 d,且导线直径远小于 d,如图 16-15 所示。下面求每条导线单位长度线段受另一电流的磁场的作用力。

　　由右手螺旋定则或安培定则判断磁场方向,由安培力公式判断磁场力方向,则当通过两导线上的电流 I_1 和 I_2 方向相同时,两导线相吸;相反时,则相斥。

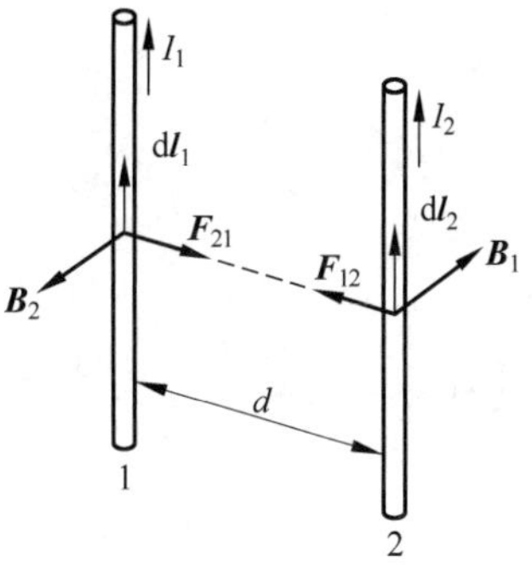

　　由式(15-28),导线 1 的电流 I_1 在导线 2 所在处产生的磁场为

$$B_1 = \frac{\mu_0 I_1}{2\pi d}$$

方向垂直纸面向里。根据安培力公式(16-11),任一电流元 $I_2 \mathrm{d}l_2$ 受此磁场作用的安培力大小为

图 16-15　两平行载流长直导线之间的作用力

$$\mathrm{d}F_{12} = B_1 I_2 \mathrm{d}l_2 = \frac{\mu_0 I_1 I_2}{2\pi d}\mathrm{d}l_2$$

方向在两平行导线所在平面内,且垂直于 $I_2 \mathrm{d}l_2$ 而指向导线 1。导线 2 单位长度上的安培力大小为

$$f_{12} = \frac{\mathrm{d}F_{12}}{\mathrm{d}l_2} = B_1 I_2 = \frac{\mu_0 I_1 I_2}{2\pi d} \tag{16-18}$$

　　同样地,计算出载流导线 2 产生的磁场对载流导线 1 单位长度上的安培力大小为

$$f_{12} = B_2 I_1 = \frac{\mu_0 I_1 I_2}{2\pi d}$$

f_{12} 与 f_{21} 大小相等,方向相反。可见,通有同向平行电流之间的导线相互吸引。

　　由于导线上各电流元在本导线所在处所产生的磁场为零,所以电流各段不受本身电流的磁力作用。

　　在 SI 中,电流的单位安培(安,A),可根据式(16-18)进行规定。电流是 SI 中选定的基本量,对应的单位 A 为 SI 中的 7 个基本单位之一。设在真空中两条相距 1 m 的"无限长"、圆截面可忽略的平行直导线,通以大小相同的恒定电流 I,如果导线每米长度上受的作用力为 2×10^{-7} N,则每条导线中的电流就规定为 1 A。

　　根据这一定义,由 $d=1$ m,$I_1=I_2=1$ A,$f=2\times10^{-7}$ N/m,式(16-18)给出

$$\mu_0 = \frac{2\pi f d}{I^2} = \frac{2\pi \times 2\times10^{-7} \times 1}{1\times1} = 4\pi\times10^{-7}\ (\mathrm{N/A^2})$$

这一数值与式(15-25)给出的 μ_0 值相同。

　　电流的单位确定后,电荷量的单位也就确定了。在通有 1 A 电流的导线中,每秒流过导线任一横截面上的电荷量定义为 1 C,即 1 C＝1 A·s,与 $q=It$ 关系导出的结果相同。

　　测定电流之间作用力的实际装置称为**电流天平**,也称**电流秤**或安培秤,如图 16-16 所示。C_1 和 C_2 为两个完全相同并固定着的线圈,悬挂在天平右托盘下面的活动线圈 C_M 置于二者中间,3 个线圈通有大小相同的电流。线圈通电时,活动线圈中的安培力在天平上形成力矩,借助在左托盘上增减砝码来调节天平的平衡,从而测量出电流。利用电流天平精确地测量电流,可用来校准其他更方便的测量电流的二级标准,也可用于间接测量磁感应强度的大小。安培天平也是测量磁感应强度大小的方法之一,如用于 17.1 节的测量。

　　下面简要说明有关常量 μ_0,ε_0 和真空中光速大小 c 的数值关系。

　　电磁学物理量电流的单位安培(安,A)的规定在 2018 年之前是利用式(16-18)定义的

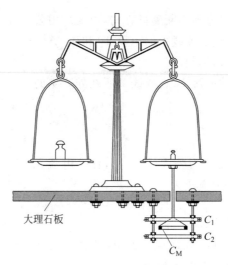

图 16-16　电流天平

（见*1.9 节）。此式中采用比例常量 μ_0（真空磁导率）。只要 μ_0 有确定的值，电流的单位才可能规定，因此，μ_0 的值需要事先规定。在 SI 中，式(15-25)规定真空磁导率 μ_0 值为

$$\mu_0 = 4\pi \times 10^{-7}\ \text{N/A}^2 = 1.256\ 637\ 061\ 4\cdots \times 10^{-7}\ \text{N/A}^2$$

由于 μ_0 是基于单位制有理化而人为规定的，不依赖于实验，所以它是精确的。

真空中的光速值为

$$c = 2.997\ 924\ 58 \times 10^8\ \text{m} \cdot \text{s}^{-1}$$

由电磁学理论可知，式(15-25)的 c 和 μ_0，ε_0 有下述关系

$$c = \frac{1}{\sqrt{\mu_0 \varepsilon_0}} \tag{16-19}$$

因此，真空电容率 ε_0 为

$$\varepsilon_0 = \frac{1}{\mu_0 c^2} = 8.854\ 187\ 817\cdots \times 10^{-12}\ \text{F/m}$$

【例 16-4】　**磁力电力对比。** 两条相互平行且相距为 d 的长直带电线分别以速度 v_1 和 v_2 沿长度方向运动，它们所带电荷的线密度分别是 $+\lambda_1$ 和 $+\lambda_2$。求这两条带电长直线各自单位长度受的力，并比较磁力和电力的大小。

解　如图 16-17 所示，每条带电长直线由于运动而形成的电流分别是 $\lambda_1 v_1$ 和 $\lambda_2 v_2$。由式(16-18)可得，两条带电长直线单位长度分别受到的磁力大小为 f_{m12} 和 f_{m21}，且 $f_{m12} = f_{m21} = f_m$，即

$$f_m = \frac{\mu_0 \lambda_1 v_1 \lambda_2 v_2}{2\pi d}$$

磁力的方向垂直于带电长直线，并指向另一条，两条相互吸引。

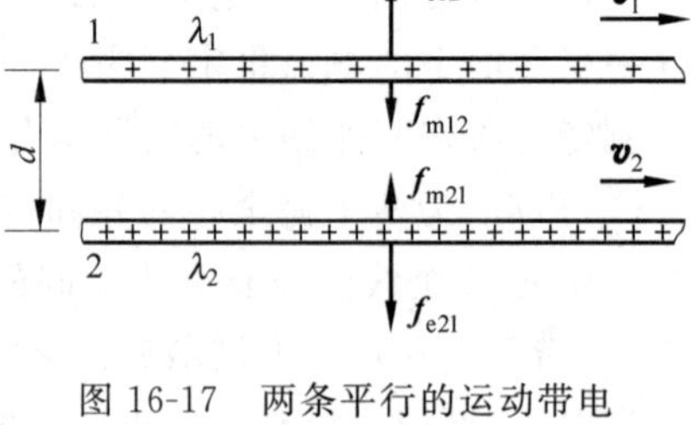

两条带电长直线之间还存在相互作用的电力（电场力）。带电长直线 1 上的电荷在带电长直线 2 所在处的电场强度大小为

图 16-17　两条平行的运动带电
直线的相互作用

$$E_1 = \frac{\lambda_1}{2\pi \varepsilon_0 d}$$

在带电长直线 2 上单位长度上受的电力大小为 f_{e12}，且 $f_{e12} = f_{e21} = f_e$，即

$$f_e = \lambda_2 E_1 = \frac{\lambda_1 \lambda_2}{2\pi\varepsilon_0 d}$$

同性电荷相互排斥，其电力的方向与磁力方向相反。每条带电长直线单位长度受的力为

$$f = f_e - f_m = \frac{\lambda_1 \lambda_2}{2\pi\varepsilon_0 d}(1 - \varepsilon_0 \mu_0 v_1 v_2) = \frac{\lambda_1 \lambda_2}{2\pi\varepsilon_0 d}\left(1 - \frac{v_1 v_2}{c^2}\right) \qquad (16\text{-}20)$$

力的方向是相互排斥。

带电长直线上的磁力与电力的比值为

$$\frac{f_m}{f_e} = \varepsilon_0 \mu_0 v_1 v_2 = \frac{v_1 v_2}{c^2} \qquad (16\text{-}21)$$

在通常情况下，v_1 和 v_2 远远小于光速 c，所以带电长直线上的磁力远比电力小得多。

讨论　下面通过一个典型的例子来估算一下式(16-21)中的比值大小。

设两条相互平行的静止铜质直导线载有电流分别为 I_1 和 I_2，导线中的正电荷几乎是不动的，而自由电子则作定向漂移运动，它们的漂移速度约为 10^{-4} m/s，所以有

$$\frac{f_m}{f_e} = \frac{v^2}{c^2} \approx 10^{-25}$$

这就是说，这两条导线中的运动电子之间的磁力与它们之间的电力之比为 10^{-25}，磁力远比电力小很多。那么，在这种情况下，为什么实验中总是观察到磁力而显示不出电力的存在呢？这是因为，在铜导线中实际有两种电荷，每条导线中各自的正、负电荷在其周围产生的电场相互抵消，此一导线中的运动电子就不受彼一导线中电荷的电力作用，所以只显出磁力。在没有相反电荷抵消电力的情况下，相对来说，磁力是很不显著的。在原子内部电荷的相互作用就是这样。对此，电力起主要作用，而磁力不过是小到"二级" $\left(\dfrac{v}{c}\right)^2$ 的一种效应。

可以附带指出的是，如果像在 *15.10 节中那样，认为磁场是电场的相对论效应，那么，由于导线中通有电流时其中载流子的定向速率非常小，远比光速小，电流的磁场就可明显地观测到的极低速率下的相对论效应。谁还能断然说相对论只对于高速情况才明显有效呢？

思考题

16-1　如果想让一个质子在地磁场中一直沿地磁赤道运动，应该将它向东还是向西发射？

16-2　在地磁赤道处，大气电场指向地面和磁场垂直。必须向什么方向发射电子，才能使它们不发生偏转？

16-3　能否利用磁场对带电粒子的作用力来增大粒子的动能？为什么？

16-4　相互垂直的电场 **E** 和磁场 **B** 可构成一个速度选择器，它能使选定速率的带电粒子垂直于电场和磁场射入后无偏转地前进。试求这带电粒子的速度 v 和 **E** 及 **B** 的关系。

16-5　图 16-18 显示出在一汽泡室中产生的一对正负电子的径迹图，磁场垂直于图面而指离读者。试判断哪一支是电子的径迹，哪一支是正电子的径迹？为何径迹呈螺旋形？

16-6　解释等离子体电流的箍缩效应，即等离子体柱中通以电

图 16-18　思考题 16-5 用图

流时(图 16-19),它会受到自身电流磁场的作用而向轴心收缩的现象。

16-7　磁流体发电机(图 16-20)是利用磁场对高温电离气体的作用而产生电流的装置。图中发电通道内箭头表示电离气体中离子移动方向。试问按这种方向运动的离子是正离子还是负离子?A、B 两极中,哪一极是发电机正极?使离子偏转的磁场方向如何?

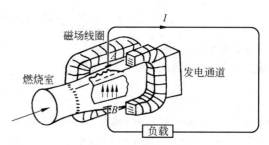

图 16-19　思考题 16-6 用图

图 16-20　磁流体发电机结构示意图

习题

16-1　如图 16-21,一电子经过 A 点时,具有速率 $v_0 = 1 \times 10^7$ m/s。

(1) 欲使这电子沿半圆自 A 至 C 运动,试求所需的磁场大小和方向;

(2) 求电子自 A 运动到 C 所需的时间。

16-2　把 2.0×10^3 eV 的一个正电子,射入磁感应强度 $B = 0.1$ T 的匀强磁场中,其速度矢量与 $\boldsymbol{B}$ 成 89°,路径成螺旋线,其轴在 $\boldsymbol{B}$ 的方向。试求这螺旋线运动的周期 T、螺距 h 和半径 r。

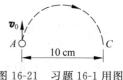

图 16-21　习题 16-1 用图

16-3　估算地球磁场对电视机显像管中电子束的影响。假设加速电势差为 2.0×10^4 V,如电子枪到屏的距离为 0.2 m,试计算电子束在大小为 0.5×10^{-4} T 的横向地磁场作用下约偏转多少?这偏转是否影响电视图像?

16-4　北京正负电子对撞机中电子在周长为 240 m 的储存环中作轨道运动。已知电子的动量是 1.49×10^{-18} kg·m/s,求偏转磁场的磁感应强度。

16-5　从太阳射来的速度是 0.80×10^8 m/s 的电子进入地球赤道上空高层范艾伦带中,该处磁场为 4×10^{-7} T。此电子作圆周运动的轨道半径是多大?此电子同时沿绕地磁场磁感线的螺线缓慢地向地磁北极移动。当它到达地磁北极附近磁场为 2×10^{-5} T 的区域时,其轨道半径又是多大?

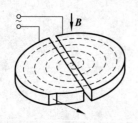

图 16-22　回旋加速器的两个 D 盒(其上,下两磁极未画出)示意图

16-6　一台用来加速氚核的回旋加速器(图 16-22)的 D 盒直径为 75 cm,两磁极可以产生 1.5 T 的均匀磁场。氚核的质量为 3.34×10^{-27} kg,电荷量就是质子电荷。求:

(1) 所用交流电源的频率应多大?

(2) 氚核由此加速器射出时的能量是多少 MeV?

16-7　如图 16-23 所示,一铜片厚为 $d = 1.0$ mm,放在 $B = 1.5$ T 的磁场中,磁场方向与铜片表面垂直。已知铜片里每立方厘米有 8.4×10^{22} 个自由电子,每个电子的电荷 $-e = -1.6 \times 10^{-19}$ C,假设铜片中有 $I = 200$ A 的电流流通。

(1) 求铜片两侧的电势差 $U_{aa'}$;

(2) 铜片宽度 b 对 $U_{aa'}$ 有无影响?为什么?

16-8　如图 16-24 所示,一块半导体样品的体积为 $a \times b \times c$,沿 x 方向有电流 I,在 z 轴方向加有均匀磁场 $\boldsymbol{B}$。这时实验得出的数据 $a = 0.10$ cm,$b = 0.35$ cm,$c = 1.0$ cm,$I = 1.0$ mA,$B = 3\,000$ G,片两侧的电势差 $U_{AA'} = 6.55$ mV。

(1) 这半导体是正电荷导电(P 型)还是负电荷导电(N 型)?

(2) 求载流子浓度。

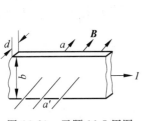

图 16-23　习题 16-7 用图

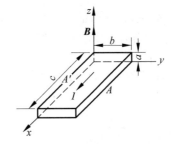

图 16-24　习题 16-8 用图

16-9　掺砷的硅片是 N 型半导体,这种半导体中的电子浓度是 2×10^{21} 个/m³,电阻率是 1.6×10^{-2} Ω·m。用这种硅做成霍耳探头以测量磁场,硅片的尺寸相当小,是 0.5 cm×0.2 cm×0.005 cm。将此片长度的两端接入电压为 1 V 的电路中。当探头放到磁场某处并使其最大表面与磁场方向垂直时,测得 0.2 cm 宽度两侧的霍耳电压是 1.05 mV。求磁场中该处的磁感应强度。

16-10　磁力可用来输送导电液体,如液态金属、血液等而不需要机械活动组件。如图 16-25 所示是输送液态钠的管道,在长为 l 的部分加一横向磁场 $\boldsymbol{B}$,同时垂直于磁场和管道通以电流,其电流密度为 $\boldsymbol{J}$。

(1) 证明:在管内液体 l 段两端由磁力产生的压力差为 $\Delta p = JlB$,此压力差将驱动液体沿管道流动;

(2) 要在 l 段两端产生 1.00 atm 的压力差,电流密度应多大? 设 $B = 1.50$ T,$l = 2.00$ cm。

16-11　霍耳效应可用来测量血流的速度,其原理如图 16-26 所示,在动脉血管两侧分别安装电极并加以磁场。设血管直径为 2.0 mm,磁场为 0.080 T,毫伏表测出的电压为 0.10 mV,血流的速度多大?(实际上磁场由交流电产生而电压也是交流电压。)

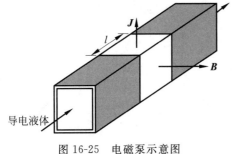

图 16-25　电磁泵示意图

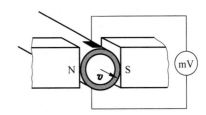

图 16-26　习题 16-11 用图

16-12　一正方形线圈由外皮绝缘的细导线绕成,共绕有 200 匝,每边长为 150 mm,放在 $B = 4.0$ T 的外磁场中,当导线中通有 $I = 8.0$ A 的电流时,求:

(1) 线圈磁矩 $\boldsymbol{m}$ 的大小;

(2) 作用在线圈上的力矩的最大值。

16-13　如图 16-27 所示,在长直电流近旁放一矩形线圈与其共面,线圈各边分别平行和垂直于长直导线。线圈长度为 l,宽为 b,近边距长直导线距离为 a,长直导线中通有电流 I。当矩形线圈中通有电流 I_1 时,它受的磁力的大小和方向各如何?它又受到多大的磁力矩?

16-14 正在研究的一种电磁导轨炮(子弹的出口速度可达 10 km/s)的原理可用图 16-28 说明。子弹置于两条平行导轨之间,通以电流后子弹会被磁力加速而以高速从出口射出。以 I 表示电流,r 表示导轨(视为圆柱)半径,a 表示两轨面之间的距离。将导轨近似地按无限长处理,证明子弹受的磁力近似地可以表示为

$$F = \frac{\mu_0 I^2}{2\pi} \ln \frac{a+r}{r}$$

设导轨长度 $L = 5.0\,\text{m}$,$a = 1.2\,\text{cm}$,$r = 6.7\,\text{cm}$,子弹质量为 $m = 317\,\text{g}$,发射速度为 4.2 km/s。

(1) 求该子弹在导轨内的平均加速度是重力加速度的几倍?(设子弹由导轨末端启动。)

(2) 通过导轨的电流应多大?

(3) 以能量转换效率 40% 计,子弹发射需要多少千瓦功率的电源?

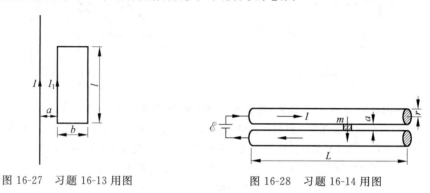

图 16-27　习题 16-13 用图　　　　　图 16-28　习题 16-14 用图

16-15 一无限长薄壁金属筒,沿轴线方向有均匀电流流通,面电流密度为 j(A/m)。求单位面积筒壁受的磁力的大小和方向。

16-16 两条无限长平行直导线相距 5.0 cm,各通以 30 A 的电流。求一条导线上每单位长度受的磁力多大? 如果导线中没有正离子,只有电子在定向运动,那么电流都是 30 A 的一条导线的每单位长度受另一条导线的电力多大? 电子的定向运动速度为 1.0×10^{-3} m/s。

第17章

<h1 style="text-align: center">磁场中的磁介质</h1>

第15~16章讨论了运动电荷或电流在真空中激发磁场的性质和规律。在实际应用中，为了增强磁场和把磁场限制在所需区域，磁场中通常有磁介质等物质存在。物质的分子(或原子)中都存在着运动的电荷，当某些物质置于磁场中时，其中的运动电荷将受到磁力的作用而使物质处于一种特殊的状态，处于这种特殊状态的物质又会反过来影响磁场的分布。本章讨论关于这类物质的磁性，也就是磁介质与磁场相互影响的规律。

值得指出的是，本章介绍物质的磁性的方法，包括一些物理量的引入及其规律，都与第14章中介绍电介质的方法很相似，如电矩与磁矩、极化与磁化，几乎可以"平行地"对照学习，这一点对理解本章有一定的启发性，可获得事半功倍的效果。但是，物质对磁场的影响远比电介质对电场的影响要复杂得多，特别是铁磁质的各种不同特性，使之广泛应用于电子工程技术领域。

17.1 物质对磁场的影响　磁介质

为了通过实验观察物质对磁场的影响，简单的方法是绕制一个长直螺线管，如图 17-1 所示。先让螺线管的管内为真空或空气，如图 17-1(a)所示，在线圈中通入电流 I，测出此时管内磁感应强度的大小(可采用 16.5 节的安培秤，或第 18 章的电磁感应等方法间接测量)；然后使管内充满某种物质，且保持电流 I 不变，如图 17-1(b)所示，测出此时管内磁感应强度的大小。实验表明，管内的物质不同，对磁场的影响程度也不同。以 $\boldsymbol{B}_0$ 和 $\boldsymbol{B}$ 分别表示管内为真空和充满物质时的磁感应强度，由实验得出，它们的大小关系为

$$\boldsymbol{B} = \mu_{\mathrm{r}} \boldsymbol{B}_0 \tag{17-1}$$

式中，μ_{r} 叫做物质的**相对磁导率**。μ_{r} 随物质的种类或状态的不同而不同。

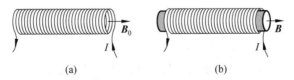

(a)   (b)

图 17-1　物质对磁场的影响

(a)管内为真空；(b)管内为某种物质

实验结果表明,原来的磁场为 $\boldsymbol{B}_0$,因为管内物质的存在,磁场改变为 $\mu_r\boldsymbol{B}_0$。物质在磁场中,受到磁场的作用而发生变化,这种现象称为**磁化**,它是物质获得磁性的过程。物质因磁化又反过来影响原磁场——使之加强或减弱(由 μ_r 决定),这样的物质称为**磁介质**。

设磁介质因磁化而建立的附加磁感应强度为 $\boldsymbol{B}'$,放入磁介质后管内的磁感应强度 $\boldsymbol{B}$ 为管内放入磁介质前 $\boldsymbol{B}_0$ 和 $\boldsymbol{B}'$ 的矢量和,即

$$\boldsymbol{B}=\boldsymbol{B}_0+\boldsymbol{B}'=\mu_r\boldsymbol{B}_0$$

其中,附加磁感应强度 $\boldsymbol{B}'$ 也可写为

$$\boldsymbol{B}'=(\mu_r-1)\boldsymbol{B}_0$$

由于不同磁介质的 μ_r 不同,因此,附加磁感应强度为 $\boldsymbol{B}'$ 的大小和方向因 μ_r 不同而异。有的磁介质的 μ_r 是略小于 1 的常数,使得 $B'<B_0$,$\boldsymbol{B}_0$ 与 $\boldsymbol{B}'$ 方向相反,这种物质叫**抗磁质**,有时也称**反磁质**。有的磁介质的 μ_r 是略大于 1 的常数,使得 $B'>B_0$,$\boldsymbol{B}_0$ 与 $\boldsymbol{B}'$ 方向相同,这种物质叫**顺磁质**。还有一种磁介质的 μ_r 很大,远比 1 大得多,且不是常数,$\boldsymbol{B}_0$ 与 $\boldsymbol{B}'$ 方向相同,这种物质叫**铁磁质**。因此,**磁介质**是铁磁质、顺磁质和抗磁质的总称。表 17-1 列出几种常见物质的相对磁导率。

顺磁质和抗磁质的 μ_r 都很小,它们在外磁场中都呈现十分微弱的磁性,且不随外磁场而变化,因而都是弱磁性物质,对磁场的影响很小,在一般工程技术中,通常不考虑它们的影响。铁磁质 μ_r 一般很大(在 $10^2\sim10^4$ 之间),且随外磁场的强度而变化,属于强磁性物质,对磁场的影响很大,其不同的特性在电工电子技术中有着广泛的应用。17.5 节专门介绍铁磁质。

表 17-1　几种物质的相对磁导率

物　质　种　类		相对磁导率 μ_r
抗磁质 $\mu_r<1$	铋(293 K)	$1-16.6\times10^{-5}$
	汞(293 K)	$1-2.9\times10^{-5}$
	铜(293 K)	$1-1.0\times10^{-5}$
	氢(气体)	$1-3.98\times10^{-5}$
顺磁质 $\mu_r>1$	氧(液体,90 K)	$1+769.9\times10^{-5}$
	氧(气体,293 K)	$1+344.9\times10^{-5}$
	铝(293 K)	$1+1.65\times10^{-5}$
	铂(293 K)	$1+26\times10^{-5}$
铁磁质 $\mu_r\gg1$	纯铁	5×10^3(最大值)
	硅钢	7×10^2(最大值)
	坡莫合金	1×10^5(最大值)

17.2　原子的磁矩

按照经典物理学的物质电结构理论,**原子**是组成单质和化合物分子的最小微粒,原子的核心部分叫做**原子核**,是质子和中子(二者统称为**核子**)的紧密结合体,因此,原子核带正电。**分子**是物质中能够独立存在并保持该物质一切化学特性的最小微粒;单质的分子由相同元素的原子组成,化合物的分子则由不同元素的原子组成。

构成物质的原子、分子中每一个电子都同时参与两种运动:核外电子绕原子核的轨道运动,电子本身的自旋运动。自旋是许多微观粒子和原子核的属性之一。每一种运动可分别等效为一个圆电流回路,因而都能产生磁效应。这样的圆电流用磁矩描述其磁属性。这是在15.6节引入的概念。磁矩的概念可用于解释物质的磁性和磁介质的性质。

1. 原子磁矩的概念

以 I 和 S 分别表示圆电流的电流大小和圆电流平面的面积,式(15-36)给出的圆电流的磁矩 $\boldsymbol{m}$ 为

$$\boldsymbol{m} = IS\boldsymbol{e}_n \tag{17-2}$$

式中,$\boldsymbol{e}_n$ 为圆电流平面面积的法线方向的单位矢量,它与电流 I 流向满足右手螺旋关系。

物质中每一电子运动所产生的磁矩——**电子磁矩**分为两部分:原子中的电子绕核运动所产生的磁矩,它与电流回路相当,其磁矩称为电子的**轨道磁矩**;电子自旋产生的磁矩,称为**自旋磁矩**或本征磁矩。它们的方向与相应的角动量相反。不仅电子,质子、中子等粒子以及各种原子核也都具有磁矩。原子核的磁矩,叫做**核磁矩**。因此,**原子磁矩**是原子中各电子磁矩和核磁矩的矢量和。

通常核磁矩很小,小于电子磁矩的千分之一,可忽略不计。计算原子磁矩时,通常只计算它的电子的轨道磁矩和自旋磁矩的矢量和,也就足够精确了。因此,原子磁矩就是电子轨道磁矩与自旋磁矩的总和的有效部分。这一总磁矩有时简称**磁矩**。永久磁体的磁场实际上就是由原子的磁矩形成的。但有时需要单独考虑核磁矩,如核磁共振技术。

下面通过一个简单模型,估算原子内电子轨道运动的磁矩大小。

* 2. 原子内电子轨道运动的磁矩

设质量为 m_e 的电子在半径为 r 的圆周上以恒定的速率 v 绕原子核运动,电子轨道运动的周期为 $T = 2\pi/\omega = 2\pi r/v$。一个周期内通过轨道上任一"截面"的电子电荷量就是元电荷 e,因此,沿着圆周轨道运动电子形成的等效圆电流为

$$I = \frac{q}{T} = \frac{ev}{2\pi r}$$

电子轨道运动的磁矩 $\boldsymbol{m}$ 的大小为

$$m = IS = \frac{ev}{2\pi r}\pi r^2 = \frac{evr}{2} \tag{17-3}$$

由于电子绕核运动的轨道角动量大小为 $L = m_e rv$,则此轨道磁矩 $\boldsymbol{m}_l$ 的大小表示为

$$m_l = \frac{e}{2m_e}L \tag{17-4}$$

上面用经典模型推出电子的轨道磁矩及其轨道角动量的关系,量子力学理论也给出同样的结果。式(17-4)不但对单个电子的轨道运动成立,而且对一个原子内所有电子的总轨道磁矩以及总角动量也都成立。量子力学给出的总轨道角动量是量子化的,即它的值只可能是[①]

---

① 严格来讲,式(17-5)的量子化值指的是角动量沿空间某一方向(实际上总是外加磁场的方向)的分量。式(17-6)关于自旋磁矩的意义也如此。式(17-5)中的 m_l 是"轨道磁量子数",它只能取整数值,见24.1节。

$$L = m_l \frac{h}{2\pi} = m_l \hbar, \quad m_l = 0, 1, 2, \cdots \tag{17-5}$$

式中，h 称为**普朗克常量**（$h = 6.626 \times 10^{-34}$ J·s），是微观现象量子特性的表征；$\hbar$ 为**约化普朗克常量**。由式（17-4）可知，原子电子轨道总磁矩也是量子化的。例如，氧原子的总轨道角动量的一个可能值是 $L = 1 \times \hbar = \frac{h}{2\pi} \approx 1.05 \times 10^{-34}$ J·s，相应的轨道总磁矩为

$$m_l = \frac{e}{2m_e} \hbar = 9.274 \times 10^{-24} \text{ J/T}$$

电子在绕核运动的同时，也有一个内禀角动量，叫内禀（固有）自旋，简称自旋，它与轨道运动无关，但是可以用绕轴旋转的经典模型来想象。这个角动量也有一个关联的磁矩，叫做**自旋磁矩**，又称**内禀磁矩**，属于固有磁矩。电子内禀自旋角动量 S 的大小为 $S = \hbar/2$，内禀自旋磁矩为

$$m_B = \frac{e}{m_e} S = \frac{e}{2m_e} \hbar = 9.274 \times 10^{-24} \text{ J/T} \tag{17-6}$$

这一磁矩称为**玻尔磁子**（在量子物理基础中，m_B 改用 μ_B 表示）。它是原子物理学中的基本常量之一，因丹麦物理学家玻尔而得名。原子物理学是量子力学建立的基础。

综上所述，磁矩可用于描述磁体和电流回路的磁特性，也是描述微观粒子的磁性质的物理量（见第 24 章）。

*3. 物质的磁性

一个分子中有许多电子和若干个核，它的磁矩是其中所有电子的轨道磁矩和自旋磁矩以及核的自旋磁矩的矢量和。在正常情况下，有些分子的磁矩的矢量和为零，或者说，这种物质的分子原来不具有磁矩，由它们组成的物质就是抗磁质。而有些分子的磁矩的矢量和具有一定的值，或者说，这种物质的分子本身具有磁矩，这个值叫做分子的**固有磁矩**或内禀磁矩；在没有外磁场时，分子的固有磁矩因分子热运动而取向混乱，因而整体上不呈现磁性，由这些分子组成的物质就是顺磁质。铁磁质是顺磁质的一种特殊情况，它们的晶体内电子的自旋之间存在着一种特殊的相互作用（这需要用量子力学理论加以说明，略）使它们具有很强的磁性。表 17-2 列出几种顺磁质材料原子的固有磁矩大小。

表 17-2　几种原子的固有磁矩

原子	磁矩/(J·T^{-1})	原子	磁矩/(J·T^{-1})
H	9.27×10^{-24}	Na	9.27×10^{-24}
He	0	Fe	20.4×10^{-24}
Li	9.27×10^{-24}	Ce^{3+}	19.8×10^{-24}
O	1.39×10^{-24}	Yb^{3+}	37.1×10^{-24}
Ne	0		

（1）顺磁质的磁性

顺磁质的分子本身具有磁矩。当顺磁质置于外磁场时，其分子的固有磁矩就要受到磁场的力矩的作用。这力矩力图使分子的磁矩方向有转向与外磁场方向排列的趋势，而呈现与磁场同向的磁化（见 17.3 节），表现为十分微弱的磁性。由于分子的热运动的影响，各个

分子的磁矩的这种取向不可能完全整齐,其磁性随着温度的升高而减少。外磁场越强,分子磁矩排列得就越整齐(处于势能最低位置),正是这种排列使它对原磁场发生影响。当撤去外磁场,其磁性立即消失。

(2) 抗磁质的磁性

抗磁质的分子本身没有固有磁矩,但为什么也能受磁场的影响并进而影响磁场呢?这是因为抗磁质的分子在外磁场中产生与外磁场方向相反的附加磁矩(感生磁矩)的缘故。

对抗磁质的分子来说,尽管在没有外加磁场时,其中所有电子以及核的磁矩的矢量和为零,因而没有固有磁矩;但是,可以证明(证明略去),在外磁场作用下,每个电子的轨道运动和自旋运动,以及原子核的自旋运动都会发生变化,引起附加的圆电流,因而都在固有磁矩 m 的基础上产生一微小的附加磁矩 Δm,而且不管原有磁矩的方向如何,Δm 的方向都是和外加磁场方向相反的。这些方向相同的微小磁矩的矢量和就是一个分子在外磁场中产生的附加磁矩,即感生磁矩。同样地,当撤去外磁场,其磁性立即消失。

在实验室通常能获得的磁场中,一个分子所产生的附加磁矩要比分子的固有磁矩小至少 5 个数量级。由于这个原因,虽然顺磁质的分子在外磁场中也要产生附加磁矩,但和它的固有磁矩相比,前者的效果是完全可以忽略不计的。

*4. 附加磁矩产生过程的一种经典理论解释

以电子的轨道运动为例,类比于刚体,如图 17-2(a)所示。具有角动量的运动物体在力矩作用下发生旋进,转子在重力矩的作用下,它的角动量要绕竖直轴按逆时针方向(俯视)旋进。如图 17-2(b)、(c)所示,电子作轨道运动时,具有一定角动量,以 L 表示此角动量,它的方向与电子运动的方向遵循右手螺旋关系。由于电子带负电,电子的轨道运动所具有磁矩 m_0 的方向与其角动量 L 的方向相反。

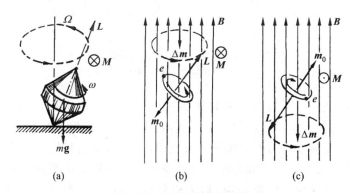

图 17-2 电子轨道运动在磁场中的旋进与附加磁矩

当分子处于磁场中时,其电子的轨道运动要受到力矩的作用,这一力矩为 $M = m_0 \times B$。在图 17-2(b)所示的时刻,电子轨道运动所受的磁力矩方向垂直于纸面向里。

在图 17-2(b)中,由于受到力矩的作用,电子作轨道运动的角动量 L 也要绕与磁场 B 平行的轴按逆时针方向(迎着 B 看)旋进。与这一旋进相对应,电子具有与电流回路相当的轨道磁矩 m_0,又具有一个微小磁矩 Δm,其方向正好与外磁场 B 的方向相反。对于图 17-2(c)所示的沿相反方向作轨道运动的电子,它的角动量 L 与轨道磁矩 m_0 的方向均与图(b)中的电子的方向相反。相同方向的外磁场将对电子的轨道运动产生相反方向的力矩 M。这一

力矩也使得角动量 **L** 沿与 **B** 平行的轴旋进,旋进的方向仍然是逆时针(迎着 **B** 看)的,因而所产生的附加磁矩 Δm 也和外磁场 **B** 的方向相反。因此,不管电子轨道运动方向如何,外磁场对它的力矩的作用总是要使它产生一个与外磁场方向相反的附加磁矩。

17.3　物质的磁化

本节用分子磁矩来解释物质的磁化。

1. 分子电流的概念

把原子或分子作为一个整体,对外界产生的磁效应总效果可用圆电流模型等效,这个等效的圆电流叫做**分子电流**。或者说,分子电流是分子或原子中自由电子运动所形成的电流。分子电流的磁矩叫做**分子磁矩**。

分子电流假说由法国物理学家安培首先提出,因此,分子电流也称安培分子电流或**安培电流**。安培分子电流假说可用于解释物质的磁性,或磁介质的磁化过程。

2. 磁化电流(束缚电流)

设想把圆柱体形状的磁介质置于外磁场中。如果磁介质为顺磁质,如图 17-3(a)所示,其分子的固有磁矩(图中用微小箭头表示)将沿着磁场方向取向。如果磁介质为抗磁质,如图 17-3(b)所示,它的分子产生附加磁矩(感生磁矩)。

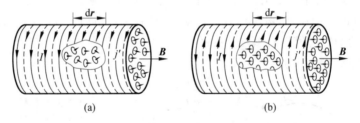

图 17-3　圆柱体表面磁化电流的产生

(a) 顺磁质;(b) 抗磁质

按照分子电流模型,考虑与这些磁矩相对应的小尺度圆电流,可以发现,在图 17-3 圆柱体内部各处总是有相反方向的电流流过,它们之间的磁作用相互抵消。但在圆柱体表面上,这些小尺度圆电流的外面部分未被抵消,它们都沿着相同的方向流动,这些表面上的小电流的总效果相当于等效为在圆柱体表面上有一层电流流过(圆柱体表面的小箭头表示)。这种电流存在于物质内部,称为**磁化电流**,也有人称它**束缚电流**。在图 17-3 中,其面电流密度用 j' 表示。它是分子内的束缚电荷在一个原子或分子的范围内作微小相对位移一段段"接合"而成的,这样的"接合"表现为等效的效果,不同于金属中由自由电子定向运动形成的传导电流。相比之下,导体内的传导电流(见 15.1 节)为自由电荷形成的电流(俗称自由电流)。

磁化电流的微观本质是分子电流共同作用的结果,它在圆柱体表面也是闭合的。在磁化过程中,电子始终绕着原子核运动,并未与其他粒子发生碰撞,因此磁化电流不产生宏观的热效应。至于在磁化过程中,分子之间的相互碰撞所产生的热效应与磁化电流并无直接的关系。磁化电流是束缚在分子中的,同样不能引导出来或采用仪器测量。

由于顺磁质分子的固有磁矩在磁场中定向排列或抗磁质分子在磁场中产生附加磁矩，因而在这些物质的表面上出现磁化电流。磁化电流的出现使得原来不显磁性的物体在磁场中获得磁性，这是一种物质磁化的过程。

顺磁质的磁化电流的方向与其中外磁场的方向满足右手螺旋关系，它产生的磁场加强其中的磁场。抗磁质的磁化电流的方向与其中外磁场的方向满足左手螺旋关系，它产生的磁场要减弱其中的磁场。这就是两种磁介质对磁场影响不同的原因。

【例 17-1】 **面磁化电流密度的计算**。一长直螺线管，单位长度上的匝数为 n，管内充满相对磁导率为 μ_r 的均匀物质。求当导线线圈内通以电流 I 时，管内物质表面的面磁化电流密度。

解 在螺线管内传导电流 I 产生的磁场大小为 $B_0 = \mu_0 nI$，方向平行于轴线，其中 nI 是沿螺线管轴线方向单位长度上的传导电流。由于磁化，在管内物质表面产生面磁化电流。以 j' 表示面磁化电流密度，即沿管轴方向单位长度上的面磁化电流，则由面磁化电流产生的磁场的大小为 $B' = \mu_0 j'$，方向也平行于轴线。这时，管内的磁场是这两种电流产生的磁场的矢量和，其大小为

$$B = B_0 + B' = \mu_0(nI + j')$$

利用式(17-1)，$B' = \mu_r B_0 = \mu_r \mu_0 nI$，则由上式可得

$$j' = (\mu_r - 1)nI \tag{17-7}$$

由式(17-7)可以看出，对于顺磁质，$\mu_r > 1$，从而 $j' > 0$，说明其面磁化电流方向和螺线管中产生外磁场的传导电流方向相同，如图 17-3(a)所示；对于抗磁质，有 $\mu_r < 1$，从而 $j' < 0$，说明其面磁化电流方向和传导电流方向相反，如图 17-3(b)所示。对这两种物质来说，由于 μ_r 与 1 相差甚微，所以面磁化电流极小，螺线管中磁场基本上还是由自由电子形成的传导电流产生的。对于铁磁质，由于 $\mu_r \gg 1$，式(17-7)中的面磁化电流的方向和传导电流的方向相同，面磁化电流密度比传导电流密度大得多。因此，这时管内的磁场基本上是由铁磁质表面的面磁化电流产生的，而引起磁化的传导电流被叫做励磁电流。

由于铁磁质容易磁化，如软铁、硅钢等，而励磁电流又便于控制，且容易获得很强的磁场，因此，通常利用电流的磁场使铁磁质磁化而制成永磁体或电磁铁。铁磁质的特性及其应用将在 17.5 节进一步介绍。

17.4 磁场强度矢量 *H* 及其环路定理

17.1 节已经介绍如图 17-1(b)所示的那种管内充满物质的情况，实验指出 $\boldsymbol{B} = \mu_r \boldsymbol{B}_0$。将此式写成 $\boldsymbol{B}/\mu_0\mu_r = \boldsymbol{B}_0/\mu_0$，等号两侧对任意闭合路径 C 线积分，即

$$\oint_C \frac{\boldsymbol{B}}{\mu_0\mu_r} \cdot \mathrm{d}\boldsymbol{r} = \frac{1}{\mu_0}\oint_C \boldsymbol{B}_0 \cdot \mathrm{d}\boldsymbol{r}$$

应用式(15-48)的安培环路定理，可得

$$\oint_C \frac{\boldsymbol{B}}{\mu_0\mu_r} \cdot \mathrm{d}\boldsymbol{r} = \sum_i^n I_{\mathrm{in},i} \tag{17-8}$$

式中，$\sum_i^n I_{\mathrm{in},i}$ 是与 $\boldsymbol{B}_0$ 对应的、闭合路径 C 包围的全部传导电流。传导电流可以人为地加以控制，上式也就具有实际应用的重要性。通常定义 $\boldsymbol{H}$，使之与 $\boldsymbol{B}$ 及 μ_r 相对应，即

$$\boldsymbol{H} \equiv \boldsymbol{B}/\mu_0\mu_r \equiv \boldsymbol{B}/\mu \tag{17-9}$$

$\boldsymbol{H}$ 称为**磁场强度**。它是描述磁场特性的辅助矢量。在 SI 中，$\boldsymbol{H}$ 的单位为 A/m，$\boldsymbol{B}$ 的单位为 T。在各向同性的磁介质中，磁感应强度 B 与磁场强度 H 的比值 μ 称为介质的**磁导率**，记

为 $\mu = \mu_0 \mu_r$。利用式(17-9)的磁场强度 H 定义,式(17-8)改写为

$$\oint_C \boldsymbol{H} \cdot d\boldsymbol{r} = \sum_i^n I_{in,i} \tag{17-10}$$

此式表明,在磁场中存在物质时,磁场强度沿任意闭合路径的线积分(环流)等于该闭合路径所包围的全部传导电流的代数和。由于式(17-10)具有与式(15-48)相同的形式,所以称为**磁场强度矢量 $\boldsymbol{H}$ 的安培环路定理**,简称 $\boldsymbol{H}$ **的环路定理**(有教材称**安培定律**)。

虽然式(17-10)是由图 17-1(b)的特殊情况导出的,但实际上可以说明,无论磁场是否被物质充满,式(17-10)都是普遍成立的。

磁场是电流或运动电荷引起的,而磁介质在磁场中发生的磁化对磁场也有影响,磁感应强度 $\boldsymbol{B}$ 和磁场强度 $\boldsymbol{H}$ 都是描述磁场的物理量。对于真空的情况,只要用 $\boldsymbol{B}$ 就足够了。对于充满均匀磁介质情况,引入 $\boldsymbol{H}$ 后,磁场就可以有两种表示法:(1)如果考虑包括介质因磁化而产生的场在内,用 $\boldsymbol{B}$ 表示;$\boldsymbol{B}$ 决定电流或运动电荷在磁场中所受的力(见 15.5 节"洛伦兹力")。(2)如果考虑单纯由电流或运动电荷所引起的场,则用 $\boldsymbol{H}$ 表示;由式(17-10)可见,磁场强度与产生磁场的电流相联系。这样就不必考虑磁化电流产生的影响的计算问题,使问题变得简单。这一点与电位移矢量 $\boldsymbol{D}$ 的式(14-20)类似,只不过关于 $\boldsymbol{D}$ 的是高斯定理,这里是关于 $\boldsymbol{H}$ 的安培环路定理。类比于 $\boldsymbol{D}$ 叫电位移矢量,这里把 $\boldsymbol{H}$ 叫磁场强度矢量。

【例 17-2】 $\boldsymbol{H}$ 的环路定理的应用。长直单芯电缆的芯是一条半径为 R 的金属导体,它和导电外壁之间充满相对磁导率为 μ_r 的均匀物质,如图 17-4 所示。图中电流 I 均匀地流过金属导体(芯)的横截面并沿导电外壁流回而形成回路。求该物质中磁感应强度的分布。

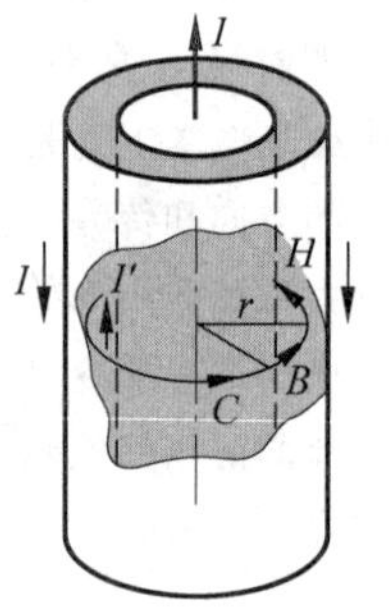

解 长直单芯电缆相当于圆柱体,其芯电流所产生的 $\boldsymbol{B}$ 和 $\boldsymbol{H}$ 的分布均具有轴对称性。在垂直于电缆轴的平面内作一圆心在轴上、半径为 r 的圆周环路 C,应用 $\boldsymbol{H}$ 的环路定理,对此圆周环路 C 的积分为

图 17-4 例 17-2 用图

$$\oint_C \boldsymbol{H} \cdot d\boldsymbol{r} = 2\pi r H = I$$

求得

$$H = \frac{I}{2\pi r}$$

利用式(17-9),对应的磁感应强度为

$$B = \frac{\mu_0 \mu_r}{2\pi r} I$$

$\boldsymbol{B}$ 线位于与电缆轴垂直的平面内,为圆心在轴上的一簇簇同心圆。

在不具体考虑磁介质在磁场中发生的磁化对磁场影响的情况下,本例题用式(17-10)的 $\boldsymbol{H}$ 的环路定理,较便捷地求出磁场的分布。

必须指出的是,本节的磁场强度的引入及其环路定理的演绎,也可以类比电介质对电场的影响,像 14.4 节那样引入电极化强度 $\boldsymbol{P}$ 的方法,通过引入**磁化强度 $\boldsymbol{M}$**,建立 $\boldsymbol{M}$ 与磁化电流的面电流密度 j' 的关系表示磁性物质中单位体积内的磁矩,再定义磁场强度 $\boldsymbol{H}$,由 $\boldsymbol{H} = \dfrac{\boldsymbol{B}}{\mu_0} - \boldsymbol{M}$,得到 $\boldsymbol{B} = \mu_0 \mu_r \boldsymbol{H} = \mu \boldsymbol{H}$ 和环路定理。这一方法物理图像虽然清晰,但涉及较多的物理概念,内容比较抽象。

*17.5 铁磁质

铁、钴、镍及其一些合金、稀土族金属(在低温下)以及某些氧化物(如用于制造磁带的 CrO_2 等)都是铁磁质。它们具有明显而特殊的磁性。首先,相对磁导率 μ_r 一般都较大,并随外磁场的强弱而发生变化;其次,存在明显的磁滞效应;此外,还有磁致伸缩效应,以及特殊的温度特性等。这些特性是它们得以广泛应用的基础。

铁磁质在磁化过程中,当外磁场增加到一定程度时,发生磁性饱和现象;当外磁场撤去时,仍能保持一定的磁性。这种特性可用铁磁质内存在自发磁化的区域,也就是磁畴的理论来解释。下面分别加以介绍。

1. 铁磁质的磁滞现象

用实验研究铁磁质的性质时,通常把铁磁质试样做成环状,外面绕上若干匝线圈,如图 17-5 所示。线圈中通入电流后,铁磁质就会被磁化。当其励磁电流为 I 时,根据 $\boldsymbol{H}$ 的环路定理,环中的磁场强度 H 为

$$H = \frac{NI}{2\pi r}$$

式中,N 为环上线圈的总匝数,r 为环的平均半径(参考例 15-7,即 $R=r$)。这时环内的 B 可以用另外的方法测出,于是可得一组对应的 H 和 B 的值;改变电流 I,依次测得许多组(或 I 和 B)对应的 H(或 I)和 B 的值,由此绘出一条关于试样的 $H\text{-}B$(或 $I\text{-}B$)关系曲线,以表示试样的磁化特点。这样的曲线叫**磁化曲线**。

如果从试样完全没有磁化开始,逐渐增大电流 I,从而逐渐增大 H,那么所得的磁化曲线叫**起始磁化曲线**(对应有起始磁导率、起始磁化率的概念,略),如图 17-6 所示。H 较小时,B 随 H 成正比地增大。H 再稍大时,B 就开始急剧地增大,但也约成正比地增大;接着随着 H 的增大,B 增大变慢,当 H 到达某一值后再增大时,B 就几乎不再随 H 增大而增大。这时铁磁质试样到达一种磁饱和状态,它标志着铁磁质内部所有的原子磁矩都沿 $\boldsymbol{B}$ 的方向排列整齐。

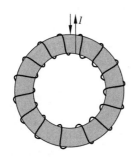

图 17-5　环状铁芯被磁化

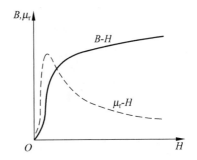

图 17-6　铁磁质中 B 和 μ_r 随 H 变化的曲线

根据 $B = \mu_0 \mu_r H$,可以求出不同 H 值时的 μ_r 值,μ_r 随 H 变化的关系曲线对应地画在图 17-6 中。

实验证明,各种铁磁质的起始磁化曲线都是"不可逆"的,即当铁磁质到达磁饱和后,如

果慢慢减小磁化电流以减小 H 的值,铁磁质中的 B 并不沿起始磁化曲线逆向逐渐减小,而是减小得比原来增加时慢。如图 17-7 中 ab 线段所示,当 $I=0$,即 $H=0$ 时,B 并不等于 0,而是还保持一定的值。H 恢复到零时铁磁质内仍保留的磁化状态叫做**剩磁**。剩磁也称为**顽磁**,它是铁磁质磁化后,在外磁场撤去时仍能保持的磁感应强度,相应的磁感应强度常用 B_r 表示。在磁化和去磁过程中,铁磁质的磁化强度不仅依赖于外磁场强度,而且依赖于它的原先磁化强度,这种现象叫**磁滞**(磁滞效应)。磁滞现象可用磁化过程中的磁化曲线(磁滞回线)——B-H 关系曲线来解释。图 17-7 的横坐标是由外电流产生、促使磁化的磁场强度大小 H;纵坐标是铁磁质中的磁感应强度大小 B。

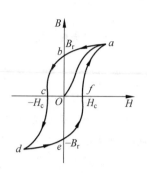

图 17-7 磁滞回线

在图 17-7 中,要想把剩磁完全消除,必须改变电流的方向,并逐渐增大这反向的电流(bc 段)。当 H 增大到 $-H_c$ 时,$B=0$。这个使铁磁质中的 B 完全消失的 H_c 值叫铁磁质的**矫顽力**。所谓矫顽力,是指要使已被磁化的铁磁质失去磁性而必须外加的与原磁化方向相反的磁感应强度。由图 17-7 可见,矫顽力不仅与铁磁质的性质有关,还依赖于铁磁质磁化时原先的情况。继续增大反向电流以增加 H,可以使铁磁质达到反向的磁饱和状态(cd 段)。将反向电流逐渐减小到零,铁磁质会达到 $-B_r$ 所代表的反向剩磁状态(de 段)。

把电流改变为原来的方向并逐渐增大,铁磁质又会经过 H_c 表示的状态而回到原来的饱和状态(efa 段)。它们所形成的磁化曲线是往返磁化所形成的 B-H 关系,为非线性的闭合曲线。这种表示磁滞现象的曲线称为**磁滞回线**。

由磁滞回线可以看出,铁磁质的磁化状态并不能由励磁电流或 H 值单值地确定,它还取决于该铁磁质此前的磁化历史。不同的铁磁质的磁滞回线的形状不同,表示它们各具有不同的剩磁 B_r 和矫顽力 H_c。

纯铁、硅钢、坡莫合金(含铁、镍)等材料的 H_c 很小,其磁滞回线比较"瘦",如图 17-8(a)所示,这些材料叫**软磁材料**。

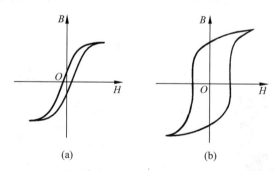

图 17-8 磁滞回线

(a) 软磁材料;(b) 硬磁材料

碳钢、钨钢、铝镍钴合金(含 Fe,Al,Ni,Co,Cu)等材料具有较大的 H_c,其磁滞回线显得"胖"一些,如图 17-8(b)所示,它们一旦磁化后,对于外加的较弱磁场有较大的抵抗力,或者说,它们对于其磁化状态有一定的"记忆能力",这种材料叫**硬磁材料**。

2. 居里温度　磁致伸缩效应　磁滞损耗

（1）居里温度（居里点）

铁磁质还有一个与温度有关的特性。实验指出，当铁磁材料温度高达一定程度时，它们的上述特性将消失而呈顺磁性，转变为顺磁质。铁磁质转变为顺磁质时的温度叫**居里温度**，也称**居里点**。它由法国物理学家居里（P.Curie，1859—1906）首先确定而得名。不同的铁磁质，居里温度不同。例如，铁为769℃，钴为1 131℃，镍为358℃。电饭锅的底部装有两套温控装置，其中的磁化控温器由居里点为103℃的磁性材料和永磁体组成，利用磁性材料居里温度的特点控制煮饭。另一套为双金属片恒温器，用来保温。

此外，当铁磁质受到强烈震动或因高温下剧烈热运动的影响时，铁磁性质也会消失。

（2）磁致伸缩效应

某些晶体，特别是铁磁体（如镍）在磁场作用下，其线度（或体积）随外加磁场的变化而微小改变的现象，称为**磁致伸缩效应**。交变磁场会使这样的晶体作机械振动，在适当频率下，可发生共振。利用晶体（如镍铁合金等）的磁致伸缩效应，可制成电-声换能器用来产生超声波，实现能量转换。

（3）磁滞损耗（铁损）

实验指出，铁磁质（如变压器或其他交流电磁装置中的铁芯）处于周期性变化的磁场（交变磁场）中时，由于沿磁滞回线反复被磁化，它要变热而引起额外的能量消耗。这种以热的形式从铁磁质中释放出来能量称为**磁滞损耗**或**铁损**。单位体积的铁磁材料反复磁化一次所产生的磁滞损耗与该材料的磁滞回线所包围的面积成正比。因此，要减少磁滞损耗就应选用磁滞回线细窄的铁磁质。例如，在交流电磁装置中，利用软磁材料（如硅钢）作铁芯是相宜的。

*3. 磁畴

磁介质对磁场的影响是由于磁介质受磁场的影响而发生变化，这与物质的微观结构有关。铁磁性的起源及其特性需要用铁磁质的基本组成部分"磁畴"理论来解释。铁磁质的铁磁性（如高磁导率、磁滞、磁致伸缩等）是与磁畴结构分不开的。

在铁磁质内存在着无数个线度约为10^{-4} m自发磁化的小区域，如图17-9所示，它们是铁磁质的基本组成部分，称为**磁畴**。铁磁质的原子磁矩主要决定于原子中电子的自旋，在每个磁畴中，所有的原子磁矩全都沿着同一方向整齐排列而有相互平行的自发倾向，因而具有磁性。在未磁化的铁磁质中，各磁畴的自发磁化方向（磁矩的取向）是无规则和杂乱的，因而

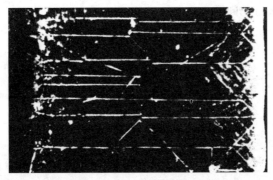

图17-9　铁磁质内的磁畴（线度0.1～0.3 mm）

整块铁磁质在宏观上对外不显磁性。当在铁磁质内加上外磁场并逐渐增大时,各磁畴的大小发生变化,其自发磁化方向(磁矩方向)与外加磁场方向相同或近似相同的磁畴逐渐扩大,而方向相反或近似相反的磁畴逐渐缩小,以致在外磁场方向上的总磁矩随着外磁场的增强而增加。当外加磁场大到一定程度后,所有磁畴的磁矩取向一致,此时的铁磁质就达到磁性饱和状态。当很强磁性的磁体靠近铁块时,如果你能用听诊器测听铁块内磁畴改变磁化方向时发出的声音也是很有趣的。

*4. 磁性材料及其应用简介

根据铁磁性能的不同,磁性材料分为软磁材料和硬磁材料两类。它们一般多为合金;工作高频段时,有的用铁氧体。

(1) **软磁材料与硬磁材料(永磁材料)**

软磁材料磁化后剩磁较小而容易去掉磁性,具有小的矫顽力与磁滞损耗,常用作传递、转换能量和信息的磁性部件或器件。例如,硅钢片可用作变压器和电磁铁的铁芯,以使电流切断后尽快消失磁性。

硬磁材料磁化后剩磁较大,即使撤去外磁场而不容易去掉磁性,仍能长时间保持较强的磁性,即具有大的矫顽力,以求尽可能保存磁性,也称**永磁材料**。如铁、镍、钴、钴钢、硅钢以及合金钕铁硼、铝镍钴(含 Fe,Al,Ni,Co,Cu)等材料,还有某些氧化物也是很好的硬磁材料(称为铁氧体)。由于电流能够引起很强的磁场,且便于控制,利用电流的磁场使硬磁材料磁化可制成永磁体或电磁铁。硬磁材料广泛用于电工和电子仪表中,以及记录磁带或电子计算机的记忆元件。

永磁体是仍保留着一定的磁化状态的铁磁体,它都用硬磁材料做成。考虑一根永磁体棒,设它均匀磁化,其中分子磁矩整齐排列,如图 17-10(a)所示,前方即 N 极,后方即 S 极。这种磁化状态相当于磁化电流沿磁棒表面流通。这正像一个通有电流的螺线管那样,磁感应强度 B 的分布如图 17-10(b)所示。在磁棒外面,由于 $H=B/\mu_0$,在各处 H 和 B 的方向都一致。在磁棒内部,H 还和分子磁矩的排列有关(此处由于是剩磁,是分子磁矩的既定排列产生磁场,所以在永磁体内 $H=B/\mu$ 不成立),所以 H 线的分布如图 17-10(c)所示。H 线则不同程度地和 B 线反向。图 17-10(c)还显示,磁铁棒的两个端面(磁极)好像是 H 线的"源",于是可以引入"磁荷"的概念来说明这种源:N 极端面可以说是分布有"正磁荷",H 线由它发出(向磁棒内外);S 极端面可以说是分布有"负磁荷",H 线向它汇集。正是基于这种想象的磁荷的"存在",早先建立一套关于磁场的磁荷理论,至今在有些论述电磁场的资料中还在应用这种理论来讨论问题。

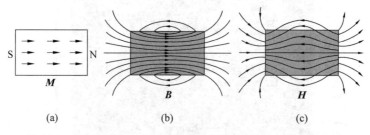

(a)　　　　　　(b)　　　　　　(c)

图 17-10　永磁体棒的分子磁矩排列以及 B 线和 H 线的分布图

（2）**铁氧体**

铁氧体是由氧化铁和其他金属（如镍、锌、锰、锶等）氧化物组成的磁性材料,也称磁性陶瓷。铁氧体的导电性属半导体型,其电阻率远大于纯金属磁性材料,在高频磁场中,它产生的涡流较小,适合于作高频磁性元件。在电子设备中,它被广泛用作软磁、硬磁、矩磁、旋磁、压磁以及磁记录等材料,但不适合被用作强功率低频率的磁性元件。

（3）**静磁屏蔽**

把一块高磁导率的软磁材料置于外磁场中,由于它的相对磁导率 μ_r 很大,其表面上产生的面磁化电流也很大,因而这磁化电流的磁场叠加在原磁场上就使磁场发生很大的畸变,磁感线会被"收聚"到软磁材料中,如图 17-11 所示。如果这软磁材料是中空的（如做成铁筒或铁盒）,则中空部分相当于一个空腔罩,其内的磁场将非常弱（图 17-12）,这就是一个良好的屏蔽装置。

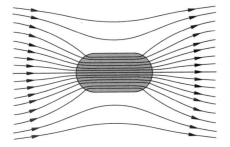

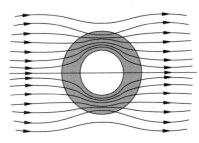

图 17-11 软磁材料在均匀外磁场中"收聚"磁感线　　图 17-12 磁屏蔽原理

由于空腔罩的磁导率远大于空腔内空气的磁导率,因而,空腔罩的磁阻远小于空腔的磁阻,罩与空腔相当于它们的磁阻的并联,使得来自外界的磁感线在二者的交界面上发生畸变,绝大部分都通过空腔罩而几乎不进入空腔内。这说明空腔罩起到屏蔽静磁场的作用,这种排除或抑制静磁干扰的措施称为**静磁屏蔽**。磁阻的概念在 *17.6 节介绍。

必须指出的是,空腔内的磁场并不真正为零,即静磁屏蔽不可能是完全的,这与闭合导体空腔内的静电场为零不同,静磁屏蔽远不如静电屏蔽的效果。考虑到外壳厚度和磁导率大小对屏蔽效果有显著的影响,为进一步提高屏蔽效果,可采用较厚的屏蔽罩或多层屏蔽的方法。值得注意的是,这种屏蔽方法只适用于静磁,不宜用于屏蔽高频交变磁场,否则将引起很大的磁滞损耗。若要排除或抑制高频电磁场,则应采用电磁屏蔽措施。

（4）**磁记录**

根据铁磁材料的特性和电磁感应的规律,通过使磁性材料发生选择性磁化,将可转变为电信号的信息输入、记录和存储于磁性介质中,并且又能将信息提取、重现的过程,称为**磁记录**。它是现在使用广泛的一种信息技术。

磁记录用于记录信息（如声音、图像、数据或其他电信号）的铁磁材料制成粉状,通过黏结剂涂敷在特制的塑料薄带、圆柱或圆盘的基片表面,这样的载体对应称为**磁带、磁鼓或磁盘**等。按基片材料的不同,作为外存储器的磁盘存储器（外存）有硬盘（硬磁盘）和软盘（软磁盘）两种,后者因容量小,存储速度慢,已基本淘汰。

录音（或录像）时,需要一个录音磁头,实际上它相当于一个具有微小气隙的电磁铁,如图 17-13 所示。录音时使磁带靠近磁头的气隙走过。前置的信号采集和处理电路（图中未画出)将声音或图像转换为相应的电信号,传输到磁头内的线圈电信号为强弱和频率随声音或图像相应改变着的电流信号。这电流使线圈中铁芯的磁化状态以及缝隙中的磁场发生同步的变化。这变化着的磁场又使在磁头附近经过的磁带上的磁粉的磁化状态也发生同步的变化。即使磁粉离开磁头后,其剩磁的强弱变化相应于输入磁头线圈上电流的变化,也就是相应于声音或图像信号的变化,从而在磁带上记录声音或图像。图 17-14 显示的是录制后的磁带的磁感线迹象。

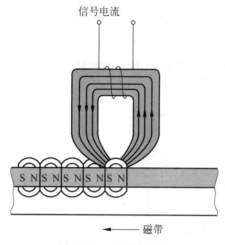

图 17-13　磁录音原理

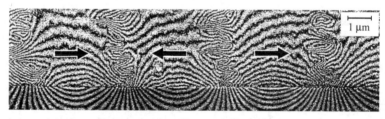

图 17-14　录制后的磁带的磁感线迹象

　　放音(或放像)时,让已录音(或录像)的磁带在磁头的气隙下面通过。磁带上铁粉的剩磁强弱的变化将引起铁芯内磁通量的变化。这变化将在线圈内产生同步变化的感应电流。显然,只要磁带移动的速度和录音时磁带移动的速度相同,此时线圈中产生的感应电流的变化将和录音时输入的电流信号的变化相同。将此电流放大再经过电声转换或电像转换,即可重现原来记录的声音或图像。

　　按信息记录方式的不同,磁记录有两种:一是连续的模拟式记录,如用于录音或录像;二是离散的数字式记录,记录二进制数字"1"(通)和"0"(断)代表的信息,其磁粉只能处于正或负两种磁化状态之一。这种记录方式大量用于数码设备,特别是计算机的数据存储中。20 世纪 80 年代开始把数字处理技术应用于录音中,有效地提升声音的品质。

　　* 5. 铁电体　压电体

　　作类比学习。某些电介质在电极化过程中,具有类似铁磁体磁化过程的电滞现象——**电滞回线**,即在极化过程中,呈现电极化强度 P 滞后于外电场 E 而变化关系曲线。电滞回线表示与电极化历史有关的现象,其极化过程是不可逆的。即当外电场撤去后,电介质并不恢复为中性,而具有剩余极化。这种相对介电常数 ε_r 很大(在 $10^2 \sim 10^4$ 范围),并随外电场变化而变化的物质,由于它是具有类似铁磁质的电性,故名**铁电体**。实际上,铁电体与"铁"毫无关系。铁电性是 1921 年首先在罗谢耳盐(Rochelle,又译罗息盐,即酒石酸钾钠,化学式为 $NaKC_4H_4O_6$)中发现的,又称罗谢耳电性(Rochelle-electricity,罗息电性)。钛酸钡($BaTiO_3$)、酒石酸钾钠($NaKC_4H_4O_6$)和铌酸钠($NaNbO_3$)等具有与铁磁质相似的很多电性,它们都是重要的铁电体,可作为制作电容器、信息存储器件、热敏电阻器等的材料。

铁电体只在一定温度范围内具有自发极化的铁电现象。当铁电体温度超过某一定值时,热运动将破坏铁电材料内的电畴结构,使其自发极化消失,晶体由铁电相转变为非铁电相,即铁电特性随之消失,此时的温度称为**铁电居里温度**也称**铁电居里点**。如钛酸钡的铁电居里点为 120℃;少数铁电体有两个铁电居里点,如罗谢耳盐分别为 35℃ 和 -22℃。

铁电材料有一个特殊的性质,即其线度会随外加电场的变化而变化,这种现象叫**电致伸缩**。它是电介质在电场中发生弹性形变(机械应变)的现象,是压电效应的逆效应(逆压电效应)。电场反向时,应变随之反向变化。在其表面间加某一频率的交变电压,它也可发生机械共振。反之,当对一片铁电材料两面加压时,其表面会出现电荷,这种现象叫**压电效应**(正压电效应)。它是电介质(如石英、电气石、酒石酸钾钠等晶体)在压力作用下发生极化而在两端表面间出现电势差的现象。因此,这种电介质可实现机械振动与交流电的相互转换,又称**压电体**。

压电体广泛用于传感器元件中,如电-声换能器、力学量测量元件等。在高频变化电场中,压电体的长度或厚度也会随之发生高频率的变化。这种变化被用于制成高频振荡器、滤波器,以及制造超声电机和在空气或水中产生超声波。

*17.6 简单磁路

由于铁磁质材料的相对磁导率 μ_r 一般很大,所以由这样的材料制成的"铁芯"有使磁场集中到其内部的作用。如图 17-15(a)所示,一个没有铁芯的载流线圈所产生的磁场弥漫在它的周围。如果把相同的线圈绕在一个环形的铁芯(可以有一个缺口)上,如图 17-15(b)所示,并通以相同的电流,则铁芯因被磁化,在其表面产生磁化电流。由于 μ_r 很大,所以这磁化电流就比励磁电流 I 大得多,这时整个铁芯相当于一个由这些磁化电流组成的螺绕环,磁场分布基本上由这磁化电流决定。其结果是磁场大大增强,且基本上集中到铁芯内部。铁芯外部相对很弱的磁场叫**漏磁通**。在电工技术中,漏磁通一般可忽略不计。由于磁场集中在铁芯内,所以磁感线基本上沿着铁芯形成闭合的曲线。

由铁芯(或有一定间隙的铁芯)构成的磁感应线集中通过的闭合回路叫**磁路**。或者说,磁路类似于电路,是磁感应线先后穿过不同磁阻材料组成的通道。基于相似性,磁路与电路中的一系列概念相对应。例如,磁路中的磁通量(B 的通量)对应于电路中的电流(J 的通量),B 线和恒定电流中的 J 线都是连续的曲线;磁阻的名称是它与电阻 $R = l/\sigma S$ 在形式上具有相似性(σ 为导体的电导率,见 15.2 节)而得出的。一段长为 l,截面积为 S,磁导率为 μ 的磁介质,则其磁阻为 $l/\mu S$。因此,磁阻取决于磁路中各磁介质的性质、形状、大小等。磁路中各处磁场的计算在电工设计中很重要。下面通过例题加以说明。

【例 17-3】 简单磁路。如图 17-15(b)所示的一个铁环,设环的长度 $l=0.5$ m,截面积 $S=4\times10^{-4}$ m^2,环上气隙的宽度 $\delta=1.0\times10^{-3}$ m。环的一部分上绕有线圈 $N=200$ 匝,设通过线圈的电流 $I=0.5$ A,而铁芯相应的 $\mu_r=5\,000$,求铁环气隙中的磁感应强度 B 的值。

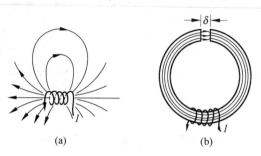

图 17-15   螺线管的磁场分布

(a) 无铁芯;(b) 有铁芯

解   忽略漏磁通,根据磁通连续定理(见 15.7 节),通过铁芯各截面的磁通量 Φ 应该相等,因而铁芯内各处的磁感应强度 $B=\Phi/S$ 也应相等。在气隙内,由于 $\delta\ll l$,磁场虽然有所散开,但散开不大,仍可认为磁场集中在其截面与铁芯截面相等的空间内。这样,磁通连续定理给出气隙中的磁感应强度

$$B_0=\Phi/S=B。$$

为了计算 B 的数值,应用磁场强度 H 的环路定理,做一条沿着铁环轴线穿过气隙的封闭曲线,将它作为安培环路 C,则有

$$\oint_C \boldsymbol{H}\cdot\mathrm{d}\boldsymbol{r}=\int_l H\mathrm{d}r+\int_\delta H_0\mathrm{d}r=NI$$

由此得

$$Hl+H_0\delta=NI$$

其中,H 和 H_0 分别是铁环内和气隙中的磁场强度的值。由于 $H=\dfrac{B}{\mu_0\mu_r}$,$H_0=\dfrac{B_0}{\mu_0}=\dfrac{B}{\mu_0}$,所以上式可写成

$$\frac{Bl}{\mu_0\mu_r}+\frac{B\delta}{\mu_0}=NI$$

于是

$$B=\frac{\mu_0 NI}{\dfrac{l}{\mu_r}+\delta}=\frac{4\pi\times10^{-7}\times200\times0.5}{\dfrac{0.5}{5\,000}+10^{-3}}\ \text{T}=0.114\ \text{T}$$

从本例题可见,由于空气的 $\mu_r\approx1$,远比铁芯的 μ_r 小得多,所以即使是 1 mm 的气隙也会对铁芯内的磁场产生很大的影响。在本例中,有气隙和没有气隙相比,磁感应强度减弱到十分之一。

如图 17-16 所示是实际电磁铁结构的常见形式。一个线圈的安培匝数数值上等于线圈的安培总匝数 N 与通入线圈中电流 I 的乘积,叫做电磁铁的**安培匝数**,简称**安匝数**。由电磁铁的几何尺寸、铁芯的磁导率和安匝数,即可如例 17-3 的方法粗略地求出气隙中的磁场。

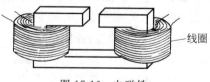

图 17-16   电磁铁

思考题

17-1 为什么把一块铁磁样品放到较弱的磁场中,它能使磁场大大加强,并且把磁感线收拢在自己体内?

17-2 一块永磁铁落到地板上就可能部分退磁? 为什么? 把一根铁条南北放置,敲它几下,就可能磁化,又为什么?

17-3 为什么一块磁铁能吸引一块原来并未磁化的铁块?

17-4 马蹄形磁铁不用时,要用一铁片吸到两极上,条形磁铁不用时,要成对地且 N,S 极方向相反地靠在一起放置,为什么? 有什么作用?

17-5 顺磁质和铁磁质的磁导率明显地依赖于温度,而抗磁质的磁导率则几乎与温度无关,为什么?

*17-6 **磁冷却**。将顺磁样品(如硝酸铈镁)在低温下磁化,其固有磁矩沿磁场排列时要放出能量以热量的形式向周围环境排出。然后在**绝热情况下**撤去外磁场,这时样品温度就要降低,实验中可降低到 10^{-3} K。如果使核自旋磁矩先排列,然后再绝热地撤去磁场,则温度可降到 10^{-6} K。试解释为什么样品绝热退磁时温度会降低。

17-7 北宋庆历四年(1044 年)曾公亮主编的《武经总要》前集卷十五介绍了指南鱼(指南针的前身)的制作方法:"鱼法以薄铁叶剪裁,长二寸阔五分,首尾锐如鱼形,置炭火中烧之,候通赤,以铁铃铃[钳]鱼首出火,以尾正对子位[正北],蘸水盆中,没尾数分[鱼尾斜向下]则止。以密器[铁盒]收之。用时置水碗于无风处,平放鱼在水面令浮,其首常南向午[正南]也。"这段生动的描述(参见图 17-17)包含了对铁磁性的哪些认识? 又包含了对地磁场的哪些认识?

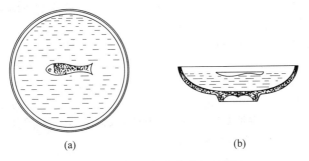

图 17-17 《武经总要》指南鱼复原图

(a) 俯视;(b) 侧视

17-8 (1) 如图 17-18(a)所示,电磁铁的气隙很窄,气隙中的 B 和铁芯中的 B 是否相同?

(2) 如图 17-18(b)所示,电磁铁的气隙较宽,气隙中的 B 和铁芯中的 B 是否相同?

(3) 就图 17-18(a)和(b)比较,两线圈中的安匝数(即 NI)相同,两个气隙中的 B 是否相同? 为什么?

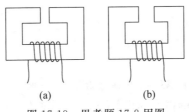

图 17-18 思考题 17-8 用图

习题

*17-1　在铁晶体中，每个原子有两个电子的自旋参与磁化过程。设一条磁铁棒直径为 1.0 cm，长 12 cm，其中所有有关电子的自旋都沿棒轴的方向排列整齐了。已知铁的密度为 7.8 g/cm³，摩尔(原子)质量是 55.85 g/mol。

(1) 自旋排列整齐的电子数是多少？

(2) 这些自旋已排列整齐的电子的总磁矩多大？

(3) 磁铁棒的面电流多大才能产生这样大的总磁矩？

(4) 这样的面电流在磁铁棒内部产生的磁场多大？

*17-2　在铁晶体中，每个原子有两个电子的自旋参与磁化过程。一枚磁针按长 8.5 cm，宽 1.0 cm，厚 0.02 cm 的铁片计算，设其中有关电子的自旋都排列整齐了。已知铁的密度是 7.8 g/cm³，摩尔(原子)质量是 55.85 g/mol。

(1) 这根磁针的磁矩多大？

(2) 当这枚磁针垂直于地磁场放置时，它受的磁力矩多大？设地磁场为 0.52×10^{-4} T。

*(3) 当这枚磁针与上述地磁场逆平行地放置时，它的磁势能多大？

17-3　螺绕环中心周长 $l = 10$ cm，环上线圈匝数 $N = 20$，线圈中通有电流 $I = 0.1$ A。

(1) 求管内的磁感应强度 $\boldsymbol{B}_0$ 和磁场强度 $\boldsymbol{H}_0$；

(2) 若管内充满相对磁导率 $\mu_r = 4\,200$ 的磁介质，那么管内的 $\boldsymbol{B}$ 和 $\boldsymbol{H}$ 是多少？

(3) 磁介质内由导线中电流产生的 $\boldsymbol{B}_0$ 和由磁化电流产生的 $\boldsymbol{B}'$ 各是多少？

17-4　一铁制的螺绕环，其平均圆周长 30 cm，截面积为 1 cm²，在环上均匀绕以 300 匝导线。当绕组内的电流为 0.032 A 时，环内磁通量为 2×10^{-6} Wb。试计算：

(1) 环内的磁通量密度(即磁感应强度)；

(2) 磁场强度；

*(3) 磁化面电流(即面束缚电流)密度；

*(4) 环内材料的磁导率和相对磁导率。

17-5　在铁磁质磁化特性的测量实验中，设所用的环形螺线管上共有 1 000 匝线圈，平均半径为 15.0 cm，当通有 2.0 A 电流时，测得环内磁感应强度 $B = 1.0$ T，求：

(1) 螺绕环铁芯内的磁场强度 H；

(2) 该铁磁质的磁导率 μ 和相对磁导率 μ_r；

*(3) 已磁化的环形铁芯的面束缚电流密度。

17-6　图 17-19 是退火纯铁的起始磁化曲线。用这种铁做芯的长直螺线管的导线中通入 6.0 A 的电流时，管内产生 1.2 T 的磁场。如果抽出铁芯，要使管内产生同样的磁场，需要在导线中通入多大电流？

17-7　如果想用退火纯铁作铁芯做一个每米 800 匝的长直螺线管，而在管中产生 1.0 T 的磁场，则导线中应通入多大的电流？(参照图 17-19 的 B-H 图线。)

17-8　一个利用空气间隙获得强磁场的电磁铁如图 17-20 所示。铁芯中心线的长度 $l_1 = 500$ mm，空气隙长度 $l_2 = 20$ mm，铁芯是相对磁导率 $\mu_r = 5\,000$ 的硅钢。要在空气隙中得到 $B = 3$ T 的磁

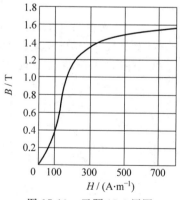

图 17-19　习题 17-6 用图

场,求绕在铁芯上的线圈的安匝数 NI。

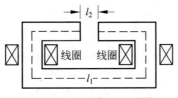

图 17-20　习题 17-8 用图

17-9　某电钟里有一铁芯线圈,已知铁芯的磁路长 14.4 cm,空气隙宽 2.0 mm,铁芯横截面积为 0.60 cm²,铁芯的相对磁导率 $\mu_r = 1\,600$。现在要使通过空气隙的磁通量为 4.8×10^{-6} Wb,求线圈电流的安匝数 NI。若线圈两端电压为 220 V,线圈消耗的功率为 20 W,求线圈的匝数 N。

第18章

电磁感应　电磁波

1820 年奥斯特通过实验发现电流的磁效应,由此人们自然想到,能否利用磁效应产生电流呢? 法拉第于 1822 年就着手对这一问题进行有目的的实验研究。经过多次失败,他终于在 1831 年取得突破性的进展,发现利用磁场产生电流的电磁感应现象。从实用角度看,这一发现使电工技术有长足发展,为后来的电气化及其应用打下基础。从理论研究说,这一发现更全面地揭示电与磁的联系,为后来麦克斯韦建立一套完整的电磁场理论奠定基础。

本章讲解电磁感应现象的基本规律——法拉第电磁感应定律,产生电磁感应现象的两种情况——动生电动势和感生电动势,介绍在电工技术中常遇到的互感和自感两种现象的规律,并导出磁场能量的表达式。这些内容在中学物理中已有一定的基础,本章进一步深入到定量的形式。麦克斯韦电磁场方程是对电磁学的基本定律的综合陈述。最后简略地介绍电磁波的性质。

18.1　法拉第电磁感应定律

电磁感应定律是法拉第一生中最重要的成就。他是世界上著名的自学成才的物理学家和化学家。因在电磁学和电化学等领域的贡献,毫无疑问,法拉第成为 19 世纪科学史上最具影响力的人物之一,即使是功成名就的英国著名化学家戴维也谦虚地说:“我一生中最重要的发现,就是发现了法拉第。”

1. 电磁感应现象　电磁感应定律

19 世纪 30 年代,法拉第和美国物理学家亨利(J. Henry,1797—1878)分别进行了一系列有关电磁感应现象的开拓性实验。在电磁感应方面的实验大体上可归结为两类:一类实验是磁体与线圈有相对运动时,线圈中产生电流;另一类实验是当一个线圈中电流发生变化时,在它附近的其他线圈中也产生电流。法拉第将这些现象与静电感应类比,把它们称为**电磁感应现象**,建立电磁感应定律。这一现象继奥斯特实验(电流引起磁场)之后进一步揭示磁现象和电现象之间的紧密依存关系。电磁感应定律也是麦克斯韦方程组的主要根据之一。

对电磁感应现象进行分析发现,只要穿过一个闭合导体回路所限定的面积的磁通量发生变化时,回路中就有电流出现。这种由于闭合回路的磁通量发生变化,在导体中产生的电流称为**感应电流**。回路中的感应电流也是一种带电粒子的定向运动。值得注意的是,这里的定向运动并不是静电力作用于带电粒子而形成的,因为在电磁感应的实验中并没有静止的电荷作为静电场的场源。感应电流只能是电路中出现的一种非静电力对带电粒子作用的结果。

　　我们已经知道,一个含有电源的回路中,回路电流是电源内的非静电力作用的结果,其非静电力的作用可用电动势这一概念加以说明(见 15.3 节)。而电动势取决于非静电力所做的功。类似地,在电磁感应实验中,非静电力也用电动势这个概念加以说明。这就是说,当穿过导体回路的磁通量发生变化时,回路中产生感应电流是由于此时回路中有电动势产生而作用的效果。由这一原因产生的、引起感应电流的相应电动势叫**感应电动势**。通过闭合回路的磁通量发生变化,产生感应电动势的现象,称为**电磁感应**。这种现象和规律是法拉第于 1831 年首先发现的。后来,德国物理学家诺伊曼(F.E.Neumann,1798—1895)和韦伯(W.Weber,1804—1891)在建立电磁感应定律的表达式方面做了富有成效的工作。

　　实验表明,感应电动势的大小和通过导体回路的磁通量的变化率成正比,感应电动势 $\mathscr{E}$ 的方向有赖于磁场的方向及其变化情况。以 Φ 表示通过闭合导体回路的磁通量,以 $\mathscr{E}$ 表示磁通量发生变化时在导体回路中产生的感应电动势,由实验总结出的规律

$$\mathscr{E} = -\frac{\mathrm{d}\Phi}{\mathrm{d}t} \tag{18-1}$$

称为**电磁感应定律**,也称**法拉第电磁感应定律**。此式表明,不论何种原因,只要穿过闭合导体回路的磁通量发生变化,回路中就有感应电动势产生。式中的负号为楞次定律在约定正方向时的体现,或楞次定律的数学表示(见本节后半部分),反映感应电动势的方向(极性)与磁通量变化之间的关系。如果只关心感应电动势的大小,负号可不写。

　　在判定感应电动势的方向(极性)时,应先规定导体回路 L 的绕行正方向。如图 18-1 所示,当回路中磁感线的方向和所规定的回路的绕行正方向遵循右手螺旋关系时,磁通量 Φ 是正值。这时,如果穿过回路的磁通量增大,$\frac{\mathrm{d}\Phi}{\mathrm{d}t}>0$,则电动势 $\mathscr{E}<0$,表明此时感应电动势的方向和 L 的绕行正方向相反,如图 18-1(a)所示。如果穿过回路的磁通量减小,即 $\frac{\mathrm{d}\Phi}{\mathrm{d}t}<0$,则 $\mathscr{E}>0$,表示电动势的方向与 L 的绕行正方向相同,如图 18-1(b)所示。

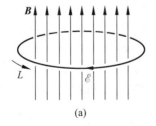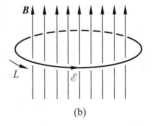

图 18-1　$\mathscr{E}$ 的方向与 Φ 的变化关系

(a) Φ 增大时;(b) Φ 减小时

　　实际上,电路中所采用的线圈通常由漆包线连续绕制很多匝(相当于每匝串联,也可以是多层叠绕在一起)而成,在这种情况下,在整个线圈中产生的感应电动势是每匝线圈产生

的感应电动势的总和。当穿过各匝线圈的磁通量分别为 $\Phi_1, \Phi_2, \cdots, \Phi_n$ 时,则线圈中的总电动势为

$$\mathscr{E} = -\left(\frac{\mathrm{d}\Phi_1}{\mathrm{d}t} + \frac{\mathrm{d}\Phi_2}{\mathrm{d}t} + \cdots + \frac{\mathrm{d}\Phi_n}{\mathrm{d}t}\right) = -\frac{\mathrm{d}}{\mathrm{d}t}\left(\sum_{i=1}^{n}\Phi_i\right) = -\frac{\mathrm{d}\Psi}{\mathrm{d}t} \tag{18-2}$$

式中,负号为楞次定律的数学表示;Φ_i 为穿过每匝线圈的磁通量;Ψ 是穿过各匝线圈的磁通量的总和,称为**磁链**,为穿过线圈的**全磁通**。或者说,磁链(全磁通)就是与导电线圈交链的磁通量,表示为 $\Psi = N\Phi$(理解为各匝近似等价),则法拉第电磁感应定律表示为

$$\mathscr{E} = -N\frac{\mathrm{d}\Phi}{\mathrm{d}t} = -\frac{\mathrm{d}\Psi}{\mathrm{d}t} \tag{18-3}$$

这是法拉第电磁感应定律的一般表达式。式(18-1)、式(18-2)、式(18-3)中各量的单位都需要采用国际单位制单位,其中的 Φ 和 Ψ 的单位为韦伯(韦,Wb)。它以纪念韦伯而命名。时间 t 的单位为 s,电动势 $\mathscr{E}$ 的单位为 V。由式(18-2)可知,1 V = 1 Wb/s。

2. 楞次定律

由于电磁感应,导体(或导体回路)中会产生感应电动势(或感应电流)。**楞次定律**是确定感应电流(或感应电动势)方向的定律。

图 18-2 是一个产生感应电动势(或感应电流)的实例。图中画出了一个固定着的线圈通入电流 I 时激发的磁场的磁感应线分布规律。为便于说明电动势的方向,图中还规定另一个金属圆环 L 的环路绕行方向(环旁的箭头)。当圆环在线圈上方且向下运动时,圆环中的磁通量增加,$\frac{\mathrm{d}\Phi}{\mathrm{d}t} > 0$,则 $\mathscr{E} < 0$,$\mathscr{E}$ 沿 L 绕向的相反方向。当圆环在线圈下方且向下运动时,圆环中的磁通量减少,$\frac{\mathrm{d}\Phi}{\mathrm{d}t} < 0$,则 $\mathscr{E} > 0$,$\mathscr{E}$ 沿 L 绕向的相同方向。

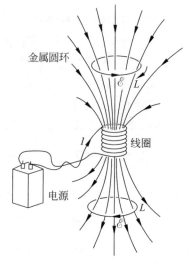

图 18-2 感应电动势的方向实例

金属圆环回路中的感应电动势在圆环中形成感应电流而产生磁场。式(18-1)中的负号所表示的感应电动势方向的规律,与感应电流的磁场联系起来考虑,表述为:闭合的导体回路中感应电流的方向,总是使它所产生的磁场与引起感应的原有磁场的变化方向相反。或者说,闭合回路中产生的感应电流所激发的磁场总是阻碍引起感应电动势的磁通量的变化。这个规律称为**楞次定律**。图 18-2 中所示感应电动势的方向是符合这一规律的[①]。脚注中指出了应用楞次定律判断感应电动势方向的四个基本步骤。有人把它归纳总结为"增反减同,来拒去留"的顺口溜。

楞次定律由楞次于 1834 年在概括大量实验事实的基础上首先提出,故名。

楞次定律体现能量守恒定律在电磁感应现象中的应用,根据能量守恒定律,要求感应电流的方向必须遵从楞次定律。后续内容将看到,由于电磁感应而在导体(开路情况)中产生

---

① 根据楞次定律判断感应电动势的方向一般可用下述"四步法":①Φ,原磁通。确定回路中原来的磁通量 Φ 的方向。②变,增或减。确定 Φ 如何变化,即增加或减小。③Φ',问楞次。根据楞次定律确定感应电流的磁通 Φ' 的方向,即 Φ 增,则 Φ' 与 Φ 反向;Φ 减,则 Φ' 与 Φ 同向。④$\mathscr{E}$,右手旋。用右手螺旋定则由 Φ' 确定感应电动势 $\mathscr{E}$ 的方向。

感生电动势,感生电动势的方向也可用楞次定律确定。

3. 感应电动势的分类

不仅亨利,韦伯对电磁感应定律也有一定贡献,他从安培力公式推导出电磁感应定律,形成动生电动势和感生电动势的区分。

从 15.7 节有关磁通量的定义可见,使磁通量发生变化的方式主要有两种:一是空间磁场发生变化,而闭合回路的任何部分都不动;二是磁场保持不变,而闭合回路的整体或局部在磁场中运动。按这两种方式引起磁通量变化原因的不同,把感应电动势分为动生电动势和感生电动势两种。在导致磁通量发生变化的方式中,通常把因磁感应强度变化而引起的感应电动势,称为**感生电动势**;而把因回路所围区域在磁感应强度方向取向的面积变化而引起的感应电动势,或者在恒定磁场中运动着的导体内产生的感应电动势,称为**动生电动势**。

实际上,还有一种情况,即这两种方式同时发生,不仅磁场变化,闭合回路中也有运动的部分,此时产生的感应电动势是感生电动势和动生电动势的叠加(通过判定它们的方向决定相加或相减)。例 18-5 属于这样的情况。

18.2 节和 18.3 节根据磁通量变化原因的不同或感应电动势的分类,分别进一步介绍这两种电动势及其一般应用。可以说,任何电机的工作原理都是建立在电磁力和法拉第电磁感应定律的基础上的。例如,发电机、变压器等都是根据电磁感应原理制造的;理论上直流电机可以作发电机运行,把机械能转换为电能,也可以作电动机运行,把电能转换为机械能,它们都产生感应电动势,但是它们的电磁转矩的作用不同,前者是阻转矩,后者是驱动转矩。

【例 18-1】 简易交流发电机。绕有 N 匝线圈的矩形回路置于磁感应强度为 B 的匀强磁场中,且可绕矩形线圈平面上的 OO' 轴转动,如图 18-3 所示。若线圈面积为 S,以角速度 ω 作匀速转动,求线圈中的感应电动势以及回路电流。

解 由于矩形线圈旋转,矩形线圈平面方向 e_n 与磁场 B 的夹角 θ 随时间变化,且 $\theta = \omega t$,所以通过回路的磁通量发生变化。当 $t = 0$ 时,$\theta = 0$,则由式(18-3),感应电动势为

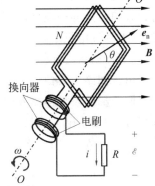

图 18-3 简易交流发电机原理

$$\mathscr{E} = -N \frac{\mathrm{d}\Phi}{\mathrm{d}t} = NBS\omega \sin\omega t$$

令 $\mathscr{E}_m = NBS\omega$,则有

$$\mathscr{E} = \mathscr{E}_m \sin\omega t$$

在回路中产生的电流为

$$i = \frac{\mathscr{E}}{R} = I_m \sin\omega t$$

式中,$I_m = \mathscr{E}_m/R$。上述结果表示,在匀强磁场中匀速转动的线圈,由于感应电动势随时间正弦变化,它在回路中引起的电流大小和流向随时间呈周期性变化,其基本形式为正弦电流,这种电流为交变电流,简称**交流电**。

简易交流发电机原理如图 18-3 所示。利用电刷和两个与回路一起旋转的换向器,就可以把交流发电机用作外部电路的电源。值得注意的是,感应电动势与回路形状无关,只与回路所围有效面积有关。采用增加转速、增强磁场、增大回路所围有效面积或增大匝数,可获得较大的电动势。发电机使机械能转换为电能。顺便指出,商用的交流同步发电机产生电流方法与此不同,它是保持回路(定子)不动而旋转电磁铁(转子),但是结果都是相同的,通过回路的磁通量随时间变化,产生一个按正弦规律变化的电动势。

顺便指出,计量一个可正可负的物理量的实用方法就是采用均方根(英文缩写 rms,方均根)值。7.9

节用到了气体分子速率的均方根值。在交流电路中,电压有瞬时值、平均值和有效值之分。对瞬时电流 i,取 i^2 的平均值,再对该平均值取平方根,这个结果定义为均方根电流,用 I_{rms} 表示。同样地,可以得到均方根电压。计量交流电流和交流电压的仪表几乎都是按读取均方根校准的。均方根值也叫有效值,通常我们说的 220 V 交流电,这 220 V 指的就是电压的有效值,通常简称为电压。

18.2　动生电动势

产生感应电动势的非静电力究竟是什么? 在恒定磁场中运动着的导体内产生的动生电动势,可以用导体中自由电子受到磁场的洛伦兹力作用来解释。洛伦兹力在这里起能量传递或转换的作用。

1. 动生电动势

如图 18-4 所示为一矩形导体回路 $abcd$,其中的可动边是一段长为 l 的导体棒 ab,它以恒定速度 v 在垂直于磁场 B 的平面内,沿垂直于它自身的方向向右平移,其余边不动。在某一时刻穿过回路所围面积的磁通量为

$$\Phi = BS = Blx \tag{18-4}$$

随着导体棒 ab 的运动,回路所围绕的面积随之扩大,回路中的磁通量相应发生变化。用式(18-1)计算回路中的感应电动势的大小,可得

$$\mathscr{E} = \frac{\mathrm{d}\Phi}{\mathrm{d}t} = \frac{\mathrm{d}}{\mathrm{d}t}(Blx) = Bl\frac{\mathrm{d}x}{\mathrm{d}t} = Blv \tag{18-5}$$

为动生电动势。由于穿过回路的磁通量不断增大,动生电动势的方向用楞次定律判定为逆时针方向。这样一段导体在磁场中运动时所产生的动生电动势的方向也可以简便地用**右手定则**(也称发电机定则)判断:伸平右手掌,并使拇指与其他四指垂直,让磁感线从掌心穿入方向,当拇指指着导体运动方向时,四指就指着导体中产生的动生电动势的方向。

由于回路中其他三边都保持不动,所以动生电动势应归因于导体棒 ab 的运动,即只集中于回路的此段导体棒 ab 内产生,其方向沿棒由 a 指向 b。这一段可视为整个回路中的电源部分,即动生电动势只存在于运动的那部分导体中。在电源内电动势的方向是由低电势处指向高电势处,则在棒 ab 上,b 点电势高于 a 点电势。

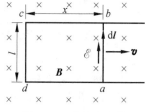

图 18-4　动生电动势

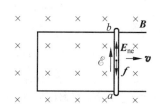

图 18-5　动生电动势与洛伦兹力

电动势是非静电力作用的表现,引起动生电动势的非静电力是导体中自由电子受到磁场的洛伦兹力作用的结果。当导体棒 ab 向右以速度 v 运动时,棒内的自由电子被带着以同一速度 v 向右运动,因而每个电子都受到洛伦兹力的作用,如图 18-5 所示。于是有

$$f = qv \times B = (-e)v \times B \tag{18-6}$$

式中，$-e$ 是电子的电荷量。电动势的定义是非静电力移动单位电荷做的功（见 15.3 节），

式(18-6)给出单位电荷受的非静电力为 $\boldsymbol{E}_{ne}=\dfrac{\boldsymbol{f}}{-e}=\boldsymbol{v}\times\boldsymbol{B}$，因此，由式(15-19)可得，导体棒

ab 中由洛伦兹力所产生的动生电动势为

$$\mathscr{E}_{ab}=\int_{(a)}^{(b)}\boldsymbol{E}_{ne}\cdot\mathrm{d}\boldsymbol{r}=\int_{(a)}^{(b)}(\boldsymbol{v}\times\boldsymbol{B})\cdot\mathrm{d}\boldsymbol{l}\tag{18-7}$$

$\mathscr{E}_{ab}$ 的方向可用右手定则或右手螺旋定则判定。右手螺旋定则的判定方法：先用右手螺旋定则判定 $\boldsymbol{v}\times\boldsymbol{B}$ 方向，再结合假设的长度元矢量 $\mathrm{d}\boldsymbol{l}$ 方向加以确定。若 $\mathscr{E}_{ab}<0$，表示 $\mathscr{E}_{ab}$ 与 $\mathrm{d}\boldsymbol{l}$ 反向；若 $\mathscr{E}_{ab}>0$，表示 $\mathscr{E}_{ab}$ 与 $\mathrm{d}\boldsymbol{l}$ 同向。具体实例见例 18-3。

在图 18-5 中，由于 $\boldsymbol{v}$，$\boldsymbol{B}$ 和 $\mathrm{d}\boldsymbol{l}$ 相互垂直，则式(18-7)的积分结果为

$$\mathscr{E}_{ab}=vBl$$

这一结果与式(18-5)相同，说明动生电动势可以由洛伦兹力公式推导而来。此时，洛伦兹力可看做是一种等效"非静电力"的作用。可见，感应电动势比感应电流更能反映电磁感应现象的本质。

这里只是把式(18-7)应用于直导体棒在均匀磁场中运动的情况。对于非均匀磁场，而且导体各段运动速度也可能不同，则可先考虑一段以速度 $\boldsymbol{v}$ 运动的导体长度元(矢量) $\mathrm{d}\boldsymbol{l}$，其产生的动生电动势为 $\mathrm{d}\mathscr{E}=(\boldsymbol{v}\times\boldsymbol{B})\cdot\mathrm{d}\boldsymbol{l}$，整个导体中产生的动生电动势是在各段导体之中产生的动生电动势之和，其表达式就是式(18-7)。因此，式(18-7)是在磁场中运动的导体内产生的动生电动势的一般公式。这也说明，计算动生电动势可采用两种不同的方法，即式(18-1)或式(18-7)，具体实例见例 18-2。特别是，如果整个导体回路 L 都在磁场中运动，则在回路中产生的总的动生电动势为

$$\mathscr{E}=\oint_{L}(\boldsymbol{v}\times\boldsymbol{B})\cdot\mathrm{d}\boldsymbol{l}\tag{18-8}$$

对于图 18-4 的情况，电流流动时，感应电动势是要做功的，电动势做功的能量是从哪里来的呢？考察导体棒运动时所受的力就可以给出答案。设电路中感应电流为 I，则感应电动势做功的功率为

$$P=I\mathscr{E}=IvBl\tag{18-9}$$

通有电流的导体棒 ab 在磁场中受到磁力的作用，此磁力大小为 $F_{m}=IlB$，方向向左，如图 18-6 所示。为了使导体棒匀速向右运动，必须有外力 $\boldsymbol{F}_{ext}$ 与 $\boldsymbol{F}_{m}$ 平衡，因而 $\boldsymbol{F}_{ext}=-\boldsymbol{F}_{m}$。此外力的功率为

$$P_{ext}=F_{ext}v=IlBv$$

这刚好等于上面求得的感应电动势做功的功率。可见，电路中感应电动势提供的电能是由外力做功所消耗的机械能转换而来的。

* 2. 能量传递或转换的解释

导线在磁场中运动时产生的感应电动势是洛伦兹力作用的结果。根据式(18-9)，感应电动势是要做功的。但是，洛伦兹力对运动电荷不做功，这个矛盾如何解决呢？下面以导体棒中的电子运动为例加以解释。

如图 18-7 所示，随着导体棒以 $\boldsymbol{v}_2$ 向右运动，棒中运动着

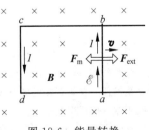

图 18-6 能量转换

的自由电子也同时被棒带动着以 v_2 向右运动,其所受到的洛伦兹力由式(18-6)给出,即 $f_2 = ev_2 \times B$。由于此力的作用,电子将以速度 v_1 沿导线向下运动,速度 v_1 的存在使电子还要受到一个垂直于导线的洛伦兹力的作用,即 $f_1 = ev_1 \times B$。因此,电子受洛伦兹力的合力为 $f = f_1 + f_2$,其运动的合速度为 $v = v_1 + v_2$,洛伦兹力合力做功的功率为

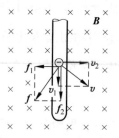

$$f \cdot v = (f_1 + f_2) \cdot (v_1 + v_2)$$
$$= f_1 \cdot v_2 + f_2 \cdot v_1 = ev_1Bv_2 - ev_2Bv_1 = 0$$

图 18-7   洛伦兹力不做功

这一结果表示洛伦兹力合力做功为零,这与洛伦兹力不做功的结论一致。由上述结果得

$$f_2 \cdot v_1 = -f_1 \cdot v_2$$

为了使自由电子能够按图中所以 v_2 的方向匀速运动,必然是它受到外力 F_{ext} 的作用,且 $F_{ext} = -f_1$。因此,上式又可写成

$$f_2 \cdot v_1 = F_{ext} \cdot v_2$$

此等式左侧是洛伦兹力的一个分力使电荷沿导线运动所做的功,宏观上就是感应电动势驱动电流的功。等式右侧是在同一时间内外力反抗洛伦兹力的另一个分力做的功,宏观上就是外力拉动导线做的功。洛伦兹力做功为零,实质上表示能量的转换与守恒,即洛伦兹力在这里仅起能量传递或转换的作用,一方面接受外力的功,同时驱动电荷运动做功。

本质上,发电机将机械能转化为电能,其非静电力起源于磁场对运动电荷的作用。这就是发电机内的能量转换过程。

【例 18-2】   法拉第圆盘发电机。 如图 18-8 所示是一种采用金属铜圆盘作为电枢的直流电机示意图,法拉第曾利用它来演示感应电动势的产生。铜盘在磁场中转动时能在连接电流计的回路中产生感应电流。为了计算方便,设在均匀磁场 B 中,有一半径为 R 的薄铜盘绕通过盘心且垂直于盘面的轴转动(忽略轴的半径),角速度为 ω,B 的方向与盘面垂直,如图 18-9 所示。求圆盘中心与圆盘边缘之间的感应电动势。

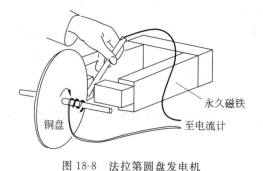

图 18-8   法拉第圆盘发电机

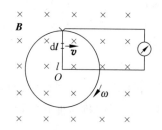

图 18-9   铜盘在均匀磁场中转动

解法一   金属圆盘可看作沿径向的无数根半径均为 R 的导体杆组合(相当于"辐条")。磁感应线和电枢圆盘的相对运动方向不变。电枢旋转时,导体杆做切割磁感应线运动,圆盘上沿径向产生的感应电动势就是沿任一导体杆在磁场中运动的结果。"辐条"导体通过电刷和外电路中的电流表构成闭合回路,在回路中就有感应电流产生。

在距离盘心 O 为 l 的导体杆上沿径向选取长度元矢量 dl,由动生电动势公式(18-7),求得磁场在 dl

上产生的感应电动势为

$$d\mathcal{E}=(\boldsymbol{v}\times\boldsymbol{B})\cdot d\boldsymbol{l}=vBdl=\omega lBdl$$

式中，v 为 $d\boldsymbol{l}$ 的线速度，其方向与 $d\boldsymbol{l}$ 垂直。整根杆上产生的动生电动势为

$$\mathcal{E}=\int d\mathcal{E}=\int_0^R \omega lBdl=\frac{1}{2}\omega R^2 B$$

方向按右手定则或 $\boldsymbol{v}\times\boldsymbol{B}$ 判断，沿径向。

解法二 本题也可以用法拉第电磁感应定律求解。

设导体杆"辐条"是闭合回路直边的一部分，将它配成一个扇形回路。当经过时间 dt 后，导体杆"辐条"以角速度 ω 旋转而转过 $d\theta$ 角，使扇形面积减少。扫过的扇形面积为

$$dS=\frac{1}{2}R^2 d\theta$$

对应的磁通量变化为 $d\Phi=\frac{1}{2}R^2 Bd\theta$。由法拉第电磁感应定律，动生电动势的大小为

$$\mathcal{E}=-\frac{d\Phi}{dt}=-\frac{1}{2}R^2 B\frac{d\theta}{dt}=\frac{1}{2}\omega R^2 B$$

方向用楞次定律判断。因转动使扇形面积减少，则所配回路的感应电流为顺时针方向，体现了 ε 的作用。

讨论 将此装置通过两个固定的电刷与外电路连接构成闭合回路，就可以将其作为电源，则把这种盘称为**法拉第圆盘发电机**或**单极发电机**（简称**单极电机**），它是直流发电机。

对于同一直流电机，原则上既可以作发动机，也可以作电动机。在直流电机中，电枢一般在转子上，这种直流电机的电枢可以是金属圆盘（看作径向导体组合，例 18-1 为铜盘），也可以是金属圆柱（看作轴向导体组合），它是电机中进行能量转换的重要部件之一。从电枢的一端看，其磁极为单一极性，故名单极发电机。电枢旋转时，就在电枢导体中感应出方向不变的径向或轴向电动势。它是法拉第发明的世界上第一台圆盘发电机（手摇式），其结构看起来像儿童玩具，电流很小，却是机械能转换为电能的一种实用装置。后来，在此结构的基础上，将蹄形磁体改用能产生强大磁场的电磁铁（线圈和铁芯等组成），用多股漆包线绕制的线框代替铜圆盘，在降低接触电压降和电刷摩擦损耗方面，采用液体金属集电装置，发展出了可适用于低电压、大电流的电源设备。现已发展出超导单极电机。

【例 18-3】 动生电动势。载有电流 I 的长直导线位于纸面上，在其右侧附近有一与其共面的直导线段 MN，其端点 M，N 与直导线的距离分别为 a 和 b，如图 18-10(a)所示。设 MN 以速度 v（平行于长直导线，且与电流流向相同）沿纸面向上运动，求 MN 上动生电动势的大小与方向。

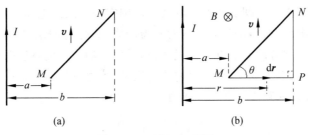

图 18-10 例 18-3 用图

解法一 由式(15-28)，载流长直导线在空间产生的磁感应强度大小为

$$B = \frac{\mu_0 I}{2\pi r}$$

磁感线为一簇簇环绕该直线的同心圆,在其右侧为垂直纸面向里。

假设用导线在纸面上把 MN 与 P 点连成一直角三角形回路,如图 18-10(b)所示,则此环路电动势满足 $\mathscr{E}_{MN} + \mathscr{E}_{NP} + \mathscr{E}_{PM} = 0$。其中,$\mathscr{E}_{NP} = 0$,则 $\mathscr{E}_{MN} = -\mathscr{E}_{PM} = \mathscr{E}_{MP}$,表明 MN 与 MP 切割磁感应线而产生电动势的效果是相同的。在距离长直线为 r 处的 MP 上选取长度元矢量 $\mathrm{d}r$,方向向右,则动生电动势为

$$\mathscr{E}_{MN} = \mathscr{E}_{MP} = \int_{MP} (\boldsymbol{v} \times \boldsymbol{B}) \cdot \mathrm{d}\boldsymbol{r} = -\int_a^b v \frac{\mu_0 I}{2\pi r} \mathrm{d}r = -\frac{\mu_0 I v}{2\pi} \ln\frac{b}{a}$$

式中,负号表示感应电动势的方向由 P 指向 M,即 M 点电势高(由右手螺旋定则判断 $\boldsymbol{v} \times \boldsymbol{B}$ 的方向向左,与 $\mathrm{d}r$ 反向,所以 ε_{MP} 取负号)。

解法二 设 MN 与水平方向夹角为 θ,如图 18-10(b)所示,在距离长直线为 r 处的直导线段 MN 上选取长度元矢量 $\mathrm{d}l$(图未画出),方向沿 MN 指向 N,则动生电动势为

$$\mathscr{E} = \int_L (\boldsymbol{v} \times \boldsymbol{B}) \cdot \mathrm{d}\boldsymbol{l} = \int_a^b v \frac{\mu_0 I}{2\pi r} \cos(\pi - \theta) \mathrm{d}l$$

$$= -\int_a^b v \frac{\mu_0 I}{2\pi r} \left(\frac{\mathrm{d}r}{\cos\theta}\right) \cos\theta = -\frac{\mu_0 I v}{2\pi} \ln\frac{b}{a}$$

式中,$\mathrm{d}r = \mathrm{d}l/\cos\theta$,而 $\cos(\pi - \theta)$ 是 $(\boldsymbol{v} \times \boldsymbol{B})$ 与 $\mathrm{d}l$ 点乘得到的。

讨论 求得的动生电动势与 θ 无关,说明即使 MN 不是直线段,也有相同的结果。

18.3 感生电动势和感生电场 涡电流

本节讨论引起回路中磁通量变化的另一种情况,并说明感生电动势的产生与感生电场。

1. 感生电动势 感生电场

一个静止的导体回路,当它包围的磁场发生变化时,穿过它的磁通量相应地发生变化,这时回路中将有感应电动势产生。这种因导体不动,由磁场的变化而产生的感应电动势称为**感生电动势**。它是由变化的磁场本身引起的,与磁通量变化率的关系也由式(18-1)表示,与导体的种类和性质无关。

产生感生电动势的非静电力(见 15.3 节)是什么力呢? 由于导体回路未动,所以它不可能像在动生电动势中那样是洛伦兹力。由于这时的感应电流是原来宏观静止的电荷受非静电力作用形成的,而静止电荷受到的力只能是电场力,所以,这时的非静电力也只能是一种电场力。麦克斯韦认为,磁场变化时,即使导体不存在,也将引起电场,因而在任何闭合路径中形成电动势。这种由随时间变化的磁场在其周围空间激发的电场,叫做**感生电场**。

感生电场与静电场一样,都对静止电荷有力的作用,但与静电场也有不同,它对电荷的作用力是引起感生电动势的非静电力。或者说,感生电场是产生感生电动势的"非静电场"。以 $\boldsymbol{E}_\mathrm{i}$ 表示感生电场的电场强度,根据电动势的定义,感生电场作用于单位电荷的力,由于磁场的变化,在一个导体回路 L 中产生的感生电动势为

$$\mathscr{E} = \oint_L \boldsymbol{E}_\mathrm{i} \cdot \mathrm{d}\boldsymbol{l} \tag{18-10}$$

根据法拉第电磁感应定律,有

$$\oint_L \boldsymbol{E}_\mathrm{i} \cdot \mathrm{d}\boldsymbol{l} = -\frac{\mathrm{d}\Phi}{\mathrm{d}t} \tag{18-11}$$

法拉第当时只着眼于导体回路中感应电动势的产生,麦克斯韦则更着重于电场和磁场的关系的研究。麦克斯韦提出,在磁场变化时,不仅在导体回路中,而且在空间任一地点都会产生感生电场,感生电场沿任何闭合路径的环路积分(环量或环流)满足式(18-11)表示的关系。以 $\boldsymbol{B}$ 表示空间中的磁感应强度,把式(18-11)改用下面形式表示电场和磁场的关系更能体现感生电场 $\boldsymbol{E}_i$ 的本质,即

$$\oint_C \boldsymbol{E}_i \cdot d\boldsymbol{r} = -\frac{d}{dt}\int_S \boldsymbol{B} \cdot d\boldsymbol{S} = -\int_S \frac{\partial \boldsymbol{B}}{\partial t} \cdot d\boldsymbol{S} \tag{18-12}$$

式中,$d\boldsymbol{r}$ 表示空间内任一静止回路 C 上的位移元(元位移),S 表示该回路曲面所限的面积。由于感生电场是由变化的磁场产生的,其环路积分并不等于零,因而其电场线是闭合曲线(或起于无限远和止于无限远的连续曲线,它无头无尾,与静电场完全不同),所以,感生电场又叫做**涡旋电场**(涡旋场)。它是一种无散场(非保守场),即"非势场"。式(18-12)表示的规律可以不十分确切地理解为变化的磁场产生电场。

根据方程式(18-12)的符号关系,可用右手螺旋定则判断感生电场的方向。当 $dB/dt>0$ 时,感生电场的方向示意图如图 18-11 所示。

在一般情况下,空间中的电场可能既有静电场 $\boldsymbol{E}_s$,又有感生电场 $\boldsymbol{E}_i$,二者相互叠加在一起。根据场强叠加原理,总电场 $\boldsymbol{E}=\boldsymbol{E}_s+\boldsymbol{E}_i$,其沿某一封闭路径 C 的环路积分(环流)为静电场 $\boldsymbol{E}_s$ 的环路积分和感生电场 $\boldsymbol{E}_i$ 的环路积分之和。由于静电场 $\boldsymbol{E}_s$ 为保守场,其环路积分(环流)为零,所以 $\boldsymbol{E}$ 的环路积分等于 $\boldsymbol{E}_i$ 的环流。由式(18-12),可得

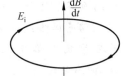

图 18-11 $dB/dt>0$ 时感生电场的方向

$$\oint_C \boldsymbol{E} \cdot d\boldsymbol{r} = -\int_S \frac{\partial \boldsymbol{B}}{\partial t} \cdot d\boldsymbol{S} \tag{18-13}$$

式中,$\boldsymbol{E}$ 为空间中的总电场强度。这是电磁感应定律的一般形式,是关于磁场和电场关系的又一个普遍的基本规律。

值得注意到是,在感生电场(涡旋场)中,任意路径上的感应电动势与此路径上有无导体无关。只要磁场发生变化,其周围空间就会有涡旋场,也就有电势差,即有感生电动势存在;只是该空间有了导体,使我们感知到了感生电动势的存在(见例 18-4)。

感生电动势的计算,理论上,可采用电动势的定义求解,但需要事先知道导线上各点的感生电场 $\boldsymbol{E}_i$,如例 18-6 情况。一般情况下,计算 $\boldsymbol{E}_i$ 往往是很困难的。因此,通常采用式(18-13)计算较为方便。对于闭合回路,只要知道 $d\Phi/dt$,即可求出感生电动势。而对于非闭合的一段回路 MN,可虚构具有一定几何特征的辅助导线(其感生电动势是可求的,或为零)与 MN 组成闭合回路,再通过求回路的 $d\Phi/dt$,从而求得感生电动势。下面通过例 18-4 加以说明。

【例 18-4】 感生电场中的感生电动势。 半径为 R 的圆柱体空间中存在着沿轴向的均匀磁场,其磁感应强度 $\boldsymbol{B}$ 的大小以 $dB/dt=C$ 变化($C>0$,为常量)。一段长为 L 的直导体棒与磁场方向垂直,置于此变化磁场中,与圆柱体空间的边缘相切,中点位于切点上,且 $L=2R$,如图 18-12 所示。求导体棒 MN 内的感生电动势。

解 变化磁场在其周围激发感生电场,导体中的自由电子受感生电场作用而移动,在直导体棒内的两端积累正负电荷,形成感生电动势。由于圆柱体空间中变化的磁场具有对称性,感生电场的电场线为闭合曲线,所以其电场线是一系列以圆柱体中心轴为圆心的同心圆(其区域至圆柱体空间外)。

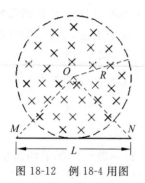

图 18-12　例 18-4 用图

虚构直导线 OM 和 ON 与 MN 构成回路 $OMNO$,产生感生电动势的有效面积为回路所围的扇形面积。回路中的感生电动势由 OM,ON 和 MN 三段组成。OM 和 ON 处与感生电场垂直,它们均无感生电动势,所以由扇形面积间接求出的结果就是导体棒 MN 上的感应电动势。

由法拉第电磁感应定律,此回路中的感生电动势为

$$\mathscr{E}_i = -\frac{\mathrm{d}\Phi_e}{\mathrm{d}t} = -\frac{\mathrm{d}B}{\mathrm{d}t}S = -\frac{1}{4}\pi R^2 C$$

由于 $C>0$,变化的磁场增强,感生电场为逆时针方向,所以负号表示回路 $OMNO$ 中感生电动势与磁场增强的方向相反,为逆时针指向,即感应电动势方向由 M 指向 N,即 N 点电势高。

讨论　如果利用感生电动势的定义式(18-10)求解,导体棒 MN 上 E_i 与 $\mathrm{d}l$ 的夹角是变化的,求解积分较为烦琐。

*【例 18-5】　**磁通量变化的一般情况。**可移动的导体棒 ab 置于 U 形矩形平面导体导轨上,并与 U 形导体形成一闭合矩形导体回路,如图 18-13 所示。已知磁感应强度 $B=kt=0.2t(\mathrm{T})$,其方向与回路平面法线方向 e_n 的夹角为 $\theta=\pi/3$,导体棒 ab 在导轨回路中长为 $l=5\ \mathrm{cm}$,以速度 $v=20\ \mathrm{m/s}$ 向右匀速运动。设 $t=0$ 时,导体棒 ab 位于 $x=0$ 的起始点 OO' 处,求 $t=2\ \mathrm{s}$ 时回路中感应电动势的大小和方向。

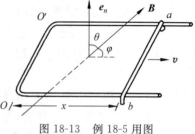

图 18-13　例 18-5 用图

解　闭合回路磁通量变化是由导体棒在磁场中的运动和磁场的变化两种因素共同作用引起的。因此,回路中产生的感应电动势 $\mathscr{E}$ 是动生电动势 $\mathscr{E}_m$ 与感生电动势 $\mathscr{E}_i$ 的叠加,即

$$\mathscr{E} = \mathscr{E}_m + \mathscr{E}_i$$

动生电动势 $\mathscr{E}_m$ 是导体棒在磁场中运动(当 B 不变时)所产生的,即

$$\mathscr{E}_m = (vB\sin\varphi)l$$

式中,φ 为 v 与 B 的夹角,且 $\varphi=\pi/2-\theta$。对应的动生电动势 $\mathscr{E}_m$ 为

$$\mathscr{E}_m = (vB\sin\varphi)l = vBl\cos\theta = klvt\cos\theta$$

由式(18-8)按右手螺旋定则判断,其方向沿回路顺时针方向,在导体棒 ab 上由 a 指向 b(这里的动生电动势 $\mathscr{E}_m$ 也可用电磁感应定律求解,其中 $\mathrm{d}\Phi = B\mathrm{d}S = kt\cos\theta lv\mathrm{d}t$,$\mathscr{E}_m = kt\cos\theta lv = klvt\cos\theta$。因面积逐渐增大,磁通量增加,所以感应电流沿顺时针方向)。

感生电动势 $\mathscr{E}_i$ 是磁场变化(当对应的闭合回路面积 $S=lx=lvt$ 不变时)产生的,即

$$\mathscr{E}_i = -\frac{\mathrm{d}\Phi}{\mathrm{d}t} = -\frac{\mathrm{d}}{\mathrm{d}t}(B\cos\theta S) = -k\cos\theta S = -klvt\cos\theta$$

方向用楞次定律判断,沿回路顺时针方向。由于 $\mathscr{E}_m$ 与 $\mathscr{E}_i$ 的方向相同,所以回路中感应电动势为上述二者之和,即

$$\mathscr{E} = \mathscr{E}_m + \mathscr{E}_i = 2klvt\cos\theta$$

方向沿回路顺时针方向。代入题中相关数据,当 $t=2\ \mathrm{s}$ 时,回路中的感应电动势为

$$\mathscr{E} = 2\times0.2\times0.05\times20\times2\times0.5\ \mathrm{V} = 0.4\ \mathrm{V}$$

讨论　下面讨论两种不同的解法,注意比较不同方法的特点。

(1) 从定义出发求解,这是另一种解法。

$$\Phi_m(t) = \boldsymbol{B}\cdot\boldsymbol{S} = kt\cdot lvt\cos\theta = klvt^2\cos\theta$$

$$\Phi_{\mathrm{m}}(t + \mathrm{d}t) = klv\,(t + \mathrm{d}t)^2 \cos\theta \approx klvt^2 \cos\theta + 2klvt\,\mathrm{d}t\cos\theta$$

$$\mathrm{d}\Phi_{\mathrm{m}} = \Phi_{\mathrm{m}}(t + \mathrm{d}t) - \Phi_{\mathrm{m}}(t) = 2klvt\,\mathrm{d}t\cos\theta$$

$$\mathscr{E} = -\frac{\mathrm{d}\Phi_{\mathrm{m}}}{\mathrm{d}t} = -2klvt\cos\theta$$

上式也可分别对 B 和 S 求导得到。代入数据,得

$$\mathscr{E} = -2klvt\cos\theta = -2 \times 0.2 \times 0.05 \times 20 \times 2 \times 0.5 \text{ V} = -0.4 \text{ V}$$

这是由定义出发求得的,与前面得出的结果相同,是正确的。

(2) 比较以下解法,注意区分错与对。

有人这样求解,看看错在哪里。磁通量为

$$\Phi_{\mathrm{m}} = \int_{S} \boldsymbol{B} \cdot \mathrm{d}\boldsymbol{S}$$

$$= \int_{t} kt\cos\theta \cdot vl\,\mathrm{d}t = \int_{0}^{t} klvt\cos\theta\,\mathrm{d}t = \frac{1}{2}klvt^2\cos\theta$$

根据电磁感应定律,感应电动势为

$$\mathscr{E} = -\frac{\mathrm{d}\Phi_{\mathrm{m}}}{\mathrm{d}t} = -klvt\cos\theta$$

代入数据,得

$$\mathscr{E} = -klvt\cos\theta = -0.2 \times 0.05 \times 20 \times 2 \times \cos\frac{\pi}{3} \text{ V} = -0.2 \text{ V}$$

这种方法得出的结果是错误的。导致错误的原因在于把产生磁通量变化的两种情况混淆在一起。值得注意的是,即使没有 U 形平面(矩形)导体导轨,置于变化磁场中的导体棒(以及 U 形导体导轨)也有感生电动势 $\mathscr{E}_{\mathrm{m}}$ 存在(只要感生电场方向不垂直于导体棒),因为 $\mathscr{E}_{\mathrm{m}}$ 是由变化的磁场($B\cos\theta$ 分量)作用而产生的,与回路面积的变化没有直接的关系,这里只是借助回路面积计算导体回路的磁通量变化(见例 18-2 和例 18-3),使得求解 $\mathscr{E}_{\mathrm{m}}$ 变得简捷。

以下是根据电磁感应定律的正确解法。通过闭合回路的磁通量为

$$\Phi_{\mathrm{m}} = \int_{S} \boldsymbol{B} \cdot \mathrm{d}\boldsymbol{S} = B\cos\theta\int_{S} \mathrm{d}\boldsymbol{S}$$

$$= B\cos\theta S = kt\cos\theta vlt = klvt^2\cos\theta$$

感应电动势为

$$\mathscr{E} = -\frac{\mathrm{d}\Phi_{\mathrm{m}}}{\mathrm{d}t} = -2klvt\cos\theta$$

代入数据,得到与本题解答得出的相同结果。注意上述积分的处理方法。

2. 涡电流(涡流) 趋肤效应

感应电流不仅在导电回路出现,当较大面积的导体或半导体与磁场有相对运动,或把它们置于迅速变化的磁场中时,导体或半导体内也将引起感应电流。由于其流动的路线呈涡旋形,故名**涡电流**,简称**涡流**。特别是,磁场变化越快,产生的感应电动势就越大,涡流也就越强。迅速变化的磁场在导体或半导体中产生感生电场,感生电场在导体或半导体内形成涡电流,引起焦耳热,产生涡流损耗。

涡电流也称**傅科电流**,由傅科于 1855 年首先发现,故名。

涡流有利有弊,在不同领域有着广泛的应用。涡流也像所有的感应电流一样遵从楞次定律,如电度表上旋转的金属盘、电力机车中的电磁制动、磁电仪表中摆动指针的迅速稳定等就是利用由于涡流而引起的阻碍导体在磁场中运动的作用,根据**电磁阻尼**的原理实现的。利用高频电磁感应产生高温的加热原理,如电磁灶的锅底在线圈电流的强磁场作用下,感应

很大的涡流以取得大量热能用于烹调;通过调整线圈中的电流,即可改变温度的高低。

在磁场发生变化的一些装置中,涡流的热效应是有害的,如电机、变压器等运行时,其铁芯中的涡流需要尽量地加以抑制。通常把变压器的导磁材料(铁芯,硅钢片)用相互绝缘的细薄片叠合而成,可增大电阻而减低涡流强度,以减少能量损失。涡流还会使导体的有效电阻增加。当交变电流(如交流电)通过导体时,由于感应作用引起导体截面上电流分布不均匀,越近导体表面处,其电流密度相对越大,等效于导体的截面减少,有效电阻增大。这种交变电流倾向于集中在导体表面的现象,称为**趋肤效应**,也称集肤效应。交变电流的频率越高,趋肤效应越显著。因此,在高频电路中,采用空心导线代替实心导线,可以节约铜材;同时,为了削弱趋肤效应,使用多股绝缘细导线编织成束来代替同样截面积的粗导线也是一种办法。另外,高频电磁场入射导体时,其能量几乎只存在于导体表面的薄层中,如频率 100 MHz 电磁波在铜内的趋肤深度(穿透深度)约为 $6.6\ \mu\mathrm{m}$。工业上,利用趋肤效应可对金属进行表面淬火或局部淬火等。

【例 18-6】 **电子感应加速器**。电子感应加速器是利用感生电场来加速电子的一种设备,其中的柱形电磁铁在两极间产生磁场,如图 18-14 所示,在磁场中安置一个环形真空管道作为电子运行的轨道。磁场发生变化时,会沿管道方向产生感生电场,射入其中的电子就受到这感生电场的持续作用而不断被加速,并随磁场的增强而加速。设环形真空管的轴线半径(即平均半径)为 R,环形管轴线所围绕面积上的平均磁感应强度为 B,求磁场变化时沿环形真空管轴线的感生电场。

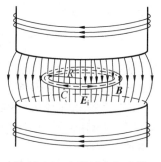

图 18-14　电子感应加速器示意图

解　由磁场分布的轴对称性可知,感生电场的分布也具有轴对称性。沿环形管轴线上各处的电场强度大小相等,方向均沿轴线的切线方向。

由于环形管轴线所围面积上的平均磁感应强度为 B,则通过此面积的磁通量为

$$\Phi = BS = B\pi R^2$$

沿环形管轴线的感生电场的环路积分为

$$\oint_C \boldsymbol{E}_i \cdot \mathrm{d}\boldsymbol{r} = \boldsymbol{E}_i \cdot 2\pi R$$

由式(18-12),得

$$\boldsymbol{E}_i \cdot 2\pi R = -\frac{\mathrm{d}\Phi}{\mathrm{d}t} = -\pi R^2 \frac{\mathrm{d}B}{\mathrm{d}t}$$

由此得

$$\boldsymbol{E}_i = -\frac{R}{2}\frac{\mathrm{d}B}{\mathrm{d}t}$$

【例 18-7】 **测铁磁质中的磁感应强度**。如图 18-15 所示,用铁磁质试样做的环上绕有两组线圈。一组线圈匝数为 N_1,通过变阻器、电键与电池 E 相连。另一组线圈匝数为 N_2,与一个冲击电流计(冲击电流计的最大偏转与通过它的电荷量成正比)相连。设环的截面积为 S,环原来没有磁化,N_2 回路(包括冲击电流计)的总电阻为 R。当合上电键使 N_1 中电流从零增大到 I_1 时,冲击电流计测出通过它的电荷量为 q,求环中与电流 I_1 对应的磁感应强度 B 的大小。

解 当合上电键使线圈 N_1 中的电流增大时,它在环中产生的磁场也增强,因而线圈 N_2 中有感生电动势产生。以 B 表示环内磁感应强度,则 $\Phi = BS$,N_2 中的感生电动势的大小为

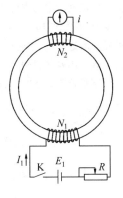

$$\mathscr{E} = \frac{\mathrm{d}\Psi}{\mathrm{d}t} = N_2 \frac{\mathrm{d}\Phi}{\mathrm{d}t} = N_2 S \frac{\mathrm{d}B}{\mathrm{d}t}$$

由于 N_2 回路(包括冲击电流计)的总电阻为 R,则 N_2 中的电流为

$$i = \frac{\mathscr{E}}{R} = \frac{N_2 S}{R} \frac{\mathrm{d}B}{\mathrm{d}t}$$

设 N_1 中的电流增大到 I_1 需要的时间为 τ,则在同一时间内通过 N_2 回路的电荷量为

$$q = \int_0^\tau i\,\mathrm{d}t = \int_0^\tau \frac{N_2 S}{R} \frac{\mathrm{d}B}{\mathrm{d}t}\mathrm{d}t = \frac{N_2 S}{R}\int_0^{B_1} \mathrm{d}B = \frac{N_2 S B_1}{R}$$

由此得

图 18-15 测铁磁质中的磁感应强度

$$B_1 = \frac{qR}{N_2 S}$$

这样,根据冲击电流计测出的电荷量 q,就可以算出与 I_1 相对应的环中的磁感应强度。这是常用的一种测量铁磁质中的磁感应强度的方法。图 17-5 的环中的磁感应强度 B 的测定就用了这种方法。

*【例 18-8】 原子中电子轨道运动附加磁矩的产生。按经典模型,一电子沿半径为 r 的圆形轨道运动,速率为 v。今垂直于轨道平面加一磁场 B,求由于电子轨道运动发生变化而产生的附加磁矩。处于基态的氢原子在 $B = 2\,\text{T}$ 这样较强的磁场中,其电子的轨道运动附加磁矩多大?

解 由式(17-3),电子轨道运动的磁矩的大小由

$$m = \frac{evr}{2}$$

给出。在图 18-16(a)中,电子轨道运动的磁矩方向向下。设所加磁场 B 的方向向上,在这磁场由零增大到 B 的过程中,在该区域将产生感生电场 E_i,其大小为 $\frac{r\,\mathrm{d}B}{2\,\mathrm{d}t}$(见例 18-6),方向如图 18-16 所示。在此电场作用下,电子将沿轨道加速,加速度为

$$a = \frac{f}{m_e} = \frac{eE_i}{m_e} = \frac{er}{2m_e}\frac{\mathrm{d}B}{\mathrm{d}t}$$

在轨道半径不变的情况上加上磁场,整个过程中电子的速率的增加值为

$$\Delta v = \int a\,\mathrm{d}t = \int_0^B \frac{er}{2m_e}\mathrm{d}B = \frac{erB}{2m_e}$$

与此速度增量相对应的磁矩的增量——附加磁矩 Δm——的大小为

$$\Delta m = \frac{er\Delta v}{2} = \frac{e^2 r^2 B}{4m_e}$$

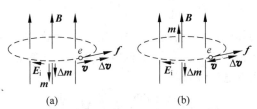

(a)　　　　　　　(b)

图 18-16 电子轨道运动附加磁矩的产生

其方向由速度增量的方向判断,如图 18-16(a)所示。它是与外加磁场的方向相反。

如果如图 18-16(b)所示,电子轨道运动方向与图 18-16(a)中的相反,则其磁矩方向将向上。在加上同样的磁场的过程中,感生电场将使电子减速,从而也产生一附加磁矩 Δm。此附加磁矩的大小也可以如上分析计算。还要注意的是,在图 18-16(b)中,Δm 的方向与外加磁场方向也是相反的。

氢原子处于基态时,已知电子的轨道半径 $r \approx 0.5 \times 10^{-10}$ m(见 24.1 节),由此可得

$$\Delta v = \frac{erB}{2m_e} = \frac{1.6 \times 10^{-19} \times 0.5 \times 10^{-10} \times 2}{2 \times 9.1 \times 10^{-31}} \text{ m/s} = 9 \text{ m/s}$$

$$\Delta m = \frac{er\Delta v}{2} = \frac{1.6 \times 10^{-19} \times 0.5 \times 10^{-10} \times 9}{2} \text{ A} \cdot \text{m}^2 = 3.6 \times 10^{-29} \text{ A} \cdot \text{m}^2$$

这一数值比表 17-2 所列的顺磁质原子的固有磁矩要小 5～6 个数量级。

18.4　互感与自感

在实际电路中,磁场的变化常常是由电流的变化引起的,因此,把感生电动势直接与电流的变化联系起来有着重要的实际意义。对互感现象和自感现象的研究就是要找出这方面的规律。

1. 互感

在一闭合导体回路中,当其中的电流随时间变化时,它周围的磁场也随时间变化,在它附近的导体回路中就会产生感生电动势。这种由于电路中的电流变化而在邻近另一电路中引起感应电动势的现象,称为**互感**。所产生的电动势叫做**互感电动势**。

如图 18-17 所示,L_1 和 L_2 为两个固定的闭合回路线圈,其匝数分别为 N_1 和 N_2。L_2 中的互感电动势是由于回路 L_1 中的电流 i_1 随时间变化引起的,以 $\mathscr{E}_{21}$ 表示此电动势。下面说明 $\mathscr{E}_{21}$ 与 i_1 的关系。

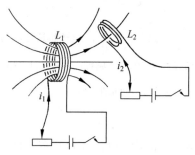

由毕奥-萨伐尔定律可知,电流 i_1 产生的磁场正比于 i_1,由 i_1 所产生的、通过 L_2 所围面积的全磁通 Ψ_{21} 也与 i_1 成正比,即

$$\Psi_{21} = N_2 \Phi_{21} = M_{21} i_1 \qquad (18\text{-}14)$$

其中,比例系数 M_{21} 叫做回路 L_1 对回路 L_2 的**互感系数**。它取决于这两个回路的几何形状、相对位置(方位与距离)、各自的匝数及其周围磁介质的分布。

图 18-17　互感现象

根据电磁感应定律,互感电动势为

$$\mathscr{E}_{21} = -N_2 \frac{\text{d}\Phi_{21}}{\text{d}t} = -\left(M_{21} \frac{\text{d}i_1}{\text{d}t} + i_1 \frac{\text{d}M_{21}}{\text{d}t}\right)$$

式中的负号是楞次定律的体现,表示线圈 L_1 的电流 i_1 的变化(即变化率)引起线圈 L_2 的磁通量 Φ_{21} 变化;线圈 L_2 产生的感应电动势 $\mathscr{E}_{21}$ 阻碍该磁通量的变化。若互感 M_{21} 不随时间变化,即当 M_{21} 为常量时,互感电动势为

$$\mathscr{E}_{21} = -N_2 \frac{\text{d}\Phi_{21}}{\text{d}t} = -M_{21} \frac{\text{d}i_1}{\text{d}t} \qquad (18\text{-}15)$$

此式表明,互感电动势与电流的变化率(而不是电流的大小)成正比。

同样地,如果图 18-17 的回路 L_2 中的电流 i_2 随时间变化,则在回路 L_1 中也会产生感应电动势 $\mathscr{E}_{12}$。由 i_2 所产生的、通过 L_1 所围面积的全磁通 Ψ_{12} 与 i_2 成正比,即

$$\Psi_{12} = N_1 \Phi_{12} = M_{12} i_2 \tag{18-16}$$

当 M_{12} 为常量时,互感电动势为

$$\mathscr{E}_{12} = -N_1 \frac{\mathrm{d}\Phi_{12}}{\mathrm{d}t} = -M_{12} \frac{\mathrm{d}i_2}{\mathrm{d}t} \tag{18-17}$$

式中,M_{12} 叫做回路 L_2 对回路 L_1 的互感系数。两个线圈的"角色"互换。

可以证明(见例 18-12),对给定的一对导体线圈回路,即使二者不对称,总有

$$M_{21} = M_{12} = M$$

这个共同值 M 叫做这两个导体回路的**互感系数**,简称(它们的)**互感**。即

$$M = \frac{N_2 \Phi_{21}}{i_1} = \frac{N_1 \Phi_{12}}{i_2}$$

在 SI 中,互感系数(互感)的国际单位是亨利(亨,H)。它是为纪念对电磁感应做出贡献的美国物理学家亨利而命名。由式(18-14)和式(18-17)可知

$$1\ \mathrm{H} = 1\ \frac{\mathrm{Wb}}{\mathrm{A}} = 1\ \frac{\mathrm{V \cdot s}}{\mathrm{A}} = 1\ \Omega \cdot \mathrm{s} = 1\ \frac{\mathrm{J}}{\mathrm{A}^2}$$

正如法拉 F 是一个相当大的电容单位,H 也是一个相当大的互感(电感)单位。工程上,通常换算为 $\mu\mathrm{H}$ 或 mH 等较小的单位使用。

互感是磁耦合引起的现象。例如,对于变压器的情况,如果它的两个绕组中的一个绕组所产生的磁通量不能全部穿过另一个绕组,则漏出的磁通量在电路上呈现出电感,称为**漏感**。但互感还是相同的。过大的漏感会使变压器的高频响应变差,在传输脉冲信号时造成输出波形失真。互感有许多应用,如用于变压器升压或降压。但有时互感可能给电路带来麻烦,设计多电路系统时,应使 M 尽可能减少,如让两个线圈相隔足够远或让其平面相互垂直。

【例 18-9】 长直螺线管与小线圈。 一长直螺线管,单位长度上的匝数为 n。另一半径为 r 的圆环放在螺线管内,圆环平面与管轴垂直(图 18-18)。求螺线管与圆环的互感系数。

解 设螺线管内通有电流 i_1,螺线管内磁场为 B_1,则 $B_1 = \mu_0 n i_1$,通过圆环的全磁通为

$$\Psi_{21} = B_1 \pi r^2 = \pi r^2 \mu_0 n i_1$$

由定义式(18-14)得,互感系数为

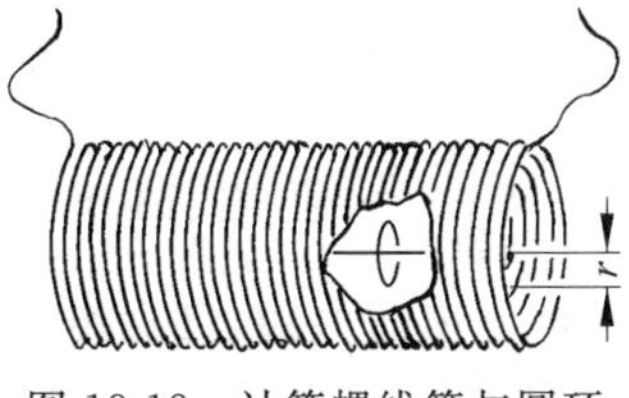

图 18-18 计算螺线管与圆环的互感系数

$$M_{21} = \frac{\Psi_{21}}{i_1} = \pi r^2 \mu_0 n$$

由于 $M_{12} = M_{21} = M$,所以螺线管与圆环的互感系数就是 $M = \mu_0 \pi r^2 n$。

2. 自感和电感器

当一个电流回路的电流 i 随时间变化时,通过回路自身的全磁通也发生变化,因而回路自身也产生感生电动势,图 18-19 所示。这种由于电路中因自身电流变化而引起感生电动势的现象,称为**自感**。所产生的感生电动势叫做**自感电动势**。

自感现象是亨利于 1832 年首先发现的,他于 1835 年发表解释其规律的论文。电磁感

应定律和自感现象发现 50 多年后,塞尔维亚裔美国发明家特斯拉(N.Tesla,1856—1943)和美国发明家与实业家威斯汀豪斯(又译西屋,G.Westinghouse,1846—1914)把这些理论应用于实际,向世界表明电力可以可靠地生产并足以点亮城市。

(1) 自感系数(自感)

全磁通(磁链)与回路中的电流成正比,即

$$\Psi = N\Phi = Li \tag{18-18}$$

式中,比例系数 L 叫回路的**自感系数**,简称**自感**。自感系数与互感系数的量纲相同,在 SI 中,自感系数(自感)的单位也是 H。

在电工理论中,电感是自感与互感的通称。在不存在与互感混淆而出错的情况下,自感也简称为电感。有时,线圈也称电感或电感器。与电容类似,为叙述方便,把线性电感器(电感元件)简称电感,既表示电感元件,也表示其电感,它们在电路中都用符号 L 表示,一般不加以区分。类比于电容,电感与线圈几何形状、匝数、大小,还有磁介质的性质及其周围的磁介质的分布有关,与线圈中电流无关。

根据法拉第电磁感应定律,自感电动势为

$$\mathscr{E}_L = -\frac{\mathrm{d}\psi}{\mathrm{d}t} = -N\frac{\mathrm{d}\Phi}{\mathrm{d}t} = -\left(L\frac{\mathrm{d}i}{\mathrm{d}t} + i\frac{\mathrm{d}L}{\mathrm{d}t} \right)$$

当回路的自感 L 不随时间变化,即 L 为常量时,自感电动势为

$$\mathscr{E}_L = -N\frac{\mathrm{d}\Phi}{\mathrm{d}t} = -L\frac{\mathrm{d}i}{\mathrm{d}t} \tag{18-19}$$

式中的负号是楞次定律的体现,即电路中的自感电动势总是反抗该电路中的电流的变化。由式(18-18),自感电动势也等于电路缠联的磁链与引起这磁通量的电流的比值。

式(18-19)表明,自感系数(自感)L 在数值上等于单位时间内单位电流变化时由自感而引起的感生电动势的量值。根据这一关系,可用一种相对简单的方法来测量未知的电感:如果已知电流的变化率,则通过测量感应电动势,即可由它们的比值得到电感值。

在图 18-19 中,回路的正方向一般就取电流 i 的方向。当电流增大,即 $\frac{\mathrm{d}i}{\mathrm{d}t} > 0$ 时,式(18-19)给出 $\mathscr{E}_L < 0$,说明 $\mathscr{E}_L$ 的方向与电流的方向相反;当 $\frac{\mathrm{d}i}{\mathrm{d}t} < 0$ 时,式(18-19)给出 $\mathscr{E}_L > 0$,说明 $\mathscr{E}_L$ 的方向与电流的方向相同。由此可知,自感电动势的方向总是要使它阻碍回路本身电流的变化。自感电动势只是反抗电流的变化,而不是电流本身。

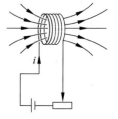

图 18-19　自感现象

在直流电路中,电感有助于维持电流的稳定。而在交流电路中,电感有助于抑制电流的变化。当线圈通过高频交流电时,其感抗 $X_L = \omega L$ 非常高,相当于交流开路,电感元件可视为开路。当线圈通过恒定电流时,其上电压为零,电感元件可视为短路。在具有铁芯的线圈中,自感现象特别显著。例如,借助镇流器,利用其自感电动势维持电流,荧光灯可在交流 220 V 下正常工作,持续发光。

电感元件(电感器)与电阻(电阻器)、电容元件(电容器)一样,一般都是线性元件。R,C,L 均为常量,即它们分别对应的电压与电流,电荷量与电压,以及磁通量与电流都是线性关系。

【例 18-10】 螺绕环。计算一个螺绕环的自感。设环的截面积为 S，轴线半径为 R，单位长度上的匝数为 n，环中充满相对磁导率为 μ_r 的磁介质。

解 设螺绕环绕组通有电流为 i，则螺绕环管内磁场为 $B = \mu_0 \mu_r n i$，管内全磁通为

$$\Psi = N\Phi = 2\pi R n \cdot BS = 2\pi R S \mu_0 \mu_r n^2 i$$

由自感系数定义式(18-18)，此螺绕环的自感为

$$L = \frac{\Psi}{i} = 2\pi R S \mu_0 \mu_r n^2$$

由于螺绕环管内的体积为 $V = 2\pi R S$，所以螺绕环的自感又可写为

$$L = \mu_0 \mu_r n^2 V = \mu n^2 V \tag{18-20}$$

此结果表明，环内充满磁介质时，其自感系数增大为真空时的 μ_r 倍。

【例 18-11】 同轴电缆。一条电缆由同轴的两个薄壁金属管构成，半径分别为 R_1 和 R_2 且 $R_1 < R_2$，两管壁之间充满着 $\mu_r = 1$ 的磁介质。电流从内管流出，由外管流回而形成回路。求这种同轴电缆的单位长度的自感系数。

解 这种同轴电缆可视为单匝回路(图 18-20)，其磁通量为通过任一纵截面对应的磁通量。以 I 表示通过的电流，则在两管壁间距轴 r 处的磁感应强度为

$$B = \frac{\mu_0 I}{2\pi r}$$

通过单位长度纵截面的磁通量为

$$\Phi_1 = \int \boldsymbol{B} \cdot \mathrm{d}\boldsymbol{S} = \int_{R_1}^{R_2} B \, \mathrm{d}r \cdot 1 = \int_{R_1}^{R_2} \frac{\mu_0 I}{2\pi r} \mathrm{d}r = \frac{\mu_0 I}{2\pi} \ln \frac{R_2}{R_1}$$

图 18-20 电缆的磁通量计算

单位长度的自感系数为

$$L_1 = \frac{\Phi_1}{I} = \frac{\mu_0}{2\pi} \ln \frac{R_2}{R_1} \tag{18-21}$$

（2）自感现象演示实验

用一匝或多匝导线(如漆包线)按照一定形状绕制而成的线圈是用作电感的基本元件。电路中含有多匝线圈时，其电流变化情况可用来演示自感现象。在图 18-19 电路中，(电感)线圈可作为获得感应电动势的元件。在电子电路中，电感元件具有各种不同的作用。

如图 18-21(a)所示，调整 R 使两支路的电阻大致相同。当合上电键 K 时，A 灯即亮，且亮度不变，而 B 灯亮得慢。因为合上电键后，虽然两支路同时接通，但 B 灯支路含有一线圈 L，线圈具有一定的自感系数，因而该支路电流增长较慢。

如图 18-21(b)所示，多匝线圈 L 的内阻比 A 灯的电阻小得多，电键 K 原来是闭合的。当电键 K 断开时，A 灯突然强烈地闪亮一下再熄灭。这是因为在电键断开时，多匝线圈 L 获得感应电动势，并在支路中产生较大的电流使灯 A 点亮而又逐渐消失的缘故。

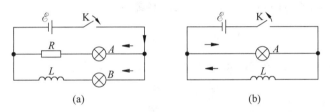

(a)　　　　　　　　　　　(b)

图 18-21 自感现象演示

18.5　磁场能量

　　如果说电容器(电容)是储存电场能量的元件,电能由电容器极板上的电压维持,那么对应于电感和磁场,电感器(电感,线圈)就是储存磁场能量的元件,其能量由通过线圈上的电流维持。把磁场所具有的能量叫做**磁场能量**,简称**磁能**或**磁场能**。

　　在图 18-21(b)所示实验中,当电键 K 断开后,电源不再向灯泡供给能量,灯泡突然强烈地闪亮一下所消耗的能量从何而来呢? 由于使灯泡闪亮的电流是线圈中的自感电动势产生的电流,而这电流随着线圈中的磁场的消失而逐渐消失,所以可以认为使灯泡闪亮的能量是原来储存在通有电流的线圈中。或者说,这是储存在线圈内的磁场中的能量。

　　能量是用做功本领量度的物质及其运动的属性。磁场是一种特殊形态的物质,也是统一的电磁场的一个方面,其能量表现为电磁运动形式。自感为 L 的线圈中通有电流 i 时所储存的磁能就是此电流消失时自感电动势所做的功。下面计算此功。

　　以 $\mathrm{d}q = i\,\mathrm{d}t$ 表示在灯泡闪光时某一时间 $\mathrm{d}t$ 内通过灯泡的电荷量,则在这段时间内自感电动势做的功为

$$\mathrm{d}A = \varepsilon_L i\,\mathrm{d}t = -L\,\frac{\mathrm{d}i}{\mathrm{d}t}i\,\mathrm{d}t = -Li\,\mathrm{d}i$$

电流由起始值 I 减小到零时,自感电动势所做的总功为

$$A = \int \mathrm{d}A = \int_I^0 (-Li)\,\mathrm{d}i = \frac{1}{2}LI^2$$

因此,自感为 L 的线圈通有电流 I 时所具有的磁能为

$$W_m = \frac{1}{2}LI^2 \tag{18-22}$$

这就是**自感磁能公式**。此式表明,当电感元件中的电流增大时,磁场能量增大,在此过程中,电能转换为磁能,即电感元件从电路中的电源获得能量,也就是电感元件储存的磁场能量。反之,电流减少时,电感元件向电路中释放能量。因此,在整个过程中,电感元件不消耗能量。它属于储能元件,又是一种无源元件。对于非理想的电感器,可看成电感元件与其内阻的串联组合。

　　对于磁场能量,同样地(参考 13.8 节静电场的能量),引入**磁场能量密度**的概念来表示单位体积所含的磁场能量。下面考虑一个螺绕环,用此特例推导出磁场能量密度公式。例 18-10 已求出螺绕环的自感系数为

$$L = \mu n^2 V$$

利用式(18-22)可得,通有电流 I 的螺绕环的磁场能量是

$$W_m = \frac{1}{2}LI^2 = \frac{1}{2}\mu n^2 V I^2$$

式(15-55)已得出螺绕环管内的磁场 $B = \mu n I$,所以上式可写为

$$W_m = \frac{B^2}{2\mu}V$$

螺绕环的磁场集中于环管内的磁介质中,且管内磁场基本上是均匀的,设环管内体积为 V,则环管内的磁场能量密度为

$$w_{\mathrm{m}} = \frac{B^2}{2\mu} \tag{18-23}$$

式(18-23)表明,磁场中各点的磁场能量密度与该点磁感应强度的平方成正比。此式与式(13-25)是对应的。

利用磁感应强度与磁场强度关系 $\boldsymbol{B} = \mu\boldsymbol{H}$,上式还可写为

$$w_{\mathrm{m}} = \frac{1}{2}\boldsymbol{B} \cdot \boldsymbol{H} \tag{18-24}$$

虽然这是从螺绕环特例中推出的,但是可以证明,它对磁场普遍适用。它与式(14-24)也是对应的。利用式(18-24)可求出某一磁场所储存的总能量(磁能)为

$$W_{\mathrm{m}} = \int w_{\mathrm{m}}\mathrm{d}V = \int \frac{BH}{2}\mathrm{d}V$$

此式的积分应遍及整个磁场分布的空间。

必须指出的是,由于铁磁质具有磁滞现象,本节磁能公式对铁磁质不适用。

【例 18-12】　互感线圈。两个相互邻近的电流回路 1 和回路 2 中分别通有电流是 I_1 和 I_2,按如图 18-22 所示靠近放置,求这两个相互邻近的电流回路的磁场能量。

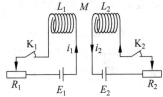

图 18-22　两个载流线圈的磁场能量

解　为了求出图 18-22 电路系统在通电状态时的磁能,设两个回路的电流 I_1 和 I_2 是按下述步骤建立的——先形成 I_1,后形成 I_2,或者先形成 I_2,后形成 I_1。

(1) 先合上电键 K_1,回路 1 电流 i_1 从零增大到 I_1(R_1 固定在某一位置)。这一过程中,由于自感 L_1 的存在,由电源 E_1 做功而储存到磁场中的能量为

$$W_1 = \frac{1}{2}L_1 I_1^2$$

(2) 再合上电键 K_2,调节 R_1,使 I_1 保持不变,这时回路 2 电流 i_2 由零增大到 I_2。这一过程中,由于自感 L_2 的存在,由电源 E_2 做功而储存到磁场中的能量为

$$W_2 = \frac{1}{2}L_2 I_2^2$$

还要注意到,当 i_2 增大时,在回路 1 中会产生互感电动势 $\mathscr{E}_{12}$。由式(18-17),得

$$\mathscr{E}_{12} = -M_{12}\frac{\mathrm{d}i_2}{\mathrm{d}t}$$

为保持电流 I_1 不变,电源 E_1 还必须反抗此电动势做功。由于互感的存在,由电源 E_1 做功而储存里磁场中的能量为

$$W_{12} = -\int \mathscr{E}_{12}I_1\mathrm{d}t = \int M_{12}I_1\frac{\mathrm{d}i_2}{\mathrm{d}t}\mathrm{d}t = \int_0^{I_2} M_{12}I_1\mathrm{d}i_2 = M_{12}I_1\int_0^{I_2}\mathrm{d}i_2 = M_{12}I_1I_2$$

经过上述两个步骤后,系统达到电流分别为 I_1 和 I_2 的状态时,储存到磁场中的总能量为

$$W_{\mathrm{m1}} = W_1 + W_2 + W_{12} = \frac{1}{2}L_1 I_1^2 + \frac{1}{2}L_2 I_2^2 + M_{12}I_1I_2$$

如果先形成 I_2,后形成 I_1。可先合上 K_2,再合上 K_1,仍按上述推理,可得到储存到磁场中的总能量为

$$W_{\mathrm{m2}} = W_1 + W_2 + W_{21} = \frac{1}{2}L_1 I_1^2 + \frac{1}{2}L_2 I_2^2 + M_{21}I_1I_2$$

由于这两种通电方式下的最后状态相同,两个回路中分别通有电流 I_1 和 I_2 时的能量必然与达到此状态的过程无关,而是由电源做功决定,即应有 $W_{\mathrm{m1}} = W_{\mathrm{m2}}$。由此可得

$$M_{12}=M_{21}$$

即回路 1 对回路 2 的互感系数等于回路 2 对回路 1 的互感系数。以 M 表示此互感系数，W_m 表示最后储存在磁场中的总能量，则

$$W_m = \frac{1}{2}L_1 I_1^2 + \frac{1}{2}L_2 I_2^2 + M I_1 I_2 \tag{18-25}$$

18.6   位移电流假设   麦克斯韦方程组

麦克斯韦在总结法拉第等人工作的基础上，于 1861 年从理论上引入"位移电流"的概念来描述变化的电场是如何激发磁场的。电场随时间变化时产生磁场，磁场随时间变化时又产生电场，两者互为因果，形成电磁场。

麦克斯韦方程组是关于电磁现象基本规律的数学表达式，这些方程确定电荷、电流、电场、磁场之间的普遍联系，是电磁场的基本方程，也是电磁相互作用理论的基础，可用于解决描述任何情况下电场和磁场的行为、宏观电磁场的各类问题，但无法解释光的粒子性。法拉第和麦克斯韦等人创立的电磁理论，为人类理解电磁波、进入电磁时代奠定基础。

1. 位移电流假设——与变化电场相联系的磁场

15.9 节的安培环路定理指出，闭合路径所包围的电流是指与该闭合路径所套链的传导电流。传导电流是闭合的，与闭合路径"套链"意味着，该电流穿过以该闭合路径为边的任意形状的曲面。例如，在图 18-23 所示的环路中，闭合路径 C 环绕着电流 I，该电流通过以 C 为边线的平面 S_1，它也同样通过以 C 为边线的口袋形曲面 S_2，由于恒定电流总是闭合的，所以，安培环路定理的正确性与所设想的曲面 S 的形状无关，只要闭合路径是确定的就可以了。

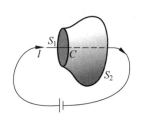

图 18-23 C 环路环绕闭合电流

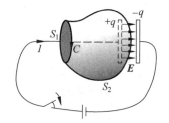

图 18-24 C 环路环绕不闭合电流

实际上，也常遇到并不闭合的电流，如电容器充电（或放电）时的电流，如图 18-24 所示。这时电流随时间改变，也不再是恒定的过程，那么安培环路定理是否还成立呢？由于电流不闭合，所以不能再说它与闭合路径套链，显然，这时通过 S_1 和通过 S_2 的电流并不相等。如果按面 S_1 计算电流，沿闭合路径 C 的 $\boldsymbol{B}$ 的环路积分等于 $\mu_0 I$；如果按面 S_2 计算电流，由于没有传导电流通过面 S_2，则按式（15-48）计算沿闭合路径 C 的 $\boldsymbol{B}$ 的环路积分等于零。但是，沿同一闭合路径 C 的 $\boldsymbol{B}$ 的环流只能有一个值，这里明显地出现矛盾。这个矛盾的出现说明，以式（15-48）的形式表示的安培环路定理不适用于非恒定电流的情况，即不再成立。

1861 年，麦克斯韦在研究电磁场的规律时，想把安培环路定理推广到非恒定电流的情况。他注意到，对于如图 18-24 所示电容器充电的情况，在传导电流断开处，即两平行极板

之间,随着电容器被充电,其极板总有电荷的不断积累或散开,这里的电场是变化的。他大胆地提出假设,这电场的变化与磁场相联系,并从电荷守恒的要求出发,在没有恒定电流的情况下,给出这种联系的定量关系,把安培环路定理写为

$$\oint_C \boldsymbol{B} \cdot \mathrm{d}\boldsymbol{r} = \mu_0 \varepsilon_0 \frac{\mathrm{d}\Phi_e}{\mathrm{d}t} = \mu_0 \varepsilon_0 \frac{\mathrm{d}}{\mathrm{d}t} \int_S \boldsymbol{E} \cdot \mathrm{d}\boldsymbol{S} \qquad (18\text{-}26)$$

式中,S 是以闭合路径 C 为边线的任意形状的曲面。此式说明,和变化电场相联系的磁场沿闭合路径 C 的环路积分等于以该路径为边线的任意曲面的电通量 Φ_e 的变化率的 $\mu_0\varepsilon_0$(即 $1/c^2$)倍(SI)。电场与磁场的这种联系通常简单地表述为变化的电场产生磁场,式(18-26)表明,变化电场伴随产生(感生)磁场。

如果一个面 S 上有传导电流(即电荷运动形成的电流)I_c 通过,而且还同时伴随有变化的电场存在,则沿此面的边线 C 的磁场的环路积分由下式决定

$$\oint_C \boldsymbol{B} \cdot \mathrm{d}\boldsymbol{r} = \mu_0 \left(I_{c,\text{in}} + \varepsilon_0 \frac{\mathrm{d}}{\mathrm{d}t} \int_S \boldsymbol{E} \cdot \mathrm{d}\boldsymbol{S} \right)$$

$$= \mu_0 \int_S \left(\boldsymbol{J}_c + \varepsilon_0 \frac{\partial \boldsymbol{E}}{\partial t} \right) \cdot \mathrm{d}\boldsymbol{S} \qquad (18\text{-}27)$$

上式称为推广的或**普遍的安培环路定理**。式中,在 SI 中的 $\int_S \varepsilon_0 \frac{\partial \boldsymbol{E}}{\partial t} \cdot \mathrm{d}\boldsymbol{S}$ 项具有电流的量纲,是在电场变化的空间内存在的电流,麦克斯韦称之为通过面 S 的**位移电流**。事后的实验证明,麦克斯韦这一假设及其提出的定量关系是完全正确的,式(18-27)也成为电磁学的一条基本定律。

上述分析和结论说明,位移电流与传导电流产生磁场的规律的形式是相同的。但是,本质上,位移电流只表示真空中电场的变化率,并不是电荷的运动,它与传导电流产生的机理不同,不产生焦耳热效应和化学效应等。

事实上,在电介质内部,位移电流中有一部分是由束缚电荷的定向运动引起的,因此,**位移电流**一般定义为电位移矢量 $\boldsymbol{D}$ 的通量的变化率,以 I_d 表示通过面 S 的位移电流,则

$$I_d = \frac{\mathrm{d}\Phi_d}{\mathrm{d}t} = \int_S \frac{\partial \boldsymbol{D}}{\partial t} \cdot \mathrm{d}\boldsymbol{S} \qquad (18\text{-}28)$$

这表明位移电流是电位移矢量 $\boldsymbol{D}$ 随时间的变化而产生的,揭示变化的电场是如何激发磁场的。它也可表示为位移电流密度的形式,即

$$\boldsymbol{J}_d = \frac{\partial \boldsymbol{D}}{\partial t} \qquad (18\text{-}29)$$

位移电流是继电磁感应现象发现之后,更深入一步揭露了电现象和磁现象之间的紧密联系。它也是建立麦克斯韦方程组的重要依据之一。

一般地,在电路中可同时存在传导电流 I_c 和位移电流 I_d,二者合称全电流,即全电流为 $I = I_c + I_d$。于是,把式(17-10)的安培环路定理修正为更具一般性的形式,即

$$\oint_C \boldsymbol{H} \cdot \mathrm{d}\boldsymbol{r} = I_c + I_d \qquad (18\text{-}30)$$

或

$$\oint_C \boldsymbol{H} \cdot \mathrm{d}\boldsymbol{r} = I_c + \int_S \boldsymbol{J}_d \cdot \mathrm{d}\boldsymbol{S} = \int_S \left(\boldsymbol{J}_c + \frac{\partial \boldsymbol{D}}{\partial t} \right) \cdot \mathrm{d}\boldsymbol{S} \qquad (18\text{-}31)$$

上式称为**全电流安培环路定理**或广义安培环路定理。此式表明，磁场强度沿任意闭合路径的线积分(环流)等于穿过该闭合路径所包围的全电流。传导电流和位移电流所激发的磁场都是有旋磁场的。

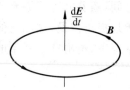

图 18-25　$dE/dt > 0$ 时感生磁场的方向

根据方程式(18-31)的符号关系，可用右手螺旋定则判断感生磁场的方向。当 $dE/dt > 0$ 或 $dD/dt > 0$ 时，感生磁场的方向示意图如图 18-25 所示。

*2. 全电流的连续性

下面讨论图 18-23 所示的情况，说明全电流的连续性。

对于口袋形曲面 S_2 而言，并没有传导电流通过，但随之电容器充电的进行，其极板间电场随时间发生变化，使得 S_2 有位移电流通过。极板间电场 $E = \sigma/\varepsilon$，$\Phi_e = q/\varepsilon$，其中的 q 是一个极板上已积累的电荷量。因此，通过曲面 S_2 的位移电流为

$$I_d = \frac{d\Phi_d}{dt} = \frac{dq}{dt}$$

由于单位时间内极板上电荷的增量 dq/dt 等于通过导线流入极板的电流 I，因此，由上式可得到，$I = I_d$。这一结果表明，对于与磁场的关系来说，全电流是连续的。同时也说明，安培环路定理中的环路积分(环流)和以积分回路 C 为边线的曲面 S 的形状无关。

考虑全电流的一般情况。对于有全电流分布的空间，通过任一封闭曲面 S 的全电流为

$$I = \oint_S \boldsymbol{J}_c \cdot d\boldsymbol{S} + \varepsilon_0 \frac{d}{dt} \oint_S \boldsymbol{E} \cdot d\boldsymbol{S} = \oint_S \boldsymbol{J}_c \cdot d\boldsymbol{S} + \frac{dq_{in}}{dt}$$

此式后一等式应用了高斯定理，其中第一项表示流出封闭面的总电流，即单位时间内流出封闭面的电荷量，第二项表示单位时间内封闭面内电荷的增量。根据电流连续性方程式(15-8)，这两项之和为零。这就是说，通过任意封闭曲面的全电流等于零，或者说，全电流是连续的。上述电容器充电时全电流的连续性正是这一结论的一个特例。

【例 18-13】　变化电场产生磁场。一圆形平行板空气电容器的极板面半径为 $R = 0.2$ m，正以 $I_c = 10$ A 的传导电流充电。如果以两圆形极板的圆心为轴线，求在极板之间距离轴线 $r_1 = 0.1$ m 处和 $r_2 = 0.3$ m 处的磁场(忽略电容器的边缘效应)。

解　忽略边缘效应时，考虑到极板上电荷面密度 $\sigma = q/\pi R^2$，则两极板之间的电场为

$$E = \sigma/\varepsilon_0 = \frac{q}{\pi \varepsilon_0 R^2}$$

为均匀分布的电场。由此得

$$\frac{dE}{dt} = \frac{1}{\pi \varepsilon_0 R^2} \frac{dq}{dt} = \frac{I_c}{\pi \varepsilon_0 R^2}$$

如图 18-26(a)所示，两极板间的电场对圆形极板的轴线具有轴对称性，所以磁场的分布也具有轴对称性。磁感应线为一簇簇绕轴线的同心圆，且与电场垂直，其绕向与 $\dfrac{dE}{dt}$ 的方向成右手螺旋关系。由于忽略边缘效应，变化的电场和磁场均局限于圆形极板之间。

取半径为 r_1 的圆周为安培环路 C_1，磁感应强度 $\boldsymbol{B}_1$ 的环路积分(环流)为

$$\oint_C \boldsymbol{B}_1 \cdot d\boldsymbol{r} = 2\pi r_1 B_1$$

而

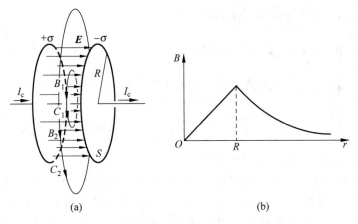

图 18-26　平板电容器充电时,极板间的磁场分布

(a) E 的轴对称性分布;(b) B 随 r 变化的曲线

$$\frac{\mathrm{d}\Phi_{\mathrm{e}1}}{\mathrm{d}t} = \pi r_1^2 \frac{\mathrm{d}E}{\mathrm{d}t} = \frac{\pi r_1^2 I_{\mathrm{c}}}{\pi \varepsilon_0 R^2} = \frac{r_1^2 I_{\mathrm{c}}}{\varepsilon_0 R^2}$$

根据式(18-26),则有

$$2\pi r_1 B_1 = \mu_0 \varepsilon_0 \frac{r_1^2 I_{\mathrm{c}}}{\varepsilon_0 R^2} = \mu_0 \frac{r_1^2 I_{\mathrm{c}}}{R^2}$$

由此得,半径为 r_1 处的磁场为

$$B_1 = \frac{\mu_0 r_1 I_{\mathrm{c}}}{2\pi R^2} = \frac{4\pi \times 10^{-7} \times 0.1 \times 10}{2\pi \times 0.2^2} \text{ T} = 5 \times 10^{-6} \text{ T}$$

对于 r_2 处情况,由于 $r_2 > R$,取平径为 r_2 的圆周 C_2 为安培环路时,则有

$$\frac{\mathrm{d}\Phi_{\mathrm{e}2}}{\mathrm{d}t} = \frac{\mathrm{d}E}{\mathrm{d}t}S = \pi R^2 \frac{\mathrm{d}E}{\mathrm{d}t} = \frac{I_{\mathrm{c}}}{\varepsilon_0}$$

同样地,由式(18-26)得出

$$2\pi r_2 B_2 = \mu_0 I_{\mathrm{c}}$$

由此得,半径为 r_2 处的磁场为

$$B_2 = \frac{\mu_0 I_{\mathrm{c}}}{2\pi r_2} = \frac{4\pi \times 10^{-7} \times 10}{2\pi \times 0.3} \text{ T} = 6.67 \times 10^{-6} \text{ T}$$

磁场的方向如图 18-26(a)所示。图 18-26(b)中画出极板间磁场的大小随离中心轴的距离变化的关系曲线。

3. 麦克斯韦方程组

麦克斯韦在总结电磁现象的基本实验定律——库仑定律(或高斯定理)、毕奥-萨伐尔定律(或安培环路定律)、磁场高斯定理、法拉第电磁感应定律等,以及引入位移电流(或感生电场)的概念的基础上,于 1864 年首先将这些规律归纳为一组微分方程,后进一步导出电磁场的波动方程。由于麦克斯韦方程组是由麦克斯韦独立导出的,故名。

(1) 真空中的麦克斯韦方程组

引入感生电场(涡旋电场,涡旋场)和位移电流的重要概念后,对两个环路定理进行修改,使之能适用于一般的电磁场。它们是真空中的电磁场规律,也是电磁学的基本规律,表示为

$$\text{I}\quad \oint_S \boldsymbol{E} \cdot \mathrm{d}\boldsymbol{S} = \frac{1}{\varepsilon_0} \int_V \rho \, \mathrm{d}V = \frac{q}{\varepsilon_0}$$

$$\text{II}\quad \oint_S \boldsymbol{B} \cdot \mathrm{d}\boldsymbol{S} = 0$$

$$\text{III}\quad \oint_C \boldsymbol{E} \cdot \mathrm{d}\boldsymbol{r} = -\frac{\mathrm{d}\Phi_e}{\mathrm{d}t} = -\int_S \frac{\partial \boldsymbol{B}}{\partial t} \cdot \mathrm{d}\boldsymbol{S}$$

$$\text{IV}\quad \oint_C \boldsymbol{B} \cdot \mathrm{d}\boldsymbol{r} = \mu_0 I_c + \frac{1}{c^2} \frac{\mathrm{d}\Phi_e}{\mathrm{d}t} = \mu_0 \int_S \left(\boldsymbol{J}_c + \varepsilon_0 \frac{\partial \boldsymbol{E}}{\partial t} \right) \cdot \mathrm{d}\boldsymbol{S}$$

$$(18\text{-}32)$$

这是关于真空中的麦克斯韦方程组的积分形式。

麦克斯韦方程组不仅包括实验的概括,也包含理论的假设与推广,作为电磁场理论的整体,其形式既简洁又优美,全面地反映了电场与磁场及其相互关系的基本性质。在已知电荷和电流分布情况下,这组方程可以给出电场和磁场的唯一分布。特别是,当初始条件给定后,这组方程还能唯一地预言电磁场此后变化的情况。正像牛顿运动方程能完全描述质点的宏观动力学过程一样,麦克斯韦方程组能完全描述电磁场的宏观动力学过程[①]。

下面简要地说明方程组公式(18-32)中各方程的物理意义。

方程 I 是电场的高斯定理。它说明电场强度和电荷的联系。静电场为有源场。尽管电场和磁场的变化也有联系(如感生电场),但总的电场和电荷的联系总服从这一高斯定理。

方程 II 是磁通连续定理或磁场的高斯定理。它说明,磁场的无源性,目前的电磁场理论认为在自然界中没有单一的"磁荷"(或磁单极子,见 15.6 节说明)存在。

方程 III 是法拉第电磁感应定律。它说明变化的磁场和电场的联系。虽然电场和电荷也有联系,但总的电场和磁场的联系符合这一规律。简单地说,随时间而变的磁场产生电场(电涡旋场)。

方程 IV 是推广的一般形式或普遍的安培环路定理。它说明磁场和电流(即运动的电荷)以及变化的电场的联系。其中,随时间而变的电场产生磁场(磁涡旋场)。

(2) 介质的本构关系

当有介质存在时,麦克斯韦方程组尚不够完备,需要补充描述介质电磁性质的方程。场矢量之间的关系与介质的特性有关,反映这种关系的形式称为介质的**本构关系**(或称本构方程)。描述介质电磁性质本构关系的方程有三个,它们分别如下:

导电介质中的本构关系为

$$\boldsymbol{J} = \sigma \boldsymbol{E} \tag{18-33}$$

即式(15-13)的欧姆定律的微分形式,它对非恒定电流也成立。

对于线性和各向同性的均匀介质,电介质中的本构关系为

$$\boldsymbol{D} = \varepsilon_0 \varepsilon_r \boldsymbol{E} = \varepsilon \boldsymbol{E} \tag{18-34}$$

磁介质中的本构关系为

$$\boldsymbol{B} = \mu_0 \mu_r \boldsymbol{H} = \mu \boldsymbol{H} \tag{18-35}$$

---

① 费恩曼在他的 *Lectures on Physics* 一书中,曾把式(18-32)中的四个方程(以微分形式)加上洛伦兹力公式(18-36),牛顿第二定律方程($\boldsymbol{F} = \mathrm{d}\boldsymbol{p}/\mathrm{d}t$,加上相对论定义 $\boldsymbol{p} = m_0 \boldsymbol{v} / \sqrt{1 - v^2/c^2}$)以及牛顿万有引力方程($\boldsymbol{F} = (-Gm_1 m_2/r^2)\boldsymbol{e}_r$)作为经典物理学的七个基本方程总结在一个表中,以显示它们的高度概括性。(见该书 Vol.II. P.18-2, Table 18.1.)

(3) 洛伦兹力的一般形式

为了求出电磁场对带电粒子的作用,还需要用到一条独立的电磁学规律——洛伦兹力公式。洛伦兹力的一般形式为

$$\boldsymbol{F} = q\boldsymbol{E} + q\boldsymbol{v} \times \boldsymbol{B} \tag{18-36}$$

式中,$\boldsymbol{E}$ 可以是静电场,也可以是感生场。式(18-36)实际上也是定义电场 $\boldsymbol{E}$ 和磁场 $\boldsymbol{B}$ 的一种形式。洛伦兹力就是运动电荷在电磁场中所受的力。

习惯上,把运动电荷在磁场部分的力称为**洛伦兹力**。它是由洛伦兹在电子论中作为基本假设而首先引入的,故名。实际上,洛伦兹力可分为两部分,一部分是电场对运动电荷的作用力,它与速度无关;另一部分是磁场对运动电荷的作用力,与速度有关,其方向总与带电粒子速度方向垂直。洛伦兹力始终不对运动电荷做功,只改变运动电荷的方向而不改变其速率和动能。

这样,我们就拥有了电磁学的所有基本关系式。在有介质的情况下,还可进一步把麦克斯韦方程组写为辅助量 $\boldsymbol{D}$ 和 $\boldsymbol{H}$ 的积分形式;通过数学运算及其变换,也可以变化为微分形式,如表 18-1 所列。根据以上式(18-32)~式(18-36),并给定边值条件,原则上可以解决宏观电磁场的各类问题。

表 18-1 麦克斯韦方程组的意义及其形式

场的类型	方程类型	积分形式	*微分形式
电场	环路定理	$\oint_c \boldsymbol{E} \cdot \mathrm{d}\boldsymbol{r} = -\int_s \dfrac{\partial \boldsymbol{B}}{\partial t} \cdot \mathrm{d}\boldsymbol{S}$	$\mathrm{rot}\boldsymbol{E} = -\dfrac{\partial \boldsymbol{B}}{\partial t}$ 或 $\nabla \times \boldsymbol{E} = -\dfrac{\partial \boldsymbol{B}}{\partial t}$
	高斯定理	$\oint_s \boldsymbol{D} \cdot \mathrm{d}\boldsymbol{S} = \sum_i q_{\mathrm{in0},i}$	$\mathrm{div}\boldsymbol{D} = \rho$ 或 $\nabla \cdot \boldsymbol{D} = \rho$
磁场	环路定理	$\oint_c \boldsymbol{H} \cdot \mathrm{d}\boldsymbol{r} = \int_s \left(\boldsymbol{j}_\mathrm{c} + \dfrac{\partial \boldsymbol{D}}{\partial t}\right) \cdot \mathrm{d}\boldsymbol{S}$	$\mathrm{rot}\boldsymbol{H} = \boldsymbol{J}_\mathrm{c} + \dfrac{\partial \boldsymbol{D}}{\partial t}$ 或 $\nabla \times \boldsymbol{H} = \boldsymbol{J}_\mathrm{c} + \dfrac{\partial \boldsymbol{D}}{\partial t}$
	高斯定理	$\oint_s \boldsymbol{B} \cdot \mathrm{d}\boldsymbol{S} = 0$	$\mathrm{div}\boldsymbol{B} = 0$ 或 $\nabla \cdot \boldsymbol{B} = 0$
电流连续性方程		$\oint_s \boldsymbol{J} \cdot \mathrm{d}\boldsymbol{S} = -\dfrac{\mathrm{d}}{\mathrm{d}t}\int_v \rho_v \mathrm{d}V$	$\nabla \cdot \boldsymbol{J} = -\dfrac{\partial \rho_v}{\partial t}$
介质中的本构关系		$\boldsymbol{D} = \varepsilon_0 \varepsilon_r \boldsymbol{E} = \varepsilon \boldsymbol{E}, \boldsymbol{B} = \mu_0 \mu_r \boldsymbol{H} = \mu \boldsymbol{H}, \boldsymbol{J} = \sigma \boldsymbol{E}$	

麦克斯韦电磁理论的建立是 19 世纪物理学发展史上一个重要的里程碑。就简洁性和普适性而言,麦克斯韦方程组可以媲美牛顿运动定律和热力学定律。事实上,科学的一个主要目标就是如何用简洁和紧凑的形式来表达极为广泛和普适的关系。1873 年出版的麦克斯韦著作《电学和磁学论》被誉为集电磁学大成的划时代著作,是一部可以同牛顿的《自然哲学的数学原理》、达尔文的《物种起源》和赖尔的《地质学原理》相提并论的里程碑式的著作。麦克斯韦方程组与牛顿力学方程、爱因斯坦引力场方程、薛定谔方程、狄拉克方程一起,达到了物理学的最高境界,也是人类最伟大的智慧结晶之一。

1879 年麦克斯韦英年早逝,年仅 48 岁;巧合的是,爱因斯坦于这一年降生。这仿佛是两代伟人的一个交接仪式。

18.7 电磁波

法拉第研究电场和磁场的很多观点,特别是关于场的思想和力线的概念,对麦克斯韦后来的工作具有先导和建设性的作用,后来经过麦克斯韦等人的概括总结和实验的证实,才为后人所认识。例如,1938 年英国皇家学会档案馆里发现一封尘封百年的密封信件,那是 1832 年 3 月 12 日法拉第给该学会的备忘录,信中阐述了光是一种电磁振动的传播的新观点,闪烁着法拉第关于电磁波存在的光辉思想。"类比之下,我认为也可以把振动理论应用于电感应(即静电感应)。我想用实验来证实这些观点。然而,我的时间要用于履行职责,……"。他力图用这种方式预言电磁波的可能性,并宣布这一观点的日期。

电磁波在当今信息技术和人类生活的各方面已成为不可或缺的"工具"。从每天的天气预报、家用电器中的电风扇、微波炉、手机、收音机、电视机到航天航空中的卫星遥感、宇宙飞行器的控制等都用到电磁波。

1. 电磁场与电磁波的概念

什么是光? 这个问题困扰人类几个世纪,直到电与磁被统一成电磁波(如麦克斯韦方程组所描述的那样),才有了答案。根据 18.6 节介绍的麦克斯韦方程组可以证明,电荷做加速运动(如简谐振动)时,其周围的电场和磁场将发生变化,并且其变化会从电荷所在场点向四周传播。这种相互紧密联系和相互依存的电场和磁场,合称**电磁场**。随时间变化的电场产生磁场,磁场随时间变化时又产生电场,二者互为因果,形成电磁场。

1873 年麦克斯韦根据其创立的电磁场理论得出,电磁过程在空间是以一定速度(相当于光速)传播的,并首先推断电磁波的存在,预测光的本质是电磁波,把电磁波的领域扩展到光现象(现在已肯定光波是频率甚高的电磁波,但其发射过程需用量子力学的理论说明),为光的电磁理论奠定基础。1888 年,赫兹首先从实验上直接验证麦克斯韦关于电磁波存在的理论预言(**赫兹实验**)。为纪念赫兹,国际电工委员会于 1930 年将他的名字定为频率单位,1960 年第 11 届国际计量大会(CGPM)通过并批准采用。

某处的电场或磁场一有变化,不论由于什么原因,这种变化就不会局限于一处,无须任何介质,总是以光速向空间传播,形成电磁波。这种在空间传播的交变电磁场,称为**电磁波**。电磁辐射也用来与"电磁波"这一术语交换着使用。

有时,电磁波也指用天线发射或接收的无线电波。而红外线、可见光等也是不同波长(或频率)的电磁波,在自然科学中,通常把紫外线、可见光和红外线,统称为光辐射,也统称为**光波**。后续的内容,我们更关注电磁波本身,而不是它们是如何产生的复杂问题。

2. 电磁波的一般性质

电磁场是物质存在的另一种形式,同样具有质量、动量和能量。电磁波是能量的传播过程,具有下述的一般性质:

(1)电磁波是横波。电磁波中的电场 E 与磁场 B 的方向不仅相互垂直,且都与传播方向垂直。这说明电磁波是横波。

(2)E 与 B 与传播方向遵从右手螺旋关系。$E \times B$ 沿传播方向。E 的方向与 B 的方向和传播方向 c(或 S)三者形成右手螺旋关系,如图 18-27 所示。

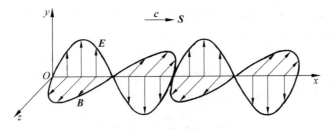

图 18-27 电磁波中的电场和磁场的变化

（3）E 与 B 的相位相同。电磁波中电场和磁场的变化是同相的，即 E 和 B 同时达到各自的正极大值。E 和 B 的振幅比为

$$c = \left| \frac{E}{B} \right| \tag{18-37}$$

（4）电磁波具有能量和动量（动量在*18.8 节介绍）。这是电磁波的物质性的具体表现。电磁场所具有的能量，叫做**电磁场能量**。在电磁波传播时，其中的能量也随同传播。即使一段电磁波也能脱离振源向外传播。场中各点的**电磁场能量密度**，即单位体积所含的电磁场能量，等于该点电场能量密度与磁场能量密度之和。根据电场能量密度 w_e 的表达式(14-24)和磁场能量密度 w_m 的表达式(18-23)和式(16-19)，真空中电磁波的单位体积所含能量，也就是对应的电磁场能量密度为

$$w = w_e + w_m = \frac{\varepsilon_0}{2}E^2 + \frac{B^2}{2\mu_0} = \frac{\varepsilon_0}{2}E^2 + \frac{\varepsilon_0}{2}(Bc)^2$$

利用式(18-37)，得

$$w = \varepsilon_0 E^2 = \varepsilon_0 c^2 B^2 \tag{18-38}$$

这也是单位时间内通过与波的传播方向垂直的单位截面积的波的能量，称为电磁波的**能流密度**，用符号 S 表示。由于能量传播是有方向的，所以能流密度是矢量，其方向就是能量传播的方向，其对时间平均值表示电磁波的强度。这部分内容可参考上册 11.6 节有关机械波的能量及其能流密度。

3. 坡印廷矢量

下面推导能流密度与电场、磁场的关系，进一步说明能流密度矢量。

如图 18-28 所示，设 dA 为垂直于传播方向的面积元，在 dt 时间内通过此面积元的能量就是底面积 dA，厚度 $c\,dt$ 的柱形体积内的能量。以 S 表示能流密度的大小，则有

$$S = \frac{w\,dA\,c\,dt}{dA\,dt} = c\,w = c\,\varepsilon_0 E^2 = \frac{EB}{\mu_0} \tag{18-39}$$

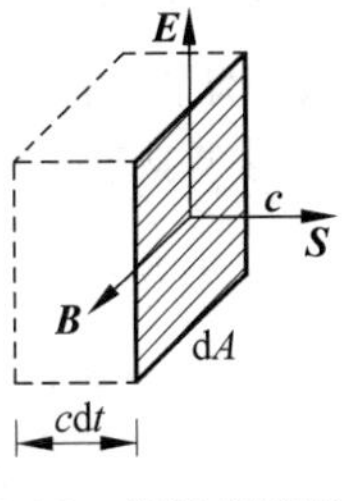

考虑到图 18-27 所表示的 E,B 的方向和传播方向之间的相互关系（电磁波的性质之一），把式(18-39)表示为矢量关系，即

$$\boldsymbol{S} = \frac{1}{\mu_0}\boldsymbol{E} \times \boldsymbol{B} \quad \text{（真空中）} \tag{18-40}$$

图 18-28 能流密度的推导

上式表示电磁场中能量传播的大小和方向。电磁波的能流密度矢量 S 又称**坡印廷矢量**，其方向为电磁波能量传播的方向，与 E,B 之间构成右手螺旋关系。它是表示电磁波性质的一

个重要物理量,由英国物理学家坡印廷(J.Poynting,1852—1914)首先引入,故名。电磁波在介质中传播时,坡印廷矢量表示为

$$S = E \times H \tag{18-41}$$

对于简谐电磁波,各处的 E 和 B 都随时间作余弦式的变化。若以 E_m 和 B_m 分别表示电场和磁场的最大值(即振幅),则电磁波的强度 I 为

$$I = \overline{S} = c\,\varepsilon_0\,\overline{E^2} = \frac{1}{2}c\,\varepsilon_0 E_m^2 \tag{18-42}$$

上式表明,电磁波的强度正比于电场强度振幅(或磁场强度振幅)的平方,其国际单位为 $\mathrm{W \cdot m^{-2}}$。由于均方根值 E_{rms} 与 E_m 的关系为 $E_m = \sqrt{2}\,E_{rms}$,所以又有

$$I = c\,\varepsilon_0 E_{rms}^2 \tag{18-43}$$

【例 18-14】 **电磁波中的电场振幅和磁场振幅。** 频率为 3×10^{13} Hz 的脉冲强激光束,携带总能量 $W = 100$ J,它持续时间是 $\tau = 10$ ns。此激光束的圆形截面半径为 $r = 1$ cm,求在这一激光束中的电场振幅和磁场振幅。

解 此激光束的平均能流密度为

$$\overline{S} = \frac{W}{\pi r^2 \tau} = \frac{100}{\pi \times 0.01^2 \times 10 \times 10^{-9}} \ \mathrm{W/m^2} = 3.3 \times 10^{13} \ \mathrm{W/m^2}$$

由式(18-42),得

$$E_m = \sqrt{2c\mu_0 \overline{S}} = \sqrt{2 \times 3 \times 10^8 \times 4\pi \times 10^{-7} \times 3.3 \times 10^{13}} \ \mathrm{V/m} = 1.6 \times 10^8 \ \mathrm{V/m}$$

再由式(18-37),得

$$B_m = \frac{E_m}{c} = \frac{1.6 \times 10^8}{3 \times 10^8} \ \mathrm{T} = 0.53 \ \mathrm{T}$$

从数值上可见,这是强度相当大的电场和磁场。

【例 18-15】 **电容器的能量传入。** 图 18-29 表示一个正在充电的平行板电容器,电容器的极板为圆形,半径为 R,板间距离为 b,忽略边缘效应。证明:

(1) 两极板间电场的边缘处的坡印廷矢量 S 的方向指向电容器内部;

(2) 按坡印廷矢量计算单位时间内进入电容器内部的总能量等于电容器中的静电能量的增加率。

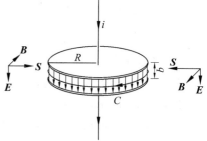

图 18-29　电容器充电时能量的传送

解 (1) 按图 18-29 所示的电流充电时,电场的方向如图中所示。为了确定坡印廷矢量的方向还要找出 B 的方向。为此,利用麦克斯韦方程式(18-32)的Ⅳ式

$$\oint_C B \cdot dr = \mu_0 I + \frac{1}{c^2} \frac{d}{dt} \int_S E \cdot dS$$

选取电容器极板间与板的半径相同且圆心在极板中心轴上的圆周 C 为安培环路,并以此圆周包围的圆面积作为上式要求的电通量的面积。由于没有电流通过此面积,所以

$$\oint_C B \cdot dr = \frac{1}{c^2} \frac{d}{dt} \int_S E \cdot dS$$

沿图 18-29 所示的 C 的正方向求 B 的环流,得

$$B \cdot 2\pi R = \frac{\pi R^2}{c^2} \frac{dE}{dt}$$

由此得

$$B = \frac{R}{2c^2} \frac{\mathrm{d}E}{\mathrm{d}t}$$

充电时,$\mathrm{d}E/\mathrm{d}t > 0$,则 $B > 0$,所以磁感线的方向和环路 C 的正方向一致,即顺着电流看去是顺时针方向。由此可以确定圆周 C 上各点的磁场方向。根据坡印廷矢量式(18-41)可知,在电容器两极板间的电场边缘各处的坡印廷矢量都指向电容器内部。因此,电磁场能量在此处是由外面送入电容器的。

(2)由上面求出的 B 值,可求出坡印廷矢量的大小为

$$S = \frac{EB}{\mu_0} = \frac{RE}{2c^2\mu_0} \frac{\mathrm{d}E}{\mathrm{d}t}$$

围绕电容器两极板间外缘的面积为 $2\pi Rb$,按坡印廷矢量计算单位时间内进入电容器内部的总能量为

$$W_S = S \cdot 2\pi Rb = \frac{\pi R^2 b}{c^2 \mu_0} E \frac{\mathrm{d}E}{\mathrm{d}t} = \pi R^2 b \frac{\mathrm{d}}{\mathrm{d}t} \left(\frac{\varepsilon_0 E^2}{2} \right) = \frac{\mathrm{d}}{\mathrm{d}t} \left(\pi R^2 b \frac{\varepsilon_0 E^2}{2} \right)$$

由于电容器极板间的体积是 $\pi R^2 b$,$\varepsilon_0 E^2/2$ 是极板间电场能流密度的大小,所以 $\pi R^2 b \varepsilon_0 E^2/2$ 就是极板间的总的静电能量。这一结果说明,按坡印廷矢量计算单位时间内进入电容器板间的总能量的确正好等于电容器中的静电能量的增加率。

从电磁场的观点来说,位移电流是电位移矢量随时间的变化率,只表示电场的变化率,这种变化将产生磁场,电容器在充电时所得到的电场能量并不是由电流带入的,而是由电磁场从周围空间输入的。

*18.8 电磁波的动量

由于电磁波具有能量,所以它就具有动量。它的动量可以根据动量-能量关系求出。

1. 电磁波的动量

电磁波以光速 c 传播,它不可能具有静质量。可以证明,电磁波的动量密度,即单位体积的电磁波具有的动量为

$$p = \frac{w}{c} \tag{18-44}$$

其中,w 为单位体积电磁波所具有的能量,即电磁波能量密度。由于电磁波的动量 $\boldsymbol{p}$ 的方向就是传播速度 $\boldsymbol{c}$ 的方向,所以可把上式改用矢量式,表示为

$$\boldsymbol{p} = \frac{w}{c^2} \boldsymbol{c} \tag{18-45}$$

把式(18-38)的 w 值代入式(18-44),可得

$$p = \frac{\varepsilon_0 E^2}{c} \tag{18-46}$$

2. 光压

电磁波具有动量,电磁波入射到物体上(物体受到光的照射)时,会对物体表面有压力作用。光对被照射物体所施的压力叫**光压**或**辐射压强**,习惯简称为**辐射压**。光压的存在说明电磁波具有动量,这也是电磁波的物质性的表现。

由光的电磁理论或光的量子理论,可推算出光压的大小。考虑一束电磁波垂直射到一个"绝对"黑的表面(这种能全部吸收入射的电磁波的理想表面称为黑体,参考 22.1 节)上。

这个表面上面积为 ΔA 的一部分在时间 Δt 内所接收的电磁波的动量为

$$\Delta p = p\,\Delta A\,c\,\Delta t$$

由于 $f = \Delta p/\Delta t$ 为面积 ΔA 上所受的辐射压力,而 $f/\Delta A$ 为该面积所受的压强 p_r,所以"绝对"黑的表面(100%吸收率,黑体)上受到垂直入射的电磁波的辐射压强(光压)为

$$p_r = cp = \varepsilon_0 E^2 = w \qquad (18\text{-}47)$$

其国际单位为 $\mathrm{N/m^2}$。光压的大小与光的动量密度、表面的反射系数以及入射角有关。

对于一个完全反射的表面,垂直入射的电磁波给予该表面的动量将等于入射电磁波的动量的 2 倍,因此,它对该表面的辐射压强也将增大到式(18-47)所给的 2 倍。

【例 18-16】　**太阳光压**。照射到地球上的太阳光的平均能流密度是 $\overline{S} = 1.4 \times 10^3\ \mathrm{W/m^2}$,设太阳光完全被地球所吸收,求这一能流对地球的辐射压力,并将这一压力和太阳对整个地球的引力作比较。

解　地球正对太阳的横截面积为 πR_E^2,而辐射压强为 $p_r = w = \overline{S}/c$,太阳光对整个地球的辐射压力为

$$F_r = p_r \cdot \pi R_E^2 = \overline{S}\,\frac{\pi R_E^2}{c}$$

$$= \frac{1.4 \times 10^3 \times \pi \times (6.4 \times 10^6)^2}{3 \times 10^8}\ \mathrm{N} = 6.0 \times 10^8\ \mathrm{N}$$

地面全部吸收直的太阳光,每平方米的地面约受到 $4.7 \times 10^{-6}\ \mathrm{N}$ 的压力。而太阳对地球的引力为

$$F_g = \frac{GMm}{r^2} = \frac{6.7 \times 10^{-11} \times 2.0 \times 10^{30} \times 6.0 \times 10^{24}}{(1.5 \times 10^{11})^2}\ \mathrm{N} = 3.6 \times 10^{22}\ \mathrm{N}$$

由此例可知,太阳光对地球的辐射压力与太阳对地球的引力相比是微不足道的,二者相差 10 个量级以上。因此,在地面上的自然现象和技术中,光压的作用比其他力的作用小得多,通常加以忽略。但是,对于太空中微小颗粒或尘埃粒子来说,太阳光压可能大于太阳的引力。这是因为在距离太阳一定距离处,辐射压力正比于受辐射物体的横截面积,即正比于其线度的 2 次方,而引力却正比于辐射物体的质量或体积,即正比于其线度的 3 次方。太小的颗粒会由于太阳的光压而远离太阳飞开。

彗星运行时彗星尾的方向是说明这种作用的最明显的例子。彗星是绕太阳运行的一种天体,形状特别,远离太阳时,为发光的云雾状小斑点;接近太阳时,由彗核、彗发和彗尾组成,彗尾由极稀薄的气体和大量的尘埃组成,形状如扫帚,是彗星接近太阳时形成的。当彗星运行到太阳附近时,由于这些尘埃微粒所受太阳的光压比太阳的引力大,所以它被太阳光推向远离太阳的方向而形成长达千万千米甚至上亿千米的彗尾。图 18-30(a)是 Mrkos 彗

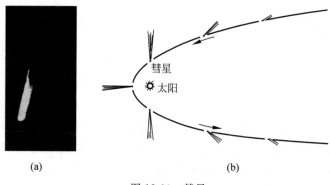

(a)　　　　　　　　　　　(b)

图 18-30　彗星

(a) 1957 年 8 月 Mrkos 彗星照片；(b) 彗尾方向的变化

星的照片,较暗的彗尾是尘埃受太阳的光压形成的,如图 18-30(b)所示,其轨道多为抛物线和双曲线。另一支亮而细的彗尾叫"离子尾",是彗星中的较重质点受太阳风(太阳发出的高速电子-质子流)的压力形成的。彗尾被太阳光照得很亮,有时甚至能被人用肉眼看到。我国民间以其形象,把彗星俗称**扫帚星**,"彗"即扫帚之意。公元前 11 世纪,中国已有彗星观测记录,这在世界上是最早的。

光压的概念由开普勒于 1619 年首先提出。1900 年,俄国科学家列别捷夫(P. N. Lebedev,1866—1912)首次在实验室内用扭秤测得微弱的光压。20 世纪初,美国物理学家尼科尔斯(E.F.Nichols,1869—1924)和赫耳(G.F.Hull,1887—1956)用精密实验测定光的压力。光压的存在为电磁理论提供了实验证据,说明电磁波具有动量。

＊3. 脑-机接口思维驱动

人们是利用电磁波来控制遥控设备(如遥控玩具,机器人等)的。人想要机器人完成什么动作,大脑就把这种思维要求通过神经传给(也是通过电磁波)自己的手,再由手拨动控制器上相应的键使它发出相应的电磁波信号来命令机器人完成相应的动作。这种从人的思维到机器人的动作的控制需要人手的介入,所以是间接的。能否使人脑的思维通过电磁波直接控制机器人的动作呢?

2006 年 6 月清华大学生物医学工程系展示一套"脑-机接口"(英文缩写 BCI)系统,初步实现思维对运动的直接控制,而站在世界在这方面研究的前列。当时所展示的是一对机器狗踢足球(图 18-31)。一男一女两个大学生,都戴着电极帽。这种帽子内壁有许多电极片压在头皮上。大脑在思维时会发出电磁波,叫脑电波。这种脑电波的信号强度只有几微伏到几十微伏。不同的思维活动的脑电波有不同的空间分布。这些脑电波被电极片采集后输入计算机,通过专门设计的计算方法,就可以判断出当前人的思维状态并把它翻译成相应的控制命令,再由无线网络以电磁波的形式发送给机器狗,使之进行相应的动作。当大学生想象自己的左手运动时,机器狗就向左走;当他或她想象自己的脚运动时,机器狗就向前走。这就实现人的大脑的思维对机器狗的直接控制。

图 18-31 人脑直接控制机器狗踢足球

这种脑-机接口系统可以帮助丧失运动能力而大脑功能正常的残疾人恢复正常的生活,而且可以更广泛地使人能更方便地"为所欲为"地操纵各种机器的动作。清华大学展示的上述脑-机接口系统虽然在实现人们"随心所欲"的研究方面只是走了初起的一小步,而达到"完善的"思维直接控制还有很长的路要走。但它已显示神经工程的威力及其广阔的前景。让我们预祝他们及其在全世界的同行们不断取得新的成就。

中国科学院、中国工程院等多个权威机构组织院士投票评选"2020 年世界十大科技进展新闻"于 2021 年 1 月 20 日在北京揭晓。其中,"脑-机接口技术助瘫痪男子重获触觉"新闻报道,美国巴泰尔科研中心和俄亥俄州立大学韦克斯纳医学中心的研究团队在《细胞》上发文,他们成功利用脑-机接口技术系统帮助一位瘫痪者恢复手部触觉,使其能够再次抓住和感觉物体。这项技术能捕捉到人所无法感知的微弱神经信号,并通过发回受试者大脑的人工感觉反馈来增强这些信号,从而极大地优化受试者的运动功能。受试者仅通过触觉就能感知到物体,还能感知握持或捡拾物体时所需的压力。

思 考 题

18-1　灵敏电流计的线圈处于永磁体的磁场中,通入电流,线圈就发生偏转。切断电流后,线圈在回复原来位置前总要来回摆动好多次。这时如果用导线把线圈的两个接头短路,则摆动会马上停止。这是什么缘故?

18-2　熔化金属的一种方法是用"高频炉"。它的主要部件是一个铜制线圈,线圈中有一坩埚,埚中放待熔的金属块。当线圈中通以高频交流电时,埚中金属就可以被熔化。这是什么缘故?

18-3　变压器的铁芯为什么总做成片状的,而且涂上绝缘漆相互隔开? 铁片放置的方向应和线圈中磁场的方向有什么关系?

18-4　三个线圈中心在一条直线上,相隔的距离很近,如何放置可使它们两两之间的互感系数为零?

18-5　有两个金属环,一个的半径略小于另一个。为了得到最大互感,应把两环面对面放置还是一环套在另一环中? 如何套?

18-6　如果电路中通有强电流,当突然打开刀闸断电时,就有一大火花跳过刀闸。试解释这一现象。

18-7　利用楞次定律说明为什么一个小的条形磁铁能悬浮在用超导材料做成的盘上(图 18-32)。

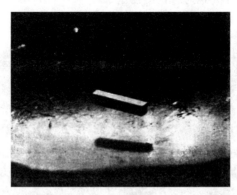

图 18-32　超导磁悬浮

18-8　金属探测器的探头内通入脉冲电流,才能测到埋在地下的金属物品发回的电磁信号(图 18-33)。能否用恒定电流来探测? 埋在地下的金属为什么能发回电磁信号?

18-9　麦克斯韦方程组中各方程的物理意义是什么?

18-10　什么是坡印亭矢量? 它和电场及磁场有什么关系?

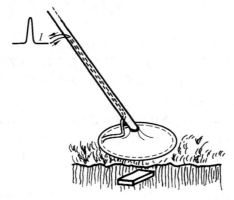

图 18-33　思考题 18-8 用图

18-11　电磁波的动量密度和能量密度有什么关系？

18-12　光压是怎么产生的？它和电磁波的动量密度、能量密度以及被照射表面性质有何关系？

习题

18-1　在通有电流 $I=5$ A 的长直导线近旁有一导线段 ab，长 $l=20$ cm，其中的 a 端与长直导线的垂直距离 $d=10$ cm（图 18-34）。当它沿平行于长直导线的方向以速度 $v=10$ m/s 平移时，导线段中的感应电动势多大？a,b 哪端的电势高？

18-2　平均半径为 12 cm 的 4×10^3 匝线圈，在强度为 5×10^{-5} T 的地磁场中每秒钟旋转 30 周，线圈中可产生最大感生电动势为多大？如何旋转和转到何时，才有这样大的电动势？

18-3　如图 18-35 所示，长直导线中通有电流 $I=5$ A，另一矩形线圈共 1×10^3 匝，宽 $a=10$ cm，长 $L=20$ cm，以 $v=2$ m/s 的速度向右平动，求当 $d=10$ cm 时线圈中的感应电动势。

18-4　习题 18-3 中若线圈不动，而长导线中通有交变电流 $i=5\sin100\pi t$ A，线圈内的感生电动势将为多大？

18-5　在半径为 R 的圆柱形体积内，充满磁感应强度为 $\boldsymbol{B}$ 的均匀磁场。有一长为 L 的金属棒放在磁场中，如图 18-36 所示。设磁场在增强，并且 $\dfrac{\mathrm{d}B}{\mathrm{d}t}$ 已知，求棒中的感生电动势，并指出哪端电势高。

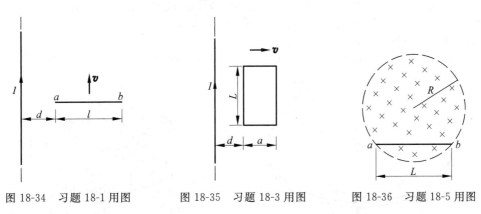

图 18-34　习题 18-1 用图　　　图 18-35　习题 18-3 用图　　　图 18-36　习题 18-5 用图

18-6　1996 年 2 月一航天飞机用长 19.7 km 的金属缆线吊着一个绳系卫星（图 18-37）以 8 km/s 的速

度横扫地磁场。缆线上产生的电压峰值为 3 500 V。试由此估算此系统飞越处的地磁场的 B 值。

18-7 为了探测海洋中水的运动,海洋学家有时依靠水流通过地磁场所产生的动生电动势。假设在某处地磁场的竖直分量为 0.70×10^{-4} T,两个电极沿垂直于水流方向相距 200 m 插入被测的水流中,如果与两极相连的灵敏伏特计指示 7.0×10^{-3} V 的电势差,求水流速率多大。

18-8 发电机的转子由矩形线环组成,线环平面绕竖直轴旋转。此竖直轴与大小为 2.0×10^{-2} T 的均匀水平磁场垂直。环的尺寸为 10.0 cm×20.0 cm,它有 120 圈。导线的两端接到外电路上,为了在两端之间产生最大值为 12.0 V 的感应电动势,线环必须以多大的转速旋转?

18-9 一种用小线圈测磁场的方法如下:做一个小线圈,匝数为 N,面积为 S,将它的两端与一测电荷量的冲击电流计相连。它和电流计线路的总电阻为 R。先把它放到待测磁场处,并使线圈平面与磁场方向垂直,然后急速地把它移到磁场外面,这时电流计给出通过的电荷量是 q。试用 N, S, q, R 表示待测磁场的大小。

18-10 **电磁阻尼**。图 18-38 所示为一金属圆盘,电阻率为 ρ,厚度为 b。在转动过程中,在离转轴 r 处面积为 a^2 的小方块内加以垂直于圆盘的磁场 **B**。试导出当圆盘转速为 ω 时阻碍圆盘的电磁力矩的近似表达式。

18-11 在电子感应加速器中,要保持电子在半径一定的轨道环内运行,轨道环内的磁场 B 应该等于环围绕的面积中 B 的平均值 $\bar{B}$ 的一半,试证明之。

18-12 一个长 l、截面半径为 R 的圆柱形纸筒上均匀密绕有两组线圈。一组的总匝数为 N_1,另一组的总匝数为 N_2。求筒内为空气时两组线圈的互感系数。

18-13 一圆环形线圈 a 由 50 匝细线绕成,面积为 4.0 cm²,放在另一个匝数等于 100 匝,半径为 20.0 cm 的圆环形线圈 b 的中心,两线圈同轴。求:

(1) 两线圈的互感系数;

(2) 当线圈 a 中的电流以 50 A/s 的变化率减少时,线圈 b 内磁通量的变化率;

(3) 线圈 b 的感生电动势。

18-14 半径为 2.0 cm 的螺线管,长 30.0 cm,上面均匀密绕 1 200 匝线圈,线圈内为空气。

(1) 求这螺线管中自感多大?

(2) 如果在螺线管中电流以 3.0×10^2 A/s 的速率改变,在线圈中产生的自感电动势多大?

18-15 一长直螺线管的导线中通入 10.0 A 的恒定电流时,通过每匝线圈的磁通量是 20 μWb;当电流以 4.0 A/s 的速率变化时,产生的自感电动势为 3.2 mV。求此螺线管的自感系数与总匝数。

18-16 如图 18-39 所示的截面为矩形的螺绕环,总匝数为 N。

(1) 求此螺绕环的自感系数;

(2) 沿环的轴线拉一根直导线。求直导线与螺绕环的互感系数 M_{12} 和 M_{21},二者是否相等?

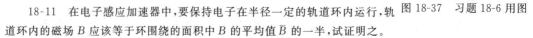

图 18-37   习题 18-6 用图

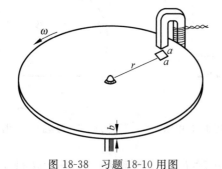

图 18-38   习题 18-10 用图

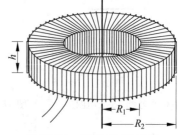

图 18-39   习题 18-16 用图

18-17 两条平行的输电线半径为 a,二者中心相距为 D,电流一去一回。若忽略导线内的磁场,证明这两条输电线单位长度的自感为

$$L_1 = \frac{\mu_0}{\pi}\ln\frac{D-a}{a}$$

18-18 中子星表面的磁场估计为 10^8 T,按质能关系,该处的磁能密度(以 kg/m^3 为单位)多大?

18-19 实验室中一般可获得的强磁场约为 2.0 T,强电场约为 1×10^6 V/m。求相应的磁场能量密度和电场能量密度多大?哪种场更有利于储存能量?

18-20 可能利用超导线圈中的持续大电流的磁场储存能量。要储存 1 kW·h 的能量,利用 1.0 T 的磁场,需要多大体积的磁场?若利用线圈中的 500 A 的电流储存上述能量,则该线圈的自感系数应多大?

18-21 太阳光射到地球大气顶层的强度为 1.38×10^3 W/m²。求该处太阳光内的电场强度和磁感应强度的均方根值(视太阳光为简谐电磁波)。

18-22 用于打孔的激光束截面直径为 $60\ \mu\text{m}$,功率为 300 kW。求此激光束的坡印亭矢量的大小。该束激光中电场强度和磁感应强度的振幅各多大?

18-23 一台氩离子激光器(发射波长 514.5 nm)以 3.8 kW 的功率向月球发射光束。光束的全发散角为 $0.880\ \mu\text{rad}$。地月距离按 3.82×10^5 km 计。求:

(1) 该光束在月球表面覆盖的圆面积的半径;

(2) 该光束到达月球表面时的强度。

*18-24 一平面电磁波的波长为 3.0 cm,电场强度 E 的振幅为 30 V/m,求:

(1) 该电磁波的频率为多少?

(2) 磁场的振幅为多大?

(3) 对一垂直于传播方向的、面积为 0.5 m² 的全吸收表面的平均辐射压力是多少?

*18-25 太阳光直射海滩的强度为 1.1×10^3 W/m²。你晒太阳时受的太阳光的辐射压力多大?设你的迎光面积为 0.5 m²,而皮肤的反射率为 50%。

*18-26 强激光被用来压缩等离子体。当等离子体内的电子数密度足够大时,它能完全反射入射光。今有一束激光脉冲峰值功率为 1.5×10^9 W,汇聚到 1.3 mm² 的高电子密度等离子体表面。它对等离子体的压强峰值多大?

*18-27 假设在绕太阳的圆轨道上有个"尘埃粒子",设它的质量密度为 1.0 g/cm³。粒子的半径 r 是多大时,太阳把它推向外的辐射压力等于把它拉向内的万有引力(已知太阳表面的辐射功率为 6.9×10^7 W/m²)?对于这样的尘埃粒子会发生什么现象?

第5篇

波动光学

19世纪中后期,英国物理学家麦克斯韦把原来相互独立的电学、磁学和光学这三个重要的物理学领域结合起来,形成电磁场理论,指出光的本质是电磁波,成为19世纪物理学上一个重大综合。以后的一系列实验使人们认识到,光不是机械波而是一种电磁波,从而形成以电磁理论为基础的波动光学。

本篇波动光学分为3章,既与第3篇"振动和波动"相因相生,又自成体系。它以光的波动性质为基础,主要介绍光作为一种波动所表现出的经典电磁理论的一些规律性;采用简单的物理模型,研究光的本性及其在介质中传播的各种性质和规律,主要说明光的干涉、衍射和偏振等现象。有时,把波动光学与量子光学合称为物理光学。量子光学根据光的量子性(粒子性),从微观上研究光的发射、光在传播过程中与物质发生相互作用的部分现象及其光场本身性质,如光电效应、康普顿效应以及各种原子和分子的光谱等(见第6篇)。

联合国大会把2015年的主题确定为"国际光年",希望以此纪念千年来人类在光领域的重大发现,推动解决能源、教育、农业和卫生等世界性问题的光技术的可持续发展。一千年来,光技术带给人类文明巨大的进步。2015年是阿拉伯学者海赛姆(I.Haytham,965—1038)的五卷本《光学》著作诞生1 000年,又恰好是一系列光和光学应用技术发展重要里程碑的周年纪念。例如,1815年法国物理学家菲涅耳(A.J.Fresnel,1788—1827)提出光波概念;1865年麦克斯韦(J.C. Maxwell,1831—1879)创立光的电磁传播理论;1905年爱因斯坦解释光电效应,1915年通过广义相对论将光列为宇宙学的内在要素等。

光学理论发展历史表明,人们对光的传播规律及其本性的认识经历漫长过程。人类对光学的研究早在两三千年前就初见端倪。春秋战国时期的中国和古希腊在光学现象的观察和研究就有相当成就。在中国古代,光学被公认为发展得比较好的理论之一。例如,早在公元前 400 多年,《墨经》对光的几何性质已有较为完全的描述,包括光与影的关系,小孔、平面镜、凹面镜与凸面镜成像等,这比古希腊数学家欧几里得的《光学》早百余年。可以说,反射与折射定律奠定几何光学的基础。墨家对其后来的中国古代在一定时期产生深远影响,而到汉代,墨家就完全消亡了。墨家的方法论是可取的,但为什么消亡如此之快,答案的分歧很大,也许与墨守成规也有一定关系。后来有汉代的淮南王刘安及其门客、西晋张华、南唐谭峭、宋代沈括、元代赵友钦、明代方以智、清代郑复光与邹伯奇等,他们都在光学领域做出自己的成就。较为系统的科学论著是 11 世纪末期北宋科学家和政治家沈括所著的《梦溪笔谈》。缺乏几何学理论及其在光学中的应用是中国古代光学史上的一大不足。

　　光学真正形成一门科学是从 17 世纪开始的——源于微粒说与波动说之争。当时,为解释光的传播以及电磁与引力现象,西方自然科学界有一种观点,认为光是一种机械弹性波,其传播介质是一种称为以太的弹性介质(见第 6 章前的开篇语)。例如,惠更斯认为“光是发光体中微小粒子的振动在弥漫于宇宙空间的完全弹性的介质(以太)中的传播过程”,把这种波称为以太波,并且提出光类似于空气中的声波、以太波也是纵波的观点。后来的理论和实验也都证明,光波是横波,惠更斯的这一类比是错误的。

　　17 世纪之前,人们对光的研究主要限于几何光学方面的内容。至 17 世纪中叶,望远镜和光学显微镜的应用以及光的反射与折射定律的建立,几何光学的体系基本形成。人们开始进一步探讨光的本性。1665 年前后,人们开始发现光具有波动性的迹象。17 世纪中后期,西方科学界徘徊于光的微粒学说和波动学说之间及其本性之争,分别是以牛顿为代表人物提倡的光的微粒说,以及惠更斯等人创立的波动说。两种学说相对立,但都可以分别解释已观察到的一些光学现象。由于当时人们受牛顿在力学和光学等领域的学术威望(如 1666 年牛顿研究光的色散,用棱镜将太阳光分解为由红到紫的可见光谱)及其哲学思想在社会上的影响,以至于波动说历时一个多世纪未被重视。当时,牛顿在机械论观点的基础上用微粒说解释光的折射,但是这造成合速度的大小将大于空气中的光速。测量光在介质中的速度大小将是微粒说正确与否的“试金石”,可惜的是,当时没有实验能对此进行判断,使得微粒说在一百多年内占统治地位。直到 1802 年,英国科学家杨(T.Young,1773—1829)用双缝干涉实验直观地说明波动说的正确性,把波动说建立在实验基础上,首次测定了光的波长,奠定光的波动性的基础,这在经典光学发展史上具有重要意义。至此,一百多年前牛顿发现的等厚干涉(牛顿环)现象也才得到科学解释。1815 年菲涅耳根据杨的双缝干涉实验补充了惠更斯原理,成功地解释了光的衍射和直线传播现象。至此,波动说确立了应有的地位。1809 年法国科学家马吕斯(E.L.Malus,1775—1812)发现光在反射时的偏振现象。1811 年法国科学家和政治家阿拉果(D.F.J. Arago,1786—1853)观察到石英中偏振面的旋转现象。1817 年托马斯·杨断定光是横波。1821 年菲涅耳提出了光的横波理论。1845 年法拉第发现磁致旋光现象(法拉第效应),这一发现启发人们研究光与电磁场的关系。这些现象都确证光的波动性,证实光是横波。1850 年傅科首先测出光在水中的速度,否定光的微粒说在此方面的错误说法。以上发现使波动说占了上风。光的电磁理论建立后,光的横波性有了坚实的理论基础,光的偏振得到圆满的解释。

关于光的研究方法,牛顿在其《光学》著作中强调自己从实验观察出发,进行归纳综合的研究方法。他说:"在自然科学里,应该像数学里一样,在研究困难的事物时总是应当先用分析的方法,然后才用综合的方法。这样的分析方法包括做实验和观察,用归纳法得出普遍结论,并且不使这些结论遭到非议,除非这些异议来自实验或者其他可靠的真理。"牛顿的科学方法符合科学的认识过程,在科学发展过程中形成并成为相对稳定的科学研究方法。

但是,此时的波动说仍是以光的机械理论为基础的。在寻找光赖以传播的弹性介质"以太"时,这一理论遇到无法克服的困难。麦克斯韦在法拉第工作的基础上,总结 19 世纪中叶以前对电磁现象的研究成果,建立电磁场基本方程——麦克斯韦方程组,预言光的本质是一种电磁波。1887 年,美国科学家迈克耳孙(A.A.Michelson,1852—1931)和助手莫雷(E.W.Morley,1838—1923)在干涉仪测量实验中否定"以太"的存在,否定弹性波动学说。"以太说"终于不能得到物理学的证实而被否定。1888 年,赫兹证实了麦克斯韦的理论。光首次被纳入电磁波的一个频段。旧的波动光学摆脱了机械论而在电磁理论的基础上得到改造和进一步的完善。光的电磁理论能说明光的传播、干涉、衍射、散射、偏振等现象,使光的波动说得到广泛承认,但它不能解释光与物质相互作用中能量以量子方式转换的性质,还需要用量子理论来补充和加以发展。光的量子理论能解释一些光的经典电磁理论不能解释的现象。

19 世纪末和 20 世纪初,许多有关光与物质相互作用的现象不能用波动说来解释,物理学处在一个重大的变革时期。实际上,微粒说和波动说的两种不同解释并不是对立的,量子理论的发展证明这一点,即光具有波粒二象性,在不同条件下分别表现出不同的性质。光具有波动性和微粒性两方面相互并存的性质,称为光的二象性。这已经是 20 世纪初的事了。有关光的黑体辐射、光电效应、康普顿效应等研究,证实光具有微粒性(量子性),进一步完善了光的微粒学说。光的微粒性说明发光体不断发射出微粒,这些粒子就是光子。光子是光(磁辐射)的能量量子,所以也称为光量子,具有稳定、不带电等特点。1905 年爱因斯坦(A.Einstein,1879—1955)在解释光电效应时首次指出光子的存在,提出光量子假说,总结光的微粒说和波动说之间的争论。从本质上说,光不仅是电磁波,还是一种粒子,称为光子。光子的概念于 1926 年正式命名。有关光的量子理论在第 6 篇第 22 章中介绍。

19 世纪以前,微粒说比较盛行,20 世纪初发展起来的光量子理论,又过于强调粒子性。法国科学家德布罗意(L.De Broglie,1892—1987)在 1924 年的博士论文"关于量子理论的研究"中采用类比法提出"物质波"理论,把粒子性和波动性统一起来,给予"量子"以真正涵义,为量子力学的建立提供物理基础。

本篇介绍光作为一种波动所表现出的一些规律性,属于光的电磁理论,基本上还是杨和菲涅耳的波动理论,但是,其相关的许多应用在现代科技领域仍然有一席之地。正确的理论总是不会过时的,而且它们的应用将随着时代的前进而不断扩大和创新。现代的许多高新技术中的精密测量与控制大量应用了光的干涉、衍射和偏振等经典的波动理论。1960 年发明的激光使"古老的"光学焕发了青春,大功率激光器的应用更是引起人们的极大关注。

本篇先介绍由于光波服从叠加原理而产生的干涉和衍射现象的规律,然后介绍光波作为一种横波所具有的偏振特征。这些内容都属于经典意义上的物理光学的范畴。

波动光学篇知识结构思维导图

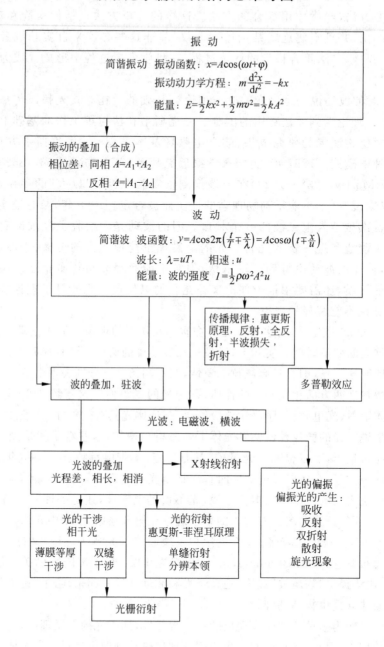

举一纲,万目张,万事肆。(纲举目张)

——(隋)王通《中说》

第19章

光 的 干 涉

第11章讲过,两列频率相同、振动方向相同但传播方向相反的机械波叠加时就会发生驻波现象。光波也能产生驻波,但对光波来说,实际上更重要的,也是一般的情况:满足一定条件的两束光叠加时,在叠加区域光的强度或明暗有一稳定的分布现象——**光的干涉**。干涉现象是光波以及一般的波动的特征。

本章讲述光的干涉的规律。先从光及其发光机理出发,介绍相干光及其获得方法;再引入光程的概念,用于分析光波服从叠加原理而产生干涉的明暗条纹的分布规律;最后通过一些实例说明干涉的应用。这些规律对其他种类的波,如机械波和物质波都是同样适用的。

19.1 光与光源发光机理

日常生活中所说的**光**,一般是指能引起人眼视觉的电磁波。从本质上讲,它指的是**可见光**。不同频率(或波长)的可见光给人以不同颜色的感觉。可见光从紫光到红光区域,在真空中的波长范围为 $390\sim770$ nm,对应的频率为 $7.7\times10^{14}\sim3.9\times10^{14}$ Hz。

1. 光与光源的基本概念

广义上,光还包括红外线和紫外线等。虽然红外线、紫外线以及在它们波长之外的电磁波均不能引起人眼视觉,但紫外和红外波段的电磁波可有效地转换为可见光,利用光学仪器或摄影与摄像的方法可以量度或探测发射这种光线物体的存在,因此,在光学研究领域,光的概念通常延伸到邻近可见光区域的电磁辐射(红外线和紫外线),甚至 X 射线等也被认为是光。因此,在自然科学中,常常把紫外线、可见光和红外线,统称为**光辐射**,或统称为**光波**。为区别起见,通常把可以引起肉眼视觉的部分称为**可见光**。不同波长的可见光能够唤起人眼对不同颜色的感觉。

理论上,具有单一波长(或频率)的光才是单色光,如氦-氖激光器发出 632.8 nm 单一波长的红光。实际上,波长范围很窄的光,即可当作**单色光**。例如,钠光灯波长为 589.0 nm 和 589.6 nm,称为双黄线;波长约在 $480\sim550$ nm 范围的光叫做绿光。在明视觉下,人眼对波长为 555 nm 的黄绿光最为敏感。若包含多种不同波长(或频率)的光,则称为**复色光**(复合光)。我们看到太阳的颜色是一种白色偏黄混合色,为复色光,它是各种颜色光混合的结果。白光就是由可见光中的七种色光混合而成的,也可以用等量的红、绿、蓝三色混合获得。

　　电磁波包括的范围很广,从无线电波到光波,从 X 射线到 γ 射线,它们都属于电磁波的范畴,只是波长(或频率)不同而已。按照波长的连续顺序把电磁波排列成的图表(波族),称为**电磁波谱**,如图 19-1 所示。可见,人眼视觉感受的可见光只是电磁波谱中很窄的一小部分。

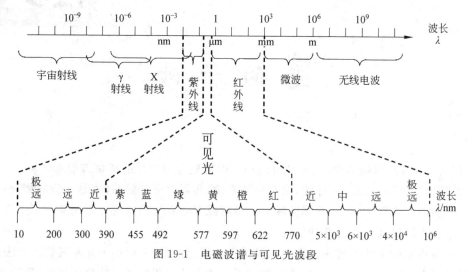

图 19-1　电磁波谱与可见光波段

　　波长的国际单位为米(m),$1\ m = 10^6\ \mu m = 10^9\ nm = 10^{10}\ \text{Å}$,其中的 Å(埃)曾用来表示光波的波长,以及其他微小尺度(如原子、分子等的大小)的单位,现已废除。这一单位是为纪念瑞典光谱学家埃斯特朗(A.J.Ångström,1814—1874)而命名的。一般情况下,为使用方便,可根据波谱中的不同位置或不同范围选用合适的国际单位,例如,紫外至可见光波段可用 nm 表示,红外波段可用 μm 表示。

　　光是由光源发出的,任何自身能发光的发光体都可以看成光源。**光源**通常是指能发出可见光的发光体。如太阳、恒星、通电工作的电光源(如白炽灯、荧光灯、LED 灯等)以及燃烧着的物质等。在物理学上,能发出一定波长范围的电磁波(包括可见光,以及紫外线、红外线和 X 光线等不可见光)的物体都是光源。但是,依靠反射外来光才能使人们看到它们的物体不能称为光源,如月亮表面、桌面等。太阳、恒星和天空等为**天然光源**,利用光学能、生物能和电能等的发光体均为**人工光源**,如用于日常照明或显示信号的电光源。

　　光的颜色由光的频率决定,而其频率一般仅由光源决定,与传播空间介质无关。

　　由于激光器的发光机理和传统的光源截然不同,它是一种新型光源(见 24.5 节),因此,通常把激光器之外的光源称为**普通光源**,简称**光源**。不可见光光源可用于医疗诊断、通信、夜间成像等特殊用途。

2. 普通光源的发光机理简介

　　光源的发光是光源中大量的原子发生的一种微观过程。现代物理学的理论与实验研究表明,原子只能处于一系列不连续的、离散的状态,这些状态分别具有一定能量,它们的数值各不相等。为形象化起见,人们往往按某一比例以一定高度的水平线代表一定的能量,并把这些状态的能量按大小排列,犹如梯级,故称为**能级**。如图 19-2 所示为氢原子的能级示意图,称为**能级图**。其中,能量最低的状态 E_1 叫**基态**,其他能量较高的状态都叫**激发态**。处于激发态的原子是不稳定的,它会自发地由高激发态回到低激发态或基态。这种微观粒子从某一状态(初态)改变到另一状态(末态)的过程叫做**跃迁**。例如,一个处于能量较高的激发态的原子,因发射一个光子而过渡到能量较低的激发态或基态(如图中的$E_3 \rightarrow E_1$或$E_3 \rightarrow E_2$,$E_2 \rightarrow E_1$等)。通过这样的跃迁,原子因向外发射电磁波而使本身能量减小,其所减少的能量就是所发射的电磁波携带着的能量。光束携带的能量是辐射能的一种形式。跃迁过程遵守能量、动量和角动量等守恒定律。

原子的每一次跃迁过程所经历的时间是很短的(10^{-8} s量级),这也是一个原子一次发光所持续的时间,所以每个原子的每一次发光就只能发出频率一定(实际上频率是在一个很小范围内)和振动方向一定而长度有限的一个波列。它是光波波源连续振动若干次所发出的波。若波源连续振动若干次后停止振动,则向外发出长度L为若干个波长的波,这一段光波叫做一个**波列**(光波列)。如图 19-3 所示为一个波列,它也是一种物理模型。

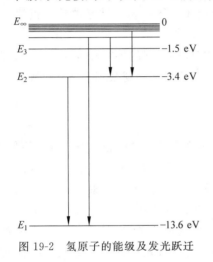

图 19-2　氢原子的能级及发光跃迁

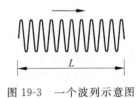

图 19-3　一个波列示意图

实验表明,在光与物质的相互作用中,对引起视觉和使感光材料产生感光效果起主要作用的是振动着的电场强度,因此,我们通常只关心电场的振动,用电场强度 E 代表光振动,并称为**光矢量**。本质上,光振动是指电场强度按简谐振动规律作周期性变化。光的强度 I 与光矢量的振幅 E_0 的平方成正比,即 $I \propto E_0^2$,这与式(11-31)所表示的机械波的强度的结论是相同的。第 21 章介绍光具有横波的一些特性。

由于外界条件的激励,如通过碰撞,原子就可以处在激发态中。处于激发态的原子是不稳定的,它可以通过两种方式跃迁到其他能级状态,并同时向外辐射电磁波。一种方式就是前面描述的**自发辐射**,另一种方式为**受激辐射**。当然,一个原子经过一次发光跃迁后,还可以再次被激发到较高的能级,因而又可以再次发光。因此,原子的发光都是断续的。当这种电磁波的波长在可见光范围内时,即为可见光。"受激辐射"的概念是 1916 年爱因斯坦在研究原子通过能级跃迁时提出的,后来成为激光的最早理论。1960 年美国物理学家梅曼(T. H. Maiman,1927—2007)制成世界上第一台实用的红宝石激光器,它的问世标志着激光技术的诞生。激光物理学发展成为物理学的一个分支学科。

在普通光源内,有非常多的原子在发光,这些原子的发光远不是同步的。各次发出的波列的频率和振动方向可能不同,而且它们每次何时发光都是完全不确定的。对于同一原子,其发光机理具有瞬时性、间歇性、偶然性和随机性的特点,而对于不同原子,则具有独立性的特点。在实验中,所观察到的光就是由光源中的许多原子所发出的、许多相互独立的波列组成的。这是因为在这些光源内原子处于激发态时,它向低能级的跃迁完全是自发的,并按照一定的概率发生,即自发辐射是一种随机过程,与外界的影响无关。各原子的每次发光完全是相互独立、互不相关的。普通光源发光是大量原子的自发辐射过程,但原子之间的频繁碰撞会缩短原子发光持续的时间,使光波列的长度变得更短。

19.2　相干光　杨氏双缝干涉

在 11.8 节介绍机械波的干涉时指出,两列(或两列以上)满足**相干条件**——具有相同频率、相同振动方向和恒定相位差的波在空间叠加时,将形成恒定的振动加强和减弱的干涉现象。水波的干涉是常见的现象,水波干涉时形成干涉图样。干涉是波动过程的一个重要特征之一。

光是电磁波,与机械波类似,都是波动,具有许多共同的特征和规律。那么,什么样的光才能产生光的干涉呢? 是不是满足相干条件的光叠加都能观察到干涉条纹呢?

1. 相干光　光的干涉

(1) 光的相干性

为什么在室内用两个灯泡照明时,墙上不出现明暗条纹的稳定分布呢? 不但如此,在实验室内,使两个单色光源,如两只钠光灯(黄光)发的光叠加,甚至使同一只钠光灯的两个发光点所发的光叠加,也还是观察不到明暗条纹稳定分布的干涉现象。这是为什么呢?

19.1 节已经指出,普通光源中由于原子发光的无规则性,同一个原子先后发出的波列之间,以及不同原子发出的波列之间都没有固定的相位关系,且振动方向与频率也不尽相同,因此,两个独立的光源,甚至同一光源的不同部分发出的光波列之间都没有确定的相位关系,其相位差是随时间无规则变化,二者是不相干的。因此,普通光源发出的光不是相干光,也就不可能发生干涉现象。

尽管在有些条件下(如在单色光源内)可以使这些波列的频率基本相同,但是两个相同的光源或同一光源上的两部分发出的光叠加时,在任一点(如图 19-4 中屏 H 上 P 点),这些波列的振动方向不可能都相同,特别是,相位差不可能保持恒定,因而合振幅不可能稳定,也就不可能产生光的强弱在空间稳定分布的干涉现象(图 19-4)。

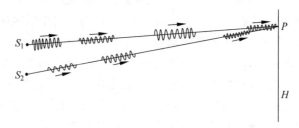

图 19-4　两个普通光源发的光叠加时不产生干涉示意图

光场中不同空间位置及不同时刻光振动的关联性质,称为**光的相干性**。这种性质决定光的干涉实验中干涉条纹的清晰程度。普通光源相干性差,如果不进行精巧的设计,很难直接观察到光的干涉现象。

在相干性方面,受激辐射就不同。受激辐射是在一定频率的外界光波列的"诱导"下,原子被迫或受激地发出一个光波列的过程。受激辐射的光波列(激光)在振动方向、振动频率和初相上都与外界光波列相同。因此,对于激光光源,不存在空间相干性问题,其输出的光波各部分都是相干的。相干性好是激光的特点之一。

(2) 光的相干条件 光的干涉

如果两列光波满足类似机械波的三个相干条件(二者相同频率、相同振动方向,并具有恒定的相位差),是否就一定能够清晰地观察到光的干涉条纹呢? 答案是否定的。

根据光的相干性,干涉现象是否显著,条纹是否清晰,能否观察到干涉条纹,这些都与干涉条纹的明暗差异有关,即与干涉条纹的对比度有关。**对比度** V 表示图像(条纹)中最暗部分与最亮部分的比值,定义为

$$V = \frac{I_{max} - I_{min}}{I_{max} + I_{min}}, \quad 0 \leqslant V \leqslant 1 \tag{19-1}$$

式中,I_{max} 与 I_{min} 分别表示干涉图样中光强的最大值与最小值。对比度也称**反差度**,其值越大,条纹越清晰,图像层次也就越分明。由于光的强度 I 与光矢量的振幅 E_0 的平方成正比,即 $I \propto E_0^2$,因此,从干涉条纹对对比度的要求,进一步提出补充条件——参加相干叠加的光波的振幅不能相差太大。

频率相同、振动方向相同或接近和相位差恒定,且振幅不能相差过大,这些要求叫做**光的相干条件**。满足相干条件的各列光波称为**相干光**,叠加后即可发生明显的干涉现象。相比之下,这些条件对机械波来说,是比较容易满足的。因此,**光的干涉**指的是在满足特定条件(即光的相干条件)下,两束或多束光波叠加(在相遇区域)在空间不同位置呈现稳定的、光强明暗交替变化的现象。

(3) 相干光的获得

怎样才能获得两束相干光呢? 利用普通光源获得相干光的基本思路是,把光源发出的同一束光设法分成两束(如利用反射或折射)后,沿两条不同路径传播后再使之相遇而叠加。由于这两束光的相应部分实际上都来自同一发光原子的同一次发光,所以它们满足相干条件而成为相干光。当它们相遇时,因叠加而产生干涉现象。

把同一光源发的光分成两部分的方法一般有两种,这也是光的干涉常用的基本方法。

一种是**分波阵面法**。从光源发出的同一波阵面上,分出两部分作为相干光源。如杨氏双缝干涉,劳埃镜干涉,还有菲涅耳双镜干涉等,它们的原理相同,但获得相干光源的装置在安排上各具特色。

另一种是**分振幅法**。利用反射、折射把波面上同一振幅分成两部分,再使它们相遇而产生干涉现象。如薄膜等厚干涉(劈尖和牛顿环)与等倾干涉,迈克耳逊干涉仪等。

此外,还有多光束干涉,如法布里-珀罗干涉仪,以及分振动面干涉,如偏振光干涉。

2. 杨氏双缝干涉实验

英国科学家托马斯·杨于 1802 年首先成功地实现一个判定光的波动性质的关键性实验——光的干涉实验。如图 19-5 所示,S_1 和 S_2 是同一个光源上的两个点光源,它们发出的光波在右方叠加。在叠加区域放一白屏,就能观察到屏上有等距离的明暗相间的条纹出

现。这种现象只能用光是一种波动来解释(复习上册 11.7 节和 11.8 节)。

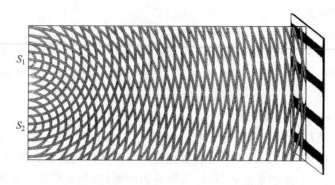

图 19-5　托马斯·杨的光的干涉示意图

现在的类似实验用双缝代替两个点光源,称为**杨氏双缝干涉实验**。实验装置如图 19-6 所示,S 是一线光源(通常用光强较大的单色光照射一狭缝获得,或用单色性和相干性很好的激光代替),狭缝的长度方向与纸面垂直。G 是遮光屏,其上开有两条平行的狭缝 S_1 和 S_2,S_1 与 S_2 的间距为 d,且与光源 S 等距。H 为白屏,与遮光屏 G 的平面平行,二者平面间的间距为 D。实验中,通常总是使 $D \gg d$,如 $D \approx 1$ m,$d \approx 10^{-4}$ m。

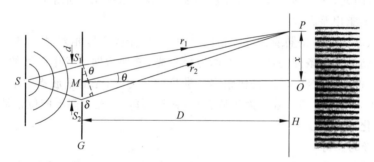

图 19-6　杨氏双缝干涉实验

由光源 S 发出的光的波阵面同时到达 S_1 和 S_2 并发生衍射现象(见 11.7 节),通过 S_1 和 S_2 后两束光将叠加在一起。由于 S_1 和 S_2 是由 S 发出的同一波阵面的两部分,具有相干性,且光强(或振幅)相差无几,二者在 G 到 H 之间的空间相遇区域将产生清晰的干涉条纹,这种产生光的干涉的方法属于分波阵面法。

下面利用波的叠加原理来分析双缝干涉实验中光的强度分布,这一分布是在白屏 H 上以各处明暗不同的形式显示出来的。

由于 S 与 S_1 和 S_2 的距离相等,则 S_1 和 S_2 是两个同相波源。考虑屏 H 上任一点 P,设从 S_1 和 S_2 到 P 的距离分别为 r_1 和 r_2,则在 P 处波的强度就仅由从 S_1 和 S_2 到 P 点的波程差决定。由图 19-6 可知,这一波程差 δ 为

$$\delta = r_2 - r_1 \approx d \sin\theta \tag{19-2}$$

式中,θ 是 P 点的角位置,即 $S_1 S_2$ 的中垂线 MO 与 MP 之间的夹角,通常 θ 很小。

设在实验中入射光为单色光,对应的波长为 λ,根据同方向的振动叠加的规律,当从 S_1 和 S_2 到 P 点的波程差为波长的整数倍,即

$$\delta = d\sin\theta = \pm k\lambda, \quad k = 0, 1, 2, \cdots \tag{19-3}$$

也就是从 S_1 和 S_2 发出的两束光到达 P 点的相位差为 2π 整数倍,即

$$\Delta\varphi = 2\pi\frac{\delta}{\lambda} = \pm 2k\pi, \quad k = 0, 1, 2, \cdots \tag{19-4}$$

时,两束光在 P 点叠加后的合振幅最大,因而其光强最大,形成明亮的条纹(明纹)。这种合成振幅最大的叠加称为**相长干涉**(干涉相长)。由式(19-3)可求出明纹中心的角位置 θ,也就可以确定明条纹在白屏上的位置,式中的 k 称为明条纹的**级次**。对应 $k=0$ 为明纹,称为**零级明纹**或**中央明纹**,$k=1,2,\cdots$ 分别称为第 1 级、第 2 级、……明纹。

当从 S_1 和 S_2 到 P 点的波程差 δ 为半波长的奇数倍,即

$$\delta = d\sin\theta = \pm(2k-1)\frac{\lambda}{2}, \quad k = 1, 2, 3, \cdots \tag{19-5}$$

也就是从 S_1 和 S_2 发出的两束光到达 P 点的相位差为 π 奇数倍时,即

$$\Delta\varphi = 2\pi\frac{\delta}{\lambda} = \pm(2k-1)\pi, \quad k = 1, 2, 3, \cdots \tag{19-6}$$

两束光在 P 点叠加后的合振幅最小,因而其光强最小而形成暗纹。这种合成振幅最小的叠加称为**相消干涉**(干涉相消)。式(19-5)给出暗纹中心的角位置,对应的 k 为暗纹的级次。

波程差 δ 为其他值的各点,光强介于最明和最暗之间。两光波叠加后的振幅可根据式(10-29)进行分析和计算,再由光强与振幅的关系,得到叠加后的光强分布。

在实际的实验中,可以在屏 H 上看到稳定分布的明暗相间的条纹。这与上面给出的结果相符:中央为零级明纹,两侧对称地分布着较高级次的明暗相间的条纹。若以 x 表示 P 点在白屏 H 上的位置,则由图 19-6 可得,它与角位置的关系为

$$x = D\tan\theta \tag{19-7}$$

对于小角度情况,θ 很小,$\tan\theta \approx \sin\theta$。利用式(19-3)可得,明纹中心的位置为

$$x_k = \pm k\frac{D}{d}\lambda, \quad k = 0, 1, 2, \cdots \tag{19-8}$$

同样地,利用式(19-5)和式(19-7)可得,暗纹中心的位置为

$$x_k = \pm(2k-1)\frac{D}{d}\cdot\frac{\lambda}{2}, \quad k = 1, 2, 3, \cdots \tag{19-9}$$

相邻两明纹或暗纹中心之间的距离都是

$$\Delta x = x_{k+1} - x_k = \frac{D}{d}\lambda \tag{19-10}$$

此式表明,Δx 与级次 k 无关,因而条纹是等间隔地排列的。通常利用实验测得的 Δx、D 和 d 的值,可以求出光的波长。

关于条纹的亮度,也可以根据叠加原理进行计算。在屏 H 上离中央条纹很近的范围,即 θ 很小的区域内,S_1 和 S_2 距离屏 H 上各点的距离基本相同,因此,由 S_1 和 S_2 发出到达屏上各点的光波的振幅可视为相等。以 E_1 表示由 S_1 或 S_2 发的光到达屏上各点时的振幅,则根据叠加原理,在暗纹中心相消干涉处,两列光波引起的振动反相,合振幅为零,光的强度为零;在明纹中心相长干涉处,两列光波引起的振动同相,合振幅应为 $2E_1$,光的强度最大。由波的强度与振幅的平方成正比的关系可知,在明纹中心光的强度 I 应为该处光强为一个缝发出的光的光强 I_1 的 4 倍。其他位置的光强都介于 $4I_1$ 和 0 之间,干涉条纹的光强

分布曲线如图 19-7 所示。

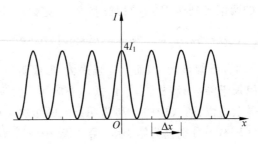

图 19-7   双缝干涉条纹的光强分布曲线

以上讨论的是单色光的双缝干涉。式(19-10)表明相邻明纹(或暗纹)的间距和波长成正比。若入射光的波长不同,其干涉明纹中心在屏上位置也不同,据此可以区分不同波长的入射光。如果用白光做实验,则除了 $k=0$ 的中央明纹的中部因各单色光重合而显示为白色外,其他各级明纹将因不同色光的波长不同,导致它们的光强极大所出现的位置错开而在屏上呈现明暗相间的彩色光谱,并且各种颜色级次稍高的条纹将发生重叠以致模糊一片分不清条纹。白光干涉条纹的这一特点在干涉测量中可用来判断干涉装置中是否出现零级条纹,即波程差为零的位置。因此,用双缝干涉条纹是不能把两个波长相近的单色光分开的。用多光束干涉(见 20.5 节)可清楚地区分波长极为接近的两种单色光。

利用光的干涉可精确地进行长度测量以及检查物件表面的平整程度等。利用电磁波的干涉,可作成定向发射的天线。

杨氏双缝实验把光的波动学说建立在实验基础上,用叠加原理解释光的干涉现象,历史上首次测定光的波长,为光的波动学说的确立奠定基础。杨氏双缝干涉实验被誉为物理学史上"最美的十大经典实验"之一。"最美"在于只使用最简单的器材,发现最根本、最单纯的科学概念,使人们长久的困惑和含糊顷刻间一扫而空,对自然界的认识更加清晰,在物理学史上具有重要的意义。

【例 19-1】 双缝干涉光谱。用白光作光源观察双缝干涉。设缝间距为 d,试求能观察到的清晰可见光谱的级次。

解   白光波长在 390～770 nm 范围。明纹条件为

$$d\sin\theta=\pm k\lambda, \quad k=0,1,2,\cdots$$

在 $\theta=0$ 处,各种波长的光的波程差均为零,所以各种波长的零级条纹在屏上 $x=0$ 处重叠,形成中央白色明纹。

在中央明纹两侧,各种波长的同一级次的明纹,由上式可见,由于波长 λ 不同而角位置 θ 不同,因而彼此错开,并产生不同级次的条纹的重叠。最先发生重叠的是某一级次的红光(波长为 λ_r)和高一级次的紫光(波长为 λ_v)。因此,能观察到的从紫到红清晰的可见光谱的级次可由下式求得

$$k\lambda_r=(k+1)\lambda_v$$

因而

$$k=\frac{\lambda_v}{\lambda_r-\lambda_v}=\frac{390}{770-390}=1.03$$

k 只能取整数,取 $k=1$。这一计算结果表明,从紫到红排列清晰的可见光谱只有正负各一级,如图 19-8 所示。其他级次因重叠形成光谱,以至于无法分辨级次。

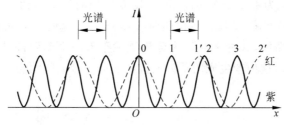

图 19-8 例 19-1 的白光干涉条纹强度分布

* 3. 菲涅耳双镜干涉实验

菲涅耳双镜干涉实验装置如图 19-9 所示。它是由两个交角很小的平面镜 M_1 和 M_2 构成的。S 为线光源,其长度方向与两镜面的交线平行。

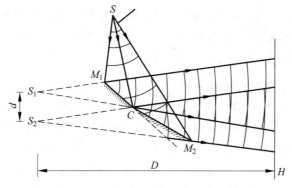

图 19-9 菲涅耳双镜干涉实验

由线光源 S 发出的光的波阵面到达镜面上时也分成两部分,它们分别由两个平面镜反射。两束反射光也是相干光,它们在空间也有部分重叠,在屏 H 上的重叠区域也有明暗条纹出现。如果把两束相干光分别看作是由两个虚光源 S_1 和 S_2 发出的,则关于杨氏双缝实验的分析也同样适用于这种双镜实验。

以上说明的是利用普通光源产生相干光进行干涉实验的方法,现代的干涉实验大多采用激光光源。激光光源的发光面(即激光管的输出端面)上各点发出的光都是频率相同、振动方向相同而且同相的相干光波(基横模输出情况)。因此,使一个激光光源的发光面的两部分发的光直接叠加起来,甚至使两个同频率的激光光源发出的光叠加,也可以产生明显的干涉现象。由于激光相干性好的特点,现代精密技术中广泛应用激光产生干涉现象。

19.3 劳埃德镜 半波损失的实验验证

爱尔兰物理学家劳埃德(H.Lloyd,1800—1881)于 1834 年和 1837 年构思并实现光的干涉实验。光的半波损失现象最早是在劳埃德镜(也称劳埃镜)干涉实验中发现的。

1. 劳埃德镜干涉实验

劳埃德镜实验只用一个玻璃平面镜 M,如图 19-10 所示,S_1 为单色线光源,其狭缝的长度方向与纸面垂直，H 为垂直于 M 的白屏。S_1 发出光的波阵面的一部分直接照射到白屏 H 上，另一部分经过平面镜 M 反射后再照射到屏 H 上。这两部分光是相干光，在屏 H 上的重叠区域产生干涉条纹，这种干涉称为**劳埃德镜干涉**。由于两部分光都是在 S_1 发出光的同一波阵面上，所以，这种产生光的干涉的方法也属于分波阵面法。

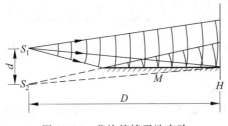

图 19-10　劳埃德镜干涉实验

在图 19-10 中，S_2 是 S_1 对于玻璃平面镜 M 的虚像。如果把反射光看作是由虚光源 S_2 发出的，则关于双缝实验的分析也同样适用于劳埃德镜干涉实验。但是，这时必须认为 S_1 和 S_2 是反相的相干光源，这是半波损失的缘故。

2. 半波损失　半波损失的实验验证

当图 19-10 中的屏 H 左移至与平面镜 M 的右端接触时，S_1 和 S_2 发出的光线在接触处的路径差为零，据此分析得出，该接触处为零极明纹。但是，实验观察到的却是暗条纹。这表示在 M 与 H 的接触处，入射光与反射光反相，即二者相位相差 π，由此推断，光在反射过程中发生相位突变，即存在半波损失。此时，相干光源 S_1 和 S_2 必然是反相的。这是因为玻璃与空气相比，玻璃是光密介质（折射率 n 较大），而光线由光疏介质（折射率 n 较小）射向光密介质在界面上发生反射时有半波损失（或 π 的相位突变）的缘故。一方面由于此处是未经反射的光和刚反射的光叠加，二者完全相消说明光在玻璃平面镜上反射时存在半波损失；另一方面，由于这一位置相当于双缝实验的中央条纹，它是暗纹。这两方面都证实，S_1 和 S_2 是反相的。

理论与实验表明，当光从光疏介质射向光密介质而在界面上反射，且入射角接近 $0°$（正入射）或 $90°$（掠射）时，反射光要产生数值为 π 的相位突变，相当于在反射界面处反射光与入射光之间附加半个波长的波程差，这一现象称为**半波损失**，简称**半波损**。当光从光密介质射向光疏介质而在界面上反射，反射光不产生半波损失（半波损）。对于折射光，这两种情况均无半波损失现象（复习 11.7 节）。

值得注意的是，反相与反向是有区别的。在一般斜入射情况下，反射光与入射光在反射点上的光振动的方向既不平行，也不反平行，这时"反相"不引起反向，即使发生半波损失，反射光与入射光也不能相消。在理论上，光的半波损失现象可用电磁场在界面上的边值关系加以说明。

19.4　光程和相位差

在分析光的叠加现象时，相位差的计算十分重要。前面讨论的干涉，两束相干光是在同一种介质（如空气）中传播的，只要计算出两相干光到达相遇点时的几何路程差，即波程差，即可确定两相干光的相位差,从而得出相长干涉或相消干涉的结果。

　　在光的微粒理论中,光线是粒子通过的运动路径。描述光的传播方向时,用光线表示光波往往比用波前更方便。从波的观点看,在各向同性介质中传播时,光线就是沿着波的传播方向的假想直线,其频率是不变的,但是,当两束光分别通过不同介质时,由于同一频率的光在不同介质中的传播速度不同,光的波长随介质的不同而变化,这时就不能只根据几何路程差(波程差)来计算相位差。我们通常说某光波的波长 λ,指的是它在真空中的波长。引入光程的概念,可方便地比较以及计算光经过不同介质时引起的相位差。

1. 光程

　　以 λ 和 λ_n 分别表示光在真空和介质中的波长,c 和 u 分别为光在真空和介质中的传播速度,因频率 ν 保持不变,由 $\lambda = c/\nu$,$\lambda_n = u/\nu$,则有 $\lambda_n/\lambda = u/c$。按照折射率 n 的定义,可得

$$n = \frac{c}{u}$$

即介质中的折射率为光在真空中的传播速率与材料中的传播速率的比值。这也说明,波速与折射率成反比。当波长为 λ 的光在折射率为 n 的介质中传播时,光在介质中的波长 λ_n 为

$$\lambda_n = \frac{\lambda}{n} \tag{19-11}$$

这给人一种直观的感觉:如果光波在某介质中的波速减小,则波被“压缩”(波长变短),这一介质为波密介质;如果波速增大,则波被“拉伸”(波长变长),介质为波疏介质。式(19-11)也表明,对含有各种不同波长成分的光,同一介质具有不同的折射率 n。例如,太阳光通过三棱镜后,发生**色散**,形成由红到紫循序排列的彩色连续光谱。色散程度取决于三棱镜材料对红光与紫光的折射率的差异。

　　由于光在介质中传播时,光振动的相位沿传播方向逐点落后,因此,每传播一个 λ_n(波长)的路程,其相位就要滞后 2π。如果光在介质中通过的路程为 r,则其相位滞后

$$\Delta\varphi = \frac{2\pi}{\lambda_n}r = \frac{2\pi}{\lambda}nr \tag{19-12}$$

式中,nr 称为**光程**,用 Δ(或 δ)表示为

$$\Delta = nr$$

它定义为光在介质中经过的几何路程 r 与该介质折射率 n 的乘积。在均匀介质中,光程就是在相同时间内光在真空中经过的路程。可见,引入光程的概念后,实际上是将光在介质中通过的路程按相位变化相同折合到真空中的路程。这样折合的好处是,通过介质的折射率来反映光在介质中波长的差异,统一地用光在真空中的波长 λ 来计算两束光经历不同介质时引起的相位变化,使计算相位差时较为方便。

　　应用光程的概念,不必考虑光在不同介质中波长的差别,例如,当光垂直通过折射率分别为 n_1,n_2,n_3 及其对应厚度为 e_1,e_2,e_3 的三种介质时,其总光程 Δ 为各介质中的光程的叠加,对应的相位滞后表示为

$$\Delta\varphi = \frac{2\pi}{\lambda}\Delta = \frac{2\pi}{\lambda}(n_1e_1 + n_2e_2 + n_3e_3)$$

式中,λ 为光在真空中的波长。

2. 光程差与相位差

两束相干光的光程之差称为**光程差**,用 δ 表示。若 λ 为光在真空中波长,相位差 $\Delta\varphi$ 与光程差 δ 之间的关系为

$$\Delta\varphi = \frac{2\pi}{\lambda}\delta \tag{19-13}$$

例如,图 19-11 中有两种介质,长度为 d 的介质的折射率为 n_1,其周围介质的折射率为 n_2,由相干光源 S_1 和 S_2 发出的光到达 P 点所经过的光程分别是 $n_2 r_1$ 和 $n_2(r_2-d)+n_1 d$,它们的光程差为 $\delta = n_2(r_2-d)+n_1 d-n_2 r_1$,由此光程差引起的相位差为

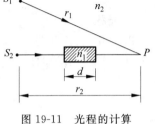

$$\Delta\varphi = \frac{2\pi}{\lambda}\delta = \frac{2\pi}{\lambda}\left[n_2(r_2-d)+n_1 d-n_2 r_1\right]$$

式中,λ 是光在真空中的波长。两束相干光源发出的光在叠加时的合振幅由它们的相位差决定。

图 19-11　光程的计算

计算均匀介质中存在半波损失情况的光程时,如果第二种介质的折射率较大,通常在它们的光程差上加上 $\lambda/2$ 光程,即相当于反射光波多走半个波长的距离。

3. 透镜的等光程性

在干涉和衍射装置中,经常要用到透镜。下面简要说明通过透镜的各光线的等光程性。

平行光通过透镜后,各光线会聚在焦点,形成一亮点,如图 19-12(a)和(b)所示。这一事实说明,在焦点处各光线是同相的。由于平行光的同相波阵面与光线垂直,所以从入射平行光内任一与光线垂直的平面算起,直到会聚点,各光线的光程都是相等的。例如,在图 19-12(a)或(b)中,从 a,b,c 或从 A,B,C 到 F(或 F')的 3 条光线都是等光程的。

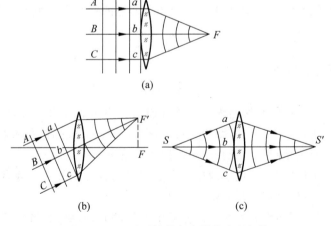

(a)

(b)　　　　　(c)

图 19-12　通过透镜的各光线的光程相等

这一等光程性可作如下解释。如图 19-12(a)或(b)所示,A,B,C 为垂直于入射光束的同一平面上的 3 个不同点,光线 AaF,CcF 在空气中传播的路径长,在透镜中传播的路径短;而光线 BbF 在空气中传播的路径短,在透镜中传播的路径长。由于透镜的折射率大于

空气的折射率,所以折算成光程,各光线光程将相等。

　　等光程性说明,透镜可以改变光线的传播方向,但并不引起附加光程差。在图 19-12(c)中,物点 S 发的光经透镜成像为 S',说明物点和像点之间各光线也是等光程的。

19.5　薄膜干涉

　　下面讨论用分振幅法获得相干光产生干涉的实验,最典型的是薄膜干涉。平时看到水面上的油膜、肥皂液膜(或肥皂泡)或某些昆虫翅膀的表面呈现绚丽多彩花纹的现象,就是在太阳照射下,经油膜(或液膜)或昆虫的翅上、下(或前后)两个表面反射后叠加的结果。薄膜也可以是某种透明的介质,或两块玻璃之间的空气薄层。

　　产生薄膜干涉的两束反射光叠加时,它们形成相长干涉还是相消干涉,这是由它们的相位差决定的。该相位差来自两个方面:其一,两束反射光通过的几何路程不同而产生的光程差;其二,在反射时还可能发生的相位突变 π 或半波损失。

　　本节介绍具有实际意义的两种薄膜干涉——等厚干涉与等倾干涉及其简单应用。

1. 薄膜干涉(一)——等厚条纹

　　劈尖薄膜干涉和牛顿环都是典型的薄膜干涉,它们都是用分振幅法获得相干光而产生干涉的。

(1) 等厚干涉

　　以水面上的油膜为例,如图 19-13 所示,以 n_0、n_e 和 n_w 分别表示空气、油和水的折射率,中间为油膜,其厚度为 h。设入射光为平行单色光,在真空中的波长为 λ,垂直于膜表面入射。此入射光的一部分在油膜的上表面直接反射,这束反射光标以"1";另一部分光进入油膜在其下表面被反射后再次通过油膜而射回空气中,这束反射光标以"2"(为了表示 1,2 两束反射光,图 19-13 中将入射光的方向画得稍微偏离膜表面的法线方向,图中"3"为透入水中的光线)。由于反射光束 1,2 是从同一入射光束分出来的,它们是相干光。它们在会合前所经过的几何路程有 $2h$ 之差,由此产生光程差为 $2n_e h$。通常空气、油和水的折射率有 $n_0 < n_e < n_w$ 的关系,光束在油膜的上、下表面反射时都会产生相位突变 π,因而光束 1 和 2 不会由于反射而产生附加的相位差,二者的相位差就是 $2n_e h$。

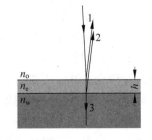

图 19-13　光在油膜上下表面反射后叠加在一起

　　由叠加时干涉相长和干涉相消的规律可知,当

$$2n_e h = k\lambda, \quad k = 1, 2, 3, \cdots$$

即膜的厚度为

$$h = \frac{k}{2n_e}\lambda \tag{19-14}$$

时,反射光相长干涉,反射光显示最大光强。当

$$2n_e h = (2k+1)\frac{\lambda}{2}, \quad k = 0, 1, 2, \cdots$$

即膜的厚度为

$$h = \frac{2k+1}{4n_e}\lambda, \quad k = 0, 1, 2, \cdots \tag{19-15}$$

时,反射光相消干涉,反射光显示最小光强。干涉条纹出现在薄膜表面附近。

根据式(19-14)和式(19-15)可知,对于给定厚度的表面,反射光强和入射光的波长有关,因此,油膜厚度决定反射光的颜色。水面上油膜厚度一般是不均匀的,太阳光又是包含各种波长的光,所以在各处反射的光就会由于波长不同而显现斑斓色彩。

对于图 19-14 的肥皂膜,在太阳光照射下显示彩色的现象也可以作类似的分析。由于肥皂泡内外皆为空气,其折射率都小于皂膜液体的折射率,因此,阳光在泡膜的外表面反射时有相位突变 π,而在泡膜的内表面反射时没有相位改变。这样在计算从泡膜内外表面反射的两束光的相位差时,就需要在考虑路程差的基础上再加上半波损失,使总的光程差变为 $2n_e h + \lambda/2$,据此分析形成干涉相长或相消干涉的条件。

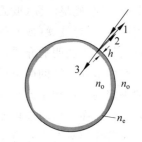

图 19-14　肥皂泡液膜两表面反射光的叠加

需要说明的是,如果薄膜太厚,两列反射波将属于不同的波列,它们之间不再具有确定的相位关系,因而是非相干的,也就无法形成稳定的干涉图案。几毫米厚的玻璃窗反射就属于这样的情况。

(2) 增透膜与增反膜

薄膜干涉可用于测定波长或薄膜的厚度,还可以借助光学薄膜技术用于提高或降低光学器件的透射率。所谓**光学薄膜**,就是一种具有特定光学性质(如对不同波长的入射光具有不同的反射率、透射率等)的金属或介质薄膜,其厚度一般与光的波长同数量级,镀膜层数从一层到数十层不等。光学薄膜常用于光学器件中,有增透膜、反射膜、分光膜、偏振膜和干涉滤光器等。例如,一些光学器件常在其表面镀一层光学薄膜,使反射由于干涉而减弱,从而增强透射光。针对人眼对 555 nm 波长的黄绿光最敏感,眼镜镜片上镀膜考虑了这一特点。这种能减少反射光强度而增加透射光强度的薄膜,称为**增透膜**或**消反射膜**。基于同样的原理,借助于氧化硅(SiO_2,$n = 1.45$)表面薄层来减少硅太阳能电池($n = 3.5$)的反射,增加太阳光射入的光量。反射光干涉相消,透射光干涉相长,二者之间符合能量守恒定律。

有一些光学器件,则是通过镀膜使反射光干涉而增强,或利用适当厚度的光学薄膜来加强反射光。由于反射光一般较弱,所以,实际上是利用多层介质薄膜来制成,这种利用干涉增加反射光强度的薄膜称为**增反膜**(高反膜,增反射膜)。适应各种要求的干涉滤光器也是根据类似的原理制成的,可对光的不同波段选择性吸收,如热反射器用于热释电红外探测单元的探测窗口、宇航员的面罩等,可将非监测或无用波长的红外辐射滤掉。

在计算增透膜或增反膜的厚度时,还要注意光被膜的上、下表面反射是否有半波损失。

薄膜光学最早的萌芽是 17 世纪牛顿环的发现,真正的起步始于 1817 年夫琅禾费用酸蚀法在世界上制得第一批增透膜和 1899 年出现的法布里-珀罗(Fabry-Perot)干涉仪中对应的标准具(F-P 标准具)。

【例 19-2】 **增透膜**。在一折射率为 n 的玻璃基片上均匀镀有一层折射率为 n_e 的透明介质薄膜。今使波长为 λ 的单色光由空气(折射率为 n_0)垂直入射到介质薄膜表面上,如图 19-15 所示(设 $n > n_e > n_0$)。如果要想使在介质薄膜上、下表面反射的光干涉相消,介质薄膜至少应多厚?

解 以 h 表示介质薄膜厚度,使两反射光 1 和 2 干涉相消的条件是(注意,在介质薄膜上下表面的反射均有半波损失)

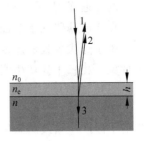

$$2n_e h = (2k+1)\frac{\lambda}{2}, \quad k=0,1,2,\cdots$$

取 $k=0$,对应介质薄膜的最小厚度为

$$h = \frac{\lambda}{4n_e}$$

图 19-15 增透膜

讨论 由于反射光相消,所以透射光加强。这种能减少反射光强度而增加透射光强度的薄膜叫增透膜。反之,叫增反膜。为了减小反射光的损失,在光学仪器中常常应用增透膜。根据上式,一定的膜厚只对应于一种波长的光。在镀膜工艺中,通常把 $n_e h$ 称为光学厚度。在照相机和助视光学仪器中,如在望远镜镜头的透镜外表面上镀一层薄膜,其厚度就由相消干涉条件公式(19-15)决定,一般使膜厚对应于人眼最敏感的黄绿光,其波长为 555 nm。在白光下观察膜的反射光,黄光和绿光最弱,红光和蓝光较强,故其表面呈蓝紫色。

上面的计算只考虑反射光的相位差对干涉的影响。实际上,能否完全相消,还要看两反射光的振幅。如果考虑到振幅,可以证明,当反射光完全消除时,介质的折射率应满足

$$n_e = \sqrt{n \cdot n_0} \tag{19-16}$$

以 $n_0=1$,取 $n=1.5$,则 n_e 应为 1.22。目前,还未找到折射率这样低的镀膜材料。作为光学器件的镀膜材料,常用的最好的近似材料是 $n_e=1.38$ 的氟化镁(MgF_2)。

(3) 劈尖薄膜干涉

透明介质薄膜形成倾角很小的劈尖形是最简单的厚度不均匀薄膜。如果透明介质薄膜周围为空气,则这个厚度不均匀的劈形薄膜为**劈尖**。下面讨论光在劈尖表面处形成的等厚干涉。

如图 19-16 所示,实验时,使平行单色光近于垂直地入射到劈面上。为了说明干涉的形成,考察劈面的上表面 A 点入射的光线。入射到 A 点的光线一部分在 A 点反射,成为反射光线 1;另一部分折射后进入介质内部,通过透明介质薄膜到达劈尖的下表面时又被介质反射,然后通过上表面透射出来(实际上,由于 θ 角很小,入射线、透射线和反射线都几乎重合),成为光线 2。因为这两条光线来自于同一条入射光线,或者说是入射光的波阵面上的同一部分分出来的,所以它们是相干光。它们的能量也是从这同一入射光线分出来的。由于光的总能量是守恒的,且光强与振幅的平方成正比,所以这种产生相干光的方法叫分振幅法。

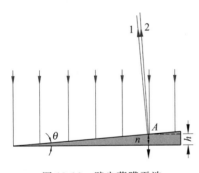

图 19-16 劈尖薄膜干涉

由于 θ 角很小,从介质薄膜的上、下表面反射的光就在介质薄膜的上表面附近相遇而发生干涉。因此,观察介质薄膜表面时就可看到干涉条纹。以 h 表示在入射点 A 处对应的劈尖的厚度,则两束相干的反射光相遇时的光程差为

$$\delta = 2nh + \frac{\lambda}{2} \tag{19-17}$$

式中,前一项 $2nh$ 是光线 2 在折射率为 n 的介质薄膜中经过 $2h$ 的几何路程引起的,即在薄

膜中的往返光程,后一项 $\lambda/2$ 为附加的光程差,它来自介质薄膜的上表面反射时的半波损失。在介质薄膜的下表面反射时没有半波损失。

由于劈尖各处的厚度 h 不同,光程差也不同,因而在劈面上产生相长干涉或相消干涉的现象。相长干涉产生明纹的条件是

$$2nh + \frac{\lambda}{2} = k\lambda, \quad k = 1, 2, 3, \cdots \qquad (19\text{-}18)$$

相消干涉产生暗纹的条件是

$$2nh + \frac{\lambda}{2} = (2k+1)\frac{\lambda}{2}, \quad k = 0, 1, 2, \cdots \qquad (19\text{-}19)$$

式中,k 是干涉条纹的级次。以上两式表明,每级明条纹或暗条纹都与一定的劈尖的厚度 h 相对应。因此,在介质薄膜的上表面的同一条等厚线上,就形成同一级次的一条干涉条纹,把这样形成的干涉条纹称为**劈尖等厚干涉条纹**。

由于劈尖的等厚线是一些平行于棱边的直线,所以,劈尖等厚干涉条纹是一些与棱边平行的明暗相间的直条纹。从棱边开始,劈尖等厚条纹的级次依次增大,如图 19-17 所示。

在劈尖棱边处 $h = 0$,只是由于有半波损失,两相干光的相位差为 π,因而棱边处为暗纹,通常把它当作第 1 条暗纹。这也进一步证实了半波损失的存在。

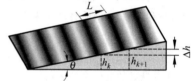

图 19-17　劈尖薄膜等厚干涉条纹

以 L 表示相邻两条明纹或暗纹在表面上的距离,由图 19-17 可求得

$$L = \frac{\Delta h}{\sin\theta} \qquad (19\text{-}20)$$

式中,θ 为劈尖倾角,Δh 为与相邻两条明纹或暗纹对应的厚度差。对相邻的两条明纹,由式(19-18),有

$$2nh_k + \frac{\lambda}{2} = k\lambda$$

与

$$2nh_{k+1} + \frac{\lambda}{2} = (k+1)\lambda$$

两式相减得

$$\Delta h = h_{k+1} - h_k = \frac{\lambda}{2n}$$

代入式(19-20),可得

$$L = \frac{\lambda}{2n\sin\theta} \qquad (19\text{-}21)$$

由于 θ 很小,所以 $\sin\theta \approx \theta$,上式可改写为

$$L = \frac{\lambda}{2n\theta} \qquad (19\text{-}22)$$

式(19-21)和式(19-22)表明,劈尖薄膜干涉形成的条纹是**等间距**的,条纹间距与劈尖倾角 θ 有关。θ 越大,条纹间距越小,条纹越密。当 θ 增大到一定程度后,条纹就密不可分,这一结

果说明,干涉条纹只能在劈尖倾角 θ 很小时才能清晰地观察到。

　　已知折射率 n 和波长 λ,测出条纹间距 L,即可用式(19-22)求得劈尖倾角 θ。在工程上,通常利用这一原理来测定细丝直径、薄片厚度和折射率等,还可利用等厚条纹特点检验工件表面的平整度,这种检验方法能检查出不超过 $\lambda/4$ 的凹凸缺陷。

　　需要特别指出的是,实验室通常采用两块平玻璃片形成的劈形空气薄膜作为测量装置,称为(空气)劈尖,如图 19-18(a)所示为装置的侧视图(整体放大了许多)。利用普通光源照射时,由于玻璃片的厚度比一个光波波列的长度大得多,所以由玻璃片的上下表面反射的同一波列的反射光不可能相遇而发生干涉现象;也就是说,从玻璃片的上下表面反射的光是不相干的。而两块平玻璃之间形成的空气劈尖的空气层很薄,由它的上下两个与玻璃的分界面反射的两束光才是相干的,因此,这样的装置与由透明介质薄膜形成的劈尖一样,观察劈面时可看到等间距干涉条纹。据此,可借助读数显微镜用于测量细丝直径、薄片厚度等。

　　【例 19-3】　干涉测长。 为了精确地测量一根细丝的直径,通常采用如图 19-18(a)的劈尖装置。当用平行单色光近于垂直照射玻璃片劈面而从上方观察反射光时,可发现玻璃表面出现与劈尖棱边平行的明暗相间的等间距条纹,如图 19-18(b)所示。试分析明暗条纹出现的条件。设在一次实验中,所用入射光为钠黄光,其波长 $\lambda = 589.3$ nm,在玻片上共出现 7 条明纹,求细丝的直径。

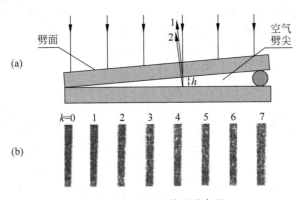

图 19-18　劈尖及其干涉条纹
(a) 劈尖侧视图;(b) 空气劈尖干涉条纹

　　解　当平行单色光近于垂直照射劈面时,两玻璃片之间形成空气劈尖的上下两个与玻璃的分界面反射的两束光(图中标以 1,2)是相干光,形成如图 19-18(b)所示的明暗条纹。

　　在图 19-18 中,以 h 表示在空气劈尖某处空气薄膜的厚度,n 为空气的折射率,则该处由空气薄膜上下两表面反射的光的光程差就是 $2nh + \lambda/2$,其中 $\lambda/2$ 是由于在空气劈尖下表面反射时因半波损失而引入的附加光程差。由光的干涉相长条件,当

$$2nh + \frac{\lambda}{2} = k\lambda, \quad k = 1,2,3,\cdots$$

即

$$h = \frac{(2k-1)\lambda}{4n} \tag{19-23}$$

时,玻璃片的劈面上出现亮纹;由光的干涉相消条件,当

$$2nh + \frac{\lambda}{2} = (2k+1)\frac{\lambda}{2}, \quad k = 0,1,2,\cdots$$

即

$$h = \frac{k\lambda}{2n}, \quad k = 0, 1, 2, \cdots \tag{19-24}$$

时,玻璃片的劈面上出现暗条纹。

由式(19-23)和式(19-24)可见,由空气劈尖形成的干涉条纹中心的位置都只由相应的空气薄膜的厚度 h 决定,其明暗条纹与劈尖棱边平行且等间距。二式中的 k 对应于从劈尖棱边向 h 增大的方向数的条纹的级次。

棱边处 $h = 0$ 为暗纹,玻片上共出现 7 条明纹,由图 19-18(b)可知,细丝所在处为暗纹,对应于暗纹的级次为 $k = 7$。由题设条件 $\lambda = 589.3$ nm,取空气 $n \approx 1.0$,代入式(19-24)可得,细丝直径为

$$h = \frac{k\lambda}{2n} = \frac{7 \times 589.3}{2 \times 1.0} \text{ nm} = 2.06 \times 10^3 \text{ nm} = 2.06 \text{ } \mu\text{m}$$

【例 19-4】 工件表面的平整度检验。 利用等厚条纹可以检验精密加工工件表面的质量。在工件上放一平玻璃,通过夹件使二者之间形成一空气劈尖,实验装置示意图如图 19-19(a)所示,图 19-19(b)为观察到的干涉条纹,其观测方法与图 19-21(a)类似。试根据纹路弯曲方向,判断工件表面上纹路是凹还是凸?并求纹路深度 H。

解 由于平玻璃下表面是"完全"平的,所以若工件表面也是平的,空气劈尖的等厚条纹应为平行于棱边的直条纹。现在观察到条纹有局部弯向棱边,说明在工件表面的相应位置处有一条垂直于棱边的不平的纹路。我们知道,同一条等厚条纹对应于相同的空气薄膜厚度,所以在同一条纹上,弯向棱边的部分与平直的部分所对应的空气薄膜厚度应该相等。本来越靠近棱边空气薄膜厚度应越小,而现在在同一条纹上近棱边处和远棱边处的厚度相等,这说明工件表面的纹路是凹下去的。

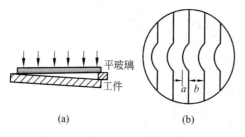 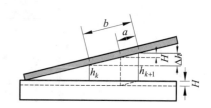

平玻璃
工件

(a) (b)

图 19-19 平玻璃表面检验示意图
(a)劈尖示意图;(b)干涉条纹

图 19-20 计算纹路深度用图

如图 19-20 所示,为了计算纹路深度 H,设 b 是条纹间隔,a 是条纹弯曲深度,h_k 和 h_{k+1} 分别是与 k 级及 $k+1$ 级条纹对应的正常空气薄膜厚度,以 Δh 表示相邻两条纹对应的空气薄膜的厚度差,则由相似三角形关系,可得

$$\frac{H}{\Delta h} = \frac{a}{b}$$

由于对空气薄膜相邻两条纹来说,$\Delta h = \lambda/2$,代入上式,即得

$$H = \frac{a}{b} \cdot \frac{\lambda}{2} = \frac{\lambda a}{2b}$$

只要在观察干涉条纹的读数显微镜中测出 a 和 b,即可求出纹路深度 H。

(4)牛顿环

用一个曲率半径大的凸透镜的凸面和一平面玻璃接触,用单色光照射时,可观察到呈现明暗相间的单色圆环。这是由于从球面上和平面上的反射光互相叠加而形成的。当相位相同时,则增强而呈明环;当相位相反时,则抵消而呈暗环。若在日光下或用白光照射时,可看

到接触点为一暗点,其周围为一些彩色圆环。这种由球面和平面上反射光叠加所形成的同心圆环状干涉条纹,叫做**牛顿环**,有时也称牛顿圈。它由牛顿于 1665 年首先发现,故名。但牛顿环现象得到圆满解释则是在杨通过双缝干涉阐述光的干涉原理之后,比它的发现时间晚了 130 多年。

下面通过实例,分析牛顿环是如何产生的,说明其干涉条纹的规律及其应用。

【**例 19-5**】 **牛顿环**。如图 19-21(a)所示为牛顿环干涉装置示意图。在一块平玻璃 B 上放一曲率半径 R 很大的平凸透镜 A,在 A,B 之间形成一薄类似劈形的空气层,当单色平行光垂直入射于平凸透镜时,可以观察到(为了使光源 S 发出的光能垂直射向空气层并观察反射光,在装置中加进一个 $45°$ 放置的半反射半透射的平面镜 M)在平凸透镜下表面出现一组干涉条纹,这些条纹是以接触点 O 为中心的同心圆环,称为**牛顿环**,如图 19-21(b)所示。试分析干涉的起因,并求出环半径 r 与 R 的关系。

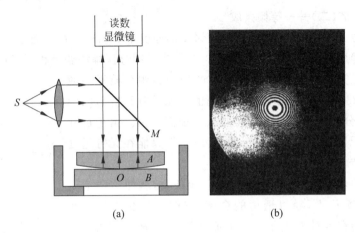

(a)　　　　　　(b)

图 19-21　牛顿环实验

(a) 装置简图;(b) 观察到的牛顿环图像

解　当垂直入射的单色平行光透过平凸透镜后,在空气层的上、下表面分别发生反射形成两束向上的相干光。这两束相干光在平凸透镜下表面处相遇而发生干涉,这两束相干光的光程差为

$$\delta = 2h + \frac{\lambda}{2} \tag{19-25}$$

其中,h 是空气薄膜某处的厚度,$\lambda/2$ 是光在空气层的下表面即平玻璃的分界面上反射时产生的半波损失。由于这一光程差由空气薄膜的厚度决定,所以由干涉产生的牛顿环也是一种等厚干涉条纹。又由于空气层的等厚线是以 O 为中心的同心圆,所以干涉条纹为明暗相间的圆环。形成明环的条件为

$$2h + \frac{\lambda}{2} = k\lambda, \quad k = 1,2,3,\cdots \tag{19-26}$$

形成暗环的条件为

$$2h + \frac{\lambda}{2} = (2k+1)\frac{\lambda}{2}, \quad k = 0,1,2,\cdots \tag{19-27}$$

在中心处,$h=0$,由于有半波损失,两相干光的光程差为 $\lambda/2$,所以平玻璃与平凸透镜的接触点 O 形成一暗斑。这也证实了半波损失的存在。

下面求不同 h 值对应的干涉环半径 r_k 与 R 的关系。如图 19-22 所示,在 r_k 和 R 为两边的直角三角形中,有

$$r_k^2 = R^2 - (R-h)^2 = 2Rh - h^2$$

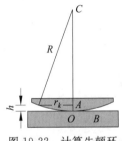

图 19-22　计算牛顿环半径用图

因为 $R \gg h$，上式中可略去 h^2，于是得

$$r_k^2 = 2Rh$$

由式(19-26)和式(19-27)求得 h，代入上式可得，明环半径为

$$r_k = \sqrt{\frac{(2k-1)R\lambda}{2}}, \quad k = 1,2,3,\cdots \tag{19-28}$$

暗环半径为

$$r_k = \sqrt{kR\lambda}, \quad k = 0,1,2,\cdots \tag{19-29}$$

由于半径 r_k 与环的级次 k 的平方根成正比，所以正如图 19-21(b)所显示的那样，当干涉条纹级数 k 增大时，r_k 增加缓慢，则条纹由内到外逐渐变密，条纹间距内疏外密。

此外，也可以观察到透射光的干涉条纹，它们和反射光干涉条纹明暗互补，即反射光为明环处，透射光为暗环。牛顿环可用来测量透镜的曲率半径和检查平面或曲面的面型准确度情况。

*2. 薄膜干涉(二)——等倾条纹

具有实际意义的薄膜干涉，除了前面讨论的厚度不均匀薄膜在表面处的等厚干涉外，还有厚度均匀的薄膜在无限远的等倾干涉。它们都是用分振幅法获得相干光产生的干涉。

如果使一条光线斜入射到厚度为 h 的均匀透明介质平整薄膜上，如图 19-23 所示，它在入射点 A 处也分成反射和折射的两部分，折射的部分在下表面反射后又能从上表面射出。由于这样形成的两条相干光线 1 和 2 是平行的，所以它们只能在无穷远处相交而发生干涉。

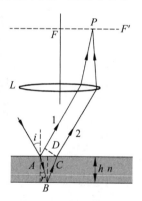

图 19-23　斜入射光路

在实验室中，为了在有限远处观察干涉条纹，就使这两束光线射到一个透镜 L 上，经过透镜的会聚，它们将相交于焦平面 FF' 上一点 P 而在此处发生干涉。下面计算到达 P 点时光线 1 和光线 2 的光程差。

从折射线 AB 反射后的射出点 C 作光线 1 的垂线 CD。由于从 C 和 D 到 P 点光线 1 和 2 的光程相等(透镜不附加光程差)，所以它们的光程差就是光线 ABC 与 AD 的光程差。由图 19-23 可求得，这一光程差为

$$\delta = n(AB + BC) - AD + \frac{\lambda}{2} \tag{19-30}$$

式中，$\lambda/2$ 是 A 处光线 1 由于半波损失而附加的光程差。由于 $AB = BC = h/\cos r$，$AD = AC \sin i = 2h \tan r \sin i$，再利用折射定律，$\sin i = n \sin r$，可得

$$\delta = 2nAB - AD + \frac{\lambda}{2} = 2n\frac{h}{\cos r} - 2h \tan r \sin i + \frac{\lambda}{2}$$

$$= 2nh \cos r + \frac{\lambda}{2} \tag{19-31}$$

或

$$\delta = 2h\sqrt{n^2 - \sin^2 i} + \frac{\lambda}{2} \tag{19-32}$$

此式表明，光程差决定于倾角(指入射角 i)。凡以相同倾角 i 入射到厚度均匀的平面膜上的光线，经膜上、下表面反射后产生的相干光束有相等的光程差，因而它们干涉相长或相消的

情况一样。因此,这样形成的干涉条纹称为**等倾条纹**。

实际上,观察等倾条纹的实验装置如图 19-24(a)所示。S 为一面光源,M 为半反射半透射平面镜,L 为透镜,H 为置于透镜焦平面上的白屏。考虑发光面上一点发出的光线,这些光线中以相同倾角入射到膜表面上的应在同一圆锥面上,它们的反射线经透镜 L 会聚后分别相交于焦平面上的同一个圆周上。因此,形成的等倾条纹是一组明暗相间的同心圆环。由式(19-32)可得,这些圆环中明环的条件是

$$\delta = 2h\sqrt{n^2 - \sin^2 i} + \frac{\lambda}{2} = k\lambda, \quad k = 1,2,3,\cdots \tag{19-33}$$

暗环的条件是

$$\delta = 2h\sqrt{n^2 - \sin^2 i} + \frac{\lambda}{2} = (2k+1)\frac{\lambda}{2}, \quad k = 0,1,2,\cdots \tag{19-34}$$

可见,i 越大,δ 就越小,对应的干涉条纹级次也越小,即 $i=0$(干涉条纹圆环中心)级次最高。因为 k 只取正值,所以干涉条纹内疏外密。

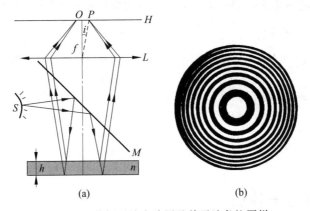

图 19-24 等倾干涉光路图及其干涉条纹图样

光源上每一点发出的光束都产生一组相应的干涉圆环。由于方向相同的平行光线将被透镜会聚到焦平面上同一点,而与光线从何处来无关,所以由光源上不同点发出的光线,凡有相同倾角的(入射角相同),它们形成的干涉圆环都将重叠在一起,总光强为各个干涉圆环光强的非相干相加,因而明暗对比更为鲜明,这也就是观察等倾条纹时使用面光源或利用扩展光源的道理。

等倾干涉条纹是一组内疏外密的圆环,其图样如图 19-24(b)所示。如果观察从薄膜透过的光线,也可以看到干涉圆环,它与图 19-24(b)所显示的反射干涉圆环是互补的,即反射光为明环处,透射光为暗环。

*【例 19-6】 等倾条纹的观察。用波长为 λ 的单色光观察等倾条纹,看到视场中心为一亮斑,外面围以若干圆环,如图 19-24(b)所示。今若慢慢增大薄膜的厚度,则看到的干涉圆环会有什么变化?

解 由式(19-31),用薄膜的折射率 n 和折射角 r 表示的等倾条纹明环的条件是

$$2nh\cos r + \frac{\lambda}{2} = k\lambda$$

当薄膜厚度 h 一定时,越靠近中心,入射角 i 越小,折射角 r 也越小,$\cos r$ 越大,上式给出的 k 越大。这说明,越靠近中心,环纹的级次越高。在中心处,$r=0$,级次最高,且满足

$$2nh + \frac{\lambda}{2} = k_c\lambda \tag{19-35}$$

式中,k_c 是中心亮斑的级次。这时中心亮斑外面亮环的级次依次为 $k_c-1,k_c-2,\cdots$。

当缓慢增大薄膜的厚度 h 时,起初看到中心变暗,但逐渐地又一次看到中心为亮斑,由式(19-35)可知,这一中心亮斑级次比原来的应该加 1,变为 k_c+1,其外面亮环的级次依次应为 $k_c,k_c-1,k_c-2,\cdots$。这意味着将看到在中心处又冒出一个新的亮斑(级次为 k_c+1),而原来的中心亮斑(k_c)扩大成第 1 圈亮纹,原来的第一圈(k_c-1)变成第 2 圈……如果再增大薄膜厚度,中心还会变暗,继而又冒出一个亮斑,级次为(k_c+2),而周围的圆环又向外扩大一环。这就是说,当薄膜厚度缓慢增大时,将会看到中心的光强随薄膜厚度的增大发生周期性的变化,不断地冒出新的亮斑,而周围的亮环也不断地向外扩大。

由于在中心处满足关系

$$2n\Delta h = \Delta k_c\lambda$$

所以,每冒出一个亮斑($\Delta k_c=1$),就意味着薄膜厚度增加了

$$\Delta h = \frac{\lambda}{2n} \tag{19-36}$$

与此相反,如果慢慢减小薄膜厚度,则会看到亮环一个个向中心缩进,并在中心亮斑处消失。薄膜厚度每缩小 $\frac{\lambda}{2n}$,中心就有一个亮斑消失。

由式(19-31),还可求出相邻两环的间距。对式(19-31)两边求微分后,改写为

$$-2nh\sin r\Delta r = \Delta k\lambda$$

令 $\Delta k=1$,求得相邻两环的角间距为

$$-\Delta r = r_k - r_{k+1} = \frac{\lambda}{2nh\sin r}$$

此式表明,当 h 增大时,等倾条纹的角间距变小,因而条纹越来越密,同一视场中看到的环数将越来越多。

*19.6　迈克耳孙干涉仪

1881 年,迈克耳孙为研究光速和"以太"是否存在的问题,设计制成用分振幅法产生双光束干涉的仪器——世界上第一台用于光学精密测量的干涉仪,后被称为 **迈克耳孙干涉仪**。1887 年迈克耳孙与助手莫雷采用此干涉仪尝试进行探测地球在"以太"中的运动的实验,故名迈克耳孙-莫雷实验。实验的否定结果让科学家感到困惑,动摇经典物理的"以太说",为狭义相对论的创立提供重要的实验依据。1905 年爱因斯坦建立狭义相对论,科学家终于认识到"以太"是不存在的,"以太说"被彻底抛弃了。

迈克耳孙干涉仪实物图和光路图,如图 19-25 所示。图中 M_1 和 M_2 是两面精密磨光的平面反射镜,分别安装在相互垂直的两臂上。其中,M_1 通过精密丝杠的带动,可以沿臂轴方向移动,M_2 固定。在两臂相交处放一与两臂成 $45°$ 角的平面玻璃板 G_1。G_1 的后表面镀有一层半透明半反射的金属薄膜(如银、铬或铝),其作用是将入射光束分成振幅(或光强)近于相等的反射光束 1 和透射光束 2。因此,G_1 称为 **分光板**。

由面光源 S 发出的光,射向分光板 G_1,经分光后形成两部分,反射光束 1 射向 M_1,经 M_1 反射后透过 G_1 射向 E 处(如观察屏);透射光束 2 通过另一块与 G_1 几何形状、材料和物理性能完全相同,且与 G_1 相互平行放置的平面玻璃 G_2(无银膜)射向 M_2,经 M_2 反射后又经过 G_2 到达 G_1,再经 G_1 半反射膜反射到 E 处。显然,光束 1—$1'$ 和 2—$2'$ 是相干的,在

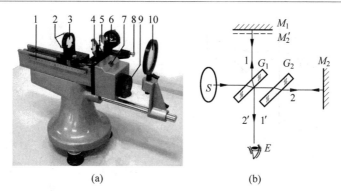

图 19-25　迈克耳孙干涉仪及其光路图

(a) 仪器实物图；(b) 光路图

1—主尺；2—反射镜调节螺丝；3—移动反射镜 M_1；4—分光板 G_1；5—补偿板 G_2；6—固定反射镜 M_2；

7—读数窗；8—水平拉簧螺钉；9—粗调手轮；10—观察屏

E 处可观察到它们干涉产生的干涉图样，类似例 19-6 情况。

由光路图可看出，由于玻璃板 G_2 的插入，光束 1 和光束 2 一样，都是三次通过玻璃板，使得光束 1 和光束 2 的光程差就和它们在玻璃板中的光程无关。因此，玻璃板 G_2 称为**补偿板**，起补偿光程的作用。

分光板 G_1 后表面的半反射膜，在 E 处看来，使 M_2 在 M_1 附近形成一虚像 M_2'，光束 2—2′ 如同从 M_2' 反射的一样，因而，干涉所产生的图样就如同由 M_1 和 M_2' 之间的空气膜产生的干涉一样。

当 M_1，M_2 相互严格垂直时，M_1，M_2' 之间相互平行而形成等厚的空气膜，在 E 处将可看到等倾条纹——一组同心的明暗相间的圆形条纹。当 M_1，M_2 不严格垂直时，M_1，M_2' 之间形成空气劈尖，这时观察到的是等厚干涉的明暗条纹。当 M_1 移动时，空气层的厚度随之改变，可以方便地观察条纹的变化情况。有关实验内容可参考《大学物理实验》等教材。

迈克耳孙干涉仪的主要特点是两相干光束在空间上是完全分开的，并且可用移动反射镜或在光路中加入其他介质的方法来改变两光束的光程差，这就使干涉仪具有广泛的用途，例如，不仅可用于测长度，还可测量折射率和检查光学元件的质量等。特别是用于精密测量与干涉相关的物理量，如距离或比较长度，其精度可达波长数量级，即 10^{-7} m。1926 年，迈克耳孙采用旋转棱镜法把光速的准确度提高到 6 位有效数字。

迈克耳孙干涉仪是许多近代干涉仪的原型，如法布里-珀罗干涉仪就是从它衍生发展而来的。1907 年，迈克耳孙获诺贝尔物理学奖，成为获此奖项的第一个美国人。

思 考 题

19-1　用白色线光源做双缝干涉实验时，若在缝 S_1 后面放一红色滤光片，S_2 后面放一绿色滤光片，问能否观察到干涉条纹？为什么？

19-2　用图 19-26 所示装置做双缝干涉实验，是否都能观察到干涉条纹？为什么？

*19-3　把一对顶角很小的玻璃棱镜底边粘贴在一起（图 19-27）做成"双棱镜"，就可以利用一个普通缝光源 S 来做双缝干涉实验（菲涅耳双棱镜实验）。试在图中画出两相干光源的位置和它们发出的波的叠加

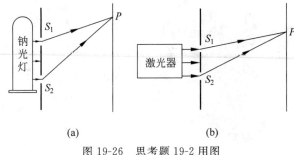

图 19-26　思考题 19-2 用图

干涉区域。

19-4　如果两束光是相干的,在两束光重叠处总光强如何计算? 如果两束光是不相干的,又怎样计算?(分别以 I_1 和 I_2 表示两束光的光强)

图 19-27　思考题 19-3 用图　　　　　　图 19-28　思考题 19-6 用图

19-5　在双缝干涉实验中

(1) 当缝间距 d 不断增大时,干涉条纹如何变化? 为什么?

(2) 当缝光源 S 在平行于双缝屏面向下或向上移动时,干涉条纹如何变化?

19-6　用两块平玻璃构成的劈尖(图 19-28)观察干涉条纹时,若把劈尖上表面向上缓慢地平移(图(a)),干涉条纹有什么变化? 若把劈尖角逐渐增大(图(b)),干涉条纹又有什么变化?

19-7　用两块玻璃片叠在一起形成空气劈尖观察干涉条纹时,如果发现条纹不是平行的直条,而是弯弯曲曲的线条,试说明两玻璃片相对的两面有什么特殊之处?

19-8　隐形飞机所以很难为敌方雷达发现,可能是由于飞机表面涂敷了一层电介质(如塑料或橡胶)从而使入射的雷达波反射极微。试说明这层电介质可能是怎样减弱反射波的。

19-9　在双缝干涉实验中,如果在上方的缝后面贴一片薄的透明云母片,干涉条纹间的间距有无变化? 中央条纹的位置有无变化?

习题

19-1　汞弧灯发出的光通过一滤光片后照射双缝干涉装置。已知缝间距 $d = 0.60$ mm,观察屏与双缝相距 $D = 2.5$ m,并测得相邻明纹间距离 $\Delta x = 2.27$ mm。试计算入射光的波长,并指出属于什么颜色。

19-2　劳埃德镜干涉装置如图 19-29 所示,光源波长 $\lambda = 7.2 \times 10^{-7}$ m,试求镜的右边缘到第一条明纹的距离。

19-3　一双缝实验中两缝间距为 0.15 mm,在 1.0 m 远处测得第 1 级和第 10 级暗纹之间的距离为 36 mm。求所用单色光的波长。

19-4　沿南北方向相隔 3.0 km 有两座无线发射台,它们同时发出频率为 2.0×10^5 Hz 的无线电波。南台比北台的无线电波的相位落后 $\pi/2$。求在远处无线电波发生相长干涉的方位角(相对于东西方向)。

19-5　使一束水平的氦氖激光器发出的激光($\lambda = 632.8$ nm)垂直照射一双缝。在缝后 2.0 m 处的墙上观察到中央明纹和第 1 级明纹的间隔为 14 cm。

(1) 求两缝的间距；

(2) 在中央条纹以上还能看到几条明纹？

19-6   一束激光斜入射到间距为 d 的双缝上，入射角为 φ。证明：

(1) 双缝后出现明纹的角度 θ 由下式给出：

$$d\sin\theta - d\sin\varphi = \pm k\lambda, \quad k = 0,1,2,\cdots$$

(2) 在 θ 很小的区域，相邻明纹的角距离 $\Delta\theta$ 与 φ 无关。

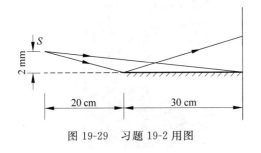

图 19-29   习题 19-2 用图

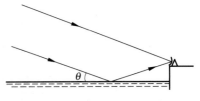

图 19-30   习题 19-7 用图

19-7   澳大利亚天文学家通过观察太阳发出的无线电波，第一次把干涉现象用于天文观测。这无线电波一部分直接射向他们的天线，另一部分经海面反射到他们的天线（图 19-30）。设无线电的频率为 6.0×10^7 Hz，而无线电接收器高出海面 25 m。求观察到相消干涉时太阳光线的掠射角 θ 的最小值。

19-8   图 19-31 所示为利用激光做干涉实验。M_1 为一半镀银平面镜，M_2 为一反射平面镜。入射激光束一部分透过 M_1，直接垂直射到屏 G 上，另一部分经过 M_1 和 M_2 反射与前一部分叠加。在叠加区域两束光的夹角为 $45°$，所用激光波长为 632.8 nm。求在屏上干涉条纹的间距。

19-9   用很薄的玻璃片盖在双缝干涉装置的一条缝上，这时屏上零级条纹移到原来第 7 级明纹的位置上。如果入射光的波长 $\lambda=550$ nm，玻璃片的折射率 $n=1.58$，试求此玻璃片的厚度。

19-10   制造半导体元件时，常常要精确测定硅片上二氧化硅薄膜的厚度，这时可把二氧化硅薄膜的一部分腐蚀掉，使其形成劈尖，利用等厚条纹测出其厚度。已知 Si 的折射率为 3.42，SiO_2 的折射率为 1.5，入射光波长为 589.3 nm，观察到 7 条暗纹（如图 19-32 所示）。问 SiO_2 薄膜的厚度 h 是多少？

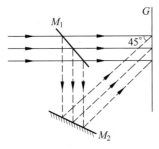

图 19-31   习题 19-8 用图

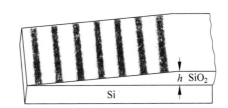

图 19-32   习题 19-10 用图

19-11   一薄玻璃片，厚度为 0.4 μm，折射率为 1.50，用白光垂直照射，问在可见光范围内，哪些波长的光在反射中加强？哪些波长的光在透射中加强？

19-12   在制作珠宝时，为了使人造水晶($n=1.5$)具有强反射本领，就在其表面上镀一层一氧化硅($n=2.0$)。要使波长为 560 nm 的光强烈反射，这镀层至少应多厚？

19-13   在折射率 $n_1=1.52$ 的镜头表面涂有一层折射率 $n_2=1.38$ 的 MgF_2 增透膜，如果此膜适用于波长 $\lambda=550$ nm 的光，膜的厚度应是多少？

19-14　如图 19-33(a)所示,在一块平玻璃 B 上放一曲率半径 R 很大的平凸透镜 A,在 A,B 之间就形成一薄的劈形空气层。当单色平行光垂直入射于平凸透镜时,可以观察到(为了使光源 S 发出的光能垂直射向空气层并观察反射光,在装置中加进了一个 45°放置的半反射半透射的平面镜 M)在透镜下表面出现一组干涉条纹,这些条纹是以接触点 O 为中心的同心圆环,称为**牛顿环**(图 19-33(b))。试分析干涉的起因并求出环半径 r 与 R 的关系。

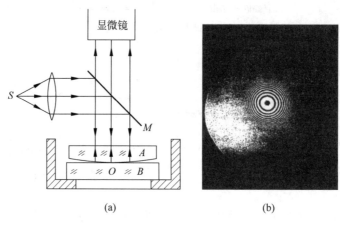

图 19-33　牛顿环实验

(a) 装置简图；(b) 牛顿环照相

设在某一次实验中,测得某一明环的直径为 3.00 mm,它外面第 5 个明环的直径为 4.60 mm,平凸透镜的半径为 1.03 m,求此单色光的波长。

19-15　利用迈克耳孙干涉仪可以测量光的波长。在一次实验中,观察到干涉条纹,当推进可动反射镜时,可看到条纹在视场中移动。当可动反射镜被推进 0.187 mm 时,在视场中某定点共通过了 635 条暗纹。试由此求所用入射光的波长。

第20章

光 的 衍 射

光 是一种电磁波,正如 11.7 节波的衍射那样,光也能产生衍射现象。惠更斯原理只能定性说明光的衍射现象。菲涅耳对惠更斯原理作了补充,可定量计算衍射光的强度分布。

本章介绍光的衍射现象及其规律。为简单起见,只讨论远场衍射,即夫琅禾费衍射,包括单缝衍射、细丝衍射和光栅衍射等。最后介绍有很多实际应用的 X 射线衍射。

20.1 光的衍射 惠更斯-菲涅耳原理

光的干涉和衍射现象都是光的重要特征。由于光波波长很短,只有当障碍物(也称衍射屏,如小孔、狭缝等)的尺度与波长可比拟时,方可直接观察到清晰的衍射现象。

1. 光的衍射

在实验室里容易演示光的衍射现象。如图 20-1 所示,S 为一单色点光源,G 为一遮光屏,上面开有一直径为十分之几毫米的小圆孔,H 为一白色观察屏。实验可观察到,屏上形成的光斑比圆孔尺寸大了许多,而且明显地由几个明暗相间的环组成。

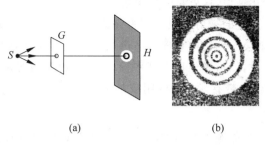

(a)   (b)

图 20-1 圆孔衍射

(a) 实验装置;(b) 衍射图样

如果将遮光屏 G 取走,换成一个与圆孔大小相位差不多的不透明小圆盘(或小圆球),则在屏上可观察到在圆盘阴影的中心是一个亮斑(见 20.4 节),周围也有一些光强变化的圆环。如果用针或细丝替换小圆盘,在屏上可观察到有明暗条纹出现。改变屏 H 到衍射孔的距离,衍射图样中心也可能出现亮点。

《墨经》中记载世界上最早的小孔成像实验。宋代沈括和宋末赵友钦(13—14 世纪间)对小孔成像也有很好的研究。晋代张华在《博物志·逸文》对虫、鸟羽毛的衍射色彩现象做了恰当的描述,但那时尚无衍射这一概念。《新唐书·五行志》描述"百鸟裙"的色彩变化也是衍射产生的。自从羽毛衍射现象被发现以后,羽毛在古代为人所重,以致清朝官吏的顶戴花翎也曾一时以视其衍射色彩的有无和多寡而分等级,清代王士祯《分甘馀话》卷二中的"目晕多寡"说的就是这等事。

在图 20-2(a)所示的实验中,S 为单色线光源,遮光屏 G 上开有一条宽度为十分之几毫米的狭缝,且线光源出射的光束和狭缝在狭缝长度方向上都与纸面垂直,H 为观察屏。在缝的前后放置两个透镜,使线光源 S 和观察屏 H 分别位于这两个透镜的焦平面上。这样入射到狭缝的光就是平行光束,光透过遮光屏 G 后又被透镜会聚到观察屏 H 上。实验中发现,屏 H 上的亮区也比狭缝宽了许多,而且是由明暗相间的许多平直条纹组成的,如图 20-2(b)所示。

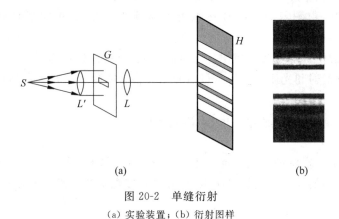

图 20-2　单缝衍射

(a) 实验装置;(b) 衍射图样

以上实验表明,光能产生衍射现象。光绕过障碍物的边缘时,并不严格遵循光的直线传播规律,而在其几何阴影内及其附近产生特殊的明暗相间条纹(单色光或准单色光入射时)或亮斑等的光强分布变化现象,这就是**光的衍射**。

用肉眼也可以感受到光的衍射现象。如果你眯缝着眼,使光通过一条缝进入眼内,当你看远处发光的灯泡时,就会看到它向上向下发出长的光芒。这就是光在视网膜上的衍射图像产生的感觉。五指并拢,使指缝与日光灯平行,透过指缝看发光的日光灯,也会看到类似如图 20-2(b)所示那样但略带有淡色彩的明暗条纹。

2. 光的衍射的分类

如果遮光屏、观察屏与光源之间距离的远近不同,衍射图样就具有不同的特点。根据观察方式的不同,通常把衍射现象分为两类。

一类是光源和观察点(或观察屏)到障碍物(称为衍射屏或遮光屏,如小孔、小圆屏、狭缝、缝等)的距离都为有限远,或其中之一是有限远,这种衍射称为**菲涅耳衍射**,或**近场衍射**,如图 20-1 所示。

另一类是光源和观察点(或观察屏)到衍射屏的距离都为无限远,这种衍射称为**夫琅禾费衍射**,或**远场衍射**。如图 20-2 所示,因为用两个透镜,对障碍物(衍射缝)来讲,就相当于把光源和观察屏都推至无穷远。因此,实际上,夫琅禾费衍射可看成菲涅耳衍射的极限情形。此实验为夫琅禾费衍射。

3. 惠更斯-菲涅耳原理

11.7 节用惠更斯原理解释波的衍射。它的基本内容是把波阵面上各点都看成是子波波源,但只能定性地说明衍射现象中光的传播方向问题。为了说明光的衍射图样中的强度分布,菲涅耳于 1815 年吸收惠更斯关于子波概念的思想,根据波的叠加原理和杨氏双缝干涉实验理论,对惠更斯原理进行重要补充和推广:衍射时波面中各点的强度由各子波在该点的相干叠加决定。或者说,光传播的波面上每一点都可看作为一个新的球面波的次波源,空间任一点的光扰动是所有次扰动传播到该点的相干叠加。利用子波相干叠加的概念发展的惠更斯原理叫**惠更斯-菲涅耳原理**。衍射波场中光强的强弱分布正是这些子波相干叠加的结果。

利用惠更斯-菲涅耳原理可定量计算光波通过衍射屏后的任意位置上的光强分布。具体地计算光的衍射图样中的光强分布时,需要考虑每个子波波源发出的子波的振幅及相位和传播距离及传播方向的关系。这种计算对于菲涅耳衍射相当复杂,需要借助计算机进行数值运算求解;而对于夫琅禾费衍射相对比较简单,在理论上可进行简化,得出比较准确的结果(参见 20.2 节 * 2)。

为了比较简单地阐述衍射的规律,同时考虑到夫琅禾费衍射也有许多重要的实际应用,本章主要讲述夫琅禾费衍射。

20.2　夫琅禾费单缝衍射

德国物理学家夫琅禾费(J. von Fraunhofer,1787—1826)于 1821 年发表平行光透过单缝衍射的研究成果,并制成世界上第一个衍射光栅,为光谱学奠基人之一。

图 20-2(a)是单缝(狭缝)的夫琅禾费衍射实验示意图,图 20-3 为其光路原理图。为了便于说明和分析,图中放大了狭缝宽度 a,且缝在长度方向上与纸面相垂直。

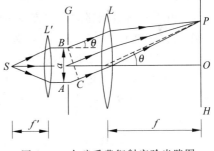

图 20-3　夫琅禾费衍射实验光路图

1. 夫琅禾费单缝衍射

菲涅耳半波带法可用来分析衍射现象,还可大致说明衍射图样的光强分布情况。

(1) 半波带法

根据惠更斯-菲涅耳原理,单缝后面(其右侧)空间任一点 P 的光振动是单缝处波阵面上所有子波波源发出的子波传到 P 点的振动的相干叠加。为了讨论光在 P 点的振动的合成,想象在衍射角 θ 为某些特定值时,可将单缝处宽度为 a 的波阵面 AB 分成许多等宽度的纵长条带,并使相邻两带上的对应点,例如,每条带的最下点、中点或最上点,发出的光在 P 点的光程差为半个波长。这样的条带称为**半波带**,如图 20-4 所示。利用这样的半波带来分析衍射图样的方法叫做菲涅耳半波带法,简称**半波带法**。

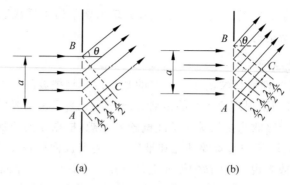

图 20-4　半波带

(a) 奇数个；(b) 偶数个

　　半波带法又称波带作图法,如图 20-4 所示,用 $\lambda/2$ 分割 AC,得到一系列割点,过各割点作 AC 的垂面,这些垂面把缝所截取的入射光的波阵面分割成一些条形带——半波带,则缝上各点发出的光在 P 点的相位差,相当于是由从缝到 BC 这一段光程差引起的。

　　衍射角 θ 是衍射光线与单缝平面法线间的夹角。衍射角 θ 不同,则单缝处波阵面分出的半波带个数也不同。半波带的个数取决于单缝两边缘处衍射光线之间的光程差 AC(BC 和衍射光线垂直)。由图 20-3 可见

$$AC = a\sin\theta$$

　　对于一定的衍射角 θ,如果 AC 刚好等于半波长的奇数倍,单缝处波阵面就可分为奇数个半波带,如图 20-4(a)所示。同样地,如果 AC 刚好是半波长的偶数倍,则单缝处波阵面可分为偶数个半波带,如图 20-4(b)所示。

　　这样分出的各个半波带,由于它们到 P 点的距离近似相等,因而各个带发出的子波在 P 点的振幅近似相等,而相邻两带的对应点上发出的子波在 P 点的相位差为 π。因此,相邻两波带发出的振动在 P 点叠加时将互相抵消。这样,如果单缝处波阵面被分成偶数个半波带,则由于一对对相邻的半波带发出的光都分别在 P 点相互抵消,所以合振幅为零,P 点应是暗条纹的中心。如果单缝处波阵面被分为奇数个半波带,则一对对相邻的半波带发出的光分别在 P 点相互抵消后,还剩一个半波带发的光到达 P 点合成。这时,P 点应近似为明条纹的中心,而且 θ 角越大,半波带面积越小,明纹光强越小。当 $\theta=0$ 时,各衍射光的光程差为零,通过透镜后会聚在透镜焦平面上,这就是中央明纹(或零级明纹)中心的位置,该处光强最大。

　　对于任意其他的衍射角 θ,AC 一般不能恰好地分成整数个半波带,此时,衍射光束形成介于最明和最暗之间的中间区域。

　　综上所述可知,当平行光垂直于单缝平面入射时,单缝衍射形成的明暗条纹的位置用衍射角 θ 表示,条纹中心由以下公式决定。

暗条纹中心

$$a\sin\theta = \pm 2k\,\frac{\lambda}{2} = \pm k\lambda, \quad k = 1,2,3,\cdots \tag{20-1}$$

明条纹中心(近似)

$$a\sin\theta = \pm(2k+1)\,\frac{\lambda}{2}, \quad k = 1,2,3,\cdots \tag{20-2}$$

中央条纹中心

$$\theta = 0$$

单缝衍射相对光强分布如图 20-5 所示,图中 I_0 为中央明纹中心(主极大)光强。此图表明,单缝衍射图样中各极大处的光强是不相同的。中央明纹光强最大,其他明纹的光强迅速下降。本节后半部分将导出表征光强分布的准确表达式。

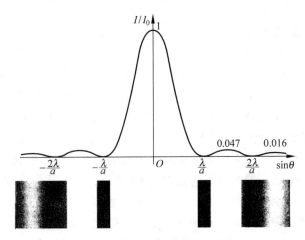

图 20-5　单缝的衍射图样和光强分布

　　两个第 1 级暗条纹中心间的距离即为中央明条纹的宽度,中央明条纹的宽度最宽,约为其他明条纹宽度的 2 倍。考虑到光波波长的数量级约为 10^{-7} m,往往比狭缝宽度 a 小得多,典型的狭缝宽度约为 10^{-4} m,因此,式(20-1)和式(20-2)的 θ 角总是较小,中央明条纹的**半角宽度**为

$$\theta \approx \sin\theta = \frac{\lambda}{a} \tag{20-3}$$

这是一个相对理想的近似。以 f 表示透镜 L 的焦距,则观察屏上中央明条纹的**线宽度**为

$$\Delta x = 2f\tan\theta \approx 2f\sin\theta = 2f\,\frac{\lambda}{a} \quad (\theta \text{ 为小角度时}) \tag{20-4}$$

式(20-4)表明,中央明条纹的宽度正比于波长 λ,反比于缝宽 a。这一关系又称为**衍射反比律**。当 $a \leqslant \lambda$ 时,会出现明显的衍射现象。缝越窄,衍射越显著;缝越宽,衍射越不明显。这也可说明,光波的衍射不如声波明显,因为光波的波长比声波短。

(2) 几何光学是波动光学的一种极限情况

　　当缝宽 $a \gg \lambda$,即缝宽的尺度远大于入射光的波长时,这相当于几何光学所讨论的光与宏观物体(其尺度远大于所用光的波长)之间相互作用的情况。此时,各级衍射条纹向中央靠拢,因过于密集以至于无法分辨,而显现单一的明条纹。实际上,这一明条纹正是线光源 S 通过透镜所成的几何光学的像,这个像相应于从单缝射出的光是直线传播的平行光束。由此可见,光的直线传播现象,是光的波长较透光孔或缝(或障碍物)的线度小很多时,衍射现象不显著的情形。所有种类的波都会发生衍射,如声音能"隔墙有耳",这是因声波波长(如 1 m)与门窗的宽度相比而相对较长的缘故(复习 11.7 节)。

　　几何光学可以看成是波动光学在 $\lambda/a \to 0 (a \gg \lambda)$ 时的极限情形,是以光的直线传播性质以及光的反射和光的折射规律为基础的理论。或者说,只有在光学元件的尺度远大于所用光的波长时,几何光学才足够精确。例如,对透镜成像而言,仅当衍射不显著时,才能形成物的几何像,如果衍射不能忽略,则透镜所成的像将不是物的几何像,而是一个衍射图样。因为衍射现象,就会使所成的像存在像差,像差的大小反映光学系统成像品质的优劣。这也是透镜(或透镜组)成像存在的缺点之一。按具体要求尽量消除这样的像差是设计光学系统的一项重要任务。

（3）衍射与干涉的异同点

上述对单缝衍射进行了分析,19.2 节讲了双缝干涉,那么干涉和衍射有什么区别呢?从本质上讲,它们并无区别,都是利用波的叠加原理和惠更斯原理的结果。习惯上说,干涉总是指那些有限多的(少量,通常两个)光束的相干叠加,而衍射总是指波阵面上无穷多个(连续的,或遍布整个小孔区域)子波发出的光波的相干叠加。干涉强调的是不同光束相互影响而形成相长或相消的现象;衍射强调的是光线偏离直线而进入区域。因此,它们常常出现于同一现象中,例如,双缝干涉的图样实际上是两个缝发出的光束的干涉和每个缝自身发出的光的衍射的综合效果。后续要讲的光栅衍射(见 20.5 节),实际上是多光束干涉和单缝衍射的综合效果。

【例 20-1】 夫琅禾费衍射。在一单缝夫琅禾费衍射实验中,缝宽 $a = 5\lambda$,缝后透镜焦距 $f = 40$ cm,试求中央条纹和第 1 级亮纹的宽度。λ 为入射光的波长。

解　由式(20-1)可得,对第 1 级和第 2 级的暗纹中心,有

$$a\sin\theta_1 = \lambda, \quad a\sin\theta_2 = 2\lambda$$

第 1 级和第 2 级暗纹中心在屏上的位置分别为

$$x_1 = f\tan\theta_1 \approx f\sin\theta_1 = f\frac{\lambda}{a} = \left(40 \times \frac{\lambda}{5\lambda}\right) \text{cm} = 8 \text{ cm}$$

$$x_2 = f\tan\theta_2 \approx f\sin\theta_2 = f\frac{2\lambda}{a} = \left(40 \times \frac{2\lambda}{5\lambda}\right) \text{cm} = 16 \text{ cm}$$

由此得,中央亮纹宽度为

$$\Delta x_0 = 2x_1 = (2 \times 8)\text{cm} = 16 \text{ cm}$$

第 1 级亮纹的宽度为

$$\Delta x_1 = x_2 - x_1 = (16 - 8)\text{cm} = 8 \text{ cm}$$

这只是中央亮纹宽度的一半。

*2. 夫琅禾费单缝衍射的光强分布公式的推导

菲涅耳半波带法只能大致说明衍射图样的情况,要定量给出衍射图样的强度分布,需要对子波进行相干叠加。下面用相量图法导出夫琅禾费单缝衍射的强度公式。

为了用惠更斯-菲涅耳原理计算屏上各点光强,想象将单缝处的波阵面 AB 分成 N 条(N 很大)等宽度的波带,每条波带的宽度为 $\Delta s = a/N$(图 20-6)。由于透镜的等光程性,各波带发出的子波到 P 点的传播方向相同,且距离也近似相等,所以在 P 点各子波的振幅也近似相等,以 ΔA 表示此振幅。相邻两波带发出的子波传到 P 点时的光程差均为

$$\Delta L = \frac{AC}{N} = \frac{a\sin\theta}{N} \tag{20-5}$$

对应的相位差都是

$$\delta = \frac{2\pi}{\lambda}\frac{a\sin\theta}{N} \tag{20-6}$$

根据菲涅耳的子波叠加思想，P 点光振动的合振幅，应等于这 N 个波带发出的子波在 P 点的振幅的矢量合成，也就等于 N 个同频率、等振幅（ΔA）、相位差依次都是 δ 的振动的合成。这一合振幅可借助图 20-7 的相量图计算出来。图中 $\Delta A_1, \Delta A_2, \cdots, \Delta A_N$ 表示各分振幅矢量，相邻两个分振幅矢量的相位差就是式（20-6）给出的 δ。各分振幅矢量首尾相接构成一正多边形的一部分，此正多边形有一外接圆。以 R 表示此外接圆的半径，则合振幅 A_θ 对应的圆心角就是 $N\delta$，而 A_θ 的值为

$$A_\theta = 2R\sin\frac{N\delta}{2}$$

在 $\triangle OCB$ 中，ΔA_1 之振幅就是前述的等振幅 ΔA，显然可得

$$\Delta A = 2R\sin\frac{\delta}{2}$$

以上两式相除可得，衍射角为 θ 时 P 处的合振幅应为

$$A_\theta = \Delta A\,\frac{\sin\dfrac{N\delta}{2}}{\sin\dfrac{\delta}{2}}$$

由于 N 非常大，所以 δ 非常小，有 $\sin\dfrac{\delta}{2}\approx\dfrac{\delta}{2}$，因而又可得

$$A_\theta = \Delta A\,\frac{\sin\dfrac{N\delta}{2}}{\dfrac{\delta}{2}} = N\Delta A\,\frac{\sin\dfrac{N\delta}{2}}{\dfrac{N\delta}{2}}$$

令

$$\beta = \frac{N\delta}{2} = \frac{\pi a\sin\theta}{\lambda} \tag{20-7}$$

则

$$A_\theta = N\Delta A\,\frac{\sin\beta}{\beta}$$

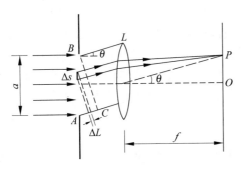

图 20-6　推导单缝衍射强度用图

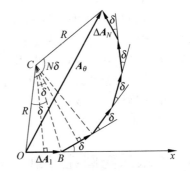

图 20-7　N 个等振幅、相邻振动相位差
为 δ 的振动的合成相量图

此式中,当 $\theta=0$ 时,$\beta=0$,而 $\dfrac{\sin\beta}{\beta}=1$,$A_\theta=N\Delta A$。由此可知,$N\Delta A$ 为中央条纹中点 O 处的合振幅。以 A_0 表示中央条纹中点 O 处振幅,则 P 点的合振幅为

$$A_\theta = A_0\,\frac{\sin\beta}{\beta} \tag{20-8}$$

两边平方得,P 点的光强为

$$I = I_0\left(\frac{\sin\beta}{\beta}\right)^2 \tag{20-9}$$

式中,I_0 为中央明纹中心(主极大)的光强。此式就是夫琅禾费单缝衍射的光强公式。用相对光强表示,则有

$$\frac{I}{I_0} = \left(\frac{\sin\beta}{\beta}\right)^2 \tag{20-10}$$

图 20-5 中的相对光强分布曲线就是根据这一公式画出的。由式(20-9)或式(20-10),即可求出光强极大和极小的条件及相应的角位置。

(1) 主极大

在 $\theta=0$ 处,$\beta=0$,$\sin\beta/\beta=1$,$I=I_0$,光强最大,称为**主极大**,此即中央明纹中心的光强。

(2) 极小

$\beta=k\pi$,$k=\pm1,\pm2,\pm3,\cdots$ 时,$\sin\beta=0$,$I=0$,光强最小。因为 $\beta=\pi a\sin\theta/\lambda$,于是得

$$a\sin\theta=k\lambda,\quad k=\pm1,\pm2,\pm3,\cdots$$

此即暗纹中心的条件。这一结论与半波带法所得结果式(20-1)一致。

(3) 次极大

由 $\dfrac{\mathrm{d}}{\mathrm{d}\beta}\left(\dfrac{\sin\beta}{\beta}\right)=0$ 求极值,可求得次极大的条件为

$$\tan\beta=\beta$$

用图解法,可求得与各次极大对应的 β 值为

$$\beta=\pm1.43\pi,\pm2.46\pi,\pm3.47\pi,\cdots$$

相应地,有

$$a\sin\theta=\pm1.43\lambda,\pm2.46\lambda,\pm3.47\lambda,\cdots$$

以上结果表明,次极大差不多在相邻两暗纹的中点,但朝主极大方向稍偏一点。将此结果和用半波带法所得出的明纹近似条件式(20-2)相比可知,式(20-2)是一个相当好的近似结果。

把上述 β 值代入相对光强公式(20-10),可求得各次极大的强度。计算结果表明,次极大的强度随着级次 k 值的增大迅速减小。第 1 级次极大的光强还不到主极大光强的 5%。

利用菲涅耳衍射现象,在透明片上涂上透明和不透明的环带,可制成一种具有聚焦作用的光学元件——波带片,这种特殊的衍射屏有类似于凸透镜的聚焦性质。波带片证实了半波带理论的正确性。声波、微波和 X 射线等都可用波带片进行聚焦。聚焦点的光强比照射于波带上的光强大数百倍。

20.3　夫琅禾费圆孔衍射　光学仪器的分辨本领

障碍物(衍射屏)为小孔时,光通过时也会发生衍射现象。借助光学仪器观察细小物体时,不仅要有一定的放大倍数,还要有足够的分辨本领,才能把微小物体放大到清晰可见的

程度。

1. 夫琅禾费圆孔衍射

在夫琅禾费单缝衍射实验中,如果障碍物(衍射屏)为圆孔时,当单色平行光垂直照射圆孔时,在透镜 L 焦平面处的观察屏上将出现中央为圆亮斑,周围为明暗交替的环形衍射图样,如图 20-8 所示,称为**夫琅禾费圆孔衍射**。该衍射图样的中央亮斑,叫做**艾里斑**,它是无限远物点在透镜焦平面上产生的衍射亮斑。英国天文学家艾里(G.B.Airy,1801—1892)首先对此深入研究,故名。

即使对于无像差的成像系统,点源的像也不是一个几何点,而是由透镜通光孔径的夫琅禾费衍射所生成的衍射图样。艾里斑就是该衍射图样的中心亮斑,其大小与通光孔径的直径成反比,它集中了通光透镜总光能(光强)的 84% 左右。

图 20-8 夫琅禾费圆孔衍射图样

2. 光学仪器的分辨本领

在光学仪器成像系统中,由于艾里斑的存在,限制了仪器或人眼对物体细节的辨别能力。从波动光学角度来看,即使无任何像差的理想成像系统,系统的分辨本领也要受到衍射的限制。光通过光学系统中的光阑、透镜等限制光波传播的光学元件时要发生衍射,因而一个点光源并不成点像,而是在点像处呈现一衍射图样(图 20-8)。

光学仪器如望远镜、显微镜、照相机等,以及眼睛的瞳孔的物镜,在成像过程中都是一些衍射孔。两个点光源或同一物体上的两点发出的光通过这些衍射孔成像时,由于衍射会形成两个衍射斑,它们的像就是这两个衍射斑的非相干叠加。如果两个衍射斑之间的距离过近,两光斑将混在一起,则两个点物或同一物体上的两点的像就无法分辨,像也就不清晰(图 20-9(c))。

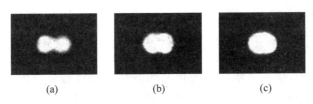

(a)   (b)   (c)

图 20-9 瑞利判据说明
(a) 分辨清晰;(b) 刚能分辨;(c) 不能分辨

怎样才算能分辨?英国物理学家瑞利(J.W.Rayleigh,1842—1919)提出一个标准,判断两物点(或两光的光谱线)可被分辨的条件,称为**瑞利判据**。如图 20-9 所示,对于两个光强度接近或相等的不相干的点光源(物点),由于光的衍射,两物点通过光学系统成像为两个衍射斑,一个点光源的衍射图样的主极大刚好和另一点光源衍射图样的第 1 个极小相重合时,两个衍射图样合成,其光强的谷、峰比约为 0.8。这时,可以认为,两个点光源(或物点)恰为这一光学仪器所分辨(图 20-9(b))。简单地说,当一个艾里斑的中心落在另一艾里斑的边缘上,则两个光斑也就是两物点的像尚能分辨。两个点光源的衍射斑相距更远时,它们就能十分清晰地被分辨(图 20-9(a))。如果再靠近,两光斑将混在一起而无法分辨。

瑞利以此条件作为光学仪器的分辨极限,可确定光学仪器的分辨本领。这一判据由瑞利首先提出,故名。

以透镜为例,恰能分辨时,两物点在透镜处的张角(角距离)称为**最小分辨角**,用 δ_θ 表示,它等于艾里斑的角半径,如图 20-10 所示。最小分辨角也叫**角分辨率**,它的倒数称为**分辨本领**(或分辨率)。

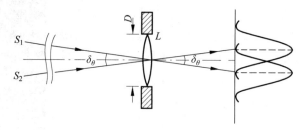

图 20-10　透镜最小分辨角

对直径为 D 的圆孔的夫琅禾费衍射而言,中央衍射斑的角半径为衍射斑的中心到第 1 个极小的角距离。第 1 极小的角位置 θ 与式(20-3)略有差别,其理论计算由下式给出

$$\sin\theta = 1.22 \frac{\lambda}{D} \tag{20-11}$$

当 θ 角很小时,有

$$\theta \approx \sin\theta = 1.22 \frac{\lambda}{D}$$

根据瑞利判据,当两个衍射斑中心的角距离等于衍射斑的角半径时,两个相应的物点恰能分辨,所以角分辨率 δ_θ 为

$$\delta_\theta = 1.22 \frac{\lambda}{D} \tag{20-12}$$

相应的分辨率 R 表示为

$$R \equiv \frac{1}{\delta_\theta} = \frac{D}{1.22\lambda} \tag{20-13}$$

式(20-13)表明,分辨本领主要决定于所用光的波长 λ 和仪器物镜的数值孔径 D 的大小。因此,大口径的物镜对提高望远镜的分辨率有利。1990 年发射的哈勃太空望远镜的凹面物镜的直径为 2.4 m,角分辨率约为 0.1″(单位读为[角]秒),图 20-11 为其在大气层外 615 km 高空绕地球运行示意图。它可观察 130 亿光年远的太空深处,目前已发现了 500 亿个星系,采用计算机处理图像技术,把图像资料传回地球。这也并不满足科学家的期望,目前正在设计制造凹面物镜的直径为 8 m 的巨大太空望远镜,用以取代哈勃望远镜,期望能观察到更深远的宇宙实体。

对光学显微镜,使用 $\lambda = 400$ nm 的紫光照射物体而进行显微观察,最小分辨距离约为 200 nm,最大放大倍数也就 2 000 左右,这已是可见光波长的光学显微镜的极限。对于显微镜,则采用极短波长的光对提高其分辨率有利。电子具有波动性(参见 22.4 节)。当加速电压为几十万伏时,电子的波长只有约 10^{-3} nm,所以电子显微镜(EM,电镜)可获得很高的分辨率。例如,透射电镜(TEM)利用高电压(如 200 kV)加速的电子束穿透晶体物质薄膜样品时发生衍射的原理,通过多级电磁透镜予以聚焦和放大成像,可获得极高的放大倍率,分

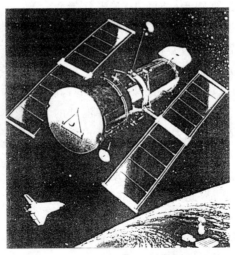

图 20-11　哈勃太空望远镜

辨率已接近 0.1 nm 或更小,放大倍数可达数百万倍。扫描电镜(SEM)分辨率可达 1 nm,放大倍数可达数十万倍。电子显微镜可用于观察和分析物质内部细微组织结构,为研究分子、原子的结构提供有力工具。

【例 20-2】　**人眼分辨率**。在通常亮度下,设人眼瞳孔直径为 3 mm,问人眼的最小分辨角是多大?远处两条细丝之间的距离为 2.0 mm,问细丝离开多远时人眼恰能分辨?

解　在明视觉下人眼最敏感的黄绿光波长为 $\lambda = 555$ nm,由式(20-12)可得,人眼的最小分辨角为

$$\delta_\theta = 1.22 \frac{\lambda}{D} = 1.22 \times \frac{555 \times 10^{-9}}{3 \times 10^{-3}} \text{ rad}$$

$$= 2.26 \times 10^{-4} \text{ rad} \approx 1'$$

设两条细丝之间距离为 Δs,人与细丝的距离为 L,则两细丝对人眼的张角 θ 为

$$\theta = \frac{\Delta s}{L}$$

当恰能分辨时,应有

$$\theta = \delta_\theta$$

于是有

$$L = \frac{\Delta s}{\delta_\theta} = \frac{2.0 \times 10^{-3}}{2.26 \times 10^{-4}} \text{ m} = 8.8 \text{ m}$$

即超过上述距离,则人眼无法分辨。

*20.4　细丝和细粒的衍射

不但光通过细缝和小孔时会产生衍射现象,可以观察到衍射条纹,当光射向不透明的细丝或细粒时,也会产生衍射现象,在细丝或细粒后面出现衍射条纹。例如,光射向一个与圆孔大小相差不多的不透光小圆盘(或小圆球或细粒)时,则在屏上可观察到在圆盘阴影的中心是一个亮斑,如图 20-12 所示,为**圆盘衍射**。

1818 年,法国科学院举办征文比赛,悬赏解决光的衍射问题。菲涅耳发展了惠更斯原

理,以"半波带法"定量地计算圆盘(或圆孔)等形状障碍物所产生的衍射图样,以说明这一光的衍射现象的规律性。泊松(S.D.Poisson,1781—1840)根据菲涅耳的理论首先导出,不透光圆盘对光的衍射会在其正后方产生一亮斑。他本人不相信波动说,认为这一结果是荒谬的,其理论是不可信的,并对此产生质疑,声称已驳倒菲涅耳的理论;他在学会上发表此结果本想为难菲涅耳,否定波动说,结果适得其反。阿拉果通过实验演示这一亮斑存在的真实性,从而检验了该理论的正确性,使波动说有更强的说服力。菲涅耳因此得奖,故此亮斑称为**菲涅耳斑**,也被戏称为**泊松亮斑**,或称阿拉果斑。

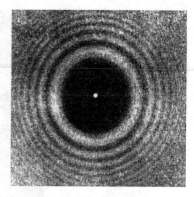

图 20-12　不透光小圆盘产生
的衍射图样

　　实际上,同样线度的细缝或小孔与细丝或细粒产生的衍射图样是一样的,下面用叠加原理来证明这一点。

　　如图 20-13(a)所示,使一束平行光垂直射向遮光板 G,在遮光板上有一个圆洞,直径为 a。图 20-13(b)为两个透光屏,直径也都是 a,正好能嵌入遮光板 G 上的圆洞中。屏 A 上有十字透光缝,屏 B 上有一个十字丝,正好能填满屏 A 上的十字缝。这样的两个屏称为互补屏。根据惠更斯-菲涅耳原理可知,当屏 A 嵌入遮光板上的圆洞时,其后屏 H 上各点的振幅应是十字缝上各子波波源所发的子波在各点的振幅之和。以 E_1 表示此振幅分布。同理,当屏 B 嵌入遮光板上的圆洞时,屏 H 上各点的振幅应是四象限透光平面(十字丝除外)上各子波波源在各点的振幅之和。以 E_2 表示此振幅分布。若将圆洞全部敞开,屏 H 上的振幅分布就相当于十字缝和透光四象限同时密合相接时二者所分别产生的振幅分布之和。以 E_0 表示圆洞全部敞开时屏 H 上的振幅分布,则有

$$E_0 = E_1 + E_2 \tag{20-14}$$

此式表明,两个互补透光屏在观察屏上所产生的振幅分布之和等于全透屏所产生的振幅分布。这一结论称为**巴比涅原理**。

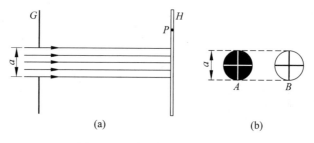

图 20-13　说明巴比涅原理用图
(a) 衍射装置;(b) 互补透光屏

　　回到图 20-13 的情况,在 $a \gg \lambda$(a 的范围在 $10^3 \lambda \sim 10 \lambda$ 之间)时,屏 H 上的几何阴影部分(也就是衍射区)总光强为零,即 $E_1 = 0$,此时式(20-14)给出

$$E_1 = -E_2 \tag{20-15}$$

由于光强和振幅的平方成正比,所以又可得

$$I_1 = I_2 \tag{20-16}$$

即两个互补的透光屏所产生的衍射光强分布相同,因而具有相同的衍射图样。

细丝和细缝互补,细粒和小孔互补,它们自然就产生相同的衍射图样。

图 20-14(a),(b)是一对互补的透光屏,图(a)有星形透光孔,图(b)有星形遮光花,图(c),(d)是和二者分别对应的衍射图样。看起来图(c),(d)是完全一样的,只是在图(d)的中心有较强的亮光。屏(b)的绝大部分是透光的,图(d)中的中心亮区就是垂直通过此屏的广大透光区而几乎没有衍射的光形成的。

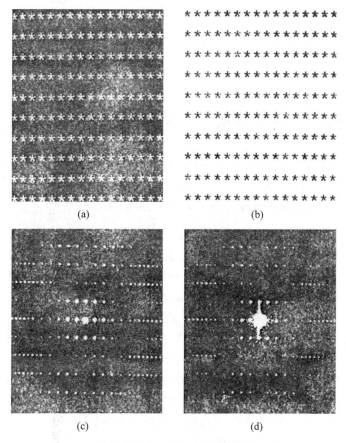

(a)   (b)

(c)   (d)

图 20-14 说明巴比涅原理用图

【例 20-3】 **细丝衍射。**为了保证抽丝机所抽出的细丝粗细均匀,可以利用光的衍射原理。如图 20-15 所示,让一束激光照射抽动的细丝,在细丝另一侧 $D=2.0$ m 处设置一接收屏(其后接光电转换装置)接收激光衍射图样。当衍射的中央条纹宽度和预设宽度不合时,光电装置就将信息反馈给抽丝机以改变抽出丝的粗细使之符合要求。如果所用激光器为氦氖激光器,其波长为 $\lambda=632.8$ nm,而细丝直径要求为 $a=20$ μm,求接收屏上衍射图样中的中央亮纹宽度是多大?

解 根据巴比涅原理,细丝产生的衍射图样应与等宽的单缝相同,接收屏上中央亮纹的宽度应为

$$l = 2D\tan\theta_1 = 2D\sin\theta_1 = 2D\lambda/a$$

将已知数据代入上式,可得

$$l = \frac{2 \times 2.0 \times 632.8 \times 10^{-9}}{20 \times 10^{-6}} \text{ m} = 0.13 \text{ m}$$

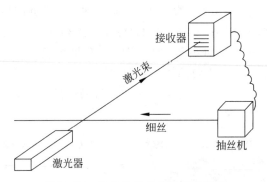

图 20-15　抽丝自动监控装置示意图

20.5　光栅衍射　*光栅光谱

19.2 节介绍的双缝干涉是用分波阵面法获得双光束干涉,其干涉条纹的明纹较宽,不能把两种波长相近的两种单色光分开。下面根据入射复色光通过光栅发生色散,介绍一种利用多缝衍射原理进行精密的光谱分析的方法。

1. 光栅

在一块玻璃或金属片上刻有许多等宽、相互平行、等距排列的刻痕(狭缝),这样的光学元件叫**光栅**,也称**衍射光栅**。可见,光栅是一种多狭缝的衍射屏。平面的称平面光栅,凹面的称凹面光栅。平面光栅又可根据所用的是透射光还是反射光,分为透射光栅和反射光栅。例如,在一块平面玻璃上用金刚石刀尖或电子束刻出一系列等宽和等距的平行刻痕,刻痕处因漫反射而不怎么透光,相当于不透光部分;未刻过的部分相当于透光的狭缝;这样就制成透射光栅,图 20-16(a)为其断面放大的局部图。在光洁度很高的平面金属表面刻出一系列等间距的平行细槽就制成反射光栅,如图 20-16(b)所示。DVD 表面可观察到具有彩虹般的色彩,这是反射光栅的衍射效果。光盘上的凹槽的表面深度为 0.12 μm,径向的微小凹陷间

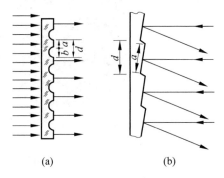

图 20-16　光栅(断面)局部图
（a）透射光栅；（b）反射光栅

距统一为 0.74 μm,凹陷的长度就是不同信息在光盘上的编码。因此,光盘上的反射光栅的外貌只不过是一个富有美感的副产品而已。

简易的光栅可用照相的方法制造,印制有一系列平行而且等间距的黑色条纹的照相底片就是**透射光栅**。利用全息照相技术制备的光栅,称为**全息光栅**。实用光栅每毫米内有几十条,上千条甚至几万条刻痕。如一块 100 mm×100 mm 的光栅上可能刻有 $10^4 \sim 10^6$ 条刻痕。这样的原刻光栅是非常贵重的。

光栅的栅字有两个读音,如现代汉语词典第 7 版为光栅(shān),而辞海 2009 年第 6 版为光栅(zhà),2020 年第 7 版改为光栅(shān)。网络上的词条则是兼收并蓄,港澳台地区也

是两个读音都有。现在,人们习惯读光栅(shān),实际上,读光栅(zhà)也许更为贴切。因为光栅刻痕结构与作用类似栅栏,故名。

光栅是近代物理实验中用到的一种重要的精密光学元件。入射光透过光栅的衍射现象产生明亮尖锐的亮纹,或在入射光是复色光的情况下,产生光谱以进行光谱分析。本节以透射光栅为例,讨论光栅的衍射作用及其规律。

2. 光栅衍射

用光栅作为分光元件,可获得光栅光谱。如何分析光通过光栅后的强度分布呢? 在 19 章讲过双缝干涉的规律,而光栅有许多缝,可以想到各个缝发出的光将发生干涉。在 20.2 节讲了单缝衍射的规律,可以想到每个缝发出的光本身也会产生衍射,正是这各缝之间的干涉和每缝自身的衍射决定光通过光栅后的光强分布。可见,光栅衍射实际上可看成单缝衍射与多光束干涉的综合效果。下面根据这一思想进行分析。

设图 20-16(a)所示的透射光栅每一条透光部分宽度为 a,不透光部分宽度为 b。$d = a + b$ 叫做**光栅常量**,它是光栅刻痕的空间周期性表示,是反映光栅性能最重要的参数。以 N 表示光栅的总缝数,并设平面单色光波垂直入射到光栅表面上。先考虑多缝干涉的影响,如图 20-17 为其光路图,这时可以认为各缝共形成 N 个间距都是 d 的同相的子波波源,它们沿每一方向都发出频率相同、振幅相同的光波。这些光波的叠加就成**多光束干涉**。在衍射角为 θ 时,光栅从上到下,由于物镜透镜的等光程性,相邻两缝发出的光到达屏 H 上 P 点时的光程差都是相等的,都等于 $d\sin\theta$。由于所有的缝发出的光到达 P 点时都将是同相的,它们将发生相长干涉,从而在 θ 方向形成明条纹。

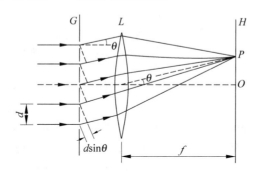

图 20-17　光栅的多光束干涉

图 20-18 给出三种相对光强分布示意图,纵坐标为相对光强。其中,图 20-18(a)是不考虑各个单缝衍射的情况下多光束的干涉的光强分布,为一系列出现在几乎黑暗的背景(暗纹和次极大)上的又窄又亮的明纹(主极大);图 20-18 是各缝平行光束单独照射时夫琅禾费单缝衍射的光强分布,每缝发出的光,由于衍射,在不同衍射角 θ 方向的强度是不同的,就是图 20-5 中的分布曲线的中央亮纹;图 20-18(c)是光栅衍射在屏上的实际总光强分布,为多光束干涉和单缝衍射共同决定的光栅衍射的总光强分布。不同 θ 方向的衍射光相干叠加形成的主极大要受衍射光强的影响,或者说,各主极大要受单缝衍射的调制:衍射光强大的方向的主极大的光强也大,衍射光强小的方向的主极大光强也小。因此,多光束干涉主极大的位置就是光栅衍射主极大的位置。

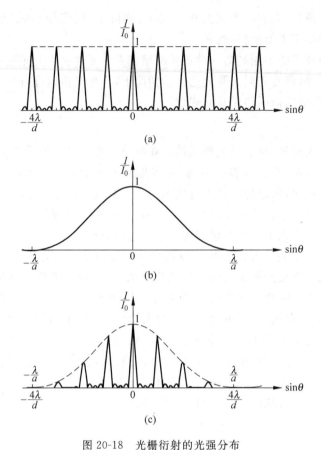

图 20-18　光栅衍射的光强分布

(a) 多光束干涉的光强分布；(b) 单缝衍射的光强分布；(c) 光栅衍射的总光强分布

由振动的叠加规律可知,多光束干涉主极大的位置(图 20-18(c))所对应的衍射角 θ 应满足

$$d\sin\theta = \pm k\lambda, \quad k = 0,1,2,\cdots \text{(光栅主极大)} \tag{20-17}$$

式(20-17)决定光栅衍射各级主极大(或光谱线,明纹)位置,叫做**光栅方程**。k 为级次,$k=0$ 为中央明纹,$k=1,2,\cdots$ 的明纹分别叫做第 1 级、第 2 级……明纹,且对称分布。与这些明条纹相应的光强的极大值叫**主极大**。可见,主极大的位置只与 d,λ 有关,与光栅的缝数 N 无关。级次 k 的值受到衍射角 θ 的限制,$k_{\max} < d/\lambda$。

由于极大所对应的衍射角的正弦值正比于 λ/d,为了得到显著的衍射,d 应与 λ 的大小在同一数量级范围。对用于可见光的光栅,通常每毫米有 1 000 条刻痕,光栅常量为单位长度刻痕数的倒数,即 $d=1/1\,000(\text{mm})=1\,\mu\text{m}$,这也是此光栅常量大小的数量级。

值得注意的是,这时在屏上 P 点的合振幅应是来自一条缝的光的振幅的 N 倍,则合光强将是来自一条缝的光的光强的 N^2 倍。这就是说,光栅的多光束干涉形成的明纹的亮度要比一条缝发的光的亮度大多了,而且 N 越大,条纹越亮。图 20-19 是两张光栅衍射图样的照片。虽然所用光栅的缝数 N 值相当少,但其明条纹的特征已显示得相当明显。光栅的分辨本领决定于刻痕总数。

图 20-19　光栅衍射图样照片

(a) $N=5$；(b) $N=20$

3. 光栅衍射图样的特点

从图 20-18(c)的光栅衍射光强分布看,由于两个主极大之间存在许多低强度的次极大,所以其明纹非常细锐;同时,主极大光强与 N^2 成正比,而 N 值可达几万,因此,光栅衍射明纹是一系列明亮、细锐的条纹。

(1) 明亮细锐明纹与半角宽度

光栅的缝很多还有一个明显的效果:使主极大明条纹变得很窄。以中央明条纹为例,它出现在 $\theta=0$ 处。在稍稍偏过一点的 $\Delta\theta$ 方向,如果光栅的最上一条缝和最下一条缝发出的光的光程差等于波长 λ,即

$$Nd\sin\Delta\theta = \lambda$$

时,则光栅上下两半宽度内相应的缝发出的光到达屏上将都是反相的(想想分析单缝衍射的半波带法),它们都将干涉相消以致总光强为零。由于 N 一般很大,所以 $\sin\Delta\theta = \lambda/(Nd)$ 也就很小,则 $\Delta\theta = \sin\Delta\theta = \lambda/(Nd)$。

从某一主极大中心到相邻第一个极小值之间的角距离,称为该明纹的**半角宽度**。由上述分析可得,所限的中央明纹的半角宽度为

$$\Delta\theta = \frac{\lambda}{Nd}$$

由光栅方程式(20-17)求得的中央明条纹到第 1 级明条纹的角距离为 $\theta_1 > \sin\theta_1 = \lambda/d$。$\theta_1$ 要比 $2\Delta\theta$ 的 $N/2$ 倍还大。由于 N 很大,所以中央明条纹宽度要比它和第 1 级明条纹的间距小得多。对其他级明条纹的分析结果也一样:明条纹的宽度比它们的间距小得多,也就是条纹又细又亮。通过理论计算可得,第 k 级主极大的半角宽度为

$$\Delta\theta = \frac{\lambda}{Nd\cos\theta}$$

式中,θ 为第 k 级主极大的角位置。可见,N 很大时,衍射明纹是非常细锐的。

(2) 缺级现象与缺级条件

还应指出的是,由于单缝衍射的光强分布在某些 θ 值时可能为零,所以,如果对应于这些 θ 值按多光束干涉出现某些级的主极大时,这些主极大将消失。也就是说,当干涉极大位置与衍射极小位置重合,这时干涉极大消失,实际观察不到这些级次的条纹,这种衍射调制的特殊结果叫做(干涉条纹)**缺级现象**,所缺的级次由光栅常量 d 与缝宽 a 的比值确定。

光栅衍射的(干涉)主极大满足光栅方程式(20-17),即

$$d\sin\theta = \pm k\lambda$$

而衍射极小(为零)满足单缝衍射的暗纹条件式(20-1),即

$$a\sin\theta = \pm k'\lambda$$

如果某一衍射 θ 角同时满足这两个方程,即它们重合时,则 k 级主极大缺级。把上述两式相除,可求得

$$k = \pm\frac{d}{a}k', \quad k' = 1,2,3,\cdots \tag{20-18}$$

式中,k 为缺失的光谱线的级次,k' 为单缝衍射的暗纹级次。一般而言,当 $d=ma$,$k=mk'$,即干涉条纹的级次为 m 整数倍时都缺级。例如,当 $d/a=4$ 时,$m=4$,则缺级为 $k=\pm4$,±8,$\cdots$诸级主极大。图 20-18(c) 画的就是这种有缺级的情形。由图 20-18 可见,当缝宽 $a\to0$ 时,单缝衍射的轮廓线将过渡为一条与该缝平行的水平直线,而光栅衍射相当于过渡为多缝干涉的效果,因此,多缝干涉是多缝衍射在 $a\to0$ 条件下的极限情况。

【例 20-4】 **光栅光谱线**。使波长为 $\lambda=480$ nm 的单色光垂直入射到每毫米有 250 条狭缝的光栅上,光栅常量 d 为缝宽 a 的 3 倍。(1)求第 1 级光谱线的角位置;(2)总共可以观察到哪几条光谱线?

解 (1) 由题意,光栅常量为 $d=1/250$(mm)$=4\times10^{-3}$ mm。根据光栅方程式(20-17)可知,第 1 级 ($k=1$)光谱线的角位置 θ 由 $d\sin\theta=\pm k\lambda$ 决定,即

$$\theta_1 = \arcsin\left(\pm\frac{\lambda}{d}\right) = \arcsin\left(\pm\frac{480\times10^{-9}}{4\times10^{-6}}\right)$$

$$= \arcsin(\pm0.12) \approx 0.12$$

(2) 光谱线的最大可能角位置为 $\pi/2$,由光栅方程可知,级次的最大值 k_{max} 为

$$k_{max} = \pm\frac{d\sin(\pi/2)}{\lambda} = \pm\frac{4\times10^{-6}\times1}{480\times10^{-9}} = \pm8.3$$

由于 k 值只能是整数,所以取 $k_{max}=8$。

包括中央光谱线,总共可能呈现的光谱线数为 $k_{max}\times2+1=17$。但由于 $d=3a$,根据式(20-18),级次 $k=\pm3$,±6 缺级,所以总共可观察到的光谱线数为 $17-2\times2=13$,即 0 和 ±1,±2,±4,±5,±7,±8 级次。

【例 20-5】 **光栅衍射**。用一束具有两种波长的平行光垂直入射在光栅平面上,其波长分别为 $\lambda_1=600$ nm 和 $\lambda_2=400$ nm,观察到距中央明纹 $x=5$ cm 处波长 λ_1 的光第 k 级主极大与波长 λ_2 的光第 $(k+1)$ 级主极大相重合,已知放置在光栅与屏之间的透镜的焦距为 $f=50$ cm,求级次 k 和光栅常量 d。

解 由题意,波长 λ_1 的光第 k 级与波长 λ_2 的光第 $(k+1)$ 级谱线相重合,则其衍射角相同。由光栅方程式(20-17),有

$$d\sin\varphi_1 = k\lambda_1, \quad d\sin\varphi_1 = (k+1)\lambda_2$$

可得,$k\lambda_1 = (k+1)\lambda_2$,即

$$k = \frac{\lambda_2}{\lambda_1 - \lambda_2} = 2$$

考虑到 $\frac{x}{f}=0.1$ 相对较小,则 $\sin\varphi_1\approx\tan\varphi_1=\frac{x}{f}$,故有

$$d = \frac{k\lambda_1 f}{x} = \frac{2\times600\times10^{-9}\times50\times10^{-2}}{5\times10^{-2}} \text{ m} = 1.2\times10^{-5} \text{ m} = 1.2\times10^{-3} \text{ cm}$$

*4. 光栅光谱

以上讲了单色光垂直入射到光栅上时形成光谱线的规律。如果照射光栅的入射光是由

不同波长的光组成的复色光,则由于各色光的波长 λ 不同,除中央零级条纹外,各成分色光的其他同级次主极大(明纹)位置都与波长有关,将在不同衍射角 θ 出现,这些又窄又亮的线状主极大(明纹)叫做光栅衍射的**谱线**;如果白光入射,则呈现从紫到红的光谱紧密排列而形成连续的光栅衍射光谱。这一结果的相对光强分布曲线如图 20-18(a)所示,见例 20-4。

根据光栅方程式(20-17),即

$$d\sin\theta = \pm k\lambda, \quad k = 0,1,2,\cdots$$

可知,如果是复色光入射,则由于各成分色光的 λ 不同,除中央零级条纹外,各成分色光的其他同级明条纹将在不同的衍射角出现。同级的不同颜色的明条纹将按波长顺序排列成**光栅光谱**,这就是光栅的分光作用。如果入射复色光中只包含若干个波长成分,则光栅光谱由若干条不同颜色的细亮光谱线组成。在光栅光谱中,同样也会出现光谱线缺级现象,这与光栅衍射图样中的缺级现象相同。图 20-20 是氢原子的可见光光栅光谱的第 1,2,4 级光谱线(第 3 级缺级),H_a(红),H_β,H_γ,H_δ(紫)的波长分别是 656.3 nm,486.1 nm,434.1 nm,410.2 nm。中央主极大处各色都有,应是氢原子发出复合光,为淡粉色。

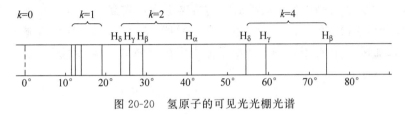

图 20-20　氢原子的可见光光栅光谱

光栅光谱的不同级次之间有时会出现光谱重叠现象。因此,在实验中,光栅通常与滤光片结合着使用,以消除重叠,获得某一波长范围的光谱。

物质的光谱可用于研究物质结构,原子、分子的光谱则是了解原子、分子结构及其运动规律的重要依据。根据光栅光谱可以制成光栅光谱仪,光谱分析是现代物理学研究的重要手段,在工程技术中,广泛地应用于对样品结构的分析、鉴定等方面。

在机械制造中,光栅常作为机床位置测量反馈元件和机床定位系统的数字显示装置。

*【例 20-6】　斜入射光栅衍射。用每毫米内有 500 条缝的光栅,观察钠光谱线。光线以 $i = 30°$ 斜入射光栅时,光谱线的最高级次是多少?并与垂直入射时比较。

解　斜入射时,相邻两缝的入射光束在入射前有光程差 AB,衍射后有光程差 CD,如图 20-21 所示。总光程差为 $CD - AB = d(\sin\varphi - \sin i)$,则斜入射的光栅方程为

$$d(\sin\varphi - \sin i) = \pm k\lambda, \quad k = 0,1,2,\cdots$$

光谱线级次为

$$k = \pm\frac{d(\sin\theta - \sin i)}{\lambda}$$

此式表明,斜入射时,零级光谱线不在屏中心,而移到 $\theta = i$ 的角位置处。可能的最高级次相应于 $\theta = \pm\dfrac{\pi}{2}$。由于 $d = \dfrac{1}{500}$ mm $= 2\times10^{-6}$ m,代入上式得

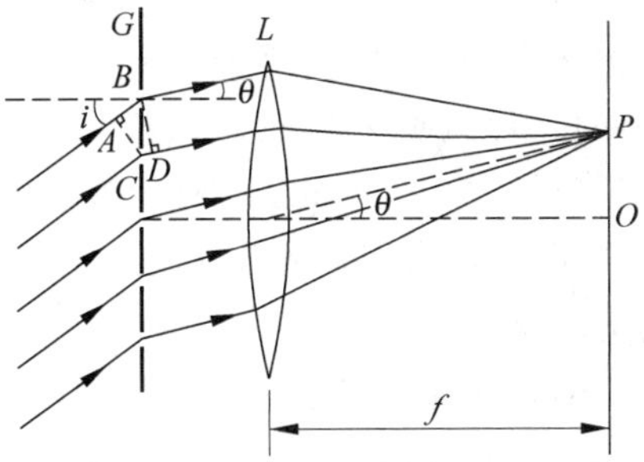

图 20-21　斜入射时光程差计算用图

$$k_{\max} = -\frac{2 \times 10^{-6}\left[\sin\left(-\dfrac{\pi}{2}\right) - \sin 30°\right]}{589.3 \times 10^{-9}} = 5.1$$

级次取较小的整数,得最高级次为 5。

垂直入射时,$i=0$,最高级次相应于 $\theta = \pi/2$,于是有

$$k_{\max} = \frac{2 \times 10^{-6}\sin\dfrac{\pi}{2}}{589.3 \times 10^{-9}} = 3.4$$

最高级次应为 3。可见,斜入射比垂直入射可以观察到更高级次的光谱线。

*20.6　X 射线衍射

X 射线是德国物理学家伦琴(W.C.Röntgen,1845—1923)于 1895 年发现的,故又称伦琴射线,俗称 **X 光**。他也因此成为 1901 年首届诺贝尔物理学奖获得者。图 20-22 所示为一种近代 X 射线管的结构示意图。抽成真空的玻璃泡壳中密封有阴极和阳极。当两极间加数万伏高电压时,阴极上的热灯丝发射电子(当时叫阴极射线,1897 年发现是电子),并在强电场作用下被加速;当由此形成的高速电子撞击阳极上的靶(一般为金属,如铜)时,就从靶上发出连续的 X 射线谱。

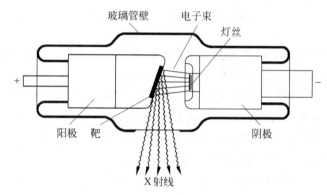

图 20-22　X 射线管简图

这种射线人眼看不见,不是阴极射线,在当时是一种性质前所未知的射线,伦琴把它命名为 X 射线。后来人们认识到,X 射线有特殊的性质,例如,具有很强的穿透能力,能使照相底片感光,使气体电离;以直线传播,不因电磁场作用而偏转;没有观察到这种射线的反射和折射等。X 射线也是一种短波的电磁波,其波长为 2～0.006 nm,大致介于紫外线和 γ 射线之间,且没有明显的分界线。既然 X 射线是一种电磁波,在一定条件下也可以有干涉和衍射现象,也具有波粒二象性。

围绕 X 射线的性质和应用的研究,除伦琴外,还有 15 项相关的成果获诺贝尔科学奖。

1. 晶体的概念　X 射线晶格衍射

由于 X 射线波长太短,用普通光栅观察不到 X 射线的衍射现象,而且也无法用机械方法制造出适用于 X 射线的光栅。1911 年德国物理学家劳厄(M. von Laue,1879—1960)首

先提出了用天然晶体的晶格作为一种三维衍射光栅,发现 X 射线的衍射现象,这在 20 世纪初的物理学中具有深远意义。这一发现说明,X 射线不仅是一种比可见光波长短 1 000 倍的电磁波,使人们对 X 射线的认识迈出关键的一步,而且第一次对晶体的空间点阵假说作出实验验证,使晶体物理学发生质的飞跃。

所谓**晶体**,是指其内部原子或离子有规律地在三维空间成周期性平移重复排列而组成一定型式晶格的均匀固体。晶格是作为实体晶体结构的本身。晶体在生长过程中,在外形上会天然地自发形成包围晶体表面且具一定形状的凸多面体,其表面称为**晶面**;在本质上,晶面就是晶体结构中相应方向上的最外层原子平面。因此,晶体就是具有均匀性、各向异性(异向性)、特定的对称性格子构造的固体,它能对 X 射线和电子束产生衍射效应等特征。

劳厄提出,如果晶体内部的原子有规则地排列成三维点阵,则 X 射线在其上将产生衍射。晶体中粒子的规则排列相当于一种适合 X 射线的三维空间光栅。1912 年劳厄用实验加以验证,圆满地获得 X 射线的衍射图样,首先证实 X 射线的波动性,并为晶体结构的研究开辟途径。劳厄也因此贡献于 1914 年第一个获与 X 射线研究相关的诺贝尔物理学奖。

劳厄实验装置简图如图 20-23 所示。图 20-23(a)中 PP' 为铅板,上有一小孔,X 射线由小孔通过;C 为晶体,E 为照相干片。图 20-23(b)是一束含不同波长的 X 射线通过 NaCl 晶体后投射到底片上形成具有一定图案的衍射斑,称为**劳厄斑**(或劳厄衍射图样)。对劳厄斑的定量研究,涉及空间光栅的衍射原理,这里不作介绍。

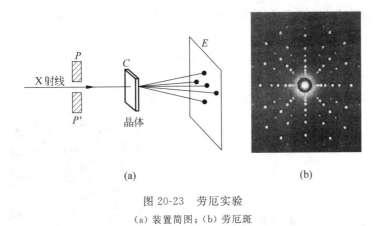

图 20-23 劳厄实验

(a) 装置简图;(b) 劳厄斑

2. 布拉格公式(X 射线晶体结构分析)

继劳厄之后,1912 年英国物理学家布拉格父子(W.H.Bragg,1862—1942;W.L.Bragg,1890—1971)对 X 射线进一步进行研究,并对劳厄斑作出简单的解释。他们认为,劳厄斑的每一个亮点对应于 X 射线衍射的一个极大值,并推导出对应的计算公式。布拉格父子因此获 1915 年度获物理学诺贝尔奖。当时 W.L.布拉格年仅 25 岁,成为至今为止诺贝尔奖的科学奖最年轻获得者。父子同获诺贝尔物理学奖在科学界传为佳话。

他们研究 X 射线在晶体表面上反射时的干涉,其方法和原理都比较简单。X 射线照射晶体时,晶体中每一个微粒都是发射子波的衍射中心,它们向各个方向发射子波,这些子波相干叠加,就形成衍射图样。

晶体由一系列平行平面(晶面)组成,各晶面间距离称为**晶面间距**或晶格参数,用 d 表示,如图 20-24 所示。当一束波长为 λ 的 X 射线以掠射角 φ 入射到晶面上时,在符合反射定律的方向上可以得到强度最大的射线。但由于各个晶面上衍射中心发出的子波的干涉,这一强度也随掠射角的改变而改变。由图 20-24 可知,相邻两个晶面反射的两条光线干涉加强的条件为

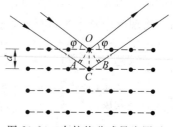

$$2d\sin\varphi = k\lambda, \quad k = 1, 2, 3, \cdots \tag{20-19}$$

此式称为**布拉格公式**或布拉格条件。它是 X 射线照射晶体发生衍射时,衍射强度极大方向的公式。

图 20-24　布拉格公式导出图示

　　应该指出,同一块晶体的空间点阵,从不同方向看去,可以看到粒子形成取向不相同,间距也各不相同的许多晶面族。当 X 射线入射到晶体表面上时,对于不同的晶面族,掠射角 φ 不同,晶面间距 d 也不同。凡是满足式(20-19)的,都能在相应的反射方向得到加强。一块完整的晶体就会形成图 20-23(b)那样的对称分布的衍射图样。

　　布拉格公式是 X 射线衍射的基本规律,也是晶体 X 射线结构分析的基础,并对电子或中子在晶体上的衍射现象同样适用。它的应用是多方面的。若由别的方法测出晶面间距 d,即可根据 X 射线衍射实验,由掠射角 φ 求出入射 X 射线的波长,从而研究 X 射线谱,进而研究原子结构。反之,若用已知波长的 X 射线投射到某种晶体的晶面上,由出现最大强度的掠射角 φ 可以算出相应的晶面间距 d,从而研究晶体结构,进而研究材料性能。这些研究在科学和工程技术上都是很重要的。例如,对大生物分子 DNA(脱氧核糖核酸)晶体的成千张的 X 射线衍射照片(图 20-25(a))的分析,显示出 DNA 分子的双螺旋结构(图 20-25(b))。1953 年,英国化学家和 DNA 先驱罗莎琳·富兰克林(R.Franklin,1920—1958)开创性地得到 DNA 的 X 射线衍射图像。呈十字状排列的暗纹为 DNA 分子的螺旋状结构提供第一个证据,可惜她的英年早逝,与诺贝尔奖失之交臂。

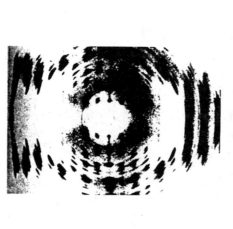
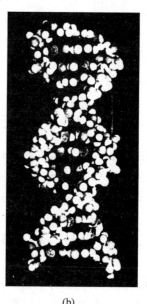

(a)　　　　　　　　　　(b)

图 20-25　DNA 晶体的 X 射线衍射照片及其结构

(a) DNA 晶体的 X 射线衍射照片;(b) DNA 分子的双螺旋结构

思考题

20-1 在日常经验中,为什么声波的衍射比光波的衍射更加显著?

20-2 在观察夫琅禾费衍射的装置中,透镜的作用是什么?

20-3 在单缝的夫琅禾费衍射中,若单缝处波阵面恰好分成 4 个半波带,如图 20-26 所示。此时光线 1 与 3 是同位相的,光线 2 与 4 也是同位相的,为什么 P 点光强不是极大而是极小?

20-4 在观察单缝夫琅禾费衍射时,

(1) 如果单缝垂直于它后面的透镜的光轴向上或向下移动,屏上衍射图样是否改变? 为什么?

(2) 若将线光源 S 垂直于光轴向下或向上移动,屏上衍射图样是否改变? 为什么?

20-5 在单缝的夫琅禾费衍射中,如果将单缝宽度逐渐加宽,衍射图样发生什么变化?

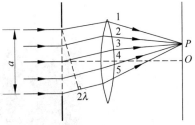

图 20-26 思考题 20-3 用图

20-6 在杨氏双缝实验中,每一条缝自身(即把另一缝遮住)的衍射条纹光强分布各如何? 双缝同时打开时条纹光强分布又如何? 前两个光强分布图的简单相加能得到后一个光强分布图吗? 大略地在同一张图中画出这 3 个光强分布曲线来。

20-7 一个"杂乱"光栅,每条缝的宽度是一样的,但缝间距离有大有小随机分布。单色光垂直入射这种光栅时,其衍射图样会是什么样子的?

习题

20-1 有一单缝,缝宽 $a=0.10$ mm,在缝后放一焦距为 50 cm 的会聚透镜,用波长 $\lambda=546.1$ nm 的平行光垂直照射单缝,试求位于透镜焦平面处屏上中央明纹的宽度。

20-2 用波长 $\lambda=632.8$ nm 的激光垂直照射单缝时,其夫琅禾费衍射图样的第 1 极小与单缝法线的夹角为 5°,试求该缝的缝宽。

20-3 一单色平行光垂直入射一单缝,其衍射第 3 级明纹位置恰与波长为 600 nm 的单色光垂直入射该缝时衍射的第 2 级明纹位置重合,试求该单色光波长。

20-4 波长为 20 m 的海面波垂直进入宽 50 m 的港口。在港内海面上衍射波的中央波束的角宽度是多少?

20-5 用肉眼观察星体时,星光通过瞳孔的衍射在视网膜上形成一个小亮斑。

(1) 瞳孔最大直径为 7.0 mm,入射光波长为 550 nm。星体在视网膜上的像的角宽度多大?

(2) 瞳孔到视网膜的距离为 23 mm。视网膜上星体的像的直径多大?

(3) 视网膜中央小凹(直径 0.25 mm)中的柱状感光细胞每平方毫米约 $1.5×10^5$ 个。星体的像照亮了几个这样的细胞?

20-6 有一种利用太阳能的设想是在 $3.5×10^4$ km 的高空放置一块大的太阳能电池板,把它收集到的太阳能用微波形式传回地球。设所用微波波长为 10 cm,而发射微波的抛物天线的直径为 1.5 km。此天线发射的微波的中央波束的角宽度是多少? 在地球表面它所覆盖的面积的直径多大?

20-7 在迎面驶来的汽车上,两盏前灯相距 120 cm。试问汽车离人多远的地方,眼睛恰能分辨这两盏前灯？设夜间人眼瞳孔直径为 5.0 mm,入射光波长为 550 nm,而且仅考虑人眼瞳孔的衍射效应。

20-8　据说间谍卫星上的照相机能清楚识别地面上汽车的牌照号码。

(1) 如果需要识别的牌照上的字划间的距离为 5 cm,在 160 km 高空的卫星上的照相机的角分辨率应多大？

(2) 此照相机的孔径需要多大？光的波长按 500 nm 计。

20-9　被誉为"中国天眼"的 500 m 口径球面射电望远镜(简称 FAST)于 2016 年 9 月在贵州省黔南布依族自治州平塘县落成启用,如图 20-27 所示。计算这台望远镜在瞬时"物镜"镜面孔径为 300 m,工作波长为 20 cm(L 波段)时的角分辨率。

图 20-27　习题 20-9 用图

20-10　大熊星座 ζ 星(图 20-28)实际上是一对双星。两星的角距离是 14″([角]秒)。试问望远镜物镜的直径至少要多大才能把这两颗星分辨开来？使用的光的波长按 550 nm 计。

图 20-28　大熊星座诸成员星

20-11　一双缝,缝间距 $d=0.10$ mm,缝宽 $a=0.02$ mm,用波长 $\lambda=480$ nm 的平行单色光垂直入射该双缝,双缝后放一焦距为 50 cm 的透镜,试求：

(1) 透镜焦平面处屏上干涉条纹的间距；

(2) 单缝衍射中央亮纹的宽度；

(3) 单缝衍射的中央包线内有多少条干涉的主极大。

20-12　一光栅,宽 2.0 cm,共有 6 000 条缝。今用钠黄光垂直入射,问在哪些角位置出现主极大？

20-13　某单色光垂直入射到每厘米有 6 000 条刻痕的光栅上,其第 1 级谱线的角位置为 20°,试求该单色光波长。它的第 2 级谱线在何处？

20-14　试根据图 20-20 所示光谱图,估算所用光栅的光栅常量和每条缝的宽度。

20-15　北京天文台的米波综合孔径射电望远镜由设置在东西方向上的一列共 28 个抛物面组成(图 20-29)。这些用作天线的望远镜都用等长的电缆连到同一个接收器上(这样各电缆对各天线接收的电磁波信号不会产生附加的相差);接收由空间射电源发射的 232 MHz 的电磁波。工作时各天线的作用等效于间距为 6 m,总数为 192 个天线的一维天线阵列。接收器接收到的从正天顶上的一颗射电源发来的电磁波将产生极大强度还是极小强度? 在正天顶东方多大角度的射电源发来的电磁波将产生第一级极小强度? 又在正天顶东方多大角度的射电源发来的电磁波将产生下一级极大强度?

图 20-29　北京天文台密云站的天线阵

20-16　在图 20-24 中,若 $\varphi=45°$,入射的 X 射线包含有从 0.095~0.130 nm 这一波带中的各种波长。已知晶格参数 $d=0.275$ nm,问是否会有干涉加强的衍射 X 射线产生? 如果有,这种 X 射线的波长如何?

*20-17　1927 年戴维孙和革末用电子束射到镍晶体上的衍射(散射)实验证实了电子的波动性。实验中电子束垂直入射到晶面上。他们在 $\varphi=50°$ 的方向测得了衍射电子流的极大强度(图 20-30)。已知晶面上原子间距为 $d=0.215$ nm,求与入射电子束相应的电子波波长。

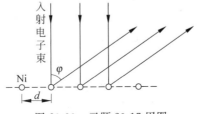

图 20-30　习题 20-17 用图

第21章

光 的 偏 振

无 论是横波还是纵波,都能产生光的干涉和衍射现象。理论和实验表明,光是一种电磁波,为横波。偏振是横波区别于纵波的一个主要特征。只有横波才有偏振现象。纵波的振动方向是唯一的,只能沿着波的传播方向,所以不可能有偏振。光的偏振性进一步证实光是横波。光的干涉、衍射和偏振是光的波动性的主要特征。

本章介绍光的偏振,以及偏振光的产生与检验方法,讨论偏振的一些现象和规律。考虑到光的偏振在自然界存在以及在日常生活与各行各业应用的广泛性,把 *21.4 节～*21.9 节内容编入教材中以拓宽知识面,但不作教学要求。

21.1 自然光 偏振光

光是波长很短的电磁波,电磁波是用相互垂直的电场强度 E 和磁场强度 H(或磁感应强度 B)来表示的,这两个矢量相互垂直,也都与传播方向垂直。偏振是所有横波的特性。为了描述光的偏振性,通过光矢量的概念引入偏振。

1. 光矢量 偏振现象

光波是特定频率范围内的电磁波。在这种电磁波中起光作用的主要是电场矢量,如引起视网膜受刺激或照相胶片感光的光化学作用,一些探测器只对材料中的电子受到的电场力有响应而对磁场力则没有,因此,描述光波只用电场矢量即可。这一电场矢量又称**光矢量**,并把其方向定为光振动方向。或者说,光振动方向就是光矢量(电场强度)振动的方向,在光学中一般不讨论磁矢量的振动。光的强度与光矢量振幅的平方成正比。

光波中的光矢量的振动方向总与光的传播方向垂直。一般情况下,在垂直于传播方向的平面内,各方向振动的光矢量的振幅相同;但在许多情况下,在垂直于光的传播方向的平面内,光振动在某一方向的振幅显著较大,或只在某一方向上才有光振动。或者说,横波的振动矢量(垂直于波的传播方向)相对于传播方向偏于某些方向。这种横波的振动方向对于传播方向的轴来说是不对称性的,这种现象叫做**光的偏振**,简称**偏振**。

具有偏振现象的光叫做偏振光。由于历史原因,当时马吕斯用光的微粒说解释光的偏振现象时引用"polarization"(极化)这个词,它被保留至今而赋予不同的含义。中文译为"偏振"给出确切的含义,区分了极化的原意。

2. 自然光

一束光,在垂直于其传播方向的平面内,沿各方向振动的光矢量都有。平均来讲,光矢量的分布各向均匀,而且各方向光振动的振幅(或光的强度)都相同,如图 21-1(a)所示。这种光称为**自然光**,也称天然光。自然光可看成无数偏振光的无规则集合,因而是非偏振光,不直接显示偏振现象,也就不直接显示出偏振性质。就偏振性而言,一般光源直接发出的光都是自然光,如太阳的直射光。

根据振动分解的做法,用两个相互垂直、振幅相等的光振动来表示自然光,如图 21-1(b)所示。即在任意时刻,把各个方向光矢量分解为相互垂直的两个光矢量分量,再把所有光矢量的两个分量叠加起来,成为该光束光矢量的两个分量。但要注意的是,自然光中各个光振动是相互独立的,这两个光矢量分量之间并没有固定的相位关系,也就不能再进行叠加。为了简明扼要地说明光的传播方向(用 c 表示),从侧面表示这种光线时,光振动用交替配置的点和短线表示为图 21-1(c)的形式,点表示垂直于纸面的光振动,短线表示纸面内的光振动。自然光在各个方向光矢量的振幅都相等,没有哪一方向占优势,点和短线数量相等。

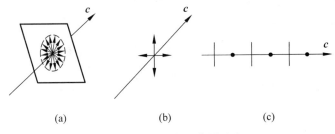

图 21-1　自然光及其图示法

3. 偏振态与偏振光

在垂直于光的传播方向的平面内,光矢量可能有不同的振动状态,各种振动状态通常称为光的偏振态。按照光矢量振动方向的特点,常见的光的偏振态有五种:自然光、线偏振光、部分偏振光、圆偏振光和椭圆偏振光。根据本章的教学要求,我们主要讲述前三种偏振态。

如果在垂直于光波传播方向的平面内,光矢量 E 只限于沿某个确定的方向振动,这种光就是一种完全偏振光,叫做**线偏振光**或**平面偏振光**,简称**偏振光**。线偏振光的光振动方向和光的传播方向构成的平面叫做**振动面**,如图 21-2(a)所示。图 21-2(b)是线偏振光的图示方法,竖线表示振动面在纸面内,点表示振动面与纸面垂直。

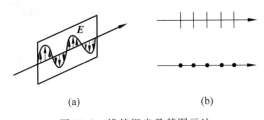

图 21-2　线偏振光及其图示法

如果偏振光的振动矢量末端在光的传播过程中作圆形旋转,则称为圆偏振光;如果作椭圆形旋转,则称为椭圆偏振光。

如果在垂直于光波传播方向的平面内,光矢量 **E** 各方向都有,但在某一方向 **E** 的振幅明显较大,这种光是**部分偏振光**。线偏振光、圆偏振光和椭圆偏振光都是**完全偏振光**,自然光是非偏振光。图 21-3(a)、(b)是部分偏振光及其表示方法,部分偏振光可以看成是自然光(非偏振光)和线偏振光的混合。在自然界,我们看到的光一般都是部分偏振光,如仰头看到的"天光"或"夜天光"和俯首看到的"湖光"都是部分偏振光。

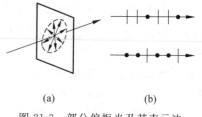

(a)　　　　　　(b)

图 21-3　部分偏振光及其表示法

21.2　由介质吸收引起的光的偏振(线偏振光的获得与检验)

线偏振光一般需要通过特殊的方法获得,本节介绍一种利用介质的选择吸收产生线偏振光的方法。下面先通过一个关于偏振光的微波实验说明光的偏振化方向,然后介绍由介质引起的光的偏振(起偏器与检偏器)以及马吕斯定律。

1. 关于偏振光的微波实验

如图 21-4 所示,T 和 R 分别是一套微波装置的发射机和接收机,该微波发射机发出的无线电波波长约为 3 cm(频率为 10 GHz)。设这微波是完全偏振的,其电矢量方向沿竖直方向。在发射机 T 和接收机 R 之间放置一个由平行的金属线(或金属条)做成的"线栅",线的间隔约为 1 cm。线栅平面垂直于微波传播方向,即垂直于由 T 向 R 的方向。今保持线栅平面方向不变而转动线栅,当其中导线方向沿竖直方向时,接收机完全接收不到信号。而当线栅转到其中导线方向沿水平方向时,接收机接收到最强信号。为什么呢? 这是因为当导线方向为竖直方向时,它就和微波中的电矢量方向相同。这电矢量就在导线中激发电流,产生的能量被导线吸收转变为焦耳热,这时就没有微波通过线栅。当导线方向转到水平方向时,它和微波中的电矢量方向垂直。这时微波不能在导线中激发电流,因而信号能无耗损地通过线栅而传播到接收机。

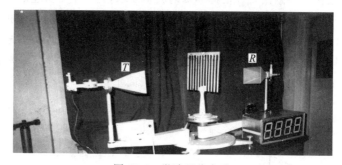

图 21-4　微波吸收实验

由于线栅的导线间距比光的波长大得多,用这种线栅不能检验光的偏振。实用的光学线栅称为"偏振片",它是年仅 19 岁的美国哈佛大学学生兰德(E.H.Land,1909—1991)在 1928 年发明的。起初它是把一种针状粉末晶体(硫酸碘奎宁)有序地蒸镀在透明基片上做成的。1938 年改为把聚乙烯醇薄膜加热,并沿一个方向拉长,使其中碳氢化合物分子沿拉伸方向形成链状;然后将此薄膜浸入富含碘的溶液中,使碘原子附着在长分子上形成一条条"碘链"。碘原子中的自由电子就可以沿碘链自由运动。这样的碘链就成了类似于线栅中的导线,整个薄膜也就成了偏振片。当自然光入射时,沿碘链方向的光振动不能通过偏振片,只有垂直于碘链方向的光振动能通过偏振片。因此,垂直于碘链的方向就是偏振片的通光方向,称为**偏振化方向**。这种偏振片制作容易,价格便宜。现在一般偏振光实验时,大量使用的**偏振片**就是这样一种由人造透明薄片制成的光学元件。利用偏振片,可用于获得或检验线偏振光,即作为检偏器或检偏器。

2. 偏振光的起偏与检偏 马吕斯定律

图 21-5 中放置两个平面平行的偏振片 P_1 和 P_2,它们的偏振化方向分别用它们上面各自的虚平行线表示。当自然光垂直入射 P_1 时,由于只有平行于偏振化方向的光矢量才能通过,所以透过的光就变成线偏振光,但它只有入射光强的一半。由于自然光中的光矢量对称均匀,所以将 P_1 绕光的传播方向慢慢转动时,透过 P_1 的光强并不随 P_1 的转动而变化,仍然只是入射光强的一半。偏振片用于产生偏振光时,它就叫**起偏器**,也称起偏振器。

如果使透过 P_1 后获得的线偏振光入射于刻度盘的偏振片 P_2,这时再将 P_2 绕光的传播方向慢慢转动,则因为只有平行于 P_2 偏振化方向的光振动才允许通过,透过 P_2 的光强将随 P_2 的转动而变化,且在一定旋转角时出现消光现象。和图 21-4 描述的微波实验类似,当 P_2 的偏振化方向平行于入射光的光矢量方向时,透过它的光强最强。当 P_2 的偏振化方向垂直于入射光的光矢量方向时,透过它的光强为零,称为**消光**。将 P_2 旋转一周时,透射光光强出现两次最强,两次消光。只有当入射到 P_2 上的光是线偏振光时,才会发生消光现象,因而,这也就成为检验入射光是线偏振光的依据。偏振片用于检验光的偏振状态时,它就叫**检偏器**,也称检偏振器。偏光镜(即偏振光镜)就是一种没有刻度盘的简单偏振片,可用于定性演示或检验有关偏振光的现象。

以 A_0 表示线偏振光的光矢量的振幅,当入射的线偏振光的光矢量振动方向与检偏器的偏振化方向成 α 角时,如图 21-6 所示,透过检偏器的光矢量振幅 A 只是 A_0 在偏振化方向的投影,即 $A = A_0\cos\alpha$。由于光强和光振动振幅的平方成正比,若以 I_0 表示入射线偏振光的光强,则透过检偏器后的光强 I 为

$$I = I_0\cos^2\alpha \qquad (21\text{-}1)$$

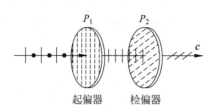

图 21-5 偏振片的应用

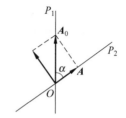

图 21-6 马吕斯定律用图

这一公式称为**马吕斯定律**。它是确定光线通过检偏器前后光强大小的定量关系的定律。由此式可见,当 $\alpha = 0$ 或 $180°$ 时,$I = I_0$,光强最大;当 $\alpha = 90°$ 或 $270°$ 时,$I = 0$,没有光从检偏器射出,这就是两个消光位置;当 α 为其他值时,光强 I 介于 0 和 I_0 之间。

马吕斯定律仅适用于偏振器的入射光已经是线偏振光的情况。此定律是由法国物理学

家马吕斯于 1809 年首先发现的,故名。1889 年,瑞利给出了证明。

如果让部分偏振光或椭圆偏振光分别入射到旋转着的检偏器 P_2 上,其出射的光强变化的规律是相同的,都是光强有变化,但无消光现象。因此,只用一块偏振片是无法区分部分偏振光或椭圆偏振光。圆偏振光和椭圆偏振光的获得与检偏,比线偏振光的起偏与检偏要复杂得多。

偏振片的应用很广。例如,汽车夜间行车时,为了避免对方汽车灯光晃眼以保证安全行车,可以在所有汽车的车窗玻璃和车灯前装上与水平方向成 45°,而且向同一方向倾斜的偏振片。这样,道路两侧相向行驶的汽车可以都不必熄灯,各自前方的道路仍然照亮,同时也不会被对方车灯晃眼。偏光太阳镜和观看立体电影的两个眼镜镜片就是用偏振片做的,左右两个镜片的偏振化方向是互相垂直的,如图 21-7 所示。既然反射光含有偏振光,就可以用起偏器过滤掉,实际上,起偏器这时起检偏器的作用。基于线偏振光经过旋光性物质后其振动面产生一定旋转的角度制成的**偏振计**(即**旋光仪**或**旋光计**、**糖量计**),可用于制药或制糖工业测定一些物质的浓度。

图 21-7　交叉的偏振太阳镜片不透光

【例 21-1】　**偏振片组合。**如图 21-8 所示,在两块正交偏振片(偏振化方向相互垂直) P_1,P_3 之间插入另一块偏振片 P_2,光强为 I_0 的自然光垂直入射于偏振片 P_1,当转动 P_2 时,求透过 P_3 的光强 I 与转角的关系。

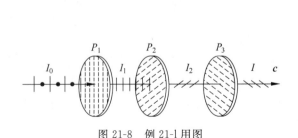

图 21-8　例 21-1 用图

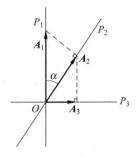

图 21-9　例 21-1 解用图

解　透过各偏振片的光振幅矢量如图 21-9 所示,其中 α 为 P_1 和 P_2 的偏振化方向之间的夹角。由于各偏振片只允许和自身的偏振化方向相同的偏振光透过,所以透过各偏振片的光振幅的关系为

$$A_2 = A_1 \cos\alpha, \quad A_3 = A_2 \cos\left(\frac{\pi}{2} - \alpha\right)$$

因而有

$$A_3 = A_1 \cos\alpha \cos\left(\frac{\pi}{2} - \alpha\right) = A_1 \cos\alpha \sin\alpha = \frac{1}{2} A_1 \sin 2\alpha$$

于是光强为

$$I_3 = \frac{1}{4} I_1 \sin^2 2\alpha$$

又由于 $I_1 = I_0/2$,所以最后得

$$I = \frac{1}{8} I_0 \sin^2 2\alpha$$

21.3 由反射和折射引起的光的偏振

自然光在两种各向同性的电介质的分界面上反射和折射时,不仅光的传播方向要改变,而且偏振状态也要发生变化。一般情况下,反射光是部分偏振光,而折射光也就成了部分偏振光。在反射光中,垂直于入射面的光振动多于平行振动,而在折射光中平行于入射面的光振动多于垂直振动,如图 21-10 所示。"湖光山色"中的"湖光"是部分偏振光,因为光在湖面上经过反射的缘故。

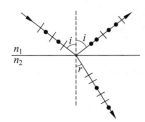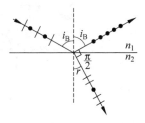

图 21-10 自然光反射和折射后产生部分偏振光   图 21-11 起偏振角

理论和实验都表明,反射光的偏振化程度和入射角有关。当入射角等于某一特定值 i_B 时,反射光是线偏振光,其光振动垂直于入射面,如图 21-11 所示。这个特定的入射角 i_B 称为**起偏振角**,简称**起偏角**,或称为**布儒斯特角**。

实验还发现,当光线以起偏角 i_B 入射时,反射光和折射光的传播方向相互垂直,即

$$i_B + r = 90°$$

根据折射定律,有

$$n_1 \sin i_B = n_2 \sin r = n_2 \cos i_B$$

即

$$\tan i_B = \frac{n_2}{n_1}$$

或

$$\tan i_B = n_{21} \tag{21-2}$$

式中,$n_{21} = n_2/n_1$,为媒质 2 对媒质 1 的相对折射率。式(21-2)称为**布儒斯特定律**。它是关于光在界面反射后,反射光偏振性质的定律,由英国物理学家布儒斯特(Sir D. Brewster,1781—1868)于 1812 年首先提出并从实验上确定,故名。尽管这是一条实验定律,但它可以通过后来的麦克斯韦电磁场方程组,由其波动模型理论严格证明这一定律的正确性。

当自然光以起偏振 i_B 入射时,由于反射光中只有垂直于入射面的光振动,所以入射光中平行于入射面的光振动全部被折射。而垂直于入射面的光振动也大部分被折射,反射的仅是其中的一部分,因此,虽然反射光是完全偏振的,但光强较弱,而折射光是部分偏振的,光强却很强。例如,自然光从空气射向玻璃而反射时,$n_{21} \approx 1.50$,起偏振角 $i_B \approx 56°$。在入射角为 i_B 的入射光中,平行于入射面的光振动全部被折射,垂直于入射面的光振动的光强约有 85% 也被折射,反射的只占 15%。

反射或折射起偏器就是利用布儒斯特定律产生偏振光的。为了增强反射光的强度和折射

光的偏振化程度,可把许多相互平行的玻璃片装在一起,构成一玻璃片堆,如图 21-12 所示。自然光以布儒斯特角 i_B 入射玻璃片堆时,光在各层玻璃面上反射和折射,每层界面上的反射使反射光的光强得到加强,同时折射光中的垂直分量也因多次被反射而减小。当玻璃片足够多时,透射光就几乎为完全偏振光,而且透射偏振光的振动面和反射偏振光的振动面相互垂直。

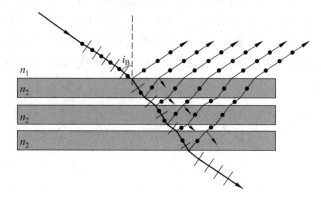

图 21-12   玻璃片堆产生线偏振光

反射引起的偏振使得偏振滤波器得以广泛应用。广为人知的商标"宝丽来"(Polaroid)把可见光滤波器材料首先应用于制成照相机镜头、太阳镜和其他光学仪器的滤光镜,以克服反射干扰,改善视野。这是由美国科学家兰德(E.H.Land,1909—1991)于 1932 年首先开发的这种材料加入了具有二向色性(见 * 21.5 节)的物质实现的。

* 21.4   由散射引起的光的偏振

手持一块偏振片放在眼前,眼光向天空望去,当你转动偏振片时,会发现透过它的"天光"有明暗的变化。这说明"天光"是部分偏振的,这种部分偏振光是大气中的微粒或分子对太阳光散射的结果。

1. 散射及其偏振现象

一束光射到一个微粒或分子上,就会使其中的电子在光束内的电场矢量的作用下振动。这种振动中的电子会向其周围四面八方发射同频率的电磁波,即光。这种由于光束、波动或粒子在传播中偏离原方向而分散传播的现象,叫做**光的散射**。它是由物质粒子的存在或介质密度的不均匀性等引起的。正是由于这种散射才使得从侧面能看到有尘埃的室内的太阳光束或大型晚会上的彩色激光射线。

分子中的一个电子振动时发出的光是偏振的,它的光振动方向总垂直于光线的方向(横波的缘故),并和电子的振动方向在同一个平面内。但是,向各方向发出的光的强度不同:在垂直于电子振动的方向,强度最大;在沿电子振动的方向,强度为零。图 21-13 表示这种情形,O 处有一电子 e 沿竖直方向振动,它发出的球面波向四外传播,各条光线上的短线表示该方向上光振动的方向,短线的长短大致地表示该方向上光振动的振幅的相对大小。

如图 21-14 所示,设太阳光沿水平方向(x 方向)射来,它的水平方向(y 方向,垂直纸面向内)和竖直方向(z 方向)的光矢量激起位于 O 处的分子中的电子 e 做同方向的振动而发生光的散射。结合图 21-13 所示的规律,沿竖直方向向上看去,就只有振动方向沿 y 方向的线偏振光。实际上,由于你看到的"天光"是大气中许多微粒或分子从不同方向散射来的光,也可能是经过几次散射后射来的光,又由于微粒或分子的大小会影响其散射光强度等原因,所以你看到的"天光"就是部分偏振了。

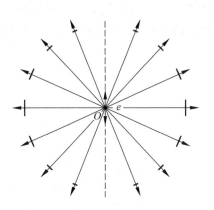

图 21-13　振动的电子发出的光的振幅和偏振方向示意图

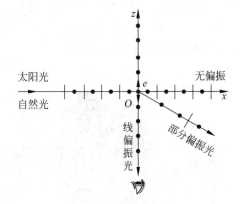

图 21-14　太阳光的散射

2. 瑞利散射

由于散射光具有偏振性,瑞利研究了微粒线度小于波长的散射情况,得出散射现象的主要特点。当入射光在线度小于光的波长的微粒上散射后,将出现散射光和入射光波长相同的散射现象,称为**瑞利散射**。

根据瑞利散射理论,在其他条件相同情况下,散射光强度与散射方向有关,并与光的波长 4 次方成反比(或与光的频率的 4 次方成正比),即

$$I_0 \propto \frac{1}{\lambda^4} \tag{21-3}$$

这一规律由瑞利于 1871 年首先提出,故称**瑞利散射定律**(公式)。上式表明,光波长越短,其散射光强度也就越多。短波光的散射比长波光强得多,所以太阳光中的蓝色光成分比红色光成分散射得更厉害些。正是红外线比红光有更强的穿透力,因而它更适合于远距离红外摄影或遥感技术。瑞利散射理论适用于微粒线度在入射光波长 1/10 以下的情况。

根据瑞利散射理论,可解释一些自然现象。例如,正午的太阳呈现白色,大气层内的天空看起来是蔚蓝色的,这是由于高空大气密度小范围的不均匀(或起伏)使日光产生瑞利散射,短波光被较多地散射的缘故。红色光不易被大气中微粒所散射,在早晨或傍晚,太阳光沿地平线射来,在大气层中传播的距离较长,其中的蓝色成分大都被散射掉,余下的进入人眼的光就主要是频率较低的红色光,这就是朝阳或夕阳看起来呈橙红色的原因。这也是交通或警示信号灯通常采用红色的道理。而在大气层外,白昼的太空也一片漆黑。

＊21.5　由双折射引起的光的偏振（双折射现象）

除了光在两种各向同性介质分界面上反射和折射时产生光的偏振现象外,自然光通过晶体后,也可以观察到光的偏振现象。光通过晶体后的偏振现象是和晶体对光的双折射现

象同时发生的。

把一块普通玻璃片放在有字的纸上,通过玻璃片看到的是一个字成一个像。这是通常的光的折射的结果。如果改用透明的方解石(化学成分是 $CaCO_3$)晶片放到纸上,看到的却是一个字呈现双像,如图 21-15 所示。这说明光进入方解石后分成两束。一束光射入某些透明各向异性介质晶体(除立方系晶体,如岩盐外)时,这种沿不同方向分裂成两束折射光的现象,称为**双折射**,如图 21-16 所示。

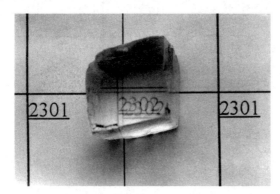
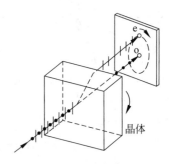

图 21-15　透过方解石看到双像　　　　　图 21-16　双折射现象

当光垂直于单光轴晶体(如方解石和石英等)表面入射而产生双折射现象时,如果将晶体绕光的入射方向慢慢转动,则其中按原方向传播的那一束光方向不变,而另一束光随着晶体的转动绕前一束光旋转。根据折射定律,入射角 $i=0$ 时,折射光应沿着原方向传播,可见沿原方向传播的光束是遵守折射定律的,而另一束却不遵守。更一般的实验表明,改变入射角 i 时,两束折射光中的一束遵循折射定律(也称斯涅尔定律),这束光称为**寻常光线**,通常用 o 表示,并简称 o 光;o 光的传播速度、折射率与折射方向无关。另一束光则不遵守折射定律,即当入射角 i 改变时,$\sin i/\sin r$ 的比值不是一个常数,该光束一般也不在入射面内。这束光称为**非常光线**,并用 e 表示,简称 e 光;e 光的传播速度和折射率随折射方向而异。o 光和 e 光的折射率之差称为双折射率。因此,透过这种晶体看物体时,一般可看到两个分离的像。

如果晶体结构是光学各向异性的,即与晶体的取向有关,该晶体才有双折射现象发生。用检偏器检验的结果表明,这两束折射光都是线偏振光,而且它们的振动方向大致上相互垂直。或者说,双折射是一种偏振现象。

对于双光轴晶体(如云母、黄玉等),两条折射光线的传播速度与折射方向有关,二者都是非常光线(e 光)。

双折射现象可作如下解释。晶体,如方解石、石英、冰等,是各向异性的物质。非常光线在晶体内各个方向上的折射率(或 $\sin i/\sin r$ 的比值)不相等,而折射率和光线传播速度有关,因而非常光线在晶体内的传播速度是随方向的不同而改变的。寻常光线则不同,在晶体中各个方向上的折射率以及传播速度都是相同的。图 21-17 画出方解石晶体内从 O 点发出的自然光中 o 光和 e 光的波面图。惠更斯首先发现了双折射光束的偏振性。它可用惠更斯原理加以解释。

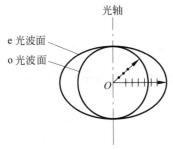

光轴

e 光波面
o 光波面

O

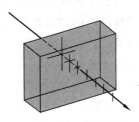

图 21-17　方解石晶体内 e 光和 o 光的波面图　　图 21-18　利用电气石的二向色性产生线偏振光

　　研究指出,在晶体内部存在着某些特殊的方向,光沿着这些特殊方向传播时,寻常光线和非常光线的折射率相等,光的传播速度也相等。晶体内部的这个特殊的方向称为晶体的**光轴**。如果晶体磨制得表面与其光轴垂直,则当自然光垂直射向晶体表面时,由于沿此方向 o 光和 e 光的折射率相等,所以二者不能分开。如果晶体磨制得表面与其光轴不垂直,则当自然光垂直入射时,其中 o 光成分将按原方向射入晶体,而 e 光由于在晶体内各方向的传播速率不等,射入晶体时就要改变方向和 o 光分开。图 21-16 表示的就是这后一种情形。

　　单轴晶体对寻常光线和非常光线的吸收性能一般是相同的。但也有一些双折射晶体,对其中传播的寻常光线或非常光线具有选择吸收的性能。如电气石,能吸收寻常光线而让非常光线透过,其吸收寻常光线性能特别强,在 1 mm 厚的电气石晶体内,寻常光线几乎全部被吸收。晶体对在其中传播的互相垂直的两个光振动具有选择吸收的性能,称为**二向色性**。

　　利用电气石的二向色性,可用来产生线偏振光,如图 21-18 所示。

*21.6　椭圆偏振光和圆偏振光

　　利用振动方向互相垂直、频率相同的两个简谐运动能够合成椭圆或圆运动的原理,可以获得椭圆偏振光和圆偏振光。只用偏振片是无法区分椭圆偏振光和圆偏振光的。利用波片的相位延迟作用,把波片与偏振片相结合,可把它们区分开来。

1. 波片及其作用

　　波片是一种用于改变或检验偏振光的偏振情况的单轴晶体平面薄片,也称**波晶片**。它一般用石英、云母等双折射晶体沿光轴方向切割而成,其光轴平行于晶体表面且厚度均匀。

　　当单色光通过偏振片后,成为线偏振光。当线偏振光垂直入射波片晶面后,就会分解为振动方向分别垂直于光轴和平行于光轴的寻常光线(o 光)和非常光线(e 光)。o 光和 e 光都沿原方向前进,但传播速度不同,因而在经过一定厚度的晶片后,它们之间就产生一定的光程差。或者说,由于波片中 o 光和 e 光的折射率不同,所以从波片出射后这两束振动方向相互垂直的线偏振光就附加确定的光程差和相位差。二者合成后可变成线偏振光、椭圆偏振光或圆偏振光。可见,波片在光路中起到**相位延迟**作用,所以,波片也称**相位延迟器**。

　　设某一单色光的波长为 λ,如果晶片所产生的光程差 δ 恰好是该单色光的 1/4 波长,即 $\delta=\lambda/4$,则这晶片称为该单色光的**四分之一波片**;如果恰好是波长 1/2,即 $\delta=\lambda/2$,则称为**半波片**;如果恰好是一个波长,即 $\delta=\lambda$,则称为**全波片**。可见,波片都是对特定波长而言的,对其他波长不适用。

2. 椭圆偏振光和圆偏振光的获得

获得椭圆偏振光的实验装置如图 21-19 所示。图中 P 为偏振片，C 为单轴晶片，与 P 平行放置，其厚度为 d，主折射率为 n_o 和 n_e，光轴（用平行的虚线表示）平行于晶面，并与 P 的偏振化方向成夹角 α。

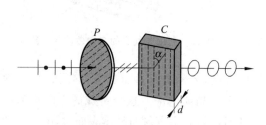

图 21-19　椭圆偏振光的产生

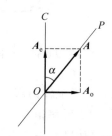

图 21-20　线偏振光的分解

产生椭圆偏振光的原理可用图 21-20 加以说明。波长为 λ 的单色自然光通过偏振片后，成为线偏振光，其振幅为 A，光振动方向与晶片光轴夹角为 α。此线偏振光射入晶片后，产生双折射，o 光振动垂直于光轴，振幅为 $A_o = A\sin\alpha$。e 光振动平行于光轴，振幅为 $A_e = A\cos\alpha$。这种情况下，o 光、e 光在晶体中沿同一方向传播，但速度不同，利用不同的折射率计算光程，可得两束光通过晶片后的相位差为

$$\Delta\varphi = \frac{2\pi}{\lambda}(n_o - n_e)d$$

这样的两束振动方向相互垂直而相位差一定的光互相叠加，就形成椭圆偏振光。选择适当的晶片厚度 d 使得相位差

$$\Delta\varphi = \frac{2\pi}{\lambda}(n_o - n_e)d = \frac{\pi}{2}$$

则通过晶片后的光为正椭圆偏振光，这时相应的光程差为

$$\delta = (n_o - n_e)d = \frac{\lambda}{4}$$

而晶片厚度 d 为

$$d = \frac{\lambda}{4(n_o - n_e)} \tag{21-4}$$

此时，如果再使 $\alpha = \pi/4$，则 $A_o = A_e$，通过晶片后的光将为圆偏振光。

使 o 光和 e 光的光程差等于 $\lambda/4$ 的晶片，为四分之一波片。

当 o 光和 e 光的相位差为

$$\Delta\varphi = \frac{2\pi}{\lambda}(n_o - n_e)d = \pi$$

时，相应的光程差为

$$\delta = (n_o - n_e)d = \frac{\lambda}{2}$$

而晶片厚度 d 为

$$d = \frac{\lambda}{2(n_o - n_e)} \qquad (21\text{-}5)$$

这样的晶片称为半波片或**二分之一波片**。线偏振光通过二分之一波片后仍为线偏振光,但其振动面转了 2α 角。当 $\alpha = \pi/4$ 时,可使线偏振光的振动面旋转 $\pi/2$。

3. 椭圆偏振光和圆偏振光的区别

前面曾讲到,用检偏器检验圆偏振光和椭圆偏振光时,因光强的变化规律与检验自然光和部分偏振光时的相同,因而无法将它们区分开来。由本节讨论可知,圆偏振光和自然光或者椭圆偏振光和部分偏振光之间的根本区别是相位的关系不同。圆偏振光和椭圆偏振光是由两个有确定相位差的互相垂直的光振动合成的。合成光矢量作有规律的旋转。而自然光和部分偏振光与上述情况不同,不同振动面上的光振动是彼此独立的,因而表示它们的两个相互垂直的振动之间没有恒定的相位差。

根据这一区别可以将它们区分开来。通常的办法是在检偏器前加上一块四分之一波片。如果是圆偏振光,通过四分之一波片后就变成线偏振光,这样再转动检偏器时就可观察到光强有变化,并出现最大光强和消光。如果是自然光,它通过四分之一波片后仍为自然光,转动检偏器时光强仍然没有变化。

检验椭圆偏振光时,要求四分之一波片的光轴方向平行于椭圆偏振光的长轴或短轴,这样椭圆偏振光通过四分之一波片后也变为线偏振光。即四分之一波片能使通过它的线偏振光变成椭圆(或圆)偏振光,或反过来,把椭圆(或圆)偏振光变成线偏振光。而部分偏振光通过四分之一波片后仍然是部分偏振光,因而也就可以将它们区分开。

半波片能使入射线偏振光的振动面旋转一定角度,或使椭圆(或圆)偏振光改变其旋转方向。全波片能使通过它的单色线偏振光振动情况不变,但用复色线偏振光通过并用一检偏器观察,则波片会显现出颜色,这个现象在工业上可用来检验玻璃的应力。

以上讨论,同时也说明在图 21-19 的装置中偏振片 P 的作用。如果没有偏振片 P,自然光直接射入晶片,尽管也产生双折射,但是 o 光、e 光之间没有恒定的相位差,这样便不会获得椭圆偏振光和圆偏振光。

【例 21-2】 四分之一波片。方解石的 $n_o = 1.658\,4$,$n_e = 1.486\,4$。对波长为 $\lambda = 589.3$ nm 的钠黄光,用方解石制成四分之一波片,其最小厚度 d 为多少?

解 对四分之一波片,对应的最小厚度 d 的由式(21-4)确定,即

$$d = \frac{\lambda}{4(n_o - n_e)}$$

代入已知数据,则

$$d = \frac{589.3}{4 \times |\, 1.658\,4 - 1.486\,4 \,|} \text{ nm} = 658.5 \text{ nm}$$

其厚度与波长的数量级相同。

【例 21-3】 偏振片与波片组合。如图 21-21 所示,在两偏振片 P_1,P_2 之间插入四分之一波片 C,并使其光轴与 P_1 的偏振化方向间成 $45°$。光强为 I_0 的单色自然光垂直入射于 P_1,转动 P_2,求透过 P_2 的光强 I。

解 通过两偏振片和四分之一波片的光振动的振幅关系如图 21-22 所示。其中 P_1,P_2 分别表示偏振片的偏振化方向,C 表示波片的光轴方向,α 角表示偏振片 P_2 和 C 之间的夹角。单色自然光通过 P_1 后

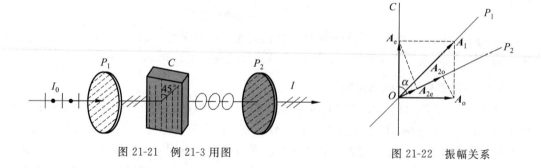

图 21-21　例 21-3 用图　　　　　　图 21-22　振幅关系

成为线偏振光,其振幅为 A_1。此线偏振光通过四分之一波片后成为圆偏振光,它的两个互相垂直的分振动的振幅相等,且为

$$A_o = A_e = A_1 \cos 45° = \frac{\sqrt{2}}{2} A_1$$

这两个分振动透过 P_2 的振幅都只是它们沿图 21-22 中 P_2 方向的投影,即

$$A_{2o} = A_o \cos(90° - \alpha) = A_o \sin \alpha$$

$$A_{2e} = A_e \cos \alpha$$

它们的相位差为

$$\Delta\varphi = \frac{\pi}{2}$$

以 A 表示这两个具有恒定相位差 $\pi/2$ 并沿同一方向振动的光矢量的合振幅,则有

$$A^2 = A_{2e}^2 + A_{2o}^2 + 2A_{2e}A_{2o} \cos \Delta\varphi = A_{2e}^2 + A_{2o}^2$$

将 A_{2o}, A_{2e} 的值代入,则

$$A^2 = (A_e \cos \alpha)^2 + (A_o \sin \alpha)^2 = A_o^2 = A_e^2 = \frac{1}{2} A_1^2$$

此结果表明,通过 P_2 的光强 I 只有圆偏振光光强的一半,也是透过 P_1 的线偏振光强 I_1 的一半,即

$$I = \frac{1}{2} I_1$$

由于 $I_1 = I_0/2$,所以最后得

$$I = \frac{1}{4} I_0$$

此结果表明,透射光的光强与 P_2 的转角无关。这就是用检偏器检验圆偏振光时观察到的现象,此现象和检验自然光时观察到的现象相同。

*21.7　偏振光的干涉

在实验室中观察偏振光干涉的基本装置如图 21-23 所示。它和图 21-21 所示装置不同之处只是在晶片后面再加上一块偏振片 P_2,通常总是使 P_2 与 P_1 正交。

单色自然光垂直入射于偏振片 P_1,通过 P_1 后成为线偏振光,通过晶片后由于晶片的双折射,成为有一定相位差但光振动相互垂直的两束光。这两束光射入 P_2 时,只有沿 P_2 的偏振化方向的光振动才能通过,于是就得到两束相干的偏振光。

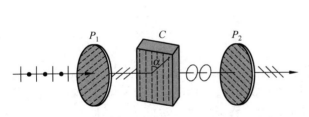

图 21-23 偏振光干涉实验

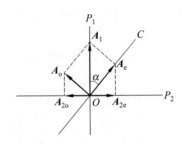

图 21-24 偏振光干涉的振幅矢量图

图 21-24 为通过 P_1，C 和 P_2 的光的振幅矢量图。这里 P_1，P_2 表示两正交偏振片的偏振化方向，C 表示晶片的光轴方向。A_1 为入射晶片的线偏振光的振幅，A_o 和 A_e 为通过晶片后两束光的振幅，A_{2o} 和 A_{2e} 为通过 P_2 后两束相干光的振幅。如果忽略吸收和其他损耗，由振幅矢量图，可求得

$$A_o = A_1 \sin \alpha$$
$$A_e = A_1 \cos \alpha$$
$$A_{2o} = A_o \cos \alpha = A_1 \sin \alpha \cos \alpha$$
$$A_{2e} = A_e \sin \alpha = A_1 \sin \alpha \cos \alpha$$

可见，在 P_1，P_2 正交时，$A_{2o} = A_{2e}$。

两相干偏振光总的相位差为

$$\Delta\varphi = \frac{2\pi}{\lambda}(n_o - n_e)d + \pi \tag{21-6}$$

因为透过 P_1 的是线偏振光，所以进入晶片后形成的两束光的初相位差为零。式(21-6)中第一项是通过晶片时产生的相位差，第二项是通过 P_2 产生的附加相位差。从振幅矢量图可见，A_{2o} 和 A_{2e} 的方向相反，因而附加相位差 π。应该明确的是，这一附加相位差和 P_1，P_2 的偏振化方向间的相对位置有关，在二者平行时没有附加相位差。这一项应视具体情况而定。在 P_1 和 P_2 正交的情况下，当

$$\Delta\varphi = 2k\pi, \quad k = 1, 2, \cdots$$

或

$$(n_o - n_e)d = (2k-1)\frac{\lambda}{2}$$

时，干涉加强。当

$$\Delta\varphi = (2k+1)\pi, \quad k = 1, 2, \cdots$$

或

$$(n_o - n_e)d = k\lambda$$

时，干涉减弱。如果晶片厚度均匀，当用单色自然光入射，干涉加强时，P_2 后面的视场最明；干涉减弱时视场最暗，并无干涉条纹。当晶片厚度不均匀时，各处干涉情况不同，则视场中将出现干涉条纹。

当入射光为白光时，对各种波长的光来讲，由式(21-6)可知，因相位差 $\Delta\varphi$ 与波长 λ 有关，干涉加强和减弱的条件因 λ 的不同而各不相同。当晶片厚度 d 均匀时，视场将出现一定的色彩，这种现象称为**色偏振**。如果晶片各处厚度不均匀，或在光路中插入其他性质不均

匀的双折射材料时,则视场中将出现彩色条纹。

*21.8　人为双折射

光在各向同性的非晶体和有些液体中或在压电晶体中沿光轴进行时本无双折射现象,在人为条件下,介质可以变成各向异性,产生双折射,这种现象称为**人为双折射**。

当强电场作用于介质时,也会出现双折射。这种因光的折射率随外加电场发生相应变化的晶体,称为**电光晶体**。介质的折射性质在外加电场作用下发生变化的现象,称为**电光效应**。它是一种电致的人为双折射现象,为非线性光学效应。两种人为双折射现象对应于两种电光效应,下面作简要介绍。

1. 应力双折射

在通常情况下,有些光学材料不具有双折射性质。但是,塑料、玻璃等非晶体物质在机械力作用下产生变形时,就会获得各向异性的性质,和单轴晶体特性一样,可以产生双折射。

应力双折射也称**光弹性效应**。利用这种性质,在工程上,可以制成各种机械零件的透明塑料模型,然后模拟零件的受力情况,观察、分析偏振光干涉的色彩和条纹分布,从而判断零件内部的应力分布。这种方法称为**光弹性方法**。利用这样的光学手段,通过制作模型,可以研究一些较为复杂的压力分布。图 21-25 所示为几个零件的塑料模型在受力时产生的偏振光干涉图样的照片。图中的条纹与应力有关,条纹的疏密分布反映应力分布的情况,条纹越密的地方,应力越集中。双折射的程度对于不同波长(因而有不同颜色)的光是不同的。图中各点显现的颜色对应着偏振方向最接近于检偏器偏振轴的透射光。

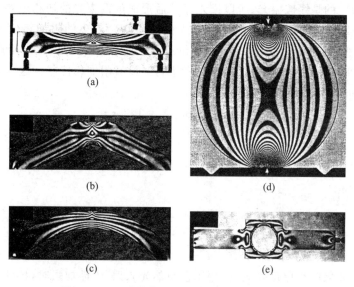

图 21-25　几个零件的塑料模型的光弹性照片

2. 克尔效应

这种人为双折射是非晶体或液体的折射性质在外加强电场作用下产生的。电场使分子定向排列,从而获得类似于晶体的各向异性性质,这一现象称为**克尔效应**。这种电致双折射的电光效应由英国物理学家克尔(J.Kerr,1824—1907)于 1875 年首先在玻璃上发现,故名。

图 21-26 所示的实验装置中,P_1,P_2 为正交偏振片。克尔盒中盛有液体(如硝基苯等)并装有长为 l,间隔为 d 的平行板电极。加电场后,两极间液体获得单轴晶体的性质,其光轴方向沿电场方向。克尔效应相当微弱,典型的克尔盒需要加上高达 30 kV 方可达到完全透明。

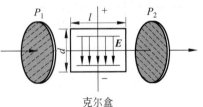

克尔盒

图 21-26 克尔效应

实验表明,折射率的差值正比于外加电场强度的平方,因此,克尔效应又称为**二次电光效应**,是一种非线性光学效应。折射率之差为

$$n_o - n_e = kE^2 \tag{21-7}$$

式中,E 为外加电场的电场强度,k 称为**克尔常量**。克尔常量视液体的种类而定。

线偏振光通过液体时产生双折射,通过液体后,o 光和 e 光之间的光程差为

$$\delta = (n_o - n_e)l = klE^2 \tag{21-8}$$

如果两极间所加电压为 U,则式中 E 可用 U/d 代替,于是有

$$\delta = kl\frac{U^2}{d^2} \tag{21-9}$$

当电压 U 变化时,光程差 δ 随之变化,从而使透过 P_2 的光强也随之变化,因此可以用直流电压对偏振光的光强进行调制。在加上或撤去电场后 $10^{-11} \sim 10^{-9}$ s 的极短时间内,克尔效应立即发生或消失。因此,它可以做成几乎没有惯性的光断续器(控制光强的开关)或光调制器,并广泛用于高速摄影、激光通信和电视等装置中。

3. 泡克耳斯效应

有些晶体,特别是压电晶体在加电场后也能改变其各向异性性质,其 o 光和 e 光的折射率之差与所加电场强度成正比,因此称为**线性电光效应**,也称**一级电光效应**。单轴晶体在外加电场作用下变成双轴晶体,沿原来的光轴方向产生附加的双折射。

这种电致双折射的电光效应由德国物理学家泡克耳斯(F.C.A.Pockels,1865—1913)于 19 世纪末首先预言,后在石英等晶体上得到证实,故一级电光效应又称**泡克耳斯效应**。

*21.9 旋光现象

光在晶体内沿光轴方向传播时,并不发生双折射。但是,在很多晶体中,当一束线偏振光通过某些物质时,光矢量的方向随着传播距离的增大也会逐渐转动到一定角度。

1. 旋光现象

1811 年,法国科学家阿拉果发现,线偏振光沿光轴方向通过某些物质时,其振动面会发生旋转。这种现象称为**旋光现象**,或物质的**旋光性**。具有旋光性的物质称为**旋光物质**。有些非晶体(如糖溶液)也有旋光现象。很多物质,由于其分子的不对称性,都具有旋光性,如双折射晶体(石英、酒石酸等)、各向同性晶体(如砂糖晶体、氯化钠晶体等)、液体(如樟脑、砂糖溶液、松节油等)以及许多有机化合物(如尼古丁)等。它们以各种形态存在着。

如图 21-27 所示,当线偏振光沿光轴方向通过石英晶体时,其偏振面会旋转一个角度

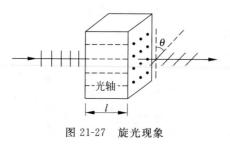

图 21-27　旋光现象

θ。实验证明,角度 θ 和光线在物质内通过的路程 l 成正比,即

$$\theta = \alpha l \qquad (21\text{-}10)$$

式中,α 表明该晶体的旋光本领,表示 1 mm 长度上偏振面旋转的角度,叫做**旋光率**,也叫**旋光度**或**旋光系数**。不同旋光物体的旋光率不同,其数值还与光的波长有关。例如,石英晶体对 $\lambda = 589$ nm 的黄光,$\alpha = 21.7°/$mm;对 $\lambda = 408$ nm 的紫光,$\alpha = 48.9°/$mm。把这种同一物质的旋光本领因波长而异的现象称为**旋光色散**。

非晶体物质以某些溶液的旋光现象较为明显,而旋光本领很弱的物质,显示不出旋光现象。当线偏振光通过旋光性溶液,如蔗糖溶液时,偏振面旋转的角度 θ 与光在液体中通过的路程 l 成正比,还与溶液的浓度 C 成正比。由于温度对溶液的旋光率影响较大,因此,测量溶液的旋光率时,通常还应标明入射光的波长和测量时的温度。它们的关系表示为

$$\theta = [\alpha]_\lambda^t Cl \qquad (21\text{-}11)$$

式中,$[\alpha]_\lambda^t$ 称为该溶液的**比旋光率**,也叫**比旋光度**,数值上为偏振光通过单位长度(dm)、单位浓度(g・ml^{-1})的溶液后引起的振动面的旋转角度。如浓度为 0.1 g/ml 的蔗糖水溶液在 20℃时,对 $\lambda = 589$ nm 的黄光,通过 1 dm 时的比旋光率为 $[\alpha]_\lambda^t = 66.46°/[$dm・(g/mm^3)$]$。糖溶液的这种性质被用来检测糖浆或糖尿中的糖分,如糖量计等的应用。

值得注意的是,旋光现象与双折射现象是两种不同的光学现象。有的物质两种现象都有,如石英晶体就属于这一类;而有的只有旋光现象,但没有双折射现象。

旋光现象还与物质的结构有关。由于使光振面旋转的方向不同,同一种旋光物质有左旋和右旋之分。迎着光线望去,光振动面沿顺时针方向旋转的,称为**右旋物质**,如葡萄糖;反之,称为**左旋物质**,如果糖。石英晶体的旋光性是由于其中的原子排列具有螺旋形结构,而左旋石英和右旋石英中螺旋绕行的方向不同。不论内部结构还是天然外形,左旋和右旋晶体均互为镜像,旋光本领在数值上相等,如图 21-28 所示。溶液的左右旋光性则是其中分子本身特殊结构引起的。左、右旋分子,如果糖、葡萄糖分子,它们的原子组成一样,都是 $C_6H_{12}O_6$,但空间结构不同。这两种分子叫**同分异构体**,它们的结构也互为镜像,如图 21-29 所示。令人不解的是,人工合成的同分异构体,如左旋糖和右旋糖,总是左右旋分子各半,而来自生命物质的同分异构体,如由甘蔗或甜菜榨出来的蔗糖以及生物体内的葡萄糖则都是右旋的。而人工合成的糖既有左旋结构,又有右旋结构。有趣的是,人与生物总是选择右旋糖消化吸收,而左旋糖对人体毫无用处或不能吸收。

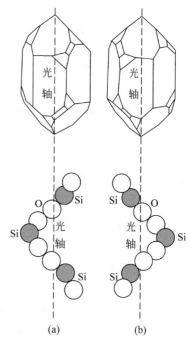

图 21-28　石英晶体(天然晶体外形与原子排列)
(a) 右旋型;(b) 左旋型

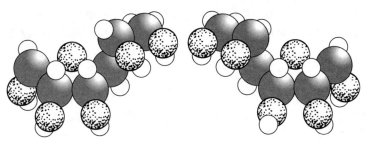

图 21-29　葡萄糖分子两种同分异构体结构

1825 年,菲涅耳用左旋和右旋棱镜交替胶合做成多级组合棱镜,对旋光现象作出了一个唯象的解释。

旋光性物质的旋光率和旋光方向可用旋光仪进行测量。

2. 磁光效应(法拉第效应)

利用人为方法也可以产生旋光性,其中最重要的是磁致旋光,即外加磁场使原来不具有旋光性的物质具有旋光性。物质在强磁场作用下,其光学性质发生变化的现象,叫做法拉第**磁致旋光效应**(或**法拉第效应**),简称**磁光效应**。它是一种非线性光学效应,是法拉第于 1845 年首先发现的,故名。

法拉第磁光效应在现代光学,特别是激光技术中有着重要的应用,如用于反射光隔离,作为光调制器件或光开关,以及进行光信息处理(如磁光盘中读出所记录的信息)等。

思考题

21-1　某束光可能是:(1)线偏振光;(2)部分偏振光;(3)自然光。你如何用实验决定这束光究竟是哪一种光?

21-2　通常偏振片的偏振化方向是没有标明的,你有什么简易的方法将它确定下来?

21-3　一束光入射到两种透明介质的分界面上时,发现只有透射光而无反射光,试说明这束光是怎样入射的? 其偏振状态如何?

21-4　自然光入射到两个偏振片上,这两个偏振片的取向使得光不能透过。如果在这两个偏振片之间插入第三块偏振片后,有光透过,那么这第三块偏振片是怎样放置的? 如果仍然无光透过,又是怎样放置的? 试用图表示出来。

21-5　1906 年巴克拉(C.G.Barkla,1917 年诺贝尔物理学奖获得者)曾做过下述"双散射"实验。如图 21-30 所示,先让一束从 X 射线管射出的 X 射线沿水平方向射入一碳块而被向各方向散射。在

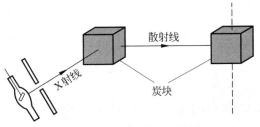

图 21-30　思考题 21-5 用图

与入射线垂直的水平方向上放置另一炭块,接收沿水平方向射来的散射的 X 射线。在这第二个碳块的上下方向就没有再观察到 X 射线的散射光。他由此证实了 X 射线是一种电磁波的想法。他是如何论证的?

习　题

21-1　自然光通过两个偏振化方向间成 60° 的偏振片,透射光强为 I_1。若在这两个偏振片之间再插入另一偏振片,它的偏振化方向与前两个偏振片均成 30°,则透射光强为多少?

21-2　自然光入射到两个互相重叠的偏振片上。如果透射光强为(1)透射光最大强度的三分之一,或(2)入射光强度的三分之一,则这两个偏振片的偏振化方向间的夹角是多少?

21-3　使一束部分偏振光垂直射向一偏振片,在保持偏振片平面方向不变而转动偏振片 360° 的过程中,发现透过偏振片的光的最大强度是最小强度的 3 倍。试问在入射光束中线偏振光的强度是总强度的几分之几?

21-4　水的折射率为 1.33,玻璃的折射率为 1.50,当光由水中射向玻璃而反射时,起偏振角为多少? 当光由玻璃中射向水而反射时,起偏振角又为多少? 这两个起偏振角的数值间是什么关系?

21-5　光在某两种介质界面上的临界角是 45°,它在界面同一侧的起偏振角是多少?

21-6　根据布儒斯特律可以测定不透明介质的折射率。今测得釉质的起偏振角 $i_B = 58°$,试求它的折射率。

21-7　已知从一池静水的表面反射出来的太阳光是线偏振光,此时,太阳在地平线上多大仰角处?

*21-8　两个偏振片 P_1 和 P_2 平行放置(图 21-31)。令一束强度为 I_0 的自然光垂直射向 P_1,然后将 P_2 绕入射线为轴转一角度 θ,再绕竖直轴转一角度 φ。这时透过 P_2 的光强是多大?

21-9　在图 21-32 所示的各种情况中,以非偏振光和偏振光入射于两种介质的分界面,图中 i_B 为起偏振角,$i \neq i_B$,试画出折射光线和反射光线并用点和短线表示出它们的偏振状态。

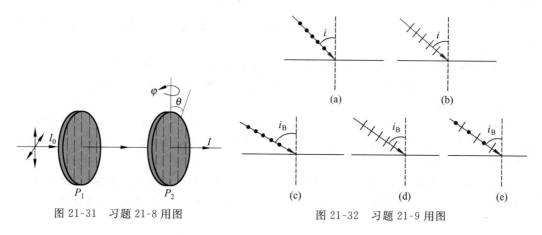

图 21-31　习题 21-8 用图　　　　　图 21-32　习题 21-9 用图

处其厚,不居其薄;处其实,不居其华。

不自见,故明;不自是,故彰;不自我,故有功;不自矜,故长。

　　　　　　　　　　　　　　　　　　　　　　　　——《老子》

第6篇

量子物理基础

微观现象中呈现的量子现象和波粒二象性,对微观粒子(小分子、原子等各种粒子)运动状态的描述,经典物理不再适用,需要用量子物理学解决。量子物理学是研究微观世界中微观粒子运动规律的科学。它是由一些量子力学方程及其对应的概念、观念所构成的物理理论体系(空间尺度 $\leqslant 10^{-8}$ m)。随着量子力学的发展,人们对物质的结构以及它们相互作用的世界观发生革命性的变化,使人们对物质世界的认识从宏观层次跨进微观层次。量子物理学和相对论已成为现代物理学的重要理论基础和两大支柱。量子力学与经典物理学相对应,与狭义相对论相结合(相对论量子力学,粒子速度接近光速时)后,逐步建立了量子场论。

19 世纪末,牛顿运动定律以及伽利略和牛顿开创的科学研究方法,构成了经典力学的基本理论体系。尤其是对海王星的预言及其被证实后,使牛顿力学的正确性以及科学研究方法对其他学科指导意义不容置疑。由牛顿首创的数学表述(微积分)和理论结构(公理化模式)的方法,沿用至今,关于在工程上的应用更是举不胜举。电磁学在实验的基础上总结并形成一套完备的麦克斯韦方程组,麦克斯韦关于电磁波存在的预言及其证实,这一切奠定电子电气工程的基础。声学统一于力学,光学统一于电磁学,使人们对自然界的认识进一步深化。热力学也已建立系统的理论,加强了物理学与化学的联系,能量守恒定律的建立揭示力、热、电、光等各种现象之间的内在联系,统计力学进一步把对热现象的认识建立在微观过程的基础上。

当力学、热力学、统计物理和电动力学等取得一系列成就后,面对物理学所取得的辉煌成就,不少物理学家除了赞叹,还发出志得意满和无所作为的感慨。他们认为,物理学的大厦已经建成,后辈们只要做一些零碎的修补工作就行了。例如,德国物理学家基尔霍夫表示:"物理学将无所作为了,至多只能在已知规律的公式的小数点后面加几个数字罢了。"但是,事实并非如此。19 世纪 90 年代,随着 X 射线、放射性和电子的相继发现,微观世界大门被打开,但还是高深莫测。在明确宏观世界之外存在着微观世界后,这三大发现对于进一步研究和探索微观世界的物理规律起很大促进作用。从那时起,各国物理学家把握并紧抓这个新方向去研究和探索,从而把物理学从 19 世纪的经典物理学阶段推进到 20 世纪的近代物理学阶段。如围绕 X 射线的研究就有十几项成果获诺贝尔科学奖。可以说,三大发现揭开近代物理学的序幕。

1900 年,开尔文在新年献词中指出,"悬浮在热和光运动理论上空的 19 世纪的乌云"——黑体辐射实验用经典理论无法解释实验结果和迈克耳孙-莫雷实验没测到预期的"以太风",即不存在一个绝对参考系,也就是说光速与光源运动无关,光速各向同性。不愧是大师,开尔文具有相当的科学洞察力,在他人还陶醉于成就之中时,他也许预感到"这两朵小乌云"的出现严重威胁着经典物理学的危机。正如我们所知,它们最终分别导致量子物理学(本篇内容)的诞生和相对论(第 6 章)的建立,打破物理学平静而晴朗的天空,带来物理学世界的天翻地覆。

20 世纪初发现的大量实验事实表明,微观粒子具有波粒二象性。它们的运动不能用通常的宏观物体运动规律来描述。1900 年,德国物理学家普朗克(M.Planck,1858—1947)在应用经典物理学理论拟合黑体能量分布的实验数据失败之后,另辟蹊径,提出量子概念(引入普朗克常量 h)。随后,1905 年,爱因斯坦根据光电效应存在能量阈值的规律,提出光子具有能量,应用普朗克理论成功地解释光电效应。1911 年,新西兰籍科学家卢瑟福(E.Rutherford,1871—1937)根据金箔对 α 粒子的散射实验结果,提出核式原子模型。1913 年,丹麦物理学家玻尔(N.Bohr,1885—1962)提出量子论的原子模型。这一段时期逐渐发展并建立的量子论仍以经典物理规律为基础,对微观粒子运动所遵从的量子规律进行探索,开启微观世界新天地,但加上一些反映微观运动具有量子特性的附加条件(量子条件)。例如,虽然玻尔用这种半经典的量子理论相当满意地解释氢原子的线系光谱,但面对着更复杂的原子光谱问题遇到困难。因此,科学家需要改弦易辙,发展更全面的量子理论。量子论的进一步发展,导致量子力学的建立。

1924 年,法国物理学家德布罗意(L.V.de Broglie,1892—1987)提出物质波理论。他指出,正如电磁波也具有粒子性质(光子),而具有粒子性质的电子等也将具有波动性。但微观粒子的运动不能用通常的宏观物体运动规律来描述。1925—1926 年间,海森伯(或海森堡,W.K.Heisenberg,1901—1976)、薛定谔(E.Schrodinger,1887—1961)分别完成量子力学的两种表述——矩阵力学与波动力学,强调波动与粒子的二象性。量子力学用波函数描述微观粒子的运动状态,以薛定谔方程确定波函数的变化规律,并用算符或矩阵方法对各物理量进行计算。因此,量子力学早期也称"波动力学"或"矩阵力学"。电子衍射实验结果证实电子具有波动性,而量子力学的理论全面地解读纷纭繁复的原子光谱实验结果,一举解决原子结构的问题,得到的结果与实验符合。随后,英国物理学家狄拉克(P.A.M.Dirac,1902—1984)将非相对论的薛定谔方程推广到(狭义)相对论情形,建立狄拉克方程,为量子力学作重要补充,逐步建立量子场论。在某些现象中,如果粒子的波动性可以忽略,则量子力学便可过渡到经典力学;如果场的粒子性可以忽略,量子场论便过渡到经典场论。在这个意义上说,量子物理学包含经典物理学。量子物理学的理论基础包括量子力学、量子统计、量子场论等。实际上,它首先是关于光与电子及其物质相互作用的理论。一批科学家确立微观世界的物理规律,量子物理学就是由这一拨天才"摇旗呐喊""攻城拔寨",在 20 世纪的前 30 年内一步一步地建立起来的。

如果说相对论消除经典物理学的内在矛盾并推广其应用范围,那么量子论就开启微观物理学的新天地。量子力学的奇妙在于它的许多基本概念、规律与方法都与经典物理截然不同,从而引发一系列的技术革命,并在现代科学和技术中获得很大的成功,包括核能、计算机、材料学、信息技术等领域,完全深入到人类生活的每一个角落。就实用性而言,量子力学可以说是最成功的理论。有学者评论说,如果要评选 20 世纪人类社会最重要的事件,那么既不是两次世界大战,也不是人类登上太空,而是量子力学的建立和发展。

如果说,量子力学的建立是第四次物理学革命,那么它就是一次最深刻的革命;也有人说,它不应该是革命,只是经典物理学自然的和逻辑的延续。例如,在某些现象中,如果粒子的波动性可以忽略,则量子力学便可过渡到经典力学;如果场的粒子性可以忽略,量子场论便过渡到经典场论。当粒子运动速度与光速可比拟时,需要采用相对论量子力学。但无论如何解读,它绝不是个别人的成就,而是科学家群体的思想与智慧结晶,如涌现出众多的诺贝尔科学奖获得者。但令人唏嘘的是,爱因斯坦 1922 年得奖的是 1921 年的空缺,德裔英籍科学家玻恩(M.Born,1882—1970)则迟至 1954 年才获奖,而这两位才是奠定量子力学的关键人物。在量子力学确立之后,物理学进入新的时期,有人把它归属为当代物理学。在当代物理学家眼中,爱因斯坦的狭义相对论与广义相对论、牛顿的运动定律和引力定律,再加上量子力学理论,是物理学史上最重要的三项物理学发现。

量子物理学的建立标志着人们对客观规律的认识从宏观世界深入到了微观世界,是科学家群体的共同智慧成果。围绕这些科学成果的重大发现,我们在学习过程中还可以了解到量子物理学中的先驱杰出的洞察力、丰富的想象力和惊人的创造力,量子物理发展的艰难历程,科学争论如何推动量子物理发展等,学习物理学家寻找物质世界和谐统一的执着精神。

中西方科学的融合与交流以及近代物理学在中国的传播以意大利人利玛窦(Matteo Ricci,1552—1610)于 1582 年(明万历十年)入华为标志。此后,大批传教士陆续来华,成为中西方文化和科学交流的第一个时期。虽然这个时期传入的科学知识还比较零散,但产生积极影响,扩大了中国人的视野,丰富和发展了传统科学。"西学东渐"指的就是从明朝末年到近代的西方学术思想向中国传播的历史过程。来华的欧洲传教士为达到传教的目的,将西方先进的科学知识作为敲门砖。由此,西方的天文历法、地理、数学、物理学等领域的近代科学知识和火器等技术源源不断地传入中国。"西学东渐"风潮前后持续上百年时间,对于中国的学术、思想和社会经济都产生重大影响。19 世纪 60—90 年代的"洋务运动",买入机器、开办工厂、创办学堂、成立编译机构出版西方科学书籍和选派出国留学生,成为中国近代史上西方科学在中国传播的第二个高潮时期。近代物理学从此才真正在中国得以传播,这也是中国科学史上近代物理学的启蒙阶段。清代科学家李善兰(1811—1882)的《谈天·序》是中国传统物理学走向近代物理学的历史标志,如该书系统地把近代天文学引入中国,他对促进近代科学在中国的发展做出卓越贡献。1898 年"戊戌变法"(也称戊戌维新)运动后,以及清王朝灭亡、"五四"新文化运动的开展,为近代科学在中国生根发芽创造较好的外部环境,此后,物理学在中国逐步建立起来而形成学科。

由于当代各个领域的学科发展情景错综复杂,头绪繁多,难以用甚短的篇幅来进行概括。本篇以实验或理论及其二者相结合为主线,对量子理论作一粗略的介绍。

从经典物理学到量子力学的过渡时期,涉及三个重要问题:①黑体辐射问题,即所谓"紫外灾难";②光电效应和康普顿效应的理论解释问题(普朗克量子假设、爱因斯坦光子理论和玻尔原子理论,统称为早期量子论);③原子的稳定性和大小问题。

第 22 章介绍从量子概念引入的背景到量子概念的提出——微观粒子的二象性,由此而引起的描述微观粒子状态的特殊方法——波函数,以及微观粒子不同于经典粒子的基本特征——不确定关系。

第 23 章介绍微观粒子的基本运动方程(非相对论形式)——薛定谔方程,并首先把它应用于势阱中的粒子,得出微观粒子在束缚态中的基本特征——能量量子化、势垒穿透等。

第 24 章用量子概念介绍(未经详细的数学推导)电子在原子中运动的规律,包括能量、角动量的量子化,自旋等概念。在此基础上,介绍原子中电子的排布,X 射线谱和激光的基本知识等。

第 25 章介绍固体中电子的量子特征。包括金属中自由电子的能量分布以及导电机理,能带理论及对导体、绝缘体、半导体性能的解释,并简要介绍半导体器件基本知识。

第 26 章介绍原子核基础知识,包括核的一般性质、结合能、核模型、核衰变和核反应等。

量子物理基础篇知识结构思维导图

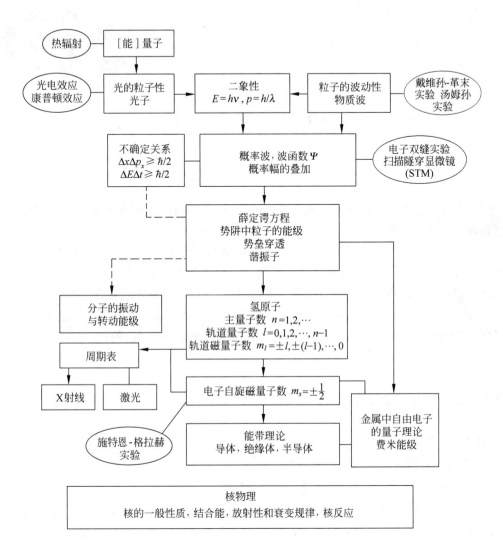

核物理
核的一般性质, 结合能, 放射性和衰变规律, 核反应

舍近谋远者, 劳而无功; 舍远谋近者, 逸而有终。

——《后汉书·臧官书》

第22章

波粒二象性

量 子物理学起源于对物质的波粒二象性的认识,主要研究微观现象及其规律,是现代物理学的理论基础之一。

本章从热辐射存在的问题出发,首先介绍普朗克在解决这一问题时提出的能量子概念和爱因斯坦在解释光电效应时引入的光子概念。然后介绍用光子概念对康普顿散射的解释以及德布罗意引入的物质波概念,说明二象性的发现过程、定量表述和它们的深刻意义。最后讲述概率波、概率幅和不确定关系等关于物质波特征的概念。这些基本概念都是对经典物理学的突破,对于了解量子物理学的建立具有重要的意义,它们的形成过程也是发人深思的。

22.1 量子概念的诞生

1900 年,黑体辐射已被科学家广泛研究并发现了一些有关规律,量子理论学的诞生首先是从热辐射理论解释的问题上突破的。

1. 热辐射

当加热铁块时,开始看不出它发光。随着温度的不断升高,铁块由暗红变赤红、橙色,最后成为黄白色。其他物体加热时发光的颜色也有类似的随温度而改变的现象。这似乎说明在不同温度下物体能发出频率不同的电磁波。

详实的实验证明,只要物质温度高于绝对零度,它就能向外辐射各种不同波长(或频率)的电磁波,辐射的波长自远红外区连续延伸到紫外区。物体因自身温度而对外发射热射线的过程,叫做**热辐射**。这也是传热的一种基本方式,也是在真空中唯一的传热方式。其中,物体的热射线(可见光和红外线)能被其他物体吸收而变成热能。而非发光物体的颜色主要取决于它对入射光的吸收或反射。只是在不同的温度下,物体所发出的各种电磁波的能量按频率有不同的分布,所以(足够热)才表现为不同的颜色。低温物体的辐射较弱,并且主要为波长较长的红外线,因而不易观察到。

热辐射的本领用**单色辐射出射度**(单色辐出度)描述。在单位面积上,单位时间内频率 ν(或波长 λ)附近范围内,温度为 T 的物体所辐射的电磁波的能量,称为**单色辐出度**。它是温度 T 和频率 ν 或波长 λ 的函数。按频率或波长分布的单色辐出度分别用符号 $M_\nu(T)$ 或

$M_\lambda(T)$ 表示，$M_\nu(T)$ 单位为 J·m^{-2}·Hz^{-1}，$M_\lambda(T)$ 单位为 W·m^{-2}。

实验表明，物体的单色辐出度不仅与温度和波长 λ 或频率 ν 有关，还与物体表面和材料等具体性质有关。不同材料的物体的单色辐出度就会有明显的差别，为此，引入黑体的概念来说明物体的辐射强度。

中国先秦科技著作《考工记》最早记述冶炼青铜的火焰颜色。继《考工记》之后，以墨翟为首的墨家也讨论火焰颜色与其发热程度（即温度）的关系，《墨经》有专条的记述。"火候"一词被用于形容事物的环境气氛，其最初本意是观察发热物体的火焰颜色。中文"白热"意为某些物质在高热（1 200～1 500 ℃）时发出白色的光亮状态，如果温度降低，就由白热转为红热；"白热化"意为变为白炽的状态。"炉火纯青"本是炼丹术士对成丹的火候要求，现在则用于形容人的技艺、学问和道德情操所达到的精粹完美的境界和博大精深的地步。

2. 黑体与黑体辐射

（1）黑体与黑体辐射的概念

物体向外辐射电磁波的同时，也吸收入射到其上的电磁波。如果单位时间内物体辐射的电磁波的能量等于吸收的电磁波的能量，那么该物体和辐射场之间就达到在一定温度下的热平衡。此时，物体辐射平衡，即净辐射为零。

实验证明，物体的辐射能力与吸收能力都和其材料表面的性质有关，而吸收本领越大的物体，其辐射的本领也越强。在相同温度下，深色表面比白色表面吸收电磁波的能力以及辐射的电磁波的强度都要强一些。辐射连续电磁波的理想表面也应该是一个能够完全吸收射到其上所有波长的电磁辐射的表面，这样的理想表面，称为**绝对黑体**，简称**黑体**，也称为**普朗克辐射体**。这样的物体被光照射时为全黑色，故名。黑体发出的连续的电磁辐射叫做**黑体辐射**。电磁辐射是电磁场能量以波的形式向外发射的过程。无线电辐射（射电）、红外线辐射、可见光辐射、紫外线辐射、X 射线辐射、γ 射线辐射等都属于电磁辐射。

煤烟是很黑的，但最多也只能吸收 95% 的入射电磁波的能量。真正的"全黑色"物体并不存在，所以，黑体是一种理想化物体模型，属于热辐射或温度辐射模型。例如，在一个不透明空腔表面上开一个小孔，如图 22-1 所示，任何辐射进入小孔后，在腔内进行多次反射与吸收，很难再有机会从小孔透出，就好像被小孔全部吸收，这个小孔就十分近似于黑体的表面。把这个空腔加热到不同温度，小洞就近似于不同温度下的黑体。用分光技术可测出不同温度下由它发出的电磁波的强度按频率分布的规律，其曲线如图 22-2 所示。研究黑体辐射的规律具有重要的理论意义。例如，由于黑体在任何温度下对任何波长的入射都完全吸收（即吸收比为 1），排除周围环境的

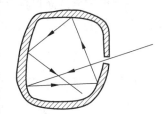

图 22-1　黑体模型

影响，使得其发出的辐射仅由温度决定。因此，在辐射度学和光度学中，把黑体作为光色特性比较与分析的标准。反之，好的反射体是一个不良的吸收体。例如，洁净的雪在阳光下并不很快融化。辐射能（发射本领）与吸收比的关系遵循基尔霍夫辐射定律。

建立黑体模型后，在单位时间内，黑体单位面积上，温度为 T 的黑体所辐射的各种频率（或波长）的电磁波能量的总和，就是关于黑体的全部**辐射出射度**，用符号 $M(T)$ 表示为

$$M(T) = \int_0^\infty M_\nu(T)\mathrm{d}\nu \qquad (22\text{-}1)$$

或

$$M(T) = \int_0^\infty M_\lambda(T)\,\mathrm{d}\lambda$$

它们分别反映黑体在一定温度下按频率或波长分布的总辐射出射度,即辐射本领,都是温度 T 的函数。辐射出射度简称**辐出度**,其单位与对应的 $M_\nu(T)$ 或 $M_\lambda(T)$ 相同,分别为 $\mathrm{J \cdot m^{-2} \cdot Hz^{-1}}$ 或 $\mathrm{W \cdot m^{-2}}$。

　　根据图 22-2 中的实验曲线,可总结出黑体辐射实验规律,下面作简要介绍。

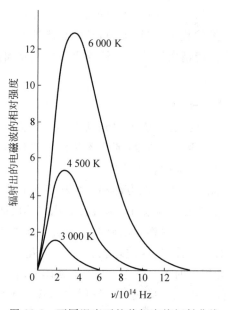

图 22-2　不同温度下的普朗克热辐射曲线

(2) 斯特藩-玻耳兹曼定律

　　一个黑体单位面积在单位时间内辐射的总能量,即黑体辐射的辐出度与黑体本身的热力学温度 T 的 4 次方成正比,其表达式为

$$M(T) = \int_0^\infty M_\lambda \mathrm{d}\lambda = \sigma T^4 \tag{22-2}$$

这一规律称为**斯特藩-玻耳兹曼定律**。式中,σ 叫做**斯特藩-玻耳兹曼常量**,其值为

$$\sigma \approx 5.670\,51 \times 10^{-8}\ \mathrm{W/(m^2 \cdot K^4)} \tag{22-3}$$

这是经典物理学中的热辐射的一个重要定律。式(22-2)表明,$M(T)$ 只与黑体的温度有关,而与黑体的其他性质无关。斯洛文尼亚物理学家斯特藩(J.Stefan,1835—1893)和奥地利物理学家玻耳兹曼分别于 1879 年和 1884 年各自独立提出此定律。这是唯一一个以斯洛文尼亚人名字命名的物理学定律。

(3) 维恩位移定律

　　德国科学家维恩(W.Wien,1864—1928)通过总结实验数据,于 1893 年从理论上首先得出,黑体辐射谱中的极大值随温度升高而向短波移动,即黑体辐射中能量最大的波长 λ_m 与热力学温度 T 成反比。或者说,在一定温度下,黑体的温度与辐射本领极大值相对应的波长的乘积为一常量,其表达式为

$$\lambda_m T = b \tag{22-4}$$

这一规律称为**维恩位移定律**。式中，λ_m为相应于单色辐射出射度（单色辐出度）M_λ曲线极大处的波长；b叫做**维恩常量**，其值为

$$b = 2.898 \times 10^{-3} \text{ m} \cdot \text{K} \tag{22-5}$$

这也是经典物理学中的热辐射基本定律之一，只要知道黑体的温度就能直接得到黑体最大辐射本领对应的波长，但仅适用于短波范围的黑体辐射的能量分布的热辐射，且黑体辐射随着温度 T 的升高，λ_m向短波方面移动，在短波较小时与实验符合较好。

1896 年，维恩根据经典理论推导出维恩辐射定律，他把麦克斯韦的气体分子速率分布定律用到黑体辐射能按波长的分布，得出公式

$$M_\lambda(T) = c_1 \lambda^{-5} e^{-c_2/\lambda T}$$

式中，c_1 和 c_2 为需要借助实验确定的常量。这一关系式也称为维恩公式。

维恩的这一工作促使普朗克引入量子概念解决辐射问题，维恩也因发现热辐射定律获 1911 年度诺贝尔物理学奖。

斯特藩-玻耳兹曼定律和维恩位移定律是高温测量、遥感和红外追踪等技术的基础。例如，把太阳表面看成黑体，测得太阳辐射的 λ_m 约为 500 nm，由维恩位移定律，可估算出太阳表面的温度为 $T = 5\ 794$ K。由斯特藩-玻耳兹曼定律，可算出太阳表面的辐出度为 $M \approx 6.4 \times 10^7$ W·m^{-2}。又如，根据不同温度物体发出的红外线波长的不同，实现对不同监测对象进行检测和判断，常用于火焰报警和人体入侵报警等安防工程中。

3. 普朗克黑体辐射公式与能量子假设

（1）经典物理学遇到的困难

19 世纪末，在德国钢铁工业大发展的背景下，由于冶金等各方面的需求，人们急于知道辐射强度与辐射波长之间的函数关系。德国及其邻国的许多实验和理论物理学家都十分关注对黑体辐射的研究。有人用精巧的分光实验测出图 22-2 那样的曲线，有人就试图从理论上给以说明，但用当时已被认为"完善"的经典电磁理论和热力学理论得出的结论解释，都与图 22-2 所显示的实验结果不符。

维恩辐射定律只能在波长较短（频率较高）、温度较低时才与实验相符，在长波范围内因偏差太大而完全不能适用。英国物理学家瑞利根据经典电磁理论和经典统计物理学的能量均分定理，在 1900 年推导出关于长波范围的黑体辐射规律的数学表达式，后经金斯（J. H. Jeans，1877—1946）在 1905 年严密推算后加以修正，给出的关系为

$$M_\nu(T) = \frac{2\pi\nu^2}{c^2} kT \tag{22-6}$$

上式称为**瑞利-金斯公式**。该公式与维恩位移定律恰恰相反，只在波长较长（频率较低）、温度较高时才与实验相符，在短波范围内则完全不能适用，其理论结果在短波（高频）范围内黑体辐射出的电磁波强度随频率的 2 次方单调地增大，以致可趋于无穷大，如图 22-3 所示。这显然是不合理的，也是荒唐的。如此巨大差别，被当时的科学家惊呼为"紫外灾难"，成为当时物理学界最引人注目的问题之一。

然而，瑞利和金斯都是物理学界公认的治学严谨的人，特别是瑞利，还以知识广博、研究精深著称，是 19 世纪末达到经典物理学巅峰的少数科学家之一，后因其他成就获 1904 年度诺贝尔物理学奖。他们源于正确的经典理论，得到的却是灾难性的结果，这深深困扰着科学

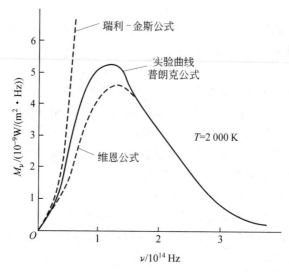

图 22-3 黑体辐射的理论与实验结果的比较

界。上述两个理论都分别只能说明黑体辐射的部分现象,而不能解释实验的全部结果,反映出经典物理学在解释黑体辐射规律时遇到严重的困难。正如开尔文在 1900 年新年献词中指出的,这是"物理学理论天空的两朵不安的乌云"之一,它动摇经典物理学的基础。后来,它引起物理学发展史上一场伟大的深刻变革——量子论的创立。

虽然经典物理学中有关公式应用于整个辐射能谱时是不正确的,但是,它们在辐射度学理论的发展与应用,乃至整个近代物理学中却占有重要的地位,还在于它揭示经典物理学的主要困难。

(2) 普朗克黑体辐射公式与能量子假设

为了解释黑体辐射的实验结果,普朗克试图把代表短波方向的维恩辐射定律与代表长波方向的实验结果综合起来,并于 1900 年 10 月 19 日在德国物理学会上宣读"维恩辐射定律的改进",首次公布他的新的辐射公式。该公式是一个用内插法建立的经验公式,在高频段与维恩辐射定律符合,在低频段与瑞利-金斯定律一致,解决"紫外灾难"问题。

由于这个公式与实验的惊人符合,且十分简单,人们相信这里必定蕴藏着一个非常重要但尚未被人们发现的科学原理。在实验物理学家鼓励下,经过近两个月努力,普朗克于 1900 年 12 月 14 日向德国物理学会提交"关于正常光谱中能量分布定律的理论"论文。在这篇论文中,普朗克革命性地提出物质辐射(或吸收)的能量只能是某一最小能量单位(**能量子**)的整数倍的假说——**量子假说**,在物理学史上首先提出"量子"这一概念,并从理论上导出黑体辐射的能量按波长(或频率)分布的公式——普朗克公式。

普朗克的理论认为,空腔黑体的热辐射是腔壁中的带电谐振子向外辐射各种频率的电磁波的结果。为了使他的理论和实验曲线符合,他认为,经典物理学理论不能应用于分子、原子等微观运动;于是,他作了一个经典理论所不允许的假设:谐振子具有的能量是不连续的,而只能取一些离散的值。以 E 表示一个频率为 ν 的谐振子吸收或辐射的能量,这个谐振子的能量表示为

$$E = nh\nu, \quad n = 0, 1, 2, \cdots \tag{22-7}$$

式中,n 称为**量子数**,只取量化值,是表征微观粒子运动状态的一些特定数字,所以 E 只能是 $h\nu$ 的正整数倍。h 是物理学中普适常量之一,后来就叫**普朗克常量**,用于表征微观现象的量子特性,2019 年国际计量组织给出的最佳值为

$$h = 6.626\ 070\ 147 \times 10^{-34}\ \text{J} \cdot \text{s}$$

一般计算时,取 $h = 6.63 \times 10^{-34}$ J·s。把式(22-7)给出的每一个能量值称为**能量子**,因此,表征微观粒子运动状态的某些物理量只能不连续地变化,称为**量子化**。量子数 n 就用来确定它们所可能具有的数值。

在上述量子假说(引入 h)的基础上,普朗克利用统计规律导出

$$M_\nu = \frac{2\pi h}{c^2} \cdot \frac{\nu^3}{e^{\frac{h\nu}{kT}} - 1} \tag{22-8}$$

这一公式称为**普朗克黑体辐射公式**,简称**普朗克公式**。式中,c 为光在真空中的速率,k 为玻耳兹曼常量,M_ν 是热力学温度为 T 的黑体在单位时间内从单位表面积发出的、频率在包含 ν 在内的单位频率区间的电磁波的能量。如图 22-3 所示,式(22-8)在全部频率范围都和图 22-2 所示的实验结果相符,图 22-2 中纵轴的标度与式(22-8)中的 M_ν 成正比。利用式(22-1)和式(22-8)可推导出斯特藩-玻耳兹曼定律和维恩位移定律(求极值),且在低频段和高频段情况下可分别转换为瑞利-金斯公式($h\nu \ll kT$)和维恩公式($h\nu \gg kT$)。

(3) 量子概念的引入意义

当时,由于普朗克本人受传统的经典观念影响太深,在"绝望地""不惜任何代价地"提出量子概念后,诚惶诚恐,还长时间尝试回到经典范畴,用经典物理理论的能量连续性代替不连续性来解释它的由来,但都失败了。直到 1915 年,其他一些科学家发展量子观念并获得成功后,他才真正认识到量子化全新的、基础性的意义,它是根本不能由经典物理学导出的。

量子概念的引入,克服了黑体辐射经典理论中存在的困难,是物理学史上的一次巨大变革,从此结束经典物理学一统天下的局面,普朗克因发现能量子和成功解释电磁辐射的经验定律获 1918 年度诺贝尔物理学奖。能量的不连续性概念使人们对自然过程有更深入的认识,对推动现代物理学,特别是对量子论的发展有重大影响。正如 1922 年度诺贝尔物理学奖得主、丹麦物理学家玻尔所说:"这个发现将人类的观念——不仅是有关经典科学的观念,而且是有关通常思维方式的观念的基础砸得粉碎。"关于科学研究方法,恩格斯(F. Engels,1820—1895)也曾指出:"只要自然科学在思维着,它的发展形式就是假说。"

22.2　光电效应　光的粒子性

正当普朗克还在寻找他的能量子的经典根源时,年仅 21 岁的爱因斯坦,对于新生"量子婴儿",表现出热情支持的态度。1905 年,爱因斯坦为了解释光电效应,发展普朗克的量子理论,提出光量子(光子)假说。光电效应进一步揭示辐射本身的不连续性——光的粒子性(还有 22.3 节的康普顿效应)。

1. 光电效应

当具有一定能量和动量的光照射到金属(或其化合物)表面上时,电子会从金属表面逸出,电路中产生电流或电流变化的现象称为**光电效应**。后来,把物质受光照射时发射的电子

称为**光电子**;把由光电子的运动所形成的电流称为**光电流**。这一现象是 G.赫兹在 1887 年意外发现的。

1902 年,匈牙利裔德国籍物理学家勒纳(P.Lénárd,1862—1947)从光电效应实验得到光电效应的基本规律:电子的最大速度与光强度无关。但他企图在不违反经典物理理论的前提下对此做出解释而未能取得进展。这一基本规律为 1905 年爱因斯坦提出光量子假说和发现光电效应规律提供实验基础。而就在这一年,勒纳因在阴极射线方面的研究成就获诺贝尔物理学奖,使得人们对爱因斯坦的光电效应理论未能给予应有的重视。

图 22-4 所示为光电效应的实验装置简图,光电管 GD 为一抽成真空的玻璃管,管内有引出的电极——阳极 A 和阴极 K,阴极 K 表面敷有感光金属(或其氧化物)薄层。当一定能量和动量的光通过石英窗口照射阴极 K 时,就有电子从阴极表面逸出,这电子叫**光电子**。光电子在 A 与 K 之间的电场加速下向阳极 A 运动而成光电流。

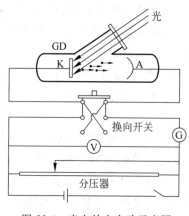

图 22-4　光电效应实验示意图

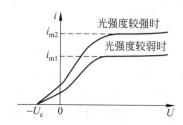

图 22-5　光电流与电压关系曲线

光电效应的实验结果可归纳如下:

(1) 饱和光电流。在入射光频率不变且光强度一定时,光电流随所加的加速电压的增大而增大,并达到饱和值,如图 22-5 所示。这意味着在光强度一定时,由阴极逸出的光电子全部被阳极接收而形成电流。实验表明,饱和光电流 i_m 与光强度成正比。因此,单位时间内由阴极发射的光电子数与入射的光强度成正比。这里的光强度是相对量,表示光源亮暗程度。

(2) 截止电压。图 22-5 的实验曲线还表明,当阳极所加电压反向,即阳极电势低于阴极电势时,仍有光电流产生。只是当此反向电压值大于某一值 U_c(不同金属有不同的 U_c 值)时,光电流才为零。这一电压值 U_c 称为**截止电压**,也称**遏止电压**。截止电压的存在,说明此时从阴极逸出的最快的光电子,由于受到电场的阻碍,也不能到达阳极。根据能量关系分析可得,光电子逸出时的最大初动能和截止电压 U_c 的关系为

$$\frac{1}{2}m_0 v_m^2 = eU_c \tag{22-9}$$

其中,m_0 和 e 分别是电子的质量和电荷量,v_m 是光电子逸出金属表面时的最大速度。由式(22-9)可测得光电子的最大初动能。

(3) 截止频率。实验结果显示,光电子的截止电压(或最大初动能)和入射光的频率 ν 成线性关系,而且只有当入射光的频率大于某一值 ν_0 时,电子才能从金属表面逸出。这一

频率 ν_0 叫做光电效应的**红限频率**或**截止频率**,对应的光的波长叫**红限波长**。

图 22-6 为三种阴极材料金属的光电子截止电压(或对应的最大初动能)和入射光频率的线性(直线)关系,直线和横轴的交点就是发生光电效应所需的入射光的最小频率 ν_0(红限频率)。可见,对于不同金属,其红限频率也不同,但其线性关系的斜率 k 是相同的,即与阴极的金属种类无关。这一线性关系的数学表示式为

$$U_c = k\nu - U_0 \tag{22-10}$$

将式(22-10)代入式(22-9)得

$$\frac{1}{2}m_0 v_m^2 = ek\nu - eU_0 \tag{22-11}$$

由式(22-11)和实验数据求出的斜率 k,即可求出红限频率 ν_0,其关系式为

$$\nu_0 = U_c/k \tag{22-12}$$

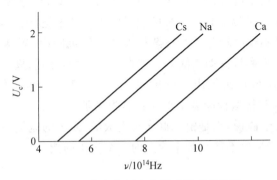

图 22-6　截止电压和入射光频率的关系

(4)弛豫时间。光电效应是瞬时效应。即使入射光的强度非常微弱,只要频率大于 ν_0,在开始照射后,就有光电子产生。实验还发现,光电子的逸出几乎与光照到阴极金属表面同时发生,延迟时间为 10^{-9} s 的数量级,即弛豫时间小于 10^{-9} s。

*(5)光电效应分类。根据光照射物体表面后产生的现象,光电效应通常分为三类:①在光线作用下能使电子从物体表面逸出的现象,称为**外光电效应**,也称光电发射;它是制造光电管、光电倍增管等真空光电元件的理论基础。②在光线作用下可使物体电阻值发生改变的,称为**内光电效应**或光电导效应;基于内光电效应的有光敏电阻、光敏二极管、光敏三极管等各种半导体光电器件。③在光线作用下能够产生一定方向电动势的现象,称为**阻挡层光电效应**或光生伏特效应,也称**光伏效应**;它是制备太阳能电池的理论基础。

2. 光的波动性理论遇到的困难

光电效应中发射的电子——光子,也是一种粒子,释放出的光电子的最大初动能由入射光的频率决定,这一实验结果是光的波动理论无法解释的。因为按照波动理论,光的强度决定于光波的振幅,金属内电子吸收光波能量后逸出金属表面的光电子的动能应随光波振幅的增大而增大,而不应该与入射光的频率有直线关系,不应该存在截止频率。

此外,还有一点值得注意的是,光电子的逸出几乎是在光照射到金属表面上的同时发生的,弛豫时间小于 10^{-9} s。即使用极弱的入射光,也是如此。这种瞬时效果用经典波动理论——麦克斯韦电磁理论——也是完全无法解释的,因为在入射光极弱时,按光的波动理论,金属中的电子必须经过长时间才能从光波中收集和积累到足够的能量而逸出金属表面,

而这一时间,按此理论计算竟然要达到几分钟或更长。

光的波动理论在光电效应的实验结果上也遇上无法解释的困难。

3. 爱因斯坦光量子理论——光电效应方程

普朗克的量子假设正确地解决有关热辐射的问题,量子假设只限于假定辐射电磁波的带电谐振子的能量是量子化的,而辐射本身,作为广布于空间的电磁波,其能量在传播过程中仍被认为是连续地分布于场中的。光电效应的实验结果让爱因斯坦意识到,辐射不仅在能量上是量子化的,而且在空间分布上也是不连续的,于是提出光量子假说,即光具有粒子性或颗粒性,成功解释了光电效应现象。

爱因斯坦在发展普朗克关于**能量量子化**的概念的基础上,于 1905 年发表"关于光的产生和转换的一个有启发性的观点"论文。在论及光电效应等的实验结果时,他写道:"尽管光的波动理论永远不会被别的理论所取代……但仍可以设想,用连续的空间函数表述的光的理论在应用到光的发射和转换的现象时可能引发矛盾。"于是,他接着假定:"从一个点光源发出的光线的能量并不连续地分布在逐渐扩大的空间范围内,而是由有限个数的能量子组成的。这些能量子个个都只占据空间的一些点,运动时不分裂,只能以完整的单元产生或被吸收。"在这里,爱因斯坦首次提出光的能量子单元。1926 年,美国物理化学家刘易斯(G.N.Lewis,1875—1946)把这种能量子单元命名为**光子**。

根据爱因斯坦光量子假说,光是由一群光子组成的,光子的能量与光的频率成正比。不同颜色的光,其光子的能量也不同。频率为 ν 的一个光子的能量为

$$E = h\nu \tag{22-13}$$

其中,h 为普朗克常量。

为了解释光电效应,爱因斯坦在上述那篇文章中写道:"最简单的方法是设想一个光子将它的全部能量给予一个电子"(现在利用激光可使几个光子一次被一个电子吸收)。电子获得(吸收)此能量后动能就增加,从而有可能逸出金属表面。一个电子从金属表面逸出时克服金属内正电荷的吸引力需要做的功,称为**逸出功**,也称脱出功或功函数,用 A 表示。由能量守恒可得,一个电子逸出金属表面后的最大初动能为

$$\frac{1}{2}m_0 v_{\mathrm{m}}^2 = h\nu - A \tag{22-14}$$

此式称为**光电效应方程**。它表明,光子是不可分割的,金属中的电子只能整个地吸收光子的能量 $h\nu$,一部分用来克服金属的逸出功 A,剩下的转化为电子逸出金属表面的初动能。即 $h\nu \geqslant A$,才有光电子逸出。光子能量越大(即频率 ν 越高),电子速度就越大;而光子越多(即光越强),电子数目也就越多,这一理论与实验完全符合。金属的逸出功约为几个电子伏,如钨为 $A = 4.5$ eV,镍为 $A = 4.3$ eV。在金属表面涂以钡、锶、钙等氧化物物后,逸出功显著减少,因此,光电管中常用涂有氧化物的金属作为阴极。

光子作为一个整体被吸收,因此,光电效应几乎与光照同时发生。因为一个电子一次吸收一个具有足够能量的光子而逸出金属表面是不需要多长时间的。实验表明,在入射光强不是很大时,电子同时吸收多个光子的概率十分微小,实际上不会发生。

基于光子概念的光电效应方程式(22-14)完全说明光电子的最大初动能和入射光的频率的线性关系,并且给出红限频率的值。最大初动能等于零时,金属表面将不再有光电子逸出,这时入射光的频率就是红限频率 ν_0,式(22-14)给出

$$\nu_0 = \frac{A}{h} \tag{22-15}$$

借助式(22-15)和式(22-12)给出的 ν_0，即可求出金属的逸出功 A。

表 22-1 列出几种金属的红限频率、逸出功以及对应的波段。

表 22-1 几种金属的逸出功和红限频率及波段

金属	钨(W)	锌(Zn)	钙(Ca)	钠(Na)	钾(K)	铷(Rb)	铯(Cs)
红限频率 $\nu_0/(10^{14}$ Hz)	10.95	8.06	7.73	5.53	5.44	5.15	4.69
逸出功 A/eV	4.54	3.34	3.20	2.29	2.25	2.13	1.94
波段	远紫外	近紫外	近紫外	绿	绿	黄	红

此外，由图 22-6 中实验曲线，还可求出普朗克常量 h，因为其斜率 k 就是 $\dfrac{h}{e}$。1916 年密立根(R.A.Milikan)曾对光电效应进行精确的测量，当时他利用图 22-6 求出 $h = 6.56 \times 10^{-34}$ J·s，这与当时用其他方法测得的值符合得很好。密立根油滴实验被誉为物理学史上"最美的十大经典实验"之一。密立根因精确地测量元电荷 e 值，证明电荷 q 的不连续性(即量子性，$q = ne$，n 为整数)而获 1923 年度诺贝尔物理学奖。爱因斯坦因发现光电效应规律于 1922 年获 1921 年度诺贝尔物理学奖(补缺)。

4. 光的粒子性 光子

在 19 世纪，通过光的干涉、衍射等实验，人们已认识到光是一种波动——电磁波，并建立光的波动理论——麦克斯韦电磁理论。进入 20 世纪，从爱因斯坦起，人们又认识到光是粒子流——光子流。光的量子理论开始发展，它能解释一些光的经典电磁理论不能解释的现象。光量子假设把量子看成是辐射粒子，赋予量子的实在性，光子概念被证明是正确的，这在普朗克能量子概念的基础上前进一大步，从而揭示光的二象性。

综合起来，光既具有波动性，又具有粒子性，相辅相成，这是关于光的本性的全面认识。在有些情况下，光突出地显示出其波动性，而在另一些情况下，则突出地显示出其粒子性。光的这种本性称为**光的二象性**。光既不是经典意义上的"单纯的"波，也不是经典意义上的"单纯的"粒子。

光的波动性用光波的波长 λ 或频率 ν 描述，光的粒子性用光子的质量 m、能量 E 和动量 p 描述。对一个光子的能量，式(22-13)给出 $E = h\nu$，相对论的质能关系式(6-38)给出 $E = mc^2$，则一个光子的相对论质量 m 表示为

$$m = \frac{h\nu}{c^2} = \frac{h}{c\lambda} \tag{22-16}$$

粒子质量 m 和运动速度 v 的关系为

$$m = \frac{m_0}{\sqrt{1 - \left(\dfrac{v}{c}\right)^2}}$$

对于光子，$v = c$，而 m 是有限的，所以只能是 $m_0 = 0$，即**光子**是静止质量为零的一种粒子。但是，由于光速不变，光子对于任何参考系都不会静止，所以在任何参考系中，光子的质量实

际上都不会是零。

量子的概念与场联系在一起,如将同某种场联系在一起的粒子,称为该场的**量子**。因此,电磁场的量子就是**光子**。光子也称**光量子**,是粒子的一种,稳定且不带电,是光(电磁辐射)的能量量子。

根据相对论的能量—动量关系

$$E^2 = p^2 c^2 + m_0^2 c^4$$

对于光子,$m_0 = 0$,所以光子的动能为

$$p = \frac{E}{c} = \frac{h\nu}{c} \tag{22-17}$$

或

$$p = \frac{h}{\lambda} \tag{22-18}$$

式(22-17)和式(22-18)是描述光的性质的基本关系式,式中左侧的量描述光的粒子性,由动量 p 体现;右侧的量描述光的波动性,由波长 λ 体现。在数量上,光的这两种性质是通过普朗克常量 h 联系在一起的,表明光的**波粒二象性**。

【例 22-1】　**光子**。求下述几种辐射的光子的能量、动量和质量:(1)$\lambda = 700$ nm 的红光;(2)$\lambda = 7.1 \times 10^{-2}$ nm 的 X 射线;(3)$\lambda = 1.24 \times 10^{-3}$ nm 的 γ 射线。

解　利用式(22-13)、式(22-18)和式(22-16)分别求解。

(1) 对 $\lambda = 700$ nm 的红光光子,其能量为

$$E = h\nu = hc/\lambda = 2.84 \times 10^{-19} \text{ J} = 1.78 \text{ eV}$$

动量和质量分别为

$$p = h/\lambda = 9.47 \times 10^{-28} \text{ kg} \cdot \text{m} \cdot \text{s}^{-1}, \quad m = h/c\lambda = 3.16 \times 10^{-36} \text{ kg}$$

(2) 对 $\lambda = 7.1 \times 10^{-2}$ nm 的 X 射线,同样地,有

$$E = 1.75 \times 10^4 \text{ eV}, \quad p = 9.34 \times 10^{-24} \text{ kg} \cdot \text{m} \cdot \text{s}^{-1}, \quad m = 3.11 \times 10^{-32} \text{ kg}$$

(3) 对 $\lambda = 1.24 \times 10^{-3}$ nm 的 γ 射线,同样地,有

$$E = 1.00 \times 10^6 \text{ eV}, \quad p = 5.35 \times 10^{-22} \text{ kg} \cdot \text{m} \cdot \text{s}^{-1}, \quad m = 1.78 \times 10^{-30} \text{ kg}$$

γ 射线为光子流,其质量差不多等于电子静质量的 2 倍。

22.3　康普顿效应(康普顿散射)

康普顿实验是继光电效应之后,独立揭示光的粒子性的关键性实验。康普顿效应证实爱因斯坦光量子理论的正确性,比光电效应更进一步证实电磁辐射的"粒子性"。

1. 康普顿效应

1923 年,美国物理学家康普顿(A. H. Compton,1892—1962)在研究 X 射线通过物质时向各方向散射的实验发现,在散射的 X 射线中,除了有波长与原射线相同的成分外,还有波长较长的成分。较短波长的电磁辐射(如 X 射线、γ 射线)被物质散射后,散射波中除有原波长的波之外,还出现波长增大的波,这种波长变长的散射现象,称为**康普顿效应**,也称**康普顿散射**。

2. 康普顿效应的理论解释与康普顿散射公式

康普顿散射可以用光子理论加以圆满的解释。理论上,把该现象解释为光子和散射物

中自由电子弹性碰撞的结果。根据光子理论,X 射线的散射是单个光子和单个电子发生弹性碰撞的结果。根据这种碰撞过程可进行如下分析和计算。

在固体中,如各种金属,有许多和原子核联系较弱的电子可以看作自由电子。由于这些电子的热运动平均动能(约百分之几电子伏特)和入射的 X 射线光子的能量($10^4 \sim 10^5$ eV)比起来,可以略去不计,因而这些电子在碰撞前,可以看作是静止的。一个静止电子的静质量为 m_0,静止能量(静能)为 $m_0 c^2$,动量为零。设入射光的频率为 ν_0(波长为 λ_0),它的一个光子就具有能量 $h\nu_0$,动量 $\dfrac{h\nu_0}{c} e_0$(e_0 为碰撞前光子运动方向上的单位矢量),如图 22-7 所示。又设弹性碰撞后,电子的能量变为 mc^2,动量变为 $m\boldsymbol{v}$;频率为 ν 的散射光子的能量为 $h\nu$,动量为 $\dfrac{h\nu}{c} e$(e 为碰撞后的光子运动方向上的单位矢量),散射角为 φ。按照能量守恒定律和动量守恒定律,分别有

$$h\nu_0 + m_0 c^2 = h\nu + mc^2 \tag{22-19}$$

和

$$\frac{h\nu_0}{c} e_0 = \frac{h\nu}{c} e + m\boldsymbol{v} \tag{22-20}$$

考虑到反冲电子的速度 v 可能很大,式中 $m = \dfrac{m_0}{\sqrt{1 - \left(\dfrac{v}{c}\right)^2}}$。由上述两式解得

$$\Delta\lambda = \lambda - \lambda_0 = \frac{h}{m_0 c}(1 - \cos\varphi) = \lambda_C(1 - \cos\varphi) \tag{22-21}$$

此式称为**康普顿散射公式**(见本节后半部分推导)。式中,λ 和 λ_0 分别表示散射光和入射光的波长。式(22-21)表明,波长的偏移量 $\Delta\lambda$ 与散射物质、入射的 X 射线波长 λ_0 无关,只与散射角 φ 有关。式中的 $\dfrac{h}{m_0 c}$ 具有波长的量纲,称为电子的**康普顿波长**,以 λ_C 表示。代入 h,c,m_0 的值,康普顿波长为

$$\lambda_C = \frac{h}{m_0 c} = 2.426 \times 10^{-12} \text{m} = 2.426 \times 10^{-3} \text{nm}$$

它与短波 X 射线的波长相当。

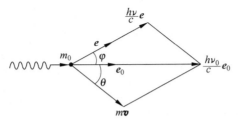

图 22-7 光子与静止的自由电子的碰撞分析矢量图

从上述分析可知,入射光子和电子碰撞时,把一部分能量传给电子,因而,光子能量减少,频率降低,波长变长。波长偏移量 $\Delta\lambda$ 和散射角 φ 的关系,即式(22-21)也与实验结果定量地符合。这一规律也已为实验证实。

还需要指出的是,康普顿散射只有在入射波的波长与电子的康普顿波长可以相比拟时,

才是显著的。例如,入射波波长为 $\lambda_0 = 400$ nm 时,在 $\varphi = \pi$ 的散射角方向上,散射波的波长偏移量为 $\Delta\lambda = 4.8 \times 10^{-3}$ nm,$\Delta\lambda/\lambda_0 = 10^{-5}$。这种情况下,很难观察到康普顿散射。当入射波的波长为 $\lambda_0 = 0.05$ nm,在 $\varphi = \pi$ 时,虽然波长的偏移量仍是 $\Delta\lambda = 4.8 \times 10^{-3}$ nm,但 $\Delta\lambda/\lambda_0 \approx 10^{-1} = 10\%$,这时就能比较明显地观察到康普顿散射。

此外,在散射光中还观察到与原波长相同的射线。这种波长不变的散射叫做瑞利散射。它可用经典电磁理论加以解释。

康普顿效应和光电效应都可归结为光子与电子之间的相互作用,其中的 h 也起着重要作用。如果入射光是可见光或紫外线,由于光子的能量较小,与金属的逸出功为同一数量级(几个 eV 大小),也就不能把金属中的电子看成是静止的自由电子,因此,康普顿效应不显著,且 $\Delta\lambda \ll \lambda_0$ 而难以观察到波长的变化。这也就是选用波长较短的 X 射线进行实验来观察康普顿散射的原因。在光电效应中,入射光是可见光或紫外线,所以康普顿效应不显著。

康普顿散射的理论和实验的完全相符,曾在量子论的发展中起过重要的作用。它比光电效应更进一步证实电磁辐射的“粒子性”,因为在解释光电效应实验时,只涉及到光子的能量。而在解释康普顿效应时,不仅考虑光子的能量,还考虑光子的动量。或者说,康普顿效应揭示光子具有能量也具有动量,不仅有力地证明光具有波粒二象性,而且还表明,在微观的单个碰撞事件中,光子和微观粒子的相互作用过程也是严格地遵守动量守恒定律和能量守恒定律。

康普顿因此成就分享 1927 年度诺贝尔物理学奖,这也是有关 X 射线性质与应用研究的又一次得奖。中国科学家吴有训(1897—1977)参与此项研究的开创性工作,做出重要的贡献。

【例 22-2】 康普顿散射。波长 $\lambda_0 = 0.010$ nm 的 X 射线与静止的自由电子碰撞。在与入射方向成 $90°$ 的散射方向上观察时,康普顿散射 X 射线的波长多大? 反冲电子的动能和动量各如何?

解 将散射角 $\varphi = 90°$ 代入式(22-21),散射波波长偏移量为

$$\Delta\lambda = \lambda - \lambda_0 = \lambda_C(1 - \cos\varphi) = \lambda_C(1 - \cos 90°) = \lambda_C$$

由 $\Delta\lambda = \lambda_C$ 和前面求得的 $\lambda_C = 2.426 \times 10^{-3}$ nm,则散射光子的波长为

$$\lambda = \lambda_0 + \Delta\lambda \approx (0.010 + 0.002\,4)\text{nm} = 0.012\,4\text{nm}$$

当然,在这一散射方向上还有波长不变的散射光。

根据能量守恒定律,反冲电子所获得的动能 E_k 等于入射光子损失的能量。即

$$E_k = h\nu_0 - h\nu = hc\left(\frac{1}{\lambda_0} - \frac{1}{\lambda}\right) = \frac{hc\,\Delta\lambda}{\lambda_0\lambda}$$

$$= \frac{6.63 \times 10^{-34} \times 3 \times 10^8 \times 0.002\,4 \times 10^{-9}}{0.01 \times 10^{-9} \times 0.012\,4 \times 10^{-9}}\text{J}$$

$$= 3.8 \times 10^{-15}\text{J} = 2.4 \times 10^4 \text{(eV)}$$

下面根据图 22-8 计算反冲电子的动量,其中的 $\boldsymbol{p}_e$ 为电子碰撞后的动量。根据动量守恒定律,有

$$p_e\cos\theta = \frac{h}{\lambda_0}, \qquad p_e\sin\theta = \frac{h}{\lambda}$$

两式平方后相加,再开方,得

$$p_e = \frac{(\lambda_0^2 + \lambda^2)^{\frac{1}{2}}}{\lambda_0\lambda}h$$

$$= \frac{[(0.01 \times 10^{-9})^2 + (0.012\,4 \times 10^{-9})^2]^{1/2}}{0.01 \times 10^{-9} \times 0.012\,4 \times 10^{-9}} \times 6.63 \times 10^{-34}\text{ kg}\cdot\text{m/s}$$

$$= 8.5 \times 10^{-23}\text{ kg}\cdot\text{m/s}$$

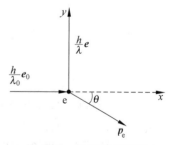

图 22-8　例 22-2 解用图

$$\cos\theta = \frac{h}{p_e \lambda_0} = \frac{6.63 \times 10^{-34}}{0.01 \times 10^{-9} \times 8.5 \times 10^{-23}} = 0.78$$

由此得

$$\theta = 38°44'$$

*3. 康普顿散射公式的推导

下面推导式(22-21)的康普顿散射公式。将式(22-20)改写为

$$m\,\boldsymbol{v} = \frac{h\nu_0}{c}\boldsymbol{e}_0 - \frac{h\nu}{c}\boldsymbol{e}$$

两边平方得

$$m^2 v^2 = \left(\frac{h\nu_0}{c}\right)^2 + \left(\frac{h\nu}{c}\right)^2 - 2\frac{h^2\nu_0\nu}{c^2}\boldsymbol{e}_0 \cdot \boldsymbol{e}$$

由于 $\boldsymbol{e}_0 \cdot \boldsymbol{e} = \cos\varphi$，所以上式变换为

$$m^2 v^2 c^2 = h^2\nu_0^2 + h^2\nu^2 - 2h^2\nu_0\nu\cos\varphi \tag{22-22}$$

由于可把式(22-19)改写为

$$m c^2 = h(\nu_0 - \nu) + m_0 c^2$$

将此式平方，再减去式(22-22)，并将 m^2 换写成 $m_0^2/(1-v^2/c^2)$，则化简后可得

$$\frac{c}{\nu} - \frac{c}{\nu_0} = \frac{h}{m_0 c}(1 - \cos\varphi) = \lambda_C(1 - \cos\varphi)$$

将式中频率改用波长表示，即可得式(22-21)的康普顿散射公式。

22.4　粒子的波动性　物质波

光学理论发展历史表明，曾有很长一段时间，科学家徘徊于光的粒子性和波动性之争，虽然二者看似相互矛盾，实际上两种解释并不对立，而是相互并存，在不同条件下分别表现出不同的性质，即光具有波粒二象性。在光的二象性的启发下，法国青年德布罗意想到，实物粒子也应该具有波动性。德布罗意的物质波理论引发一门新理论——量子力学——的建立。量子力学是建立在两个假设——普朗克量子假设和**波粒二象性**基础上的理论。

1. 实物粒子的波动性——物质波

德布罗意酷爱读书，中学时就显示出文学才华，后受到哥哥和索尔维会议思想的影响，激起对新物理学的强烈兴趣，对爱因斯坦也十分崇拜，1911 年转向物理学，1913 年获"科学证书"。他受光的二象性的启发，于 1923 年发表三篇有关波和量子的论文，并意识到：自然界在许多方面都是明显地对称的，光具有波粒二象性，则实物粒子，如电子，也应该具有波粒二象性。他提出这样的问题："整个世纪以来，在辐射理论上，比起波动的研究方法来，是过于忽略粒子的研究方法；在实物理论上，是否发生相反的错误呢？是不是我们关于'粒子'的图像想得太多，而过分地忽略波的图像呢？"

1924 年他在博士论文中，大胆地提出假设：静止质量不为零的一切实物粒子(如电子、中子、原子和分子等微观粒子)也具有波粒二象性。同时，他采用类比法，创新性地借用光子的能量-频率关系式(22-13)和动量-波长的关系式(22-18)，认为一个质量为 m、运动速度

为 v 的实物粒子和光的波粒二象性一样,既具有以能量 E、动量 p 所描述的粒子性,也具有以频率 ν 和波长 λ 所描述的波动性。E 与 ν,p 与 λ 之间的定量关系分别为

$$\nu = \frac{E}{h} = \frac{mc^2}{h} \qquad (22\text{-}23)$$

$$\lambda = \frac{h}{p} = \frac{h}{mv} \qquad (22\text{-}24)$$

应用于实物粒子的这些公式称为**德布罗意公式**或**德布罗意假设**。和实物粒子相联系的波,称为**物质波**或德布罗意波,其波长 λ 为**德布罗意波长**。式(22-24)给出相应的德布罗意波长。

德布罗意因发现电子的波动性和提出物质波的概念获 1929 年度诺贝尔物理学奖,成为以博士论文获奖的学者。之前,德布罗意非常想参加极有影响力的索尔维会议,因对科学无杰出贡献而被拒绝申请。他发誓,一定要做出像样的东西来;后来,如愿以偿地被邀请参加下一届索尔维会议。

2. 电子波动性的实验验证

德布罗意用类比法提出物质波,当时并没有任何直接的证据。在 1924 年博士论文答辩时,新颖的物质波概念使答辩委员会不知如何评价,却也不敢轻易否定。他的导师郎之万(P.Langevin,1872—1946)将论文副本寄给爱因斯坦。爱因斯坦慧眼有识,大加赞赏并评论说:"我相信这一假设的意义远远超出单纯的类比""厚幕的一角被德布罗意揭开。"当时,答辩委员会主席是法国著名科学家佩兰(J.B.Perrin,1870—1942,1926 年度诺贝尔物理学奖得主)。他问德布罗意:"有没有办法验证你的观点?"德布罗意回答:"通过电子在晶体上的衍射实验,应当有可能观察到这种假定的波动的效应。"不久,德布罗意的假设就得到实验证实。德布罗意哥哥实验室中的一位实验物理学家道维勒曾试图用阴极射线管做这个实验,因方法问题没有成功而放弃,错失良机。

1927 年,美国物理学家戴维孙(C.J.Davisson,1881—1958)及其助手革末(L.H.Germer,1896—1971)在美国物理学家埃尔萨塞(W.M.Elsasser,1904—1991)的启发下,做了电子束在晶体表面上散射的实验,观察到和 X 射线衍射类似的电子衍射现象,首先证实电子的波动性。这一现象是电子具有波动性的有力证明。他们用的实验装置简图如图 22-9(a)所示,使一束电子射到镍晶体的特选晶面上,同时用探测器测量沿不同方向散射的电子束的强度。实验中发现,当入射电子的能量为 54 eV 时,在 $\varphi = 50°$ 的方向上散射电子束强度最大,如图 22-9(b)所示。设镍的两相邻晶面原子间距为 d,电子束的波长为 λ,按类似于 X 射线在晶体表面衍射的分析,由图 22-9(c)可知,散射电子束极大的方向应满足相长干涉条件,即

$$d\sin\varphi = \lambda \qquad (22\text{-}25)$$

这与 X 射线在晶体表面衍射时的布拉格公式一样,但式中物理量的含义不同。若镍晶体原子间距 $d = 0.215$ nm,则式(22-25)给出"电子波"的波长为

$$\lambda = d\sin\varphi = 2.15 \times 10^{-10} \times \sin 50° \text{ m} = 1.65 \times 10^{-10} \text{ m}$$

按德布罗意公式(22-24),该"电子波"的波长为

$$\lambda = \frac{h}{m_e v} = \frac{h}{\sqrt{2m_e E_k}} = \frac{6.63 \times 10^{-34}}{\sqrt{2 \times 0.91 \times 10^{-31} \times 54 \times 1.6 \times 10^{-19}}} \text{ m}$$

$$= 1.67 \times 10^{-10} \text{ m}$$

这一理论结果和上面的实验结果符合得很好。

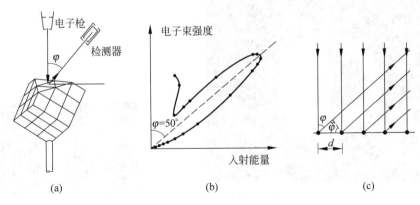

图 22-9　戴维孙-革末实验

(a) 装置简图；(b) 散射电子束强度分布；(c) 衍射分析

同年,英国物理学家汤姆孙(G.P.Thomson,1892—1975)独立地做了电子束穿过多晶薄膜的衍射实验,他采用如图 22-10(a)所示的实验原理示意图,获得如图 22-10(b)所示的衍射图样。这与 X 射线通过多晶薄膜后产生的衍射图样极为相似,从实验上同样地证明德布罗意公式的正确性,从而证实实物粒子的波动性。

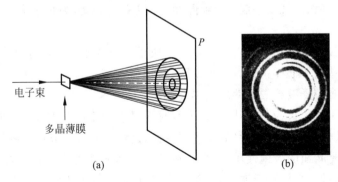

图 22-10　汤姆孙电子衍射实验

(a) 实验简图；(b) 衍射图样

图 22-11 是一幅波长相同的 X 射线和电子衍射图样对比图。后来,1961 年德国学者约恩孙(C.Jönsson,1901—1982)做了电子的单缝、双缝、三缝等衍射实验,得到如图 22-12 所示的明暗条纹,这样的衍射图样与可见光的衍射图样在模式上很相似,更加直观地说明电子具有波动性。此外,物质波假设也可从分子束甚至中子束获得验证。

G.P.汤姆孙、戴维孙与助手革末分别从实验上证实德布罗意假设的正确性,即实物粒子的波动性,至此,电子具有波动性得到确认。G.P.汤姆孙和戴维孙分享 1937 年度诺贝尔物理学奖,以表彰他们在晶体衍射验证电子的波动性做出的贡献。G.P.汤姆孙的获奖演绎"子承父业"传奇,其父 J.J.汤姆孙(J.J.Thomson,1856—1940)因发现电子等贡献于 1906 年获奖。

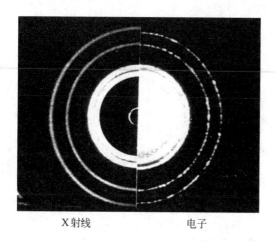

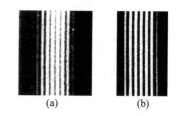

图 22-11　电子和 X 射线衍射图样对比图

图 22-12　约恩孙得到的电子衍射图样
（a）双缝；（b）四缝

3. 实物粒子的波粒二象性

由式（22-23）和式（22-24）可见，德布罗意公式把描述光的粒子特性的物理量（能量 $E=h\nu$ 和动量 $p=mv$）与描述光的波动特性的物理量（频率 ν 和波长 λ）通过普朗克常量 h 联系起来，即把粒子性和波动性统一起来，给予"量子"以真正涵义，为量子力学的建立提供理论基础。

除了电子外，之后还陆续用实验证实中子、质子以及原子甚至分子等都具有波动性，德布罗意公式对这些粒子同样正确。这就说明，一切微观粒子都具有波粒二象性。德布罗意公式就是描述微观粒子波粒二象性的基本公式。

物质相互作用时的行为，在不同条件下有时像具有确定能量和动量（如碰撞过程）的粒子的行为，有时又像具有波的行为（如干涉，衍射），这种性质就是**波粒二象性**。

波粒二象性是物质的普遍性质，是微观粒子的基本属性之一。光电效应和康普顿效应反映光的粒子性（量子特性），干涉、衍射等现象显示出光的波动性。在实际问题中，由于 h 极其微小，光子能量 $h\nu\to0$，则 $p=h/\lambda\to0$，光的粒子性表现不显著。实际上，宏观物体也具有波粒二象性，但因其质量相对较大，其德布罗意波长小到难以用实验测量的程度，波动性极不显著，仅表现出粒子性特征。

应该指出，德布罗意波（物质波）与经典物理中研究的波是截然不同的。例如，机械波是机械振动在空间的传播，德布罗意波是对微观粒子运动的统计描述，在某处附近粒子出现的概率反映在该处德布罗意波的强度。因此，绝不能把微观粒子的波动性按部就班地理解为经典物理中的波。

4. 粒子波动性的应用

粒子的波动性已有很多的重要应用。例如，由于低能电子波穿透深度较 X 射线小，所以低能电子衍射被广泛地用于固体表面性质或薄层结构的研究。由于中子易被氢原子散射，所以中子衍射就被用来研究含氢元素的晶体的特性。

电子显微镜是电子的波动性的一个重要应用，也是一项技术上的重大发明。由于普通光学显微镜受可见光波长的限制,分辨率不可能很高。后来,科学家利用电场或磁场可使电子束或离子束聚焦和成像的原理,发明一种和几何光学中使光线聚焦、成像的透镜相似的系统,称为**电子透镜**,它使制造电子显微镜成为可能。电子透镜通常有利用静电场的静电透镜,也有利用磁场的磁透镜,以及同时利用电场、磁场的电磁透镜等。1932 年德国青年鲁斯卡(E.Ruska,1906—1988)利用磁透镜这一电子系统(见 16.1 节),发明世界上第一台电子显微镜,并在后期不断改进。1986 年他以此贡献与制成扫描隧穿显微镜(STM,1982 年发明。参见 * 23.3 节)的其他两位科学家共获该年度诺贝尔物理学奖。鲁斯卡也成为当时获奖时间跨度最大的获奖者。

如果一静质量为 m_0 的粒子,其速率 v 比光速 c 小得多,则只讨论非相对论情况,自由粒子的动能和波长分别表示为

$$E_k = \frac{1}{2} m_0 v^2, \quad \lambda = \frac{h}{p} = \frac{h}{m_0 v} = \frac{h}{\sqrt{2m_0 E_k}}$$

加速电子所用高压为 U,电子被加速到最大动能为 $E_k = eU$。当 $U \geqslant 100$ kV 时,电子速率 v 就接近光速 c 或与 c 可比拟,则需要考虑相对论效应(参见例 22-3 的讨论),否则,求出的波长将产生较大误差。根据相对论动能公式(6-36),相对论能量为 $E = mc^2 = E_k + m_0 c^2$;由相对论动量和能量关系式(6-46),有 $E^2 = m_0^2 c^4 + p^2 c^2$,则电子的相对论波长 λ 为

$$\lambda = \frac{h}{p} = \frac{hc}{\sqrt{eU(eU + 2m_0 c^2)}} \text{ nm}$$

例如,当 $U = 100$ kV(电子被加速到超过 $0.6c$ 的速率)时,算出的波长约为 0.004 nm,比可见光少 5 个数量级,因此,利用电子波代替可见光制成的电子显微镜具有极高的分辨本领。

电子显微镜是利用电子枪发射高速运动的电子束代替光波(光束),用磁透镜代替光学放大镜制成的显微镜,可在不接触、不破坏样品情况下观察材料表面的微观结构。由于高速电子的德布罗意波长仅为可见光波长的十万分之一,故电子显微镜分辨能力显著提高。由于电子透镜的像差不能完全消除,目前,电子显微镜的分辨能力只能达到 0.1 nm,用它可观察到病毒、大分子以及金属材料的晶体结构等。电子显微镜简称**电镜**(EM),如扫描电镜(SEM)和透射电镜(TEM)等,是当代科学研究的重要工具之一。

【例 22-3】 德布罗意波长。计算电子经过 $U_1 = 100$ V 和 $U_2 = 10$ kV 的电压加速后的德布罗意波长 λ_1 和 λ_2 分别是多少?

解 经过电压 U 加速后,电子的动能 E_k 为

$$\frac{1}{2} mv^2 = eU$$

由此得

$$v = \sqrt{\frac{2eU}{m}}$$

根据德布罗意公式,此时电子波的波长为

$$\lambda = \frac{h}{mv} = \frac{h}{\sqrt{2em}\sqrt{U}} = \frac{1.23}{\sqrt{U}} \text{ nm}$$

将已知数据代入计算,分别可得

$$\lambda_1 = 0.123 \text{ nm}, \quad \lambda_2 = 0.012\,3 \text{ nm}$$

与 X 射线的波长相当。可见，一般实验中的电子波的波长是很短的，正是因为这个缘故，通常利用晶体来观察电子衍射。

讨论　当加速电压为 $U=10\ \text{kV}$ 时，算出电子的速率约为 $0.2c$。如果考虑相对论效应，算出的波长为 $0.012\ 2\ \text{nm}$，与上面的结果比较，相对误差约为 1%。当 $U=100\ \text{kV}$ 时，电子的速率超过 $0.6c$，其德布罗意波长为 $0.003\ 87\ \text{nm}$，考虑相对论效应算出的波长为 $0.003\ 70\ \text{nm}$，相对误差超过 4%。

【例 22-4】　子弹的德布罗意波长。计算质量 $m=0.01\ \text{kg}$，速率 $v=300\ \text{m/s}$ 的子弹的德布罗意波长。

解　根据德布罗意公式，可得

$$\lambda = \frac{h}{mv} = \frac{6.63 \times 10^{-34}}{0.01 \times 300} = 2.21 \times 10^{-34}\ (\text{m})$$

可以看出，因为普朗克常量是个极微小的量，所以宏观物体的波长小到实验难以测量的程度，因而宏观物体仅表现出粒子性。

*【例 22-5】　物质波的速率。证明物质波的相速度 u 与相应粒子运动速度 v 之间的关系为 $u=c^2/v$。

证明　波的相速度为 $u=\nu\lambda$，根据德布罗意公式，可得

$$\lambda = \frac{h}{mv}, \quad \nu = \frac{mc^2}{h}$$

两式相乘，得

$$u = \lambda\nu = \frac{c^2}{v}$$

此式表明，物质波的相速度并不等于相应粒子的运动速度①。

22.5　概率波与概率幅

德布罗意提出的波的物理意义是什么呢？他本人曾认为那种与粒子相联系的波是引导粒子运动的"导波"，并由此预言电子的双缝干涉的实验结果。这种波以相速度 $u=c^2/v$ 传播而其群速度就正好是粒子运动的速度 v。对这种波的本质是什么，他并没有给出明确的回答，只是说它是虚拟的和非物质的。

1. 概率波的概念

量子力学的创始人之一薛定谔在 1926 年曾说过，电子的德布罗意波描述电荷量在空间的连续分布。为了解释电子是粒子的事实，他认为电子是许多波合成的波包。这种说法很快就被否定，其原因有二。第一，波包总是要发散而解体的，这和电子的稳定性相矛盾；第二，电子在原子散射过程中仍保持稳定，也很难用波包来说明。

关于德布罗意波的实质，当前得到公认的是玻恩在 1926 年提出的解释。在玻恩之前，爱因斯坦谈及他本人论述的光子和电磁波的关系时曾提出，电磁场是一种"鬼场"；这种场引导光子的运动，而各处电磁波振幅的平方决定在各处的单位体积内一个光子存在的概率。玻恩发展爱因斯坦的思想，保留粒子的微粒性，认为德布罗意波描述了粒子在各处被发现的

---

① 由于 $v<c$，所以 $u>c$，即相速度大于光速。这并不和相对论矛盾。因为对一个粒子，其能量或质量是以群速度传播的。德布罗意曾证明，和粒子相联系的物质波的群速度等于粒子的运动速度。

概率。这就是说,德布罗意波是**概率波**。

概率波的数学表达式叫**波函数**。波函数是量子力学中表征微观粒子(或其体系)运动状态的一个函数,也是描述其运动状态的一种特殊方法(见本节后半部分介绍)。

2. 波粒二象性的统计解释

玻恩的概率波概念可以用电子双缝衍射的实验结果来说明(关于光的双缝衍射实验,也做出完全相似的结果)。玻恩因对量子力学的基础研究,包括对量子力学中波函数的统计解释等贡献,分享 1954 年度诺贝尔物理学奖。

图 22-12(a)的电子双缝衍射图样和光的双缝衍射图样完全一样,显示不出粒子性,更没有什么概率那样的不确定特征。但是,这是用大量的电子(或光子)做出的实验结果。如果减弱入射电子束的强度以致使一个一个电子依次通过双缝,则随着电子数的积累,衍射"图样"将依次如图 22-13 中各图所示。图 22-13(a)是只有一个电子穿过双缝所形成的图像,图 22-13(b)是几个电子穿过后形成的图像,图 22-13(c)是几十个电子穿过后形成的图像。这几幅图像表明,电子的确是粒子,因为图像是由点组成的。同时也说明,电子的去向是完全不确定的,一个电子到达何处完全是概率事件。随着入射电子总数的增多,衍射图样依次如图 22-13(d)~(f)所示,电子的堆积情况逐渐显示出条纹,最后就呈现明晰的衍射条纹,这些条纹和大量电子短时间内通过双缝后形成的条纹(图 22-12(a))一样,这些条纹把单个电子的概率行为完全淹没。这又说明,尽管单个电子的去向是概率性的,但其概率在一定条件(如双缝)下还是有确定的规律的。这些就是玻恩概率波概念的核心。

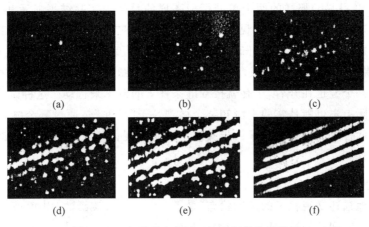

图 22-13 电子逐个穿过双缝的衍射实验结果

图 22-13 的实验结果明确地说明,物质波并不是经典的波,即不是机械波,也不是电磁波。经典的波是一种运动形式。在双缝实验中,不管入射波强度如何小,经典的波在缝后的屏上都"应该"显示出强弱连续分布的衍射条纹,只是亮度微弱而已。但图 22-13 明确地显示物质波的主体粒子,而且该种粒子的运动并不具有经典的振动形式。

图 22-13 的实验结果也说明微观粒子并不是经典的粒子。在双缝实验中,大量电子形成的衍射图样是若干条强度大致相同的较窄的条纹,如图 22-14 所示。如果只开一条缝,另一条缝闭合,则会形成单缝衍射条纹,其特征是几乎只有强度较大的、较宽的中央明纹,如图 22-14(b)所示的 P_1 和 P_2。如果先开缝 1,同时关闭缝 2,经过一段时间后改开缝 2,同时

关闭缝 1,这样做实验的结果所形成的总的衍射图样 P_{12} 将是两次单缝衍射图样的叠加,其强度分布和同时打开两缝时的双缝衍射图样是截然不同的。

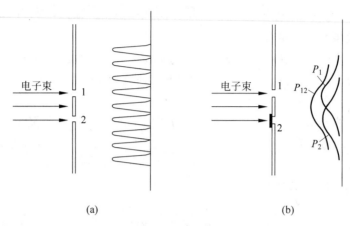

(a)　　　　　　　　　(b)

图 22-14　电子双缝衍射实验示意图
(a) 两缝同时打开；(b) 依次打开一个缝

如果是经典的粒子,它们通过双缝时,都各自有确定的轨道,不是通过缝 1 就是通过缝 2。通过缝 1 的那些粒子,如果也能衍射的话,将形成单缝衍射图样。通过缝 2 的那些粒子,将形成另一幅单缝衍射图样。不管是两缝同时开,还是依次只开一个缝,最后形成的衍射条纹都应该是图 22-14(b)那样的两个单缝衍射图样的叠加。实验结果显示实际的微观粒子的表现并不是这样。这就说明,微观粒子并不是经典的粒子。在只开一条缝时,实际粒子形成单缝衍射图样。在两缝同时打开时,实际粒子的运动就有两种可能:或是通过缝 1 或是通过缝 2。如果还按经典粒子设想,为了解释双缝衍射图样,就必须认为通过这个缝时,它好像“知道”另一个缝也在开着,于是就按双缝条件下的概率来行动。这种说法只是一种“拟人”的想象,实际上不可能从实验上测知某个微观粒子“到底”是通过哪个缝,我们只能说它通过双缝时有两种可能。微观粒子由于其波动性而表现得如此不可思议地奇特,但客观事实的确就是这样。

3. 波函数　概率幅

为了定量地描述微观粒子的运动状态,量子力学中引入**波函数**,用 Ψ 表示。一般来讲,波函数是空间和时间的函数,且为复函数,即 $\Psi = \Psi(x,y,z,t)$。将爱因斯坦的“鬼场”设想和光子存在的概率之间的关系加以推广,玻恩假定 $|\Psi|^2 = \Psi\Psi^*$ 就是粒子的**概率密度**,即在时刻 t,在点 (x,y,z) 附近单位体积内发现粒子的概率。因此,把波函数 Ψ 称为**概率幅**。概率幅本身没有明显的物理意义,只是概率幅的平方反映概率波的强度。

波函数可较好地把波动性和粒子性统一起来。微观粒子或其体系的各种物理量都可通过波函数确定其取各种可能值的概率。或者说,量子力学用波函数描述微观粒子或其体系的运动状态(见第 23 章),不能用实验测量。物质波只是一种概率波,并非真正的物理波动。

对双缝实验来说,以 Ψ_1 表示单开缝 1 时粒子在底板附近的概率幅分布,则 $|\Psi_1|^2 = P_1$ 即粒子在底板上的概率分布,它对应于单缝衍射图样 P_1(图 22-14(b))。以 Ψ_2 表示单开缝 2 时的概率幅,则 $|\Psi_2|^2 = P_2$ 表示粒子此时在底板上的概率分布,它对应于单缝衍射图样

P_2。如果两缝同时打开,经典概率理论给出,这时底板上粒子的概率分布为

$$P_{12} = P_1 + P_2 = |\Psi_1|^2 + |\Psi_2|^2$$

但事实并非如此。两缝同时打开时,入射的每个粒子的去向有两种可能,它们可以"任意"通过其中的一条缝。这时,不是概率相叠加,而是"概率幅"叠加,即

$$\Psi_{12} = \Psi_1 + \Psi_2 \tag{22-26}$$

相应的概率分布为

$$P_{12} = |\Psi_{12}|^2 = |\Psi_1 + \Psi_2|^2 \tag{22-27}$$

这里最后的结果就会出现 Ψ_1 和 Ψ_2 的交叉项。正是这交叉项给出两缝之间的干涉效果,使双缝同开和两缝依次单开的两种条件下的衍射图样不同。上式表示在时刻 t 底板上粒子出现于坐标点 (x, y, z) 附近单位体积中的概率。

概率幅具有叠加性,即满足叠加原理,但概率密度不满足叠加性。概率幅叠加这样的奇特规律,被美国物理学家费恩曼(也译费曼,R.P.Feynman,1918—1988)在他的著名的《物理学讲义》中称为"量子力学的第一原理"。他这样写道:"如果一个事件可能以几种方式实现,则该事件的概率幅就是各种方式单独实现时的概率幅之和。于是出现干涉。"

对于非相对论性粒子,不会发生粒子产生或湮没的现象。波函数满足单值性、连续性和数值有限性的标准条件(自然条件),在任意时刻粒子出现在整个空间的概率都必须等于1,即

$$\int_V |\Psi|^2 dV = 1$$

上式称为**归一化条件**。满足上式的波函数叫做**归一化波函数**。对于一维空间情况,又可写成

$$\int_{-\infty}^{\infty} |\Psi(x, t)|^2 dx = 1 \tag{22-28}$$

4. 引入概率概念在哲学上的意义

在物理学理论中,引入概率概念在哲学上有重要的意义。它意味着,在已知给定条件下,不可能精确地预知结果,只能预言某些可能的结果的概率。这也就是说,不能给出唯一的肯定结果,只能用统计方法给出结论。这一理论是和经典物理的严格因果律直接矛盾的。玻恩在 1926 年曾说过:"粒子的运动遵守概率定律,但概率本身还是受因果律支配的。"虽然这句话以某种方式使因果律保持有效,但概率概念的引入在人们了解自然的过程中还是一个非常大的转变。因此,尽管所有物理学家都承认,由于量子力学预言的结果和实验异常精确地相符,所以它是一个很成功的理论,但是关于量子力学的哲学基础仍然有很大的争论。哥本哈根学派,包括玻恩、海森伯、泡利(W.Pauli,1900—1958)、狄拉克等量子力学大师,坚持波函数的概率或统计解释,认为它就表明自然界的最终实质。费恩曼在 1965 年也写道:"现时,我们限于计算概率。我们说'现时',但是我们强烈地期望将永远是这样——解除这一困惑是不可能的——自然界就是按这样的方式行事的。"

另一些人不同意这样的结论,爱因斯坦是最主要的反对者。他在 1927 年说道:"上帝并不是跟宇宙玩掷骰子游戏。"德布罗意在 1957 年的话更发人深思:"不确定性是物理实质,这样的主张并不是完全站得住的。将来对物理实在的认识达到一个更深的层次时,我们可能对概率定律和量子力学作出新的解释,即它们是目前我们尚未发现的那些变量的完全

确定的数值演变的结果。现在我们开始用来击碎原子核并产生新粒子的强有力的方法,可能有一天向我们揭示关于这一更深层次的——目前我们还不知道的知识。阻止对量子力学目前的观点作进一步探索的尝试,对科学发展来说是非常危险的,而且它也背离我们从科学史中得到的教训。实际上,科学史告诉我们,已获得的知识常常是暂时的,在这些知识之外,肯定有更广阔的新领域有待探索。"

最后,还可以引述一段狄拉克在 1972 年的一段话:"在我看来,我们还没有量子力学的基本定律。目前还在使用的定律需要作重要的修改,……当我们作出这样剧烈的修改后,当然,我们用统计计算对理论作出物理解释的观念可能会被彻底地改变。"

22.6 不确定关系

22.5 节讲过,波动性使得实际粒子和牛顿力学所设想的"经典粒子"根本不同。根据牛顿力学理论(或者说是牛顿力学的一个基本假设),质点的运动都沿着一定的轨道,在轨道上任意时刻质点都有确定的位置和动量。在牛顿力学中也正是用位置和动量来描述一个质点在任一时刻的运动状态的。对于实际的粒子则不然,由于其粒子性,可以谈论它的位置和动量,但由于其波动性,它的空间位置需要用概率波来描述,而概率波只能给出粒子在各处出现的概率,所以在任一时刻粒子不具有确定的位置,与此相联系,粒子在各时刻也不具有确定的动量。这也可以说,由于二象性,在任意时刻粒子的位置和动量都有一个不确定量。不确定关系反映了微观粒子不同于经典粒子的基本特征。

1. 不确定关系

微观粒子具有波粒二象性,经典理论的描述方法不再适用,而是受到不确定关系的限制。根据量子力学理论,在某一方向,如 x 方向上,粒子的位置不确定量 Δx 和在该方向上的动量的不确定量 Δp_x 有一个简单的关系,这一关系叫做**不确定关系**(旧称测不准关系)或**不确定性关系**(或不确定原理)。它表示为

$$\Delta x \Delta p_x \geqslant \frac{\hbar}{2} \tag{22-29}$$

式中,Δ 为"不确定性"之意;$\hbar = \dfrac{h}{2\pi}$ 称为**约化普朗克常量**,其值为

$$\hbar = \frac{h}{2\pi} = 1.054\,571\,817 \times 10^{-34}\ \text{J} \cdot \text{s} \tag{22-30}$$

在作数量级的估算时,常用 $\hbar$ 代替 $\hbar/2$,即

$$\Delta x \Delta p_x \geqslant \hbar \tag{22-31}$$

符号 Δ 在这里的含义为不确定范围或不确定度,不是 x 或 p 的增量或变化。Δx 是沿 x 方向位置的不确定范围,Δp_x 是动量沿 x 方向位置的不确定范围。

不确定关系表明,测量物体的行为影响了被测量物体的测量值,Δx 和 Δp_x 不能同时为零,即一个微观粒子的某些物理量(如位置与动量,或方位角与角动量)不可能同时具有确定的数值;其中一个量确定得越精确,另一个量的不确定程度就越大。

不确定关系是量子力学的一个基本原理,由德国物理学家海森伯于 1927 年首先提出,也称为海森伯不确定关系或**不确定原理**。

德国物理学家海森伯是继爱因斯坦之后最有作为的科学家之一,他因提出不确定关系和建立矩阵力学等成就获 1932 年度诺贝尔物理学奖。在"二战"时期,海森伯作为优秀的物理学家被纳粹政府责成负责原子弹研制项目,只因他把最核心的铀 235 数据给算"错了",才使德国的原子弹计划满盘皆输。是他预见到原子弹的残酷,出于科学家的良知而故意而为,还是他能力有限,真相是什么,也许就像他的"不确定关系"一样,永远不确定。这一项工作使他与前同事玻尔终生未能化解隔阂。有趣的是,历史开了一个玩笑,1970 年海森伯作为量子力学创始人之一被授予"玻尔国际奖章",以表彰他"在原子能和平利用方面做出的巨大贡献"。

2. 不确定关系的推导

下面我们借助于电子单缝衍射实验,粗略地推导不确定关系。

如图 22-15 所示,一束动量为 p 的电子通过宽为 Δx 的单缝后发生衍射而在屏上形成衍射条纹。考虑一个电子通过缝时的位置和动量。对一个电子来说,不能确定地说,它是从缝中哪一点通过的,而只能说它是从宽为 Δx 的缝中通过的,因此,它在 x 方向上的位置不确定量就是 Δx。它沿 x 方向的动量 p_x 是多大呢? 如果说它在缝前的 p_x 等于零,在过缝时,p_x 就不再是零。因为如果还是零,电子就要沿原方向前进而不会发生衍射现象。屏上电子落点沿 x 方向展开,说明电子通过缝时已有了不为零的 p_x 值。忽略次级极大,可以认为电子都落在中央亮纹内,因而电子在通过缝时,运动方向的偏转角可以大到 θ_1 角。根据动量矢量的合成可知,一个电子在通过缝时,在 x 方向动量的分量 Δp_x 的大小为受到下列不等式的限制。即

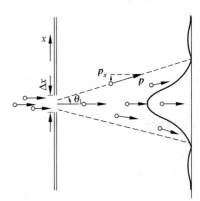

图 22-15 电子单缝衍射说明

$$0 \leqslant p_x \leqslant p\sin\theta_1$$

这表明,一个电子通过缝时,在 x 方向上的动量不确定量为

$$\Delta p_x = p\sin\theta_1$$

考虑到衍射条纹的次级极大,可得

$$\Delta p_x \geqslant p\sin\theta_1 \qquad (22\text{-}32)$$

由单缝衍射公式,第 1 级暗纹中心的角位置 θ_1 由下式决定

$$\Delta x\sin\theta_1 = \lambda$$

式中,λ 为电子波的波长。根据德布罗意公式

$$\lambda = \frac{h}{p}$$

所以有

$$\sin\theta_1 = \frac{h}{p\Delta x}$$

将此式代入式(22-32),可得

$$\Delta p_x \geqslant \frac{h}{\Delta x}$$

或

$$\Delta x \Delta p_x \geqslant h \tag{22-33}$$

更一般的理论给出

$$\Delta x \Delta p_x \geqslant \frac{h}{4\pi}$$

对于其他分量,类似地,则有

$$\Delta y \Delta p_y \geqslant \frac{h}{4\pi}, \quad \Delta z \Delta p_z \geqslant \frac{h}{4\pi}$$

同样地,在作数量级的估算时,常用$\hbar$代替$\hbar/2$,则上面三个公式可写成

$$\Delta x \Delta p_x \geqslant \hbar, \quad \Delta y \Delta p_y \geqslant \hbar, \quad \Delta z \Delta p_z \geqslant \hbar \tag{22-34}$$

这是位置坐标和动量的不确定关系。式(22-34)表明,粒子的位置坐标不确定量越小,则同方向上的动量不确定量越大。同样地,某方向上动量不确定量越小,则此方向上粒子位置的不确定量越大。也就是说,在表明或测量粒子的位置和动量时,它们的精度存在着一个终极的不可逾越的限制。

必须指出,不确定关系是微观粒子呈现显著的粒子现象和波粒二象性的必然结论。费恩曼曾把它称作"自然界的根本属性",并且还说"现在,我们用来描述原子,实际上,所有物质的量子力学的全部理论都有赖于不确定原理的正确性。"这些不确定量并不涉及测量仪器的不精确或测量技术所限而产生的问题,而是微观粒子内在的固有不可测定性。

3. 时间和能量的不确定关系

除了坐标和动量的不确定关系外,对粒子行为的说明,还常用到能量和时间的不确定关系,即时间和能量也服从不确定关系。微观粒子存在于某一状态的时间越短,则这状态的能量确定程度就越差。

考虑一个能量为 E 的粒子,在一段时间 Δt 内的动量为 $\boldsymbol{p}$,沿 x 方向。根据第 6 章相对论的动量与能量关系式(6-46),有

$$p^2 c^2 = E^2 - m_0^2 c^4$$

其动量的不确定量为

$$\Delta p = \Delta \left(\frac{1}{c} \sqrt{E^2 - m_0^2 c^4} \right) = \frac{E}{c^2 p} \Delta E$$

在 Δt 时间内,粒子可能发生的位移大小为 $\Delta x = v \Delta t = \dfrac{p}{m} \Delta t$。这位移大小也就是在这段时间内粒子的位置坐标不确定度,即

$$\Delta x = \frac{p}{m} \Delta t$$

将上述两式相乘,得

$$\Delta x \Delta p = \frac{E}{mc^2} \Delta E \Delta t$$

由于 $E = mc^2$,根据不确定关系式(22-34),则有

$$\Delta E \Delta t \geqslant \frac{\hbar}{2} \tag{22-35}$$

这就是关于能量和时间的不确定关系。

　　不确定关系仅与量子现象有关。因为$\hbar$的值是如此之小，以至于日常生活中感受不到这一关系的影响，才使得微观世界表现出很大的不同，并非人们认识能力的限制。因此，不确定关系可用来检验经典力学适用的限度，凡是可把h当作零处理的场合，运动中的波动性就可忽略，而用经典力学描述。下面通过例题加以说明。

　　【例 22-6】 **子弹的粒子性**。设子弹的质量为$m=0.01$ kg，枪口的直径为$d=0.5$ cm，试用不确定性关系计算子弹射出枪口时的横向速度。

　　解　枪口直径可以当作子弹射出枪口时的位置不确定量Δx，即$\Delta x=d$。由于$\Delta p_x=m\Delta v_x$，则由式(22-34)，得

$$\Delta x(m\Delta v_x)\geqslant\frac{\hbar}{2}$$

取等号计算，得

$$\Delta v_x=\frac{\hbar}{2m\Delta x}=\frac{1.05\times10^{-34}}{2\times0.01\times0.5\times10^{-2}}\ \text{m/s}=1.1\times10^{-30}\ \text{m/s}$$

这也就是子弹的横向速度。这一速度与子弹每秒几百米的飞行速度相比，引起的运动方向的偏转是微不足道的，也是无法测出的。因此，对于子弹这样的宏观粒子，其波动性不会对它的"经典式"运动以及射击时的瞄准带来任何实际的影响。应用经典力学方法处理子弹的运动是足够准确的。

　　【例 22-7】　**宏观运动的不确定度**。现代测量重力加速度的实验中，所用物体下落的距离x的测量精度可达10^{-9} m。设所用下落物体的质量为$m=0.05$ kg，求它下落经过某点时的速度测量值的不确定度。

　　解　距离测量的精度可认为是物体中某一点(如质心)下落经过某一位置时的坐标x不确定度，即$\Delta x=10^{-9}$ m。由不确定关系式(22-31)和$\Delta p=m\Delta v$，则速度的不确定度为

$$\Delta v=\frac{\hbar}{m\Delta x}=\frac{1.05\times10^{-34}}{0.05\times10^{3}\times10^{-9}}\ \frac{\text{J}\cdot\text{s}}{\text{kg}\cdot\text{m}}=2\times10^{-24}\ \text{m/s}$$

从数量级看，其值非常小，这一不确定度对实验的影响可忽略不计，即可认为是零，因而速度的测量值(以m/s为单位时的数量级)就是"完全"准确的。这说明，对宏观运动，其不确定关系实际上不起作用，可以精确地应用牛顿运动定律处理其运动规律。

　　【例 22-8】　**电子的波动性**。原子的线度为10^{-10} m，求原子中电子的速度不确定量。

　　解　说"原子中电子"即电子在原子中，意味着电子的位置不确定量为$\Delta x=10^{-10}$ m。由不确定关系式(22-31)和$\Delta p_x=m\Delta v_x$可得，速度不确定量为

$$\Delta v_x=\frac{\hbar}{m\Delta x}=\frac{1.05\times10^{-34}}{9.11\times10^{-31}\times10^{-10}}\ \text{m/s}=1.2\times10^{6}\ \text{m/s}$$

按照牛顿力学计算，已知氢原子中电子的轨道运动速度约为10^6 m/s，它与上面求得的速度不确定量有相同的数量级。可见，对原子范围内的电子，谈论其速度是没有什么实际意义的。这时电子的波动性十分显著，描述它的运动时必须抛弃轨道概念而代之以说明电子在空间的概率分布的电子云图像。

　　讨论　根据量子力学理论，原子核外电子的运动状态不能用轨道而只能用波函数描述，即原子(或分子)中电子在原子核外围各区域按一定的概率分布出现。为形象地直观描述这种分别状况，把电子的这种概率分布大小用不同的浓淡图像表示，其效果如同电子在原子核周围形成云雾，故称为**电子云**。"云层"浓密程度代表电子在该处出现的概率密度。电子在空间某点电子出现的概率密度用其运动的波函数的平方值表示，它为各点概率分布的集合。当然，这只是形象化的表示方式，并不是电子真的像"云"那样分散而不再是一个粒子。

【例 22-9】　光子与波列。氦氖激光器所发红光波长为 $\lambda = 632.8$ nm,谱线宽度为 $\Delta\lambda = 10^{-9}$ nm,求当这种光子沿 x 方向传播时,它的 x 坐标的不确定量多大?

解　光子具有二象性,所以也应满足不确定关系。由 $p_x = h/\lambda$,所以数值上

$$\Delta p_x = \frac{h}{\lambda^2} \Delta\lambda$$

将此式代入式(22-29),得

$$\Delta x = \frac{\hbar}{2\Delta p_x} = \frac{\lambda^2}{4\pi\Delta\lambda} \approx \frac{\lambda^2}{\Delta\lambda}$$

将 λ 和 $\Delta\lambda$ 的值代入上式,得

$$\Delta x \approx \frac{\lambda^2}{\Delta\lambda} = \frac{(632.8 \times 10^{-9})^2}{10^{-18}} \text{ m} = 4 \times 10^5 \text{ m} = 400 \text{ km}$$

原子在一次能级跃迁过程中发出一个光子(粒子性),从波动说的观点看,是发出一个波列。将这两种观点对照可知,光子的位置不确定量也就是相应的波列的长度。

【例 22-10】　零点能。求线性谐振子的最小可能能量(又叫**零点能**)。

解　线性谐振子在平衡位置附近沿直线振动,坐标和动量都有一定限制,因此,可以用坐标-动量不确定关系来计算其最小可能能量。

已知线性谐振子沿 x 方向的能量为

$$E = \frac{1}{2}mv^2 + \frac{1}{2}kx^2 = \frac{p^2}{2m} + \frac{1}{2}m\omega^2 x^2$$

由于振子在平衡位置附近振动,所以可取

$$\Delta x \approx x, \quad \Delta p \approx p$$

则有

$$E = \frac{(\Delta p)^2}{2m} + \frac{1}{2}m\omega^2 (\Delta x)^2$$

利用式(22-29),最小值取等号,把 Δp 代入上式,可得

$$E = \frac{\hbar^2}{8m(\Delta x)^2} + \frac{1}{2}m\omega^2 (\Delta x)^2 \qquad (22\text{-}36)$$

为求 E 的最小值,先计算

$$\frac{dE}{d(\Delta x)} = -\frac{\hbar^2}{4m(\Delta x)^3} + m\omega^2 (\Delta x)$$

令 $\dfrac{dE}{d(\Delta x)} = 0$,可得 $(\Delta x)^2 = \dfrac{\hbar}{2m\omega}$。将此值代入式(22-36)可得,最小可能能量为

$$E_{\min} = \frac{1}{2}\hbar\omega = \frac{1}{2}h\nu$$

【例 22-11】　粒子寿命与能量。(1)J/ψ 粒子的静能为 3 100 MeV,寿命为 5.2×10^{-21} s。它的能量不确定度是多大? 占其静能的几分之几? (2)ρ 介子的静能是 765 MeV,寿命是 2.2×10^{-24} s。它的能量不确定度多大? 又占其静能的几分之几?

解　绝大多数粒子都是不稳定的,生成后经过或长或短的时间就转变为别的粒子。一种粒子的寿命是它的存在时间的统计平均值,也就是它的存在时间的不确定度。由此,根据式(22-35),该种粒子的能量也就有一定确定度。

(1) 由式(22-35)取等号得,$\Delta E = \dfrac{\hbar}{2\Delta t}$,$\Delta t$ 为粒子的寿命。对 J/ψ 粒子,有

$$\Delta E = \frac{\hbar}{2\Delta t} = \frac{1.05 \times 10^{-34}}{2 \times 5.2 \times 10^{-21}} \text{ J} = 0.063 \text{ MeV}$$

与静能相比,其百分比为

$$\frac{\Delta E}{E}=\frac{0.063}{3\ 100}\times100\%=2.0\times10^{-3}\%$$

(2) 对于 ρ 介子

$$\Delta E=\frac{\hbar}{2\Delta t}=\frac{1.05\times10^{-34}}{2\times2.2\times10^{-21}}\ \mathrm{J}=150\ \mathrm{MeV}$$

与静能相比,其百分比为

$$\frac{\Delta E}{E}=\frac{150}{765}\times100\%\approx20\%$$

思 考 题

22-1 霓虹灯发的光是热辐射吗? 熔炉中的铁水发的光是热辐射吗?

22-2 人体也向外发出热辐射,为什么在黑暗中人眼却看不见人呢?

22-3 刚粉刷完的房间从房外远处看,即使在白天,它的开着的窗口也是黑的。为什么?

22-4 把一块表面的一半涂了煤烟的白瓷砖放到火炉内烧,高温下瓷砖的哪一半显得更亮些?

22-5 在洛阳王城公园内,为什么黑牡丹要在室内培养?

22-6 如果普朗克常量大到 10^{34} 倍,弹簧振子将会表现出什么奇特的现象?

22-7 在光电效应实验中,如果(1)入射光强度增加一倍;(2)入射光频率增加一倍,各对实验结果(即光电子的发射)会有什么影响?

22-8 用一定波长的光照射金属表面产生光电效应时,为什么逸出金属表面的光电子的速度大小不同?

22-9 用可见光能产生康普顿效应吗? 能观察到吗?

22-10 为什么对光电效应只考虑光子的能量的转化,而对康普顿效应则还要考虑光子的动量的转化?

22-11 若一个电子和一个质子具有同样的动能,哪个粒子的德布罗意波长较大?

22-12 如果普朗克常量 $h\rightarrow0$,对波粒二象性会有什么影响? 如果光在真空中的速率 $c\rightarrow\infty$,对时间空间的相对性会有什么影响?

22-13 根据不确定关系,一个分子即使在 $0\ \mathrm{K}$,它能完全静止吗?

习 题

22-1 夜间地面降温主要是由于地面的热辐射。如果晴天夜里地面温度为 $-5\ ℃$,按黑体辐射计算, $1\ \mathrm{m}^2$ 地面失去热量的速率多大?

22-2 太阳的光谱辐射出射度 M_ν 的极大值出现在 $\nu_m=3.4\times10^{14}\ \mathrm{Hz}$ 处。求:(1)太阳表面的温度 T;(2)太阳表面的辐射出射度 M。

22-3 在地球表面,太阳光的强度是 $1.0\times10^3\ \mathrm{W/m}^2$。一太阳能水箱的涂黑面直对阳光,按黑体辐射计,热平衡时水箱内的水温可达几摄氏度? 忽略水箱其他表面的热辐射。

22-4 太阳的总辐射功率为 $P_\mathrm{S}=3.9\times10^{26}\ \mathrm{W}$。

(1) 以 r 表示行星绕太阳运行的轨道半径。试根据热平衡的要求证明:行星表面的温度 T 由下式给出:

$$T^4 = \frac{P_s}{16\pi\sigma r^2}$$

其中 σ 为斯特藩-玻耳兹曼常量。(行星辐射按黑体计。)

(2) 用上式计算地球和冥王星的表面温度,已知地球 $r_E = 1.5 \times 10^{11}$ m,冥王星 $r_P = 5.9 \times 10^{12}$ m。

22-5   Procyon B 星距地球 11 l.y.。它发的光到达地球表面的强度为 1.7×10^{-12} W/m²,该星的表面温度为 6 600 K,求该星的线度。

22-6   宇宙大爆炸遗留在宇宙空间的均匀各向同性的背景热辐射相当于 3 K 黑体辐射。

(1) 此辐射的光谱辐射出射度 M_ν 在何频率处有极大值?

(2) 地球表面接收此辐射的功率是多大?

22-7   试由黑体辐射的光谱辐射出射度按频率分布的形式(式(22-8)),导出其按波长分布的形式

$$M_\lambda = \frac{2\pi h c^2}{\lambda^5} \frac{1}{e^{hc/\lambda kT} - 1}$$

*22-8   以 w_ν 表示空腔内电磁波的光谱辐射能密度。试证明 w_ν 和由空腔小口辐射出的电磁波的黑体光谱辐射出射度 M_ν 有下述关系:

$$M_\nu = \frac{c}{4} w_\nu$$

式中 c 为光在真空中的速率。

*22-9   试对式(22-8)求导,证明维恩位移定律

$$\nu_m = C_\nu T$$

(提示:求导后说明 ν_m/T 为常量即可,不要求求 C_ν 的值。)

*22-10   试根据式(22-2)将式(22-8)积分,证明斯特藩-玻耳兹曼定律

$$M = \sigma T^4$$

(提示:由定积分说明 M/T^4 为常量即可,不要求求 σ 的值。)

22-11   铝的逸出功是 4.2 eV,今用波长为 200 nm 的光照射铝表面,求:

(1) 光电子的最大动能;

(2) 截止电压;

(3) 铝的红限波长。

22-12   银河系间宇宙空间内星光的能量密度为 10^{-15} J/m³,相应的光子数密度多大?假定光子平均波长为 500 nm。

22-13   在距功率为 1.0 W 的灯泡 1.0 m 远的地方垂直于光线放一块钾片(逸出功为 2.25 eV)。钾片中一个电子要从光波中收集到足够的能量以便逸出,需要多长的时间?假设一个电子能收集入射到半径为 1.3×10^{-10} m(钾原子半径)的圆面积上的光能量。(注意,实际的光电效应的延迟时间不超过 10^{-9} s!)

*22-14   在实验室参考系中一光子能量为 5 eV,一质子以 $c/2$ 的速度和此光子沿同一方向运动。求在此质子参考系中,此光子的能量多大?

22-15   入射的 X 射线光子的能量为 0.60 MeV,被自由电子散射后波长变化了 20%。求反冲电子的动能。

22-16   一个静止电子与一能量为 4.0×10^3 eV 的光子碰撞后,它能获得的最大动能是多少?

*22-17   用动量守恒定律和能量守恒定律证明:一个自由电子不能一次完全吸收一个光子。

*22-18   一能量为 5.0×10^4 eV 的光子与一动能为 2.0×10^4 eV 的电子发生正碰,碰后光子向后折回。求碰后光子和电子的能量各是多少?

22-19   电子和光子各具有波长 0.20 nm,它们的动量和总能量各是多少?

22-20   室温(300 K)下的中子称为热中子。求热中子的德布罗意波长。

22-21   一电子显微镜的加速电压为 40 keV,经过这一电压加速的电子的德布罗意波长是多少?

*22-22 试重复德布罗意的运算。将式(22-23)和式(22-24)中的质量用相对论质量 $\left(m=m_0\bigg/\sqrt{1-\dfrac{v^2}{c^2}}\right)$ 代

入,然后利用公式 $v_g=\dfrac{\mathrm{d}\omega}{\mathrm{d}k}=\dfrac{\mathrm{d}\nu}{\mathrm{d}(1/\lambda)}$。证明:德布罗意波的群速度 v_g 等于粒子的运动速度 v。

22-23 德布罗意关于玻尔角动量量子化的解释。以 r 表示氢原子中电子绕核运行的轨道半径,以 λ 表示电子波的波长。氢原子的稳定性要求电子在轨道上运行时电子波应沿整个轨道形成整数波长(图 22-16)。试由此并结合德布罗意公式(22-24)导出电子轨道运动的角动量应为

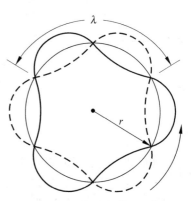

图 22-16 习题 22-23 用图

$$L=m_e rv=n\hbar, \quad n=1,2,\cdots$$
这正是当时已被玻尔提出的电子轨道角动量量子化的假设。

22-24 一质量为 10^{-15} kg 的尘粒被封闭在一边长均为 $1\ \mu\mathrm{m}$ 的方盒内(这在宏观上可以说是"精确地"确定其位置了)。根据不确定关系,估算它在此盒内的最大可能速率及它由此壁到对壁单程最少要多长时间。可以从宏观上认为它是静止的吗?

22-25 电视机显像管中电子的加速电压为 9 kV,电子枪枪口直径取 0.50 mm,枪口离荧光屏距离为 0.30 m。求荧光屏上一个电子形成的亮斑直径。这样大小的亮斑影响电视图像的清晰度吗?

22-26 卢瑟福的 α 散射实验所用 α 粒子的能量为 7.7 MeV。α 粒子的质量为 6.7×10^{-27} kg,所用 α 粒子的波长是多少? 对原子的线度 10^{-10} m 来说,这种 α 粒子能像卢瑟福做的那样按经典力学处理吗?

22-27 为了探测质子和中子的内部结构,曾在斯坦福直线加速器中用能量为 22 GeV 的电子做探测粒子轰击质子。这样的电子的德布罗意波长是多少? 已知质子的线度为 10^{-15} m,这样的电子能用来探测质子内部的情况吗?

22-28 做戴维孙-革末那样的电子衍射实验时,电子的能量至少应为 $h^2/8m_e d^2$。如果所用镍晶体的散射平面间距 $d=0.091$ nm,则所用电子的最小能量是多少?

22-29 铀核的线度为 7.2×10^{-15} m。

(1) 核中的 α 粒子($m_\alpha=6.7\times10^{-27}$ kg)的动量值和动能值各约是多大?

(2) 一个电子在核中的动能的最小值是多少 MeV?(电子的动能要用相对论能量动量关系计算,结果为 13.2 MeV,此值比核的 β 衰变放出的电子的动能(约 1 MeV)大得多。这说明在核中不可能存在单个的电子。β 衰变放出的电子是核内的中子衰变为质子时"临时制造"出来的。)

22-30 证明:一个质量为 m 的粒子在边长为 a 的正立方盒子内运动时,它的最小可能能量(零点能)为

$$E_{\min}=\frac{3\,\hbar^2}{8ma^2}$$

书富如入海,百货皆有。人之精力,不能兼收尽取,但得其所欲求者尔。故愿学者每次作一意求之。

——(宋)苏轼《东坡文集事略》

薛定谔方程

20 世纪 20 年代中期,物理学发生许多变化,如从实验上确立光的粒子性,还发现物质粒子也具有波动性。薛定谔受到德布罗意物质波这一重要概念的启发,在其基础上建立波动力学。波动力学核心理论——薛定谔方程是量子力学中关于波函数的线性偏微分方程,用以描述微观粒子运动状态的基本定律,类似于经典力学中的牛顿运动方程决定质点的运动。薛定谔方程作为量子力学中的一个基本方程式,奠定波动力学的基础,其在量子力学中的地位与作用大致相当于牛顿运动定律在经典力学中的地位和作用。但它只适用于非相对论效应、运动速度比光速小得多的微观粒子体系。

本章讨论物质波的"动力学方程"——薛定谔方程,以及由其导出的能量量子化和势垒穿透(隧穿效应)等现象。

23.1 薛定谔得出的波动方程

当我们发现粒子的行为具有波的性质,实际上,已经证实完全可以用波的图像描述粒子的行为。这样的描述方法就是量子力学在分子、原子和原子核尺度理解物质行为的关键。德布罗意引入与粒子相联系的波。用波函数 $\Psi = \Psi(x, y, z, t)$ 来描述粒子的运动,它是一个复函数,而粒子在时刻 t 在各处的概率密度为 $|\Psi|^2$。但是,怎样确定在给定条件(一般是给定一势场)下的波函数呢?

荷兰著名化学家德拜(P.J.W.Debye,1884—1966)对物质波的概念十分关注,1925 年,他把德布罗意的论文推荐给奥地利青年学者薛定谔,让他作一个关于德布罗意波的学术报告。报告后,德拜提醒薛定谔:"对于波,应该有一个波动方程。"薛定谔此前就注意到爱因斯坦对德布罗意假设的评论,此时又受到德拜的鼓励与指点,于是努力钻研。几个月后,薛定谔在半个多月的休假中获得灵感,在德布罗意物质波理论的基础上,针对氢原子核外电子的运动规律,提出了同时反映波粒二象性的数理方程,这就是著名的**薛定谔方程**。德拜不愧为大师,后来他成为 1936 年度诺贝尔化学奖得主。

1. 薛定谔方程

在一维情况下,薛定谔方程的形式为

$$-\frac{\hbar^2}{2m} \cdot \frac{\partial^2 \Psi}{\partial x^2} + U(x, t)\Psi = \mathrm{i}\hbar\frac{\partial \Psi}{\partial t} \tag{23-1}$$

这是描述微观粒子在势场 $U=U(x,t)$ 中运动的微分方程。式中，$\Psi=\Psi(x,t)$ 是质量为 m 的自由粒子在势场中运动的波函数（符号 Ψ 是希腊字母，读为普赛，英文注音为 psi）。方程中出现虚数，意味着其解为复数形式，包含一个实部和虚部。

大学物理学教学限于课时和教学要求，不可能讨论式(23-1)那样的含时薛定谔方程。为简单起见，下面着重讨论粒子在恒定势场 $U=U(x)$（包括 U 为常量，即粒子不受力的势场）中运动的情形。在此情形下，式(23-1)可用分离变量法求解，引入并得到一个与时间无关的常量 E。作为波函数，应包含时间的周期函数，此时的波函数应有以下形式

$$\Psi(x,t)=\phi(x)\mathrm{e}^{-\mathrm{i}\omega t}=\phi(x)\mathrm{e}^{-\mathrm{i}\frac{Et}{\hbar}} \tag{23-2}$$

其中，E 为粒子的能量，$\omega=E/\hbar$ 为圆频率。薛定谔方程给出的波函数代表一个系统发生的可能性。

在一维情况下，用 $\phi(x)$ 代替 22.5 节中的波函数 $\Psi=\Psi(x,y,z,t)$，把 $\phi(x)$ 称为**定态波函数**（注意符号大小写）。由定态波函数描写的粒子的运动状态称为**定态**。定态并不意味与时间无关，只是它随时间变化的规律比较简单，具有确定的能量，为简谐振动形式。将式(23-2)代入式(23-1)，波函数 Ψ 的空间部分 $\phi=\phi(x)$ 所满足的方程为

$$-\frac{\hbar^2}{2m}\cdot\frac{\partial^2\phi}{\partial x^2}+(U-E)\phi=0 \tag{23-3}$$

这就是决定粒子定态波函数的**定态薛定谔方程**（一维形式）。此微分方程是线性齐次的，其解是复函数，则 $\phi(x)$ 满足概率幅叠加原理（但概率密度不满足叠加原理）。若 $\phi_1(x,t)$ 和 $\phi_2(x,t)$ 是方程的解，代表粒子的两个可能状态，则它们的线性叠加 $C_1\phi_1(x,t)+C_2\phi_2(x,t)$ 也是方程的解，也代表粒子的一个可能状态。

薛定谔方程由奥地利物理学家薛定谔于 1926 年首先建立，故名。用薛定谔方程可求出在给定势场中的波函数，从而了解粒子的运动情况。

作为一个基本方程，薛定谔方程只能通过某种方式建立起来，不可能由其他更基本的方程推导出来，当初就是"猜"加"凑"做出来的，是纯粹的数学工具，也是一个基本假设，但不是可视的原子模型。或者说，方程中的物质波是数学上的抽象概念，不能直接被实验测量，其正确性由实验得到验证，主要看所得的结论应用于微观粒子时是否与实验结果相符。氢原子能量的计算是考验薛定谔方程最简单、最实际、能精确计算的成功例子。

需要注意的是，与弦线上的机械波或空气中的声波不同，粒子波函数不是通过介质来进行传播的机械波。波函数描述了粒子，但是不能用任何物质来定义波函数本身，只能描述它是怎样与物理上可以观测的效应相联系。

薛定谔方程没有考虑相对论效应，只适用于运动速度比光速小得多的粒子体系。英国物理学家狄拉克于 1928 年将非相对论的薛定谔方程推广到（狭义）相对论的情形，建立狄拉克方程，可以讨论磁性、粒子湮灭和产生等更为广泛的问题，为量子力学作重要的补充，逐步建立量子场论。薛定谔与狄拉克因发现原子理论的新形式，改变物理学发展的轨迹，共享 1933 年度诺贝尔物理学奖。薛定谔建立的波动力学的形式——薛定谔方程与海森伯等人创立的矩阵力学在数学上是等价的。

2. 薛定谔方程及其解的说明

量子力学用波函数描述微观粒子的运动状态，以薛定谔方程确定波函数的变化规律，并

用算符(如拉普拉斯算符、哈密顿算符)或矩阵方法对各物理量进行计算。

波函数的复杂本质使得整个波函数不容易解释。考虑 $\psi(x,t)$ 描述了粒子在空间中的分布,类似于电磁波的描述。对式(23-1)的薛定谔方程,以下说明两点。

第一,它是关于波函数的线性偏微分方程。这就意味着作为它的解的波函数或概率幅都满足叠加原理,这正是 22.5 节中提到的"量子力学的第一原理"所要求的。

第二,从数学上来说,对于任何能量 E 的值,方程式(23-1)都有解,但并非对所有 E 值的解都能满足物理上的要求。这些要求最一般的是,作为有物理意义的波函数,这些解必须是单值的、有限的和连续的。这些条件叫做**波函数的标准条件**。令人惊奇的是,根据这些条件,由薛定谔方程"自然地""顺理成章地"就能得出微观粒子的重要特征——量子化条件。在普朗克和玻尔的理论中,这些量子化条件都是"强加"给微观系统的。薛定谔方程作为量子力学基本方程,还给出微观系统的许多其他奇异的性质。

对于微观粒子的三维运动,定态薛定谔方程式(23-3)在直角坐标系的形式为

$$-\frac{\hbar^2}{2m}\left(\frac{\partial^2\psi}{\partial x^2}+\frac{\partial^2\psi}{\partial y^2}+\frac{\partial^2\psi}{\partial z^2}\right)+U\psi=E\psi \tag{23-4}$$

或表示为

$$\left(-\frac{\hbar^2}{2m}\nabla^2+U\right)\psi=E\psi$$

在原子、分子和凝聚态物质中粒子的运动速度远小于光速,相对论效应可以忽略,因此,在各种条件下,薛定谔方程的解描述该条件下微观系统的能量和运动状态。例如,只要知道势场的形式,就可写出上述方程,根据给定的初始条件和边值条件,通过求解方程得到波函数 $\psi(x,t)$。$\psi(x,t)$ 绝对值的平方,给出粒子在不同时刻和不同位置出现的概率密度。在固体物理学、原子物理学和原子核物理学中,薛定谔方程广泛用于研究和描述物质的结构和状态。

如何知道薛定谔方程是可靠的?由于薛定谔方程决定了能级,也就决定了频率。用光谱仪测量氢原子气体的光谱,发现其频率(或波长)正是薛定谔方程能够准确预言的频率(或波长)。物理学家告诉我们,任何一个方程,如果能预言到 6 位有效数字,那么它总有些部分是正确的。

3. 薛定谔的灵感思维

从薛定谔建立其波动方程的大致过程可知,物理学研究与艺术创作有异曲同工之处,虽然薛定谔方程的建立也有些"根据",但并不是严格的推理过程,所以说,式(23-1)和式(23-3)都是"凑"出来的,是他构思后的妙手偶得。正所谓"灵机一动,计上心来""豁然开朗,一通百通"。灵感是一种创造力高度发挥的突发性心理活动,是思维的能动作用。这种根据少量事实,半猜半推理的思维方式常常萌发出新的概念或理论,也是一种创造性的思维方式。这种思维方式得出的结论的正确性主要不是靠它的"来源",而是靠它的预言和大量的事实或实验结果相符来证明。

物理学发展史上也有很多这样的例子。普朗克的量子概念,爱因斯坦的相对论,德布罗意的物质波等大致都是这样。薛定谔方程应用于氢原子中的电子,所得的结论和已知的实验结果相符,而且比当时用于解释氢原子的玻尔理论更为合理和"顺畅"。这一尝试曾大大增强薛定谔的自信,也使得当时的学者们对其理论倍加关注,经过玻恩、海森伯、狄拉克等诸多物理学

家的努力,几年的时间内就建成了一套完整的和经典理论迥然不同的量子力学理论。

灵感的产生是创造者对某个问题长期实践或密切关注、经验积累和思考探索的结果。灵感在一切创造性劳动中,起着不可轻视的作用。

23.2 无限深方势阱中的粒子

量子力学的一个重要问题就是如何利用不含时的薛定谔方程来确定不同系统的波函数及其相应的可能能级。本节讨论粒子在一种简单的外力场中做一维运动的情形,分析薛定谔方程会给出什么结果。

1. 无限深方势阱的特征

金属内的电子逸出金属表面需要克服逸出功。对应电子而言,金属表面外的势能要比表面高,由于其势能函数的图形像井,所以通常把这种势能分布叫**势阱**。势阱是一种简单的理论模型,粒子在这种外力场中的势能函数为

$$\begin{cases} U(x)=0, & 0 \leqslant x \leqslant a \\ U(x) \to \infty, & x < 0, x > a \end{cases} \tag{23-5}$$

上式称为一维**无限深方势阱**。这种势能函数的势能曲线如图 23-1 所示。

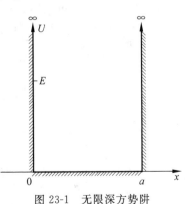

在阱内,由于势能是常量,粒子不受力而做自由运动,所以,金属内电子很难逸出金属表面。这种情况下,自由电子就可以认为是处于以金属表面为边界的无限深势阱中。在边界 $x=0$ 和 $x=a$ 处,势能突然增至无限大,粒子会受到无限大的、指向阱内的力。因此,粒子的位置就被限制在阱内,粒子这时的状态称为**束缚态**。

图 23-1 无限深方势阱

2. 分区域求波函数

为研究粒子的运动,设一个质量为 m 的粒子在一维无限深方势阱中运动,在粗略地分析自由电子的运动(不考虑点阵离子的电场)时,就可以利用无限深方势阱这一模型。由于式(23-5)的势能 U 与时间 t 无关,所以可用式(23-3)的一维定态薛定谔方程求波函数。通常的解法是,先写出能量本征方程,求通解,再由波函数满足的条件,求出方程的解(以下把这些过程略去)。

(1) 势阱外区域($x < 0$ 和 $x > a$)。由于 $U \to \infty$,所以必须有

$$\psi = 0, \quad x < 0 \text{ 和 } x > a \tag{23-6}$$

否则,式(23-3)将给不出任何有意义的解。$\psi = 0$ 表明,粒子不可能到达这一区域,只能在阱内运动,这是和经典概念相符的。

(2) 势阱内区域($0 \leqslant x \leqslant a$)。由于 $U = 0$,式(23-3)可改写为

$$\frac{\partial^2 \psi}{\partial x^2} = -\frac{2mE}{\hbar^2}\psi = -k^2 \psi \tag{23-7}$$

式中,E 为能量本征值。粒子被限制在阱内,坐标不确定度为 a,由不确定关系可知,粒子不

可能静止,所以 $E > 0$,并设方程中的 k 为

$$k = \sqrt{2mE} / \hbar \tag{23-8}$$

可见,$k \neq 0$。式(23-7)类似第 10 章简谐运动的微分方程式(10-6)形式,其解为

$$\psi = A \sin(kx + \varphi), \quad 0 \leqslant x \leqslant a \tag{23-9}$$

式(23-6)和式(23-9)分别表示的两区域的解,在各区域内显然是单值而有限且连续的,但整个波函数在 $x = 0$ 和 $x = a$ 处还应是连续的,即在 $x = 0$ 处,有

$$A \sin \varphi = 0 \tag{23-10}$$

而在 $x = a$ 处,有

$$A \sin(ka + \varphi) = 0 \tag{23-11}$$

由式(23-10)得,$\varphi = 0$,则式(23-11)给出

$$k = n \frac{\pi}{a}, \quad n = 1, 2, 3, \cdots \tag{23-12}$$

将此结果代入式(23-9),可得

$$\psi = A \sin \frac{n\pi}{a} x, \quad n = 1, 2, 3, \cdots \tag{23-13}$$

波函数的振幅 A 可利用**归一化条件**式(22-28),即粒子在空间各处的概率的总和等于 1 求得。利用式(23-6)和式(23-13)以及概率与波函数的关系,可得

$$1 = \int_{-\infty}^{+\infty} | \psi |^2 \mathrm{d}x = \int_{-\infty}^{0} | \psi |^2 \mathrm{d}x + \int_{0}^{a} | \psi |^2 \mathrm{d}x + \int_{a}^{+\infty} | \psi |^2 \mathrm{d}x$$

$$= \int_{0}^{a} A^2 \sin^2 \frac{n\pi}{a} x \, \mathrm{d}x = \frac{a}{2} A^2$$

由此得

$$A = \sqrt{2/a} \tag{23-14}$$

于是,粒子在无限深方势阱中的波函数为

$$\psi_n = \sqrt{\frac{2}{a}} \sin \frac{n\pi}{a} x, \quad n = 1, 2, 3, \cdots \tag{23-15}$$

式中,n 取某个整数,ψ_n 表示粒子的相应的定态波函数。

3. 粒子的能量本征值

相应的粒子的能量可以由式(23-8)代入式(23-12)求出,即

$$E_n = \frac{\pi^2 \hbar^2}{2ma^2} n^2, \quad n = 1, 2, 3, \cdots \tag{23-16}$$

式中,n 只能取整数值。根据标准条件的要求,由薛定谔方程就自然地得出:束缚在势阱内的粒子的能量只能取离散的值,即能量是量子化的。这体现了束缚态微观粒子的特点。每一个能量值对应于一个**能级**。这些能量值称为**能量本征值**,而 n 称为量子数。

将式(23-15)代入式(23-2),即可得到全部波函数

$$\Psi_n = \psi_n \exp\left(-\mathrm{i} \frac{2\pi E_n t}{h}\right) = \psi_n \exp(-\mathrm{i}\omega t) \tag{23-17}$$

这些波函数叫做能量本征波函数。式中,$\omega = E/\hbar$ 为圆频率。由每个本征波函数所描述的粒子的状态称为粒子的**能量本征态**,当 $n = 1$,E_1 为粒子的最小(最低)能量状态,称为**基态**;其

上为 $n > 1$ 的能量较大的状态,称为**激发态**。

4. 粒子的概率密度与波长

式(23-13)所表示的波函数和坐标的关系如图 23-2 中的实线所示(这些波函数看起来与弦线上的驻波的函数一样,这里 A 并不是任意的,在经典振动弦线那里 A 依赖于初始条件的振幅)。图中虚线表示相应的 $|\psi_n|^2 - x$ 关系,即概率密度与坐标的关系。

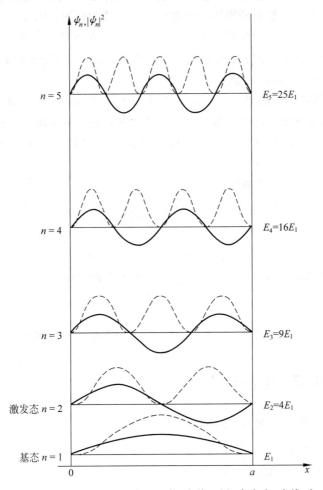

图 23-2　无限深方势阱中粒子的能量本征函数(实线)及概率密度(虚线)与坐标的关系

注意,这里由粒子的波动性给出的概率密度的周期性分布和经典粒子的完全不同。按经典理论,粒子在阱内来来回回自由运动,在各处的概率密度应该是相等的,而且与粒子的能量无关。和经典粒子不同的另一点是,由式(23-16)可知,粒子处于基态时,量子粒子的最小能量即基态能量为 $E_1 = \dfrac{\pi^2 \hbar^2}{2ma^2}$,在势阱的中点粒子出现的概率最大。基态能量 $E_1 \neq 0$,这是符合不确定关系的,因为量子粒子在有限空间内运动,其速度不可能为零,而经典粒子可能处于静止的能量为零的最低能态。

由 $E = \dfrac{p^2}{2m}$ 和式(23-16)可以得到粒子在势阱中运动的动量为

$$p_n = \pm \sqrt{2mE_n} = \pm n \frac{\pi \hbar}{a} = \pm k \hbar \qquad (23\text{-}18)$$

相应地,粒子的德布罗意波长为

$$\lambda_n = \frac{h}{p_n} = \frac{2\pi}{k} = \frac{2a}{n} \qquad (23\text{-}19)$$

此波长也是量子化的,它只能是势阱宽度 2 倍的整数分之一。这一结果也由图 23-2 中的实线显示出来,也使我们回想起两端固定的弦中产生驻波的情况。图 23-2 和图 11-23 是一样的,而式(23-19)和式(11-42)相同。因此,可以说,无限深方势阱中粒子的每一个能量本征态对应于德布罗意波的一个特定波长的驻波。阱的两端是驻波的波节,式(23-19)中的阱宽 a 等于德布罗意波半波长的整数倍。

【例 23-1】 **核内质子能态。** 在核内的质子和中子可粗略地当成是处于无限深势阱中而不能逸出,它们在核中的运动也可以认为是自由的。按一维无限深方势阱估算,质子从第 1 激发态($n=2$)到基态($n=1$)转变时,放出的 γ 光子的能量是多少 MeV? 核的线度按 1.0×10^{-14} m 计。

解 由式(23-16),质子的基态能量为

$$E_1 = \frac{\pi^2 \hbar^2}{2m_p a^2} = \frac{\pi^2 \times (1.05 \times 10^{-34})^2}{2 \times 1.67 \times 10^{-27} \times (1.0 \times 10^{-14})^2} \text{ J} = 3.3 \times 10^{-13} \text{ J}$$

第 1 激发态的能量为

$$E_2 = 4E_1 = 13.2 \times 10^{-13} \text{ J}$$

从第 1 激发态转变到基态所放出的 γ 光子的能量等于这两个能量的差,即

$$E_2 - E_1 = (13.2 \times 10^{-13} - 3.3 \times 10^{-13}) \text{J}$$
$$= 9.9 \times 10^{-13} \text{ J} = 6.2 \text{ MeV}$$

实验观察到,核的两定态之间的能量差一般为几 MeV,上述估算与此事实大致相符。

*23.3 隧穿效应(势垒穿透)

下面考虑"半无限深方势阱"中的粒子。

1. 半无限深方势阱

半无限深方势阱的势能函数为

$$\begin{cases} U(x) \to \infty, & x < 0 \\ U(x) = 0, & 0 \leqslant x \leqslant a \\ U(x) = U_0, & x > a \end{cases} \qquad (23\text{-}20)$$

势能曲线如图 23-3 所示。

在 $x < 0$ 而 $U \to \infty$ 的区域,同 23.2 节的分析那样,粒子的波函数 $\psi = 0$。

在阱内部,即 $0 \leqslant x \leqslant a$ 的区域,粒子具有小于 U_0 的能量 E。薛定谔方程与式(23-7)具有相同的形式,即

$$\frac{\partial^2 \psi}{\partial x^2} = -\frac{2mE}{\hbar^2} \psi = -k^2 \psi$$

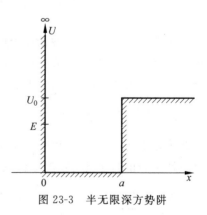

图 23-3 半无限深方势阱

式中，$k = \dfrac{\sqrt{2mE}}{\hbar}$。此式的解仍具有式(23-9)的形式，即

$$\psi = A\sin(kx + \varphi), \quad 0 \leqslant x \leqslant a$$

在 $x > a$ 的区域，式(23-3)的薛定谔方程可写成

$$\frac{\partial^2 \psi}{\partial x^2} = \frac{2m}{\hbar^2}(U_0 - E)\psi = k'^2\psi \tag{23-21}$$

其中

$$k' = \sqrt{2m(U_0 - E)}\big/\hbar \tag{23-22}$$

注意，对 $E < U_0$ 的粒子，$k'^2 > 0$，式(23-21)是有指数解的，其解一般为

$$\psi = Ce^{-k'x} + De^{k'x}, \quad x > a$$

式中，系数 C, D 为常数。为了满足 $x \to \infty$ 时，波函数有限的条件，则 $D = 0$。于是有

$$\psi = Ce^{-k'x}, \quad x > a \tag{23-23}$$

这说明，在 $x > a$ 而势能有限的区域，粒子出现的概率不为零，即粒子在运动中也可能到达 $x > a$ 的区域，不过，到达的概率随 x 增大而按指数规律减小。

为了满足在 $x = a$ 处连续，由式(23-6)和式(23-9)得出

$$A\sin(ka + \varphi) = Ce^{-k'a}$$

此外，$\mathrm{d}\psi/\mathrm{d}x$ 在 $x = a$ 处也是连续的，否则，$\mathrm{d}^2\psi/\mathrm{d}x^2$ 将变为无穷大而与式(23-5)式(23-7)表明的 $\mathrm{d}^2\psi/\mathrm{d}x^2$ 为有限相矛盾。因而，又有

$$kA\cos(ka + \varphi) = -k'Ce^{-k'a} \tag{23-24}$$

由于数学推演比较复杂，这里不再介绍波函数的细节。只是需要说明的是，由式(23-5)和式(23-24)波函数标准条件可以得出：对于束缚在阱内的粒子（即 $E < U_0$ 的粒子），其能量也是量子化的，不过，其能量的本征值不能再用式(23-17)表示。对于适当的 U_0 值，粒子处于可能的基态和第 1、第 2 激发态（U_0 太小时，粒子不能被束缚在阱内）的波函数如图 23-4 中的实线所示，虚线表示粒子的概率密度分布。

这里再次看到，量子力学给出的结果与经典力学给出的结果不同。不但处于束缚态的粒子的能量是量子化的，而且在 $E < U_0$ 的区域，按照经典力学理论，粒子只能在阱内（$0 < x < a$）运动，不可能进入其能量小于势能的 $x > a$ 区域，因为这一区域粒子的动能 E_k（$E_k = E - U_0$）将变为负值，这在经典力学中是不可能的。但是，量子力学理论给出，在其势能大于其总能量的区域内，如图 23-4 所示，粒子仍有一定的概率密度，即粒子可以进入这一区域，虽然其概率密度是按指数随进入该区域的深度而很快减少的。粒子运动的这一量子力学特征是由不确定关系决定的。

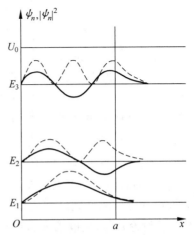

图 23-4　半无限深方势阱中粒子的波函数（实线）与概率密度（虚线）分布

2. 隧穿效应　扫描隧道显微镜

上述结果还显示，粒子可以到达其总能量 E 小于势能 U_0 的区域，即进入 $U_0 > E$ 的区域。如果

这一高势能区域是有限的,即粒子在运动中为一势垒所阻,如图 23-5 所示,与势阱相反,势垒是具有一个最大值的势能函数,则在势能有限情况下,粒子就有可能穿过势垒而到达势垒的另一侧。这一量子力学现象叫做**隧穿效应**或**势垒穿透**,也称隧道效应。

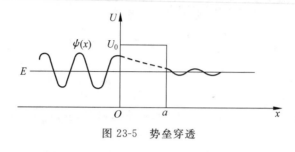

图 23-5　势垒穿透

在《聊斋志异》中,蒲松龄讲述一个故事,说的是一个崂山道士能够穿墙而过(图 23-6)。这虽然是虚妄之谈,但从量子力学的观点来看,也还不能说是完全没有道理的,只不过是概率"小"一些。当你把两条铜线缠绕在一起时,通电后电流将从其中一条铜线传导到另一铜导线,尽管二者之间隔着一个铜氧化物薄层,因为电子隧穿了这个薄层。

图 23-6　崂山道士穿墙而过

电子隧穿效应或势垒穿透现象的一个重要应用是**扫描隧道显微镜**,简称 STM。如图 23-7 所示为其设备和原理示意图。STM 在表面科学、生物学和微电子学等领域具有广阔的应用前景。德国物理学家宾宁(G.Binning,1947—　　)及其老师、瑞士物理学家罗雷尔(H.Rohrer,1933—2013)于 1982 年因设计出 STM,与显微镜创制者鲁斯卡(参见 22.4 节)分享 1986 年度诺贝尔物理学奖。长期以来,人类幻想能直接"看到"原子,而不是通过 X 射线衍射方法间接观测,1982 年这一技术发明使这一幻想成为现实。STM 就是基于电子隧穿效应原理,分辨本领可达原子量级的显微分析仪器。

在样品的表面有一表面势垒阻止内部的电子向外运动。但正如量子力学所指出的那样,表面内的电子能够穿过这表面势垒,到达表面外形成一层**电子云**(电子云的概念参见例 22-8 及讨论)。这层电子云的密度随着与表面的距离的增大而按指数规律迅速减小。这层电子云的纵向和横向分布由样品表面的微观结构决定,STM 就是通过显示这层电子云的分布而考察样品表面的微观结构的。

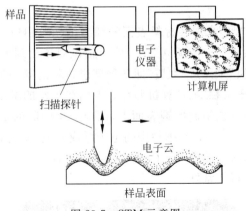

图 23-7 STM 示意图

使用 STM 时,先将一根可精确定位的极细金属探针推向样品,直至二者的电子云略有重叠为止。这时在探针和样品间加上偏向电压,当二者距离小于 1 nm 时,电子便会穿越其间真空通过电子云形成隧穿电流。由于电子云密度随距离迅速变化,所以隧穿电流对针尖与表面间的距离极其敏感。例如,距离改变一个原子的直径,隧穿电流会变化 1 000 倍。当探针在样品表面上方全面横向扫描时,可获得显示最表层原子排列和电子结构信息的图像,其侧向和纵向分辨率分别可达 0.1 nm 和 0.01 nm。根据隧穿电流的变化,利用一反馈装置控制针尖与表面间保持一恒定的距离。把探针尖扫描和起伏运动的数据送入计算机进行处理,就可以在荧光屏或绘图机上显示出样品表面的三维图像,和实际尺寸相比,这一图像可放大到 1 亿倍,其分辨本领可达原子量级。

目前,用 STM 已对石墨、硅、超导体以及纳米材料等的表面状况进行观察,取得很好的结果。图 23-8 是 STM 的石墨表面碳原子排列的计算机照片。

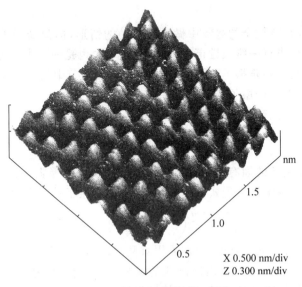

nm

1.5

1.0

0.5

X 0.500 nm/div
Z 0.300 nm/div

图 23-8 石墨表面的 STM 照片

3. 量子围栏

不但 STM 可以当作"眼"来观察材料表面的细微结构,而且可以用作"手"来摆弄单个原子。可以用它的探针尖吸住一个孤立原子,然后把该原子放到另一个位置。这就迈出人类用单个原子这样的"砖块"来建造"大厦"即各种理想材料的第一步。图 23-9 是 IBM 公司的科学家精心制作的"**量子围栏**"的计算机照片。他们在 4 K 的温度下用 STM 的针尖把 48 个铁原子一个个地"栽"到一块精制的铜表面上,围成一个圆圈的量子围栏(Fe 原子间距为 0.95 nm,圆圈平均半径为 7.13 nm),围栏中的电子形成驻波,圈内就形成一个势阱,把在该处铜表面运动的电子圈起来。图中圈内的圆形波纹就是这些电子的波动图景,其大小及图形与量子力学的预言符合得非常好。

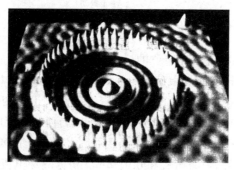

图 23-9　量子围栏照片

移动原子实验的成功表明,人们朝着用单一原子和小分子构成新分子的目标又前进了一步,其内在意义目前尚无法估量。

*23.4　谐振子

本节讨论粒子在稍微复杂的势场中做一维运动的情形,即简谐振子的运动。简谐振子简称**谐振子**,是一个可进行一维线性谐振动的物质系统,也是一个十分有用的振动模型。例如,力学中作微小振动的弹簧振子、单摆和复摆,以及 23.2 节中的一维无限深方势阱中运动的微观粒子等都可以看成谐振子。

一维谐振子的势能函数为

$$U = \frac{1}{2}kx^2 = \frac{1}{2}m\omega^2 x^2 \tag{23-25}$$

式中,$\omega^2 = k/m$,ω 是振子的固有角频率,m 是振子的质量,k 是振子的等效劲度系数(或刚度系数)。将此式代入薛定谔方程式(23-3)可得,一维谐振子的薛定谔方程为

$$\frac{\mathrm{d}^2\psi}{\mathrm{d}x^2} + \frac{2m}{\hbar^2}\left(E - \frac{1}{2}m\omega^2 x^2\right)\psi = 0 \tag{23-26}$$

这是一个变系数的二阶常微分方程,通常采用级数解法求解,但其过程较为复杂(最简单的情况参见习题 23-10),这里不再给出波函数的解析式,只是着重指出:为了使波函数 ψ 满足单值、有限和连续的标准条件,谐振子的能量只能是

$$E_n = \left(n + \frac{1}{2}\right)\hbar\omega = \left(n + \frac{1}{2}\right)h\nu, \quad n = 0, 1, 2, \cdots \tag{23-27}$$

这就是一维谐振子的能级。式(23-27)表明,一维谐振子的能量也只能取离散的值,即它也是量子化的,n 就是每一个状态和相应能级的量子数(注意,这里能量的基态是用 $n=0$ 表示的,而不是 $n=1$,这与 23.2 节和 24.1 节是不同的)。与无限深方势阱中粒子的能级不同的是,谐振子的能级是等间距的,相邻能级差等于 $\hbar\omega$ 或 $h\nu$。

谐振子的能量量子化概念是普朗克首先提出的,由式(22-7)体现。但在普朗克那里,这种能量量子化是一个大胆的有创造性的假设。在这里,它成了量子力学理论的一个自然推论。从量上说,式(22-7)和式(23-27)还是有所不同的。式(22-7)给出的谐振子的最低能量为零,这符合经典概念,即认为粒子的最低能态为静止状态。但式(23-27)给出一谐振子的最低能量为 $\frac{1}{2}h\nu$(这最低能量叫**零点能**),它意味着微观粒子不可能完全静止。零点能的存在是波粒二象性的表现,它满足不确定关系的要求,可以用不确定关系作定性地说明(见例 22-10)。

图 23-10 中画出了最低的 4 个能级的谐振子势能曲线,表示了能级、概率密度与 x 的关系。由图中可以看出,在任一能级上,在势能曲线 $U=U(x)$ 以外,概率密度并不为零。这也表明微观粒子运动的这一特点:它在运动中有可能进入势能大于其总能量的区域,这在经典理论看来是不可能出现的。

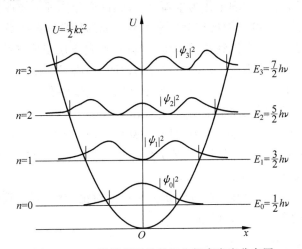

图 23-10　一维谐振子的能级和概率密度分布图

原子核中质子和中子的振动、分子中原子的振动和固体晶格点阵上原子的振动等都可以近似地用谐振子模型加以描述。

【例 23-2】 宏观振子。设想一质量为 $m=1$ g 的小珠子悬挂在一个小轻弹簧下面做振幅为 $A=1$ mm 的谐振动。弹簧的劲度系数为 $k=0.1$ N/m。按量子理论计算,此弹簧振子的能级间隔多大?与它现有的振动能量对应的量子数 n 是多少?

解　弹簧振子的角频率为

$$\omega = \sqrt{\frac{k}{m}} = \sqrt{\frac{0.1}{10^{-3}}}\ \text{s}^{-1} = 10\ \text{s}^{-1}$$

据式(23-27),相邻能级间隔为

$$\Delta E = \hbar\omega = 1.05 \times 10^{-34} \times 10\ \text{J} = 1.05 \times 10^{-33}\ \text{J}$$

谐振子现有的能量为

$$E = \frac{1}{2}kA^2 = \frac{1}{2} \times 0.1 \times (10^{-3})^2 \text{ J} = 5 \times 10^{-8} \text{ J}$$

由式(23-27)可知,相应的量子数为

$$n = \frac{E}{\hbar\omega} - \frac{1}{2} = 4.7 \times 10^{25}$$

这一结果说明,采用量子的概念,宏观谐振子是处于能量非常高的状态的。相对于这种状态的能量,两个相邻能级的间隔 ΔE 是完全可以忽略的。因此,当宏观谐振子的振幅发生变化时,它的能量将连续地变化。这就是经典力学关于谐振子能量的结论。

*23.5　量子力学总结与评述

　　本篇是最后一篇,是近代物理学的主要内容之一。至此,"大学物理"课程教学已近尾声。量子力学是继狭义相对论之后建立的一个极为重要的物理学理论,它揭开了物理学新的历史篇章,赋予自然科学以新的生命力。对于物理学,1993 年召开的第 23 届国际纯粹物理与应用物理联合会(IUPAP)大会在"决议五"中精辟地指出:"物理学是研究物质、能量及其相互作用的学科。"量子力学理论作为本篇核心内容,充分体现了物理学定义的精髓,包含着人类思想最进步的因素,并已发展成为探索世界构成的科学体系的最重要的工具。

　　量子力学研究微观世界中微观粒子的运动规律,首先应用于原子光谱并取得很大的成功,进而对原子核、分子等微观现象提供了较好的说明,构成了本篇的全部内容。目前,它已广泛应用于与原子内部电子运动以及电子、原子之间相互作用有关的问题。例如,物理学中的原子物理学、固体物理等,天文学中的天体演化与宇宙学等,以及化学、生物学和医学等。各种新技术的诞生与发展更是与量子力学理论的应用密不可分。本书限于讨论微观粒子作低速运动时的微观现象及其统计规律,主要介绍量子力学的基本原理及其简单应用,属于非相对论部分,为量子物理学基础。

　　下面就量子力学的特点及其学习方法作一简单的讨论,然后对本篇的核心思想做一个简单的说明,以帮助读者学习后续的章节。

1. 量子力学的特点及其学习方法的讨论

　　量子力学的核心内容可简单地概括为:二象性,量子化。它主要体现为三方面特点:波与粒子的统一、概率性描述和量子化的概念。由于微观粒子具有二象性,对微观粒子(或其体系)的行为和运动状态的描述及其所涉及的许多基本概念、基本规律及其研究方法是与经典物理学截然不同的。

(1) 量子力学在研究问题的方法上的不同

　　通过本书前几篇的学习,我们体会到了经典物理学,特别是经典力学的"套路",即先有牛顿运动定律这一一般性原理,再进行演绎推理,得出个别性或特殊性的结论(如机械能守恒定律等),从而给出牛顿力学篇的全部内容(参见 5.6 节)。它结合采用模型法、元过程法、理想实验法和类比法等方法,侧重于对宏观物体或体系理论结构(公理化模式)的演绎。而量子物理学迄今仅有百余年历史,人们对微观世界规律的认识还不够深入且还在不断探索之中。量子力学对于问题的解决,与传统的习惯性思维方法——演绎推理是不同的。有关章节介绍量子力学内容并不采用演绎法，而是用归纳法讲述的，即从个别的或特殊的现象和经验事实出发，概括出一般性的定理。或者根据其概念和定律在历史上研究、发现的次序来展现的。演绎与归纳，二者是相对的。读者在学习本篇过程中，要注意严密的逻辑推理和抽象思维的灵活运用，如采用归纳法，在学完之后进行总结时再用演绎法，总结所学量子物理学的概念、理论和定律。

演绎法可以为学习知识打下扎实的理论基础，可以少走弯路，一步一个脚印走下去。习惯于传统的形象思维和演绎法学习，往往还不能快速地适应这一篇讲述的理论及其抽象思维方法。从习惯性的形象思维过渡到学会抽象思维，从习惯性的演绎过渡到重视归纳，逐步培养创造性思维能力，学习物理学原理在科学与技术上的创新。因此，灵活地运用学习方法，对学好本篇是很有帮助的。

早在 1984 年，杨振宁(1922—　　)就指出，做学问的人懂得从自己的具体工作分析中抽象出定理来，这样所注意的就是那些与现象接近的东西。可以说，在一定程度上，这也是中美两国在物理教育方面的部分差异。

(2) 学习量子力学的基本思路

在现实生活中，我们无法直接观察到微观粒子，也无法直接感受到微观粒子(或体系)的感性知识。对于量子力学，通过这两章及后续章节的学习，读者定然会感到本篇晦涩难懂，诚然，不要指望书中所有的内容都能理解。因为归纳法不能在较短的时间给出物理问题的全貌，人们对微观世界的探索，正如有科学家说的如同"盲人摸象"，系统性不强，不能像牛顿力学那样以牛顿运动三定律出发演绎出所得出的基本知识。实际上，懵懵懂懂中，正如玻尔说过的一句名言："如果谁不对量子论感到困惑，他就没有理解这个理论。"量子力学中的一些内容本身就没有"标准答案"，而且还有各种争论。

在学习量子力学过程中，读者也许对其每一历史阶段的问题感兴趣。经典物理学的概念、理论、定律所遇到的困难是什么？量子力学是如何提出的新概念，形成新的理论、定律是什么？这些新理论取得了哪些成功，还存在什么缺陷？后来是怎样发展的和解决的？例如，概率波、波函数、不确定关系等概念和理论是经典物理学中不曾有的新内容，却又是学习量子物理学的基本入门知识。

实际上，量子力学比相对论离我们的生活更近，它的应用深入到人类生活的每一个角落。学习量子力学，还要对伟大的物理学家多一些了解。例如，直接因建立量子力学理论而获诺贝尔物理学奖的科学家就有 6 位：德布罗意、海森伯、狄拉克、薛定谔、泡利和玻恩，他们先后在 1929 年、1932 年、1933 年、1945 年、1954 年获奖。

2. 从经典理论到物质波的概念

波粒二象性和量子化贯穿于整个微观物理学，把握住这一逻辑主线，分散在各章各节的知识学起来就会感到零而不乱，分而不散。原子中电子的能量、角动量、磁矩等都是量子化的。波粒二象性和量子化不是并列的，波粒二象性更根本，量子化则来源于微观粒子的波粒二象性。

(1) 光波的粒子行为——波与粒子的统一

量子物理学就是起源于对波粒二象性的认识。

我们在第 4 篇电磁学中看到，麦克斯韦与赫兹等科学家是如何确立光是电磁波的概念。在第 5 篇波动光学中所讨论的干涉、衍射和偏振等现象则进一步展现出了光的波动本质。

然而,当我们更加仔细地观察电磁波的发射、吸收和散射等现象时,发现光具有完全不同的另一面,即电磁波的能量是量子化的,它以能量包(即光子)的形式传播。这种能量包像粒子一样,具有确定的能量。单个光子的能量正比于辐射频率。光和其他电磁辐射表现出波粒二象性,光的作用有时像波,有时又像粒子。干涉和衍射显示出波动的行为,而光子的发射和吸收则显示出粒子的行为,如光电效应、康普顿效应等。当然,量子力学中的波与粒子的性质和经典物理学也是有原则上的区别的。这一切使我们改变了看待物质本性的观点。

波粒二象性是物质的普遍性质。宏观物体因质量大,其运动中量子特性没有显著影响,其量犹如可以连续变化一样,它们的波动性极不显著。微观粒子的波粒二象性具有明显特征,所以其量子效应不能忽略,如电子、原子等的微观运动。因此,在量子力学理论中,牛顿力学已不再适用,必须代之以从量子概念发展起来的量子力学。在某些现象中,如果粒子的波动性可以忽略,则量子力学就可以过渡到经典力学;如果场的粒子性可以忽略,量子场论便过渡到经典场论。在这个意义上说,量子物理学包含了经典物理学。经典力学在其适应范围内依然正确,可看成近代物理的经典极限。

(2) 粒子的波动行为——概率性描述

事实表明,光波能够表现得像粒子,物质粒子也能表现得像波。电子的波动性特征不仅仅是实验室内的奇妙现象,还是原子能够存在的根本原因。在经典物理学中,质点在某时处于某处是完全确定的。而在量子力学中,对微观粒子而言,只能说它某时处于某处的可能性(概率)有多大,不能肯定于某时位于何处。因为根据经典物理理论,原子本应是极度不稳定的。

实验证实,我们完全可以用波的图像描述粒子的行为,这就是量子力学的方法。在德布罗意物质波理论的基础上建立波动力学,其核心理论——薛定谔波动方程是量子力学中描述微观粒子(或其体系)运动状态的基本定律。微观体系及其粒子的各种物理量都可通过波函数来确定其取各种可能值的概率。它帮助我们进一步理解原子的结构、激光器的工作原理以及受热发光物体发射的光所具有的奇妙特征。物质的波动性有力地解释了这些现象,它是在分子、原子和原子核尺度理解物质行为及其性质的关键。

量子力学用波函数描述微观粒子的运动状态,以薛定谔方程确定波函数的变化规律,并用算符或矩阵方法对各物理量进行计算。不仅是能量,求解薛定谔方程自动地给出体系的可能能级,还可以给出在不同区域找到粒子的概率。微观粒子穿过薄势垒的概率不为零。因此,量子力学早期也称"波动力学"或"矩阵力学"。薛定谔方程在量子力学中的地位大致相当于牛顿运动定律在经典力学中的地位。由于它没有考虑到相对论效应,只适用于运动速度比光速小得多的粒子体系。量子力学与狭义相对论结合(相对论量子力学)后,逐步建立了量子场论。

第 23 章的薛定谔方程从最简单的情形——不受任何形式外力作用、沿直线运动的自由粒子的量子力学开始,进一步考虑受到力的作用并束缚在定态的粒子,就像被束缚在原子中的电子。求解薛定谔方程可以自然而然地给出微观粒子体系的可能能级以及一些物理量的量子化条件。除了能量之外,求解薛定谔方程还可以给出在不同区域找到粒子的概率。微观粒子穿过薄势垒的概率不为零,这是一个令人惊讶的结果,尽管这个过程在牛顿力学中是不可能的。虽然这一章只考虑一维运动的薛定谔方程,但它还可以进一步扩展到诸如氢原子的三维问题。氢原子的波函数又可以反过来成为分析更复杂原子、元素周期表、X 射线能级以及原子其他性质的理论基础。

3. 量子化的概念

自 1900 年 12 月 14 日普朗克提出量子的概念，至今也就 100 余年。1913 年玻尔提出氢原子理论，普朗克和玻尔等人的理论以经典物理规律为基础，但加上了一些反映微观运动具有量子特性的附加条件（量子条件），他们所形成的理论被称为量子论。每一种量子的数值都很小，如电磁场中的光子（即光量子）。许多重要的物理量，如能量、角动量等具有分立的值，或者说，它们是量子化的。经过爱因斯坦、玻尔、德布罗意、玻恩、薛定谔、狄拉克等科学家的创新与努力，量子论得到进一步发展，导致量子力学的建立。量子力学理论用于解决微观粒子的问题时，得到的结果与实验符合，是现代物理学的理论基础之一。

卢瑟福关于原子核的发现引发一系列问题。他认为，电子可能绕核的轨道旋转，如行星绕太阳旋转一样。根据经典电磁理论，任何加速运动的电荷都要辐射电磁波。辐射出的电磁波频率应等于旋转频率。随着电子辐射能量，它们的角速度将会连续改变，因而应该辐射出连续光谱（所有频率的混合），而不是实际观测到的线状光谱。这样一来，基于牛顿力学和经典电磁理论而得到的卢瑟福电子绕核模型对原子做出了三个完全错误的预言：原子应该持续地辐射光，原子应该是不稳定的，原子发出的应该是连续谱。显然，我们需要对原子尺度上的物理图像进行彻底的重新评价。在第 24 章中，我们将看到一个大胆的思想，它引发了人们对原子的全新认识。丹麦物理学家玻尔提出了一项革命性的创意，既可以解释原子的稳定性，又能解释原子的发射谱线和吸收线谱。他的创新之处在于把光子概念与一个全新的思想——原子的能量只能取某些特定确定的分立值——结合起来。他的这一假设体现出与 19 世纪观念的彻底决裂。这一思想与德布罗意的关于"电子具有波动性"的见解是相互吻合的。原子是稳定的，只在被激发时才发射光波，而且指发射特定频率的光（对应于线谱）。

值得说明的是，量子论是探索微观粒子运动所遵从的量子规律的初步理论。每个理论都有其局限性，玻尔理论也不例外。有的模型已被后来发展的理论所取代，但它提出的一些概念还在沿用。例如，由于卢瑟福原子结构的行星模型比较直观，仍用以作为对原子结构的一种粗浅说明。玻尔理论中提出的轨道——电子绕原子核运行的许多分立的圆形轨道，实际上，电子沿轨道运动这一概念并不正确，已被量子力学的概率分布概念所代替，但由于它的直观性，仍沿用"轨道"这一术语近似地描述原子内部电子的运动。

玻尔还对核物理做出意义深远的贡献，并成为在所有国家之间自由交换科学思想的热情拥护者。玻尔创建与领导的哥本哈根大学理论物理研究所（后改名为玻尔研究所）成为该学派的活动中心和当时世界上最活跃的学术研究中心之一，先后培养出 10 多位诺贝尔奖获得者，以及一大批优秀的物理学家。在玻尔倡导下形成的"平等自由地讨论和相互紧密地合作的浓厚的学术气氛""强调合作和不拘形式的气氛"的科学精神——哥本哈根精神，成为物理学的一个学派——哥本哈根学派，主要代表人物有海森伯、玻恩、泡利和狄拉克等。这种精神不仅限于研究所，还通过访问者传播到世界各地。他们对创立和发展量子力学做出重要贡献，提出了量子论的物理解释为大多数物理学家所接受，对 20 世纪物理学和哲学的发展具有深远的影响。玻尔获 1922 年度诺贝尔物理学奖，有趣的是，当时丹麦的报纸普遍采用这样的标题"著名足球运动员丹尔斯·玻尔被授予诺贝尔奖"。

4. 重视实验在量子物理学中的地位与作用

科学研究的方法通常有两种,一种是实验研究的方法,另一种是理论研究的方法。理论研究的方法虽不直接进行实验,但理论研究课题的提出及其研究结果,往往都需要通过实验加以检验,因此,科学实验是检验理论正确与否的重要判据。正如量子力学奠基人之一、德国理论物理学家玻恩(Max Born,1882—1970)在获诺贝尔物理学奖时所说:"我荣获1954年诺贝尔奖与其说是我工作里包括了一个自然现象的发现,倒不如说是那里面包括了一个自然现象的新的思想方法基础的发现"。

通过本篇内容,只要你细心留意就会发现,人们在建立量子力学过程中,每前进一步,几乎都是"实验法"的例证。历史上的一些近代物理实验,不仅起到检验理论正确性,对量子力学的发展与建立发挥了重要的作用,几乎都得过诺贝尔物理学奖或化学奖。它们主要表现为以下4种作用:①实验完全证实了理论的预言。例如,电子衍射实验首先证实电子的波动性;弗兰克-赫兹实验证实原子内部确有不连续的定态能级分布;康普顿效应证实爱因斯坦光量子理论的正确性。②实验完全否定了原有的理论。例如,迈克耳孙-莫雷实验否定了"以太说";黑体辐射的能量按波长的分布实验,普朗克因此提出量子化的概念。③实验定性验证了原有理论,但定量上揭示了原有理论的局限性。例如,斯特恩-格拉赫实验验证空间量子化理论,并证明原子的自旋角动量的空间量子化。④先有实验现象,后有理论。例如,密立根油滴实验揭示了微观粒子的量子本性——电荷的量子化,验证了爱因斯坦光电效应方程的正确性。这4种情况都催生了新理论的诞生。

量子物理学的理论很少是直接从实验结果就能归纳出来的,新理论往往都带有假说和猜想的色彩,这就要求有新实验来检验,使新理论得到修正和完善。可以说,物理学作为一门科学的地位是由物理实验予以确立的。正是实验物理和理论物理的相互促进与结合、探索前进,推动了近代物理学不断向前发展。

思考题

23-1 薛定谔方程是通过严格的推理过程导出的吗?

23-2 薛定谔方程怎样保证波函数服从叠加原理?

23-3 什么是波函数必须满足的标准条件?

23-4 波函数归一化是什么意思?

23-5 从图23-2、图23-4和图23-10分析,粒子在势阱中处于基态时,除边界外,它的概率密度为零的点有几处?在激发态中,概率密度为零的点又有几处?这种点的数目和量子数 n 有什么关系?

23-6 在势能曲线如图23-11所示的一维阶梯式势阱中能量为 $E_5(n=5)$ 的粒子,就 $O—a$ 和 $-a—O$ 两个区域比较,它的波长在哪个区域内较大?它的波函数的振幅又在哪个区域内较大?

23-7 本章讨论的势阱中的粒子(包括谐振子)处于激发态时的能量都是完全确定的——没有不确定量。这意味着粒子处于这些激发态的寿命将为多长?它们自己能从一个态跃迁到另一态吗?

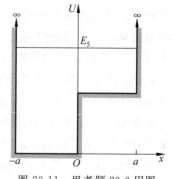

图 23-11   思考题 23-6 用图

习 题

23-1 一个细胞的线度为 10^{-5} m,其中一粒子质量为 10^{-14} g。按一维无限深方势阱计算,这个粒子的 $n_1 = 100$ 和 $n_2 = 101$ 的能级和它们的差各是多大?

23-2 一个氧分子被封闭在一个盒子内。按一维无限深方势阱计算,并设势阱宽度为 10 cm。

(1) 该氧分子的基态能量是多大?

(2) 设该分子的能量等于 $T = 300$ K 时的平均热运动能量 $\frac{3}{2} kT$,相应的量子数 n 的值是多少? 这第 n 激发态和第 $n+1$ 激发态的能量差是多少?

*23-3 在如图 23-12 所示的无限深斜底势阱中有一粒子。试画出它处于 $n=5$ 的激发态时的波函数曲线。

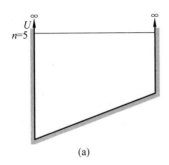 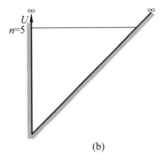

图 23-12 习题 23-3 用图

23-4 一粒子在一维无限深方势阱中运动而处于基态。从阱宽的一端到离此端 1/4 阱宽的距离内它出现的概率多大?

*23-5 一粒子在一维无限深方势阱中运动,波函数如式(23-15)表示。求 x 和 x^2 的平均值。

*23-6 证明:如果 $\Psi_m(x,t)$ 和 $\Psi_n(x,t)$ 为一维无限深方势阱中粒子的两个不同能态的波函数,则

$$\int_0^a \Psi_m^*(x,t)\Psi_n(x,t)\mathrm{d}x = 0$$

此结果称为波函数的**正交性**。它对任何量子力学系统的任何两个能量本征波函数都是成立的。

23-7 在一维盒子(图 23-1)中的粒子,在能量本征值为 E_n 的状态中,对盒子的壁的作用力多大?

23-8 一维无限深方势阱中的粒子的波函数在边界处为零。这种定态物质波相当于两端固定的弦中的驻波,因而势阱宽度 a 必须等于德布罗意波的半波长的整数倍。试由此求出粒子能量的本征值为

$$E_n = \frac{\pi^2 \hbar^2}{2ma^2} n^2$$

23-9 一粒子处于一正立方盒子中,盒子边长为 a。试利用驻波概念导出粒子的能量为

$$E = \frac{\pi^2 \hbar^2}{2ma^2}(n_x^2 + n_y^2 + n_z^2)$$

其中 n_x, n_y, n_z 为相互独立的正整数。

23-10 谐振子的基态波函数为 $\psi = A e^{-ax^2}$，其中 A, a 为常量。将此式代入式(23-26)，试根据所得出的式子在 x 为任何值时均成立的条件导出谐振子的零点能为

$$E_0 = \frac{1}{2} h\nu$$

23-11 H_2 分子中原子的振动相当于一个谐振子，其等效劲度系数为 $k = 1.13 \times 10^3$ N/m，质量为 $m = 1.67 \times 10^{-27}$ kg。此分子的能量本征值（以 eV 为单位）为何？当此谐振子由某一激发态跃迁到相邻的下一激发态时，所放出的光子的能量和波长各是多少？

第**24**章

原子中的电子

薛定谔方程用波函数描述微观粒子的运动状态及其基本变化规律,广泛用于研究和描述物质的结构及其状态,更自然地首先解决了当时有关氢原子的问题,因此,早期建立的量子力学也叫波动力学。这是量子力学在创立初期最重要的成就。

海森伯鉴于玻尔原子模型存在的问题,着眼于观察光谱的频率、强度以及偏振等,建立矩阵力学。不久,薛定谔证明,波动方程与矩阵力学是等价的。狄拉克又将矩阵力学加工成更加严密的理论体系,通过严格的变换理论将二者统一起来,后来二者统称为量子力学。

本章首先介绍氢原子理论,通过指出玻尔理论的结论及其不足,引入薛定谔方程关于氢原子的结论,并提及多电子原子。除了能量量子化外,还要说明原子内电子的角动量(包括自旋角动量)的量子化。然后根据描述电子状态的 4 个量子数讲解原子中电子排布的规律,从而说明元素周期表中各元素的排序以及 X 光的发射机制。最后介绍激光产生的原理及其应用。

24.1 氢原子理论简介

我们知道,原子由带正电荷的原子核和绕核运动着的、与核电荷数相等的电子所组成。玻尔于 1913 年在卢瑟福原子有核模型(见 26.1 节)的基础上,应用经典运动规律和普朗克的量子化概念提出半量子化的行星系原子模型。**玻尔理论**解释了具有一个电子的氢原子或类氢离子的光谱,是阐明原子结构的初步理论,使早期量子论取得很大的成功,是通向后来的完全量子性的原子理论的台阶,为量子力学的建立打下基础。

玻尔理论存在缺陷,具有局限性,不能圆满地解释许多实验现象和事实。用薛定谔方程求解氢原子中电子的能级和能量本征函数,是量子力学在创立初期最令人信服的成就。

1. 氢原子的玻尔理论

已知最精确的科学测量是用光谱仪做的,这种仪器的测量量是物体辐射的波长或频率。怎样解释观测到的原子光谱?氢是最简单和最轻的元素,其单质为双原子分子(H_2)。1885 年,瑞士一位中学数学教师巴耳末(J.J.Balmer,1825—1898)于 1885 年首先对实验上最早所测到的氢原子光谱中可见光波段的一些谱线,找到了反映它们之间相互联系的经验公式来表示这些谱线的波长,但对此公式的成功之处,他无法给出令人信服的解释。

（1）玻尔假设

玻尔受**巴耳末公式**以及普朗克的能量量子化概念、爱因斯坦的光量子假设启发，把经典运动规律与量子论思想相结合，提出**玻尔假设**，建立原子模型，解释了氢原子光谱。

① 定态假设（稳态假设，量子化轨道假设）

原子中的电子在原子核的库仑力场（即静电场）中的一些特定轨道上绕核运动，而不辐射能量（不发光），只有角动量 L 等于 $\hbar$ 的整数倍的那些轨道才是稳定的，在这些轨道中，原子具有一定的能量 E_n，这些不连续的能量值组成原子的各个能级。角动量量子化表示为

$$L = m_e r_n v_n = n\frac{h}{2\pi} = n\hbar, \quad n = 1, 2, 3, \cdots \tag{24-1}$$

称为**玻尔量子化条件**，或**玻尔量子条件**。式中，$\hbar$ 为约化普朗克常量；r_n 是第 n 个轨道的半径；n 称为主量子数。

② 跃迁假设（玻尔频率假设）

当原子中的一个电子从能量 E_i 的能级跃迁到能量 E_f 的能级时，将发射或吸收一个频率为 ν 的电磁辐射的光子，光子能量等于跃迁前后电子轨道能量之差。即

$$h\nu = |E_i - E_f| \tag{24-2}$$

此式称为**玻尔频率条件**。式中，E_i、E_f 分别表示氢原子的高能级和低能级。跃迁过程严格遵循能量、动量和角动量等守恒定律。

（2）氢原子能级

下面由玻尔假设出发，说明如何得到氢原子的能级公式，再解释氢原子光谱的规律。

① 原子半径

氢原子中的电子和质子通过静电相互作用束缚在一起。电子处于每一圆形轨道上，设其质量为 m_e，半径为 r_n，速率为 v_n，以库仑力为向心力，则

$$m_e \frac{v_n^2}{r_n} = \frac{1}{4\pi\varepsilon_0}\frac{e^2}{r_n^2}, \quad Z = 1$$

把式中的 v_n 用式（24-1）的角动量条件代入，可得

$$\frac{m_e}{r_n}\left(\frac{n\hbar}{m_e r_n}\right)^2 = \frac{1}{4\pi\varepsilon_0}\frac{e^2}{r_n^2}$$

轨道半径 r_n 为

$$r_n = n^2 \frac{4\pi\varepsilon_0 \hbar^2}{m_e e^2} = n^2 r_1 = n^2 a_0 \tag{24-3}$$

式中，r_1 通常以 a_0 表示，即

$$a_0 = r_1 = \frac{4\pi\varepsilon_0 \hbar^2}{m_e e^2} = \frac{\varepsilon_0 h^2}{\pi m_e e^2} = 0.052\,9 \text{ nm} \tag{24-4}$$

称为**玻尔半径**。它是原子物理学中的一种长度单位，具有长度的量纲。玻尔半径是氢原子处于基态时电子绕核运行所循圆形轨道的半径，即电子的第一轨道半径。由式（24-3）可知，电子的轨道半径以 n^2 的比例增大，r_1 就是处于正常状态下的原子半径。

② 电子的速度

由前面 v_n 与 r_n 的关系，可得

$$v_n = \frac{e^2}{4\pi\varepsilon_0 \hbar} \frac{1}{n} = \frac{1}{n} v_1 \tag{24-5}$$

各轨道上电子的速率 v_n 与 n 成反比例地递减。其中

$$v_1 = \frac{1}{4\pi\varepsilon_0} \frac{e^2}{\hbar} \tag{24-6}$$

v_1 与真空中的光速 c 之比以 α 表示,其值为

$$\alpha = \frac{v_1}{c} = \frac{1}{4\pi\varepsilon_0} \frac{e^2}{\hbar c} \approx \frac{1}{137}$$

α 称为精细结构常数,是原子中的电子速率数量级的标志,是研究原子光谱的重要常数之一。由于 α 相对很小,所以对原子中的电子运动可按非相对论处理。

③ 电子的能量

原子中的电子的能量 E_n 等于它的动能 E_{kn} 与势能 E_{pn} 之和。由式(24-3)和式(24-5)可得,E_{kn} 与 E_{kn} 分别为

$$E_{kn} = \frac{1}{2} m_e v_n^2 = \frac{1}{2} m_e \left(\frac{e^2}{4\pi\varepsilon_0} \cdot \frac{1}{\hbar} \cdot \frac{1}{n} \right)^2, \quad E_{pn} = -\frac{1}{4\pi\varepsilon_0} \cdot \frac{e^2}{r_n} = -\frac{e^2}{4\pi\varepsilon_0} \left(\frac{m_e e^2}{4\pi\varepsilon_0 n^2 \hbar^4} \right)$$

则电子的能量 $E_n = E_{kn} + E_{pn}$,即

$$E_n = -\frac{m_e e^4}{2(4\pi\varepsilon_0)^2 \hbar^2} \cdot \frac{1}{n^2}, \quad n = 1, 2, 3, \cdots \tag{24-7}$$

这一能量,即氢原子中的电子的能级,叫做玻尔的氢原子能级公式。式中,n 就是式(24-1)的主量子数或量子数。E_n 与 n 之间的直接关系表明,氢原子的能量量子化的(对于含有 Z 个质子的类氢离子,如 He^+,Li^{2+},上式的 e^2 换为 Ze^2 即可)。式(24-7)也可写为

$$E_n = -\frac{e^2}{2(4\pi\varepsilon_0)a_0} \cdot \frac{1}{n^2} \tag{24-8}$$

当 $n=1$ 时,能量最小,这一定态称为氢原子的**基态**。对应的基态能量记为 E_1(注意,式(23-27)的谐振子能量的基态用 $n=0$)。代入式中对应的各常量后可得,氢原子的基态能量 E_1 为

$$E_1 = -\frac{m_e e^4}{2(4\pi\varepsilon_0)^2 \hbar^2} = -13.6 \text{ eV}$$

在原子、原子核或其他多粒子体系等组成的微观粒子系统中,基态是系统所能具有的各种状态中能量最低的状态。微观粒子系统处于基态时最稳定。$n=2,3,4,\cdots$,能量逐级增大,这些 $n>1$ 状态的能级统称为**激发态**。如 $n=2$ 为第一激发态,依次递增。

当 $n\to\infty$ 时,$r_n\to\infty$,$E_n=0$,这相当于以电子刚脱离原子时的能量取为零(即能量零点)。于是,在原子内部被束缚的电子的能量均为负值。由于我们感兴趣的是与光子发射能量直接有关的能级间的能量差,所以,它与能量零点选取在何处无关。于是,式(24-7)也可表示为

$$E_n = -\frac{e^4}{2(4\pi\varepsilon_0)a_0} \cdot \frac{1}{n^2} = \frac{E_1}{n^2} = -\frac{13.6}{n^2} \text{(eV)} \tag{24-9}$$

对应于不同的 n 值,式(24-8)中 E_n 给出的每一个能量的可能取值叫做一个能级。氢原子的能级可以用图 24-1 所示的能级图表示(也可参考图 19-2)。$E>0$ 的情况表示电子已脱离原子核的吸引,即氢原子已电离,这时的电子成为自由电子,其能量可以具有大于零的连

续值。

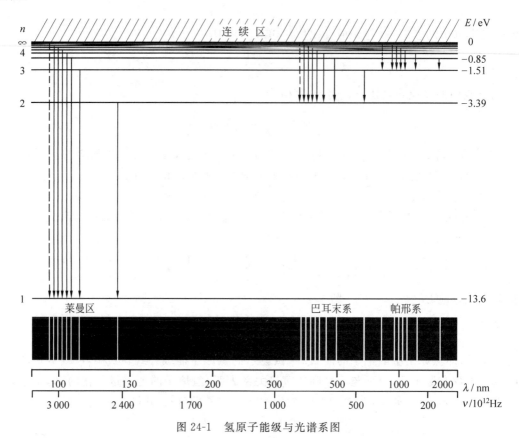

图 24-1　氢原子能级与光谱系图

使原子或分子电离所需的能量叫**电离能**，通常用 eV 为单位。使束缚最松的价电子脱离原子或分子所需的能量为叫第一电离能；使已经电离一次的原子或分子再次电离所需的能量称为第二电离能。

（3）**氢原子的光谱系**

氢原子光谱很容易由式(24-2)，式(24-7)和 E_1 的值求出。

在通常情况下，氢原子总是处在能量最低的基态。当外界供给能量时，氢原子也可以跃迁到某一激发态。常见的激发方式之一是氢原子吸收一个光子而得到能量 $h\nu$。处于激发态的原子是不稳定的，经过或长或短的时间（典型值为 10^{-8} s），它会跃迁到能量较低的状态而以光子或其他方式释放出能量。就吸收或放出光子来说，电子从高能态 E_i 跃迁到低能态 E_f 时辐射的电磁波频率 ν 为

$$\nu = \frac{1}{h}(E_i - E_f) = -\frac{E_1}{h}\left(\frac{1}{n_f^2} - \frac{1}{n_i^2}\right), \quad n_i > n_f \tag{24-10}$$

这是玻尔理论的氢原子光谱的实验规律。由 $\nu = c/\lambda$，并令 $\sigma = 1/\lambda$，得

$$\sigma = -\frac{E_1}{hc}\left(\frac{1}{n_f^2} - \frac{1}{n_i^2}\right) = -R\left(\frac{1}{n_f^2} - \frac{1}{n_i^2}\right)$$

式中，σ 称为波数；常量 R 为

$$R = -\frac{1}{hc} \cdot \frac{-1}{(4\pi\varepsilon_0)^2} \cdot \frac{m_e e^4}{2^2} = 1.097\ 373\ 157 \times 10^7\ \text{m}^{-1} \tag{24-11}$$

这与广义巴耳末公式中的里德伯常量 R 的实验值符合得很好，这就找到此常量的理论依据。由玻尔理论可导出的氢原子光谱的实验规律，说明了光谱线系与原子内部之间的关系。玻尔理论在解释氢原子光谱方面取得很大的成功。

在氢气放电管放电发光的过程中，原子内部电子运动状态发生变化，氢原子可以被激发到各个较高能级中。从这些高能级向不同的较低能级跃迁时，就会发出各种相应的频率的光。经过分光镜或光栅后，每种频率的光都会形成一条条谱线。这些谱线的总体称为**光谱**。每组谱线称为一个线系，**光谱线系**就是按一定规律将原子光谱中的谱线分成若干个组的。原子光谱系的性质主要决定于原子核外电子层结构，在同一线系中，各谱线的波长往往可以用一个简单的公式来表示，例如，氢原子的光谱由一组组的谱线系组成，如图 24-1 所示。从较高能级回到基态（$n=1$）的跃迁形成**莱曼系**，属于紫外区。从较高能级回到 $n=2$ 的能级的跃迁发出的光形成**巴耳末系**（见例 24-1），处于可见光区。从较高能级回到 $n=3$ 的能级的跃迁发出的光形成**帕邢系**，在红外区；等等。这些结果都与实验值符合得很好。原子光谱的线系结构反映原子能级的规律性。外壳层电子数相同（如元素周期表中属于同一族）的原子，具有相似的光谱线系统。

（4）玻尔理论的成功与不足

玻尔当时不只一次对同事说：“当我一眼看到巴耳末公式，一切都在我眼前豁然开朗了”。氢原子光谱的规律能用巴耳末公式如此简单地表示出来，且又与实验符合得如此之好，玻尔理论揭开 20 年多令人费解的氢光谱之谜，简单数学之中蕴含着原子结构的精髓。玻尔提出的能级概念，第二年即被**弗兰克-赫兹实验**证实，原子内部确有不连续的定态能级分布。玻尔获 1922 年度诺贝尔物理学奖，德国物理学家弗兰克（J.Franck，1882—1964）和赫兹（G.L.Hertz，1887—1975）于 1914 年因电子流碰撞汞原子研究方面的贡献，获 1925 年度诺贝尔物理学奖。这里的赫兹是 H.R.赫兹（频率单位以他的名字命名）的侄子。

玻尔理论对只有一个电子的氢原子和类氢原子的谱线频率作出解释无疑是成功的，海森伯的位置与动量不确定关系表明，玻尔模型不能正确地描述电子在原子中（如多电子原子）的行为，也不能说明谱线的强度和偏振等现象。玻尔假设（玻尔模型）属于半经典半量子的理论，后来经德国物理学家索末菲（A.J.W.sommerfeld，1868—1951）等人的修改和推广，但仍未能摆脱困境。第 1 条假设的前提是经验性的或强加的，缺乏应有的理论依据，但为最终解决原子稳定性提供正确的思路；而式（24-1）的角动量量子化可由后来的德布罗意假设得出，使理论困难有了解决的希望。第 2 条假设是从普朗克假设引申来的，能解释原子光谱的起源。

此外，玻尔假设还存在逻辑上的问题，他既把微观粒子视为遵循经典力学的质点，同时又赋予它们量子化的特征（角动量量子化、能量量子化），这使得微观粒子显得很不协调。难怪有人比喻玻尔理论在每星期的一三五是经典的，二四六是量子化的。后来，在波粒二象性基础上建立起来的量子力学，以更准确的概念和理论，圆满地解决了玻尔理论所遇到的困难。但玻尔理论的部分成就，促进了量子论的发展，在科学史上曾起很大作用。在探索真理的过程中，理论上的缺点是难以避免的。

谈到玻尔，除了他是量子力学的奠基人之一，在这方面与普朗克、爱因斯坦齐名之外，他

所倡导建立的研究所(后来叫玻尔研究所)及其倡导的哥本哈根精神在国际科学界广为传颂。他于 1937 年来中国作学术访问,表达对中国人民的友好情意。他对中国的传统哲学很感兴趣,用太极图作为家族的徽标图案。

【例 24-1】 巴耳末系。求巴耳末系光谱的最大和最小波长。

解 巴耳末系是从较高能级回到 $n=2$ 能级的跃迁形成的光谱,其最大波长只能是来自紧邻能级的跃迁,即 $n=3$ 的能级。由式(24-2)、式(24-9)和 $c=\lambda\nu$ 可得

$$\lambda_{\max}=\frac{ch}{E_3-E_2}=\frac{3\times10^8\times6.63\times10^{-34}}{[-13.6/3^2-(-13.6/2^2)]\times1.6\times10^{-19}}\text{ m}$$
$$=6.58\times10^{-7}\text{ m}=658\text{ nm}$$

对应此波长的光为红光。最小波长为

$$\lambda_{\min}=\frac{ch}{E_\infty-E_2}=\frac{3\times10^8\times6.63\times10^{-34}}{0-(-13.6/2^2)\times1.6\times10^{-19}}\text{ m}$$
$$=3.66\times10^{-7}\text{ m}=366\text{ nm}$$

这一波长的光在近紫外区,此波长叫巴耳末系的**极限波长**。$E>0$ 的自由电子跃迁到 $n=2$ 的能级所发出的光在此极限波长之外形成连续谱。

2. 氢原子的量子理论

氢原子能量的计算是考验薛定谔方程最简单、最实际、能精确计算的成功例子。这里求解定态薛定谔方程的目的在于求氢原子的电子的能级和波函数。已知能级就可知其光谱,给出波函数就可知电子在原子中的分布状态。由于涉及繁难的数学知识、冗长的求解与计算过程,这里只是简单的说明,介绍求解定态薛定谔方程得出的主要结论,包括能量量子化、轨道角动量量子化、角动量空间量子化以及对应的 3 个量子数。读者可借此领会数学在科学研究中的重要性,但目前在教学上不需要全部搞懂它。

(1)氢原子的薛定谔方程

电荷为 e 的电子在质子的库仑场内运动,处于束缚状态,其势能函数为

$$U(r)=-\frac{e^2}{4\pi\varepsilon_0 r}\tag{24-12}$$

其中,r 为电子与质子之间的距离。由于氢原子是一个三维系统,此势能具有球对称性,在求解氢原子中电子运动的波函数时,就不能用如式(23-3)那样的薛定谔方程的一维形式,而要用该方程的三维形式。为方便求解,通常采用该方程定态的三维球面坐标形式。即

$$-\frac{\hbar^2}{2m}\left[\frac{\partial^2\psi}{\partial r^2}+\frac{2}{r}\frac{\partial\psi}{\partial r}+\frac{1}{r^2\sin\theta}\frac{\partial\psi}{\partial\theta}\left(\sin\theta\frac{\partial\psi}{\partial\theta}\right)+\frac{1}{r^2\sin^2\theta}\frac{\partial^2\psi}{\partial\varphi^2}\right]-\frac{e^2}{4\pi\varepsilon_0 r}\psi=E\psi$$

其中,波函数 ψ 是 r,θ 和 φ 的函数,即 $\psi=\psi(r,\theta,\varphi)$。可采用分离变量法求解,即有

$$\psi(r,\theta,\varphi)=R(r)\Theta(\theta)\Phi(\varphi)$$

由于求解步骤和 ψ 的形式较为复杂,本书对此不再介绍,下面只介绍在式(23-5)的势能函数的条件下,薛定谔方程给出的结果和一些讨论。

(2)能量量子化

根据处于束缚态的粒子的波函数必须满足的标准条件,薛定谔方程自然地(即不是作为假设条件提出的)得出量子化的结果,即氢原子中电子的状态由 3 个量子数 n,l,m_l 决定;反之,如给出这三个量子数,也就知道电子处于什么状态。这是量子力学的一个重要结论。它们的名称和可能取值如表 24-1 所示。

表 24-1 氢原子的量子数

名　　称	符　　号	可　能　取　值
主量子数	n	$1,2,3,4,5,\cdots$
轨道量子数	l	$0,1,2,3,4,\cdots,n-1$
轨道磁量子数	m_l	$-l,-(l-1),\cdots,0,1,2,\cdots,l$

表 24-1 中,主量子数 n 是确定电子能量的主量子数。轨道角量子数 l(轨道角动量量子数)表示电子的轨道角动量,也称为副量子数,简称轨道量子数。轨道磁量子数 m_l(轨道角动量磁量子数)表示电子轨道角动量在空间某一方向上的分量。

主量子数 n 与电子的能级有关,角量子数 l 与电子的角动量有关,磁量子数 m_l 与电子的磁矩有关。由于量子化表征微观粒子运动状态的某些物理量只能不连续地变化,所以量子数是表征量子系统状态的一些特定数字。按物理量的性质,它是一系列整数和(或)半整数值,有的取正值或也能取负值,以此确定能量量子化所可能具有的数值。但当微观粒子运动状态发生变化时,量子数的增减只能为 1 的整数倍。

主量子数 n 与薛定谔方程中波函数的径向部分 $R(r)$ 有关,决定电子的(也就是整个氢原子在其质心坐标系中的)能量。对应的径向方程需要用级数解法求解,给出氢原子能量的表达式与式(24-7)一致,即

$$E_n = -\frac{m_e e^4}{2\,(4\pi\varepsilon_0)^2\,\hbar^2}\cdot\frac{1}{n^2},\quad n=1,2,3,\cdots$$

上式表明,氢原子的能量只能取离散的的值,这就是能量的量子化。玻尔理论的结论与此相同,但其理论体系是不完整的。

(3) 轨道角动量量子化

表 24-1 的轨道量子数 l 和波函数中的 $\Theta(\theta)$ 部分有关,它决定电子的轨道角动量 $\boldsymbol{L}$ 的大小。由薛定谔方程解出的,电子在核周围运动的角动量的可能取值为

$$L = \hbar\sqrt{l(l+1)},\quad 0\leqslant l\leqslant(n-1) \tag{24-13}$$

这说明轨道角动量的数值也是量子化的[①]。式中,l 为轨道角动量量子数,简称角量子数,即轨道量子数。必须指出,玻尔理论也讲了角动量的量子化,但它是强加的一个条件,缺乏理论支撑,结论有欠缺,与实验有出入。这里与玻尔假设的式(24-1)是不同的。二者差别在于,量子力学给出的 L 最小值为零,而式(24-1)给出的是 $h/2\pi$。此外,式(24-13)的 l 值受到 n 的限制,例如,当 $n=1$ 时,l 只能取 0;$n=2$ 时,l 只能取 0 和 1,而不能取其他值。实验表明,式(24-13)是正确的,且与实验一致。

(4) 角动量空间量子化

轨道磁量子数 m_l 决定电子轨道角动量 $\boldsymbol{L}$ 在空间某一方向(如 z 方向)的投影。在通常情况下,自由空间是各向同性的,z 轴可以取任意方向,这一量子数没有什么实际意义。如果把原子放到磁场中,则磁场方向就是一个特定的方向,取磁场方向为 z 方向,m_l 就决定轨道角动量在 z 方向的投影(这也就是 m_l 叫做磁量子数的原因)。这一投影也是量子化的,

---

① 根据索末菲对玻尔理论的修改补充,能量相同(n 相同)而轨道角动量不同(即 l 不同)的电子轨道是绕氢核的不同偏心率的椭圆。

其可能取值为

$$L_z = m_l \hbar, \quad 0 \leqslant |m_l| \leqslant l \tag{24-14}$$

此投影值的量子化意味着电子的轨道角动量在空间的指向(方位)不是任意的,它在某特定方向上的分量是量子化的。这一现象叫**空间量子化**。当然,磁量子数 m_l 的可能值要受轨道角量子数 l 的限制。这一概念是角动量在空间取向的量子化的简称,是索末菲于 1915 年在玻尔原子模型中首先提出的,并在电子运动中顾及了相对论效应,它能令人满意地解释许多物理现象。索末菲还提出氢谱线的精细结构公式。

空间量子化的含义可用一经典的矢量模型来形象化地说明。图 24-2 中的 z 轴方向为外磁场方向。在 $l=2$ 时,$m_l = -2, -1, 0, 1, 2$,而 $L = \hbar \sqrt{2(2+1)} = \sqrt{6}\,\hbar$,则 L_z 的可能取值为 $\pm 2, \pm \hbar, 0$。

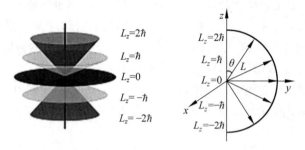

图 24-2　空间量子化的矢量模型

对于确定的 m_l 值,L_z 是确定的,但是 L_x 和 L_y 就完全不确定了,这是海森伯不确定关系给出的结果。和 L_z 对应的空间变量是方位角 φ,沿 z 方向有 $\Delta L_z \Delta \varphi \geqslant \hbar/2$,$L_z$ 的确定意味着 $\Delta L_z = 0$,而 $\Delta \varphi$ 变为无穷大,即 φ 就完全不确定了,因此,L_x 和 L_y 就完全不确定了。这样,L_x 和 L_y 不可能测定,能测定的就是具有恒定值的轨道角动量 $\boldsymbol{L}$ 的大小及其分量 L_z。

(5) 氢原子中的电子分布　电子云

有确定量子数 n, l, m_l 的电子状态的定态波函数记作

$$\Psi_{n, l, m_l} = R_{n, l}(r) \Theta_{l, m_l}(\theta) \Phi_{m_l}(\varphi)$$

对于基态,$n=1, l=0, m_l=0$,其波函数为

$$\psi_{1,0,0} = \frac{1}{\sqrt{\pi} a_0^{3/2}} e^{-r/a_0} \tag{24-15}$$

此状态下的电子概率密度分布为

$$|\psi_{1,0,0}|^2 = \frac{1}{\pi a_0^3} e^{-2r/a_0} \tag{24-16}$$

这是一个球对称性分布。以点的密度表示概率密度的大小,则基态下氢原子中电子的概率密度分布可以形象化地用图 24-3 表示。这种图常被说成是"**电子云**"图(见例 22-8 及讨论)。注意,量子力学对电子绕原子核运动的图像(或意义)只是给出这个疏密分布,即只能说出电子在空间某处小体积内出现的概率多大,其概率分布宛如云状而已,而没有经典的位移随时间变化

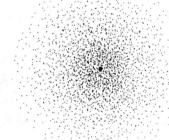

图 24-3　氢原子基态的电子云图

的概念,因而也就没有轨道的概念。早期量子论,如玻尔最先提出的原子模型,认为电子是绕原子核在确定的轨道上运动的,这种概念在今天看来是过于简单化了,由于电子的波动性和海森伯不确定关系最终证明它只是有限有效的,已被量子力学的概率分布概念所代替,但由于它的直观性,现仍常用轨道这个术语来近似地描述原子内部电子的运动。还有,能级的概念等纯粒子性的表述也因较为形象和易于计算,至今都在沿用着。上面提到角动量时所加的"轨道"二字只是沿用的词,不能认为是电子沿某封闭轨道运动时的角动量。现在可以理解为"和位置变动相联系的"角动量,以区别于在 24.2 节将要讨论的"自旋角动量"。

对于 $n=2$ 的状态, l 可取 0 和 1 两个值。 $l=0$ 时, $m_l=0$; $l=1$ 时, $m_l=-1,0$ 或 $+1$ 。这几个状态下氢原子电子云图如图 24-4 所示。 $l=0,m_l=0$ 的电子云分布具有球对称性。 $l=1,m_l=\pm1$ 这两个状态的电子云分布是完全一样的。它们和 $l=1,m_l=0$ 的状态的电子云分布都具有对 z 轴的轴对称性。对孤立的氢原子来说,空间没有确定的方向,可以认为电子平均地往返于这三种状态之间。如果把这三种状态的概率密度加在一起,就发现总和也是球对称的。由此我们可以把 $l=1$ 的三个相互独立的波函数归为一组。一般地说, l 相同的波函数都可归为一组,这样的一组叫一个**支壳层**,其中电子概率密度分布的总和具有球对称性。 $l=0,1,2,3,4,\cdots$ 对应的支壳层分别依次命名为 s,p,d,f,g,$\cdots$ 支壳层。原子中的各电子,按其能量大小分布在距核不同位置的分层次,称为**电子壳层**[①](见 24.3 节)。

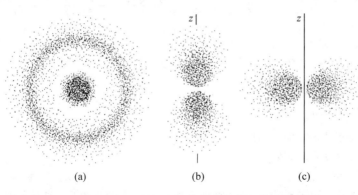

图 24-4　氢原子 $n=2$ 的各状态的电子云图

(a) $l=0,m_l=0$; (b) $l=1,m_l=0$; (c) $l=1,m_l=\pm1$

由式(24-7)可见,氢原子的能量只和主量子数 n 有关(实际还与电子自旋的状态有关), n 相同而 l 和 m_l 不同的各状态的能量是相同的。这种把一个能级对应一个以上波函数的情形叫能级的**简并**。具有同一能级的各状态称为**简并态**(或简并度),它是一个能级对应波函数的数目。例如,氢原子的能级是 n^2 态简并的。具有同一主量子数的各状态可认为组成一组,这样的一组叫做一个**壳层**。 $n=1,2,3,4,\cdots$ 的对应壳层分别依次命名为 K,L,M,N,$\cdots$ 壳层。联系到上面提到的支壳层的意义可知,主量子数为 n 的壳层内共有 n 个支壳层。

对于概率密度分布,考虑到势能的球对称性,我们更感兴趣的是径向概率密度 $P(r)$ 。它的定义是:在半径为 r 和 $r+dr$ 的两球面间的体积内电子出现的概率为 $P(r)dr$ 。对于氢原子基态,由于式(24-16)表示的概率密度分布是球对称的,因此可以有

---

① 　根据玻尔理论, n 相同的电子的可能轨道都在以氢核为心的球面上。这一球面被称为"壳层"。按量子力学理论,电子在氢核周围的运动状态只能用概率密度描述,并不存在严格意义上的"壳层"。

$$P_{1,0,0}(r)dr = \mid \psi_{1,0,0} \mid^2 \cdot 4\pi r^2 dr$$

由此可得

$$P_{1,0,0}(r) = \mid \psi_{1,0,0} \mid^2 \cdot 4\pi r^2 = \frac{4}{a_0^3} r^2 e^{-2r/a_0} \qquad (24\text{-}17)$$

此式所表示的关系如图 24-5 所示。由式(24-17)可求得,$P_{1,0,0}(r)$ 的极大值出现在 $r=a_0$ 处,即从离原子核远近来说,电子出现在 $r=a_0$ 附近的概率最大。在早期量子论中,玻尔用半经典理论求出的氢原子中电子绕核运动的最小的可能圆轨道的半径就是这个 a_0 值,这也是把 a_0 叫做玻尔半径的原因。

如图 24-6 所示中的 $P_{2,0}$ 曲线表示 $n=2,l=0$ 的支壳层的径向概率密度分布,它对应于图 24-4(a) 的电子云分布。如图 24-6 所示中的 $P_{2,1}$ 曲线表示 $n=2,l=1$ 的支壳层的径向概率密度分布,它对应于图 24-4(b)和(c)叠加后的电子云分布。$P_{2,1}$ 曲线的极大值出现在 $r=4a_0$ 的地方。这也是玻尔理论中 $n=z$ 的轨道半径。

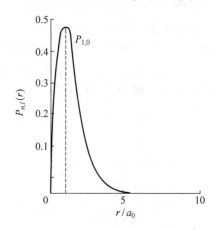

图 24-5   氢原子基态的电子径向
概率密度分布曲线

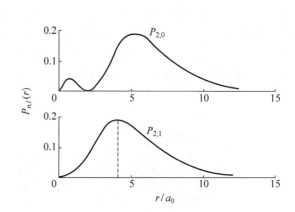

图 24-6 $n=2$ 的电子径向概率密度分布曲线

一般来说,对于主量子数为 n 而轨道量子数 $l=n-1$ 的支壳层,其电子的径向概率密度分布只有一个极大值,出现在 $r_n=n^2a_0$ 处。例如,$n=3$ 时,出现在 $r_2=9a_0$ 处。这一 r_n 的值就是玻尔半经典理论给出的氢原子中电子运动的可能圆轨道的半径值。

24.2 电子自旋与自旋-轨道耦合

原子中的电子不但具有轨道角动量,而且具有自旋角动量。电子有自旋,常常把它想象为带电的小球(或陀螺),这一事实的经典模型是把电子在原子中的运动比作地球在太阳系中的运动,但这只是一种直观的图像,切不可误认为实际就是如此。地球不但绕太阳运动具有轨道角动量,而且由于围绕自己的轴旋转而具有自旋角动量。但是,正像不能用轨道概念来描述电子在原子核周围的运动一样,也不能把经典的小球的自旋图像硬套在电子的自旋上。因此,还需要一个量子数——自旋量子数 s,才能说明原子光谱的某些特征。

1. 电子自旋

电子的自旋和电子的电荷量及质量一样,是一种"内禀的",即本身固有的性质。由于这种性质具有角动量的一切特征(如参与角动量守恒),所以称为**自旋角动量**,也简称**自旋**。有时,也称之为内禀角动量。除电子之外,其他各种粒子(如质子和中子)也都有自旋这一特性。粒子的自旋是量子化的,对应的**自旋量子数**用 s 表示。它和轨道量子数 l 不同,s 只能取整数或半整数,如电子、质子和中子都只能取 1/2 这一个值。

任何粒子的自旋在空间中的方向也不是任意的,它在空间一个确定方向(如磁场方向)上的投影,必须是约化普朗克常量 $\hbar$ 的整数或半整数倍(倍数的绝对值小于或等于 s)。自旋角动量的数值用 S 表示为

$$S = \hbar\sqrt{s(s+1)} \tag{24-18}$$

电子的自旋量子数 $s = 1/2$,对应的自旋角动量的数值 S 为

$$S = \hbar\sqrt{s(s+1)} = \sqrt{\frac{3}{4}}\,\hbar$$

电子自旋在空间某一确定方向(如磁场,设为 z 方向)的投影为

$$S_z = m_s\hbar \tag{24-19}$$

其中,m_s 叫电子的**自旋磁量子数**,它只取取 1/2 和 -1/2 两个值。即

$$m_s = -\frac{1}{2}, \frac{1}{2} \tag{24-20}$$

和轨道角动量一样,自旋角动量 S 是不能测定的,只有 S_z 可以测定,如图 24-7 所示。

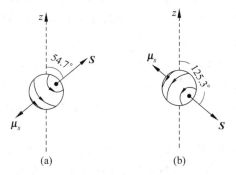

图 24-7 电子自旋的经典矢量模型

(a) $m_s = 1/2$; (b) $m_s = -1/2$

一个电子绕核运动时,既有轨道角动量 L,又有自旋角动量 S。这时电子的状态和总的角动量 J 有关,总角动量为前二者的和,即

$$J = L + S \tag{24-21}$$

为角动量的矢量合成。由量子力学可知,J 的数值也是量子化的。相应的**总角动量量子数**用 j 表示,则总角动量的数值为

$$J = \hbar\sqrt{j(j+1)} \tag{24-22}$$

j 的取值取决于 l 和 s。在 $l = 0$ 时,$J = S$,$j = s = 1/2$。在 $l \neq 0$ 时,$j = l + s = l + 1/2$ 或 $j = l - s = l - 1/2$。$j = l + 1/2$ 的情况称为自旋和轨道角动量平行;$j = l - 1/2$ 的情况称为自旋和轨道角动量反平行。图 24-8 画出 $l = 1$ 时这两种情况下角动量合成的经典矢量模型图,其中 $S = \sqrt{3}\hbar/2$,$L = \sqrt{2}\hbar$,$J = \sqrt{15}\hbar/2$ 或 $\sqrt{3}\hbar/2$。

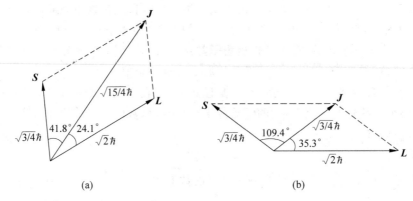

图 24-8　自旋-轨道耦合矢量模型

(a) $j=3/2$；(b) $j=1/2$

2. 自旋-轨道耦合

原子中的电子绕原子核运动，它将感受到一个磁场的存在，与经典电磁理论中的环流类似，也形成磁矩，习惯上称为轨道磁矩。电子具有自旋磁矩，因而将受到此磁场的作用。这种自旋与轨道运动之间的磁相互作用称为**自旋-轨道耦合**。

下面考虑自旋-轨道耦合，说明氢原子（和类氢原子）的能级出现的精细结构分裂。所谓**精细结构**，就是一条光谱线包含若干条十分靠近而不易分辨的谱线，需要用分辨率较高的光谱仪观察。光谱线的精细结构是由原子中电子自旋引起的。

在 15.6 节和 17.2 节中，磁矩用符号 m 表示，一般以区别于磁导率 μ 的符号。为了进一步规范物理量及其符号的使用，本篇把磁矩的符号改用 $\boldsymbol{\mu}$ 表示，并用 $\boldsymbol{\mu}_l$ 和 $\boldsymbol{\mu}_s$ 分别表示轨道磁矩和自旋磁矩，用 μ_B 表示玻尔磁子。但要注意的是，磁矩与磁导率是两个完全不同的概念。

在实际的氢原子中，自旋-轨道耦合可以用图 24-9 所示的玻尔模型来定性地说明。在原子核参考系中，如图 24-9(a)所示，原子核 p 静止，电子 e 围绕它做圆周运动。在电子参考系中，如图 24-9(b)、(c)所示，电子是静止的，而原子核绕电子做相同转向的圆周运动，因而在电子所在处产生向上的磁场 $\boldsymbol{B}$。以 $\boldsymbol{B}$ 的方向为 z 方向，则电子的角动量相对于此方向，只可能有平行与反平行两个方向。图 24-9(b)、(c)分别画出这两种情况。

自旋-轨道耦合使得电子在 l 为某一值（$l=0$ 除外）时，其能量由单一的 $E_{n,l}$ 值分裂为两个值，即同一个 l 能级分裂为 $j=l+1/2$ 和 $j=l-1/2$ 两个能级。这是因为和电子的自旋相联系，电子具有内禀自旋磁矩 $\boldsymbol{\mu}_s$。量子理论给出，电子的自旋磁矩与自旋角动量 $\boldsymbol{S}$ 有以下关系

$$\boldsymbol{\mu}_s = -\frac{e}{m_e}\boldsymbol{S} \tag{24-23}$$

它在 z 方向上的投影为

$$\mu_{s,z} = \frac{e}{m_e}S_z = \frac{e}{m_e}\hbar m_s$$

由于 m_s 只能取 $1/2$ 和 $-1/2$ 两个值，所以 $\mu_{s,z}$ 也只能取两个值，即

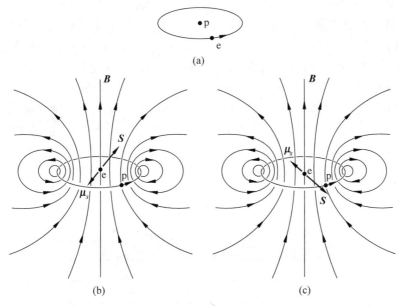

图 24-9 自旋-轨道耦合的简单说明

$$\mu_{s,z} = \pm \frac{e\,\hbar}{2m_e} \tag{24-24}$$

此式所表示的磁矩值叫做**玻尔磁子**,用 μ_B 表示,即

$$\mu_B = \frac{e\,\hbar}{2m_e} = 9.27 \times 10^{-24} \text{ J/T} \tag{24-25}$$

玻尔磁子 μ_B 是原子物理学中的基本常量之一(17.2 节的玻尔磁子用 m_B 表示,以区别于磁导率 μ 的符号,这里用 μ_B 表示,在 26.1 节将用到它)。因此,式(24-21)又可写成[1]

$$\mu_{s,z} = \pm \mu_B \tag{24-26}$$

在第 4 篇电磁学中提到,磁矩 $\boldsymbol{\mu}_s$ 在磁场中是具有能量的,其能量为

$$E_s = -\boldsymbol{\mu}_s \cdot \boldsymbol{B} = -\mu_{s,z} B \tag{24-27}$$

将式(24-26)代入可知,由于自旋-轨道耦合,电子所具有的能量为

$$E_s = \mp \mu_B B \tag{24-28}$$

其中,B 是电子在原子中所感受到的磁场。

对孤立的原子来说,电子在某一主量子数 n 和轨道量子数 l 所决定的状态内,还可能有自旋向上($m_s = 1/2$)和自旋向下($m_s = -1/2$)两个状态,其能量应为轨道能量 $E_{n,l}$ 和自旋-轨道耦合能 E_s 之和,即

$$E_{n,l,s} = E_{n,l} + E_s = E_{n,l} \pm \mu_B B \tag{24-29}$$

这样,$E_{n,l}$ 这一个能级($l = 0$ 除外)就分裂成两个能级,自旋向上的能级较高,自旋向下的能级较低,分别对应于图 24-9(b)、(c)情况。

---

[1] 在高等量子理论,即量子电动力学中,$\mu_{s,z}$ 的值不是正好等于式(24-25)的 μ_B,而是等于它的 1.001 159 652 38 倍。这一结果已被实验在实验精度范围内确认了。理论和实验在这样多的有效数字范围内相符合,被认为是物理学的惊人的突出成就之一。

考虑到自旋-轨道耦合,常将原子的状态用 n 的数值、l 的代号和总角动量量子数 j 的数值(作为下标)表示。如 $l=0$ 的状态记做 $n\mathrm{S}_{1/2}$;$l=1$ 的两个可能状态分别记做 $n\mathrm{P}_{3/2}$,$n\mathrm{P}_{1/2}$;$l=2$ 的两个可能状态分别记做 $n\mathrm{D}_{5/2}$,$n\mathrm{D}_{3/2}$;等等。图 24-10 中钠原子的(也就是它的最外层的那一个价电子的)基态能级 $3\mathrm{S}_{1/2}$ 不分裂,3P 能级分裂为 $3\mathrm{P}_{3/2}$,$3\mathrm{P}_{1/2}$ 两个能级,分别比不考虑自旋-轨道耦合时的能级(3P)大 $\mu_\mathrm{B}B$ 和小 $\mu_\mathrm{B}B$。这样,原来认为钠光谱中的钠黄光谱线(D 线)只有一个频率或波长,现在可以看到,它实际上是由两种频率很接近的光(D$_1$ 线和 D$_2$ 线)组成的。由于自旋-轨道耦合引起的能量差很小(典型值为 10^{-5} eV),所以 D$_1$ 和 D$_2$ 的频率差或波长差也是很小的,但用较精密的光谱仪还是很容易观察到的。这样形成的光谱线组合叫光谱的精细结构,组成钠黄线的两条谱线的波长分别为 $\lambda_{\mathrm{D}_1}=589.592$ nm 和 $\lambda_{\mathrm{D}_2}=588.995$ nm。

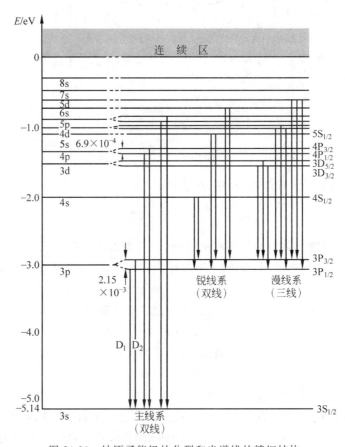

图 24-10 钠原子能级的分裂和光谱线的精细结构

【**例 24-2**】 **钠黄双线**。试根据钠黄双线的波长,求钠原子 $3\mathrm{P}_{1/2}$ 态和 $3\mathrm{P}_{3/2}$ 态的能级差,并估算在该能级时价电子所感受到的磁场。

解 如图 24-10 所示,由式(24-2)和 $c=\lambda\nu$,可得

$$h\nu_{\mathrm{D}_1}=\frac{hc}{\lambda_{\mathrm{D}_1}}=E_{3\mathrm{P}_{1/2}}-E_{3\mathrm{S}_{1/2}}$$

$$h\nu_{\mathrm{D}_2}=\frac{hc}{\lambda_{\mathrm{D}_2}}=E_{3\mathrm{P}_{3/2}}-E_{3\mathrm{S}_{1/2}}$$

所以有

$$\Delta E = E_{3P3/2} - E_{3P1/2} = h c \left(\frac{1}{\lambda_{D_2}} - \frac{1}{\lambda_{D_1}} \right)$$

$$= 6.63 \times 10^{-34} \times 3 \times 10^8 \times \left(\frac{1}{588.995} - \frac{1}{589.592} \right) \times \frac{1}{10^{-9}} \text{ J}$$

$$= 3.44 \times 10^{-22} \text{ J} = 2.15 \times 10^{-3} \text{ eV}$$

又由于 $\Delta E = 2\mu_B B$，所以有

$$B = \frac{\Delta E}{2\mu_B} = \frac{3.44 \times 10^{-22}}{2 \times 9.27 \times 10^{-24}} \text{ T} = 18.6 \text{ T}$$

这是一个相当强的磁场。

*3. 斯特恩-格拉赫实验

斯特恩-格拉赫实验是一个验证空间量子化理论、说明电子自旋的实验。

1924 年泡利在解释氢原子光谱的精细结构时就引入量子数 1/2，但是未能给予物理解释。1925 年乌伦贝克(G.E.Uhlenbeck,1900—1988)和哥德斯密特(S.A.Goudsmit,1902—1978)提出电子自旋的概念，并给出式(24-18)，指出自旋量子数为 1/2。1928 年狄拉克(P. A.M.Dirac,1902—1984)用相对论波动方程自然地得出电子具有自旋的结论。在实验上，早在 1922 年德裔美国物理学家斯特恩(O.Stern,1888—1969)和德国物理学家格拉赫(W. Gerlach,1889—1979)首先从实验上发现类氢元素中的电子具有自旋，观测到离散的磁矩，得出角动量空间量子化的结果。这一结果只能用电子自旋的存在来解释。

斯特恩和格拉赫所用实验装置如图 24-11 所示。在高温炉中，银被加热成蒸气，飞出的银原子经过准直屏后形成银原子束。这一原子束经过异形磁铁产生的不均匀磁场后打到玻璃板上淀积下来。实验结果是在玻璃板上出现对称的两条银迹。这一结果说明，银原子束在不均匀磁场作用下分成两束，而这又只能用银原子的磁矩(自旋)在磁场中只有两个可能取向来说明。如果按照经典力学理论，由于任何取向都是可能的，应当观察到一个宽的极大。由于原子的磁矩和角动量的方向相同(或相反)，所以此结果就说明角动量的空间量子化。实验者当时就是这样下结论的。斯特恩因发展分子束方法和测定质子磁矩获 1943 年度诺贝尔物理学奖(1944 年颁发)，他所创立的分子束共振法后来成为实验物理学的一个重要方法。

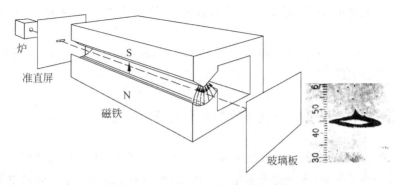

图 24-11　斯特恩-格拉赫实验装置简图

后来知道，银原子的轨道角动量为零，其总角动量就是其价电子的自旋角动量，而银原子的磁矩就是其价电子的自旋磁矩。银原子在不均匀磁场中分为两束，这就证明原子的自

旋角动量的空间量子化,而且这一角动量沿磁场方向的分量只可能有两个值。下面对这一实验结果作定量分析。

电子磁矩在磁场中的能量由式(24-28)给出。在不均匀磁场中,电子磁矩会受到磁场力 F_m 的作用。由于力等于相应能量的梯度,再利用式(24-28)可得

$$F_m = -\frac{\partial E_s}{\partial z} = -\frac{d}{dz}(\mp \mu_B B) = \pm \mu_B \frac{dB}{dz} \tag{24-30}$$

此力与磁场增强的方向相同或相反,视磁矩的方向而定,如图 24-12 所示。在此力作用下,银原子束将向相反方向偏折。以 m 表示银原子的质量,则银原子受力而产生的垂直于初速方向的加速度为

$$a = \frac{F_m}{m} = \pm \frac{\mu_B}{m} \frac{dB}{dz}$$

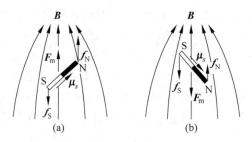

图 24-12　磁矩在不均匀磁场中受的力
(a) 自旋向下; (b) 自旋向上

以 d 表示磁铁极隙的长度,以 v 表示银原子的速度,则可得出两束银原子飞出磁场时的间隔为

$$\Delta z = 2 \times \frac{1}{2} \mid a \mid \left(\frac{d}{v}\right)^2 = \frac{\mu_B}{m} \frac{dB}{dz} \left(\frac{d}{v}\right)^2$$

把炉的温度 T 代入 $v = \sqrt{3kT/m}$,可求得银原子的速度。所以最后可得

$$\Delta z = \frac{\mu_B d^2}{3kT} \frac{dB}{dz} \tag{24-31}$$

根据实验中测得的数据,利用式(24-31)计算出的 μ_B 值和式(24-25)相符,证明电子自旋概念是正确的。

至此可以说,描述电子状态需要 4 个量子数(n, l, m_l, m_s)。有了 m_s 才能解释较为精密的光谱实验等相关问题。

24.3　多原子中电子的排布与泡利不相容原理

除氢原子外,其他原子都有两个以上的电子,电子之间的相互作用也要影响电子的运动状态。在多电子的原子中,电子的排布是分层次的,这种电子的分布层次叫做**电子壳层**。各电子在原子核外的排布,或者说,其实际所处的状态必须遵循两条原理:

其一是能量最低(最小)原理,即电子总处于可能最低的能级。

其二是泡利不相容原理[①]，即同一状态不可能有多于一个电子存在。

1. 主量子数与原子的电子壳层结构

对于多电子原子，薛定谔方程不能完全精确地求解，但可以利用近似方法求得足够精确的解，其结果是在原子中每个电子的状态仍可以用 n, l, m_l 和 m_s 四个量子数来确定。主量子数 n 和电子的概率密度分布的径向部分有关，n 越大，电子离核越远。电子的能量主要由 n，较小程度上由 l，所决定。一般地，n 越大，l 越大，则电子能量越大。轨道磁量子数 m_s 决定电子的轨道角动量在 z 方向的分量。自旋磁量子数 m_s 决定自旋方向是"向上"还是"向下"，它对电子的能量也稍有影响。由各量子数可能取值的范围可以求出电子以四个量子数为标志的可能状态数分布如下：

n, l, m 相同，但 m_s 不同的可能状态有 2 个。

n, l 相同，但 m_l, m_s 不同的可能状态有 $2(2l+1)$ 个，这些状态组成一个支壳层。

n 相同，但 l, m_l 和 m_s 不同的可能状态有 $2n^2$ 个，这些状态组成一个壳层。

电子壳层是指原子内部的电子分布状况按泡利不相容原理（见本节后半部分内容）处于各自不同的离散能级上的形象化描述。原子中各个电子在距核不同位置处于各自的一定能量状态中，每一状态可由几个量子数来表征。各电子的能量大小分层次分布状况用电子壳层描述。这些壳层由主量子数 n 来区分。

同一壳层中的电子具有相同的主量子数 n，各层由核向外排列，各状态可以认为组成一组，这样的一组叫做一个壳层，依次称为 K，L，M，N，…壳层，分别对应于 $n=1, 2, 3, 4, …$ 的状态，即 $n=1$ 的壳层叫 K 壳层，$n=2$ 的壳层叫 L 壳层，……。主量子数为 n 的壳层内共有 n 个支壳层，而 n 相同的各电子可有不同的轨道角动量，表征角动量的轨道量子数 l 可能取值为 $0, 1, 2, …, n-1$，分别称为 s，p，d，f，… 支壳层。例如，在 $n=3$ 的 M 壳层中，有 s，p，d 三个支壳层，每一支壳层中还可以有一些不同的量子态。一般来说，壳层的主量子数 n 越小，原子能级越低。由于原子中的电子只能处于一系列特定的运动状态，所以在每一壳层上就只能容纳一定数量的电子。

按照泡利不相容原理，没有 2 个电子可以具有完全相同的量子态，因此每一壳层中所能容纳的电子数是有限的，其最大值是 $2n^2$ 个，如 K，L，M，…壳层中分别最多只能有 2，8，18，…个电子。为了理解多电子原子的结构，下面介绍泡利不相容原理。

2. 泡利不相容原理及其微观粒子

奥地利裔美籍物理学家泡利于 1925 年根据光谱实验结果的分析，总结出如下的规律：在一个原子中，对于完全确定的量子态来说，每一量子态中不可能存在多于一个的电子。即不可能有两个或更多的电子处在完全相同的量子状态（即它们的四个量子数 n, l, m_l 和 m_s 全部相同）。这一规律称为**泡利不相容原理**，简称**泡利原理**。它可解释原子内部的电子分布状况和元素周期律。

量子物理学将微观粒子按其遵守的统计规律的不同分为两种，分别称为费米子和玻色

[①] 量子理论将粒子按其遵守的统计规律的不同区分为两种。一种粒子的自旋量子数是半整数，如 1/2，3/2，5/2 等。它们称为**费米子**。这种粒子遵守泡利不相容原理，即一个量子状态不可能有多于一个粒子存在。另一种粒子的自旋量子数量整数，如 0，1，2，…。它们称为**玻色子**。这种粒子不遵守泡利不相容原理，在一个量子态中可以有任意多的这种粒子。

子。后来发现,费米子也服从泡利原理,说明这原理具有更普遍的意义。因此,泡利原理也可表述为:在由性质相同的费米子组成的系统中,不能有两个或更多个粒子处于完全相同的状态。所谓**费米子**,就是自旋角动量为 $h/4\pi$ 的奇数倍的微观粒子,如电子、质子、中子、μ 子及由奇数个核子构成的原子核等。费米子是为纪念意大利裔美籍物理学家费米(E. Fermi,1901—1954)而命名的,他是 1938 年度诺贝尔物理学奖获得者。而玻色子不服从泡利不相容原理,在低温下可能发生玻色-爱因斯坦凝聚,此现象已在实验上发现。所谓**玻色子**,就是自旋角动量为 $h/4\pi$ 的偶数倍的微观粒子,如光子、π 介子、α 粒子及由偶数个核子和电子构成的原子等。在极低的温度下,物质的原子都进入同一最低能量的量子态中而形成的特殊物质状态,称为**玻色-爱因斯坦凝聚**。它是爱因斯坦根据印度物理学家玻色(S. Bose,1894—1974)于 1924 年首先提出的量子统计法所预言的,故名。这一理论在精密测量和纳米技术等领域有着广泛应用的潜力。

泡利不相容原理是微观粒子运动的基本规律之一。泡利因此发现获 1945 年度诺贝尔物理学奖。泡利在获奖演说中讲到,不相容原理的发现可以追溯到他的学生时代。提出这一原理时,泡利年仅 25 岁。中学时,他就掌握了经典物理学和相对论的知识。

泡利后来用量子力学理论处理了自旋角动量 $h/4\pi$ 问题,引入了二分量波函数的概念和所谓的泡利自旋矩阵。通过泡利等人对量子场的研究,人们认识到只有自旋为半整数的粒子(即费米子)才受不相容原理的限制,从而确立了自旋统计关系。

1925—1926 年,费米根据泡利不相容原理,与狄拉克各自提出量子统计中的"费米-狄拉克统计"。

3. 元素周期表与电子排布

联合国大会把 2019 年定为国际化学元素周期表年,以纪念俄国化学家门捷列夫(D. I. Mendeleev,1834—1907)等发现(编制)这一重要自然定律 150 周年。元素周期表指出,表中各元素是按原子序数 Z 由小到大依次排列,元素的性质随着 Z 的增加而呈周期性的变化。

原子序数就是各元素原子的核中的质子数,也就是正常情况下各元素原子中的核外电子数。各元素的原子在基态时核外电子的排布情况如表 24-2 所示。下面举几个典型例子说明电子排布的规律性。

表 24-2　各元素原子在基态时核外电子的排布

元素	Z	K	L		M			N				O				P			Q	电离能 /eV
		1s	2s	2p	3s	3p	3d	4s	4p	4d	4f	5s	5p	5d	5f	6s	6p	6d	7s	
H	1	1																		13.598 1
He	2	2																		22.586 8
Li	3	2	1																	5.391 6
Be	4	2	2																	9.322
B	5	2	2	1																8.298
C	6	2	2	2																11.260
N	7	2	2	3																14.534
O	8	2	2	4																13.618
F	9	2	2	5																17.422
Ne	10	2	2	6																21.564

续表

元素	Z	K	L		M			N				O				P			Q	电离能
		1s	2s	2p	3s	3p	3d	4s	4p	4d	4f	5s	5p	5d	5f	6s	6p	6d	7s	/eV
Na	11	2	2	6	1															5.139
Mg	12	2	2	6	2															7.646
Al	13	2	2	6	2	1														5.986
Si	14	2	2	6	2	2														8.151
P	15	2	2	6	2	3														10.486
S	16	2	2	6	2	4														10.360
Cl	17	2	2	6	2	5														12.967
Ar	18	2	2	6	2	6														15.759
K	19	2	2	6	2	6		1												4.341
Ca	20	2	2	6	2	6		2												6.113
Sc	21	2	2	6	2	6	1	2												6.54
Ti	22	2	2	6	2	6	2	2												6.82
V	23	2	2	6	2	6	3	2												6.74
Cr	24	2	2	6	2	6	5	1												6.765
Mn	25	2	2	6	2	6	5	2												7.432
Fe	26	2	2	6	2	6	6	2												7.870
Co	27	2	2	6	2	6	7	2												7.86
Ni	28	2	2	6	2	6	8	2												7.635
Cu	29	2	2	6	2	6	10	1												7.726
Zn	30	2	2	6	2	6	10	2												9.394
Ga	31	2	2	6	2	6	10	2	1											5.999
Ge	32	2	2	6	2	6	10	2	2											7.899
As	33	2	2	6	2	6	10	2	3											9.81
Se	34	2	2	6	2	6	10	2	4											9.752
Br	35	2	2	6	2	6	10	2	5											11.814
Kr	36	2	2	6	2	6	10	2	6											13.999
Rb	37	2	2	6	2	6	10	2	6			1								4.177
Sr	38	2	2	6	2	6	10	2	6			2								5.693
Y	39	2	2	6	2	6	10	2	6	1		2								6.38
Zr	40	2	2	6	2	6	10	2	6	2		2								6.84
Nb	41	2	2	6	2	6	10	2	6	4		1								6.88
Mo	42	2	2	6	2	6	10	2	6	5		1								7.10
Tc	43	2	2	6	2	6	10	2	6	5		2								7.28
Ru	44	2	2	6	2	6	10	2	6	7		1								7.366
Rh	45	2	2	6	2	6	10	2	6	8		1								7.46
Pd	46	2	2	6	2	6	10	2	6	10										8.33
Ag	47	2	2	6	2	6	10	2	6	10		1								7.576
Cd	48	2	2	6	2	6	10	2	6	10		2								8.993
In	49	2	2	6	2	6	10	2	6	10		2	1							5.786
Sn	50	2	2	6	2	6	10	2	6	10		2	2							7.344
Sb	51	2	2	6	2	6	10	2	6	10		2	3							8.641

续表

元素	Z	K	L		M			N				O				P			Q	电离能
		1s	2s	2p	3s	3p	3d	4s	4p	4d	4f	5s	5p	5d	5f	6s	6p	6d	7s	/eV
Te	52	2	2	6	2	6	10	2	6	10		2	4							9.01
I	53	2	2	6	2	6	10	2	6	10		2	5							10.457
Xe	54	2	2	6	2	6	10	2	6	10		2	6							12.130
Cs	55	2	2	6	2	6	10	2	6	10		2	6			1				3.894
Ba	56	2	2	6	2	6	10	2	6	10		2	6			2				5.211
La	57	2	2	6	2	6	10	2	6	10		2	6	1		2				5.577 0
Ce	58	2	2	6	2	6	10	2	6	10	1	2	6	1		2				5.466
Pr	59	2	2	6	2	6	10	2	6	10	3	2	6			2				5.422
Nd	60	2	2	6	2	6	10	2	6	10	4	2	6			2				5.489
Pm	61	2	2	6	2	6	10	2	6	10	5	2	6			2				5.554
Sm	62	2	2	6	2	6	10	2	6	10	6	2	6			2				5.631
Eu	63	2	2	6	2	6	10	2	6	10	7	2	6			2				5.666
Gd	64	2	2	6	2	6	10	2	6	10	7	2	6	1		2				6.141
Tb	65	2	2	6	2	6	10	2	6	10	(8)	2	6	(1)		(2)				5.852
Dy	66	2	2	6	2	6	10	2	6	10	10	2	6			2				5.927
Ho	67	2	2	6	2	6	10	2	6	10	11	2	6			2				6.018
Er	68	2	2	6	2	6	10	2	6	10	12	2	6			2				6.101
Tm	69	2	2	6	2	6	10	2	6	10	13	2	6			2				6.184
Yb	70	2	2	6	2	6	10	2	6	10	14	2	6			2				6.254
Lu	71	2	2	6	2	6	10	2	6	10	14	2	6	1		2				5.426
Hf	72	2	2	6	2	6	10	2	6	10	14	2	6	2		2				6.865
Ta	73	2	2	6	2	6	10	2	6	10	14	2	6	3		2				7.88
W	74	2	2	6	2	6	10	2	6	10	14	2	6	4		2				7.98
Re	75	2	2	6	2	6	10	2	6	10	14	2	6	5		2				7.87
Os	76	2	2	6	2	6	10	2	6	10	14	2	6	6		2				8.5
Ir	77	2	2	6	2	6	10	2	6	10	14	2	6	7		2				9.1
Pt	78	2	2	6	2	6	10	2	6	10	14	2	6	9		1				9.0
Au	79	2	2	6	2	6	10	2	6	10	14	2	6	10		1				9.22
Hg	80	2	2	6	2	6	10	2	6	10	14	2	6	10		2				10.43
Tl	81	2	2	6	2	6	10	2	6	10	14	2	6	10		2	1			6.108
Pb	82	2	2	6	2	6	10	2	6	10	14	2	6	10		2	2			7.417
Bi	83	2	2	6	2	6	10	2	6	10	14	2	6	10		2	3			7.289
Po	84	2	2	6	2	6	10	2	6	10	14	2	6	10		2	4			8.43
At	85	2	2	6	2	6	10	2	6	10	14	2	6	10		2	5			8.8
Rn	86	2	2	6	2	6	10	2	6	10	14	2	6	10		2	6			10.749
Fr	87	2	2	6	2	6	10	2	6	10	14	2	6	10		2	6		(1)	3.8
Ra	88	2	2	6	2	6	10	2	6	10	14	2	6	10		2	6		2	5.278
Ac	89	2	2	6	2	6	10	2	6	10	14	2	6	10		2	6	1	2	5.17
Th	90	2	2	6	2	6	10	2	6	10	14	2	6	10		2	6	2	2	6.08
Pa	91	2	2	6	2	6	10	2	6	10	14	2	6	10	2	2	6	1	2	5.89
U	92	2	2	6	2	6	10	2	6	10	14	2	6	10	3	2	6	1	2	6.05
Np	93	2	2	6	2	6	10	2	6	10	14	2	6	10	4	2	6	1	2	6.19
Pu	94	2	2	6	2	6	10	2	6	10	14	2	6	10	6	2	6		2	6.06
Am	95	2	2	6	2	6	10	2	6	10	14	2	6	10	7	2	6		2	5.993
Cm	96	2	2	6	2	6	10	2	6	10	14	2	6	10	7	2	6	1	2	6.02

续表

元素	Z	K	L		M			N				O				P			Q	电离能
		1s	2s	2p	3s	3p	3d	4s	4p	4d	4f	5s	5p	5d	5f	6s	6p	6d	7s	/eV
Bk	97	2	2	6	2	6	10	2	6	10	14	2	6	10	(9)	2	6	(0)	(2)	6.23
Cf	98	2	2	6	2	6	10	2	6	10	14	2	6	10	(10)	2	6	(0)	(2)	6.30
Es	99	2	2	6	2	6	10	2	6	10	14	2	6	10	(11)	2	6	(0)	(2)	6.42
Fm	100	2	2	6	2	6	10	2	6	10	14	2	6	10	(12)	2	6	(0)	(2)	6.50
Md	101	2	2	6	2	6	10	2	6	10	14	2	6	10	(13)	2	6	(0)	(2)	6.58
No	102	2	2	6	2	6	10	2	6	10	14	2	6	10	(14)	2	6	(0)	(2)	6.65
Lr	103	2	2	6	2	6	10	2	6	10	14	2	6	10	(14)	2	6	(1)	(2)	8.6

注：括号内的数字尚有疑问。

氢(H, $Z=1$)　它的一个电子就在 K 壳层($n=1$)内，$m_s=1/2$ 或 $-1/2$。

氦(He, $Z=2$)　它的两个电子都在 K 壳层内，m_s 分别是 $1/2$ 和 $-1/2$。K 壳层已被填满。

锂(Li, $Z=3$)　它的两个电子填满 K 壳层，第三个电子只能进入能量较高的 L 壳层($n=2$)的 s 支壳层($l=0$)内。这种排布记作 $1s^2 2s^1$，其中，数字表示壳层的 n 值，其后的字母是 n 壳层中支壳层的符号，指数表示在该支壳层中的电子数。

氖(Ne, $Z=10$)　电子的排布为 $1s^2 2s^2 p^6$。由于各支壳层的电子都已成对，所以总自旋角动量为零。又由于 p 支壳层都已填满，所以这一支壳层中的电子云的分布具有球对称性，而电子的轨道角动量在各可能的方向都有(参看图 24-2)。这些可能方向的轨道角动量矢量叠加的结果，使得这一支壳层中电子的总轨道角动量一也等于零。这一情况叫做支壳层的闭合。由于这一闭合，使得氖原子不容易和其他原子结合而成为"惰性"原子。

钠(Na, $Z=11$)　电子的排布为 $1s^2 2s^2 2p^6 3s^1$。由于 3 个内壳层都是闭合的，而最外的一个电子离核又较远因而受核的束缚较弱，所以钠原子很容易失去这个电子而与其他原子结合，例如，与氯原子结合。这就是钠原子化学活性很强的原因。

氯(Cl, $Z=17$)　电子的排布为 $1s^2 2s^2 2p^6 3s^2 3p^5$。3p 支壳层可以容纳 6 个电子而闭合，这里已有 5 个电子，所以还有一个电子的"空位"。这使得氯原子很容易夺取其他原子的电子来填补这一空位而形成闭合支壳层，从而和其他原子形成稳定的分子。这样氯原子也成为化学活性大的原子。

铁(Fe, $Z=26$)　电子的排布是 $1s^2 2s^2 2p^6 3s^2 3p^6 3d^6 4s^2$，直到 $3p^6$ 的 18 个电子的排布是"正常"的。d 支壳层可以容纳 10 个电子，但 3d 支壳层还未填满，最后两个电子就进入 4s 支壳层。这是由于 $3d^6 4s^2$ 的排布的能量比 $3d^8$ 排布的能量还要低的缘故。这种排布的"反常"对电子较多的原子是常有的现象。在此顺便指出，铁的铁磁性就和这两个 4s 电子有关。

银(Ag, $Z=47$)　电子的排布是 $1s^2 2s^2 2p^6 3s^2 3p^6 3d^{10} 4s^2 4p^6 4d^{10} 5s^1$。这一排布中，除了 $4f(l=3)$ 支壳层似乎"应该"填入而没有填入，而最后一个电子就填入 5s 支壳层这种"反常"现象外，可以注意到已填入电子的各支壳层都已闭合，因而它们的总角动量为零，而银原子的总角动量就是这个 5s 电子的自旋角动量。在斯特恩-格拉赫实验中，银原子束的分裂能说明电子自旋的量子化就是这个缘故。

* 24.4   X 射线谱

X 射线的波长可以用衍射方法测出(见 20.6 节)。图 24-13 是 X 射线谱的两个实例。图 24-13(a)是在同样电压(35 kV)下不同靶材料(钨、钼、铬)发出的 X 射线谱,图 24-13(b)是同一种靶材料(钨)在不同电压下发射的 X 射线谱。从图 24-13 中可看出,X 射线谱一般分为两部分:连续谱和线状谱。不同电压下的连续谱都有一个截止波长(或频率),电压越高,截止波长越短,而且在同一电压下不同材料发出的 X 射线的截止波长一样。线状谱有明显的强度峰——谱线,不同材料的谱线的位置(即波长)不同,这谱线就叫各种材料的特征谱线(钨和铬的特征谱线波长在图 24-13(a)所示的波长范围以外)。

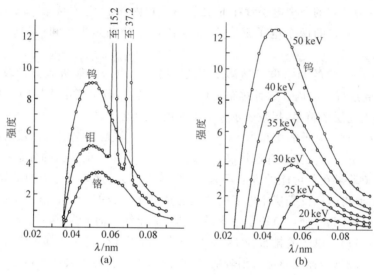

图 24-13   X 射线谱

X 射线连续谱是电子和靶原子非弹性碰撞的结果,这种产生 X 射线的方式叫韧致辐射。入射电子经历每一次碰撞都会损失一部分能量,这能量就以光子的形式发射出去。由于每个电子可能经历多次碰撞,每一次碰撞损失的能量又可能大小不同,所以就辐射出各种能量不同的光子而形成连续谱。由于电子所损失的能量的最大值就是电子本身从加速电场获得的能量,所以发出的光子的最大能量也就是这个能量。因此,在一定的电压下发出的 X 射线的频率有一极大值。相应地,波长有一极小值,这就是截止波长。以 E_k 表示射入靶的电子的动能,则有 $h\nu_{max} = E_k$。由此可得,截止波长为

$$\lambda_{cut} = \frac{c}{\nu_{max}} = \frac{hc}{E_k} \tag{24-32}$$

例如,当 $E_k = 35$ keV 时,上式给出 $\lambda_{cut} = 0.036$ nm,这与图 24-13 所给的相符。

X 射线特征谱线只能和可见光谱一样,是原子能级跃迁的结果。但是由于 X 射线光子能量比可见光光子能量大得多,所以不可能是原子中外层电子能级跃迁的结果,但可以用内层电子在不同壳层间的跃迁来说明。然而,在正常情况下,原子的内壳层都已为电子填满,由泡利不相容原理可知,电子不可能再跃入。在这里,加速电子的碰撞起关键的作用。加速

电子的碰撞有可能将内壳层(如 K 壳层)的电子撞击出原子,这样便在内壳层留下一个空穴。这时,较外壳层的电子就有可能跃迁进入这一空穴而发射出能量较大的光子。以 K 壳层为例,填满时有两个电子。其中一个电子所感受到的核的库仑场,由于另一电子的屏蔽作用,就约相当于 $Z-1$ 个质子的库仑场。仿照氢原子的能量公式可得,此壳层上一个电子的能量应为

$$E_1 = -\frac{m_e(Z-1)^2 e^4}{2(4\pi\varepsilon_0)^2 \hbar^2}\frac{1}{n^2} = -13.6(Z-1)^2 \text{ eV} \tag{24-33}$$

同理,在 L 壳层内一个电子的能量为

$$E_2 = -\frac{13.6(Z-1)^2}{4} \text{ eV}$$

因此,当 K 壳层出现一空穴而 L 层一个电子跃迁进入时,所发出的光子的频率为

$$\nu = \frac{E_2 - E_1}{h} = \frac{3\times 13.6(Z-1)^2}{4h} = 2.46\times 10^{15}(Z-1)^2$$

或者

$$\sqrt{\nu} = 4.96\times 10^7 (Z-1) \tag{24-34}$$

这一公式称为**莫塞莱公式**。

频率由式(24-34)给出的谱线称为 K_α 线。由于多电子原子的内层电子结构基本上是一样的,所以各种序数较大的元素的原子的 K_α 线都可由式(24-34)给出。这一公式说明,不同元素原子的 K_α 线的频率的平方根和元素的原子序数呈线性关系。这一线性关系已为实验所证实,如图 24-14 所示。

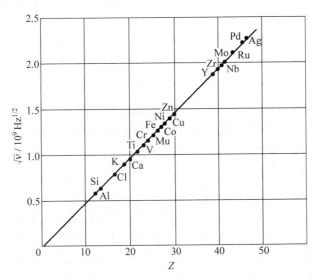

图 24-14 K_α 线的频率和原子序数的关系

由 M 壳层($n=3$)电子跃入 K 壳层空穴形成的 X 射线叫 K_β 线。K_α,K_β 和更外的壳层跃入 K 壳层空穴形成的诸谱线组成 X 射线的 K 系,由较外壳层跃入 L 壳层的空穴形成的谱线组成 L 系;类似地,还有 M 系、N 系等。实际上,由于各壳层(K 壳层除外)的能级分裂,各系的每条谱线都还有较精细的结构。图 24-15 给出铀(U)的 X 射线能级及跃迁图。

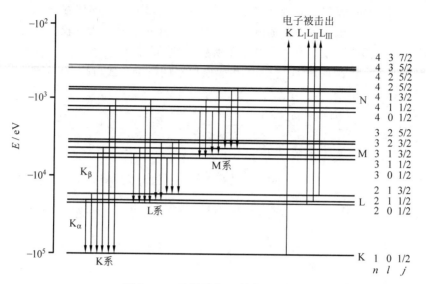

图 24-15   U 原子的 X 射线能级图

英国物理学家莫塞莱（H.C.J.Moseley，1887—1915）是原子序数的发现者，他于 1913 年仔细地用晶体测定近 40 种元素的原子的 X 射线的 K 线和 L 线，首次得出式（24-34）。当年玻尔发表他的氢原子模型理论。这使得莫塞莱可以得出下述结论："我们已证实原子有一个基本量，它从一个元素到下一个元素有规律地递增。这个量只能是原子核的电荷量。"当年由他准确测定的 Z 值曾校验当时周期表中各元素的排序。至今超铀元素也是靠足够量的这些元素的 X 射线谱认定的。

*24.5   激光

激光现今已得到极为广泛的应用。从光缆的信息传输到光盘的读写，从视网膜的修复到大地的测量，从工件的焊接到热核反应的引发等都用到了激光。激光是原子或分子受激发射产生光子的现象。"激光"是"受激辐射的光放大"的简称，英文为 laser，是"light amplification by stimulated emission of radiation"首字母的缩写。第一台激光器是 1960 年美国休斯飞机公司实验室的物理学家梅曼（T.H.Maiman，1927—2007）首先制成的，在此之前的 1954 年，美国物理学家汤斯（C. H.Townes，1915—2015）已制成受激辐射的微波放大装置。它的理论基础是由爱因斯坦奠定的。1916 年爱因斯坦发表《关于辐射的量子理论》，在玻尔的量子跃迁概念的基础上，进一步发展光量子理论，提出自发辐射和受激辐射这两种辐射形式和跃迁概率的概念。爱因斯坦关于受激辐射过程存在的预言，奠定了激光的理论基础。

1. 自发辐射   受激辐射

激光是如何产生的？它有哪些特点？为什么有这些特点呢？下面以氦氖激光器为例加以说明。

氦氖激光器的主要结构如图 24-16 所示，玻璃管内充有氦气（压强约为 1 mmHg）和氖气（压强约为 0.1 mmHg）。所发激光是氖原子发出的，波长为 632.8 nm 的红光，它是氖原

子由 5s 能级跃迁到 3p 能级的结果。(1 mmHg＝101 325/760 Pa≈133.322 Pa)

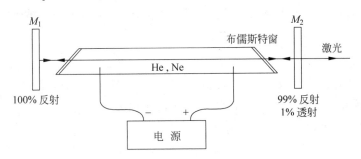

图 24-16　氦氖激光器结构简图

处于激发态的原子(或分子)是不稳定的,经过或长或短的时间(如 10^{-8} s)会自发地跃迁到低能级上,同时发出一个光子。这种辐射光子的过程叫**自发辐射**(图 24-17(a))。相反的过程,光子射入原子内可能被吸收而使原子跃迁到较高的能级上去(图 24-17(b))。不论发射和吸收,所涉及的光子的能量都必须满足玻尔频率条件 $h\nu＝E_i－E_f$。爱因斯坦在研究黑体辐射时,发现辐射场和原子交换能量时,只有自发辐射和吸收是不可能达到热平衡的。要达到热平衡,还必须存在另一种辐射方式——**受激辐射**。它指的是,如果入射光子的能量等于相应的能级差,而且在高能级上有原子存在,入射光子的电磁场就会引发原子从高能级跃迁到低能级上,同时,发出一个与入射光子的频率、相位、偏振方向和传播方向都完全相同的光子,如图 24-17(c)所示。在一种材料中,如果有一个光子引发一次受激辐射,就会产生两个相同的光子。这两个光子如果再遇到类似的情况,就能够产生 4 个相同的光子。由此可以产生 8 个、16 个……为数不断倍增的光子,这就可以形成"光放大"。如此看来,只要有一个适当的光子入射到给定的材料内,是不是就可以很容易地得到光放大呢? 其实不然。

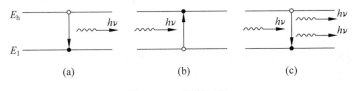

图 24-17　辐射过程
(a) 自发辐射;(b) 吸收;(c) 受激辐射

这里还有原子数的问题。在正常情况下,在高能级 E_i 上的原子数 N_i 总比在低能级 E_f 上的原子数 N_f 小得多。它们的比值由玻耳兹曼关系决定,即

$$\frac{N_i}{N_f}＝e^{-(E_i-E_f)/kT} \tag{24-35}$$

以氦氖激光器为例,在室温且处于热平衡的条件下,相应于激光波长 632.8 nm 的两能级上氖原子数的比为

$$\frac{N_i}{N_f}＝e^{-(E_i-E_f)/kT}＝\exp\left(-\frac{hc}{\lambda kT}\right)$$

$$＝\exp\left(-\frac{6.63\times10^{-34}\times3\times10^8}{632.8\times10^{-9}\times1.38\times10^{-23}\times300}\right)＝e^{-76}＝10^{-33}$$

这一极小的数值说明 $N_i \ll N_f$。爱因斯坦理论指出，原子受激辐射的概率和吸收的概率是相同的。因此，合适的光子入射到处于正常状态的材料中，主要的还是被吸收而不可能发生光放大现象。

2. 激光原理

如上所述，要想实现光放大，必须使材料处于一种"反常"状态，即 $N_i \gg N_f$。这种状态叫**粒子数布居反转**。要想使处于正常状态的材料转化为这种状态，必须激发低能态的原子使之跃迁到高能态，而且在高能态有较长的"寿命"。激发的方式有光激发、碰撞激发等方式。氦氖激光器的激发方式是碰撞激发。氦原子和氖原子的有关能级如图 24-18 所示。氦原子的 2s 能级（20.61 eV）和氖原子的 5s 能级（20.66 eV）非常接近。当激光管加上电压后，管内产生电子流，运动的电子和氦原子的碰撞可使之升到 2s 能级上。处于此激发态的氦原子和处于基态（2p）的氖原子相碰时，就能将能量传给氖原子使之达到 5s 态。氦原子的 2s 态和氖原子的 5s 态的寿命相对地较长（这种状态叫亚稳态），而氖原子的 3p 态的寿命很短。这一方面保证氖原子有充分的激发能源，同时由于处于 3p 态的氖原子很快地由于自发辐射而减少，所以就实现氖原子在 5s 态和 3p 态之间的粒子数布居反转，从而为光放大提供必要条件[①]。一旦有一个光子由于氖原子从 5s 态到 3p 态的自发辐射而产生，这种光将由于不断的受激辐射而成倍地急剧增加。在激光器两端的平面镜（或凹面镜）M_1 和 M_2（见图 24-16）的反射下，光子来回穿行于激光管内，这更增大了加倍的机会从而产生很强的光。这光的一部分从稍微透射的镜 M_2 射出就成了实际应用的激光束。

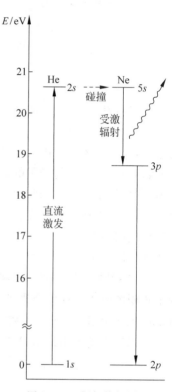

图 24-18　氦氖能级图

由于受激辐射产生的光子频率与偏振方向都相同，所以经放大后的激光束，不管光束截面多大，都是完全相干的。普通光源发的光是不相干的，所发光的强度是各原子发的光的非相干叠加，因而和原子数成正比。激光发射时，由于各原子发的光是相干的，其强度是各原子发的光的相干叠加，因而和原子数的平方成正比。由于光源内原子数很大，因而和普通光源发的光相比，激光光强可以做到大得惊人，可比太阳亮度高几十亿倍。例如，经过会聚的激光强度可达 10^{17} W/cm^2，而氧炔焰的强度不过 10^3 W/cm^2。针头大的半导体激光器（现已制造出纳米级的半导体激光器）的功率可达 200 mW，连续功率达 1 kW 的激光器已经制成，而用于热核反应实验的激光器的脉冲平均功率已达 10^{14} W（这大约是目前全世界所有电站总功率的 100 倍），可以产生高达 10^8 K 的极高温以引发氘-氚燃料微粒发生聚变。

在图 24-16 中，激光是在两面反射镜 M_1 和 M_2 之间来回反射的。作为电磁波，激光将

---

① 现在有人正在研究不用粒子数布居反转就能产生激光的机制，一种非受激辐射的自由电子激光已经制成。它的基本原理是通过自由电子束和光的相互作用，在频率合适时，电子能将其能量转送给光束而使光强增大。

在 M_1, M_2 之间形成驻波,驻波的波长和 M_1, M_2 之间的距离是有确定关系的。在实际的激光器中,M_1, M_2 之间的距离都已调至和所发出激光波长严格地相对应,其他波长的光不能形成驻波而不能加强,使激光具有极高的单色性,所以它是很好的相干光源。在激光器稳定工作时,激光由于来回反射过程中的受激辐射而得到的加强,即能量增益,和各种能量损耗正好相等,因而使激光振幅保持不变。这相当于无限长的波列,因而所发出的激光束就可能是高度单色性的。普通氦红光的单色性($\Delta\nu/\nu$)不过 10^{-6},而激光则可达到 10^{-15}。这种单色性有重要的应用,例如,可以准确地选择原子而用在单原子探测中。

图 24-16 中的两个反射镜都是与激光管的轴严格垂直的,因此只有那些传播方向与管轴严格平行的激光才能来回反射得到加强,其他方向的光经过几次反射就要逸出管外。因此,由 M_2 透出的激光束将是高度"准直"的,即具有高度的方向性,其发散角一般在 $1'$([角]分)以下。这种高度的方向性被用来作精密长度测量。例如,曾利用月亮上的反射镜对激光的反射来测量地月之间的距离,其精度达到几个厘米。

综上所述,激光束功率密度集中,与普通光源相比,具有亮度极高,单色性、相干性(相位差恒定)和方向性好等特点,但输出功率有限。

用激光的波长作为基准的精确度更高,因此,激光很快就成为科学家理想的"光尺"。现在,利用反馈可使激光的频率保持非常稳定,例如,稳定到 2×10^{-12} 甚至 10^{-14}(这相当于每年变化 10^{-7} s),这种稳定激光器可以用来极精密地测量光速,以致在 1983 年国际计量大会上利用光速值来规定"米"的定义:1 m 就是在(1/299 792 458) s 内光在真空中传播的距离。

3. 激光器　激光冷却

除了固定波长的激光器外,还有可调激光器。它们通常用化学染料做溶液工作物质,所以又叫染料激光器。它可以在一定波长范围内调节激光的输出。

一种现代致冷技术也利用激光,称为**激光冷却**,也称激光多普勒冷却。它是利用激光照射使原子或分子运动速度减小,从而使系统温度迅速降低的方法。用一束激光照射迎面飞来的原子,此原子吸收一个光子后由基态跃迁到激发态。同时,由于此"完全非弹性碰撞",该原子原来的动量就减小了。此后该原子会发射同频率的光子而获得动量。但因发射过程的随机性,向各方向发射的概率相同,这样,经过多次(如 1 s 上千万次)的吸收和发射,原子在入射光束方向的动量就会明显地减小。如果用 6 束激光分别沿 x, y, z 方向射向原点处的原子群,就能非常有效地减小原子运动的速率,这就相当于降低原子群的温度。激光冷却的根本目的在于消除原子或分子热运动的影响,从而将它们局限在一个很小区域内,以便对这种冷却原子进行观察和研究,最终达到控制和操纵单个原子的目的。

1995 年华裔美国物理学家朱棣文(Steven Chu,1948—　)研究小组曾利用这种方法使一群钠原子温度降低到 2.4×10^{-11} K,这相当于钠原子的平均速率只有约 10^{-14} m/s。由于这一创造性的科学研究成果,朱棣文和法国物理家科恩塔诺季(C.C-Tannoudji,1933—　)、美国物理学家菲利普斯(W.D.Phillips,1948—　)共获 1997 年度诺贝尔物理学奖。

思考题

24-1　为什么说根据量子理论原子内电子的运动状态用轨道来描述是错误的?

24-2　什么是能级的简并?若不考虑电子自旋,氢原子的能级由什么量子数决定?

24-3   氢原子光谱的巴耳末系是电子在哪些能级之间跃迁时发出的光形成的?

24-4   什么是空间量子化? $l=3$ 时,氢原子中电子的轨道角动量的指向可能有几个确定的方向(相对外磁场方向而言)? 画矢量模型图表示之。

24-5   电子的自旋量子数是多大? 它的自旋角动量可以取几个方向?

24-6   为什么考虑到电子的自旋轨道耦合时,由 n 和 l 决定的能级就会分裂为 2 个能级?

24-7   什么是能量最低原理? 什么是泡利不相容原理?

24-8 $n=3$ 的壳层内有几个支壳层? 各支壳层都可容纳多少个电子?

24-9   1966 年用加速器"制成"了**反氢原子**,它是由一个反质子和围绕它运动的正电子组成。你认为它的光谱和氢原子的光谱会完全相同吗?

* 24-10   什么是 X 射线的连续谱? 它是怎样形成的? 什么是 X 射线的特征谱? 它又是怎样形成的?

* 24-11   在保持 X 射线管的电压不变的情况下,将银靶换为铜靶,所产生的 X 射线的截止波长有何变化?

24-12   原子的自发辐射与受激辐射有什么区别? 受激辐射有何特点?

24-13   什么是粒子数布居反转? 为什么氦氖激光器必须利用粒子数布居反转?

24-14   和普通光源发的光相比,为什么激光的相干性特好,光强特大,单色性特好而发散角又很小?

24-15   为了得到线偏振光,就在激光管两端安装一个玻璃制的"布儒斯特窗"(见图 24-16),使其法线与管轴的夹角为布儒斯特角。为什么这样射出的光就是线偏振? 光振动沿哪个方向?

* 24-16   分子的电子能级、振动能级和转动能级在数量级上有何差别? 带光谱是怎么产生的?

* 24-17   为什么在常温下,分子的转动状态可以通过加热而改变,因而分子转动和气体比热有关? 为什么振动状态却是"冻结"着而不能改变,因而对气体比热无贡献? 电子能级也是"冻结"着吗?

习题

24-1   求氢原子光谱莱曼系的最小波长和最大波长。

24-2   一个被冷却到几乎静止的氢原子从 $n=5$ 的状态跃迁到基态时发出的光子的波长多大? 氢原子反冲的速率多大?

24-3   证明:氢原子的能级公式也可以写成

$$E_n = -\frac{\hbar^2}{2m_e a_0^2}\frac{1}{n^2}$$

或

$$E_n = -\frac{e^2}{8\pi\varepsilon_0 a_0}\frac{1}{n^2}$$

24-4   证明 $n=1$ 时,式(24-8)所给出的能量等于经典图像中电子围绕质子作半径为 a_0 的圆周运动时的总能量。

* 24-5   1884 年瑞士的一所女子中学的教师巴耳末仔细研究氢原子光谱的各可见光谱线的"波数" σ(即 $1/\lambda$)时,发现它们可以用下式表示:

$$\sigma = R\left(\frac{1}{4}-\frac{1}{n^2}\right), \quad n=3,4,5,\cdots$$

其中 R 为一常量,叫**里德伯常量**。试由氢原子的能级公式求里德伯常量的表示式并求其值(现代光谱学给出的理论值是 $R=1.097\,373\,156\,8\times10^7\ \mathrm{m}^{-1}$)。

* 24-6   **电子偶素**的原子是由一个电子和一个正电子围绕它们的共同质心转动形成的。设想这一系统的总角动量是量子化的,即 $L_n=n\hbar$,用经典理论计算这一原子的最小可能圆形轨道的半径多大? 当此原

子从 $n=2$ 的轨道跃迁到 $n=1$ 的轨道上时,所发出的光子的频率多大?

24-7　原则上讲,玻尔理论也适用于太阳系:太阳相当于核,万有引力相当于库仑电力,而行星相当于电子,其角动量是量子化的,即 $L_n=n\hbar$,而且其运动服从经典理论。

(1) 求地球绕太阳运动的可能轨道的半径的公式;

(2) 地球运行轨道的半径实际上是 1.50×10^{11} m,和此半径对应的量子数 n 是多少?

(3) 地球实际运行轨道和它的下一个较大的可能轨道的半径相差多少?

24-8　由于自旋轨道耦合效应,氢原子的 $2P_{3/2}$ 和 $2P_{1/2}$ 的能级差为 4.5×10^{-5} eV。

(1) 求莱曼系的最小频率的两条精细结构谱线的频率差和波长差。

(2) 氢原子处于 $n=2, l=1$ 的状态时,其中电子感受到的磁场多大?

24-9　证明:在原子内,

(1) n, l 相同的状态最多可容纳 $2(2l+1)$ 个电子;

(2) n 相同的状态最多可容纳 $2n^2$ 个电子。

24-10　写出硼(B,$Z=5$),氩(Ar,$Z=18$),铜(Cu,$Z=29$),溴(Br,$Z=35$)等原子在基态时的电子排布式。

*24-11　用能量为 30 keV 的电子产生的 X 射线的截止波长为 0.041 nm,试由此计算普朗克常量值。

24-12　CO_2 激光器发出的激光波长为 10.6 μm。

(1) 和此波长相应的 CO_2 的能级差是多少?

(2) 温度为 300 K 时,处于热平衡的 CO_2 气体中在相应的高能级上的分子数是低能级上的分子数的百分之几?

*(3) 如果此激光器工作时其中 CO_2 分子在高能级上的分子数比低能级上的分子数多 1%,则和此粒子数布居反转对应的热力学温度是多少?

24-13　现今激光器可以产生的一个光脉冲的延续时间只有 10 fs(1 fs $=10^{-15}$ s)。这样一个光脉冲中有几个波长? 设光波波长为 500 nm。

24-14　一脉冲激光器发出的光波长为 694.4 nm 的脉冲,延续时间为 12 ps(1 ps $=10^{-12}$ s),能量为 0.150 J。求:

(1) 该脉冲的长度;

(2) 该脉冲的功率;

(3) 一个脉冲中的光子数。

24-15　GaAlAs 半导体激光器的体积可小到 200 μm³(即 2×10^{-7} mm³),但仍能以 5.0 mW 的功率连续发射波长为 0.80 μm 的激光。这一小激光器每秒发射多少光子?

24-16　一氩离子激光器发射的激光束截面直径为 3.00 mm,功率为 5.00 W,波长为 515 nm。使此束激光沿主轴方向射向一焦距为 3.50 cm 的凸透镜,透过后在一毛玻璃上聚焦,形成一衍射中心亮斑。

(1) 求入射光束的平均强度多大?

(2) 求衍射中心亮斑的半径多大?

(3) 衍射中心亮斑占有全部功率的 84%,此中心亮斑的强度多大?

問渠那得清如許,为有源头活水来。

　　　　　　　　　　　　　　　　　　——(宋)朱熹《观书有感》

第25章

固体中的电子

固体通常分为晶体和非晶体两大类。严格地说,固体指晶体。晶体就是具有格子构造的固体,为凝聚态物质之一。研究固体晶体中的电子,在现代技术中有很多的应用。固体晶体的许多性质,特别是导电性,与其内部电子的行为有关。

本章先用量子论介绍金属中自由电子的分布规律,较详细地解释金属的导电机制。然后用能带理论说明绝缘体、半导体等的特性。最后介绍关于半导体器件的简单知识。

*25.1 自由电子按能量的分布

我们通常把存在于金属内部可自由移动的带电粒子称为自由电子,每立方厘米约有10^{23}个。实际上,它们并非不受力的作用就可以自由运动。在金属中那些"公共的"电子都要受晶格上正离子的库仑力的作用。这些正离子对电子形成一个周期性的库仑势场,其空间周期就是离子的间距d,如图 25-1 所示。不过,在一定条件下,这种势场的作用可以忽略不计。这是因为从量子观点看来,电子具有波动性。对于波动,线度比波长小得多的障碍物对波的传播是没有什么影响的。在金属中的电子只要它们的德布罗意波长比周期性势场的空间大得多,它们的运动也就不会受到这种势场的明显影响。在这种势场中,波长较长的电子感受到的是一种平均的均匀的势场,因而不受力的作用。只是在这个意义上,金属中那些公共的电子才可被认为是自由电子,而其集体称为自由电子气,简称**电子气**。所谓电子气,类似于密封在容器中的理想气体,也称自由电子费米气,是一种用以解释金属物理性质的一种模型。例如,金属中主要通过电子气进行热量输运。在金属(特别是简单金属)原子中,束

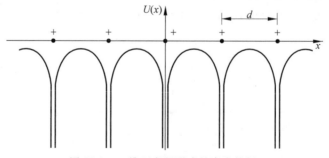

图 25-1 一维正离子形成的库仑势场

缚得较弱的电子(如价电子)可以在金属体内自由运动,而它们之间以及它们与离子晶格之间的作用力可忽略不计。

已知金属铜的质量密度为 $\rho = 8.96 \times 10^3 \ \mathrm{kg/m^3}$,摩尔质量为 $M = 63.5 \times 10^{-3} \ \mathrm{kg/mol}$,由 $M = \rho V N_A$ 和 $V = \frac{1}{3} \pi d^3 \approx d^3$,可按下式估算铜离子的间距 d,即

$$d \approx \left(\frac{M}{\rho \times N_A} \right)^{-\frac{1}{3}} = \left(\frac{63.5 \times 10^{-3}}{8.96 \times 10^3 \times 6.02 \times 10^{23}} \right)^{-\frac{1}{3}} \mathrm{m} \approx 2.3 \times 10^{-10} \ \mathrm{m}$$

在室温($T = 300 \ \mathrm{K}$)下,电子的方均根速率为 $v = v_{\mathrm{rms}} = \sqrt{\dfrac{3kT}{m_e}}$,相应的德布罗意波长为

$$\lambda = \frac{h}{m_e v} = \frac{h}{\sqrt{3m_e kT}} = \frac{6.63 \times 10^{-34}}{\sqrt{3 \times 9.1 \times 10^{-31} \times 1.38 \times 10^{-23} \times 300}} \ \mathrm{m}$$

$$= 6 \times 10^{-9} \ \mathrm{m}$$

此波长 λ 远远大于离子间距 d,所以铜块中的电子可以看成是自由电子。

由于在常温或更低温度下,电子很难逸出表面,所以可以认为金属表面对电子有一个很高的势垒。这样,作为一级近似,可以认为金属物质中的自由电子处于一个三维的无限深方势阱中。如图 25-2 所示,设金属块为一边长为 a 的正立方体,沿三个棱的方向分别取作 x,y 和 z 轴。在 23.2 节中曾说明一维无限深方势阱中粒子的每一个能量本征态对应于德布罗意波的一个特定波长的驻波。三维情况下的驻波要求每个方向都为驻波的形式,则有

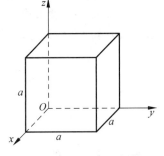

$$\lambda_x = \frac{2a}{n_x}, \quad \lambda_y = \frac{2a}{n_y}, \quad \lambda_z = \frac{2a}{n_z} \tag{25-1}$$

其中,量子数 n_x,n_y 和 n_z 都可以独立地分别任意取 1,2,3,…整数值。

图 25-2　金属正立方体

对应于式(25-1)的波长,电子在各方向的动量分量为

$$p_x = \frac{\pi \hbar}{a} n_x, \quad p_y = \frac{\pi \hbar}{a} n_y, \quad p_z = \frac{\pi \hbar}{a} n_z \tag{25-2}$$

由此进一步求得,电子的能量(按非相对论情况考虑)为

$$E = \frac{p^2}{2m_e} = \frac{1}{2m_e}(p_x^2 + p_y^2 + p_z^2)$$

$$= \frac{\pi^2 \hbar^2}{2m_e a^2}(n_x^2 + n_y^2 + n_z^2) \tag{25-3}$$

此式说明,对于任一个由 n_x,n_y,n_z 各取一给定值所确定的空间或轨道状态,电子具有一定的能量。但应注意,由于同一 $(n_x^2 + n_y^2 + n_z^2)$ 值可以由许多 n_x,n_y,n_z 值组合而得,所以电子的一个能级可以包含许多轨道状态。也就是说,电子的能级是简并的。

为了求出金属中自由电子数随能量的分布,应先求其状态数随能量的分布。为此,先考虑能量小于某一值 E 的所有能级所包含的状态数。根据式(25-3),可以求出金属块中自由电子的状态数随能量的分布,即金属单位体积内能量在包含能量 E 的单位能量区间内自由电子的状态(包含自旋)数,这一状态数称为**态密度**。由于推导过程比较复杂,这里只给出

结果。金属的单位体积内自由电子的态密度 $g(E)$ 是

$$g(E) = \frac{(2m_e)^{3/2}}{2\pi^2 \ \hbar^3} E^{1/2} \tag{25-4}$$

它与 E 的关系如图 25-3 中的二次曲线所示。下面求自由电子的数随能量的分布。

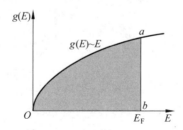

图 25-3   自由电子态密度曲线,0 K 时,电子都分布在 $E \leqslant E_F$ 的能级(密集直线)上

首先,考虑金属块处于 $T=0$ 的情况,由能量最低(最小)原理可知,自由电子将从能量最低($E=0$)的状态开始,一个个地逐一向上、不空缺地占据能量较高的能级。以 E_F 表示它们所占据的最高(最大)能级,根据泡利不相容原理(见 24.3 节),一个量子状态只能由一个电子占据,相同能级面——**费米面**内的状态全被电子占据。在最简单的自由电子情形,费米面是一个球面,称为**费米球**。因此,在 $E \leqslant E_F$ 的各能级上的状态总数,也就是态密度式(25-4)对能量从 0 到 E_F 的积分,应等于金属单位体积内的电子数,即自由电子数密度 n。也就是

$$n = \int_0^{E_F} g(E) \mathrm{d}E = \frac{(2m_e)^{3/2}}{2\pi^2 \ \hbar^3} \int_0^{E_F} E^{1/2} \mathrm{d}E = \frac{(2m_e)^{3/2}}{3\pi^2 \ \hbar^3} E_F^{3/2}$$

由此可得

$$E_F = (3\pi^2)^{2/3} \frac{\hbar^2}{2m_e} n^{2/3} \tag{25-5}$$

这一能级叫**费米能级**,它是基态中最高的被占据能级;相应的能量 E_F 叫**费米能量**,简称费米能,也就是费米球表面能级。式(25-5)说明,在 $T=0$ K 时,金属的费米能量只决定于金属的自由电子数密度。表 25-1 列出一些金属在 $T=0$ K 时的费米能量等参量。利用磁致电阻效应等实验方法可测量金属费米面,以深入了解金属的一些宏观性质。

表 25-1   一些金属在 $T=0$ K 时的费米参量

金　属	电子数密度 n/m^{-3}	费米能量 E_F/eV	费米速率 $v_F/(\mathrm{m/s})$	费米温度 T_F/K
Li	4.70×10^{28}	4.76	1.29×10^6	5.52×10^4
Na	2.65×10^{28}	3.24	1.07×10^6	3.76×10^4
Al	18.1×10^{28}	11.7	2.02×10^6	13.6×10^4
K	1.40×10^{28}	2.12	0.86×10^6	2.46×10^4
Fe	17.0×10^{28}	11.2	1.98×10^6	13.0×10^4
Cu	8.49×10^{28}	7.05	1.57×10^6	8.18×10^4
Ag	5.85×10^{28}	5.50	1.39×10^6	6.38×10^4
Au	5.90×10^{28}	5.53	1.39×10^6	6.41×10^4

和费米能量对应,可以认为自由电子具有一定的最大速率,叫**费米速率**。它的值可以按

$v_F = \sqrt{2E_F/m_e}$ 算出,也列在表中,达 10^6 m/s 量级。注意,表中数据是 $T=0$ K 情况。此结果与经典理论是完全不同的。因为根据经典理论,在 $T=0$ K 时,任何粒子的动能应为零,速率也是零。为了从另一角度表示量子理论和经典理论在电子能量状态上的差别,还引入**费米温度**的概念。费米温度 T_F 就是按经典理论电子对应于费米能 E_F 时的温度。理想费米温度由下式求出

$$T_F = E_F/k \tag{25-6}$$

式中,E_F 为费米能,k 是玻耳兹曼常量。由表 25-1 数据可知,各种金属的费米温度均高于 10^4 K,而实际上金属是在 0 K。

必须指出的是,费米温度不是体系的物理温度,而是一个将费米能与温度相比的量。

现在,考虑温度升高时的电子能量分布。由于温度的升高,电子会由于与晶格离子的无规则碰撞而获得能量。但是,泡利不相容原理对电子的状态改变加了严格的限制。在温度为 T 时,晶格离子的能量为 kT 量级。在常温 300 K 时,$kT \approx 0.026$ eV,电子从与离子的碰撞中也就可能得到这么多的能量。由于此能量较 E_F 小得多,所以绝大多数电子不可能借助这一能量而跃迁到 E_F 以上的空能级上去。特别是,由于低于 E_F 的能级都已被电子填满,电子又不可能通过无规则的碰撞过程吸收这点能量而跃迁到较高能级上去。这就是说,在常温下,绝大部分电子的能量被限制死了而不能改变。只有在费米能级以下紧邻的能量、在约 0.03 eV 的能量薄层内的电子才能吸收热运动能量而跃迁到上面邻近的空能级上去。

因此,在常温下,金属中自由电子的能量分布(图 25-4)和 $T=0$ K 时的分布没有多大差别。甚至到熔点时,其中电子的能量分布和 0 K 时差别也不大(10^3 K 的热运动能量也不过 0.87 eV)。这种情况可以形象化地用深海中的水比喻:海面上薄层内可以波浪滔天,但海面下深处的水基本上是静止不动的。

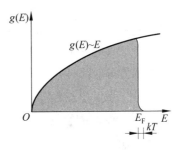

图 25-4   常温下金属中自由电子的能量分布

由自由电子的能量分布可以说明金属摩尔热容的实验结果。19 世纪就曾测得多种金属的摩尔热容都约为 25 J/(mol·K)。例如,铝的摩尔热容是 24.8 J/(mol·K),铜是 24.7 J/(mol·K),银是 25.2 J/(mol·K),等等。经典理论的解释归因于离子的振动的 6 个自由度。按能量均分定理,可求出摩尔热容为 $6 \times R/2 = 3R = 24.9$ J/(mol·K)。可是后来知道,金属中有大量自由电子,其数目和离子数的量级相同。电子的自由运动应有 3 个自由度,对热容就应该有 $3 \times R/2 = 12.5$ J/(mol·K) 的贡献(这差不多是实验值的一半),实际上却没有,这是为什么呢?

这个问题用上述自由电子的量子理论很好解决,这是泡利不相容原理的结果。绝大多数自由电子的状态都被固定死了,它们不可能吸收热运动能量,因而对金属热容不会有贡献。只是能量在 E_F 附近 kT 值大小能量薄层内的电子能吸收热能,这些电子的数目占总数的比例约为 $\dfrac{kT}{E_F}$。按经典理论计算,这些电子才能对热容有贡献,但贡献也不过 $3 \times \dfrac{R}{2} \times \dfrac{kT}{E_F}$

$\left(\text{准确理论结果为 } \pi^2 \times \dfrac{R}{2} \times \dfrac{kT}{E_F}\right)$。由于 E_F 的典型值为几 eV,而室温时的 kT 值不过 0.03 eV,这一贡献也不过经典预计值的 1%,所以实验中就不会有明显的显示。

*25.2　金属导电的量子论解释

用 25.1 节介绍的自由电子的量子理论可以对金属导电做出圆满的解释。首先注意到,尽管绝大多数电子状态已固定,但泡利不相容原理并不能阻止电子的加速。在热运动中,电子只能通过无规则碰撞从离子获得能量,一个电子碰撞时,另一个比它能量稍高的电子可能并未碰撞,因而保持在原来的量子态上而拒绝其他电子进入。但是金属导电的情况不同。加上电场后,金属内所有电子都将同时从电场获得能量和动量,因而每个电子都在不停地离开自己的能级而升高或下降,同时为下一能级的电子腾出位置。整个电子的能级分布就这样松动了。这也就意味着金属中的自由电子可以在外电场的作用下作宏观的定向运动而形成电流。

和经典理论不同的是,量子理论给出纯净而结构完美的金属正离子的结晶点阵,由于电子的波动性,对电子的定向运动不构成任何阻碍(按粒子图像所示,电子不会和点阵离子发生碰撞),因而金属不会有电阻。但是,实际的金属导体内总存在着杂质原子和晶体缺陷(如局部位置排错或者出现空位),特别是离子总在做无规则热振动,自由电子在定向运动中总会和这些不规则的"元素"相碰撞,即电子被它们散射。不过,量子理论还给出,并不是任何速率的电子都能和这些不规则"元素"碰撞,只有那些速率被电场加速到费米速率的电子,才能和它们碰撞,而且碰撞后电子的速度变为反向而大小略减,接着这电子就在电场的作用下重新加速(实际上,速度逆电场方向开始先减小,变为零,再正向逐渐增大)。这种碰撞称为"倒逆"碰撞,即速度反转的意思。

由于倒逆碰撞的不断发生,自由电子的定向速度不能无限增大。而最后会形成一定的与外电场方向相反的定向平均速率,即漂移速率。在 15.2 节中,曾用经典理论与示意图导出金属电导率公式,即式(15-12),电导率 $\sigma = ne^2\tau/m_e$,其中 τ 为自由电子的平均飞行时间。以平均自由程 $\bar{\lambda}$ 和平均速率 $\bar{v}$ 表示为 $\tau = \bar{\lambda}/\bar{v}$,则电导率又可写作

$$\sigma = \frac{n e^2 \bar{\lambda}}{m_e \bar{v}} \tag{25-7}$$

根据上面讲的量子论图像,只有那些速度达到 v_F 的电子才发生碰撞,所以可以把上式中的 $\bar{v}$ 换成 v_F,而得到量子论的电导率公式,即

$$\sigma = \frac{n e^2 \bar{\lambda}}{m_e v_F} \tag{25-8}$$

由于 $v_F \gg \bar{v}$,这一结果似乎将与实验不符。但上述量子力学关于电子定向运动受到碰撞的特点给出的 $\bar{\lambda}$ 值要比经典结果大得多,如可以大到上千倍。因此,量子力学给出的理论结果也就能和实验相符。

*25.3　能带　导体和绝缘体

在 25.1 节中介绍了自由电子按能量的分布。金属中自由电子的行为是忽略晶体中正离子产生的周期性势场对电子运动的影响的结果。更进一步,考虑晶体中电子的行为应该

顾及这种周期势场的作用或原子集聚时对电子能级的影响,其结果是在固体中存在着对电子来说的能带。能带的概念对理解固体的一些属性有很大的帮助。

1. 能带

能带是能量带的简称,这一概念是 1928 年才引入的,用来表示晶体中电子所具有的能量范围。它是一个连续的,但有限宽的能量区域。能带被电子填满与否,决定着固体的电学性质。下面仔细地说明这一点。

(1) 能级与能带的关系

为了说明能带的形成,让我们考虑一个个独立的原子集聚形成晶体时其能级(能级概念,参见 19.1 节)怎么变化。当两个原子相隔足够远时,二者的相互作用可忽略不计。根据泡利不相容原理,各原子中电子的能级就如 24.3 节中所说的那样,分壳层和支壳层分布着。当两个原子逐渐靠近时,它们的电子的波函数将逐渐重叠。这时,作为一个系统,泡利不相容原理不允许一个量子态上有两个电子存在,于是,原来孤立状态下的每个能级将分裂为两个,这对应于两个孤立原子的波函数的线性叠加形成的两个独立的波函数。这种能级分裂的宽度决定于两个原子中原来能级分布状况以及二者波函数的重叠程度,也就是两个原子中心的间距。图 25-5(a)表示两个钠原子的价电子所在的 3s 能级的分裂随两原子中心间距离 r 变化的情况,图中 r_0 为原子平衡间距。

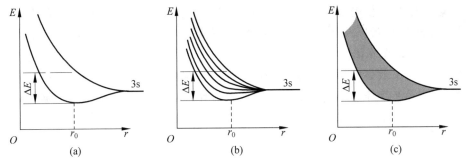

图 25-5 钠晶体中原子 3s 能级的分裂

更多的原子集聚在一起时,类似的能级分裂现象也发生。图 25-5(b)表示 6 个原子相聚时,原来孤立原子的 1 个能级要分裂成 6 个能级,分别对应于孤立原子波函数的 6 个不同的线性叠加。如果 N 个原子集聚形成晶体,则孤立原子的 1 个能级将分裂为 N 个能级。由于能级分裂的总宽度 ΔE 决定于原子的间距,而晶体中原子的间距是一定的,所以 ΔE 与原子数 N 无关。实际晶体中原子数 N 是非常大的(10^{23} 量级),所以一个能级分裂成的 N 个能级的间距就非常小,以至于可以认为这 N 个能级形成一个能量连续的区域,这样的一个能量区域就叫一个**能带**。它是一定能量范围内彼此相隔很近的许多能级所形成的一条带。图 25-5(c)表示钠晶体的 3s 能带随晶格间距变化的情况,阴影就表示能级密集的区域。图 25-6(a)表示在平衡间距 r_0($r_0 = 0.367$ nm)处的能带分布,上面几个能带重叠起来;图 25-6(b)画出钠晶体内其他能级分裂的程度随原子间距变化的情况(注意能量轴的折接)。图 25-6(c)表示在间距为 r_1($r_0 = 8$ nm)处的能带分布。

现在注意观察图 25-6(c)原子间距为 $r_1 = 8$ nm 时的能级分布。如表 24-2 所示,孤立钠原子的 2p 能级中共有 6 个可能量子态,而各量子态各被一个电子占据。钠晶体中此 2p

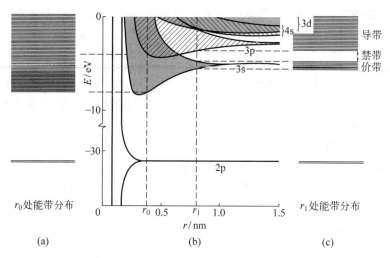

图 25-6 钠晶体的能级分裂成能带的情况

能级分裂为一能带,此能带中有 $6N$ 个可能量子态,但也正好有 $6N$ 个原来的 2p 电子,它们各占一量子态,这一 2p 能带就被电子填满。孤立钠原子的 3s 能级上有 2 个可能量子态,钠原子的一个价电子在其中的一个量子态上。在钠晶体中,3s 能带中共有 $2N$ 个可能量子态,但总共只有 N 个价电子在这一能带中,所以这一能带电子只填一半,没有填满。和 3p 能级相对应的 3p 能带以及以上的能带在钠晶体中并没有电子分布,都是空着的。

（2）**能带的几个术语**

以下几个有关能带的概念有助于理解物质的导电性。图 25-7 就导体（如铜）、绝缘体（如金刚石）以及半导体（如硅）的能带结构作了对比,图中 E_F 表示电子所占据的最高能级（即费米能）,E_g 表示禁带宽度（即能隙）。

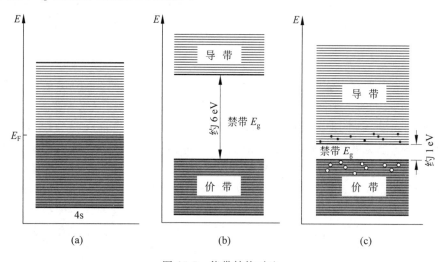

图 25-7 能带结构对比

(a) 铜导体；(b) 金刚石绝缘体；(c) 硅半导体

晶体的能带中最上面的被电子占据的能带叫**价带**,它是价电子的能级所分裂而成的能带。电子能量不允许的区域叫**禁带**,在这个能量区域不可能有电子存在,或者说,它是在能带之间没有可能量子态的能量区域,把能带"分割"了,所以也称**能隙**,是相邻两能带间的禁戒能量范围。

被禁带分割且完全被电子占据的能带称**满带**,满带是不导电的。如果能带中各能级没有电子占据,这种能带就叫做**空带**。空带和未被电子占据的价带统称**导带**;它是被电子部分地占据的能带,导带的电子可以导电,如图 25-6(c)所示的 3p 能带,它对导电有贡献。金属是以费米能 E_F 位于一个允许带的中部为特征的,因此,这条能带没有全部占据,是一条导带,如图 25-7(a)所示的 4s 能带;由于已占据和未占据的能级差不多一样多,所以,在低温时仍有许多电子可以在导带中移动。即使在 $T=0$ K 时,导带中也有电子。

价带可以是导带,也可以是满带;对于导体,价带为导带,如图 25-6(c)所示的 3s 能带。对于价带为满带的情况,价带上方最近的空带为导带,价带中的电子激发后进入该空带就可以自由运动,如图 25-7(b)、(c)所示的情况。

在绝缘体和半导体中,价带是满带,导带全空,故不导电。它们的区别在于禁带宽度。

2. 导体与绝缘体的区别

有了以上的概念,现在就讨论导体和绝缘体的区别。我们知道,导体中具有大量能够在外电场作用下自由移动的带电粒子,因而能很好地传导电流。对导体,如钠,在实际的晶体中,原子的平衡间距为 r_0,其价带中有电子存在,但未被填满(在 $T=0$ K 时只填满费米能级以下的能级);有的是导带与相邻满带有交叠,或者价带与导带有交叠。因此,在外电场作用下,这些电子就可以被加速而形成电流,从而使它们具有高电导率。这就是 25.2 节描述的电子导电的情况。这样的物质就是导体。铜、金、银、铝等金属都有相似的未填满的价带结构。

有些物质,以金刚石为例,其晶体的能带结构特征是:价带已被电子填满(即价带是满带)而其上的导带则完全空着(0 K),价带和导带之间的禁带宽度很大,约为 6 eV。常温下,价带中电子几乎完全不可能跃入导带。即使加外电场时,在一般电压下,价电子也不可能获得足够能量跃入导带而被加速,这使得金刚石成为绝缘体。一般绝缘体都有相似的禁带较宽的能带结构,一般地,它们的禁带宽度为 3~10 eV,通常大于 5 eV。

同样地,热导率也取决于电子的运动,导体具有高的热导率,绝缘体的电导率很低。例如,雪花都是由晶体构成的,雪是不良导体,是良好的绝缘体。雪覆盖大地,阻碍热量从地面散失。绝缘体延缓了热的传递。

【例 25-1】 固体的能带。估算:(1)使金刚石变成导体需要加热到多高温度?(2)金刚石的电击穿强度多大?金刚石的禁带宽度 E_g 按 6 eV 计,其中电子运动的平均自由程按 0.2 μm 计。

解 (1)设温度为 T 时金刚石变为导体,则应有 $kT \approx E_g$,因而

$$T \approx \frac{E_g}{k} = \frac{6 \times 1.6 \times 10^{-19}}{1.3 \times 10^{-23}} \text{ K} \approx 7 \times 10^4 \text{ K}$$

而金刚石的熔点约 4×10^3 K。

(2)以 E_b 表示要使金刚石击穿所需的电场强度,则电子在一个平均自由程 $\bar{\lambda}$ 内需要从电场 E_b 中获得的能量等于(或大于)禁带宽度,即 $(eE_b)\bar{\lambda} = E_g$,由此得

$$E_{b} = \frac{E_{g}}{e\lambda} = \frac{6 \times 1.6 \times 10^{-19}}{1.6 \times 10^{-19} \times 0.2 \times 10^{-6}} \text{ V/m} = 3 \times 10^{7} \text{ V/m} = 30 \text{ kV/mm}$$

此值是空气的击穿场强(约为 3 kV/mm)的 10 倍。

* 25.4　半导体

12.1 节简单说明了物质的导电性。15.1 节说明了载流子参与导电的概念。常见的半导体有锗、硅以及某些化合物等。纯净半导体几乎不导电。半导体与金属不同,掺杂少量含量的杂质或温度变化、受光照射都会使它的导电性能发生显著变化。

1. 半导体与绝缘体的区别

常用的半导体材料有硅和锗,它们的能带结构与绝缘体类似,半导体与绝缘体的区别在于禁带宽度。在绝缘体和半导体中,价带是满带,导带是完全空着的,如图 25-7(b)、(c)所示。室温下,纯锗有着几乎完全填充的价带和几乎完全空着的导带。价带到导带的能量范围是禁带,半导体的禁带宽度 E_{g} 较小,一般为 $0.1 \sim 1.5$ eV,如硅为 1.14 eV,锗为 0.67 eV(均在 300 K),所以,其导电性很差。而绝缘体禁带宽度比它们大得多,其电导率很低。

由于绝缘体禁带宽度较大,热激发或外界的一般影响不可能使绝缘体的价带上的电子跃迁至最低的空带而导电,所以它不导电。

在通常情况下,半导体有一定数量的电子在导带中(在 300 K 时,电子数密度在 10^{16} m^{-3} 量级,而金属为 10^{28} m^{-3} 量级)。由于半导体的禁带宽度 E_{g} 较小,这些电子在外电场作用下,可能获得足够能量跃入导带被加速而形成电流,由于其电导性能介于导体和绝缘体之间,所以把这样的非离子性导电材料称为**半导体**。当温度升高时,价带中电子将吸收晶格离子热运动能量,大量跃入导带而使自由电子数密度大大增加,其对电导率的影响远比晶格离子热振动的加强对电导率的负影响为大。因此,半导体的电导率随温度的升高而明显地增大,这一点与金属导体的电导率随温度的升高而减小是不同的。利用半导体的温度特性,可用于制成热敏电阻或半导体温度传感器等。对光很灵敏的一些半导体,如硒,当其受光照射时,其自由电子数密度也将大量增加。利用半导体的光敏特性,可用于制成光敏半导体器件,如 CdS 光敏电阻、光敏三极管和光电耦合器(简称光耦)等。

2. 半导体的导电机制

半导体导电与金属导电的另一个重要区别在于导电机制方面。

在半导体内,除了导带内的电子作为载流子外,还有另一种载流子——空穴。空穴是描述半导体导电性而引入的一个概念。这是由于半导体的价带中的一个电子跃入导带后,必然在价带中留下一个没有电子的量子态。当半导体的价带未被电子占满时,所出现的少量空的能量状态称为**空穴**。或者说,当束缚电子挣脱共价键的束缚成为自由电子后,共价键就留下了一个空位,即空穴。价带被电子占满时没有导电能力。含有空穴的价带能导电,每个空穴相当于一个带正电的载流子,其电荷量与电子相同。空穴的出现是半导体区别于导体的一个重要特点。

空穴的存在使得价带中的电子也松动了。当加上外电场后,这些电子可以跃入临近的空穴而同时留下一个空穴,它邻近的电子又可以跃入这留下的空穴。如此下去,在电子逆电场方向逐次替补进入一个个空穴的同时,空穴也就沿电场方向逐步移位。这正像剧场中一排座位除最左端的空着,其余都坐满人,当从最左边开始各人都依次向左移一个座位时,那空着的座位就逐渐地向右移去一样。理论证明,电子在半导体中这种逐个依次填补空穴的移位和带正电的粒子沿反方向移动产生的导电效果相同,因而可以把这种形式的导电用带正电的载流子的运动加以说明和计算。这种导电机制就叫**空穴导电**。

半导体的导电是导带中的电子导电和价带中的空穴导电共同起作用的结果。

像纯硅和纯锗这种具有相同数量的自由电子和空穴的半导体,如图 25-7(c)所示,叫做**本征半导体**。它通常指杂质非常少或纯净的、无杂质的半导体单晶。纯度很高、内部结构完整的半导体,其电阻率极大,在极低温度下极难导电,但随着温度升高,其电阻率迅速减小。

3. 杂质半导体

在纯净半导体中,热激发可使电子跃迁至最低空带,并在价带中留下空穴而产生能参与导电的载流子,最低空带也因此被称为导带。但这种方式产生的载流子数量有限,还不能满足应用的需要。因此,在纯净半导体中掺入一定含量的杂质,使之在满带中产生空穴或在空带中产生电子,就可使半导体实现可控的导电性。

实用的半导体一般都是将半导体材料提纯,再掺入适量其他种原子,以改变其导电性,制成杂质半导体。这种含有少量杂质、导电性取决于杂质类型的半导体叫做**杂质半导体**。杂质半导体有 N 型和 P 型两类。

(1) N 型半导体

硅和锗都是 4 价元素,一种杂质半导体是在 4 价的硅或锗中掺入 5 价元素(如磷、砷)的原子。一个这种 5 价原子取代一个硅原子后,它的 4 个价电子使磷原子排入硅原子的结晶点阵中,剩下那一个电子由于受磷原子的束缚较弱,而能在晶格原子之间游动成为自由电子。从能态上说,这一个电子原来在晶体中的能级处于禁带中导带下很近处,叫杂质能级。它与导带带底的能量差 E_D 比禁带宽度 E_g 小得多,如图 25-8(a)所示,如磷的 E_D 在硅晶体中只有 0.045 eV。这一杂质能级上的电子很容易被激发而跃入导带,少量的杂质原子(一般掺入 $10^{13} \sim 10^{19}$ cm^{-3})就能成百万甚至千万倍地增加导带中的自由电子数,而使自由电子数大大超过价带中的空穴数。所掺入的杂质由于能给出电子而被称为**施主**(反之,称为受主,见 P 型半导体)。相应的杂质能级称为**施主能级**。这种掺有施主杂质或施主数量多于

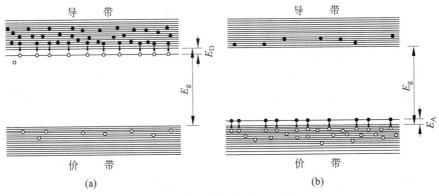

图 25-8　杂质半导体能带示意图

(a) N 型；(b) P 型

受主的半导体称为 **N 型半导体**或电子型半导体。在 N 型半导体中,参与导电的是带负电的电子,称为**多数载流子**,简称**多子**,它主要来自半导体中的施主;空穴称为**少数载流子**,简称**少子**。杂质能级上的空穴是被冻结的,因为价带中的电子很难有能量跃入这一能级而使一个空穴留在价带中,因此掺杂后价带中的空穴数基本不变。

(2) P 型半导体

如果在 4 价的硅和锗中掺入 3 价元素(如铝、铟)的原子,由于这种杂质原子只有 3 个价电子,所以一个这种原子取代一个硅原子后,就在硅的正常晶格内缺一个电子,即杂质原子带来一个空穴。从能态上说,这种杂质中电子的能级原来在价带上很近处,它与价带带顶的能级差 E_A 比禁带宽度 E_g 也小得多,如图 25-8(b)所示,如铝的 E_A 在硅晶体中只有 0.067 eV。价带中的电子很容易跃入杂质能级而在价带中产生大量的空穴(进入杂质能级的电子由于 E_g 较大而很难进入导带,所以导带中的电子数基本不变)。于是,在这种杂质半导体中,带正电的空穴成了多数载流子(多子),而电子成了少数载流子(少子)。而掺入的 3 价元素由于接受电子而被称为**受主**。这些空穴主要来自半导体中的受主。这种掺有受主杂质或受主数量多于施主的半导体,称为 **P 型半导体**或空穴型半导体。

*25.5　PN 结

现代技术,甚至可以说,现代文明,都是与半导体及其器件的应用分不开的,而半导体各种应用的最基本结构,或者说核心结构是 **PN 结**。如在一片 4 价本征半导体的两部分分别掺杂不同浓度的 3 价和 5 价半导体制成 N 型和 P 型半导体,它们的接界处就形成 PN 结。

为了简单起见,我们假设在 PN 结处两种类型半导体有一个清晰明确的分界面。如图 25-9 所示,在两种杂质类型的半导体的接界处,N 型区的自由电子将向 P 型区扩散,同时 P 型区的空穴将向 N 型区扩散,在界面附近二者中和(或叫湮没)。这将导致 N 型侧缺少电子而带正电,P 型侧缺少空穴而带负电。这种空间电荷分布将在界面处产生由 N 侧指向 P 侧的电场 E。这一电场有阻碍电子和空穴继续向对方扩散的作用,最后会达到一定平衡状态。此时在交界面邻近形成一个没有电子和空穴的"真空地带"薄层,其中有从 N 指向 P 的"结电场"E,它和电子、空穴的扩散作用相平衡。这一"真空地带"叫耗尽层,其厚度约 1 μm,其中电场强度可达 $10^4 \sim 10^6$ V/cm。

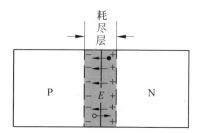

图 25-9　平衡时 PN 结处的耗尽层和层内的电场

PN 结重要的独特性能是它只允许单向电流通过。如图 25-10(a)那样,将 PN 结的 P 区连电源正极,N 区连电源负极(这种连接叫做正向偏置)时,电源加于 PN 结的电场与结内电场方向相反,使耗尽层内电场减弱,耗尽层变薄,层内电场与扩散作用的平衡被打破,P 区内的空穴和 N 区内的电子就能不断通过耗尽层向对方扩散,这就形成正向电流。这电流随正向电压的增大而迅速增大,如图 25-10(c)所示,伏安特性曲线在 $U>0$ 的区域那一段。

如果像图 25-10(b)那样,将 PN 结的 P 区与电源负极相连,N 区与电源正极相连(这种连接叫反向偏置)时,电源加于 PN 结的电场与结内电场方向相同,使耗尽层内电场增大,耗尽层变厚。这使得 P 区内空穴和 N 区内电子更难于向对方扩散,两区中的多子就不可能形

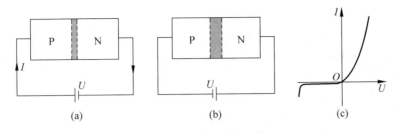

图 25-10　PN 结及其伏安特性

(a) PN 结的正向偏置；(b) 反向偏置；(c) 伏安特性曲线

成电流,两区内的少子(即 P 区的电子和 N 区的空穴)会沿电场方向产生微弱的反向电流。这微弱电流随着反向电压的增大而很快达到饱和,如图 25-10(c)中 $U<0$ 的区域那一段所示。反向电压过大,则 PN 结将被击穿破坏。

PN 结只有在正向偏置时才有电流通过,称为 PN 结的**单向导电性**。这种特性使 PN 结能在交变电压的作用下提供单一方向的电流——直流,这时 PN 结起整流作用。

*25.6　半导体器件

将 PN 结引出相应的电极,与管壳封装起来就是一个半导体二极管器件。单向导电性是二极管的基本特性,通过伏安特性曲线体现。整流是它的一个基本应用之一。

利用 PN 结的特性和不同性质的半导体材料,可以制造很多有特定功能的半导体器件,下面举几个常见的例子加以说明。

1. 发光二极管（LED）

在外加正向电压作用下并通过足够大的正向电流时,能发光的半导体器件,叫做**发光二极管**(英文缩写 LED)。要发出一定强度的光,需要有足够多的电子和空穴湮灭(也称复合)而释放能量。一般的本征半导体或只是 P 型或 N 型的半导体,它们是无法达到这一要求的。因为它们不是电子和空穴较少,就是空穴数大大超过电子数,或是电子数大大超过空穴数。PN 结因 P 区有大量空穴而 N 区有大量电子,它们成对湮灭时就能满足要求。

在一定的正向电压作用下,正向电流通过 PN 结时注入很多非平衡载流子,在结处电子和空穴的湮灭在能级图上是导带下部的电子越过禁带与价带内空穴中和的过程,这一过程中电子的能量减少,因而有能量放出。很多情况下,这能量转化为晶格离子的热振动能量。但是,在有些半导体中,这种能量转化为光的形式发射出来,如图 25-11 所示为 LED 结构与电路符号。因此,制造 LED 所用材料与普通二极管、三极管不同,其发光的颜色(光的波长)取决于制成 PN 结的材料及其掺杂的浓度。如采用磷化镓、磷砷化镓、氮化镓、碳化硅等制成的 LED,发出的光在可见光波段范围,在镓中掺入较高含量的砷、磷而做成的 LED 能发红光;而采用砷化镓、砷铝镓等制成的 LED,发光在红外波段。

发光二极管核心是 PN 结,也是二极管,它的一些电学特性与普通二极管相同,但 LED 一般工作在直流状态,因制造材料不同,其工作电压也与普通二极管不一样,有的为 1.5～2.5 V。根据 LED 的用途,还需要关心其光电特性。

LED 作为一种新型的固态发光器件,具有体小量轻、工作电压低、发光效率高等特点,

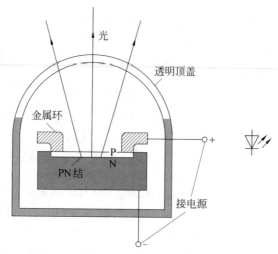

图 25-11   发光二极管结构与电路符号

特别是它的耗电低,如一只 6 W 的球泡灯可代替 40 W 白炽灯,因而在各行各业得到广泛应用。例如,仪器仪表等电子装置上的指示灯与数码显示管,城区随处可见的高亮度显示屏,新型照明光源以及夜景工程的"灯光秀"等用的都是发光二极管,家用遥控器上的信号发射用的是红外发光二极管。

2. 光电池

光电池即**太阳能电池**,也称**光伏电池**,是一种基于光生伏特效应或光化学效应,无需外加电源,能直接把太阳的辐射能量转换为电能的半导体光敏器件。硅单晶和砷化镓等都是太阳能电池材料。在实际应用中,以晶体硅太阳能电池的技术和工艺最为成熟、工业化程度最高。目前,用硅做的光电池电压约为 0.6 V,光能转换为电能的效率不超过 15%。

原则上讲,发光二极管反向运行,就成了一个光电池。为了提高光电转换效率,一般在 N 型硅单晶的基片上用扩散法渗进一薄层硼,以得到 PN 结,再加上电极而成。当太阳光直射到薄层面的电极上时,若入射光子能量大于半导体材料的禁带宽度,就有可能使电子从价带跃迁到导带,P 型区每吸收一个光子就产生一个电子-空穴对(即本征吸收),并从表面向内迅速扩散。在结内电场作用下,电子移向 N 区,空穴移向 P 区而集聚,其结果是在 PN 结附近建立一个与内电场方向相反的光生电场,产生一个与光照强度相关的电动势,这 PN 结就成了电源。这种现象称为**光生伏特效应**,此电动势决定了太阳能电池的最大供电电压,为负载提供电能。

3. 半导体三极管(三极管)

半导体三极管也叫晶体三极管,简称**三极管**或**晶体管**,分为 NPN 型和 PNP 两种类型,以满足不同需要。世界上第一个半导体晶体管于 1947 年 12 月在美国诞生,1956 年度的诺贝尔物理学奖授予美国三位科学家,以表彰他们对半导体的研究和发明晶体管。其中,巴丁(J.Bardeen,1908—1991)因创立超导微观理论于 1972 年再次获诺贝尔物理学奖,成为目前唯一的两次获奖都是诺贝尔物理学奖的科学家。

(1) 三极管及其类型

在半导体单晶上,制备两个结合很紧,且能相互影响的 PN 结,称为发射结和集电结,二者的共同区称为基区,它们由三部分杂质半导体组成,分成基区、集电区和发射区,形成 NPN 或 PNP 结构。其中,掺入发射区的杂质含量比集电区多,但集电区的尺寸较大,二者不能互换;基区是夹在两个相反类型的杂质半导体中间的杂质半导体薄层。把这三个区对应的电极——基极(b 或 B 极)、集电极(c 或 C 极)和发射极(e 或 E 极)引出后封装,就是一个三极管元件。因它有三个电极,故名。图 25-12 为三极管两种类型的结构简图及其在电路中的符号。

由于两种极性的载流子(电子或空穴)同时参与导电过程,故这类三极管也称为**双极型晶体管**(BJT)。也正是这个原因,它受温度影响较大,在电路中一般要尽量加以抑制。

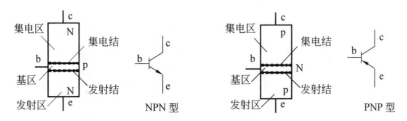

图 25-12　三极管结构示意图及其电路符号

(2) 三极管用作放大器

图 25-13 是一个 NPN 型半导体三极管组成的放大电路。直流电压 U_{cc} 和 U_{bb} 为三极管的两个 PN 结提供合适的直流偏置电压(U_{CC} 比 U_{bb} 大得多),即发射结加正向偏置,集电结加反向偏置,于是,高掺杂浓度的发射区就有大量电子向基区扩散,并从电源得到补充,形成发射极电流;由于基区很薄且掺杂浓度较小,所以从发射区拥入的电子在基区只能和少数空穴湮灭(复合),大部分电子都游走到集电结附近;集电结内电场方向由 N 区指向 P 区,扩散来的游走在集电结附近的这些电子将被 U_{CC} 产生的外电场拉入集电极,从而形成集电极电流 I_c;由于基区外接 U_{bb} 正极,基区中受激发的价

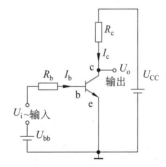

图 25-13　三极管放大电路原理图

电子不断被电源拉走,相当于不断补充基区中被湮灭(复合)的空穴而形成电流 I_b。I_b 和 I_c 的值由半导体三极管的结构与各区半导体的性质决定。

当三极管工作在合适的直流偏置时,则图 25-13 电路的三极管处于放大状态,有

$$\frac{I_c}{I_b} \approx \beta$$

式中,β 一般为常数,其值在几十到几百不等,主要取决于三极管的掺杂含量,近似地表示为基极电流对集电极电流的控制能力。当输入信号 U_i 使电流 I_b 有微小变化时,I_c 将发生较大的变化,体现 U_i 的变化情况,从而在负载上获得放大的电信号。晶体管用于作放大器,是三极管最基本的应用之一。

4. 金属氧化物场效应管(MOSFET)

金属氧化物场效应管(英文缩写 MOSFET)是电子电路中广泛使用的另一种类型的半导体器件,简称**场效应管**(FET)。场效应管是一种利用输入电压的电场(电压)控制输出电

流的半导体器件。根据导电的载流子类型、工作状态和结构的不同,场效应管可分为增强型和耗尽型两类。

如图 25-14 所示的结构为 N 型沟道场效应管,在轻度掺杂的 P 型基底(衬底)上,用 N 型杂质"过量掺杂"(N^+)形成两个 N 型"岛",一个叫源(S),一个叫漏(D),各通过一金属电极与外部相连。在源和漏之间用一个 N 型薄层相连形成一个称为沟道的 N 型通道,N 型通道上方则敷以绝缘的氧化物薄层,其上再盖以金属薄层,这层金属薄层叫栅(G)。

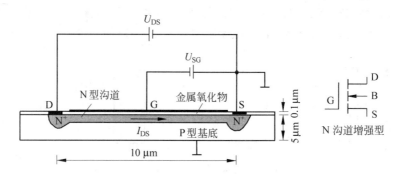

图 25-14   金属氧化物场效应管结构图及其电路符号

先考虑 P 型基底(衬底 B)与源接地,而栅与电源未相接的情况。这时,如果漏和源之间加以电压 $U_{DS} > 0$,则电子将从源流向漏形成由漏极到源极的电流 I_{DS},如图 25-14 所示。

如果在栅和源之间加一反向电压 U_{GS},使栅电势低于源电势,这将使 N 型通道内形成一指向栅的电场。这一电场将使通道中的电子移向基底,从而加宽通道与基底交界处的耗尽层并使通道变窄,同时,还由于通道内电子数减少而使通道电阻增大,这都将使通道电流 I_{DS} 减小。适当增大 U_{SG},则 I_{DS} 可以完全被阻断。这样,通过改变 U_{GS},就可以控制 I_{DS} 的通断。利用这一特点,可以用它组成数字逻辑电路,进行数字 1(通,开)或 0(断,关)信号之间的转换,实现二进制数码的运算。由于它参与导电过程的只有一种极性的载流子(多数载流子,电子或空穴),故场效应管也称为**单极型晶体管**,其受温度影响比双极型三极管小。在栅极与导电沟道之间隔着一层 SiO_2 绝缘层,栅极的控制几乎不取电流,具有输入阻抗极高、功耗低等特点。与双极结型晶体管相比,单极型晶体管制造工艺简单、占用芯片面积小,器件特性便于控制,可大量用于制造高密度的超大规模集成电路,在数字逻辑电路中应用广泛。

严格地说,二极管、双极型晶体管和场效应管,以及晶闸管等统称为晶体管。但在实际应用时,人们习惯上说的三极管,通常指的是双极型晶体管,而用 MOS 管称呼场效应管。世界上第一个场效应晶体管于 1955 年在美国贝尔实验室问世。

5. 集成电路(IC)

现代计算机和各种电子设备使用成千上万的半导体器件和电阻、电容等元件。这么多的元件并不是一个个的单独元件连接在一起的,而是采用一定的工艺、极其精巧地在一块半导体基底或介质基片上,以尽可能小的间隔把所需的三极管、二极管和电阻等器件制备为整体电路,然后封装在一个管壳和构件上,形成具有一定功能的微型化器件,这样的一个整体器件叫做**集成电路**(英文缩写 IC)。它具有引出线与焊接点数量少,以及微小型化、低功耗和高可靠性等优点。

美国德州仪器公司的基尔比(J.kilby,1923—2005)于 1958 年在当时真空条件很差的情况下,制成了在单个基片上集成 5 个元件的简单振荡电路,其体积相对庞大,这是世界上第一块集成电路。基尔比因此与其他两位物理学家分享 2000 年度诺贝尔物理学奖。

集成电路芯片面积从几平方毫米到 350 mm² 不等,集成电路每平方毫米的元件数从 50 年前的几千个不断增加,以致目前的超大规模集成电路在 1 mm² 芯片上可以包含有一百万个以上晶体管,布线的间距已接近纳米量级,在性能不断提高的同时,还在向更优化的方向发展。1975 年摩尔(G.Moore,1929—　)根据信息技术进步的发展规律推测,在价格不变时,集成电路容纳的元器件数每 18～24 个月便会增加一倍,性能也成倍提升。这一预见被叫做摩尔定律。信息技术产业发展表明,它在其后的 30 多年相当有效,到现在依然具有一定的指导意义。各种各样的集成电路具有各种不同的功能,其应用深入各个领域,它们的组合应用更是创造当今信息时代很多难以想象的奇迹,这不能不使人惊叹人类的智慧和科学的威力。

思考题

25-1　金属中的自由电子在什么条件下可以看成是"自由"的?

25-2　金属中的自由电子为什么对比热贡献甚微而却能很好地导电?

25-3　什么是能带、禁带、导带、价带?

25-4　导体、绝缘体和半导体的能带结构有何不同?

25-5　硅晶体掺入磷原子后变成什么型的半导体? 这种半导体是电子多了,还是空穴多了? 这种半导体是带正电,带负电,还是不带电?

25-6　将铟掺入锗晶体后,空穴数增加了,是否自由电子数也增加了? 如果空穴数增加而自由电子数没有增加,锗晶体是否会带上正电荷?

25-7　本征半导体、单一的杂质半导体都和 PN 结一样具有单向导电性吗?

25-8　根据霍耳效应测磁场时,用杂质半导体片比用金属片更为灵敏,为什么?

25-9　水平地放置一片矩形 N 型半导体片,使其长边沿东西方向,再自西向东通入电流。当在片上加以竖直向上的磁场时,片内霍耳电场的方向如何? 如果换用 P 型半导体片,而电流和磁场方向不变,片内霍耳电场的方向又如何?

25-10　用本征半导体片能测到霍耳电压吗?

习题

25-1　已知金的密度为 19.3 g/cm³,试计算金的费米能量、费米速度和费米温度。具有此费米能量的电子的德布罗意波长是多少?

25-2　求 0 K 时单位体积内自由电子的总能量和每个电子的平均能量。

25-3　中子星由费米中子气组成。典型的中子星密度为 5×10^{16} kg/m³,试求中子星内中子的费米能量和费米速率。

25-4　银的密度为 10.5×10^{3} kg/m³,电阻率为 1.6×10^{-8} Ω·m(在室温下)。

(1) 求其中自由电子的自由飞行时间;

(2) 求自由电子的经典平均自由程;

（3）用费米速率求平均自由程；

（4）估算点阵离子间距并和（2），（3）求出的平均自由程对比。

25-5   金刚石的禁带宽度按 5.5 eV 计算。

（1）禁带顶和底的能级上的电子数的比值是多少？设温度为 300 K。

（2）使电子越过禁带上升到导带需要的光子的最大波长是多少？

25-6   纯硅晶体中自由电子数密度 n_0 约为 10^{16} m^{-3}。如果要用掺磷的方法使其自由电子数密度增大 10^6 倍，试求：

（1）多大比例的硅原子应被磷原子取代？已知硅的密度为 2.33 g/cm^3。

（2）1.0 g 硅这样掺磷需要多少磷？

25-7   硅晶体的禁带宽度为 1.2 eV。适量掺入磷后，施主能级和硅的导带底的能级差为 $\Delta E_D = 0.045$ eV。试计算此掺杂半导体能吸收的光子的最大波长。

25-8   已知 CdS 和 PbS 的禁带宽度分别是 2.42 eV 和 0.30 eV。它们的光电导的吸收限波长各多大？各在什么波段？

25-9   Ga-As-P 半导体发光二极管的禁带宽度是 1.9 eV，它能发出的光的最大波长是多少？

25-10   KCl 晶体在已填满的价带之上有一个 7.6 eV 的禁带。对波长为 140 nm 的光来说，此晶体是透明的还是不透明的？（若光能被晶体吸收，则该晶体为不透明的。）

盛年不重来，一日难再晨。及时当勉励，岁月不待人。

——（晋）陶渊明《杂诗》

第26章

核 物 理

本章是量子物理基础篇的最后一章，为"原子核物理学"的内容，属于物理学的一个分支。这一分支是一门研究有关原子核的结构、性质及其相互转换规律的学科，是核科学技术的基础。核能（原子能）、放射性同位素和核磁共振技术等已在工农业生产与医疗事业等领域得到广泛的应用。

本章首先介绍核的一般性质，包括核的组成、大小和核自旋等，介绍使核保持稳定的核力和结合能。核的模型只着重介绍液滴模型，用于计算核裂变或聚变时所释放的能量。然后介绍放射性衰变的规律以及 α 射线、β 射线和 γ 射线的特征。最后介绍有关核反应的基本知识。

*26.1 核的一般性质

原子核的一般性质通常指原子核作为整体所具有的静态性质。下面我们先通过核模型来理解核的组成及其一般性质，包括核的形状与大小、核的密度以及核的自旋与磁矩等。这些性质与原子核的结构及其变化有密切关系。

1. 原子核模型 原子核的组成

在原子核理论中，**核模型**是反映核的结构及其性质的各种物理图像。每种核模型都是根据部分已知事实拟定的，在当时都有一定的先进性，如能分别解释部分实验事实，并作出某些理论上的预测，但每种模型又都有其局限性，因而形成不断递进的科学发展过程。

（1）卢瑟福实验

为了检验 J.J.汤姆孙原子结构模型（葡萄干**布丁模型**），卢瑟福带领他的两个学生盖革和马斯登于 1910—1911 年间用带电粒子轰击重金属箔，进行探测原子内部结构的实验——**α 粒子散射实验**，发现每一个原子必然包含一个核心，他命名为原子核。

原子核的半径比原子本身小数万倍，卢瑟福指出布丁模型存在错误，并受到原子土星模型的启发，提出原子核式结构模型：原子是由一个包含它绝大部分质量的很小的核心（原子核）和围绕它运动的电子构成，即**原子行星模型**。卢瑟福还在 1919 年用 α 粒子轰击氮原子而获得氧的同位素，从氮核中打出一种粒子，并把它命名为质子。

α 粒子散射实验又称**卢瑟福实验**，是原子物理学发展中最重要的早期实验之一，它以无可辩驳的事实论证原子核的存在,被誉为物理学史上"最美的十大经典实验"之一。早在 1898 年,卢瑟福因发现放射中的两种成分(α 粒子和 β 粒子)而获 1908 年度诺贝尔化学奖,他风趣地说:"我竟摇身一变,成为化学家了。""这是我一生中绝妙的一次玩笑。"

卢瑟福原子行星模型是关于原子结构的一种模型,是继 1897 年电子被发现之后,对原子不可分、不可变的又一次沉重打击。随着人们对原子结构进一步的认识,卢瑟福行星模型遇到最根本的灾难是无法解释原子的稳定性和原子有一定的大小。但由于这样的模型比较直观,所以在不少情况下,仍用以作为对原子结构的一种粗浅说明。

科学发展的前提条件是"相信自己无知",再经历"排错""证伪"的发展过程,科学史上对原子结构的认知充分说明这一点。继卢瑟福行星模型之后,常见的还有玻尔模型、玻尔-索末菲模型(椭圆轨道,空间的量子化),以及电子云模型(发现电子的概率)和虚光子模型等。

(2) 原子核的组成

卢瑟福的实验结果说明,虽然核的体积只有原子体积的 10^{15} 分之一,但核内却集中原子的全部正电荷和几乎全部质量。由于核的正电荷是氢核正电荷的整数倍,所以一般就认为氢核是各种核的组分之一而被称为**质子**。由于核的质量总是大于由其正电荷所显示的质子的总质量,所以,人们又设想核是质子和电子的复合体,多于电子的质子的总电荷就是核的电荷。但通过计算知道,核内不可能存在单独的电子。1932 年,查德威克通过实验发现核内存在一种质量和质子相近但不带电的粒子,以后被称为**中子**。

此后人们公认,原子核是原子的核心部分。原子半径为 10^{-10} m 量级。**原子核**是带正电的质子和不带电荷的中子的紧密结合体,占有原子质量的绝大部分,但其直径不及原子直径的万分之一,只有 $10^{-15} \sim 10^{-14}$ m。原子核的质子与中子统称为**核子**。

当我们说到原子核和粒子的质量时,指的都是它们的静止质量。质子或中子的质量大约是电子质量的 1 836 倍。质子所带电荷量和电子的相等,但符号相反。质子与中子的自旋量子数和电子的一样,都是 1/2,它们都是**费米子**。表 26-1 列出质子、中子和电子各种内禀性质的比较,表中的质量单位"u"叫做**原子质量单位**。它是 SI 中计量原子质量与核素质量的单位,等于一个处于基态的 ^{12}C 中性原子的静质量的 1/12。原子质量单位和其他单位的换算关系为

$$1 \text{ u} = 1.660\ 539\ 040 \times 10^{-27} \text{ kg} = 931.494\ 3 \text{ MeV}/c^2$$

表 26-1　质子、中子和电子的内禀性质比较

内禀性质	质　子	中　子	电　子
质量/u	1.007 276 466 0	1.008 664 923 5	5.485 799 03×10⁻⁴
质量/kg	1.672 623 1×10⁻²⁷	1.674 928 6×10⁻²⁷	9.109 389 7×10⁻³¹
质量/(MeV·c^{-2})	938.272 31	939.565 63	0.5110
电荷/e	+1	0	−1
自旋量子数	1/2	1/2	1/2
磁矩①/(J·T⁻¹)	1.410 607 61×10⁻²⁶	−0.966 236 69×10⁻²⁶	−9.284 770 1×10⁻²⁴

① 所列磁矩的值都是各该磁矩在 z 方向的投影,只有这投影是实际上能测出的。

不同元素的原子核中的质子数和中子数不同,质子数 Z 叫核的**原子序数**。原子序数为 Z 的原子核所带的所带电荷为 $+Ze$(电荷数)。中子数 N 与质子数 Z 之和叫做**核子数**,核子的总数用 A 表示,即

$$A = Z + N \tag{26-1}$$

式中的核子数 A 又叫做**质量数**,因为在以统一原子质量单位 u 计量时,它是最接近原子核质量的整数,核的质量 m 几乎等于 A 乘以一个核子的质量 m_N,即 $m = Am_N$。

原子核通常用 $_Z^A X$ 表示,其中 X 表示此核所属化学元素的符号。由于各元素的原子序数 Z 是一定的,所以一般可以不写 Z 值,如 $_{92}^{238}U$ 简写为 ^{238}U,名称上有时也写为 U-238。

同一元素的原子的核中的质子数是相同的,但中子数可能不同。那些具有给定 Z 和 N 取值的一类原子核叫做**核素**,质子数相同而中子数不同的核叫**同位素**,取在周期表中位置相同之意。如天然存在的核素有 330 多种,如铀元素有三种核素,其 Z 都是 92,N 分别有 142、143 和 146。又如,碳的同位素有 ^8C,^9C,…,^{12}C,^{13}C,^{14}C,…,^{20}C 等。天然存在的各元素中各同位素的多少是不一样的,各种同位素所占比例叫各该同位素的**天然丰度**,简称**丰度**。例如,在碳的同位素中,^{12}C 的天然丰度为 98.90%,^{13}C 的为 1.10%,而 ^{14}C 仅为 $(1.3 \times 10^{-10})\%$。许多同位素是不稳定的,经过或长或短的时间要衰变成其他的核。因此,许多同位素,包括 $Z > 92$ 的各种核都是天然不存在的,只能在实验室中通过核反应(见 26.7 节)人工地制造出来。天然存在的,加上用反应堆和加速器人工制造的核素,其总数达 3 100 种以上,其中稳定核素有 276 种,其余为放射性核素。

2. 核的形状与大小　　核的密度

卢瑟福根据实验发现,可以将不同的原子核都近似地看成球体,即认为原子核内的电荷与物质的分布近似具有球对称性,这样就可以用原子核的半径来表示核的大小。

卢瑟福由实验结果计算出来的核的线度为 fm 量级(fm,飞米。1 fm $= 10^{-15}$ m)。其他许多实验(包括高能电子散射实验)表明,如果把核看作球形,核的质量数 A 与核的半径 R 的 3 次方成正比,表示为

$$R = r_0 A^{1/3} \tag{26-2}$$

式中,r_0 为核半径参量,由实验确定。对重核,$r_0 = 1.20 \times 10^{-15}$ m $= 1.20$ fm;对轻核,$r_0 = 1.32 \times 10^{-15}$ m $= 1.32$ fm。在一定范围内,r_0 可视为常量,一般计算时,可取

$$r_0 = 1.2 \text{ fm}$$

由式(26-2)可算得,^{56}Fe 核的半径为 $R = 4.6$ fm,^{238}U 的核半径为 $R = 7.4$ fm。当然,由于粒子的波动性,核不可能有清晰的表面(或边界)。这也意味着,核物质几乎都具有一定密度,是不大可压缩的。有实验表明,某些核的形状明显不是球形,而是椭球形或梨形,可用**电四极矩**表征原子核电荷分布偏离球形的程度(略)。

由于球的体积与其半径 R 的 3 次方成正比,因而原子核的体积 V 与其质量数 A 成正比。这一关系说明,核好像是 A 个不可压缩的小球紧挤在一起形成的。由此也可知,各种核的密度都是一样的。考虑到质子静质量 m_p 与中子静质量 m_n 几乎相等,$A = Z + N$,则核子质量为 $m = Zm_p + (A-Z)m_n \approx Am_n$,得到核子的密度为

$$\rho = \frac{m}{V} \approx \frac{Am_n}{\frac{4}{3}\pi r_0^3 A} = \frac{1.67 \times 10^{-27}}{\frac{4}{3}\pi(1.2 \times 10^{-15})^3} = 2.29 \times 10^{17} (\text{kg/m}^3)$$

可见,核子的密度是非常大的。这一数值比地球的平均密度大到 10^{14} 倍。所有原子核的密度与 A 无关,都近似相等(即常量),这一事实对我们理解原子核的结构至关重要。

3. 核的自旋与核的磁矩

(1) 原子核的自旋

既然原子核由质子和中子组成,如同电子一样,质子和中子又都是自旋量子数为 1/2 的粒子,则原子核的角动量应为各个核子的自旋角动量与其轨道角动量的矢量和。通常把这个总角动量称为**核自旋**,也简称**自旋**。自旋角动量由与式(24-18)相同形式的公式得到。

核自旋量子数用 I 表示。按一般的量子规则,核的自旋角动量的大小为 $\sqrt{I(I+1)}\,\hbar$。核自旋在 z 方向的投影为

$$I_z = m_I\,\hbar, \quad m_I = \pm I, \pm(I-1), \cdots, \pm\frac{1}{2} \text{ 或 } 0 \tag{26-3}$$

式中,m_I 叫做核的轨道磁量子数,I 的值可以是半整数或整数,则 m_I 可以取 $2I+1$ 个值。

分析原子核自旋的实验结果发现,原子核基态的自旋值有以下规律:

① 偶偶核(Z,N 都是偶数)的自旋都是零,如 $^4\mathrm{He}$, $^{12}\mathrm{C}$, $^{238}\mathrm{U}$ 等就是。

② 奇奇核(Z,N 都是奇数)的自旋都是整数,如 $^{34}\mathrm{Cl}$ 的是 0, $^{10}\mathrm{B}$ 的是 3, $^{26}\mathrm{Al}$ 的是 5 等。这些核都是**玻色子**。

③ 奇偶核(Z,N 中一个是奇数,一个是偶数)的自旋都是半整数,如 $^{15}\mathrm{N}$ 的是 1/2, $^{29}\mathrm{Na}$ 的是 3/2, $^{25}\mathrm{Mg}$ 的是 5/2, $^{83}\mathrm{Kr}$ 的是 9/2 等。这些核都是**费米子**。

以上实验规律可以用 26.4 节提到的"核的壳层模型"来解释(略)。还必须指出的是,原子核在基态与激发态时的自旋角动量往往是不同的。例如,偶偶核的激发态的自旋就不一定为零。一般数据表中给出的是原子核处于基态时的核自旋值。

(2) 原子核的磁矩

与角动量 $\boldsymbol{L}$ 相联系,核有磁矩。为了研究核的磁矩,需要先了解核子(质子与中子)的磁矩。质子由于其轨道角动量而有轨道磁矩,由式(17-4),有

$$\boldsymbol{\mu}_l = \frac{e}{2m_\mathrm{p}}\boldsymbol{L}$$

此磁矩在 z 方向的投影为

$$\mu_{l,z} = \frac{e}{2m_\mathrm{p}}L_z = \frac{e\,\hbar}{2m_\mathrm{p}}m_l = \mu_\mathrm{N} m_l \tag{26-4}$$

式中,角动量 $L_z = m_l\,\hbar$ 就是式(17-5)的形式;常量 μ_N 为

$$\mu_\mathrm{N} = \frac{e\,\hbar}{2m_\mathrm{p}} = 5.050\,784 \times 10^{-27} \text{ J/T} \tag{26-5}$$

叫做**核磁子**。式中,m_p 为质子质量。核磁子是原子物理学中的一个物理常量,用以描述原子核磁矩大小的物理量单位。它小到仅约为电子的玻尔磁子 μ_B 的 5×10^{-4} 倍(质子质量 m_p 是电子质量的 1 836 倍,则 $\mu_\mathrm{N} = \mu_\mathrm{p}/1\,836$)。由于中子不带电,所以没有轨道磁矩。

质子和中子都由于自旋而有自旋磁矩

$$\boldsymbol{\mu}_s = g_s\left(\frac{e}{2m_\mathrm{p}}\right)\boldsymbol{S} \tag{26-6}$$

它在 z 方向的投影为

$$\mu_{s,z} = g_s\left(\frac{e\,\hbar}{2m_\mathrm{p}}\right)m_s = g_s\mu_\mathrm{N} m_s, \quad m_s = \pm\frac{1}{2} \tag{26-7}$$

式中，g_s 叫 **g 因子**。质子的 g 因子 $g_{s,p}=5.585\,7$，中子的 g 因子 $g_{s,n}=-3.826\,1$。由于 $m_s=\pm\dfrac{1}{2}$，所以质子的自旋磁矩在 z 方向的投影为

$$\mu_{p,z}=2.792\,8\mu_N=1.410\,6\times10^{-26}\ \text{J/T}$$

中子的自旋磁矩在 z 方向的投影为

$$\mu_{n,z}=-1.913\,1\mu_N=-0.966\,2\times10^{-26}\ \text{J/T}$$

中子的磁矩为负值，表示其磁矩方向和自旋方向相反。这与设想的完全不同，我们说它们具有反常磁矩。为什么中子不带电而有自旋磁矩呢？质子和中子具有反常磁矩表明，它们都不是点粒子，而是具有内部结构的粒子。这是因为中子只是整体上不带电。电子散射实验证明，中子内部由带正电的内核和带负电的外壳构成。按经典模型处理，自旋着的中子有磁矩，$g_{s,n}<0$ 表示其磁矩的方向和自旋的方向相反。

原子核是一个带电体，具有自旋，因而核也应具有磁矩。但是，核磁矩并不等于核子磁矩的简单相加，而是除了考虑核子的自旋磁矩外，还要考虑轨道磁矩。整个核的自旋角动量用 $\boldsymbol{I}$ 表示，仿照前面的关系，核磁矩 $\boldsymbol{\mu}$ 与角动量 $\boldsymbol{I}$ 的关系表示为

$$\boldsymbol{\mu}=g_N\frac{e}{2m_p}\boldsymbol{I}$$

式中，g_N 为核的 g 因子。利用式(26-3)和式(26-5)，核磁矩在 z 方向的分量为

$$\mu_z=g_N\frac{e}{2m_p}I_z=g_N\frac{e\,\hbar}{2m_p}m_I=g_Nm_I\mu_N \tag{26-8}$$

通常在实验室测得的就是此值。因此，一般用上式表示核磁矩的大小。

测量核磁矩的方法有多种，如核磁共振法或分子束法等。美国物理学家拉比(I.I.Rabi，1898—1988)等人 1930 年用分子束磁共振法测核磁矩，即用共振方法记录原子核的磁特性。这一方法应用于原子钟、核磁共振乃至于微波激射器和激光器中。1933 年他首次试验成功核磁共振仪，这是继 CT(计算机断层扫描技术)之后医学影像学的又一重大进步。他因创立分子束共振法记录原子核的磁特性获 1944 年度诺贝尔物理学奖。

4. 核磁共振

不同的原子核，其自旋运动的情况不同，其核磁矩在外加交变磁场作用下而剧烈吸收特定频率的电磁波能量的物理现象，称为**核磁共振**(英文缩写 NMR)。它是一种利用核在交变磁场中的能量变化来获得关于核的信息的技术。在恒定的外磁场中，核磁矩也能采取各种量子化的方位，因而原子的能量也可具有几个不同的数值。实验所用交变磁场的频率为兆赫数量级。核磁共振在化学上用于确定化合物的结构、测定有机物的结构等，在生物学上可对核酸、酶等进行研究。

由于磁场，包括交变电磁场可以穿入人体内，而人体的大部分(约 75%)是水(一个水分子有两个氢核)，这些水以及其他富含氢的分子的分布可能因种种疾病而发生变化，所以可利用氢核的核磁共振来进行检查，通过组织图像对比做医疗诊断。磁共振成像(MRI，即 NMRI)技术已成为一种常见的影像检查方法，在医学上用于对脑部、内脏等器官进行检查和诊断。它曾经被抵制进入医疗程序，给予被称为 NMRI 的技术一个可接受的名称 MRI 只是核字或字母 N 省略的改变。这一诊断技术具有对人体无害，可快速获得被检查器官的功能状态、生理状态以及病变状态等情况。

*26.2 核力

由于核内质子间的距离非常小,因而它们之间的斥力很大。核的稳定性说明,核子之间一定存在着另一种与库仑斥力相抗衡的吸引力,这种核子之间所特有的相互作用叫做**核力**。核力强度大,力程短,约为 fm 量级。

在核的线度内,核力可能比库仑力大得多。在距离大于约 0.5 fm 时主要为引力,能克服质子间的库仑斥力而使各核子结合成原子核。当距离约大于 2×10^{-15} m 时,核力极微弱;当距离约小于 0.5×10^{-15} m 时,引力又转变为强大的斥力。例如,中心相距 2 fm 的两个质子,其间库仑力约为 60 N,而相互吸引的核力可达 2×10^{3} N。

核力是短程力,随着距离的增大而很快地减小,电磁力是长程力,核力比电磁力大得多,其强度比电磁力大 2~3 个数量级。当两核子中心相距大于核子本身线度时,核力几乎已完全消失。因此,在核内,一个核子只受到和它"紧靠"的其他核子的核力作用,而一个质子却要受到核内所有其他质子的电磁力。

实验证明,核力与电荷无关,这种性质称为核力的**电荷无关性**。早在 1932 年,海森伯就提出,原子核内的质子和质子,质子和中子,中子和中子之间都具有相同的核力。质子-质子和中子-质子的散射实验证明这一点,一个质子和一个中子的平均结合能(见 26.3 节)相同也支持这一结论。

实验证明,核力和核子自旋的相对取向有关。两个核子自旋平行时的相互作用力大于它们自旋反平行时的相互作用力。氘核的稳定基态是两个核子的自旋平行状态就说明这一点。氘的自旋磁矩为 $0.857\ 4\mu_{N}$,这与质子和中子的磁矩之和 $0.879\ 7\mu_{N}$ 是十分相近的。

强力不像库仑力那样是有心力。更奇特的是,强力是一种**多体力**,即两个核子的相互作用力和其他相邻的核子的位置有关。因此,强力不遵守叠加原理,强力的这种性质给核子系统的理论计算带来巨大的困难。

由于核力的复杂性,它还没有精确的表达式。通常就用一个势能函数(薛定谔方程就要用这个函数)或势能曲线表示两个核子之间的相互作用。图 26-1 就是两个自旋反平行而轨道角动量为零的两个核子之间的势能曲线。它的形状和两个中性分子或原子之间的势能曲线相似,只是横轴的距离标度小很多(小到 10^{-15} m),而竖轴的能量标度又大很多(大到分子间势能的 10^{8} 倍)。这种相似不是偶然的。两个中性原子之间的作用力本质上是电磁力。由于每个原子都是中性的,所以它们之间的电磁力是两个带电系统的正负电荷相互作用的电磁力抵消之后的残余电磁力。对核子来说,现已

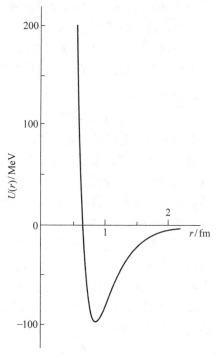

图 26-1 核力势能曲线

确认核子是由夸克组成。每个夸克都有"**色荷**"作为其内禀性质。色荷有三种："红""绿"和"蓝"。三"色"俱全,则色荷为零。色荷具有相互作用力,叫**色力**。每个核子都由三个色荷不同的夸克构成,总色荷为零。两个核子之间的作用力就是组成它们的夸克之间的相互作用力抵消之后的**残余色力**的表现,图 26-1 就是这种残余色力的势能曲线。可以说,和原子之间的力相比较,同为残余力,所以具有形状相似的势能曲线。由图 26-1 可以看出,在两核子相距超过 2 fm 时,核力基本上消失。距离稍近一些,核力是吸引力;相距约小于 1 fm 时,核力为斥力,而且随距离的减小而迅速增大。这可以说明核子有一定"半径"。这种斥力实际上是两个夸克的波函数相互重叠时泡利不相容原理起作用的结果。

【例 26-1】　**核力**。估算其势能曲线如图 26-1 所示的那两个核子相距 1.0 fm 时的相互作用核力并与电磁力相比较。

解　在图中作 $r=1.0$ fm 处的曲线的切线,其斜率约为 $(100/0.7)$ MeV/fm,于是相互作用核力为

$$F_N = -\frac{\Delta U}{\Delta r} = -\frac{100 \times 10^6 \times 1.6 \times 10^{-19}}{0.7 \times 10^{-15}} \text{ N} = -2.3 \times 10^4 \text{ N}$$

负号表示在 $r=1.0$ fm 时两核子相互吸引。在该距离时两质子的相互库仑斥力为

$$F_e = \frac{e^2}{4\pi\varepsilon_0 r^2} = \frac{9 \times 10^9 \times (1.6 \times 10^{-19})^2}{(1.0 \times 10^{-15})^2} \text{ N} = 2.3 \times 10^2 \text{ N}$$

此力较核力小到 10^{-2}。

* 26.3　核的结合能与质量亏损　裂变与聚变

原子核除了前面介绍的一般性质,其关键性质包括它的质量、结合能、质量亏损、每核子的结合能以及角动量等。

1. 结合能与质量亏损

因为核力将核子聚集在一起,所以将原子核分离成单个质子和中子需要施加能量以克服核力做功,分离核子所需的能量叫做原子核的**结合能**,简称结合能,用 E_b 表示。更一般地说,**结合能**是几个分散的粒子从自由状态结合为一个复合粒子所释放出的能量。结合能的大小等于约束核子的能量。根据相对论理论,爱因斯坦质能关系式(6-38)给出 $E=mc^2$,一个核的结合能 E_b 可由此关系求出。核的结合能通常以 MeV 为单位。

被分离的核子的总静能 E_0 大于原子核的静能,原子核的静能 $E=E_0-E_b$。由于静止质量与能量的等价性,核子的总质量总要比原子核的质量大 E_b/c^2 倍。这种现象叫做**质量亏损**。它是原子核所含各核子独自存在时的总质量与原子核质量的差额。

以 m_N 表示核的质量,m_p 和 m_n 分别为质子和中子的质量,由能量守恒定律给出

$$(Zm_p + Nm_n)c^2 = m_N c^2 + E_b$$

由此得

$$E_b = (Zm_p + Nm_n - m_N)c^2 = \Delta mc^2 \qquad (26-9)$$

式中,$\Delta m = Zm_p + Nm_n - m_N$ 为核的**质量亏损**。它是单独的核子结合成核后其总的静质量的减少。质量亏损表明,当核子集合而组成原子核时要放出结合能。结合能的数值越大,原子核就越稳定。

物理常量数据表一般是给出原子质量。最简单的原子核是氢核,它只有单个质子。其次

是质量数为 2 的氢原子同位素 $^2_1$H（氘核）。利用质量亏损求结合能时，通常用氢原子的质量 m_H 代替式（26-9）中的 m_p，而用原子质量 m_a 代替其中的核质量 m_N，则核的结合能 E_b 写成

$$E_b = (Z m_H + Z m_n - m_a) c^2 \qquad (26\text{-}10)$$

可以看出，在此式中所涉及的电子质量消去了，结果与式（26-9）具有相同的形式。例如，由式（26-10）可算出氘的结合能约为 2.24 MeV，这就是将氘分离为一个质子和一个中子所需要的能量。计算时，可用 $c^2 = 931.5$ MeV/u 关系简化计算。原子核被束缚的紧密程度的一个重要标准就是每核子的结合能，即 E_b/A。氘有着最低的结合能，每核子为 1.12 MeV。

【**例 26-2**】 **核的结合能**。计算 ^{5}Li 核和 ^{6}Li 核的结合能。给定 ^{5}Li 原子的质量为 $m_5 =$ 5.012 539 u，^{6}Li 原子的质量为 $m_6 = 6.015\ 121$ u，氢原子的质量为 $m_H = 1.007\ 825$ u。比较 ^{5}Li 核的质量与质子及 α 粒子的质量和（已知 $m_{He} = 4.002\ 603$ u）。

解 由式（26-9）可得，^{5}Li 核和 ^{6}Li 核的结合能分别为

$$E_{b,5} = (3 \times 1.007\ 825 + 2 \times 1.008\ 665 - 5.012\ 539) \times 931.5\ \text{MeV} = 26.3\ \text{MeV}$$

$$E_{b,6} = (3 \times 1.007\ 825 + 3 \times 1.008\ 665 - 6.015\ 121) \times 931.5\ \text{MeV} = 32.0\ \text{MeV}$$

由于

$$m_5 = 5.012\ 539\ \text{u} > m_H + m_{He} = 5.010\ 428\ \text{u}$$

可知 ^{5}Li 核的质量大于质子与 α 粒子的质量和。因此，^{5}Li 核不稳定，它会分裂成一个质子和一个 α 粒子，并放出一定的能量，这能量计算为

$$(5.012\ 539 - 5.010\ 428) \times 931.5\ \text{MeV} = 2.0\ \text{MeV}$$

不同的核的结合能不相同，更值得注意的是平均结合能，即就一个核平均来讲，一个核子的结合能。图 26-2 画出稳定核的平均结合能 $E_{b,1}$ 和质量数 A 的关系。开始时，$E_{b,1}$ 很快随 A 的增大而增大，而在 $A = 4$(He)，12(C)，16(O)，20(Ne) 和 24(Mg) 时具有极大值，说明

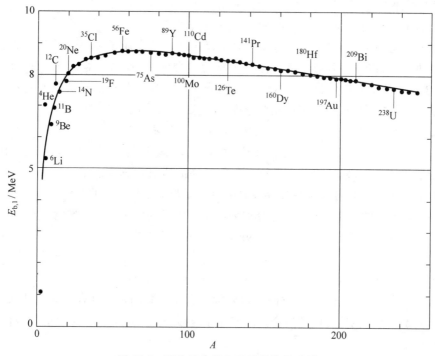

图 26-2　平均结合能和质量数的关系图

这些核比与其相邻的核更稳定。在 $A>20$ 时，$E_{b,1}$ 差不多与 A 无关，大约都是 8 MeV。这说明核力的一种"饱和性"，这种饱和性是核力的短程性的直接后果。由于一个核子只和与它紧靠的其他核子有相互作用，而在 $A>20$ 时在核内和一个核紧靠的粒子数也基本不变，因此，核子的平均结合能也就基本上不随 A 的增加而改变。

核内质子之间有库仑斥力作用。这力和核力不同，为长程力。因此，一个质子要受到核内所有其他质子的作用。当质子数增大时，库仑力的效果渐趋显著。这斥力有减小结合能的作用，这就是图 26-2 中 $A>60$ 时 $E_{b,1}$ 逐渐减小的原因。结合能的减少将削弱核的稳定性。中子不带电，不受库仑斥力的作用，因此，在核内增加质子数的同时，多增加一些中子将会使核更趋稳定。图 26-3 中标出稳定核的中子数和质子数的关系，在质量数大时，中子数超过质子数就是由于这种原因。质子数很大时，稳定性将不复存在。实际上，正如图 26-3

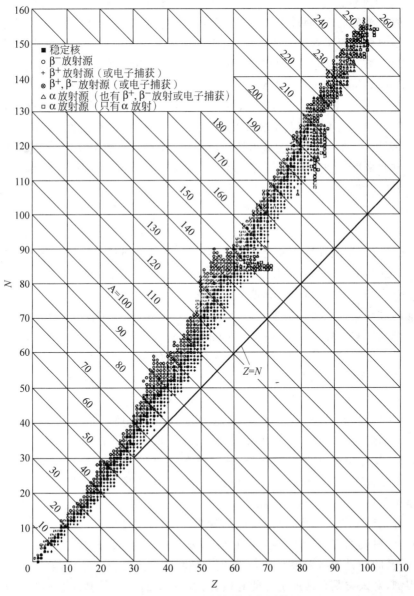

图 26-3 核的中子数和质子数的关系

所示,在 $Z>81$ 的绝大多数同位素核都是不稳定的,它们都会通过放射现象而衰变。

2. 裂变与原子核反应堆

从图 26-2 的核子平均结合能曲线还可看出,重核分裂为轻核时是会放出能量(因为两个轻核的结合能大于分裂前那个重核的结合能)。原子核分裂为两个质量相近的核(裂块),同时释放出中子的过程,这样的能量释放方式借用了生物学的术语,科学家称之为**裂变**(核裂变)。铀-235 是目前已知唯一天然可裂变的核材料。铀核在热中子的轰击下,吸收一个中子后裂变成两个新的原子核和两到三个中子,并释放巨大能量;除去损耗以后,如果这些中子中能至少剩下一个以诱导另一个铀-235 核裂变,核反应就能持续不断,形成能自维持进行的原子核反应——**链式反应**。1942 年,费米在美国芝加哥大学足球场上实现第一个链式反应。1942 年海森伯等采用一种使原子核裂变的链式反应能够有控制地持续进行的球形装置——**原子核反应堆**(简称反应堆)获得成功,打开制造原子弹的大门。**原子弹**就是利用铀或钚等易裂变重原子核链式裂变反应,瞬间释放出巨大能量并产生爆炸的裂变武器。

1934 年约里奥-居里夫妇(约里奥-居里(F.Joliot-Curie,1900—1958),伊伦·约里奥-居里(I.Joliot-Curie,1897—1956))发现了人工放射性。他们当时离发现裂变仅一步之遥,但错失良机。德国科学家哈恩(O.Hahn,1879—1968)和斯特拉斯曼(F.Strassman,1902—1980)等花了多年时间,重复了他们的实验,在用中子轰击重元素铀的实验中,意外发现一种很轻的元素,于 1938 年 12 月首次提出核裂变现象,并掌握分裂原子核的基本方法。不久,意大利科学家费米提出链式反应,他因用中子辐射产生新放射性元素获 1938 年度诺贝尔物理学奖。哈恩因发现原子核裂变获 1944 年度诺贝尔化学奖。值得一提的是,犹太裔女性核物理学家迈特纳(L.Meitner,1878—1968)是第一个对核裂变作出理论解释的科学家,她未能共获诺贝尔化学奖被普遍认为是不公平的;她后获国际原子能委员会 1966 年度费米奖。为"将正义还给这位德国种族主义受害者,同时也公正地评价她对科学工作的终身贡献",第 109 号元素鿏(Mt,Meitnerium)以她的名字命名。鿏元素的名称提醒人们铭记一段重要的历史——不仅是科学方面的,也有其他方面的。

核裂变的发现是人类在核物理学理解上的重大飞跃,开辟原子能利用的新纪元。地球上的铀有 3 种同位素:铀-238(占 99.275%)、铀-235(占 0.720%)和铀-234(占 0.005%)。生产核材料就是要把铀-235 从 3 种同位素共生的铀矿石中分离出来。核材料的制备需要漫长工艺流程,且充满危险,成本无比昂贵。铀-235 纯度高于 3% 的铀材料为低浓缩铀,可用于核电站发电;纯度达 80% 以上为高浓缩铀,高于 90% 则为核武器(即核弹)级的材料。裂变除了应用于原子弹的爆炸外,已被广泛地应用于发电或供暖,这种**原子能**(即原子核能,核能)发电站的"锅炉",就是释放核能的部位,就是原子核反应堆。利用裂变释放出能量的原理,设法将链式反应控制在亚稳定状态,建成各种类型的原子核反应堆和原子能发电站。1942 年 12 月费米领导建设和运营世界上第一座人工链式裂变反应堆,1954 年苏联建成世界上第一座实验性核电站。这些成就证明了利用核能发电的技术可能性。目前,核电站用的反应堆大都是热中子反应堆,已经发展到第四代,期待实现更有效的安全性。

公众号"中科院物理所"2019 年 3 月 24 日发表推文"原子弹制造指南"。科学是公开的,技术是保密的。科学本无善恶之分,如何利用科学为人类谋幸福才是科学的真谛。技术是一把双刃剑,对人类既有帮助也可能有损害。就像我们开发利用石化燃料,也在对环境造成不同程度的影响。人们被引导去责备技术本身引起的种种问题,如污染环境、资源匮乏等。然而,这些问题并非技术造成的"过误",而是利用这种技术的人类,应该为如何使用它负责。当一个技术创新的益处超过其带来的风险时,这项技术就是可接受和可应用的。但是,当技术的风险被认为比其利益大时,就应该谨慎地使用或完全不用。

1945 年 7 月 16 日,美国研制的人类第一颗原子弹试验爆炸成功。核武器的威力震惊整个世界。由于人类曾受核武器的重创,由此产生的核扩散问题至今仍难于解决。1994 年6 月在维也纳国际核安全公约外交会议上通过《核安全公约》,并于 1996 年 10 月 24 日生效。2009 年,联合国大会正式宣布,将每年的 8 月 29 日定为"禁止核试验国际日",这项决议旨在致力于加强人们"关于核武器试爆或任何其他核爆炸后果以及终止此种爆炸必要性的公众意识和教育"。学习核知识,传播科学,为和平利用核能鼓与呼。

3. 聚变

图 26-2 还说明,两个轻核聚合在一起形成一个新核时也会放出巨大能量(因为原来两个轻核的结合能小于聚合成的新核的结合能),这种释放能量的过程叫**核聚变**,简称**聚变**。例如,将氢的同位素氘与氚的原子核无限接近,在特定条件下使其发生聚变而形成氦核($^4_2$He),同时放出一个中子$^1_0$n,就能释放出巨大的能量。

(1) 聚变材料与聚变温度

两个原子核要经历聚变,它们必须在核力范围内结合在一起,其典型值约为 $2×10^{-15}$ m。对这个距离的两个质子而言,相应的势能约为 $1.2×10^{-13}$ J 或 0.7 MeV,这是聚变原子核必须具有的总初始动能,如对心碰撞的每个核的动能是 $0.6×10^{-13}$ J。只有极高温度下的原子才有可能如此高的能量。由于它们必须克服其正电荷之间的电斥力,而原子核所带电荷越多,需要越高的温度来引发核聚变,因此,核聚变材料通常选用最轻的几种核素。

一般条件下,轻核发生聚变的概率很小。在自然界中,只有太阳等恒星内部,因为温度极高,轻核才有足够动能克服斥力而发生持续的聚变。在 7.7 节讲到,在热力学温度为 T 时,一个气体分子的平均平动动能为 $3kT/2$,可计算出与动能为 $0.6×10^{-13}$ J 等效的温度

$$T = \frac{2E}{3k} = \frac{2 × 0.6 × 10^{-13}}{3 × 1.38 × 10^{-23}} ≈ 3 × 10^9 \text{ K}$$

聚变反应可在比该温度低的情况下发生,因为 7.9 节的麦克斯韦速率分布函数与玻耳兹曼速率分布函数给出一小部分质子具有比平均动能高得多的能量。如发生质子-质子反应的太阳中心的温度为 $1.5×10^7$ K。在如此极高温下,轻的原子完全电离,这种物质状态称为**等离子体**。聚变反应也称为**热核反应**。

(2) 聚变的利用

急剧的裂变和聚变反应会引起爆炸,这是制造**原子弹**和**氢弹**的依据。最具意义的是^{2}H的聚变反应。目前,人类已实现不受控制的核聚变,如氢弹的爆炸。实现聚变反应需要千万摄氏度以上的高温和高压,氢弹内部就用一个由原子弹做成的引爆装置来产生高温,所以氢弹也称**聚变武器**或热核武器。

将重核分裂为中等质量的核(即裂变)或将轻核聚合为中等质量的核(即聚变)是利用原子能的两条主要途径。采用可控核聚变原理建成的反应堆,称为**核聚变反应堆**。在 16.1 节介绍磁约束时简单地说明实现可控热核反应的一种方法,如托卡马克,等离子体通过放电加热到极高温度,同时被适当设计的磁场所控制。研究受控热核聚变是解决能源枯竭的重要途径。核聚变与太阳发光发热原理相同,因此,可控核聚变研究装置又被称为"人造太阳"。

核聚变原理看似简单,但要让聚变反应持续可控,可以说,难于上青天。要实现可控核聚变反应,美国物理学家于 1957 年总结为三个条件:一是温度足够高(5×10^7 K 以上),使核燃料(指铀-235 和钚-239 等容易裂变的核素)成为等离子体;二是密度足够高(10^{14} s/cm^3 以上),使两原子核发生碰撞的概率大;三是使等离子体在有限的空间里被约束足够长的时间。如此高的温度,是不可能有这样的容器的,因此采用磁约束和惯性约束是目前约束等离子体的两种方法。

中国科学院、中国工程院等多个权威机构组织院士投票评选"2020 年中国十大科技进展新闻"于 2021 年 1 月 20 日在北京揭晓。"我国最高参数'人造太阳'建成"新闻报道,中核集团核工业西南物理研究院自主设计建造的新一代可控核聚变研究装置"中国环流器二号M"(HL-2M)于 2020 年 12 月 4 日正式建成并首次放电,标志我国正式跨入全球可控核聚变前列,也是我国深度参与国际大科学工程——国际热核聚变实验堆计划(ITER)的重要支撑。该装置采用先进的结构和控制方式,是我国目前规模最大、参数最高的大型的先进托卡马克装置(见 16.1 节),是新一代先进磁约束核聚变实验研究装置,等离子体离子温度可达1.5×10^8℃(1.5 亿摄氏度),能实现高密度、高比压、高自举电流运行。它是我国消化吸收ITER 技术不可或缺的重要平台,将大力提升我国堆芯级等离子体物理研究及其相关关键技术的研发水平,进一步加快人类探索未来能源的步伐。

据新华社合肥 2021 年 5 月 28 日报道,基于 40 年的努力,有"人造太阳"之称的全超导托卡马克核聚变实验装置(EAST)创造新的世界纪录,成功实现可重复的 1.2 亿摄氏度 101 s和 16 亿摄氏度 20 s 等离子体运行,向核聚变应用迈出重要的一步,未来可建设聚变电站。

在常温常压条件下也能实现聚变的方法——**冷聚变**——也在研究探索中。但目前这只是针对热核反应提出的一种概念性"假设",它距离成为一种实用的能源来源还很遥远。

与核裂变相比,聚变反应堆相对"清洁",其废物较少,不存在裂变反应堆所产生的超重元素,但需要处理在主反应中的放射性副产物。铀燃料等的残留物和重元素都是毒性最大的副产品,即使经过几千年甚至几十万年的时间,也仍具有放射性。如何科学地处置核废料是目前世界各国正在研究的课题。

*26.4　核的液滴模型

到目前为止,核的结构还不能有精确全面的理论描述,核力尚未被人们完全理解,因此只能利用原子核结构模型来近似。科学家已提出许多模型,每种模型都能解释某一方面的问题。作为例子,下面介绍核的**液滴模型**,由它可得到原子核结合能(或质量)的半经验公式,与实验符合的较好;同时,也可较好地定性解释核裂变和其他一些现象。它曾在裂变能量的计算中给出了重要的结果。

液滴模型属于早期模型,至今仍在应用。它最初由俄国物理学家伽莫夫(G.Gamov,1904—1968)于 1928 年首先提出的,之后玻尔于 1936 年根据核力和液体分子力的相似性加以发展。此模型源于原子核的形状接近球形,所有核子都具有几乎相同的密度,我们把原子核比喻为一个密度极大、不可压缩的带电"液滴"(核液),与液体中的分子可以类比。核力在核子间距很小时变为巨大的斥力使核液具有"不可压缩性";核子间距较大时,核力又表现为引力。斥力和引力的平衡使得核子之间保持一定的平衡间距而使核液有一恒定的密度。像普通的液滴由于表面张力而聚成球形那样,也可以设想核液滴也有表面张力而使核紧缩成球形。在这种相似的基础上,核的液滴模型提出一个核的结合能的计算公式,该公式包括以下几项。

(1) 体积项。这是由核力的近程性决定的能量。由于一个核子只和它紧邻的核子有相互作用,整个核内的核子间的核力相互作用能就和总核子数 A 成正比(当 A 比较大时)。因此,核力产生的结合能应为 $C_1 A$,这里 C_1 是一正的比例常量,归因于饱和的核力。由于核子之间的相互作用是核力占优势,所以在结合能表示式中,这一项也是最主要的一项。

(2) 表面项。由于表面的核子的紧邻核子数比内部核子的紧邻核子数少,所以上项应加以一负值的修正。由于表面核子数和表面积成正比,而表面积和核半径 R 的平方,也就是 $A^{2/3}$ 成正比,所以这一修正项应为 $C_2 A^{2/3}$,这里 C_2 是另一个比例常量。

(3) 电力项。质子间的库仑斥力有减少结合能的效果,所以应再加以库仑势能的修正项。按电荷 q 均匀分布的球体计算,库仑势能与 q^2/R 成正比。由于 $q \propto Z, R \propto A^{1/3}$,$Z$ 个质子中的每一个都会排斥剩下的 $(Z-1)$ 个质子,所以这一电力项为 $-C_3(Z-1)Z/A^{1/3}$。

(4) 不对称项。这是一个量子力学修正项。量子理论认为,核子在核内都处于一定的能级上。由于核子都是费米子,服从泡利不相容原理,因而当核的质量数逐渐增加时,核子将从最低能级开始向上填充。这种填充在中子数和质子数相同时比较稳定,如图 26-4(a) 所示。在 A 相同并且 $N=Z$ 时,如果将一个质子改换成一个中子,该中子势必要进入更高的能级,如图 26-4(b) 所示,这将增大核的能量从而使结合能减少。$N \neq Z$ 就叫做不对称。$|Z-N|$ 越大,则核的能量越大,结合能越小。可以设想,由不对称引起的能量增加和 $|Z-N| = |A-2Z|$ 或 $(A-2Z)^2$ 成正比。另外,A 越大,核子要填充的能级越高而能级差越小。所以,又可以认为这一项修正与 A 成反比。于是不对称项为 $-C_4(A-2Z)^2/A$。

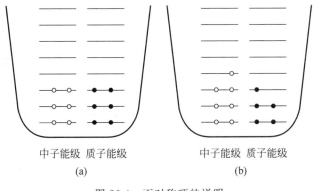

中子能级 质子能级　　　中子能级 质子能级

(a)　　　　　　　　　(b)

图 26-4　不对称项的说明

(5) 对项。这是一项实验结果的引入,核力倾向于使成对的质子与中子结合,它对结合能的影响是:偶偶核为正,奇奇核为负,而奇偶核为 0。此项的形式写为 $\pm a_5 A^{-4/3}$ 时与数据吻合得最好。

将以上 5 项合并可得,总结合能估计值的整个公式为

$$E_b = C_1 A - C_2 A^{2/3} - C_3(Z-1)Z/A^{1/3} - C_4(A-2Z)^2/A \pm C_5 A^{-3/4} \qquad (26-11)$$

上式称为核结合能的**韦塞克半经验公式**。式中的 5 个比例常量要用最小二乘法和实验结果拟合来求得。为了拟合结合能的观测值,下面一组常量使式(26-11)与实验结果非常相近(特别是对于 $A>20$ 的核):

$$C_1 = 15.75 \text{ MeV}$$
$$C_2 = 17.804 \text{ MeV}$$
$$C_3 = 0.710 \text{ MeV}$$
$$C_4 = 23.69 \text{ MeV}$$
$$C_5 = 39 \text{ MeV}$$

式(26-11)由德国科学家韦塞克(又译魏茨塞克或魏扎克,C.F.von Weizsacker,1912—2007)于 1935 年最早提出,故名。

利用韦塞克半经验公式曾成功地计算过重核的裂变能。考虑^{236}U 核(^{235}U 核吸收一个中子生成)裂变为两个相等的裂片,即

$$^{236}_{92}\text{U} \longrightarrow {}^{118}_{46}\text{Pd} + {}^{118}_{46}\text{Pd}$$

此反应中,质量数为 A,质子数为 Z 的一个核变成两个质量数为 $A/2$,质子数为 $Z/2$ 的核。由韦塞克公式可得,原来的重核的结合能为(忽略最后一项)

$$E_{\text{b},A,Z} = \left[15.753A - 17.804A^{2/3} - 0.7103\frac{Z^2}{A^{1/3}} - 23.69\frac{(A-2Z)^2}{A} \right] \text{ MeV}$$

裂变后每个核的结合能为

$$E_{\text{b},A/2,Z/2} = \left[15.753\frac{A}{2} - 17.804\left(\frac{A}{2}\right)^{2/3} - 0.7103\frac{(Z/2)^2}{(A/2)^{1/3}} - 23.69\frac{(A/2-2Z/2)^2}{A/2} \right] \text{ MeV}$$

此裂变释放出的能量为

$$2E_{\text{b},A/2,Z/2} - E_{\text{b},A,Z} = \left(-4.6A^{2/3} + 0.26\frac{Z^2}{A^{1/3}} \right) \text{ MeV} \tag{26-12}$$

式(26-12)右侧的第一项是裂变后核的表面积增大而由核"表面张力"做的功,这是核力做的功;第二项是重核裂开时两裂片的质子间的斥力做的功。将 $A=236$,$Z=92$ 代入式(26-12)可得

$$\left(-4.6 \times 236^{2/3} + \frac{0.26 \times 92^2}{236^{1/3}} \right) \text{ MeV} = (-180 + 360) \text{ MeV}$$
$$= 180 \text{ MeV} \tag{26-13}$$

此式表明,核力做了-180 MeV 的功,即重核裂开时,裂片反抗相互吸引的核力做了功,同时,库仑斥力使裂片分开做了 360 MeV 的功。两项相抵消后,裂片共获得动能 180 MeV,这就是裂变所释放的核能。这核能的真实能源并不是核力,可理解为静电斥力。

每种模型都有其局限性,液滴模型也不例外,它只能反映原子核作为一个整体的特性,不能说明核的能量和角动量的量子化,也不能说明平均结合能的极大值。后来,有科学家提出类似于原子能级那样的"核的**壳层模型**",它能对其他一些实验结果作出较圆满的解释,如26.2 节有关原子核基态的自旋值的规律。还要指出的是,这里"壳层"的概念往往会让人联想到分层的空间结构,这对原子结构的图像也许是对的,但对于原子核,壳层之间大部分相互重叠,所以应理解为能量上的壳层,而不是空间的壳层。

*26.5　放射性和衰变定律

放射性核素能自发地进行各种方式的变化,这是一种核衰变现象。核衰变过程遵守质量守恒定律、能量守恒定律、电荷守恒定律和核子数守恒定律。

1. 放射性与衰变

放射性是某些不稳定原子核自发地发射出一些射线而本身变为新核的现象,这种核的转变也称为**放射性衰变**(或蜕变)。放射性是法国物理学家贝可勒尔(H.Becquerel,1852—1908)于1896年首先发现的。他当时观察到铀盐发射出的射线能透过不透明的纸,并使其中的照相底片感光。放射性包括天然放射性和人工放射性。天然存在的放射性核素能自发放出射线,而通过核反应人工制造出来的放射性核素也具有放射性。

卢瑟福于1899年发现放射性辐射中的两种成分,并把它们分别命名为 α 射线和 β 射线,接着又发现新的放射性元素 Th(钍)。卢瑟福和他的合作者把已发现的射线分成 α,β 和 γ 三种。其后,人们发现 α 射线是 α 粒子流,即氦核(^{4}He)流,β 射线是电子流(或正电子流),γ 射线是光子流,是一种波长极短(通常指 10^{-10} m 以下),能量较高(10^4 eV 以上)的电磁辐射。1902年卢瑟福与英国化学家索第(F.Soddy,1877—1956)一起提出原子自然衰变(或蜕变)理论,因此获1908年度诺贝尔化学奖。

下面列出4个放射性衰变的例子。

$$^{226}\text{Ra} \longrightarrow {}^{222}\text{Rn} + \alpha$$

$$^{238}\text{Ra} \longrightarrow {}^{234}\text{Th} + \alpha$$

$$^{131}\text{I} \longrightarrow {}^{131}\text{Xe} + \beta + \bar{\nu}_e$$

$$^{60}\text{Co} \longrightarrow {}^{60}\text{Ni} + \beta + \bar{\nu}_e$$

式中,$\bar{\nu}_e$ 是反电子中微子的符号。在以上衰变例子中,原来的核称为**母核**,生成的新核叫做**子核**。

天然的放射性元素的原子序数 Z 都大于81,它们都分属三个**放射系**。这三个放射系的起始元素分别为^{238}U,^{235}U 和^{232}Th(钍)。通常根据各系的核的质量数而分别命名为 $4n+2$,$4n+3$ 和 $4n$ 系,各系的最终核分别是同位素^{206}Pb,^{207}Pb 和^{208}Pb。图26-5给出钍系的衰变顺序图。还有一个系,即 $4n+1$ 系,由于系中各核的半衰期较短,它们在自然界已不存在。此系的起始元素是镎的同位素^{237}Np,而其最终核应为^{209}Pb。

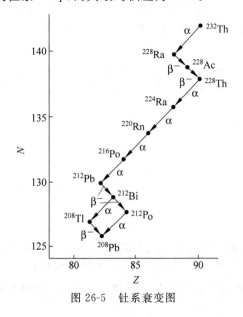

图 26-5　钍系衰变图

2. 放射性衰变规律

所有放射性核的衰变速率都和它们的化学与物理环境无关,所有衰变都遵守同样的统计规律:在时间 dt 内衰变的核的数目($-dN$)和 dt 开始时放射性核的数目 N 以及 dt 成正比。即

$$-dN = \lambda N dt \tag{26-14}$$

式中,λ 叫做**衰变常量**,为表征衰变快慢的比例常量;负号表示 dN 本身是负值,即核素随时间的增加而减少。衰变常量也就是一个放射性核单位时间内衰变的概率。

式(26-14)积分可得,在时刻 t 的放射性核的数目为

$$N(t) = N_0 e^{-\lambda t} \tag{26-15}$$

上式称为**衰变定律**。式中,N_0 是在 $t=0$ 时放射性核的数目。

由式(26-14)可知,从 $t=0$ 开始,$-dN$ 个放射性核的生存时间为 t,所以,所有放射性核的**平均寿命** τ 为

$$\tau = \frac{1}{N_0} \int_0^{N_0} t(-dN) = \frac{1}{N_0} \int_0^\infty t \lambda N dt = \int_0^\infty t \lambda e^{-\lambda t} dt$$

积分结果为

$$\tau = \frac{1}{\lambda} \tag{26-16}$$

实际上,在讨论衰变速率时,一般不用衰变常量 λ 和平均寿命 τ,而是用半衰期。一种放射性核的**半衰期**定义为,它的给定样品中的核数目衰变到原来的一半所用去的时间,用 $t_{1/2}$ 表示。根据式(26-15),可知

$$\frac{N_0}{2} = N_0 e^{-\frac{t_{1/2}}{\tau}}$$

于是,半衰期为

$$t_{1/2} = (\ln 2)\tau = 0.693\tau = 0.693/\lambda \tag{26-17}$$

半衰期是放射性元素的一个特性常数。

不同的放射性元素的半衰期长短差别很大,短的不到 $1~\mu s$,长的可达若干亿年甚至更长。半衰期越短,放射性越强。表 26-2 列出一些半衰期的实例(单位 d 为天,a 为年)。

表 26-2　半衰期实例

核	$t_{1/2}$	核	$t_{1/2}$	核	$t_{1/2}$
^{216}Ra	0.18 μs	^{131}I	8.04 d	^{237}Np	2.14×10^6 a
^{207}Ra	1.3 s	^{60}Co	5.272 a	^{235}U	7.04×10^8 a
自由中子	12 min	^{226}Ra	1 600 a	^{238}U	4.46×10^9 a
^{191}Au	3.18 h	^{14}C	5730 a	^{232}Th	1.4×10^{10} a

3. 放射性活度

具有一定数量的放射性物质通常称为**放射源**。放射源在单位时间内衰变的核素越多,表明其发出的射线也越多。实际上,在时刻 t 放射性核的数目 N 是难于测量的,在使用放射性同位素时,测量的是单位时间内因衰变而减少的数目,用**放射性活度**表示这一物理量,

简称**活度**。一个放射性样品的活度指样品在单位时间内衰变掉的原子数,也称衰减率,指它每秒衰变的次数。以 $A(t)$ 表示活度,利用式(26-15)可得

$$A(t) = -\frac{\mathrm{d}N}{\mathrm{d}t} = \lambda N_0 \mathrm{e}^{-\lambda t} = \lambda N = A_0 \mathrm{e}^{-\lambda t} \tag{26-18}$$

式中,$A_0 = \lambda N_0$ 是起始活度。式(26-18)表明,活度与衰变常量 λ 以及当时的放射性核的数目 N 成正比。因此,活度和放射性核数以相同的指数速率减小。对于给定的 N_0,半衰期越短,则起始活度越大而活度减小得越快。

在 SI 中,放射性活度 A 单位是贝可勒尔(贝可,Bq),$1\ \mathrm{Bq} = 1\ \mathrm{s}^{-1}$。以前用居里(居,Ci),这是一个较大的单位,在核医学中常用其分数单位毫居(mCi)或微居(μCi)等来计量,这是为纪念居里夫人而命名,最初是用近似 1 g 的镭的活度定义的。现在,居是放射性活度的非法定单位,它们之间的换算关系为

$$1\ \mathrm{Ci} = 3.70 \times 10^{10}\ \mathrm{Bq} \tag{26-19}$$

居里夫人及其丈夫居里共同研究放射性现象,发现钋和镭两种天然放射性元素。居里夫妇因对放射性现象研究的贡献,与贝可勒尔共获 1903 年度诺贝尔物理学奖。

【例 26-3】 活度。 ^{226}Ra 的半衰期为 1 600 a(a,年),1 g 纯 ^{226}Ra 的活度是多少?这一样品经过 400 a 和 6 000 a 时的活度又分别是多少?

解 样品中最初的核数为

$$N_0 = \frac{1 \times 6.023 \times 10^{23}}{226} = 2.66 \times 10^{21}$$

衰变常量为

$$\lambda = 0.693/t_{1/2} = \frac{0.693}{1\ 600 \times 3.156 \times 10^7}\ \mathrm{s}^{-1} = 1.37 \times 10^{-11}\ \mathrm{s}^{-1}$$

起始活度为

$$A_0 = \lambda N_0 = 1.37 \times 10^{-11} \times 2.66 \times 10^{21}\ \mathrm{Bq} = 3.65 \times 10^{10}\ \mathrm{Bq}$$

约等于 1 Ci,它与式(26-19)定义相符合。由式(26-18)可得

$$A_{400} = A_0 \mathrm{e}^{-\lambda t} = A_0 \times 2^{-t/t_{1/2}} = 3.65 \times 10^{10} \times 2^{-400/1\ 600}\ \mathrm{Bq} = 3.07 \times 10^{10}\ \mathrm{Bq} = 0.83\ \mathrm{Ci}$$

$$A_{6\ 000} = 3.65 \times 10^{10} \times 2^{-6\ 000/1\ 600}\ \mathrm{Bq} = 2.71 \times 10^{9}\ \mathrm{Bq} = 0.073\ \mathrm{Ci}$$

上面说过,一个母核生成的子核还可能是放射性的。假定开始时是纯母核 P 的样品,由于它的放射,子核 D 的数目开始时要增大,但是,不久此子核的数目就会由于母核数的减少和此子核本身的衰变而逐渐减小。子核数 N_D 随时间的变化率等于它的产生率(即母核的衰变率的值)与其衰变率之和,即

$$\frac{\mathrm{d}N_D}{\mathrm{d}t} = \lambda_P N_P - \lambda_D N_D = \lambda_P N_{0P} \mathrm{e}^{-\lambda_P t} - \lambda_D N_D \tag{26-20}$$

常常遇到母核的半衰期比子核的半衰期大很多的情况。这种情况下,在时间 t 满足 $t_{1/2,P} \gg t \gg t_{1/2,D}$ 的时期内,由于母核衰变产生子核的速率会等于子核的衰变率而使子核的数目保持不变,即 $\mathrm{d}N_D/\mathrm{d}t = 0$。于是式(26-20)给出

$$N_D = \frac{\lambda_P}{\lambda_D} N_P = \frac{t_{1/2,D}}{t_{1/2,P}} N_P \approx \frac{t_{1/2,D}}{t_{1/2,P}} N_{0P} \tag{26-21}$$

例如,^{238}U 是一种 α 放射源,半衰期为 4.46×10^9 a。它的衰变产物 ^{234}Th 是 β 放射源,半衰期仅为 22.1 d。如果开始的样品中是纯 ^{238}U,它的 α 活度随时间不会有明显的变化。当 ^{234}Th

的产生速率和它由于发射 β 射线而衰变的速率相等时，^{234}Th 核的数目将基本不变。这种长期平衡状态实际上经过约 5 个 ^{234}Th 的半衰期就达到。此后样品将以基本上不变的速率放射 α 粒子和 β 粒子。贝可勒尔当初观察到的 β 射线就是这些 ^{234}Th 核发生的。（也还有 ^{235}U 核的子核 ^{231}Th 核发出的，这两种核的半衰期分别是 7.04×10^{8} a 和 25.2 h。）

放射性的一个重要应用是鉴定古物年龄，这种方法叫**放射性鉴年法**。例如，测定岩石中铀和铅的含量可以确定该岩石的地质年龄。

【例 26-4】 **放射性鉴年法**。铷的同位素 $^{87}_{37}$Rb 是一种 β 放射源，其半衰期为 4.75×10^{10} a。今测得一动物化石中 $^{87}_{38}$Sr 和 $^{87}_{37}$Rb 的含量比是 0.016 0，设此化石形成时并不含 $^{87}_{38}$Sr，求此化石的年龄。

解 以 λ 表示 $^{87}_{37}$Rb 的衰变常量，t 表示化石的年龄，则根据式（26-15），现今尚存的 $^{87}_{37}$Rb 核数为

$$N_{Rb} = N_{Rb,0} e^{-\lambda t}$$

至今已衰变的 $^{87}_{37}$Rb 核数，就等于现存的 $^{87}_{38}$Sr 核数，为

$$N_{Sr} = N_{Rb,0} - N_{Rb} = N_{Rb,0}(1 - e^{-\lambda t})$$

依题意

$$\frac{N_{Sr}}{N_{Rb}} = \frac{N_{Rb,0}(1 - e^{-\lambda t})}{N_{Rb,0} e^{-\lambda t}} = \frac{1 - e^{-\lambda t}}{e^{-\lambda t}} = 0.016\ 0$$

或

$$1.016\ 0 e^{-\lambda t} = 1$$

从而有

$$t = \frac{\ln 1.016\ 0}{\lambda} = \frac{t_{1/2} \ln 1.016\ 0}{0.693} = \frac{4.75 \times 10^{10} \times \ln 1.016\ 0}{0.693}\ a$$
$$= 1.09 \times 10^{9}\ a$$

下面再介绍一种对于生物遗物的 ^{14}C 放射性鉴年法。^{14}C 放射性鉴年法是利用 ^{14}C 的天然放射性来鉴定有生命物体的遗物（如骨骼、皮革、木头、纸等）的年龄的方法。它是 20 世纪 50 年代美国化学家莉比（W.F.Libby，1908—1980）发明的，她也因此获 1960 年度诺贝尔化学奖。各种生物都要吸收空气中的 CO_2 用来合成有机分子。这些天然碳中绝大部分是 ^{12}C，只有很小一部分是 ^{14}C。这些 ^{14}C 是来自太空深处的宇宙射线中的中子和地球大气中的 ^{14}N 核发生下述核反应产生的。即

$$n + {}^{14}N \longrightarrow {}^{14}C + p$$

此核反应形成新核 ^{14}C，并放出一个粒子。这 ^{14}C 核接着以（5 730±30）a（见表 26-2）的半衰期发生下述衰变

$$^{14}C \longrightarrow {}^{14}N + \beta + \bar{\nu}_e$$

由于产生的速率不变，同时又进行衰变，经过上万年后空气中的 ^{14}C 已达到恒定的自然丰度，约 1.3×10^{-10}%。任何核反应都遵从能量守恒、动量守恒、质量守恒和电荷守恒等定律。植物活着的时候，它不断地吸收空气中的 CO_2 来制造新的组织代替旧的组织。动物一般要吃植物，所以它们也要不断地吸收碳进行新陈代谢。生物组织不能区别 ^{12}C 和 ^{14}C，所以它们身体组织中的 ^{14}C 的丰度和大气中的一样。但是，一旦它们死了，就再不吸收 CO_2。在它们的遗体中，^{12}C 的含量不会改变，但 ^{14}C 由于衰变而不断减少，于是由此衰变产生的活度也将不断减小，测量一定量遗体的活度就能判定该遗体的存在时间，或说年龄。放射性碳鉴年法一般适合于 500～50 000 年间的古生物。请看下面例题。

【**例 26-5**】 ^{14}**C 鉴年法**。河北省磁山遗迹中发现有古时的粟。一些这种粟的样品中含有 1 g 碳,经测定,它的活度为 2.8×10^{-12} Ci,求这些粟的年龄。

解　1 g 新鲜碳中的 ^{14}C 核数为
$$N_0 = 6.023 \times 10^{23} \times 1.3 \times 10^{-12}/12 = 6.5 \times 10^{10}$$
这些粟活着的时候,其样品的活度为
$$A_0 = \lambda N_0 = (\ln 2)N_0/t_{1/2} = \left[0.693 \times 6.5 \times 10^{10}/(5\,730 \times 3.156 \times 10^7) \right] \text{Bq}$$
$$= 0.25 \text{ Bq} = 6.8 \times 10^{-12} \text{ Ci}$$
由于 $A_t = 2.8 \times 10^{-12}$ Ci,按 $A_t = A_0 \mathrm{e}^{\frac{0.693t}{t_{1/2}}}$ 计算,可得
$$t = \frac{t_{1/2}}{0.693} \ln \frac{A_0}{A_t} = \frac{5\,730}{0.693} \ln \frac{6.8 \times 10^{-12}}{2.8 \times 10^{-12}} \text{ a} = 7\,300 \text{ a}$$
据考证,这些粟是世界上发现得最早的粟,比在印度和埃及发现得都要早。

*26.6　三种射线

自然界存在 α,β,γ 三种射线。放射性物质发出的射线有 α,β,γ 三种,它们都是从原子核里放射出来的,属于核辐射。对放射性同位素放出 α,β,γ 射线的应用也是原子能利用的一个重要方面。为了更好地利用放射性核素,必须重视放射性的防护极其安全问题。

上一节介绍了放射性及其衰变的基本规律,本节介绍 α 射线、β 射线和 γ 射线的发射机理和作用。

1. α 射线

放射性原子核(如 ^{4}He)从核内逸出的放射线——α 粒子流,称为 α **射线**。不稳定的原子核自发放射 α 射线,同时转变为另一种核的过程,称为 α **衰变**。由于 ^{4}He 的结合能特别大,所以在核内两个质子和两个中子就极有可能形成一个单独的单位——α 粒子。α 粒子的动能可达几 MeV。核对 α 粒子形成一势阱,因而 α 粒子从中逃出是一个势垒穿透过程。α 粒子逃出时所要穿过的势垒是 α 粒子和子核的相互作用形成的。图 26-6 画出 ^{232}Th 的 α 粒子势能和离核中心的距离的关系。在核外 ($r > R$, R 为核半径),势能曲线表示 α 粒子和子核之间的库仑势能。即

$$U(r) = \frac{2Ze^2}{4\pi\varepsilon_0 r}, \quad r > R \quad (26\text{-}22)$$

式中,Z 为子核的电荷数。在核内,势能基本上是常量,深度为几十 MeV;逃出核的 α 粒子的能量 E_α 一般比势垒高峰低得多。

【**例 26-6**】 **库仑势垒**。求 ^{238}U 核中 α 粒子的库仑势垒的峰值。

解　因为 $r = R = r_0 A^{1/3}$,由式(26-22)可得

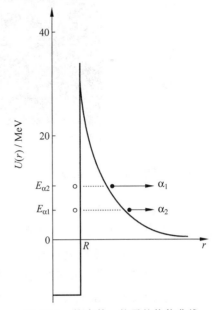

图 26-6　核内外 α 粒子的势能曲线

$$U(r) = \frac{2Ze^2}{4\pi\varepsilon_0 r_0 A^{1/3}}$$

此式中 Z 和 A 应分别用子核 ^{234}TH 的值 90 和 234，于是

$$U(R) = \frac{9\times10^9 \times 2 \times 90 \times (1.6\times10^{-19})^2}{1.2\times10^{-15}\times234^{1/3}}\ \text{J} \approx 5.6\times10^{-12}\ \text{J} = 35\ \text{MeV}$$

这比由 ^{238}U 核放射出的 α 粒子的能量（4.2 MeV）大得多。

　　同一 α 放射源可以放射出不同能量的 α 粒子。由图 26-6 可知，逸出的 α 粒子的能量越大，它要穿过的势垒的厚度就越小，因而这种 α 粒子穿过势垒的概率就越大，相应的 α 衰变的半衰期就会越短。量子理论给出 α 粒子半衰期 $t_{1/2}$ 与 α 粒子能量 E_α 有如下关系

$$\ln t_{1/2} = AE_\alpha^{-1/2} + B \tag{26-23}$$

式中，A 和 B 对一种核基本上是常量。由于 $t_{1/2}$ 与 E_α 为对数关系，所以相差不多的 E_α，对应的 $t_{1/2}$ 却可以有非常大的差别。例如，^{232}Th 放射的 α 粒子能量为 4.1 MeV，其半衰期为 1.4×10^{10} a；而 ^{226}Th 放射的 α 粒子能量为 6.4 MeV，其半衰期只有 31 min（^{232}Th 和 ^{226}Th 的库仑势垒峰值从本相同）。

　　α 射线射入物质时，它将和电子发生碰撞并将能量传给电子而使原子电离，从而使有机体受到损伤。由于 α 粒子的质量比电子质量大得多，所以在碰撞后它的运动方向基本不变；又因为它一路碰遇上的电子很多，被电离的原子也多，所以它在云室中留下的径迹直而粗，如图 26-7 所示。由于碰撞频繁，损失能量较快，所以它的射程较短，穿透物质的能力较差，比 β 射线弱得多，易被薄层物质所阻挡。在空气中，它只能穿行约 10 cm，用 0.01 mm 厚的铅片甚至一张纸就可以把它遮挡掉。

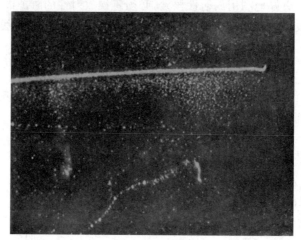

图 26-7　云室中 α 射线（上）和 β 射线（下）产生的径迹照片

此外，α 衰变的同时常常有 γ 射线发出，这意味着由衰变产生的子核是处于激发态。

2. β 射线

　　放射性原子核发生 β 衰变时放出的射线——电子流（或正电子流），叫做 **β 射线**。β 衰变中放出的电子能量是连续分布的，其动能可达几 MeV，由于电子质量小，速度大，通过物质时能量损失较慢，穿透物质的本领比 α 射线强。以前 β 衰变只是指核放出电子（β^-）的衰变，现在把所有涉及电子和正电子（β^+）的核转变过程都叫做 **β 衰变**。实际的例子有

$$^{60}\text{Co} \longrightarrow {}^{60}\text{Ni} + \beta^- + \bar{\nu}_e \tag{26-24a}$$

$$^{22}\text{Na} \longrightarrow {}^{22}\text{Ne} + \beta^+ + \nu_e \tag{26-24b}$$

$$^{22}\text{Na} + \beta^- \longrightarrow {}^{22}\text{Ne} + \nu_e \tag{26-24c}$$

由于核中并没有单个的电子或正电子,所以上述衰变实际上是核中的中子和质子相互变换的结果。上面三个衰变分别对应于下述变换,即

$$n \longrightarrow p + \beta^- + \bar{\nu}_e \tag{26-25a}$$

$$p \longrightarrow n + \beta^+ + \nu_e \tag{26-25b}$$

$$p + \beta^- \longrightarrow n + \nu_e \tag{26-25c}$$

式(26-25a)是不稳定核中的中子衰变,不同的核的中子衰变的半衰期不同。自由中子也发生这种形式的衰变,半衰期约为 12 min。式(26-25b)是质子的衰变。由于 $m_p < m_n$,所以自由质子从能量上说不可能发生衰变。但是,在不稳定核内,质子可以获得能量进行这种 β^+ 衰变。

式(26-25c)的反应称做**电子捕获**(英文缩写 EC)。在这种衰变反应中,原子核自发地捕获(吸收)一个核外电子(通常是 K 壳层轨道),与一个质子结合变成一个中子。所以能被核捕获,是因为这电子在核内也有一定的(虽然是很小的)概率出现。核捕获一电子后,壳层内就出现一个空穴。因此,EC 经常伴随有 X 光发射。一般来讲,能发生 β^+ 衰变的核也可能发生 EC 衰变。这种核进行两种衰变的概率不同。例如,^{107}Cd 样品,0.31% 为 β^+ 衰变,99.69% 为 EC 衰变。

一个核能进行 β^- 衰变,也可能发生 EC 衰变,如图 26-8 所示。

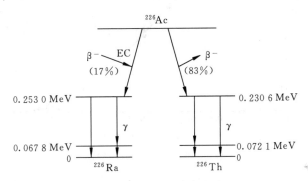

图 26-8 ^{226}Ac 的衰变方式

另一种涉及电子的转换过程叫**内转换**。在这种过程中,一个处于激发态的核跃迁到低能态时把能量传给了一个核外电子。这个核外电子接受此较大的能量后即时从原子中高速飞出,好像是 β^- 射线一样。

【例 26-7】 **核衰变释放能量**。核衰变时释放的能量称为该过程的 Q 值。用衰变前质量和衰变后质量表示一个核的 β^+ 衰变和 EC 过程的 Q 值。

解 m_X 和 m_Y 分别表示反应前后的原子的质量,二者的原子序数分别为 Z 和 $Z-1$,则 β^+ 衰变可表示为

$$^A_Z X \longrightarrow ^A_{Z-1} X + \beta^+ + \nu_e$$

由于 ν_e 的质量可忽略,所以此衰变的 Q 值为

$$Q_{\beta^+} = (m_X - Zm_e)c^2 - [m_Y - (Z-1)m_e]c^2 - m_e c^2 = m_X c^2 - m_Y c^2 - 2m_e c^2$$

由此结果可知,从能量上看,只有当起始原子的质量比后来原子的质量多两倍电子的质量时,β^+ 衰变才可能发生。

EC 衰变可表示为

$$_Z^A X + \beta^- \longrightarrow {}_{Z-1}^{A} Y + \nu_e$$

而 Q 值为

$$Q = m_e c^2 + (m_X - Z m_e)c^2 - [m_Y - (Z-1)m_e]c^2 \doteq m_X c^2 - m_Y c^2$$

由此结果可知,只要起始原子的质量比后来原子的质量大,就能够发生 EC 衰变。与上一 β^+ 衰变比较可知,有些可能发生 EC 衰变的核并不能发生 β^+ 衰变。

引起 β 衰变的核内相互作用是弱相互作用。在形成原子或核时,强相互作用和电磁相互作用扮演着主要的角色,弱相互作用不参与这种过程。弱相互作用的媒介粒子是 $W^\pm$ 和 Z^0 粒子,只在像式(26-24)和式(26-25)那样的过程中起作用,而且经常放出或吸收中微子。

β 衰变所放出的电子的能谱是连续曲线,如图 26-9 所示,它终止于一最大能量,在图中这一最大能量是 1.16 MeV。

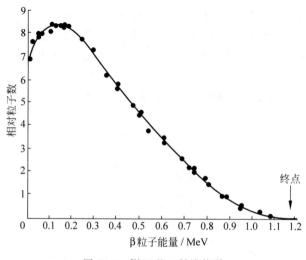

图 26-9　^{210}Bi 的 β 射线能谱

β 能谱的连续性在历史上曾导致中微子概念的提出。β 衰变引起的质量亏损是确定的,所放出的能量就是一定的。如果这能量只在放出的电子和子核之间分配,则由于子核质量比电子质量大得多而几乎得不到能量,衰变能量就应该全归电子而为一确定值。但实际上 β 衰变发出的电子能量却能在最大值以内取连续值。这一能量不守恒现象曾在 20 世纪 20 年代给理论物理学家很大的困惑,以致有人因而怀疑能量守恒定律的普遍性。1931 年泡利(即提出不相容原理的那位科学家)提出一种解释:β 衰变时发出另一种未检测到的粒子带走那"被消灭"的能量(后来,费米把这种轻的中性粒子定名为**中微子**)。当时并无任何其他证据证明此种粒子的存在,泡利的解释完全出自他对守恒定律的坚信不疑。20 年后的 1953 年,泡利的预言果然被实验证实,他也因此受到高度的赞誉。

应该提及的是,吴健雄利用在 0.01 K 的温度下 ^{60}Co 在强磁场中的 β 衰变验证李政道和杨振宁提出的弱相互作用宇称不守恒的规律。在此实验之前,泡利听到李、杨的提议后,也曾本着他对守恒定律的信念加以反驳。只是在见到吴健雄的实验报告后才承认错误,而且庆幸自己不曾为此打赌。信念是可贵的,但毕竟,实践是检验真理的唯一标准。

β 射线射入物质中时,也会和其中的电子发生碰撞而使原子电离,但碰撞时,β 射线电子会明显地改变方向。因此,β 射线的径迹是曲线,如图 26-7 所示。β 射线的射程较长,在空气中可以穿行 1 m 左右的距离,用 0.1 mm 的铅片可以遮挡它。

3. γ 射线

γ 射线是一种波长极短(通常在 0.1 nm 以下),能量较高(10 keV 以上)的电磁辐射,所以也称 γ 辐射。原子核从能量较高的状态过渡到能量较低的状态时所放出的能量常以 γ 射线形式出现。在 α 衰变或 β 衰变中产生的子核常常处于激发态,当它回到基态时就放射出 γ 射线,即 γ 光子。因此,γ 射线一般是 α 衰变或 β 衰变的"副产品"。在带电粒子的韧致辐射中,正、反粒子相遇发生湮没时,以及原子核的衰变过程中都能产生 γ 射线。

图 26-10 是伴随²²⁷Th 的 α 衰变放射 γ 光子的例子,图 26-11 是伴随¹²B 的 β 衰变放射 γ 光子的例子。

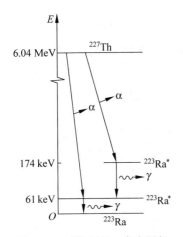

图 26-10 ²²⁷Th 的 α 衰变图解

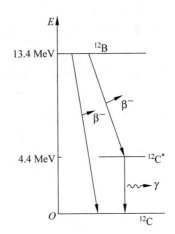

图 26-11 ¹²B 的 β 衰变图解

γ 射线穿透物质的本领比 β 射线强,可穿过很厚的物质层而不与电子碰撞。例如,可以穿过 1 km 的空气层或 10 cm 的铅板而能量不减。但有的 γ 光子也可能碰上电子而被吸收或损失能量(如康普顿效应),足够大能量的光子经过原子核附近时,还可能产生电子-正电子对。γ 光子的直接作用对有机体的损害不大,但由此而产生的电子或正电子常具有足够大的能量,比 β 射线更能对有机体造成严重的损害。

从原子核中释放出来的辐射,包括 α 射线、β 射线、γ 辐射和中子辐射等,统称为**核辐射**。各种带电粒子射线和高能电磁波(γ 射线和 X 射线),它们具有足够的能量使原子中电子脱离原子核束缚变成自由电子和离子——使物质引起电离或激发——产生**电离辐射**。剂量大一些的核辐射,会使人和动物产生基因变异;大量的核辐射,还会烧伤甚至烧死一切有生命的物质。辐射防护已经研究保护人类免收或少受辐射危害的应用学科。

*26.7 核反应

原子的质量几乎全部集中于原子核,在一般化学反应中,原子核不发生变化。核的改变指的就是核反应,衰变是一种常见的核反应。一般地,**核反应**是指在一定条件下,用某种入射的高能微观粒子轰击一靶核时与原子核相互作用,使原子核"激动"而引起核的状态或结构变化,形成别的原子核的过程。有些核反应形成新核时,并放出一个或几个粒子(包括重核发生裂变)。能引起核反应的粒子有 α 粒子(氦核)、质子(氢核)、中子和 γ 射线(光子)等。下面举几个例子。

1919 年英国科学家卢瑟福第一次用 α 粒子轰击氮核,产生核反应,其反应式为

$$^4\text{He} + ^{14}\text{N} \longrightarrow ^{17}\text{O} + \text{p} - 1.19 \text{ MeV}$$

实现的人工核嬗变。此反应式也常简写成 $^{14}\text{N}(\alpha, \text{p})^{17}\text{O}$。这是历史上第一个用人工方法实现的核反应。此后,利用各种加速器和原子核反应堆,已实现上万种核反应,由此获得大量放射性同位素和各种介子、超子、反质子、反中子等粒子。

1932 年查德威克发现中子的核反应,其反应式为

$$^4\text{He} + ^9\text{Be} \longrightarrow ^{12}\text{C} + \text{n} + 5.7 \text{ MeV}$$

也常简写成 $^9\text{Be}(\alpha, \text{n})^{12}\text{C}$。

第一次用加速粒子引发的核反应,其反应式为

$$\text{p} + ^7\text{Li} \longrightarrow ^8\text{B} \longrightarrow 2^4\text{He} + 8.03 \text{ MeV}$$

一种可能的铀核裂变反应,其反应式为

$$^{235}\text{U} + \text{n} \longrightarrow ^{144}\text{Ba} + ^{89}\text{Kr} + 2\text{n} + 200 \text{ MeV}$$

氢弹爆炸的热核反应(聚变),其反应式为

$$^2\text{H} + ^3\text{H} \longrightarrow ^4\text{He} + \text{n} + 17.6 \text{ MeV}$$

太阳中进行的热核反应(质子-质子链),其反应式为

$$^1\text{H} + ^1\text{H} \longrightarrow ^2\text{H} + \text{e}^+ + \nu_e + 0.42 \text{ MeV}$$

$$^1\text{H} + ^2\text{H} \longrightarrow ^3\text{He} + \gamma + 5.49 \text{ MeV}$$

$$^3\text{He} + ^3\text{He} \longrightarrow ^4\text{He} + 2^1\text{H} + 12.85 \text{ MeV}$$

此质子-质子链的总效果反应式是

$$4^1\text{H} \longrightarrow ^4\text{He} + 2\text{e}^+ + 2\nu_e + 2\gamma + 24.67 \text{ MeV}$$

在核反应中,粒子的转变和产生都要遵守一些守恒定律,如质能守恒、电荷守恒、角动量守恒、重子数守恒、轻子数守恒和宇称守恒等。在这些守恒定律中,有些是"绝对的",适合于任意物理过程,如质能守恒;有些是"近似的",只在某些过程中成立,如宇称守恒。总核子数守恒是经典物理学中所没有的附加的守恒定律。

对于各种核反应,除关注核的种类的变化外,还要特别注意能量的转化情况。核反应释放的能量,即 Q 值(见例 26-7),也可通过质量亏损算出。对于如下的典型核反应

$$\text{X}(\text{x}, \text{y})\text{Y} \tag{26-26}$$

它的 Q 值为

$$Q = (m_\text{X} + m_\text{x} - m_\text{y} - m_\text{Y})c^2 \tag{26-27}$$

对不同的核反应,Q 可正可负。借鉴热力学中放热和吸热的概念,这里也这样称呼这些反应。$Q > 0$,总质量减少且总动能增加,称为**放能反应**;$Q < 0$,总质量增加且总动能减少,称为**吸能反应**。

下面考虑吸能反应。设想在实验室中,入射粒子的动能为 $E_{\text{k,x}}$ 的靶粒子 X 静止。应注意的是,要引发一吸能反应,入射粒子的动能等于该反应的 Q 值(绝对值)是不够的,除非质心参考系中的初始动能与 $|Q|$ 一样大。这是因为入射粒子和静止的靶粒子的质心动能在反应时不会改变,因而不能被利用于核转变。引发核反应的资用能必须大于 $|Q|$。也就是说,

存在一个使吸能反应发生的临界能,称为**阈能**,它是使核反应恰好能发生入射粒子在实验室中所必须具有的最小动能。一般来讲,上述核反应总要经过入射粒子和靶粒子结合为一体的中间阶段,然后再分解成后来的粒子。分析从最初到两者结合为一体这一过程,可以求得入射粒子和靶粒子在它们的质心系中的动能之和为

$$E_{av} = \frac{m_X}{m_x + m_X} E_{k,x}$$

这也就是该吸热反应所可能利用的**资用能**(见例 4-14 和例 6-13),此资用能大于$|Q|$时才能引发该吸热反应。因此,入射粒子的动能至少应等于

$$E_{th} = \frac{m_x + m_X}{m_X} |Q| = \left(1 + \frac{m_x}{m_X}\right) |Q| \qquad (26\text{-}28)$$

这一引发吸能核反应所需的入射粒子的最小动能就是该反应的阈能。

【例 26-8】 **阈能。**已知核反应式为

$$^{13}C(n, \alpha)^{10}Be$$

计算这一核反应的阈能。给定原子质量分别为 $m_C = 13.003\ 355$ u 和 $m_{Be} = 10.013\ 534$ u。

解 由质量亏损计算 Q 值为

$$Q = (13.003\ 355 + 1.008\ 665 - 4.002\ 603 - 10.013\ 534) \times 931.5\ \text{MeV}$$
$$= -3.835\ \text{MeV}$$

负号表示该反应为吸能反应。由式(26-28)可得,在实验室中此核反应的阈能为

$$E_{th} = \left(1 + \frac{m_n}{m_C}\right) |Q| = \left(1 + \frac{1}{13}\right) \times 3.835\ \text{MeV} = 4.13\ \text{MeV}$$

以上是在$|Q|$值相对较小的情况下用经典力学计算的结果,近代高能加速器给出的入射粒子的能量可达 GeV 甚至 TeV 量级。这样入射粒子和靶核的质心动能就很大,因而资用能只占入射粒子能量的很小一部分。用相对论动量能量关系可求得,式(26-26)的核反应的资用能为

$$E_{av} = \sqrt{2m_X c^2 E_{k,x} + [(m_x + m_X)c^2]^2}$$

正是由于用高能粒子去轰击静止的靶核时能量利用率很低,所以现代高能加速器都采用对撞机——使两束高能带电粒子对撞的加速器,它是粒子物理的一种重要实验装置。在这种加速器中,质量相同的高能粒子对撞时的全部能量都可用来引发核反应。最常见的是正负电子对撞机,还有质子-质子对撞机、质子-反质子对撞机等。研究与原子核以及核辐射的应用有关的核技术手段,是近代尖端技术之一,具有很高的社会效益与经济效益。

思考题

26-1 为什么说核好像是 A 个小硬球挤在一起形成的?

26-2 为什么各种核的密度都大致相等?

26-3 为什么核的由核子间强相互作用决定的结合能和核子数成正比?

26-4 完成下列核衰变方程:

$$^{238}U \longrightarrow {}^{234}Th + ?$$
$$^{90}Sr \longrightarrow {}^{90}Y + ?$$
$$^{29}Cu \longrightarrow {}^{29}Ni + ?$$
$$^{29}Cu + ? \longrightarrow {}^{29}Zn$$

26-5 放射性 ^{235}U 系的起始放射核是 ^{235}U,最终核为 ^{207}Pb。从 ^{235}U 到 ^{207}Pb 共经过了几次 α 衰变?

几次 β 衰变(所有 β 衰变都是 β^- 衰变)?

26-6　为什么实现吸能核反应的阈能大于该反应的 Q 值的大小? 利用对撞机为什么能大大提高引发核反应的能量利用率?

习　题

26-1　一个能量为 6 MeV 的 α 粒子和静止的金核(^{197}Au)发生正碰,它能到达离金核的最近距离是多少? 如果是氮核(^{14}N)呢? 都可以忽略靶核的反冲吗? 此 α 粒子可以到达氮核的核力范围之内吗?

26-2　^{16}N,^{16}O 和 ^{16}F 原子的质量分别是 16.006 099 u,15.994 915 u 和 16.011 465 u。试计算这些原子的核的结合能。

26-3　求原子序数为 Z 和质量数为 A 的核内的质子的费米能量(式(25-5))和每个质子的平均能量。对 ^{56}Fe 核和 ^{238}U 核求这些能量的数值(以 MeV 为单位)。

*26-4　假设一个 ^{232}Th 核分裂成相等的两块。试用结合能的半经验公式计算此反应所释放的能量。

26-5　天然钾中放射性同位素 ^{40}K 的丰度为 1.2×10^{-4},此种同位素的半衰期为 1.3×10^9 a。钾是活细胞的必要成分,约占人体重量的 0.37%。求每个人体内这种放射源的活度。

26-6　一个病人服用 30 μCi 的放射性碘 ^{123}I 后 24 h,测得其甲状腺部位的活度为 4 μCi。已知 ^{123}I 的半衰期为 13.1 h。求在这 24 h 内多大比例的被服用的 ^{123}I 集聚在甲状腺部位了。(一般正常人此比例约为 15% 到 40%。)

26-7　向一人静脉注射含有放射性 ^{24}Na 而活度为 300 kBq 的食盐水。10 h 后他的血液每立方厘米的活度是 30 Bq。求此人全身血液的总体积,已知 ^{24}Na 的半衰期为 14.97 h。

26-8　一年龄待测的古木片在纯氧氛围中燃烧后收集了 0.3 mol 的 CO_2。这样品由于 ^{14}C 衰变而产生的总活度测得为每分钟 9 次计数。试由此确定古木片的年龄。

26-9　一块岩石样品中含有 0.3 g 的 ^{238}U 和 0.12 g 的 ^{206}Pb。假设这些铅全来自 ^{238}U 的衰变,试求这块岩石的地质年龄。

26-10　^{226}Ra 放射的 α 粒子的动能为 4.7825 MeV,求子核的反冲能量。此 α 衰变放出的总能量是多少?

26-11　计算下列反应的 Q 值并指出何者吸热,何者放热:

$$^{13}C(p,\alpha)^{10}B, \quad ^{13}C(p,d)^{12}C, \quad ^{13}C(p,\gamma)^{14}N$$

给定一些原子的质量为

^{13}C：13.003 355 u　　　^{1}H：1.007 825 u　　　^{4}He：4.002 603 u

^{10}B：10.012 937 u　　　^{2}H：2.014 102 u　　　^{14}N：14.003 074 u

26-12　计算反应 $^{13}C(p,\alpha)^{10}B$ 的阈能。注意,入射质子必须具有足够大的能量以便进入靶核 ^{13}C 的半径以内。(原子质量数据见习题 26-11)

26-13　目前太阳内含有约 1.5×10^{30} kg 的氢,而其辐射总功率为 3.9×10^{26} W。按此功率辐射下去,经多长时间太阳内的氢就要烧光了?

26-14　在温度比太阳高的恒星内氢的燃烧据信是通过**碳循环**进行的,其分过程如下:

$$^1H + ^{12}C \longrightarrow ^{13}N + \gamma$$
$$^{13}N \longrightarrow ^{13}C + e^+ + \nu_e$$
$$^1H + ^{13}C \longrightarrow ^{14}N + \gamma$$
$$^1H + ^{14}N \longrightarrow ^{15}O + \gamma$$
$$^{15}O \longrightarrow ^{15}N + e^+ + \nu_e$$

$$^1H + {}^{15}N \longrightarrow {}^{12}C + {}^4He$$

(1) 说明此循环并不消耗碳,其总效果和质子-质子循环一样。

(2) 计算此循环中每一反应或衰变所释放的能量。

(3) 释放的总能量是多少?

给定一些原子的质量为

^1H：1.007 825 u　　　^{13}N：13.005 738 u　　　^{14}N：14.003 074 u

^{15}N：15.000 109 u　　　^{13}C：13.003 355 u　　　^{15}O：15.003 065 u

元素周期表

图例

原子序数 → 19 K ← 元素符号
钾 ← 元素名称（注★的是人造元素）
39.0983 ← 相对原子质量

周期	IA (1)	IIA (2)	IIIB (3)	IVB (4)	VB (5)	VIB (6)	VIIB (7)	VIII (8)	VIII (9)	VIII (10)	IB (11)	IIB (12)	IIIA (13)	IVA (14)	VA (15)	VIA (16)	VIIA (17)	0 (18)
1	1 H 氢 1.00794(7)																	2 He 氦 4.002602(2)
2	3 Li 锂 6.941(2)	4 Be 铍 9.012182(3)											5 B 硼 10.811(7)	6 C 碳 12.0107(8)	7 N 氮 14.0067(2)	8 O 氧 15.9994(3)	9 F 氟 18.9984032(5)	10 Ne 氖 20.1797(6)
3	11 Na 钠 22.98977(2)	12 Mg 镁 24.3050(6)											13 Al 铝 26.981538(2)	14 Si 硅 28.0855(3)	15 P 磷 30.973761(2)	16 S 硫 32.065(5)	17 Cl 氯 35.453(2)	18 Ar 氩 39.948(1)
4	19 K 钾 39.0983	20 Ca 钙 40.078(4)	21 Sc 钪 44.955910(8)	22 Ti 钛 47.867(1)	23 V 钒 50.9415(1)	24 Cr 铬 51.9961(6)	25 Mn 锰 54.938049(9)	26 Fe 铁 55.845(2)	27 Co 钴 58.933200(9)	28 Ni 镍 58.6934(2)	29 Cu 铜 63.546(3)	30 Zn 锌 65.39(2)	31 Ga 镓 69.723(1)	32 Ge 锗 72.64(1)	33 As 砷 74.92160(2)	34 Se 硒 78.96(3)	35 Br 溴 79.904(1)	36 Kr 氪 83.80(1)
5	37 Rb 铷 85.4678(3)	38 Sr 锶 87.62(1)	39 Y 钇 88.90585(2)	40 Zr 锆 91.224(2)	41 Nb 铌 92.90638(2)	42 Mo 钼 95.94(1)	43 Tc 锝 (97.99)	44 Ru 钌 101.07(2)	45 Rh 铑 102.90550(2)	46 Pd 钯 106.42(1)	47 Ag 银 107.8682(2)	48 Cd 镉 112.411(8)	49 In 铟 114.818(3)	50 Sn 锡 118.710(7)	51 Sb 锑 121.760(1)	52 Te 碲 127.60(3)	53 I 碘 126.90447(3)	54 Xe 氙 131.293(6)
6	55 Cs 铯 132.90545(2)	56 Ba 钡 137.327(7)	57~71 La-Lu 镧系	72 Hf 铪 178.49(2)	73 Ta 钽 180.9479(1)	74 W 钨 183.84(1)	75 Re 铼 186.207(1)	76 Os 锇 190.23(3)	77 Ir 铱 192.217(3)	78 Pt 铂 195.078(2)	79 Au 金 196.96655(2)	80 Hg 汞 200.59(2)	81 Tl 铊 204.3833(2)	82 Pb 铅 207.2(1)	83 Bi 铋 208.98038(2)	84 Po 钋 (209.210)	85 At 砹 (210)	86 Rn 氡 (222)
7	87 Fr 钫 (223)	88 Ra 镭 (226)	89~103 Ac-Lr 锕系	104 Rf 𬬻* (261)	105 Db 𬭊* (262)	106 Sg 𬭳* (263)	107 Bh 𬭛* (264)	108 Hs 𬭶* (265)	109 Mt 鿏* (268)	110 Ds 𫟼* (281)	111 Rg 𬬭* (272)	112 Cn 鿔* (285)	113 Nh 鿭*	114 Fl 𫓧* (289)	115 Mc 镆*	116 Lv 𫟷* (209.210)	117 Ts 鿬*	118 Og 鿫*

镧系

57 La 镧 138.9055(2)	58 Ce 铈 140.116(1)	59 Pr 镨 140.90765(2)	60 Nd 钕 144.24(3)	61 Pm 钷* (147)	62 Sm 钐 150.36(3)	63 Eu 铕 151.964(1)	64 Gd 钆 157.25(3)	65 Tb 铽 158.92534(2)	66 Dy 镝 162.50(3)	67 Ho 钬 164.93032(2)	68 Er 铒 167.259(3)	69 Tm 铥 168.93421(2)	70 Yb 镱 173.04(3)	71 Lu 镥 174.967(1)

锕系

89 Ac 锕 (227)	90 Th 钍 232.0381(1)	91 Pa 镤 231.03588(2)	92 U 铀 238.02891(3)	93 Np 镎* (237)	94 Pu 钚* (239.244)	95 Am 镅* (243)	96 Cm 锔* (247)	97 Bk 锫* (247)	98 Cf 锎* (251)	99 Es 锿* (252)	100 Fm 镄* (257)	101 Md 钔* (258)	102 No 锘* (259)	103 Lr 铹* (260)

注：
1. 原子量录自1999年国际原子量表，以¹²C=12为基准。原子量的末位数的准确度加注在其后括号内。
2. 括号内数据是天然放射性元素较重要的同位素或人造元素的质量数或半衰期最长的同位素的质量数。
3. 国际纯粹化学和应用化学联合会（IUPAC）推荐周期表按顺序由第1至第18族进行分族。

数值表

物理常量表

名　称	符号	计算用值	最佳值*
真空中的光速	c	3.00×10^8 m/s	2.997 924 58（精确）
普朗克常量	h	6.63×10^{-34} J·s	6.626 070 147
约化普朗克常量	$\hbar$	$= h/2\pi$	
		$= 1.05 \times 10^{-34}$ J·s	1.054 571 628(53)
玻耳兹曼常量	k	1.38×10^{-23} J/K	1.380 649 7
真空磁导率	μ_0	$4\pi \times 10^{-7}$ N/A^2	（精确）
		$= 1.26 \times 10^{-6}$ N/A^2	1.256 637 061⋯
真空介电常量 （真实电容率）	ε_0	$= 1/\mu_0 c^2$	（精确）
		$= 8.85 \times 10^{-12}$ F/m	8.854 187 817
引力常量	G	6.67×10^{-11} N·m^2/kg^2	6.674 28(67)
阿伏伽德罗常量	N_A	6.02×10^{23} mol^{-1}	6.022 140 761
元电荷	e	1.60×10^{-19} C	1.602 176 633 8
电子静质量	m_e	9.11×10^{-31} kg	9.109 382 15(45)
		5.49×10^{-4} u	5.485 799 094 3(23)
		0.511 0 MeV/c^2	0.510 998 910(13)
质子静质量	m_p	1.67×10^{-27} kg	1.672 621 637(83)
		1.007 3 u	1.007 276 466 77(10)
		938.3 MeV/c^2	938.272 013(23)
中子静质量	m_n	1.67×10^{-27} kg	1.674 927 211(84)
		1.008 7 u	1.008 664 915 97(43)
		939.6 MeV/c^2	939.565 346(23)
α 粒子静质量	m_α	4.002 6 u	4.001 506 179 127(62)
玻尔磁子	μ_B	9.27×10^{-24} J/T	9.274 009 15(23)
电子磁矩	μ_e	-9.28×10^{-24} J/T	$-9.284\ 763\ 77(23)$
核磁子	μ_N	5.05×10^{-27} J/T	5.050 783 24(13)
质子磁矩	μ_p	1.41×10^{-26} J/T	1.410 606 662(37)
中子磁矩	μ_n	-0.966×10^{-26} J/T	$-0.966\ 236\ 41(23)$
里德伯常量（理论值）	R	1.10×10^7 m^{-1}	1.097 373 156 852 7(73)
玻尔半径	a_0	5.29×10^{-11} m	5.291 772 085 9(36)
经典电子半径	r_e	2.82×10^{-15} m	2.817 940 289 4(58)
电子康普顿波长	$\lambda_{C,e}$	2.43×10^{-12} m	2.426 310 217 5(33)
斯特藩-玻耳兹曼常量	σ	5.67×10^{-8} W·m^{-2}·K^{-4}	5.670 400(40)

* 所列最佳值摘自 2006 *CODATA INTERNATIONALLY RECOMMEDED VALUES OF THE FUNDAMENTAL PHYSICAL CONSTANTS*（www.physics.nist.gov）以及 2019 年生效的重新定义值。

一些天体数据

名　称	计算用值
我们的银河系	
质量	10^{42} kg
半径	10^5 l.y.
恒星数	1.6×10^{11}
太阳	
质量	1.99×10^{30} kg
半径	6.96×10^8 m
平均密度	1.41×10^3 kg/m^3
表面温度	5 770 ℃
表面重力加速度	274 m/s^2
自转周期	25 d(赤道),37 d(靠近极地)
对银河系中心的公转周期	2.5×10^8 a
总辐射功率	4×10^{26} W
地球	
质量	5.98×10^{24} kg
赤道半径	6.378×10^6 m
极半径	6.357×10^6 m
平均密度	5.52×10^3 kg/m^3
表面重力加速度	9.81 m/s^2
自转周期	1 恒星日$=8.616 \times 10^4$ s
对自转轴的转动惯量	8.05×10^{37} kg · m^2
到太阳的平均距离	1.50×10^{11} m
公转周期	1 a$=3.16 \times 10^7$ s
公转速率	29.8 m/s
月球	
质量	7.35×10^{22} kg
半径	1.74×10^6 m
平均密度	3.34×10^3 kg/m^3
表面重力加速度	1.62 m/s^2
自转周期	27.3 d
到地球的平均距离	3.82×10^8 m
绕地球运行周期	1 恒星月$=27.3$ d

几个换算关系

名　称	符号	计算用值	1998 最佳值
1[标准]大气压	atm	1 atm$=1.013 \times 10^5$ Pa	$1.013\ 250 \times 10^5$
1 埃	Å	1 Å$=1 \times 10^{-10}$ m	(精确)
1 光年	l.y.	1 l.y.$=9.46 \times 10^{15}$ m	
1 电子伏	eV	1 eV$=1.602 \times 10^{-19}$ J	1.602 176 462(63)
1 特[斯拉]	T	1 T$=1 \times 10^4$ G	(精确)
1 原子质量单位	u	1 u$=1.66 \times 10^{-27}$ kg	1.660 539 04(13)
		$=931.5$ MeV/c^2	931.494 013(37)
1 居里	Ci	1 Ci$=3.70 \times 10^{10}$ Bq	(精确)

一些函数的幂级数展开公式

一些函数按幂级数展开的形式（在给出的 x 范围收敛）：

1. $(1+x)^m = 1 + mx + \dfrac{m(m-1)}{2!}x^2 + \cdots + \dfrac{m(m-1)\cdots(m-n+1)}{n!}x^n + \cdots,\quad -1<x<1$

特例：$m=-1$；$m=\dfrac{1}{2}$；$m=-\dfrac{1}{2}$ 等。

推论 1：$(1-x)^m = 1 - mx + \dfrac{m(m-1)}{2!}x^2 + \cdots + \dfrac{m(m-1)\cdots(m-n+1)}{n!}(-x)^n + \cdots$

推论 2：$(a+x)^m = a^m\left(1+\dfrac{x}{a}\right)^m$，公式中 x 改用 $\dfrac{x}{a}$ 展开，再乘以 a^m。

推论 3：$(a-x)^m = a^m\left(1-\dfrac{x}{a}\right)^m$，公式中 x 改用 $-\dfrac{x}{a}$ 展开，再乘以 a^m。

2. $\sin x = x - \dfrac{x^3}{3!} + \dfrac{x^5}{5!} - \cdots,\quad -\infty<x<+\infty$

3. $\cos x = 1 - \dfrac{x^2}{2!} + \dfrac{x^4}{4!} - \cdots,\quad -\infty<x<+\infty$

4. $\tan x = x + \dfrac{x^3}{3} + \dfrac{2x^5}{15} + \dfrac{17x^7}{315} + \cdots,\quad -\dfrac{\pi}{2}<x<\dfrac{\pi}{2}$

5. $\mathrm{e}^x = 1 + x + \dfrac{x}{2!} + \dfrac{x^3}{3!} + \cdots,\quad -\infty<x<+\infty$

6. $\ln(1+x) = x - \dfrac{x^2}{2} + \dfrac{x^3}{3} - \dfrac{x^4}{4} + \cdots + (-1)^{n-1}\dfrac{x^n}{n} + \cdots,\quad -1<x\leqslant+1$

7. $\ln(1-x) = -\left(x + \dfrac{x^2}{2} + \dfrac{x^3}{3} + \dfrac{x^4}{4} + \cdots + \dfrac{x^n}{n} + \cdots\right),\quad -1\leqslant x<+1$

部分习题答案

第 12 章

12-1 $5q/2\pi\varepsilon_0 a^2$，指向$-4q$

12-2 $\sqrt{3}q/3$

12-3 51.2 N

12-5 $\lambda^2/4\pi\varepsilon_0 a$，垂直于带电直线,相互吸引

12-6 $\lambda L/4\pi\varepsilon_0(r^2-L^2/4)$,沿带电直线指向远方

12-7 $\lambda/2\pi\varepsilon_0 R$

12-8 0.72 V/m,指向缝隙

12-10 (1) $q/6\varepsilon_0$； (2) 0，$q/24\varepsilon_0$

12-11 6.64×10^5 个/cm^2

12-12 缺少，1.38×10^7 个/m^3

12-13 $E=0$ $(r<a)$；$E=\sigma a/\varepsilon_0 r$ $(r>a)$

12-14 $E=0$ $(r<R_1)$；$E=\dfrac{\lambda}{2\pi\varepsilon_0 r}$ $(R_1<r<R_2)$；$E=0$ $(r>R_2)$

12-15 $\dfrac{e}{8\pi\varepsilon_0 b^2 r^2}\left[(-r^2-2br-2b^2)e^{-r/b}+2b^2\right]$；$1.2\times10^{21}N/C$

12-16 $\dfrac{\rho}{3\varepsilon_0}\boldsymbol{a}$,$\boldsymbol{a}$ 为从带电球体中心到空腔中心的矢量线段

12-17 $F_{qb}=F_{qc}=0$,$F_{qd}=\dfrac{q_b+q_c}{4\pi\varepsilon_0 r^2}q_d$（近似）

12-18 1.2×10^7 m/s，2.2×10^{-13} J，1.1×10^{-34} J・s，6.5×10^{20} Hz

12-19 3.1×10^{-16} m，5.0×10^{-35} C・m

12-20 0.48 mm

第 13 章

13-1 (1) 900 V；(2) 450 V

13-2 $\dfrac{U_{12}}{r^2}\dfrac{R_1 R_2}{R_2-R_1}$

13-3 (1) 2.5×10^3 V；(2) 4.3×10^3 V

13-4　　$\dfrac{\lambda}{2\pi\varepsilon_0}\ln\dfrac{R_2}{R_1}$

13-5　　(1) 2.14×10^7 V/m；　(2) 1.36×10^4 V/m

13-6　　(1) 36 V；　(2) 57 V

13-7　　1.6×10^7 V；　2.4×10^7 V

13-8　　(1) 3×10^{10} J；　(2) 416 天

13-9　　(1) 2.5×10^4 eV；　(2) 9.4×10^7 m/s

13-10　$-\sqrt{3}\,q/2\pi\varepsilon_0 a$；　$-\sqrt{3}\,qQ/2\pi\varepsilon_0 a$

13-11　(1) $q_{B,\text{in}}=-3\times10^{-8}$ C，$q_{B,\text{out}}=5\times10^{-8}$ C

　　　　　$\varphi_A=5.6\times10^3$ V，$\varphi_B=4.5\times10^{-3}$ V；

　　　　(2) $q_A=2.1\times10^{-8}$ C；$q_{B,\text{int}}=-2.1\times10^{-8}$ C，$q_{B,\text{ext}}=-9\times10^{-9}$ C；

　　　　　$\varphi_A=0$，$\varphi_B=-8.1\times10^2$ V

*13-12　上板　上表面：6.5×10^{-6} C/m^2，下表面：-4.9×10^{-6} C/m^2；

　　　　中板　上表面：4.9×10^{-6} C/m^2，下表面：8.1×10^{-6} C/m^2；

　　　　下板　上表面：-8.1×10^{-6} C/m^2，下表面：6.5×10^{-6} C/m^2

13-13　$q/4\pi\varepsilon_0 r$

*13-14　-4.0×10^{-17} J

*13-15　$e^2/4\pi\varepsilon_0 m_e c^2$；　2.81×10^{-15} m

13-16　(1) 4.4×10^{-8} J/m^3；　(2) 6.3×10^4 kW·h

*13-17　(3) -13.6 eV

第　14　章

14-1　　7.1×10^{-4} F

14-2　　0.152 mm

14-3　　5.3×10^{-10} F/m^2

14-4　　(1) 25 μF；

　　　　(2) $U_1=U_2=U_3=50$ V，$Q_1=2.5\times10^{-3}$ C，$Q_2=1.5\times10^{-3}$ C，$Q_3=1.0\times10^{-3}$ C

14-5　　(1) 5 000 V，5×10^{-3} C；　(2) 20×10^{-3} C，200 V

14-6　　$U_1'=U_2'=40$ V；$Q_1'=8\times10^4$ C，$Q_2'=16\times10^{-4}$ C

14-7　　(1) 9.8×10^6 V/m；　(2) 51 mV

14-8　　7.4 m^2

14-10　$(\varepsilon_{r1}+\varepsilon_{r2})\varepsilon_0 S/2d$

14-11　1.7×10^{-6} C/m，1.7×10^{-7} C/m，1.7×10^{-8} C/m

14-13　$1+(\varepsilon_r-1)\dfrac{h}{a}$，甲醇

*14-14　(1) $-\dfrac{Q^2 b}{2\varepsilon_0 S}$；　(2) $-\dfrac{Q^2 b}{2\varepsilon_0 S}$，吸入；　(3) $\dfrac{\varepsilon_0 U^2 Sb}{2d(d-b)}$，$-\dfrac{\varepsilon_0 U^2 Sb}{2d(d-b)}$

*14-15　半径为 $2k_1$ 的球壳内

第　15　章

15-1　　4×10^{10} 个

15-2 4×10^{-3} m/s; 1.1×10^5 m/s

15-3   (1) 3.0×10^{13} Ω·m;   (2) 196 Ω

15-4   (a) $\dfrac{\mu_0 I}{4\pi a}$,垂直纸面向外; (b) $\dfrac{\mu_0 I}{3r}+\dfrac{\mu_0 I}{4r}$ 垂直纸面向里; (c) $\dfrac{q\mu_0 I}{2\pi a}$,垂直纸面向里

15-5   (1) 1.4×10^{-5} T;   (2) 0.24

15-6   0

15-7   (1) 10^{-5} T;   (2) 2.2×10^{-6} Wb

15-9   11.6 T

15-10   环外 $B=0$,环内 $B=\dfrac{\mu_0 NI}{2\pi r}$; $\Phi=\dfrac{\mu_0 NIh}{2\pi}\ln\dfrac{R_2}{R_1}$

15-11   板间: $B=\mu_0 j$,平行于板且垂直于电流; 板外: $B=0$

15-12 $\mu_0 \boldsymbol{j} \times \boldsymbol{d}/2$,$\boldsymbol{d}$ 的方向由 0 指向 0!

15-13 2.8×10^{-7} T

第 16 章

16-1   (1) 1.1×10^{-3} T,垂直纸面向里;   (2) 1.6×10^{-8} S

16-2 3.6×10^{-6} S,1.6×10^{-4} m,1.5×10^{-3} m

16-3   2 mm,无影响

16-4   0.244 T

16-5   1.1 km, 23 m

16-6   (1) 11 MHz;   (2) 7.6 MeV

16-7   (1) -2.23×10^{-5} V;   (2) 无影响

16-8   (1) 负电荷;   (2) 2.86×10^{20} 个/m³

16-9 1.34×10^{-2} T

16-10   (2) 338 A/cm²

16-11   0.63 m/s

16-12   (1) 36 A·m²;   (2) 144 N·m

16-13 $\dfrac{\mu_0 II_1 lb}{2\pi a(a+b)}$,指向电流 I;   0

16-14   (1) 1.8×10^5;   (2) 4.1×10^6 A;   (3) 2.9 MkW

16-15 $\mu_0 j^2/2$,沿径向向筒内

16-16 3.6×10^{-3} N/m; 3.2×10^{20} N/m

第 17 章

*17-1   (1) 1.6×10^{24}(个);   (2) 15 A·m²;   (3) 1.9×10^5 A;   (4) 2.0 T

*17-2   (1) 0.27 A·m²;   (2) 1.4×10^{-5} N·m;   (3) 1.4×10^{-5} J

17-3   (1) 2.5×10^{-5} T,20A/m;   (2) 0.11 T, 20 A/m;
        (3) 2.5×10^{-5} T, 0.11 T

17-4   (1) 2×10^{-2} T;   (2) 32 A/m;   (3) 1.6×10^4 A/m;

(4) 6.3×10^{-4} H/m，5.0×10^2

17-5 (1) 2.1×10^3 A/m； (2) 4.7×10^{-4} H/m，3.8×10^2； (3) 8.0×10^5 A/m

17-6 2.6×10^4 A

17-7 0.21 A

17-8 4.9×10^4 安匝

17-9 133 安匝，1.46×10^3 匝

第 18 章

18-1 1.1×10^{-5} V，a 端电势高

18-2 1.7 V，使线圈绕垂直于 $\boldsymbol{B}$ 的直径旋转，当线圈平面法线与 $\boldsymbol{B}$ 垂直时，$\mathcal{E}$ 最大

18-3 2×10^{-3} V

18-4 $-4.4 \times 10^{-2} \cos(100\pi t)$ (V)

18-5 $\dfrac{L}{2} \sqrt{R^2 - \left(\dfrac{L}{2}\right)^2} \dfrac{\mathrm{d}B}{\mathrm{d}t}$，$b$ 端电势高

18-6 2.2×10^{-5} T

18-7 0.50 m/s

18-8 40 s^{-1}

18-9 $B = qR/NS$

18-10 $(Bar)^2 wb/\rho$

18-12 $\mu_0 N_1 N_2 \pi R^2/l$

18-13 (1) 6.3×10^{-6} H； (2) -3.1×10^{-6} Wb/s； (3) 3.1×10^{-4} V

18-14 (1) 7.6×10^{-3} H； (2) 2.3 V

18-15 0.8 mH，400 匝

18-16 (1) $\dfrac{\mu_0 N^2 h}{2\pi} \ln \dfrac{R_2}{R_1}$； (2) $\dfrac{\mu_0 Nh}{2\pi} \ln \dfrac{R_2}{R_1}$，相等

18-18 4.4×10^4 kg/m^3

18-19 1.6×10^6 J/m^3，4.4 J/m^3，磁场

18-20 9.0 m^3，29 H

18-21 7.2×10^2 V/m，2.4×10^{-6} T

18-22 1.1×10^{14} W/m^2； 2.8×10^8 V/m，0.93 T

18-23 (1) 168 m； (2) 0.043 W/m^2

*18-24 (1) 1×10^{10} Hz； (2) 1×10^{-7} T； (3) 2×10^{-9} N

*18-25 2.8×10^{-6} N

*18-26 7.7 MPa

*18-27 6.3×10^{-4} mm，作匀速直线运动

第 19 章

19-1 545 nm，绿色

19-2 4.5×10^{-5} m

19-3　0.60 μm

19-4　$-39°$，$-7.2°$，$22°$，$61°$

19-5　(1) 9.0 μm；　(2) 14 条

19-7　5.7°

19-8　447.5 nm

19-9　6.6 μm

19-10　1.28 μm

19-11　反射加强 $\lambda=480$ nm；透射加强 $\lambda_1=600$ nm，$\lambda_2=400$ nm

19-12　70 nm

19-13　$(99.6+199.3k)$ nm，　$k=0,1,2,\cdots$，　最薄 99.6 nm

19-14　暗环半径 $r=\sqrt{kR\lambda}$，　$k=0,1,2,\cdots$

　　　　明环半径 $r=\sqrt{(2k-1)R\lambda/2}$，　$k=1,2,3\cdots$

　　　　590 nm

19-15　589 nm

第 20 章

20-1　5.46 mm

20-2　7.26 μm

20-3　429 nm

20-4　47°

20-5　(1) 1.9×10^{-4} rad；　(2) 4.4×10^{-3} mm；　(3) 2.3 个

20-6　1.6×10^{-4} rad，7.1 km

20-7　8.9 km

20-8　(1) 3×10^{-7} rad；　(2) 2 m

20-9　8.1×10^{-4} rad(或 2.8′)

20-10　1.0 cm

20-11　(1) 2.4 mm；　(2) 2.4 cm；　(3) 9

20-12　$\arcsin(\pm0.176\,8k)$，　$k=0,1,\cdots,5$

20-13　570 nm，43.2°

20-14　2.0×10^{-6} m，6.7×10^{-7} m

20-15　极大，3.85′，12.4°

20-16　有，0.130 nm，0.097 nm

*20-17　0.165 nm

第 21 章

21-1　$2.25I_1$

21-2　(1) 54°44′；　(2) 35°16′

21-3　1/2

21-4　48°26′，　41°34′，　互余

21-5　35°16′

21-6　1.60

21-7　36°56′

*21-8　$\dfrac{1}{2}I_0\cos^2\theta/(\cos^2\theta+\sin^2\theta\cos^2\varphi)$

第 22 章

22-1　292 W/m²

22-2　5.8×10^3 K，　6.4×10^7 W/m²

22-3　91℃

22-4　(2) 279 K，　45 K

22-5　2.6×10^7 m

22-6　1.76×10^{11} Hz，　2.36×10^9 W

22-11　(1) 2.0 eV；　(2) 2.0 V；　(3) 296 nm

22-12　2.5×10^3 m⁻³

22-13　85 s

*22-14　2.9 eV

22-15　0.10 MeV

22-16　62 eV

*22-18　6.9×10^4 eV，　0.1×10^4 eV

22-19　3.32×10^{-24} kg·m/s，　3.32×10^{-24} kg·m/s；
　　　　5.12×10^5 eV，　6.19×10^3 eV

22-20　0.146 nm

22-21　6.1×10^{-12} m

22-24　0.5×10^{-13} m/s，　9.6 d，　是

22-25　1.2 nm，　不

22-26　5.2×10^{-15} m，　能

22-27　5.7×10^{-17} m，　能

22-28　45.5 eV

22-29　(1) 7.29×10^{-21} kg·m/s，　2.48×10^4 eV；　(2) 13.2 MeV

第 23 章

23-1　5.4×10^{-37} J，　5.5×10^{-37} J，　0.11×10^{-37} J

23-2　(1) 1.0×10^{-40} J；　(2) 7.8×10^9，　1.6×10^{-30} J

23-4　0.091

*23-5　$a/2$，　$a^2\left(\dfrac{1}{3}-\dfrac{1}{2\pi^2n^2}\right)$

23-7　$\pi^2\hbar^2n^2/ma^3$

23-11 $\left(n+\dfrac{1}{2}\right)\times 0.54$ eV,   0.54 eV, 2.30×10^3 nm

第 24 章

24-1   91.4 nm, 122 nm

24-2   95.2 nm, 4.17 m/s

*24-5 $me^4/2\pi(4\pi\varepsilon_0)^2\,\hbar^3 c$, 1.11×10^7 m^{-1}

*24-6 5.3×10^{-11} m, 1.25×10^{15} Hz

24-7   (1) $R_n=(\hbar^2/GMm^2)n^2$;   (2) 2.54×10^{74};   (3) 1.18×10^{-63} m

24-8   (1) 1.1×10^{10} Hz, 0.54 pm; (2) 0.39 T

24-10   B($1s^2 2s^2 2p^1$),   Ar($1s^2 2s^2 2p^6 3s^2 3p^6$)

        Cu($1s^2 2s^2 2p^6 3s^2 3p^6 3d^{10} 4s^1$), Br($1s^2 2s^2 2p^6 3s^2 3p^6 3d^{10} 4s^2 4p^5$)

*24-11 6.6×10^{-34} J·s

24-12   (1) 0.117 eV;   (2) 1.07%;   *(3) -1.37×10^5 K

24-13   6

24-14   (1) 0.36 mm;   (2) 12.5 GW;   (3) 5.2×10^{17}

24-16   (1) 2.0×10^{16} s^{-1}

24-16   (1) 7.07×10^5 W/m^2;   (2) 7.33 μm;   (3) 2.49×10^{10} W/m^2

第 25 章

25-1   5.50 eV, 1.39×10^6 m/s, 6.38×10^4 K, 0.524 nm

25-2 $3n\,E_F/5$, $3E_F/5$

25-3   19 MeV, 6.0×10^7 m/s

25-4   (1) 3.8×10^{-14} s;   (2) 4.09 nm;   (3) 53 nm;   (4) 0.26 nm

25-5   (1) 4.9×10^{-93};   (2) 226 nm

25-6   (1) $1/(5\times 10^6)$;   (2) 0.22 μg

25-7   27.6 μm

25-8   513 nm, 可见光;   4.14 μm, 红外线

25-9   654 nm

25-10   不透明

第 26 章

26-1 3.8×10^{-14} m, 4.32×10^{-15} m; N 核不可, 否

26-2   118.0 MeV, 127.2 MeV, 111.5 MeV

26-3 $53(Z/A)^{2/3}$ MeV, $32(Z/A)^{2/3}$ MeV; ^{56}Fe 核: 32 MeV, 19 MeV;

       ^{238}U 核: 28 MeV, 17 MeV

*26-4   169 MeV

26-5   8.1 kBq

26-6   48%

26-7　6.29 L

26-8　1.5×10^4 a

26-9　2.45×10^9 a

26-10　0.086 2 MeV，4.870 7 MeV

26-11　-4.06 MeV(吸)，-2.72 MeV(吸)，7.55 MeV(放)

26-12　6.7 MeV

26-13　7.2×10^{10} a

26-14　（2）1.944 MeV，1.198 MeV，7.551 MeV，7.297 MeV，1.732 MeV，4.966 MeV；（3）24.69 MeV

索引(物理学名词与术语中英文对照)

─C─

—E—

—F—

J —

参 考 文 献

[1] 张三慧. 大学基础物理学[M]. 3 版. 北京：清华大学出版社,2009.

[2] 夏征农,陈至立. 辞海[M]. 6 版. 上海：上海辞书出版社,2009.

[3] [德] Horst Stöcker. 物理手册[M]. 吴锡真,李祝霞,陈师平,译. 北京：北京大学出版社,2004.

[4] [美] 休·D.杨(Hugh,D.Young),罗杰·A.弗里德曼(Roger A.Freedman),A.路易斯·福特(A.Lewis Ford). 西尔斯当代大学物理(下册)[M]. 吴平,邱红梅,徐美,等译. 北京：机械工业出版社,2020.

[5] 梁绍荣,等. 普通物理学[M]. 3 版. 北京：高等教育出版社,2005.

[6] 郭奕玲,沈慧君. 物理学史[M]. 2 版. 北京：清华大学出版社,2005.

[7] 杜旭日,等. 大学基础物理学精讲与练习[M]. 北京：清华大学出版社,2019.

[8] 杜旭日. 大学物理实验教程[M]. 厦门：厦门大学出版社,2016.

[9] 戴念祖. 中国物理学史大系：古代物理学史[M]. 长沙：湖南教育出版社,2002.